建材工业新材料

中国建筑材料联合会新材料分会　组织编写
刘建华　郅　晓　王崇光　编　著

中国建材工业出版社

图书在版编目（CIP）数据

建材工业新材料 / 刘建华，郅晓，王崇光编著 . --北京 ：中国建材工业出版社，2022. 6

ISBN 978-7-5160-3449-1

Ⅰ. ①建… Ⅱ. ①刘… ②郅… ③王… Ⅲ. ①建筑材料—研究 Ⅳ. ①TU5

中国版本图书馆 CIP 数据核字（2021）第 274631 号

建材工业新材料

Jiancai Gongye Xincailiao

中国建筑材料联合会新材料分会　组织编写

刘建华　郅　晓　王崇光　　　编　　著

出版发行：中国建材工业出版社

地　　址：北京市海淀区三里河路 11 号

邮　　编：100831

经　　销：全国各地新华书店

印　　刷：北京天恒嘉业印刷有限公司

开　　本：787mm×1092mm

印　　张：45. 25

字　　数：720 千字

版　　次：2022 年 6 月第 1 版

印　　次：2022 年 6 月第 1 次

定　　价：588. 00 元

本社网址：www. jccbs. com，微信公众号：zgjcgycbs

《建材工业新材料》编委会

序　言

新材料是新一轮科技革命和产业变革的基石与先导，是当今世界科技强国之间竞争的战略高地。党中央、国务院从建设制造强国、保障国家安全的高度出发，提出了“材料先行”战略，并对加快新材料产业发展作出了重要部署。中国工程院也启动“新材料发展战略研究”项目，围绕新时期国家新材料战略需求，梳理国家中长期材料科技与产业发展目标和发展重点。

建材行业是支撑工农业生产、基础设施建设等国民经济发展的重要基础性产业，肩负着“大国基石”的重要职责。我从事了四十年建材行业工作，见证并参与了我国建材工业实现从小到大、由弱变强的根本性转变。党的十八大以来，建材工业转型升级、高质量发展的步伐进一步加快，建筑材料早已不仅仅是水泥、玻璃、陶瓷等服务于建筑工程领域的材料，部分建材产品如显示玻璃、特种玻璃纤维、风电叶片、氮化硅陶瓷基板、闪烁晶体等早已具有高性能、高技术含量、高附加值等特性，并不断向建材外领域拓展和延伸，现已成为我国新一代信息技术、航空航天、轨道交通等战略性新兴产业的重要支撑。

对于近年来建材新材料发展的最新成果，长久以来，行业内缺少系统、详细的梳理。这次由中国建筑材料联合会新材料分会牵头组织、中国建材集团等积极支持参与编制《建材工业新材料》这本图书，我认为是一项具有重要意义的工作，体现了行业协会、大企业集团对于引导建材行业创新发展的责任与担当。《建材工业新材料》是我国第一本较为全面的梳理建材工业新材料产业发展的图书，也是对我国建材工业新材料“十三五”期间收官成果的一次集中展示。该书既能作为社会了解建材工业新面貌的窗口，也能为政府主管部门决策提供参考。

2022年是实现第二个百年奋斗目标的开局之年，也是“十四五”规划承上启下的关键之年，推动我国建材新材料产业加快发展，由建材大国向建材强国迈进，是每一个建材人的使命与梦想。希望《建材工业新材料》的出版发行，能够凝聚起更多建材工作者、关心建材行业的政府部门、专家学者及社会人士的力量，共同推动我国建材新材料产业高质量发展，为我国加快建设科技强国、制造强国贡献建材力量！

中国工程院院士

前　言

经过几代建材人的不懈奋斗，特别是党的十八大以来，我国建材工业新材料发展取得了长足进步，在高世代 TFT-LCD 玻璃、碳纤维、特种玻璃纤维、风电叶片、氮化硅陶瓷基板、碳化硅陶瓷部件、溴化镧闪烁晶体、气凝胶等多个关键领域打破了国外垄断，保障了我国关键产业链、供应链的安全稳定性、自主可控性。

为贯彻落实“宜业尚品、造福人类”建材行业新目标、新理念，展现建材行业发展的新成就、新形象，中国建筑材料联合会新材料分会会同中国建材集团，组织行业内权威专家，历时两年编纂完成《建材工业新材料》一书。

本书分为上、下两篇，共 9 章，详细梳理了建材新材料领域近 5 年来取得的突出成就。上篇为先进无机非金属材料，包括功能玻璃材料、高性能纤维及复合材料、先进陶瓷材料、先进矿物功能材料、人工晶体材料及其他材料，共 6 章。下篇为先进建筑材料，包括新型墙体材料、新型建筑防水材料、特种水泥，共 3 章。

本书由彭寿担任总顾问，刘建华、郅晓、王崇光任主编。刘建华、郅晓、王崇光负责总体策划、制订框架和统稿工作。具体编写分工如下：茆令文、蒋洋、杨京安、张国武、王友军负责编写第 1 章“功能玻璃材料”，赵谦、陈阳、陈虹、赵凯、刘长雷负责编写第 2 章“高性能纤维及复合材料”，张伟儒、王坤负责编写第 3 章“先进陶瓷材料”，唐靖炎、王爱勤、张明、杨华明、吕国诚、马亮、朱进负责编写第 4 章“先进矿物功能材料”、第 6.1 节“天然隐晶质石墨矿物材料”和第 6.2 节“石墨烯材料”，黄存新负责编写第 5 章“人工晶体材料”，姚献东负责编写第 6.3 节“气凝胶材料”，马明亮、权宗刚负责编写第 7 章“新型墙体材料”，尚华胜负责编写第8章“新型建筑防水材料”，颜碧兰、文寨军负责编写第9章“特种水泥”，朱哲、张萌、王勇、邓嫔、石红卫、罗宁、安晓鹏、王鹏起、单建庆负责内容审校等工作。在此，对本书的编写和出版工作做出贡献的所有人员表示诚挚的感谢！

由于建材工业新材料品种数以千计，材料特点千差万别，加之时间仓促、编者水平所限，书中错误和不足恐难避免，敬请广大读者批评指正。

本书编委会

2022年3月

目　　录

绪　论 ………………………………………………………… 001

上篇　先进无机非金属新材料

1　功能玻璃材料 ………………………………………… 007
　1.1　功能玻璃材料概述 ………………………………… 007
　1.2　典型产品 ………………………………………… 009
2　高性能纤维及复合材料 ………………………………… 086
　2.1　高性能纤维 ……………………………………… 086
　2.2　高性能复合材料 ………………………………… 141
3　先进陶瓷材料 ………………………………………… 185
　3.1　先进陶瓷材料概述 ………………………………… 185
　3.2　结构陶瓷材料及产品 ……………………………… 191
　3.3　功能陶瓷材料及产品 ……………………………… 222
4　先进矿物功能材料 …………………………………… 300
　4.1　材料概述 ………………………………………… 300
　4.2　典型产品 ………………………………………… 305
5　人工晶体材料 ………………………………………… 479
　5.1　材料概述 ………………………………………… 479
　5.2　典型产品 ………………………………………… 480
6　其他材料 …………………………………………… 509
　6.1　天然隐晶质石墨矿物材料 ………………………… 509
　6.2　石墨烯材料 ……………………………………… 529
　6.3　气凝胶材料 ……………………………………… 532

下篇　先进建筑材料

7　新型墙体材料 …… 545
7.1　新型墙体材料概述 …… 545
7.2　典型产品 …… 554
8　新型建筑防水材料 …… 588
8.1　材料概述 …… 588
8.2　典型产品 …… 598
9　特种水泥 …… 672
9.1　材料概述 …… 672
9.2　典型产品 …… 673
参考文献 …… 689

绪　论

建材工业是重要的基础原材料及制品工业，建材工业材料的主体是无机非金属材料。无机非金属材料广泛存在于自然界，其应用领域广、科技进步潜力大，不仅服务于建筑业，而且服务于交通运输、市政工程、农田水利、海洋工程等众多领域，还服务于电子信息、国防军工、航空航天以及新能源等尖端领域和重要领域，是国民经济发展的“大国基石”。

传统上的无机非金属材料主要服务于建筑业，故一般称为建筑材料。但随着时代的发展和科技的进步，无机非金属材料的内涵和服务领域已经发生了巨大的变化，“建筑材料”这一传统名称已不准确。特别是无机非金属新材料，其性能优异、用途广泛，已成为国民经济建设和我国战略性新兴产业发展不可或缺的关键材料。鉴于按传统行业划分，无机非金属材料主要用于建材工业，本书仍将无机非金属新材料称为建材工业新材料，并按应用领域将其分为先进无机非金属新材料和先进建筑材料两大部分。建材工业新材料领域广、产品多，本书介绍的新材料，只是选取了主要领域的一些典型材料，还不能说是涵盖了建材工业新材料的全部。

经过几代建材人的艰苦奋斗，我国建材工业取得了巨大的成就，特别是无机非金属新材料正在不断取得突破性的进展。建材工业新材料将在我国高质量发展的新时代扮演着更加重要的角色，将在保障我国产业链、供应链安全稳定方面发挥独特的作用。

1. 建材新材料应用前景广阔

建材新材料由于其优异的性能，被广泛应用于众多重要战略领域，成为不可或缺的重要保障材料。如高端石英玻璃，由于其极低的热膨胀系数，较高的耐温性，极好的化学稳定性，优良的电绝缘性，较低而稳定的超声延迟性能，最佳的透紫外光谱性能以及透可见光及近红外光谱性能，因而，它是近代尖端空间技术、原子能工业、国防装备、自动化系统，以及半导体、冶金、化工、电光源、通信、轻工、建材等工业中不可缺少的优良材料之一，用于制作半导体、电光源器、半导通信装置、激光器，光学仪器，实验室仪器、电学设备、医疗设备和耐高温耐腐蚀的化学仪器等。又如先进陶瓷，由于其性能优异，广泛应用于高温、腐蚀、电子、光学领域。其中结构陶瓷主要用于切削工具、模具、耐磨零件、泵和阀部件、发动机部件、热交换器等。功能陶瓷主要用于氧化物导体、固体电解质、压电、非线性光学材料、铁氧体、记忆材料、太阳能电池、高温氧化物超导体等。又如碳纤维，由于其强度高、质量轻的优良性能，达到了航空航天、高速轨道交通、载人飞船等领域对结构材料的特殊要求，正在开始逐步替代原有的材料，扩大在飞机、汽车、航天器壳体和一些结构部件上的应用。再如石墨烯，尽管目前市场规模还不大，但由于其优异的性能，随着其技术装备的不断进步和成熟，产品性能的提升和产品成本的下降，其应用市场将不断扩大。由此可见，建材新材料以其优异的性能在材料领域一枝独秀，受到人们的高度重视，其市场应用前景十分广阔，在未来的社会进步与发展中将发挥重要的作用。

2. 建材新材料技术进步潜力巨大

建材新材料广泛存在于自然界，其储量远远大于金属材料和有机材料，可以说取之不尽、用之不竭，为人类的生存和发展做出了独特的贡献。随着人类科技的不断进步，建材新材料的巨大潜力正在逐步被发掘出来，其优异的性能和技术进步空间的无限性也越来越被人们所认识，一大批无机非金属新材料不断涌现，如石墨烯、碳纤维、先进陶瓷、先进玻璃基材料、人工晶体材料等。可以毫不夸张地讲，随着科技的不断进步，无机非金属新材料将改变人类的未来。以石墨烯为例，它是传统石墨材料的升华，是目前发现的最薄、强度最大、导电导热性能最强的一种新型纳米材料，被称为“黑金”，是“新材料之王”，科学家甚至预言石墨烯将“彻底改变 21 世纪”，极有可能掀起一场席卷全球的颠覆性新技术、新产业革命。又如碳纤维，作为无机纤维新材料，其质量比金属铝轻，强度却高于钢铁，并且具有耐腐蚀、高模量的特性，不仅具有碳材料的固有本征特性，又兼备纺织纤维的柔软可加工性，是新一代增强纤维，其轴向强度和模量高，密度低，无蠕变，非氧化环境下耐超高温，耐疲劳性好，热膨胀系数小且具有各向异性，耐腐蚀性好，X 射线透过性好，具有良好的导电导热性能和电磁屏蔽性。再如先进陶瓷，随着科技的进步，已远远超出了人们对传统陶瓷的认知，先进陶瓷具有

1 功能玻璃材料

1.1 功能玻璃材料概述

玻璃是以多种无机矿物（如石英砂、硼砂、硼酸、重晶石、碳酸钡、石灰石、长石、纯碱等）为主要原料，辅以少量添加剂制成的一种质地硬且脆的非晶态无机非金属材料。根据原料主要成分的不同，可分为氧化物玻璃和非氧化物玻璃。其中非氧化物玻璃品种和数量较少，主要有硫系玻璃和卤化物玻璃，基本用于光纤激光器和放大器等领域。而氧化物玻璃因种类丰富、功能多样，已被广泛用于建筑、交通、生活、新能源等领域。

功能玻璃是指通过改变化学成分或采取适当的工艺和加工方法，使其具有传统玻璃没有的新性能或使传统玻璃的性能得到显著提升，从而拓宽传统玻璃的应用领域或开辟新的应用领域，较大改善人们的生活和环境的玻璃产品。功能玻璃材料是国家于 2010 年发布的《国务院关于加快培育和发展战略性新兴产业的决定》中太阳能、信息产业、节能环保等战略性新兴产业必不可少的重要基础材料。

1.1.1 功能玻璃材料的种类及用途

功能玻璃材料主要指具有控制阳光、变换颜色、节约能源、光伏发电、信息显示、隔热防火等明显区别于传统平板玻璃功能的玻璃产品。随着科技的进步和社会的发展，近 10 年来功能玻璃产品的品种及数量得到了极大提升，应用领域进一步延伸，为我国带来了巨大的社会效益和经济效益。本章就目前建材领域应用较广泛的功能玻璃材料产品进行介绍。

常用的功能玻璃材料按玻璃组分可分为钠钙硅酸盐玻璃、硼硅酸盐玻璃和铝硅酸盐玻璃几类。

1.1.1.1 钠钙硅酸盐玻璃

钠钙硅酸盐玻璃的主要成分有 SiO_2、Na_2O、CaO、MgO、Al_2O_3 等，其原料丰富、制造成本较低，因此适宜大规模生产，目前其在国内的产量约占普通玻璃的 90%。通过对钠钙硅酸盐玻璃的生产工艺进行技术改进、创新和深加工，可生产出节能玻璃、阳光控制玻璃、光致变色玻璃、电致变色玻璃、光伏玻璃等功能玻璃产品。

1.1.1.2 硼硅酸盐玻璃

硼硅酸盐玻璃又称耐热玻璃，是以 SiO_2 和 B_2O_3 为主要成分，具有优异的耐热性、抗热冲击能力和化学稳定性，且抗酸和抗化学介质腐蚀能力强，热膨胀率低，因此被广泛用于制作 TFT 玻璃、防火玻璃及医药玻璃等产品。此外，硼硅酸盐玻璃还可应用于天文望远镜、精密仪器等产品中。

1.1.1.3 铝硅酸盐玻璃

铝硅酸盐玻璃的主要成分为 SiO_2 和 Al_2O_3，其具有优良的硬度、耐温性及耐冲击性，因此成为现代信息显示屏等设备配套的首选。但铝硅酸盐玻璃的软化变形温度较高，使其难以熔化、成形，制约其大批量生产。目前该产品主要用于制造信息显示屏、耐热玻璃、高温玻璃温度计、玻璃纤维等。

1.1.2 功能玻璃材料的基本性能

功能玻璃材料的基本性能与普通平板玻璃性能相似，只是根据玻璃成分的不同，有较大差异。其中主要性能特点如下：

优良的光学性质：玻璃具有高透光度性，可使 90%以上的光线透过。例如，光线照射到超白压延玻璃表面时，入射光线起到散射作用，能使 93.5%的光线透过玻璃表面，提供更多太阳能。

良好的硬度：玻璃的硬度与其化学组成密切相关，莫氏硬度一般能达到 6～7，风沙作用及清洗刷过程不会对其造成损伤。

良好的力学性质：钠钙硅酸盐平板玻璃是典型的脆性材料，力学性能与其厚度有直接关系。2～5mm的原片玻璃在90～360MPa冲击力作用下易破碎，钢化后的玻璃抗冲击强度和抗弯强度是未钢化玻璃的3～5倍。

良好的密实度：玻璃的孔隙率为0，故可认为玻璃是绝对密实的材料。

较高的化学稳定性：玻璃在正常使用情况下对水、酸、化学试剂或气体等具有较强的抵抗能力，但不耐碱性物质侵蚀。玻璃在储存过程中如果保管不当，长期受到侵蚀介质的腐蚀，则其化学稳定性变差，会出现霉变现象。

较稳定的电学性质：玻璃具有离子导电和电子导电的特性，在常温下属绝缘体，随着温度的升高，导电性迅速提高，在熔融状态下，是良性导体。

较好的热稳定性：钢化玻璃的耐急冷急热性质比普通玻璃高3～5倍，并能承受250℃以上的温差变化，是普通玻璃的3倍，对防止热炸裂有明显的效果。

安全性好：当钢化玻璃被外力破坏时，碎片会成类似蜂窝状的碎小钝角颗粒，不易对人体造成伤害。

导热性低：玻璃的导热性能低，热导率是铁的1/400。当玻璃局部受热时，这些热量不能及时传递到整块玻璃上，玻璃受热部位产生膨胀，使玻璃产生内应力而造成玻璃破裂。同样，温度较高的玻璃局部受冷时，也会因出现内应力而破裂。

1.2 典型产品

利用钠钙硅酸盐组分、硼硅酸盐组分、铝硅酸盐组分可生产出不同类型、不同用途的功能玻璃材料。本节以玻璃组分、功能划分类别，详见表1-1。

表1-1 典型功能玻璃产品分类

玻璃组成	产品类别	典型产品	主要应用领域
钠钙硅酸盐玻璃	超白玻璃	光伏发电玻璃（AR玻璃、AG玻璃、碲化镉光伏玻璃、铜铟镓硒光伏玻璃）	晶硅组件和薄膜组件盖板、背板
		光热利用玻璃	光热发电、智慧农业温室、平板集热器等
		白色家电玻璃	冰箱隔板、面板等

续表

玻璃组成	产品类别	典型产品	主要应用领域
钠钙硅酸盐玻璃	阳光控制玻璃	热反射玻璃	建筑物门窗、幕墙等
		吸热玻璃	建筑物门窗、幕墙等
		低辐射玻璃	建筑物门窗、幕墙等
	变色玻璃	光致变色玻璃	建筑物门窗、屋内装饰、博物馆展厅等
		电致变色玻璃	建筑物门窗、屋内装饰、博物馆展厅等
	导电玻璃	ITO 玻璃	电子触摸屏、液晶显示器等
		FTO 玻璃	低辐射玻璃、薄膜电池导电玻璃
		AZO 玻璃	工业化研发阶段，研发成功可取代 ITO 和 FTO 玻璃
	自洁净玻璃		建筑物门窗、幕墙等
	真空玻璃		建筑物门窗、平板式太阳能热水器等
硼硅酸盐玻璃	电子信息玻璃	TFT—LCD 玻璃	平板液晶显示
	高温玻璃	隔热防火玻璃	建筑物门窗、隔断等
		耐热玻璃	厨房灶具、工业观察窗等
	医药玻璃	医用玻璃	医疗器械、仪器、容器、试验器具等
		药用玻璃	安瓿瓶、预灌封、管制注射剂瓶等
铝硅酸盐玻璃		触摸屏盖板玻璃	平板液晶显示
		板材微晶玻璃	建筑地板、幕墙、厨具等

注：现阶段电子信息显示器件中的玻璃材料主要有三大类应用：①衬底类材料，包括 TFT 基板、CF（彩色滤光片）基板/柔性、OLED 用玻璃基板。其中 TFT 又可进一步细分为非晶硅 TFT、氧化物 TFF 和 LTPSTFT（低温多晶硅）几大类；②盖板类/封装类材料，包括触摸屏盖板玻璃、特种盖板玻璃（手机摄像头、相机镜头等）、刚性 OLED 器件用封装玻璃等；③其他先进功能材料，如超薄电视用玻璃导光板、柔性 OLED 制造用 PI（聚酰亚胺）基材所需的载体玻璃（Carrier Glass）等。

1.2.1 超白玻璃

1. 产品定义、特性及主要性能参数

超白玻璃是指平板玻璃成分中 Fe_2O_3 含量小于 0.015%（150ppm）、太阳光透过率较高（3mm 厚度玻璃的太阳光透过率可达 91.2%以上）的玻璃，也称低铁玻璃。根据生产工艺不同，超白玻璃可分为超白浮法玻璃和超白压延玻璃两种。以超白玻璃为基板进行深加工，可以衍生出减反射玻璃、薄膜玻璃、光热玻璃、电子信息玻璃等多种功能的玻璃产品。

减反射玻璃：在超白玻璃上镀一层减反射膜的玻璃称为减反射玻璃（Anti-Reflective glass），简称 AR 玻璃。

防眩光玻璃：在基本不影响玻璃透过率的情况下，利用特殊化学药水将玻璃表面蚀刻加工成粗糙的表面使其产生散射作用，把大量的入射光转换为亚光漫反射光，这种玻璃称为不反射玻璃或防眩光玻璃（Anti-Glare glass），简称 AG 玻璃。

铜铟镓硒薄膜玻璃：以超白（或普通）浮法玻璃为基板、超白压延玻璃为盖板，利用化学或物理方法在基板上涂覆铜铟镓硒导电薄膜并进行蚀刻、接线，在光线照射下膜层能自行发电的玻璃称为铜铟镓硒薄膜光伏玻璃。

碲化镉薄膜玻璃：以超白浮法玻璃为基板和盖板，利用化学或物理方法在基板上涂覆碲化镉导电薄膜并进行蚀刻、接线，在光线照射下膜层能自行发电的玻璃称为碲化镉薄膜玻璃。

超白玻璃及使用分类见表 1-2 和表 1-3。

表 1-2 超白玻璃分类

类型	超白浮法玻璃	超白压延玻璃
应用领域	薄膜光伏电池、光热发电、建筑装饰、变色玻璃、阳光控制玻璃	晶硅光伏电池、农业温室、平板集热器

表 1-3 太阳能发电玻璃分类

发电类型	发电形式	玻璃产品	转换效率
光伏发电	晶硅系统电池	单晶硅电池组件盖板玻璃、背板玻璃	18%～21%
		多晶硅电池组件盖板玻璃、背板玻璃	17%～18%
	薄膜系列电池	非晶硅薄膜电池组件 TCO 基板玻璃	6%～9%
		碲化镉（CdTe）薄膜电池组件基板玻璃	15%～17%
		铜铟镓硒（CIGS）薄膜电池组件基板玻璃、背板玻璃	15%～18%
光热发电	槽式发电	槽式抛物面反射镜	11%～16%
	塔式发电	太阳能反射镜（定日镜）	11%～20%
	碟式发电	抛物面聚光镜	15%～30%

超白玻璃产品具有以下优异特性。

（1）可见光透过率高、采光更加充足；

（2）超白玻璃在制造过程中去除了硫化镍等杂质，因此玻璃钢化自爆率极低；

（3）由于超白玻璃在制造过程中剔除了绝大多数致使玻璃着色的杂质，从而使玻璃具有水晶般晶莹剔透的质感和独特高档典雅的装饰效果，有玻璃家族“水晶王子”之称；

（4）超白压延玻璃具有高散射特性，在太阳光下显现出无影的效果；

（5）利用超白玻璃的“超白”特性可以用作多种光伏玻璃、电子信息玻璃、阳光控制玻璃等产品的基板。

超白玻璃与普通白玻璃在性能上有以下不同，见表1-4。

表1-4　超白玻璃主要性能参数

序号	性能		单位	参数	
				超白玻璃	普通白玻璃
1	玻璃成分中氧化铁含量		%	≤0.015	≥0.06
2	3mm可见光透射比		%	≥91.2	≥88.0
3	3mm紫外线（UVA）透过率		%	≥80.0	≤60.0
4	3mm遮挡系数		—	≥1.05	≤1.01
5	3mm太阳能得热系数		—	0.915	0.818
6	3mm相对热增益		W/m^2	≤705	≤679
7	3mm *U* 值	冬季夜晚	$W/(m^2 \cdot K)$	≤6.099	≤5.8
		夏季白天		≤5.499	≤5.2

注：根据玻璃中氧化铁含量不同和测试太阳光波长的不同，表中数据稍有差异。

2. 生产工艺及原料

1）生产工艺

超白玻璃的生产工艺包括浮法工艺、压延工艺及溢流法等。其中溢流法工艺生产的超白玻璃多用于特定用途。

（1）浮法玻璃生产工艺：浮法工艺是利用密度小的液体在不亲和的情况下能够漂浮于密度大的液体上的原理（例如，油漂浮在水上），通过一定的技术手段控制密度小的液体在密度大的液体上铺展成型的生产方法。浮法玻璃生产过程中，玻璃液的密度2.49g/cm^3小于锡液密度6.56g/cm^3，二者在高温下液体不会发生亲和，熔化合格的玻璃液流入密闭的容器（锡槽）中时，玻璃液漂浮在锡液面上，在牵引力的作用下，玻璃液向前行进，此时对玻璃液采用不同的牵引速度、在玻璃液两侧用拉边机施加不同的拉力，玻璃液就会漂浮形成不同厚度的玻璃，故名“浮法玻璃”。

浮法玻璃生产工艺流程如下。

合格粉质原料进厂→各种原料通过提升机进入配料仓→计算机根据配方进行配料称量→配料皮带机输送称量好的原料→原料进入混合机混合→混合好的原料（配合料）通过皮带机输送到窑头料仓→投料机投料→配合料在熔窑中高温熔化→合格玻璃液在调节闸板的调节下通过流道进入锡槽→玻璃液在锡槽中漂浮成形→成形后的玻璃板通过过渡辊进入退火窑退火→玻璃质量检验→根据客户要求将玻璃带切割成不同规格的玻璃板→掰边分片→玻璃质量检验→装箱包装入库。

随着科技的发展，浮法玻璃生产工艺、技术装备不断更新升级。利用浮法工艺不仅能生产传统玻璃产品，还能制造出在平板显示器、手机盖板等领域使用的0.12～1.0mm超薄玻璃，这些超薄玻璃经过深加工，又能成为新的玻璃材料。

（2）压延玻璃生产工艺：压延玻璃工艺是将熔化合格的玻璃液通过溢流口进入特制的压延机两个辊子之间，通过改变辊间开度、转速、压力及玻璃带的拉引速度，高温轧制出不同厚度玻璃的方法。利用该工艺生产的玻璃称为压延玻璃。

压延玻璃生产工艺流程如下：

合格粉质原料进厂→各种原料通过提升机进入配料仓→计算机根据配方进行配料称量→配料皮带机输送称量好的原料→原料进入混合机混合→混合好的原料（配合料）通过皮带机输送到窑头料仓→投料机投料→配合料在熔窑中高温熔化→合格玻璃液在通过溢流口进入压延机→玻璃液在压延机中轧制成形→成形后的玻璃板通过过渡辊进入退火窑退火→玻璃质量检验→根据客户要求将玻璃带切割成不同规格的玻璃板→掰边分片→玻璃质量检验→装箱包装入库。

若将超白压延玻璃应用于光伏电池等领域，则须对玻璃原片进行深加工，具体工艺流程如下：

合格的超白压延玻璃原片→磨边→清洗→（镀膜或打孔或丝印）→钢

化→清洗→检验→装箱包装入库。

2）生产原料

生产超白玻璃的原料有：低铁硅砂、纯碱、低铁白云石、方解石（低铁石灰石）、氧化铝（低铁长石）、芒硝、硝酸钠、澄清剂（氧化锑、氧化铈、焦锑酸钠等）。

3. 应用领域

超白玻璃钢化后可直接应用的领域包括：晶硅系统光伏发电、光热利用（光热发电、智慧农业温室、太阳能平板集热器、太阳能干燥房、太阳能蒸馏系统及海水淡化装置）、白色家电、高档家私、高端工程建筑空间的内外装修等。

超白玻璃作为基板玻璃可以应用的领域包括：铜铟镓硒薄膜电池、碲化镉薄膜电池、光致变色、电致变色、TCO、平板显示器、液晶显示器等。

4. 产品现状及发展趋势

随着经济社会的发展、人们生活水平的提高和绿色能源的使用，超白玻璃产品应用范围不断延伸，并逐渐进入人们的日常生活。目前，超白玻璃产品相比普通白玻璃，其原料资源较稀少，制造难度更大，致使其价格远高于普通白玻璃，从而制约了其使用量和应用范围。可以预见的是，随着超白玻璃制造工艺、技术装备的不断进步，产品的制造成本降低，其使用量将逐步增加。

当前，超白压延玻璃使用量远大于超白浮法玻璃，已成为仅次于普通白浮法玻璃的第二大“平板”玻璃产品。在生产工艺方面，以超白压延玻璃为例，其生产工艺虽由传统工艺演变而来，但经过十多年的更新换代，无论是生产效率还是产品性能参数，都已远远超越以前的传统技术。在产能产量方面，2005 年，随着国家大面积推广晶硅光伏电池组件的生产应用，带动了超白压延玻璃的发展，压延玻璃生产“老树发新芽”，使濒临淘汰的工艺重新“焕发青春”。随着世界太阳能新能源利用的逐渐扩大，超白压延玻璃呈井喷式发展。截至 2019 年年底，国内已有 19 家公司投产超白压延玻璃生产线，日熔化量达到 24300t，并且大多数公司单条生产线的日熔化能力已由 2005 年的 120～250t 提升到目前的 900～1000t。随着我国社会的不断发展，人们对美好生活的追求也将日益强烈，超白玻璃将凭借其优良性能逐步走进人们的日常生活，因此，预计在未来很长一段时期，超白玻璃仍将呈良好发展趋势。

1）光伏发电玻璃

大力开发绿色能源是我国的重要发展战略。太阳能光伏发电作为绿色能源利用的一种，将迎来发展契机。太阳能光伏组件的重要配套部件——盖板（面板）采用的就是光伏发电玻璃，其应用于晶硅系列电池组件和薄膜系列电池组件，主要起到保护电池组件和提高太阳能电池的太阳光透过率，从而提高其光电转换率的作用。

2019 年 11 月 12 日在秘鲁首都利马举行的 2019 年世界太阳能大会上，国际能源署可再生能源机构（IRENA）发布的《光伏的未来》报告中预测：若各国政府降低政策、经济、监管和技术壁垒，全球太阳能装机量将在 2018 年 480GW 基础上得到井喷式增长，2030 年有望达到 2.84TW，2050 年有望达到 8.519TW，届时全球二氧化碳排放量将减少 4.9 亿 t，占整个能源行业减排量的 22%，全球将有希望抵御最严重的全球性气候变暖问题。若要达到 2050 年全球装机 8.519TW 的目标，就需要将太阳能年新增装机速度从 2018 年的 94.3GW 提高到 2050 年的每年 372GW，届时太阳能装机量将从 2018 年占能源消费的 2%增长到 2030 年的 13%，再到 2050 年的 25%。

到 2050 年，建立巨大而完善的光伏生态系统目标将由亚洲主导完成。2018 年亚洲以 64GW 的并网新增光伏装机量傲视群雄，累计光伏装机量从 2017 年的 210GW 增至 2018 年的 274.6GW（世界光伏装机总量从 2013 年的 135GW 逐步增至 2017 年的 386GW，2018 年年底，装机总量达到 480GW），成为全球光伏行业发展的明显推动力。中国、日本、韩国、印度和巴基斯坦五个国家光伏装机量几乎支撑了整个亚洲市场。中国的光伏装机容量从 2017 年的 130GW 增至 2018 年的 175GW，日本光伏装机从 29GW 增至 55.5GW，印度光伏装机量从 17GW 增至 26.8GW，韩国光伏装机量从 5.8GW 增至 7.8GW，巴基斯坦从 742MW 增至 1.5GW，上述五个国家的累计光伏装机量已达到 266.6GW，约占亚洲整体光伏装机量的 97%，助力亚洲成为几大洲中发展最强劲的地区。2017 年上述五个国家的累计装机量约占全亚洲的 87%，2018 年增长至 97%，光伏发展显现出明显的地域集中趋势。美国光伏装机从 2017 年年底的 42GW 增至 2018 年年底的 49GW，欧洲则从 110GW 增长到 119.3GW，澳大利亚从 5.9GW 增长至 9.76GW，以上三个主要欧美市场 2018 年累计新增 20GW，以 12.6%的增长率稳定增长，约占 2018 全球光伏新增装机量的 21.3%。2018 年，南美洲光伏装机量从 3.4GW 增至 5.4GW，非洲地区从 3.7GW 增至 5.1GW，欧亚大陆从 3.6GW 增至 5.6GW，中东地区从 2.07GW 增至 3.02GW，累计新增 6.35GW，增长率约 50%。未来最有潜力的光伏装机量市场应为拉丁美洲和加勒比海地区，预计到 2050 年该地区光伏装机量将从目前的 7GW 增长到 280GW。

光伏技术的不断创新进步是光伏成为廉价能源的重要推动力。2030 年太阳能电价预计将从 2018 年的平均每千瓦时 0.085 美元降至 0.02～0.08 美元，到 2050 年达到 0.01～0.05 美元。

根据我国的能源政策，太阳能、风能、生物质能等新能源都将成为国家的发展战略。在未来 10～20 年，太阳能行业将呈突飞猛进的发展态势，光伏玻璃也将会借势而上，迎来新的发展契机。

2）光热利用玻璃

光热利用玻璃就是利用太阳能加热玻璃容器中的物质，使之转化成热能被人们所利用，例如，太阳光有机植物工厂、平板太阳能集热器、太阳能干燥房、太阳能蒸发器、海水淡化器、光热发电等。

太阳光有机植物工厂即是利用轻钢结构和太阳能压延玻璃建设的特大型阳光房（单个面积约 70000m^2），在房内可种植各种农作物，并利用计算机技术进行自动化控制：控制太阳能进入、热能吸收、氧气合成、施肥、浇灌、病虫害防治等。未来，随着太阳能智慧农业技术的成熟和成本的降低，它将有望取代塑料薄膜大棚，为我们提供安全、卫生、无公害的农业产品。超白压延玻璃具有高透光率及无影特性，在智慧农业温室领域具有极大的应用潜力。目前，我国 95%的蔬菜、水果、花卉等农作物都是采用露天方式种植，此方式存在农作物产量低和受自然环境影响较大的问题。我国还有约 210 万公顷土地采用塑料大棚（第一代温室）或普通玻璃温室（第二代温室）方式种植蔬菜、水果、花卉等农作物，使我国人民的饮食由温饱型过渡到了营养型，但这些温室大棚存在单体规模小、占地面积大、采光性能差、机械化栽培技术水平低、抵御自然灾害及病虫害的风险低、种植环境恶劣、食用环保问题严重等问题。为了进一步满足人们对无公害保健型食品消费的需要，国内现在开始研发第三代温室——采用“荷兰温室农业＋以色列种植技术”的太阳光有机植物工厂栽培高质量、高效益的名、特、优、新、稀农作物产品。

太阳光有机植物工厂是现代农业的一种生产形式，不受或很少受自然环境的制约，被国际上公认为是衡量一个国家农业高技术水平的重要标志之一。较传统农业，太阳光有机植物工厂作为第三代温室具有规模大、自动化程度高、生产效率高，可控性好等众多生产优势，是我国农业现代化改革转型的必然方向。

农作物产量90%～95%来自农作物叶片的光合作用，5%～10%来自农作物根部吸收的营养物质。因此，如何提高农作物的光能利用率，制造更多的光合产物，是提高农作物产量的一个根本问题。因此，温室内的光照时间及光线强弱直接关系着太阳光植物工厂的生产效率和效益，能让太阳光很好地进入车间并高效利用和调控太阳光谱成分的透光物成为温室植物工厂的关键材料，而这一关键材料非玻璃莫属。

目前，我国玻璃温室普遍使用的透光材料是普通平板玻璃，其透光率为87%左右，它虽比塑料大棚常用的塑料薄膜材料光透过率高得多，但普通平板玻璃温室的直射光多，对农作物的生长有较大影响。国外植物工厂通常采用特种玻璃建设温室，温室内光线透过率高，光传播无固定方向，室内无阴影产生，能多角度对植物进行照射，有效地提高温室内的光照效果，促进了农作物的光合作用，提高了农作物的产出率。此外，使用该种玻璃也能降低太阳光的直射辐射强度，减少植物的光抑制效应等。实践证明，与普通平板玻璃温室相比，植物工厂采用光透过率高、光照强度适中的特种玻璃后可使农作物产能增加20%～25%。

为鼓励投资建设植物工厂，国家出台了一系列的扶持政策：优先鼓励连片开发、规模化建设现代农业标准化示范园区；优先扶持高效农业种养基地建设。植物工厂温室种植将成为我国温室更新换代、农业转型的一个重要设施农业，届时适宜植物工厂温室使用的特种玻璃的需求将会成倍增长。因此，具有高透光、高雾度特性的超白压延玻璃将有望替代现有温室大棚用的塑料薄膜和普通白玻璃，满足日益增长的太阳光植物工厂的需要，为我国现代设施农业增产提效助力。

平板太阳能集热器是吸收太阳辐射并将产生的热能传递到传热介质的装

置。国外太阳能集热器市场以平板集热器为主，虽然平板集热器初期投资高，但具有结构简单、系统运行可靠、维护成本低、承压能力强、吸热面积大、水质不会污染和系统寿命长等优点。此外，同等面积下，平板集热器采光面积要大于传统真空玻璃管集热器采光面积，因此，平板集热器太阳能热水系统的产水量要高于同等面积的真空玻璃管集热器系统，并更有利于实现太阳能系统与建筑结合，节省占地面积。目前，国内平板太阳能集热器正处于起步阶段，性能和国外仍存在一定差距。未来，随着平板太阳能集热器相关研究的不断深入，选择性涂层、集热器的优化设计和生产工艺等关键核心技术有望突破，届时国内平板太阳能集热器势必替代传统真空玻璃管集热器。而能有效透过太阳能，并保护太阳能平板集热器的主要部件正是超白压延玻璃。

太阳能干燥器是利用太阳辐射的热能，将湿物料（例如，粮食、果品、叶类作物、棉花、中药材、木材等）中的水分蒸发除去的一种干燥装置。太阳能干燥器原理：由吸热体、盖板、保温层和外壳构成箱式或棚式带透明顶板和涂黑内层的密闭空间形成太阳能空气集热器，吸热体吸收太阳辐射，并将其转换为自身热能，使自身升温，当室外空气流经吸热体时，利用自然对流或强迫对流形式进行换热，加热冷空气，达到使物体干燥的目的。比较典型的太阳能空气集热器是平板型空气集热器，其使用的顶棚即为超白压延玻璃。

此外，随着人们生活水平的提高和智能技术的进步，白色家电中的隔板、面板以及信息显示屏、高档家私均要使用大量的超白玻璃。

5. 应用图片（图 1-1～图 1-4）

图 1-1　超白压延玻璃

玻璃窗；②中空玻璃或夹层玻璃窗。如用热反射玻璃与透明玻璃组成带空气层的隔热玻璃幕墙，其遮蔽系数仅有0.1左右。这种玻璃幕墙的导热系数约为1.74W/(m·K)，保温性能优于一砖厚两面抹灰的砖墙；③用于玻璃幕墙以及各种建筑物外墙的艺术装饰。

图1-5 热反射镀膜玻璃

4. 产品现状及发展趋势

20世纪70年代，我国就开始了对热反射镀膜玻璃性能和生产技术的研究，80年代逐步开始引进生产技术和数条生产线，通过引进消化吸收再创新，进一步推动了产业技术进步，实现了热反射镀膜玻璃的国产化。进入90年代后，随着国内经济的高速发展，热反射膜玻璃很快在国内建筑、装潢行业掀起使用高潮，其生产工艺的研究取得较大进步，自行研发的工艺技术成功投产。目前，我国部分镀膜玻璃产品的主要性能已接近或达到了国外同类产品水平。

1.2.2.2 吸热玻璃

1. 产品定义、特性、主要性能参数

吸热玻璃是能吸收大量红外线辐射，并保持较高可见光透过率的平板玻璃，它是阳光控制玻璃的一种，也属于节能玻璃。吸热玻璃可利用玻璃中的金属离子对太阳能进行选择性的吸收，同时呈现出不同的颜色。其节能原理是当太阳光透过玻璃时，玻璃首先将光能吸收转化为热能（玻璃本身温度升高），热能又以传导、对流、辐射的形式向室外散发出去，从而减少太阳能透过玻璃的日射热量，最终实现建筑物节能。

吸热玻璃与普通白平板玻璃相比具有如下特性。

（1）玻璃颜色品种较多，色彩斑斓，有灰色、茶色、蓝色、绿色、古铜色、青铜色、粉红色和金黄色等。

（2）吸收太阳辐射热，如5mm厚的普通白透明浮法玻璃，在太阳光照下透过率为86％，而同样条件下不同颜色的吸热玻璃的透过率分别为：茶色和灰色≤60％，蓝色≤70％。吸热玻璃的颜色和厚度不同，对太阳辐射热的吸收程度也不同。

（3）吸收太阳可见光，减弱太阳光的强度，起到反眩作用，不同颜色的吸热玻璃可见光透过率分别为：茶色≥42％，灰色≥30％，蓝色≥45％。

（4）能吸收一定的紫外线，减少紫外线透射对人体的伤害。

吸热玻璃的光学性能用可见光透射比和太阳光直接透射比来表述，二者数值换算成5mm厚度玻璃值后，应符合表1-6的规定。

表1-6　常用本体着色吸热玻璃光学性能

颜色	可见光透射比率	可见光直接透射比率
茶色	≥42％	≤60％
灰色	≥30％	≤60％
蓝色	≥45％	≤70％

2. 生产工艺及原料

1）生产工艺

生产吸热玻璃的方法有两种：一种是在普通钠钙硅酸盐玻璃的原料中加入一定量的有吸热性能的着色剂；另一种是在普通白平板玻璃表面喷镀一层或多层金属或金属氧化物薄膜而制成。

不镀膜吸热玻璃生产工艺流程：合格粉质原料进厂→各种原料通过提升机进入配料仓→计算机根据配方进行配料称量→将单独称量好的着色剂原料倒到配料皮带上→配料皮带机输送称量好的原料→原料进入混合机混合→混合好的原料（配合料）通过皮带机输送到窑头料仓→投料机投料→配合料在熔窑中高温熔化→合格玻璃液在调节闸板的调节下通过流道进入锡槽→玻璃液在锡槽中漂浮成形→成形后的玻璃板通过过渡辊进入退火窑退火→玻璃质量检验→根据客户要求将玻璃带切割成不同规格的玻璃板→掰边分片→玻璃质量检验→装箱包装入库。不镀膜的吸热玻璃还可以经过磨光、钢化加工制成夹层或中空玻璃，起到更好地阻挡阳光和冷气的作用，使房间有冬暖夏凉的作用。

镀膜吸热玻璃生产工艺流程：合格普通白玻璃原片进厂→按客户需求规格切割→磨边清洗→质量检验→玻璃镀膜→质量检验→装箱包装入库。

2）生产原料

不镀膜吸热玻璃生产原料与普通白玻璃有所差异，生产不镀膜吸热玻璃的配方中需根据不同玻璃的颜色选择合适的着色剂。此外，不镀膜吸热玻璃在熔窑中熔化温度、窑内气氛等控制方法也与普通白玻璃的生产方法有较大差异。

3. 应用领域

吸热玻璃能够吸收一部分太阳可见光，使阳光变得柔和，起到一定的防眩作用，现主要用于建筑物的门窗、外墙以及车、船的挡风玻璃等，具有隔热、防眩、采光及装饰等作用。

4. 产品现状及发展趋势

随着建筑、汽车、装饰装修、家具、信息产业技术等行业的发展和人们对生活空间环境要求的提高，由吸热玻璃制成的节能中空玻璃等功能性加工产品得到广泛应用。同时国家对新农村建设和城镇化进程推进的加快，平板玻璃的供求格局和消费结构正在发生变化，国内市场对吸热玻璃产品的需求呈增长趋势。

1.2.2.3 低辐射玻璃

1. 产品定义、特性、主要性能参数

低辐射玻璃也称 Low-E（Low-Emissivity）玻璃，它是阳光控制玻璃的一种。低辐射玻璃是指用特殊的生产工艺在符合质量要求的浮法玻璃表面涂覆多层拥有极低表面辐射率的金属或金属氧化物薄膜层后，对红外反射率高（2.1～25μm 中远红外线反射比达 80%以上），以降低室内外远红外线热辐射能量的传递，在起到控制阳光、调节热量、节约能源、改善环境的同时不减少可见光透过的镀膜玻璃。低辐射玻璃的节能性主要体现在两个方面：一是限制太阳热辐射透过，即遮阳（用光热比 LSG 表示），达到夏季节省制冷空调费用的目的；二是降低室内外温差传热，即限制冬季室内热量损失（用 U 值表示），达到降低冬季采暖费用的目的。

低辐射玻璃具有以下特性：

（1）可见光透过率高，反射率低。低辐射玻璃与普通白玻璃的可见光透过率相差不大，可见光反射率一般≤11%，低于其他的阳光控制玻璃，其反射光的颜色多为浅淡的蓝色，几乎难以看出，可防止因反射造成的光污染。

（2）远红外反射率高。低辐射玻璃的远红外反射率高达80%，而普通白玻璃、热反射玻璃和吸热玻璃的远红外反射率仅在12%左右。

（3）表面辐射率低。普通白玻璃的表面辐射率在0.84左右，而低辐射玻璃的表面辐射率低于0.25，能达到很好的隔热保温效果。Low-E玻璃传热系数 K 值很低。以6mm+12A+6mm结构的中空玻璃窗为例，普通玻璃窗的 K 值约为3.0W/（m^2·K），镀Low-E膜的 K 值≤2.0W/（m^2·K）（图1-6）。

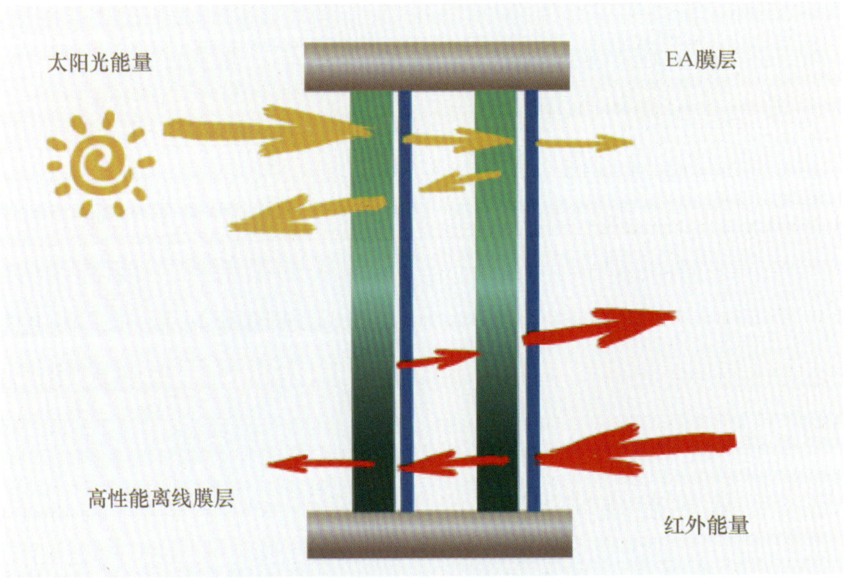

图1-6　Low-E玻璃节能原理

低辐射镀膜玻璃使用的普通浮法玻璃基片颜色、膜层颜色、膜层数量及各生产厂家玻璃生产技术都存在一定的差异性，因此，也造成了低辐射镀膜玻璃的性能参数各不相同，客户使用低辐射镀膜玻璃制造的中空玻璃的性能参数可查看各生产厂家的产品说明书，表1-7和表1-8中列出的低辐射镀膜玻璃主要性能参数仅供参考。

表1-7　单片低辐射镀膜玻璃主要性能参数

厚度	透过率	反射率（外）	吸收率	阳光得热系数	遮阳系数	U 值［W/（m^2·K）］
3mm	82%	11%	19%	72%	0.83	3.7
4mm	82%	11%	20%	71%	0.82	3.7

度较高。

在线 Low-E 玻璃的生产与在线热反射镀膜玻璃生产有所不同，如原料配方和反应器不同，但主要原料均为有机金属化合物和无机化合物。

3. 应用领域

由于 Low-E 玻璃具有可见光透过率高、对远红外线高反射及优良的隔热效果，故可广泛应用于建筑物的门窗、幕墙以及用作车、船挡风玻璃，冰箱家电观察门，微波炉门，显示器保护屏等领域。能有效地阻断室内外的辐射传热，具有很高的隔热保温节能效果，是当今世界公认的综合节能指标最高的建筑玻璃（图 1-7、图 1-8）。

图 1-7 低辐射玻璃（一）

图 1-8 低辐射玻璃（二）

自 20 世纪 70 年代末在欧美推广以来，Low-E 玻璃已在发达国家得到了广泛的应用，德国 Low-E 玻璃使用率达到 92%，韩国和波兰分别达到了 90%和 75%。目前我国的公共建筑项目采用 Low-E 节能玻璃的比例逐年增大，执行国家节能法规情况较好，特别是经济相对发达的大城市的公共建筑已经普遍采用 Low-E 节能玻璃。

国外有关部门对使用低辐射镀膜玻璃和普通窗用玻璃进行专门的测定表明：一座窗玻璃面积为 $50m^2$ 的建筑物在冬季采暖期，如果采用单层玻璃窗（透明浮法玻璃）时其热量损失为 24360kW · h；如果采用普通中空玻璃窗，其热损失降为 12600kW · h，而如果采用由低辐射玻璃制成的中空玻璃，则热损失仅仅为 6726kW · h，这表明使用普通中空玻璃窗比单层玻璃窗节能 48.28%，而使用低辐射玻璃的中空玻璃窗比单层玻璃窗节能 72.41%，可大大降低空调使用费（图 1-9～图 1-11）。

图 1-9　Low-E 玻璃应用于北京融科 B 座

图 1-10　Low-E 玻璃应用于清华大学超低能耗示范楼

图 1-11　Low-E 玻璃的应用

4. 产品现状及发展趋势

欧洲很多国家早在 20 世纪 70 年代就明确立法要求使用 Low-E 玻璃，所以 Low-E 玻璃普及率相当高。而我国认识 Low-E 玻璃比国外晚了 20 年，从 20 世纪 90 年代才开始从国外陆续引进离线 Low-E 玻璃生产设备。但由于生产的 Low-E 玻璃产品价格高，所以，我国 Low-E 玻璃的普及率较低，仅使用在大型公共建筑上。随着 2003 年我国第一条在线 Low-E 玻璃生产设备研发成功和 2011 年我国第一条具有自主知识产权的离线 Low-E 玻璃生产设备的研发成功，Low-E 玻璃生产实现产业化后，Low-E 玻璃制造成本大幅下降，加之在国家节能减排政策的指引下，Low-E 玻璃市场使用量呈直线上升趋势。我国 Low-E 玻璃生产技术已经成熟。无论是浮法在线化学气相沉积工艺制备的在线 Low-E，还是磁控真空溅射工艺制备的含银层的离线 Low-E，从产能和产品质量上都能满足市场的巨大需求。

但目前我国 Low-E 玻璃使用的普及率不足 20%，与欧美发达国家使用 80%的普及率相比，我国 Low-E 玻璃市场还处于发展阶段，仍有很大的潜力。所以，在未来全世界环境保护控制越来越严格的大背景下，及随着人均住房消费层次的不断提升，Low-E 玻璃的市场需求将迅速增长，中国 Low-E 玻璃的主要用户将逐渐由大型公共建筑向普通公共建筑、中高档住宅转移，普通民用住宅将成为 Low-E 玻璃的主要用户，Low-E 玻璃市场增长空间极大，发展市场前景非常广阔。

1.2.3 变色玻璃

1. 产品定义、特性、主要性能参数

作用于玻璃上的光照、温度、电场或电流以及表面施压等条件发生变化时，玻璃性能随之发生相应的改变，并能够在全部或部分太阳能光谱范围内高、低透过率状态间进行可逆变化，实现对太阳辐射能的有效控制，在调节光线的同时也能调节室内温度，达到节能目的。这种玻璃产品称为变色玻璃。

根据工作原理的不同，变色玻璃可分为电致变色玻璃、光致变色玻璃、热致变色玻璃和力致变色玻璃四种类型。这些变色效应不同的玻璃均可不同程度地实现对太阳光透过率的调节。目前电致变色玻璃和光致变色玻璃使用的较为广泛。

电致变色玻璃是指在外加电场作用下，通过改变电流大小调节玻璃的光透过率，使玻璃的光学性能发生连续可逆变化的现象，直观地表现为玻璃的颜色和透明度发生可逆变化过程的玻璃。

光致变色玻璃是指玻璃受紫外线或阳光照射后，在可见光谱区产生光吸收而自动使玻璃透光度降低或产生颜色变化，停止照射后又可逆地自动恢复到初始透明状态的玻璃。

热致变色玻璃是指玻璃温度发生变化时，自动出现光透过率降低升高的可逆性变化的玻璃。由于可逆热致变色材料 VO_2 具有较高的低温光透过率和很低的高温光透过率，所以通常是在玻璃表面镀一层掺杂后的 VO_2 薄膜，使 VO_2 薄膜的相变温度降低至室温附近，用于建筑物窗户和汽车玻璃的镀膜材料。

玻璃随着阳光的强弱或外加电场的强弱或外加热量的强弱或外加力的强弱而改变颜色，调节玻璃透明度和透过的光线，起到“自动窗帘”、保护隐私、隔热、隔声的作用，是变色玻璃产品最主要的特性。

由于各种变色玻璃工作原理不同，其主要性能参数也各不相同。但都应满足以下要求：①具有良好的电化学氧化还原可逆性；②较短的变色响应时间（响应速度）；③良好的颜色可逆变化性能；④良好的颜色变化灵敏度；⑤有较高的循环次数和使用寿命；⑥有一定的存贮记忆功能；⑦稳定的化学特性等。

电致变色玻璃是将调光液晶膜放置在两层玻璃中间采用夹层玻璃工艺流程制造，因此，除对使用的钢化玻璃和夹层膜片材料按国家规定的标准执行外，其他性能参数受生产厂家、生产工艺、原材料品质影响而出现不同的性能参数（表 1-10）。

表 1-10 电致变色玻璃主要性能参数

<table>
<tr><th colspan="3">参数名称</th><th colspan="2">工作方式</th><th colspan="2">参数</th></tr>
<tr><td rowspan="7">光学参数</td><td colspan="2" rowspan="2">可见光透过率</td><td colspan="2">通电</td><td colspan="2">>78%</td></tr>
<tr><td colspan="2">断电</td><td colspan="2">>55%</td></tr>
<tr><td colspan="2" rowspan="2">平行光透过率</td><td colspan="2">通电</td><td colspan="2">>66%</td></tr>
<tr><td colspan="2">断电</td><td colspan="2"><1.5%</td></tr>
<tr><td colspan="2" rowspan="2">雾度</td><td colspan="2">通电</td><td colspan="2"><5.0%</td></tr>
<tr><td colspan="2">断电</td><td colspan="2">>90%</td></tr>
<tr><td colspan="2">可视角度</td><td colspan="2">通电</td><td colspan="2">>150°</td></tr>
<tr><td rowspan="5">电学参数</td><td colspan="2">工作电压</td><td colspan="2">通电</td><td colspan="2">48VAC</td></tr>
<tr><td colspan="2">饱和电压</td><td colspan="2">通电</td><td colspan="2"><20V</td></tr>
<tr><td colspan="2" rowspan="2">响应时间</td><td colspan="2">通电</td><td colspan="2"><45ms</td></tr>
<tr><td colspan="2">断电</td><td colspan="2"><10ms</td></tr>
<tr><td colspan="2">功耗</td><td colspan="2">通电</td><td colspan="2"><5W/m²</td></tr>
<tr><td rowspan="4">环境参数</td><td colspan="2">工作温度</td><td colspan="2"></td><td colspan="2">−10～65℃</td></tr>
<tr><td colspan="2">储存温度</td><td colspan="2"></td><td colspan="2">−20～80℃</td></tr>
<tr><td colspan="2">开关次数</td><td colspan="2"></td><td colspan="2">>8 千万次</td></tr>
<tr><td colspan="2">使用寿命</td><td colspan="2"></td><td colspan="2">通电>10 年</td></tr>
<tr><td rowspan="2">物理参数</td><td>玻璃厚度</td><td>(4+4) mm</td><td>(5+5) mm</td><td>(6+6) mm</td><td>(8+8) mm</td><td>(12+12) mm</td></tr>
<tr><td>夹胶成品厚度</td><td>≈9.5mm</td><td>≈11.5mm</td><td>≈13.5mm</td><td>≈17.5mm</td><td>≈26mm</td></tr>
</table>

2. 生产工艺及原料

本书就使用较为广泛的电致变色玻璃和光致变色玻璃生产工艺进行介绍。

1）电致变色玻璃

常用的电致变色玻璃有电致液晶夹层调光玻璃、电致液晶贴膜调光玻璃、全固态电致变色玻璃等类型。

电致液晶夹层调光玻璃是将由两层柔性透明导电膜中间夹有一层包裹液晶微滴的塑胶芯层调光薄膜置于两片钢化玻璃之间，在外加电场的控制下，通过调整液晶折射率与塑胶折射率匹配而改变光线透过程度，实现玻璃在透明与不透明之间快速变换为目的的调光玻璃。

电致液晶贴膜调光玻璃是将由两层柔性透明导电膜中间夹有一层聚合物分散液晶材料的塑胶芯层调光薄膜粘覆在玻璃表面，通过外加电场的控制，可在透明与不透明之间快速变换以控制雾度为主要目的的调光玻璃。

全固态电致变色玻璃为两片基片玻璃中间夹有五层电致变色材料，形成“玻璃—透明导电层—电致变色层—离子导电层—离子储存层—透明导电层—玻璃”结构。在电致变色玻璃结构中，电致变色层是关键，而电致变色层、离子导电层和离子存储层是结构的主体。

透明导电层的功能是与基片玻璃构成导电玻璃，起到与外电源相接的导电作用，膜层要求具有高的电导率和透射率，且化学稳定性好。常用的透明导电膜有 SnO_2 膜、锡酸镉、In_2O_3：Sn（ITO）薄膜和 SnO_2：F（FTO）薄膜等，目前 ITO 膜性能相对最好。

电致变色层是电致变色玻璃的核心，膜层材料是一种电子和离子的混合导体，在外电场作用下，通过变色层中离子和电子的注入或抽出，使整个组合发生无色和着色变化。在众多的电致变色材料中使用最多的是阴极无机电致变色材料——第Ⅵ B族过渡金属氧化物，而过渡金属氧化物中又以三氧化钨（WO_3）使用得最多。氧化镍（NiO）是典型的阳极变色材料，具有变色范围大、循环寿命长、原料丰富、价格适宜等优点，与 WO_3 配合可达到很高的光调解率。在碱性（KOH 等）环境下，以 OH^- 作为注入/抽出的离子，NiO 发生电致变色现象，薄膜由透明转变为黑棕色。

离子导电层又称电解质层，只允许离子通过，用于传导变色过程中的离子，即当在导电层上加上正向直流电后，离子存储层中的离子被抽出，通过离子导电层进入电致变色层，使其变色，当通入反向电压后，电致变色层离子被抽出，通过离子导电层进入离子存储层，系统恢复到透明状态。因此，膜层应在室温下具有高离子导电率和电子电阻率。常用的电解质按形态可以分为液态、固态和凝胶状电解质，它是电致变色器件全固态化的关键材料。固态电解质一般采用固态锂盐，如：$LiNbO_3$、$LiTaO_3$、$LiBO_2$、Li 和 LiN 等。高分子凝胶电解质是以有机玻璃（PMMA）的疏松网状为骨架，将锂盐与乙烯碳酸酯、丙烯碳酸酯等混合于易挥发的溶剂中浇筑而成的透明柔软电解质膜，通常多用于智能窗。

离子存储层又称可逆电极，起平衡离子的作用，用于提供和存储变色所需的离子，要求膜层具有可逆的氧化-还原状态、透明性、较高的储存和提供离子的能力，是电子和离子的混合导体，常用的典型材料有 TiO_2-CeO_2 和 NiO。

电致变色玻璃是采用夹层玻璃制造工艺制成的。

电致液晶夹层调光玻璃工艺流程如下：

以清洗干净符合质量要求的两片钢化玻璃作基片→放置以两层柔性透明导电膜中间夹有液晶微滴的塑胶芯层调光膜→将两片玻璃组合起来→送入层压机中进行高温高压层压胶合→装配变压器、窗框→运送到客户。

全固态电致变色玻璃工艺流程如下。

以清洗干净符合质量要求的两片浮法玻璃作基片→利用磁控溅射或化学气相沉积或真空蒸发等方法在两片玻璃基片上镀一层 200～500nm 厚的透明导电膜→在其中一片玻璃基片上再镀上一层无机电致变色膜→在另一片玻璃基片上再镀上一层离子储存膜后，再使用无机固体电解质采用磁控溅射或真空蒸发方法在其上镀一层离子导电膜→将两片镀膜玻璃组合起来→在透明导电膜上连接导线→装配窗框→运送到客户。

2）光致变色玻璃

光致变色玻璃一般是在普通的玻璃成分中引入光敏剂生产光致变色玻璃。常用的普通玻璃有铝硼硅酸盐玻璃、硼硅酸盐玻璃、硼酸盐玻璃、磷酸盐玻璃等，常用的光敏剂包括卤化银、卤化铜等。光致变色玻璃有有机光致变色玻璃和无机光致变色玻璃两种。常用的无机光致变色的基本原理是无色的光敏剂卤化银在光辐射条件下发生光化学反应，分解成金属银原子和卤素原子，银原子发生聚集形成具有很强光吸收的 Ag^+ 胶体粒子从而使玻璃变暗。当撤去阳光照射时，银原子和卤素原子又重新结合成无色的卤化银晶体而使玻璃褪色。卤化银在铝硼硅酸盐玻璃中具有的光致变色效应最好，因此应用最广泛。为了增加卤化银光致变色玻璃的光敏性，通常在玻璃中添加诸

续表

名称	ITO 玻璃	FTO 玻璃	AZO 玻璃	性能比较
主要原材料	磁控溅射：In_2O_3＋Sn_2O_3 靶材	1. CVD 镀膜：SiH_4、C_2H_6、N_2、O_2、F_2、$SnCl_4$、H_2O、CH_3OH 气体； 2. 磁控溅射：硅靶材、氧化锡掺氟靶材	磁控溅射：硅靶材、氧化锌铝陶瓷靶材（98%ZnO_2＋2%Al_2O_3）	AZO 靶材原料易得，无毒且在等离子体中稳定性好
方块电阻	高电阻 150～500Ω/ε；中电阻 60～150Ω/ε；低电阻小于 60Ω/ε	在线 CVD：6～20Ω/ε	≤10Ω/ε	FTO 导电性差会制约薄膜太阳能电池转换效率的提升
方块电阻均匀性	±10%	±10%	±10%	
可见光透过率	≥86%	在线 CVD≥77% 离线 CVD≥79% 喷雾热解法≥80%	制绒前≥80% 制绒后≥85%	FTO 在 800nm 以上波长透光性差，限制薄膜电池光电转换率的提高；AZO 玻璃易制绒，从而提高光透过率
雾度		≥10%	制绒表面前光滑	AZO 可用酸制绒
平均膜层厚度	200nm	800～950nm	1000nm	
膜厚均匀性	±10%	±10%	±10%	
耐酸碱性	佳	佳	不佳	
耐候性	优	优	佳	FTO、AZO 玻璃成品可长久保存
铅笔硬度	≥3H	≥3H	≥3H	

2. 生产工艺及原料

1）生产工艺

FTO 玻璃的生产工艺与阳光控制玻璃的生产工艺相同，都是采用在线镀膜或离线镀膜在符合质量的浮法玻璃基片上镀上一层膜层。ITO 玻璃和 AZO 玻璃均采用离线镀膜方法。TCO 玻璃与阳光控制玻璃的不同之处是玻璃基片和镀膜原料有所差异，镀出的膜层性能就有差别。

在线 FTO 镀膜玻璃是在超白浮法玻璃生产线上生产超白玻璃的同时，在锡槽内采用化学气相沉积（CVD）法进行镀膜。工艺流程概述如下：

在锡槽合适的温度区域内分别放置几个镀膜反应器（一组镀 SiO_2 膜，一组镀 FTO 膜）→将镀膜反应器调整到距玻璃板适当高度→将某些含有膜层元素物质制成的气体或经气化后按一定比例与载气预先混合→将混合气体送入镀膜反应器内→混合气体以层流形式均匀喷射→混合气体在玻璃上表面扩散、吸附、热分解和解析→镀膜气体在玻璃基板表面处发生化学反应并沉积在玻璃表面形成薄膜→膜层随玻璃板的运行在锡槽内高温固化→镀膜玻璃出锡槽、退火窑后进行质量检验→切割、掰边、分片→装箱包装入库。

离线 TCO 玻璃镀膜的方法有很多种，主要有磁控溅射法、金属有机物化学气相沉积法、脉冲激光沉积法、喷雾热分解法、分子束外延法及溶胶-凝胶法等。其中，真空磁控溅射法制 ITO 或 AZO 薄膜具有较高的沉积速率、低的衬底温度和良好的衬底黏附性等优点而被广泛地应用。

真空磁控溅射法，其工艺流程简述如下。

超白玻璃选片、切片→清洗烘干→洁净与活化→抽真空→磁控溅射镀膜（先镀 SiO_2 膜，再镀 FTO 或 AZO 膜）→真空转换→冷却、蚀刻（对 AZO 玻璃还需用稀盐酸溶液进行腐蚀制绒）→在线检测→成品装箱包装→入库。

2）生产原料

生产 TCO 玻璃的原料，无论是在线镀膜还是离线镀膜，均采用超白浮法玻璃为玻璃基片原料，仅镀膜原料由生产的品种决定。

3. 应用领域

TCO 导电玻璃主要用于平板液晶显示器、电致发光显示、电致彩色显示、非晶硅太阳能薄膜电池透明电极、建筑用节能玻璃、车用电致发热玻璃窗等。

ITO 导电玻璃最早应用于光伏电池的前电极，但随着光伏电池产品对光吸收性能要求的提高，TCO 玻璃光散射的能力难以满足，同时铟离子在薄膜太阳能电池制作过程中会被 H 离子还原，光透过率进一步衰减 80%，导电性能大幅下降，并且激光蚀刻性能也较差，加之铟在自然界中储量少，价格高，应用于太阳能电池时在等离子体中不够稳定，因此，目前 ITO 玻璃已不再作为光伏电池的电极使用，但作为 LCD（液晶显示屏）、OLED（有机发光二极管显示屏）、触摸屏等各类平板显示器行业唯一的透明导电电极材料仍被广泛使用。ITO 导电玻璃在平板显示器使用中根据电阻高低不同使用的范围不同：高电阻玻璃（电阻在150～500Ω/ε）一般用于静电防护、触控屏幕制作用；普通玻璃（电阻在60～150Ω/ε）一般用于TN类液晶显示器和电子抗干扰；低电阻玻璃（电阻小于60Ω/ε）一般用于STN液晶显示器和透明线路板。

FTO玻璃导电性能比ITO玻璃略差，但其成本相对较低，易于激光蚀刻，光学性能适宜，并且有一定的雾度（光散射性能好），已成为薄膜太阳能电池的主流基板。此外，FTO玻璃还可用于手机、平板电脑等触摸屏制造，使其实现玻璃与触控一体化，促进手机、平板电脑的超薄化。

AZO玻璃与ITO玻璃性能相似，应用于平面液晶显示、电致发光显示、电致彩色显示；太阳能电池透明电极、建筑物幕墙、表面发热器、屏蔽电磁波玻璃等领域。它与ITO玻璃相比，最大的优势是原料易得、成本低廉、无毒、易于实现掺杂，且在等离子体中稳定性好。目前，工业化大面积镀膜时制绒方面存在技术问题，并且长期暴露在大气中会吸附氧气和水汽，限制了AZO玻璃大面积应用。这些技术问题解决后，会很快成为新型的光伏TCO产品。TCO镀膜玻璃目前以FTO玻璃为主，AZO玻璃是未来的发展方向（图1-12～图1-16）。

图1-12　ITO导电膜玻璃

图1-13　触控模组

图1-14　显示模组

图1-15　ITO导电膜玻璃

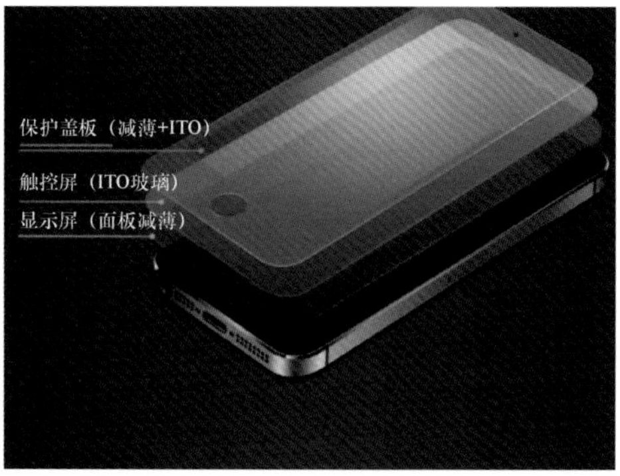

图 1-16　ITO 玻璃应用

4. 产品现状及发展趋势

美国 AFg、PPg、日本旭硝子、板硝子拥有的 TCO 玻璃生产技术已实现产业化，我国拥有知识产权的 TCO 生产技术也已进入工业化试产阶段。国内现阶段生产 TCO 玻璃的技术和装备仍是引进国外的。

从产品市场需求来看，TCO 玻璃目前主要用于电子信息显示器及薄膜太阳能电池等领域。对于薄膜太阳能电池来说，TCO 玻璃作为薄膜太阳能电池前电极，是其必不可少的一部分，由于中间半导体层几乎没有横向导电性能，因此，必须使用 TCO 玻璃有效收集电池的电流，同时 TCO 薄膜具有高透和减反射功能，能让大部分阳光进入吸收层。由于薄膜光伏电池具有弱光效应好，适应的太阳光强度范围广，受天气的影响小，承受的温度高，功率不太容易受温度影响，所以其发电能力与目前使用量较大的晶硅电池发电能力相差不大。因此，当薄膜电池解决了其目前存在的光电转换率低、成本高的问题后，薄膜太阳能电池行业在快速发展的同时将拉动 TCO 玻璃需求的高增长。

目前 FTO 通常采用在线生产工艺，其生产商大都为浮法玻璃生产商，生产线投资巨大，且具有很高的技术含量，不适合中小型企业和非玻璃生产企业进行投资；ITO 和 AZO 都采用大面积磁控溅射的方式进行镀膜，ITO 用于传统平板液晶显示（FPD）行业，国内已经具有众多生产厂家，并且由于 ITO 导电膜不适合薄膜电池生产工艺，限制了其在太阳能领域的应用；只有 AZO 具有既满足透明导电的技术要求，又具有大面积批量生产的价值，故目前 AZO 生产线的建设已经进入了快速扩张时期。

1.2.5 电磁屏蔽玻璃

1. 产品定义、特性、主要性能参数

电磁屏蔽玻璃是经过特殊工艺处理，在玻璃表面涂覆导电涂层或在玻璃中夹入特殊介质而实现对电磁波的阻挡和衰减，达到阻挡电磁波透过、防止电磁辐射、保护信息不泄露以及抗电磁干扰的屏蔽玻璃器件。

电磁屏蔽是电磁兼容工程中广泛采用的抑制电磁骚扰的有效方法之一。所谓屏蔽，就是用导电导磁材料制成的屏蔽体，将电磁波限定在一定的范围内，使电磁波从屏蔽体的一面耦合或辐射到另一面时受到抑制或衰减。电磁屏蔽玻璃是一种防电磁辐射、抗电磁干扰的透光屏蔽器件，其生产制造过程涉及光学、电学、金属材料、化工原料、玻璃、机械等领域。

电磁屏蔽玻璃有以下特性：对电磁干扰产生衰减，能够使屏蔽玻璃对所观察的各种图形（包括动态色彩图像）不产生失真，从而达到防止电磁信息泄露、防护电磁辐射污染、保障机密信息的安全、保障工作人员的身体安全等目的。

电磁屏蔽玻璃在起到防电磁辐射作用的同时，还能透光，其主要性能如下：

（1）屏蔽性能：在 10MHz～3GHz 频率段，屏蔽性能≥50dB；

（2）可见光透过率：30％～80％；

（3）抗振动性：10～17Hz 0.1mm，13～50Hz 0.2mm，50～500Hz 2.5mm；

（4）抗冲击：加速度 15g 11NS 1/2 正弦波不破坏；

（5）环境性能：三防（防尘、防盐雾、防霉）；

（6）工作温度：45～60℃；

（7）储存温度：－55～60℃；

（8）产品在潮热环境中无气泡，不开胶；

（9）意外破裂，玻璃只有裂纹，不飞溅。

2. 生产工艺及原料

1）生产工艺

电磁屏蔽玻璃分为丝网屏蔽玻璃、薄膜屏蔽玻璃和丝网与膜层复合屏蔽玻璃三种。其生产方法如下。

（1）丝网屏蔽玻璃是在玻璃内夹入特殊工艺制成的屏蔽金属丝网，然后于高温高压条件下合成制得。该产品对低频带的电磁波有较好的屏蔽作用，还能使屏蔽玻璃对所观察的各种图形（包括动态色彩图像）不产生失真，具有高保真、高清晰的特点，同时还具有防爆玻璃的特性。金属网的材料一般均采用经过化学浸镀处理的铜、银、不锈钢等，金属丝的直径、丝网的目数都对屏蔽效果有直接影响。丝网屏蔽玻璃工艺流程如下：

玻璃原片→切、磨、洗预处理→按玻璃＋PVB胶片＋金属丝网＋PVB胶片＋玻璃结构放置后进行合片→抽真空预压→高压釜压制黏合→产品检验→装箱包装→入库。

（2）薄膜屏蔽玻璃是在优质浮法玻璃表面镀覆金属或金属氧化物导电膜所制得的玻璃。该产品对高频带的电磁波有较好的屏蔽作用。其生产方法是将含有金、银、铜、钛、锡、铝等金属或无机及有机化合物盐类，通过物理（阴极溅射、真空蒸发等）或化学（化学气相沉积、化学热分解、溶胶-凝胶等）的方法，在平板玻璃表面形成上述金属或金属氧化物膜层。这种膜层具有很强的反射电磁波的功能和一定的透光率，可以用于电子计算机、电台保密和抗干扰的屏蔽材料。薄膜型电磁屏蔽玻璃所应用的透明导电膜主要是掺锡氧化铟（ITO）薄膜、掺铝氧化锌（AZO）薄膜、SnO_2 薄膜或介质/金属/介质多层复合透明导电薄膜（DMD）。目前应用最为广泛的是ITO透明导电薄膜。

（3）丝网与膜层复合屏蔽玻璃是采用表面镀导电膜、内部夹入特殊工艺制备的金属丝网结构的复合型电磁屏蔽玻璃。该产品在40MHz～1GHz范围的屏蔽效果可以达到40～70dB，最高可达到85dB。

电磁屏蔽玻璃有多种生产工艺，采用钢化夹层玻璃生产工艺、中空玻璃生产工艺、防火玻璃生产工艺、防弹玻璃生产工艺可以分别生产出：钢化夹层屏蔽玻璃、中空屏蔽玻璃、防火屏蔽玻璃、防弹屏蔽玻璃、曲面屏蔽玻璃等。

2）生产原料

生产电磁屏蔽玻璃所用的原料主要为普通浮法玻璃或超白浮法玻璃，PVB胶片厚度为0.38mm或0.76mm，丝网为铜、铝、镀锌铁丝、银丝或镀银的网丝，也可使用不锈钢网丝。对镀膜玻璃来说使用的原料主要是掺锡氧化铟、掺铝氧化锌、SnO_2 等靶材。

3）应用领域

①可用于电子设备的观察窗口，例如，CRT 显示器、LCD 显示器、OLED 等数码显示屏幕、雷达显示器、精密仪器、仪表等显示器窗口；

②用于建筑物重点部位的观察窗，例如，采光屏蔽窗、屏蔽室可视窗、可视隔断屏风等；

③要求电磁屏蔽的机柜、指挥仪方舱、通信车观察窗等保密通信国家重点工程高新技术领域。

3. 产品现状及发展趋势

一百多年前，人类一直生活在没有人造电磁辐射的自然环境中。那时，自然界产生的电磁辐射主要是太阳的光辐射、宇宙射线、地球磁场辐射和地球热辐射等，人类已经适应了这种天然的电磁环境。今天，电子设备已应用于国民经济的各个领域，支撑着人类社会的不断进步。但与此同时，随着电子设备的进一步普及，电磁干扰现象也日趋严重，一定程度上对经济社会发展造成不利影响：（1）干扰无线电频谱资源。（2）给人民生活带来许多不便。例如，飞机起降时地处飞机下面的居民电视图像抖动；使用大功率无绳电话、手机、家用游戏机等能发射电磁波的电子装置时，电视屏幕上会出现明暗条纹、雪花、闪烁和抖动等。（3）无线和有线电话、图像显示系统会使信号发生畸变失真、图像变得模糊，降低了信息的可信性，严重时会发生错误和信息丢失。（4）自动控制系统受到电磁干扰时，可能出现失控、误控或误动作，使控制系统的可信性和有效性降低，并危及安全。（5）电磁干扰中含有大量信息，例如，电脑产生的电磁辐射中含有各种数据信息，除经过专门反窃密设计的电子系统设备外，一般电子系统设备均有电磁泄漏，电磁干扰辐射可能造成政治、军事、经济和工业等保密信息的泄密。（6）科研、军事、工业等隐蔽设施项目，在成果尚未投入使用前，试制调整试验过程产生的外泄电磁干扰可能会造成电磁暴露。

随着社会对电磁干扰、电磁泄漏问题的日益重视，电磁屏蔽材料的市场需求正逐年扩大。电磁屏蔽玻璃具有防止电磁干扰、信息泄露，防护电磁辐射污染，有效保障仪器设备正常工作，保障工作人员身体健康等诸多优点，已开始越来越多地应用于通信、IT、电力、医疗、银行、政府、军队等领域。在可预见的将来，电磁屏蔽玻璃无论在民用领域还是在国防工业领域必将有更为广阔的发展前景。

1.2.6 自洁净玻璃

1. 产品定义、特性、主要性能参数

在光滑的玻璃表面上镀 TiO_2 基光催化剂复合涂层薄膜，能够使其在太阳光紫外线的作用下产生极强的氧化物质，清除玻璃表面的有机污染物，实现自洁净功能，这种镀膜玻璃称为自洁净玻璃，也称为光触媒纳米玻璃。

自洁净玻璃自洁净原理：玻璃表面的 TiO_2 薄膜是一种具有光催化活性的纳米材料，纳米级 TiO_2 本身是一种半导体，它在吸收一定波长的光能后产生自由电子空穴对，并与其表面吸附的 OH^- 和 O_2 作用生成羟基自由基—OH 和超氧化物阴离子自由基 O^{2-}，新生成的羟基自由基—OH 具有很强的氧化能力，它直接氧化细胞壁、细胞膜和细胞内的组分，导致细菌死亡或变异。玻璃表面吸附了空气中的有机物和无机物后，有机物不易溶于水，时间一长形成污垢，表面变脏。而这些有机污垢在水中的溶解度小，用水很难擦洗干净。如果在玻璃表面涂覆一层 TiO_2 膜，利用一定的条件使其发生上述 TiO_2 的光催化反应，可以把吸附在 TiO_2 表面的有机物分解成二氧化碳和水，剩余的无机物则被水冲刷干净，实现自洁净功能（图 1-17）。

自洁净玻璃不仅能在光线作用下发挥杀菌去污的效果，而且由于其表面特有的纳米结构特性、复合添加剂的吸水性和 TiO_2 本身的光致两亲性（亲水和亲油），使得玻璃表面具有超亲水性，变得易清洗、防雾和不易被再污染而保持洁净透明，同时具有消毒、杀菌、消除异味、清新空气等功能（图 1-18）。自洁净玻璃在自洁的同时，还能不断分解甲醛、苯、氨气等有害气体，杀灭室内空气中的各种细菌和病毒，有效净化空气，减少污染。此外，自洁净玻璃具有可切割、热弯、钢化等良好的可加工性，同时，比起普通玻璃具有更长的使用寿命。

自洁净玻璃具有以下特性。

（1）光催化活性，可降解典型有机物，如甲醛、丙酮、硬脂酸等，降解率达到 90%以上；

（2）光诱导超亲水性，玻璃湿润角$\leqslant 5°$；

（3）膜层均匀性：无干涉色；

（4）膜层耐磨性：达到镀膜玻璃的标准；

（5）自洁净玻璃透光率：⩾65%；

（6）杀菌活性：⩾95%。

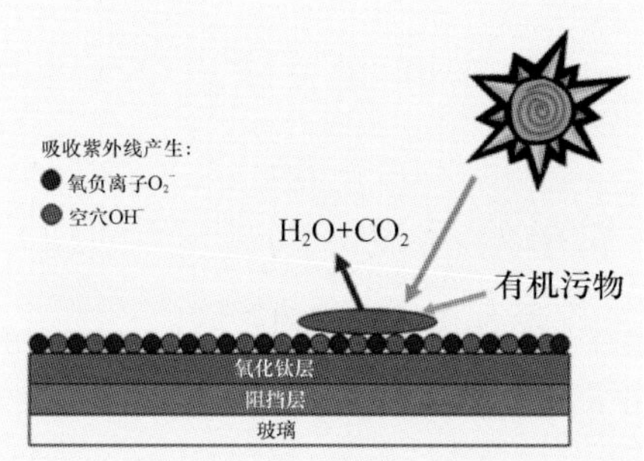

图 1-17 光致催化作用降解有机物

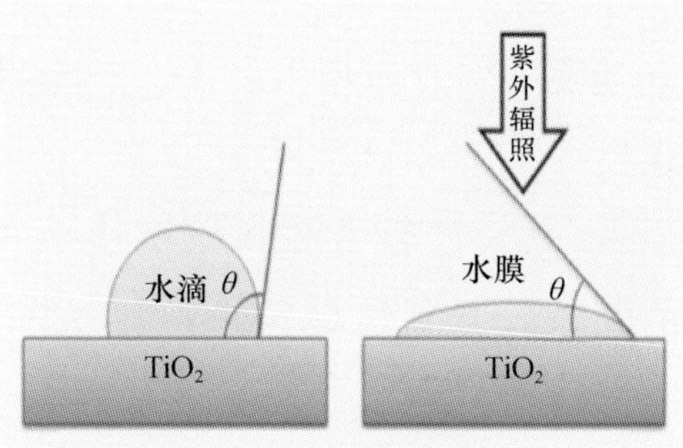

图 1-18 超亲水性

2. 生产工艺及原料

自洁净玻璃是在现有玻璃的表面均匀镀制由 SiO_2 与 TiO_2 或 ZrO_2 混合制成的氧化物隔离层，隔离层上还附有 TiO_2 光触媒涂层，构成表面为 TiO_2 的纳米层的玻璃。在玻璃表面及 TiO_2 的纳米层之间设有包含高、低不同折射率的氧化物隔离层，缓冲了 TiO_2 光触媒层的高折射率造成的强反光效应，并阻挡了玻璃中的碱金属离子向光触媒层扩散，从而破坏 TiO_2 光触媒层晶格，影响自洁净作用；自洁净玻璃在紫外光的作用下即可分解附着玻璃表面上的污渍，再经过雨水的冲刷作用下，无须化学药物处理及人工擦洗，实现自洁净玻璃表面的清洁作用。

目前，自洁净玻璃主要采用溶胶-凝胶法、真空磁控溅射法和化学气相沉积法等方法生产。

溶胶-凝胶方法是利用易水解的钛盐在某种溶剂中与水反应，经水解聚缩形成钛溶胶，将溶胶涂覆在洁净的玻璃表面，镀膜后的玻璃基片经干燥、热处理后形成纳米 TiO_2 薄膜。溶胶-凝胶法工艺制膜的关键在于溶胶的配制：为了使玻璃基片上的溶胶迅速生成具有一定厚度的透明薄膜，溶胶的配制应使成膜物质、溶剂、有机交联和催化剂之间的比例达到最佳。薄膜配制过程中，需重点控制溶胶黏度、反应温度、pH、基片的提拉速度等参数。

溶胶-凝胶法工艺流程如下：

玻璃原片制备（改片、磨边）→清洗合格的玻璃片并干燥→氮气喷吹→将玻璃浸泡到配制好溶液的溶胶镀膜池中→镀好膜的玻璃按一定的提拉速度将玻璃匀速提拉出镀膜池→烘干→镀好膜的玻璃进入温度合理的热处理炉中烧结→出炉降温冷却→纯水冲、擦洗→电热干燥→质量检验→对镀膜后的玻璃进行钢化、热弯、夹层等深加工处理→产品检验→装箱包装→入库。

为了阻止玻璃本体内的碱金属离子进入纳米 TiO_2 薄膜，影响其光催化除菌防雾效果，可通过采用二次镀膜的方法来阻断碱金属离子向膜层的渗透。

溶胶-凝胶自洁净镀膜玻璃优点：通过简单的设备可以镀复杂形状的玻璃且容易操作；能够获得多组分氧化物涂层；容易获得纳米级粒子尺寸的涂层；容易引入微量元素，掺杂改性；可改变膜的表面结构和性能；可制备别的方法不能制备的材料。缺点：不易大规模生产；大规格尺寸的玻璃膜层均匀性不易控制；由于要热处理，故能耗较高。

磁控溅射法和化学气相沉积法（CVD）镀 TiO_2 膜自洁玻璃方法与阳光控制玻璃生产工艺流程基本相同，仅是使用的原料不同而已。

磁控溅射法生产自洁净玻璃是以钛为溅射靶材，在惰性气体和氧气混合的气氛下，保持一定的混合气压力，在玻璃上溅射成均一透明致密的 TiO_2 薄膜。此种方法最大的优点是硬度高，透明度好，成膜均匀，能连续化生产大面积镀膜玻璃，且对环境的污染比较小，但设备复杂，投资比较大。

CVD 法生产自洁净玻璃是用有机钛化合物或四氯化钛为原料，将它们蒸发变成气态，并送到镀膜发生器中，蒸气由镀膜发生器均匀喷至玻璃上表面后发生分解、水解或热解反应，形成 TiO_2 薄膜。CVD 法的优点是颗粒纯度高，粒径分布窄，化学稳定性好，能够连续在生产线上直接镀膜，膜层材料消耗少，成本低，是目前最有发展前途的生产工艺。但设备比较复杂，反应气体温度、流量以及沉积温度均需要精密控制。缺点是反应气体挥发容易造成环境污染，不容易制备多组分复合膜。

综合以上三种生产方法，虽然溶胶-凝胶方法操作容易生产简单，目前国内使用得较多，但从实际生产效果来看，要得到大面积、高质量、低成本的自洁净玻璃，还需采用 CVD 法，CVD 法生产的自洁净玻璃性质稳定且比较优良，将是自洁净玻璃研制的主要方向。

3. 应用领域

自洁净玻璃具有环境净化功能，对改善人类生活、工作环境及建筑物的外观等具有重要的社会效益和环境效益。目前，自洁净玻璃主要应用于建筑物的窗户、玻璃幕墙、玻璃屋顶、汽车玻璃、火车玻璃、高档玻璃镜、家电玻璃等领域。应用于建筑幕墙玻璃，可长久保持其清洁明亮，大大减少清洁养护费用；应用于汽车玻璃和车用后视镜，不仅免于经常清洁，而且可以使雨水迅速扩散挥发，大大提高驾驶员的视线，提高汽车驾驶安全；用于太阳能盖板、太阳能热水器，它将明显提高光电、光热转换效率；应用在冰箱、消毒柜等家用电器中能起到杀菌消毒作用（图 1-19、图 1-20）。

图 1-19 自洁净玻璃被应用于无锡锦园

图 1-20 自洁净玻璃被应用于无锡蠡湖公馆

4. 产品现状及发展趋势

随着玻璃在高层建筑物上的大规模使用，传统的湿润清洁和机械清洁擦窗存在经济效益差、工作效率低及安全风险等问题。自洁净玻璃作为光催化技术应用的典范便应运而生，最常用的就是纳米 TiO_2 自洁净玻璃，该产品应用过程中不需要擦洗，在太阳光或荧光灯照射下，会使附着在玻璃表面上的有机物、污染物氧化为二氧化碳和水自动消除，免除了高层建筑物玻璃清洗的烦恼，节约了水资源，也避免了清洗剂对环境的污染，被称为绿色玻璃。目前，我国的 TiO_2 薄膜自洁净玻璃虽已开始使用，但生产技术、产品质量等都存在一定不足，主要体现在太阳光利用率低、光催化效果慢、大面积玻璃膜层不均匀等问题，导致自洁净效果不理想，制约了自洁净玻璃的推广使用。但随着我国生态文明建设的不断推进，绿色发展的理念更加深入人心，自洁净玻璃作为一种生态建筑材料和环境协调型材料，仍然具有十分广阔的发展前景，并将在环境保护、空气净化、改善人居等领域发挥越来越重要的作用。

1.2.7 TFT（TFT-LCD）玻璃

1. 产品定义、特性、主要性能参数

TFT（Thin Film Transistor）是薄膜晶体管英文的缩写，LCD（Liquid Crystal Display）是液晶显示屏英文的缩写，是平面显示器的一种，它包括TN、STN及TFT型液晶显示器，用于电视机及计算机的屏幕显示，该显示屏的优点是耗电量低、体积小、辐射低。TFT-LCD（Thin Film Transistor-Liquid Crystall Display）是薄膜晶体管液晶显示器英文的缩写。在单体TFT-LCD制程中，均要包含两片玻璃基板，利用半导体制备技术在其中一片玻璃表面集成液晶控制系统，即TFT，而另一片玻璃表面集成彩色滤光图形系统，在两片导电玻璃之间灌装液晶材料，通过薄膜TFT的切换，驱动液晶分子转动控制光源透过或遮蔽则可将图像、文字等显示出来。用于TFT的玻璃基板被称为TFT玻璃或TFT-LCD玻璃。

液晶玻璃基板作为TFT-LCD最重要的上游原材料，是构成液晶显示面板的核心部件。对电子显示器件而言，玻璃是整个制造过程中最上游也是最关键的基础材料之一，通常具有平、薄、强、洁等基本特点，一般被称作超薄电子玻璃，是一种高技术含量、高附加值、高增长潜力的重要产品。电子玻璃之所以具有很高的产品附加值，是因为其出色的综合性能。对TFT-LCD玻璃基板而言，其主要性能指标包括尺寸及外观（翘曲度/平整度、波纹度、粗糙度、杂质/微颗粒等方面）、热稳定性、化学稳定性、碱金属含量、力学性能（密度与强度）等，这些指标都对TFT器件品质产生重要影响，而其中的不少指标则比一般玻璃要苛刻几个数量级。

TFT玻璃根据显示行业按产品尺寸大小以“世代”划分，一般认为6代（玻璃基板规格1500mm×1850mm）及以下为低世代，8.5代（玻璃基板规格2200mm×2500mm）及以上为高世代，8.5代线可以切割6块55英寸屏，其经济切割的最大屏幕尺寸为55英寸。

所谓液晶面板世代线数并没有一个严格的定义，而只是业界一个约定俗成的名称。它是按照生产线所应用的玻璃基板的尺寸划分而来的。液晶面板是两层很薄的玻璃基板中间包裹一层液晶分子构成的，生产时，采用的玻璃基板有一个固定的尺寸，再通过切割形成各种尺寸的液晶面板。这就涉及一个问题：如何切割玻璃基板会使原材料利用率较高，最终成品的经济效益较好。因此，根据经济切割尺寸的不同，液晶生产线也被分成了不同的代数。总体来说，面板代数越高，面板的尺寸越大，切割的屏幕数量越多，利用率和效益就越高，价格可以更便宜，代表着该面板厂的技术实力越强。

TFT 玻璃属铝硼硅酸盐系玻璃，主要成分是 SiO_2、Al_2O_3、B_2O_3、CaO、SrO、BaO、MgO、ZnO 等，其质量与面板成品的分辨率、透光度、厚度、质量、可视角度等指标密切相关。此种玻璃成分决定了产品具有以下特性：

（1）热稳定性好，从耐热性、热收缩量、热膨胀系数三方面奠定了热稳定性的基础。耐热性是指玻璃应变点温度，应变点温度越高，玻璃的刚性越好，尺寸变化越小，显示屏更加稳定，TFT 玻璃高于 650℃，比普通玻璃高；热收缩量是指较高温度时 TFT 玻璃的收缩程度，收缩量越小，图形的精度越好；热膨胀系数是指随着温度变化，玻璃基板膨胀或收缩的比例，热膨胀系数越低，玻璃稳定性越好。

（2）化学稳定性好，具有良好的耐化学腐蚀性。

（3）表面硬度高，具有非常强的表面耐划伤、擦伤性。

TFT-LCD 玻璃核心制程是通过涂覆、溅射、化学气相沉积、曝光、蚀刻等工艺在玻璃表面形成透明导电膜、绝缘膜、金属膜、半导体膜，通过光刻形成各种电路和图形，这种精密、精细的制程对 TFT-LCD 玻璃基板性能有以下很严格的要求。

（1）玻璃基板的外形尺寸加工精度≤0.5mm，厚度误差≤10%，但极差不得大于 0.05mm；

（2）玻璃基板表面平整度：整板翘曲每毫米小于 1.3mm，平坦度波纹度小于 0.1μm，粗糙度为 0.01μm/0～0.8mm；

（3）热学性能方面：玻璃应变点≥650℃，玻璃收缩率≤10×10^{-6}，20～380℃热膨胀系数≤3.9×10^{-6}/℃；

（4）光学性能方面：光谱 550nm 光透过率≥90%，光谱 588nm 折射率≥1.51；

（5）电学方面：介电常数≥4.50，350℃时对整体电阻率≥11Ω·cm；

（6）耐酸碱腐蚀性能要好。

2. 生产工艺及原料

1）生产工艺

TFT-LCD/AM-OLED显示器玻璃基板这种玻璃制造难度很高，被誉为“玻璃工业的明珠”。目前，TFT玻璃的生产工艺有三种：溢流熔合下拉法、槽口下拉法和浮法。“溢流法”是非接触式生产，玻璃表面质量好，划伤少，能精确控制玻璃基板的厚度，表面平整度好，加工成本低，缺点是玻璃下垂量大，翘曲大，气泡和夹杂物多，热收缩大，可生产的玻璃品种少。“槽口下拉法”玻璃表面质量较好，划伤少，能精确控制玻璃基板的厚度，表面平整度好，加工成本低，但是玻璃表面质量不及溢流法，玻璃表面需研磨，而且板宽有限制。“浮法”生产产量大，生产稳定性好，适于生产大规格尺寸、多种类玻璃，生产线能充分排除气泡、产品翘曲度小，下垂量小。但是玻璃表面平整度差，需要增加研磨抛光设备，研磨工序的不良率高，且设备体积庞大，厂房建设占地面积大。

TFT玻璃生产主要由原料配制、配合料熔制、玻璃成形、后段加工四个主要工序组成。

（1）溢流下拉法：将熔化合格的玻璃液经过铂金通道流入溢流槽，流满后玻璃液从槽两边溢流而出，沿着锥形部分均匀地向下流动，在锥形下部再熔合到一起，利用拉引辊向下牵引拉动形成玻璃带的方法就是溢流下拉法。美国公司20世纪80年代开始将此工艺实现工业化生产。工艺流程概述如下。

合格粉质原料进厂→用斗提机将粉料提到配料仓→计算机配料→皮带机输送到混合机→混合机混合→配合料输送到窑头料仓→投料机投料→熔窑熔化→熔化合格的玻璃液进入铂金通道→对玻璃液进行搅拌→玻璃液进入铂金溢流槽成形→拉边机牵引→退火窑退火→切割、掰边、分片→检验→磨边→清洗干燥→成品检验→装箱包装入库。

（2）槽口下拉法：将熔化好的玻璃液导入带有狭窄漏板的槽体中，玻璃液在重力和机械下拉力作用下通过狭窄槽口漏板并经滚轮压制而成薄板玻璃的方法就是槽口下拉法。德国和日本公司均采用过此工艺生产TFT玻璃，但由于此工艺是利用滚轮压薄的，需要进行研磨才能消除表面印痕，而

图 1-26 4880mm×2440mm 高硼硅防火玻璃

图 1-27 防火玻璃应用于雄安新区高铁站

4. 产品现状及发展趋势

防火玻璃源于欧美国家，我国在 20 世纪 80 年代开始生产。因为价格等问题，最初的防火玻璃是用于防火门上的一种单片夹丝玻璃，面积一般不大于 0.1m^2，当时的防火玻璃用量很少。现在欧洲单片完整型产品的主要市场领导者是德国的企业，欧洲在要求玻璃防火的同时还可能有以下的需求：安全（防盗）、阳光控制和热能控制（Low-E 镀膜）、减弱噪声、承受各种压力（风压，雪压等）、长期的稳定性。这些也只有复合的防火玻璃才能达到要求。现在欧洲复合隔热型玻璃产品的主要市场领导者是英国公司。在欧洲，防火玻璃通常需要做水龙射水试验，所谓水龙射水试验就是要用水龙头对刚刚进行完规定的防火测试的防火玻璃进行射水，看玻璃是否立即破碎，做此实验的原因是当消防人员赶到现场时，消防人员将进行灭火，如果防火玻璃受水冲击直接破裂，那有可能在没扑灭火的时候导致火从着火面传导到背火面。

到了 20 世纪 80 年代中期，我国开始研制和生产隔热型防火玻璃，多用于防火门视窗，但外观质量与防火性能的稳定性与国际水平相距较多。20 世纪 90 年代初，单块大面积防火玻璃研制成功，并用于建筑内防火隔墙及防火窗等。2000 年后，国内研发出单片防火玻璃，并大量投入市场。

经过这 20 多年的发展，生产防火玻璃的企业已近千家。近年来我国防火玻璃市场已超过 500 万 m^2。而技术方面也有质的飞跃，已可满足不同的防火要求。其中特别要提的是非隔热型的硼硅防火玻璃，这种防火玻璃一直广泛使用于欧美建筑，如今我国也自主研发了硼硅防火玻璃。从耐火极限上讲，最初的防火玻璃只要求达到72min。而如今，单片防火玻璃最高可达到3h耐火极限，而隔热型防火玻璃也已经可以达到2h耐火极限。在外观与厚度方面，我国隔热型防火玻璃与国际同类先进产品差异不大。另外，我国防火玻璃也已经开发出多种类、多需求，适应异型建筑的多功能防火玻璃，如弯弧型防火玻璃，异型防火玻璃，具有节能功能的防火玻璃，防弹防火安全玻璃以及艺术防火玻璃等，被广泛用于各类高层建筑、大空间建筑的幕墙、防火隔墙、防火隔断、防火窗、防火门等领域。随着科学技术的发展，防火玻璃的应用越来越广泛，同时对其性能的要求也越来越高，总体来说，防火玻璃的发展趋势将体现在以下几个方面。

（1）降低特种防火玻璃的生产成本，加快防火玻璃在市场上的推广应用；

（2）单片防火玻璃和复合防火玻璃各有所长，不能相互取代，单片防火玻璃轻便、耐候性佳的特点是复合防火玻璃不能比拟的，复合防火玻璃优异的隔热性能以及抗压特性也是单片防火玻璃难以达到的，因此，生产出兼具两者优点的防火玻璃将有巨大的市场潜力；

（3）开发更加绿色环保、耐候性佳、耐火性能优异的新型耐火夹层材料；

（4）开展防火夹层透明性降低的机理研究，为今后复合防火玻璃夹层材料的研发提供理论依据。

1.2.9 耐热玻璃

1. 产品定义、特性、主要性能参数

耐热玻璃是指能够承受冷热骤变温差变化，具有低膨胀、抗热震、耐高热、耐腐蚀、高强度等一系列优良性能的特种玻璃。

耐热玻璃从外表面上看与钢化玻璃差不多，但在材质上却有着很大的不同。（1）无自爆与钢化玻璃不同，耐热玻璃不会在没受到外部冲击的情况下，出现爆炸的现象。钢化玻璃之所以容易自爆，是因为在制造的过程中，经常会有硫化镍（NiS）成分，这种硫化镍会导致钢化玻璃在周围环境温度变化下发生与玻璃不相匹配的较大膨胀，从而造成玻璃自爆飞片现象；此外，玻璃钢化的不均一也易出现自爆。（2）无飞散钢化玻璃破裂时会爆裂、飞散，而耐热玻璃不会。钢化玻璃在钢化过程中，玻璃内部形成预应力并且凝缩能量，当它爆裂时就会产生飞散。（3）耐热玻璃最高温度达1450℃，钢化玻璃在有水或潮湿的空气里，耐热温度不能超过180℃。（4）耐热玻璃有350℃耐热玻璃、500℃耐热玻璃、800～1000℃的微晶玻璃和耐热1500℃的高纯二氧化硅玻璃，制成成品后均可以用普通玻璃刀进行二次加工及切割。

工业用耐热玻璃，所含的硼硅酸盐成分中的二氧化硅含量更高，可以承受20～1200℃的急冷急热变化，是所有耐高温玻璃等级最高的特种玻璃。工业用耐热玻璃遇到外力撞击或老化时，玻璃会自受力点向同方向裂开，此时务必及时更换。有些使用久远的工业用耐热玻璃，会出现雾化现象，雾化现象的出现证明玻璃已经开始老化，也要及时进行更换。

在性能参数方面，耐热玻璃耐急剧温度变化范围≥120℃、耐热最高温度达1200℃。各类耐热玻璃的导热率差异比较小，同种材质，不透明耐热玻璃的导热率比透明耐热玻璃的导热率低1%，导热率是温度的函数，温度高则导热率大。在0℃以下，耐热玻璃的导热率为1.33J/(m·s·℃)［1J/(m·s·℃)=0.0124W/(m·K)］，在100℃以下为1.53J/(m·s·℃)。耐热玻璃在各种温度范围下的导热率见表1-14。

表1-14　耐热玻璃在各种温度范围下的导热率

温度（℃）	20	100	200	400	600	800	1000	1200
导热率［J/(m·s·℃)］	1.38	1.53	1.64	1.86	2.02	2.14	2.28	2.42

2. 生产工艺及原料

目前，使用在平板方面的耐热玻璃基片玻璃成分主要是硼硅酸盐系统和铝硅酸盐系统，生产工艺以浮法为主，所使用的主要原料有：硅砂、长石、氧化铝、硼砂、硼酸钙、石灰石、白云石、纯碱、芒硝、硝酸钾等。

3. 应用领域

耐热玻璃因材质不同，可以使用在不同的耐热领域，在民用日常生活中主要用于厨房灶具：微波炉加热、高温烤箱、热水消毒柜、排油烟机面板、燃气灶台面、洗碗机等，也可用于冰箱冷藏等多种家用电器；在工业上可使用在锅炉视镜、壁炉玻璃、管道视镜、工业烤箱玻璃等不同的高温场合。适合厨房使用的耐热玻璃，其含有耐高温的硼硅酸盐成分，最高可承受500℃高温和300℃的骤冷骤热温差变化，无自爆危险。

4. 产品现状及发展趋势

随着我国建筑安全意识的不断提升，目前国内耐热玻璃的需求量将达到1000万 m^2，而提高技术成熟性及低成本制造将会是产业发展的主要目标之一。特别是硼硅耐热玻璃凭借其优良的物理化学性能，将在日用、化工等领域得到越来越广泛的应用，具有光明的发展前景。

1.2.10　医药玻璃

1. 产品定义、特性、主要性能参数

医药玻璃根据用途可分为医用玻璃和药用玻璃。

1）医用玻璃

医用玻璃应用于医疗器械和仪器、医用容器等，是体温计、载玻片、化验玻璃等产品制备的原材料。其热膨胀系数小、化学稳定性高。

2）药用玻璃

药用玻璃应用于药品包装容器。它的化学稳定性好，具有比较好的机械强度和透明性，可以满足制药行业药品和药液的包装。根据硼硅医药玻璃中硼的含量不同，可将其分为高硼硅玻璃、中硼硅玻璃、低硼硅玻璃。一般来说，硼元素含量越高时，玻璃的线热膨胀系数会出现极小值，因为抗热冲击性能更好，更适合低温下运输和储存。另外，高硼硅玻璃和中硼硅玻璃耐水性能、耐酸和耐碱性能也比低硼硅玻璃优异。高硼硅玻璃的软化点高，所制备的安瓿瓶封口时所需要的温度比较高，因而封装比较困难。中硼硅玻璃因其性价比更高，更适用于普通的医药包装（图1-28、图1-29）。不同的硼硅医药玻璃性能参数见表1-15。

图1-28　中硼硅玻璃管封口过程

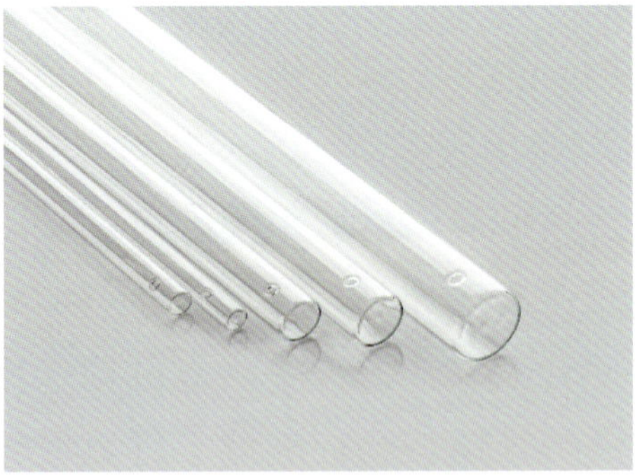

图1-29　封口后中硼硅玻璃管

表 1-15 不同药用玻璃性能参数

性能参数	高硼硅玻璃	中硼硅玻璃	低硼硅玻璃	钠钙玻璃
平均线热膨胀系数（10^{-6}/℃，20～300℃）	3.2～3.4	4～5	6.2～7.5	7.6～9.0
121℃颗粒法耐水性能	Ⅰ级	Ⅰ级	Ⅰ级	Ⅰ级
98℃颗粒法耐水性能	HGBⅠ级	HGBⅠ级	HGBⅠ级或HGBⅡ级	HGBⅡ级或HGBⅢ级
耐酸性能	Ⅰ级	Ⅰ级	Ⅰ级	Ⅰ级或Ⅱ级
耐碱性能	Ⅱ级	Ⅱ级	Ⅱ级	Ⅱ级

2. 生产工艺及原料

1）生产工艺

在实际生产中，一般先制造出玻璃管，使用热加工成型设备，加工成药用玻璃终端包装产品。

（1）丹纳拉管工艺

丹纳法是国外制备中硼硅玻璃管常用的方法，制备出的玻璃管精度高，技术成熟。玻璃液从料道流出后，落在旋转的中空旋转管上，在高温下，表面逐渐变得平整。轴芯风通过中空旋转管的轴中心送出，通过轴芯风风压和牵引机拉力调整玻璃管的壁厚和外径大小。

（2）维络拉管法

维络法是玻璃液从环形成型端头间流出，在重力的作用下垂直方向流动，后由牵引机牵引在水平跑道上退火。目前，国内大部分高硼硅玻璃管使用的维络法制备。

2）生产原料

硼硅玻璃是以 SiO_2、B_2O_3、Na_2O 为基本组成的玻璃。SiO_2 作为玻璃材料中的主要成分，可以形成网络结构，其含量越高时，熔融温度也会再增加。B_2O_3 作为玻璃的助溶剂，一方面促进玻璃液熔融，另一方面可以提高玻璃的抗热冲击性能和化学稳定性。Al_2O_3 可以提高化学稳定性，抑制玻璃液分相。碱金属氧化物（R_2O）主要包括 Li_2O、Na_2O、K_2O 等，可以破坏硅氧键，加快熔融过程。碱土金属氧化物（RO）主要包括 CaO、BaO、MgO 等，RO 含量过大会增加析晶趋势，一般来说会尽量减少 RO 的含量。为了保证部分药品、药液的稳定性，硼硅医药玻璃中也会添加 CoO、

Fe_2O_3、TiO_2、硫碳等着色剂，使玻璃带上蓝色、棕色等颜色，可以有效遮光和屏蔽紫外线（表 1-16）。

表 1-16 不同药用玻璃主要成分组成（%）

名称	B_2O_3	SiO_2	R_2O	RO	Al_2O_3
高硼硅玻璃	12～13	～81	～4	—	2～3
中硼硅玻璃	8～12	～75	4～8	～5	2～7
低硼硅玻璃	5.0～8.0	～71	～11.5	～6.5	3～6
钠钙玻璃	<5	～70	12～16	～12	0～3.5

硼硅玻璃在熔制和成形过程中存在熔融温度高、高温黏度大、硼易挥发、澄清难、气泡难消散等问题，影响其产业化进程。在一定范围内，B_2O_3 的含量越高，硼硅玻璃的性能越好。但硼元素很容易在高温下挥发，导致最终玻璃组分与预期相差很大。表面硼挥发时，硼含量变低、硅含量增加，容易导致分层，产生“料皮”，形成杂质。可以利用增加初始硼含量和改进工艺技术来减少硼挥发带来的影响。高硼硅玻璃的硼含量高，硼很容易挥发，熔融和成形过程比较困难，因而良品率很低，目前，德国公司产品性能比较优异。

3. 应用领域

中硼硅玻璃和高硼硅玻璃可以应用于安瓿瓶（图 1-30）、管制注射剂瓶（冻干粉针、粉针、水针等）、预灌封、卡氏瓶等产品。对于具有酸性、碱性的药液，只有中硼硅玻璃和高硼硅玻璃才能保证药液的安全性，其平均线热膨胀系数比较低，也具备在低温下运输和储存的特点。高硼硅良品率低，价格昂贵，因而只用在部分高端医药产品中，在实验室部分器具也有使用。低硼硅玻璃更多地作为注射剂的药包材，作为国内主要的药包材原料，占到医药包装市场的 80%以上（图 1-31）。钠钙玻璃经过表面改性后，可以达到Ⅰ级耐水要求，但经过消毒和清洗后，表面结构被破坏，耐水性降低，因此只适用于一次性产品，比如，口服液瓶中（图 1-32）。

4. 产品现状及趋势

目前，高端药品包装领域始终被国外企业占据，国外基本采用中硼硅玻璃作为药包材。中硼硅玻璃和高硼硅玻璃技术壁垒高，工艺对国内保密且复杂。高硼硅玻璃技术复杂，价格昂贵，只应用在部分高端产品上。目前，我国主要使用低硼硅玻璃，基本可以满足我国医药包装市场的使用需要，但是不能满足药品出口的标准。

图 1-30　西林瓶（左）和安瓿瓶（右）

图 1-31　预灌封注射器

图 1-32　药用玻璃管

近些年，国家接连出台了相关政策，要求提高药包材的质量。开展药品、药包材一致性评价和关联审评，提高了药品的使用安全性。《已上市化学仿制药一致性评价征求意见稿》文件中明确指出“注射剂包装不建议使用低硼硅玻璃和钠钙玻璃”。这些文件的出台不仅加强了药品使用安全，更为高科技企业提供了新的发展机遇。中国目前只有 15%的医药玻璃使用中硼硅玻璃，若将 40%的低硼硅玻璃更换为国产中硼硅玻璃，这将是一个巨大的市场。

1.2.11 显示盖板玻璃

1. 产品定义、特性、主要性能参数

触摸屏盖板玻璃能保护高端显示装备，且能作为触控器件的一个重要组成部件用于基板和表面盖板，同时满足透光性好、硬度高、抗磨损、耐划伤、防水雾、抗冲击强度高等性能的玻璃称为触摸屏盖板玻璃。

为保护显示器和内部精密零件免受损坏，触摸屏盖板玻璃具有以下特性。

（1）脆性小，抗冲击强度高；

（2）硬度大，抗磨损，不易划伤；

（3）高温不变形、不弯曲，尺寸稳定性好；

（4）防水雾、防油污及指纹污染；

（5）光透过率高、反射率低、可阻眩光；

（6）平整度好，粗糙度低；

（7）尽量轻薄化，以减轻手机体积和质量。

在性能方面，一般来说，玻璃应变点≥570℃；300℃温度下线膨胀系数≤(83±5)×10^{-7}/℃；体电阻≥10Ω·cm；光透过率≥80%；平整度好。主要性能指标见表1-17。

表1-17 基板玻璃主要性能指标

类别	应变点温度（℃）	转变点温度（℃）	软化点温度（℃）	线膨胀系数 ×10^{-7}/℃	体电阻对数值（Ω·cm）	密度（g/m^3）
钠钙硅玻璃	506	545	726	85	6.65	2.49
铝硅玻璃1	570	620	830	83	—	2.77
铝硅玻璃2	610	654	848	84	10.5	2.88

2. 生产工艺及原料

表1-18中展示了国内外主流厂家使用的生产工艺。溢流法工艺生产出的产品性能较好，但产能不高，国外有两家企业使用此方法。浮法工艺产能高，生产工艺比较成熟，但成品率低于溢流法。高铝玻璃黏度大，拉薄存在

一定的难度，一般还需要二次研磨、抛光。生产工艺主要经过以下几个步骤：原材料玻璃—切割—精雕—研磨—强化—丝印—镀膜—包装出货。

表 1-18　全球主要盖板玻璃生产企业汇总

企业名称	国家	生产工艺	投产日期
康宁	美国	溢流法	2007 年
肖特	德国	浮法	2011 年
旭硝子	日本	浮法	2011 年
电气硝子	日本	溢流法	2011 年
科立视	中国	溢流法	2013 年
南玻	中国	浮法	2015 年
彩虹	中国	浮法	2016 年
蚌埠光电	中国	浮法	2017 年

目前提高触摸屏玻璃材料综合性能可以利用织构化微晶玻璃技术路线。微晶玻璃是将加有晶核剂的特定组合的玻璃，在一定温度下进行晶化热处理，成为具有微晶体和玻璃相均匀分布的复合材料。一般微晶玻璃是不透明的，由50%～95%的晶相和玻璃相组成，具有玻璃和陶瓷的双重特性，比陶瓷的亮度高，比玻璃韧性强。在织构化微晶玻璃技术路线中，晶化热处理过程中取向控制是关键，会影响触摸屏盖板玻璃硬度和韧性性能。可以通过添加高硬度的微晶相控制硬度、韧性和耐磨性等。

3. 应用领域

触摸屏盖板玻璃现已广泛应用于智能手机、平板电脑、车载显示、智能家居、各类查询终端等领域（图 1-33～图 1-36）。

图 1-33　盖板玻璃

图 1-34　盖板玻璃生产线

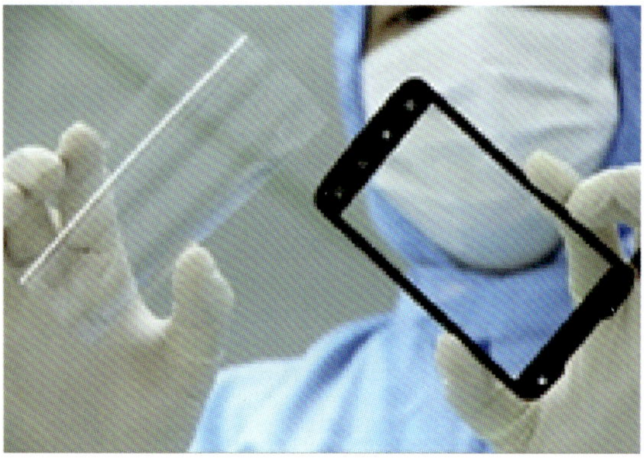

图 1-35　盖板应用于手机

图 1-36　盖板玻璃应用于不同电子设备

4. 产品现状及发展趋势

铝硅酸盐玻璃是一种优异的保护型玻璃材料，它有着优异的力学性能，尤其在韧性、强度、抗损伤性方面表现突出，是电子显示产品的触摸屏幕和手写屏的优选保护材料。国外一些国家的触摸屏盖板玻璃生产技术已经十分成熟，产品具有优异的抗冲击及耐磨性能，其中，以康宁大猩猩玻璃为典型代表，但对外技术严格保密。虽然国内部分企业突破了产业化生产的瓶颈，成功实现超薄高铝盖板玻璃的国产化，但国内盖板玻璃产品的整体性能与国外产品依然存在一定的差距。随着智能手机的蓬勃发展，触摸屏盖板玻璃市场需求量大，解决了高铝玻璃盖板的量产问题，就赢得了市场。

目前，我国的铝硅玻璃，尤其是铝含量在 17%以上的高铝玻璃显著不足，加上铝硅玻璃随着价格降低和产能增加而对钠钙玻璃产生的替代效应逐步显现，铝硅玻璃市场需求在国内将不断上扬，这也将是今后几年中国盖板玻璃材料产业化的根本主攻方向。盖板玻璃行业的发展趋势大致有以下五个方面。

第一，盖板玻璃，尤其是铝硅盖板玻璃在电子玻璃厂家中的地位将越来越重要。今后几年，全球铝硅盖板玻璃仍将保持两位数增速，相比之下，同期全球玻璃基板市场增速只有个位数，加之目前铝硅玻璃售价更高，必然在各大电子玻璃厂家经营策略中分量越来越重。全球 80%的盖板玻璃需求集中于中国，而且其客户数量多、分布广，产品定位高中低价都存在，更易于盖板玻璃在客户处的导入。所以，无论是对国内还是国外的电子玻璃厂家而言，盖板玻璃今后的战略地位只会越来越重要。

第二，盖板玻璃的用途越来越广泛。盖板玻璃强度高、洁净度高、透光率高，除了用于电子触摸屏产品以外，还可广泛应用于其他领域，尤其是汽车铝硅盖板玻璃以其轻、薄、硬、光等特性而正在显示出很好的需求潜力。有业者估计，20 年前后，该种概念车有望进入市场。由于单辆汽车的结构玻璃用量面积是手机的上百倍，所以，一旦盖板玻璃进入汽车领域，则必将带来盖板玻璃市场的爆发性成长。

第三，整个表面都具备更大弧度屏幕的 3D 盖板玻璃的产业化趋势已经确立。作为 3D 盖板玻璃产业化元年，2017 年全球 3D 盖板玻璃的出货量份额已接近 5%大关，而其出货金额则达到 16.2%。随着国内外多条 3D 盖板加工线的建设，3D 化浪潮正在对盖板玻璃产生深远影响：一方面对玻璃原片性能提出了更高要求，如需要开发具有更低的软化点温度、更高的产品强度的玻璃原片；另一方面 3D 本身较低的良品率也间接扩大了盖板玻璃的市场空间。

第四，超薄手机、折叠屏手机和柔性显示屏逐渐应用，也使得盖板玻璃呈现越来越薄的趋势。更薄的盖板玻璃会使得玻璃的抗冲击性能降低，这要求新型盖板玻璃需要在核心工艺上有所突破，满足信息显示产品发展的趋势和性能要求。

第五，非触摸功能的盖板玻璃需求有较大提升。随着市场需求的多元化，盖板玻璃已经不再局限于触摸和传感功能，如仅仅承担产品装饰和美观功能的盖板玻璃需求日益增多。与触摸功能相比，该用途下对玻璃产品的某些功能的要求要比强度指标敏感得多，如涂层结合力、（可）印刷性能等。

1.2.12 真空玻璃

1. 产品定义、特性、主要性能参数

真空玻璃是在两片叠合的平板玻璃中间用 0.2mm 左右的圆柱状或线状支撑物分开，其间形成 0.2mm 左右的间隙，常压下四周用密封材料密封，然后通过预留的抽气孔将两片玻璃中间的间隙抽成真空并封闭抽气孔，这样制成的复合玻璃构件称为真空玻璃。真空玻璃是玻璃工艺与材料科学、真空技术、物理测量技术、工业自动化及建筑科学等多种学科、多种技术、多种工艺协作的综合科技成果。

真空玻璃有以下特性。

（1）传热系数低，节约了能源。充氩气中空玻璃的传热系数为3.5W/（m^2·K），普通平板玻璃制造的真空玻璃的传热系数为2.6W/（m^2·K）。

（2）隔声性能好，防止了噪声的干扰。中空玻璃平均衰减噪声为28dB，真空玻璃可使噪声降低30dB以上。

（3）防结露性能好，保证了清楚视野。室内温度20℃、相对湿度60%时，室外温度8℃，单层玻璃就结露，－1℃中空玻璃结露，而－21℃真空玻璃才结露。

（4）耐风压强。真空玻璃内部抽真空后，在外部大气压力下两片玻璃与支撑物紧压相连，这与中空玻璃的单片玻璃由四周边框支撑相比，抗风压强度约为同样玻璃制成的中空玻璃的两倍，但抗冲击强度不如中空玻璃，这一弱点可通过组合真空玻璃来解决。

（5）在同样传热系数下，厚度小，质量轻，节省安装空间和窗框材料。真空玻璃的两层玻璃之间的间隙仅0.2mm（3＋0.2＋3），真空玻璃制品接近6.2mm厚。而双层中空玻璃最小厚度为12mm，要达到与真空玻璃相近的传热系数，则厚度需要达到18mm。真空玻璃厚度薄，可以安装在现有的单层玻璃窗框上，便于旧房的节能改造。真空玻璃单位平方米质量比同样厚度玻璃制作的双层中空玻璃轻10%～20%，这就减少了窗框负荷，增加了建筑物窗口设计的自由度。

真空玻璃主要性能如下：

（1）传热系数低。传热系数K值可低至0.7W/（m^2·K），当室外温度为－20℃时，双层真空玻璃的内表温度仅比室内空气温度低3～5℃，杜绝了中空玻璃的冷热辐射现象，远超国际最高10级标准。其阻隔传热的能力是单玻的8倍，是中空玻璃的3～5倍，节能效果和经济效益十分明显。节能即意味着减少了发电燃煤的消耗，减少了CO_2等气体的排放，减少了环境污染。

（2）隔声性能好。双层真空玻璃的计权隔声量均在国际3级以上，有效隔声量可达35～42dB，达到绿色建筑评价标准对窗外的要求。组合真空玻璃可达5级以上，完全满足五星级饭店及医院等特殊建筑的要求。

（3）防结露性能好。双层真空玻璃依靠其很强的保温隔热性能，使其结露温度降低至－22℃以下，最低可达到－51℃。

（4）耐风压强。

（5）真空玻璃厚度小，质量轻。

2. 生产工艺及原料

1）生产工艺

现有真空玻璃制造技术有两种：熔接法和焊接法。熔接法是将低熔点玻璃粉（也可以是低熔点金属、可挠性金属、有机粘接剂）放在两块玻璃板的间隙中，在400～450℃下加热15～60min熔融与玻璃粘在一起，起到密封作用。焊接法是将有弹性的密封边同玻璃板边缘焊接在一起，起到密封的作用。

低温玻璃焊料封接抽真空法是目前国内外主流的真空玻璃制作方法，其生产工艺流程如下：

对符合质量要求的两片原片玻璃（可以是浮法玻璃、夹丝玻璃、压延玻璃、喷砂玻璃、吸热玻璃、紫外线吸收玻璃、热反射玻璃、低辐射玻璃、钢化玻璃等）进行切割、磨边、清洗、干燥→摆放好第一片玻璃→在玻璃板上以10～25mm的间隔放置高度为0.1～0.5mm、直径为0.3～1.0mm的圆柱状支撑物或宽度为0.4～0.6mm的线状或格子状支撑物（支撑物的材料可以是不锈钢、碳化钨钢、铬钢、铝合金、镍、铝、钽、陶瓷等，支柱的传热系数不超过0.3W/（m^2·K），支柱附近的拉应力小于4Pa）→把第二片玻璃叠放在第一片玻璃上进行合片→在两片玻璃之间的四周边缘涂覆玻璃焊接料（低熔点无铅柔性金属、可挠性金属、有机粘接剂或含有吸收短波红外线材料的无铅低熔点玻璃粉和紫外线固化胶）→在450℃温度下对玻璃加热或采用短波红外线加热方式加热熔化两片玻璃中间的玻璃粉→在适当位置开孔，焊上细玻璃管（或采用紫外线光源对玻璃进行照射，使液体的紫外线固化胶固化）→通过玻璃管采用抽真空装置对玻璃间隙进行抽气，使两片玻璃板间膛的真空压力达到0.133Pa→抽真空后将玻璃管加热熔化，将抽气孔密封→玻璃管熔化后比玻璃板的表面低，再用机械帽或密封层保护→成品检验→装箱包装→成品入库。

若制作真空玻璃的基板玻璃是钢化玻璃，则在钢化之前就要切裁、磨边、清洗、干燥，钢化后再作为真空玻璃的基板使用。

真空玻璃在使用时两个外表面的温度不同，有时相差很大，因此两块玻璃板热膨胀也不同，用焊接法制造的真空玻璃需要通过弹性密封边消除这种膨胀差；熔接法制造的真空玻璃在两个表面产生膨胀差时产生应力，但这种应力在真空玻璃使用中能够承受，不会造成真空玻璃破坏。

2）生产原料

生产真空玻璃的主要原料是玻璃原片，主要有浮法玻璃、夹丝玻璃、压延玻璃、喷砂玻璃、吸热玻璃、紫外线吸收玻璃、热反射玻璃、低辐射玻璃、钢化玻璃等。此外，根据不同的生产工艺辅助原料有：低熔点无铅柔性金属、可挠性金属、有机粘接剂、无铅低熔点玻璃粉、紫外线固化胶和包装材料（玻璃衬纸、包装木箱）等。

3. 应用领域

真空玻璃主要应用于建筑门窗、冷链门体、平板式太阳能热水器等领域。

4. 产品现状及发展趋势

真空玻璃产品及其生产技术是当代世界瞩目的高新技术成果，目前只有日本等少数国家掌握。1997 年 1 月 29 日，日本正式宣告推出真空玻璃产品，现在，日本的真空玻璃产品最大尺寸为 2400mm×1350mm，最小尺寸为 350mm×200mm，产量约 50 万 m^2。我国熔封平板真空玻璃从 2004 年进入市场，国内目前主要是北京、青岛和河南等少数几个企业在生产真空玻璃，并已经在北京天恒大厦、清华大学超低能耗示范楼等示范建筑上使用，取得了明显的节能效果。

2020 年，我国建筑能耗占全社会总能耗的比例将达到 35%，成为用能的第一领域。建筑能耗的 50%是通过门窗流失的，玻璃又占其中的 70%。相关资料显示，目前我国各地在推进近 30 个被动房试点项目，“被动房”对于玻璃标准的要求是$<0.6W/(m^2 \cdot K)$，而在玻璃的选择上，真空玻璃是最佳解决方案。而目前我国真空玻璃生产能力不足市场需求量的 8%，在节能减排和绿色环保的双重背景下，节能性能优异的真空玻璃批量化生产显得更为迫切，真空玻璃产业化进程必须“加速度”。但是，市场反馈显示真空玻璃是“叫好却不叫座”，行业内人士指出，主要是真空玻璃产业化水平还没有达到与市场需求对应的高度。真空玻璃发展过程中的“大规模、高质量、低成本”三大瓶颈严重阻碍了真空玻璃的生产和应用。

随着国家节能法规、绿色建筑政策的落地，真空玻璃已经成为被动烧结法工艺流程：原料称量→原料混合→高温熔制→冷水淬冷→脱水烘干→过筛→分级→窑车装模→涂防粘剂→装料成型→进窑烧结→晶化退火→出窑拆模→粗磨精磨→粗抛精抛→切裁→磨边→成品检验→装箱包装→入库。

烧结法特点：玻璃经过淬冷后颗粒细小（约 6mm），表面积增加，通过表面或界面晶化而形成微晶玻璃，不必使用晶核剂。烧结法的不足之处：板材规格和品种少、色彩不逼真、产量低、大规格板面平整度差、板面质量差、自爆率高、成本高等制约了其发展。

2）生产原料

生产白色或色彩鲜艳的微晶玻璃时，一般都使用矿物原料和化工原料，可以没有色差，也可以仿真成天然石材的各种色彩，这些色彩是用不变色的金属氧化物经高温加热形成，耐候性好，不会变色和褪色。主要原料：硅砂、长石（锂长石）、石灰石、纯碱、锂辉石、碳酸钡、硫酸钡、氧化锌、萤石、五氧化二磷等。

生产工业料仓使用的微晶玻璃的原料可采用矿石、工业尾矿废渣、冶金矿渣、粉煤粉、煤矸石等作为主要生产原料，且生产过程无污染、产品本身无放射性污染。尾矿废渣微晶玻璃可分为工业废渣微晶玻璃（矿渣微晶玻璃和灰渣微晶玻璃）和尾矿尾砂微晶玻璃两类。

3. 应用领域

由于微晶玻璃综合了玻璃、陶瓷和天然石材三重优点，优于陶瓷和天然石材，所以，它不仅可以用作建筑幕墙、室内高档装饰，还可做机械上的结构材料、电子、电工上的绝缘材料、大规模集成电路的底板材料、微波炉耐热系列材料、化工与耐腐材料和矿山耐磨材料等。

板材微晶玻璃板作为新型绿色装饰材料，可代替天然石材，尤其是代替进口高档天然石材使用在宾馆、饭店、商场、机场、车站等高档建筑物室内外的地板、幕墙、墙面等，成为世界上最具发展前景的建筑装饰材料，其装饰效果和性能均优于玻璃、瓷砖、花岗岩和大理石板材，微晶玻璃耐酸耐碱性、抗冻性、耐污性能优良，无放射性污染，镜面效果良好，质轻可做结构性材料，已成为 21 世纪建筑的新材料。微晶玻璃板具有很好的耐磨性、高硬度、光滑性，可作为防护材料应用在煤炭、发电、焦化、水泥、钢铁、玻璃等领域。

利用微晶玻璃耐高温、抗热震性、热膨胀系数低、耐热冲击性能好等力学和热学性能，广泛应用于厨房炊具、活塞、旋转叶片的制造上，同时也用在飞机、火箭、人造地球卫星的结构材料上。

微晶玻璃通常没有气孔，且含有一定的玻璃相，所以它有良好的透明性，其中以β-石英为主晶相的 Li_2O-Al_2O_2-SiO_2 系统微晶玻璃具有接近零膨胀的特性，这类微晶玻璃通常用作天文望远镜的镜片。

生物微晶玻璃具有良好的化学稳定性，生物兼容性，主要用作牙齿材料、人造骨骼、铁磁性抗癌材料等方面。

微晶玻璃化学稳定性好，几乎不被腐蚀的特性被广泛应用在化工上，在控制污染和新能源应用领域也有使用。如可用于喷射式燃烧器中消除汽车尾气中的碳氢化合物，在硫化钠电池中作密封材料，在输送腐蚀性液体中用作管道等。

在核工业上，微晶玻璃被用于制造原子反应堆控制棒上的材料、反应堆密封材料、核废料存储密封材料等。

4. 产品现状及发展趋势

目前国内生产板材微晶玻璃的企业均是近十年开始起步，主要分布在四川、江西、安徽和广东等地，其中大部分企业采用压延法生产板材微晶玻璃板。

在现代化的智能生活中，厨房正成为家庭生活的中心，厨电产品也朝着品类多样化、功能智慧化的方向不断发展，其中，灶具作为烹饪的主要支撑，消费者对其质量、外观及功能也提出了更高的要求。微晶玻璃在家电行业的应用是从电磁炉开始的，且一直以来电磁炉都保持着微晶玻璃最大用量的地位。近几十年来，厨具微晶玻璃在国际市场占据主导地位的是德国、法国和日本的企业。2019 年中国国际进口博览会（CIIE）上，法国欧凯首次公开了其最新研发的“全场景家居智能交互平台”产品信息。作为高端微晶玻璃的制造商，法国企业巧妙地将极简的设计理念与智能科技相融合，创造性地打破生活各场景的地域限制，让家庭互动更加有趣，更加便捷，也更有温度。

近十年来，因为有中国厨具微晶玻璃企业的参与，世界厨具微晶玻璃市场正在悄然发生变化。尽管高端市场仍被三大巨头垄断，但是中低端市场已经开始出现松动，一些国际厨电品牌开始接纳中国的微晶玻璃，中国微晶玻璃行业正在成为欧洲、日本以外市场的第四极。从整个规模来说，中国已经是世界上最大的微晶玻璃制造基地，但不是微晶玻璃的制造强国，全球的高端订单仍然牢牢地掌握在欧洲和日本企业手里。这几年，尽管中国的厨具微晶玻璃已经开始少量出口到欧洲和日本，但基本都是以中低端的产品为主。

随着餐饮设备的丰富和消费市场的变化，微晶玻璃不断开发出新的应用领域。除了电磁炉以外，目前餐饮业采用的以微晶玻璃为介质的加热产品需求还在增长，例如，电烤盘、电烤炉、凹型灶等，解决了一些没有燃气的餐饮店的需求。因此，中国厨具微晶玻璃的空间还很大。

微晶玻璃以其优良的性能、简单的制备工艺技术、廉价的原材料和低的制造成本以及能工业化大规模生产的优势，成为一种高性能、应用市场广阔的功能玻璃材料。随着学科交叉和边缘学科的发展，微晶玻璃会在越来越多的领域得到应用。

2 高性能纤维及复合材料

2.1 高性能纤维

2.1.1 概述

高性能纤维是具有特殊物理化学结构、性能和用途的纤维。《我国高性能纤维产业发展研究》指出，高性能纤维一般指强度大于 17.6cN/dtex，弹性模量在 440cN/dtex 以上，具有高比强度、高比模量的纤维，如碳纤维、陶瓷纤维、对位芳纶纤维、超高分子量聚乙烯纤维等。随着科技的进步以及下游对纤维性能特殊功能的新要求，一些具有耐高温、阻燃、耐辐照、耐腐蚀等功能的纤维，也被纳入高性能纤维的范畴，如特种玻璃纤维、间位芳纶纤维等。

高性能纤维在国防、军工、航空、航天、能源、交通等领域具有广泛应用，在国内外已成为技术创新、占领技术高地的重要战略物资，其生产技术与装备水平是体现国家综合实力与技术创新能力的重要标志之一。

高性能纤维品种繁多，已实现工业化生产与应用的高性能纤维有 20 余种。以高性能纤维或纤维制品作为增强体的复合材料在军民领域获得了越来越多的应用，其纺织增强体具有优异的可设计性和整体性，正在朝着功能一体化、复杂外形、大尺寸和一体化成型等方向发展。

1. 高性能纤维的种类及用途

根据高性能纤维的化学属性，高性能纤维可分为有机高性能纤维和无机高性能纤维两大类。有机高性能纤维是由有机聚合物制成的高性能纤维或利用天然聚合物经化学处理而制成的高性能纤维，如芳纶纤维、聚酰亚胺纤维、超高分子量聚乙烯纤维、超高分子量聚乙烯醇纤维、超高分子量聚丙烯腈纤维等。

前驱体氧化或碳化制备的无机高性能纤维一般以矿物质或金属为原料制成，具有不同的分子构象或结构，如无定形纤维、多晶纤维和单晶纤维等。本章主要讨论适用于建材工业领域的无机非金属高性能纤维，如玻璃纤维、碳纤维、陶瓷纤维等。其中玻璃纤维又分为E-CR类高性能玻璃纤维以及特种玻璃纤维，如高强玻璃纤维、玄武岩纤维、高硅氧纤维、耐碱玻璃纤维、石英纤维等。

在军事装备现代化、民用产品高性能化、生产过程标准化、技术进步高速化发展的今天，高性能纤维及其复合材料已在各领域发挥重要作用，尤其是在有特殊要求的工业和技术领域，如航空航天、海洋开发、信息通信、能源交通、土木建筑、军事装备、化工和机械等方面，高性能纤维起着不可或缺的作用。

高性能纤维的产业化可带动复合材料及其产品产业链的发展，提高了先进复合材料的附加值。例如，高性能玻璃纤维在低成本先进复合材料上仍保持较好的优势。力学性能方面，S或R高强度、M高模量、R改性高模高强、无硼无氟（E-CR）玻璃纤维作为复合材料增强基材，提高了复合材料的比强度、比刚度和抗疲劳性能，提升了复合材料的结构性能，更优于金属和普通玻璃纤维增强的复合材料。在热学性能方面，玻璃纤维耐热性优于天然和化学纤维。根据不同的热环境，高性能玻璃纤维可以在450～1200℃温度下长期使用；在介电性能方面，具有低介电常数的玻璃纤维在宽频带内电磁波透过率高且保持稳定，低介电玻璃纤维在5G通信用印刷线路板上的应用将成为特种玻璃纤维新的增长点，而石英玻璃纤维则能够实现高温环境下优异的透波性能；在导电性能方面，高性能玻璃纤维在充分发挥自身优异绝缘性能的同时，借助其良好的力学性能，使其在结构功能一体化复合材料上应用更加广泛；在光学性能方面，光导玻璃纤维独特的光传输特性，使其在除了光通信上大量应用外，在非通信传光与传像方面得到普遍应用；在耐辐照防护方面，不含氧化硼类的高性能玻璃纤维能耐受核反应堆的长期辐照影响，保护堆外环境在可操作条件下，玻璃纤维对各种侵蚀介质（水、蒸汽、酸碱溶液及化学试剂等）具有良好的抵抗能力，玻璃纤维除氢氟酸

(HF)、浓碱(NaOH)、浓磷酸外,对所有化学药品和有机溶剂都具有良好的化学稳定性。高性能玻璃纤维则在此基础上进一步提高了玻璃纤维耐酸性和耐碱性,使其增强复合材料具有酸碱环境下长寿命和维护少的特性。在生物学应用方面,玻璃纤维设计师们更关注玻璃纤维对人体吸入的影响,开发出易降解的玻璃纤维,同时为满足生物复合材料应用要求,研制了与人体骨力学相近且能够与人体组织相容或可控降解的复合材料增强基材。

碳纤维具有轻而强、轻而刚、耐高温、耐腐蚀、耐疲劳等优异性能,可加工成织物、毡、席、带、纸及其他材料。碳纤维率先在宇航工业获得大规模应用,飞行器主承力件越来越多地采用了碳纤维立体织物增强复合材料 。随后,碳纤维在军民各个领域也得到广泛应用。如用作汽车材料,可以使汽车大幅降低结构质量,进而显著提高燃料效率,并带来节省能源的社会效益 。碳纤维也用于工业与民用建筑物、铁路公路桥梁、隧道、烟囱、塔结构等的加固补强,同时在风能、核能和太阳能等新能源领域也具有广阔的应用前景。此外,在体育休闲用品上也得到广泛应用,如钓鱼竿、高尔夫球棒、网球拍、羽毛球拍、滑雪橇、帆船、赛车、撑高跳竿和航空模型等。

连续陶瓷纤维是陶瓷基复合材料的关键原材料。欧美以及日本等对陶瓷纤维增强陶瓷基复合材料的制备工艺和增强理论进行了大量的研究,2015 年 2 月,美国公司在 F414 涡扇发动机验证机上成功验证了世界首个旋转低压涡轮构件,为连续纤维增强陶瓷基复合材料(SiCf/SiC)在航空发动机和燃气轮机上的应用指明了方向。连续氧化铝纤维是目前最大、系列化程度最高的连续陶瓷纤维,已在陶瓷、树脂、金属基等复合材料中作为增强体规模化应用,提高了耐热性材料的机械强度与柔韧性。超轻质热防护复合材料和充气式再入减速器热防护复合材料为未来飞行器热防护系统提供了一条崭新的途径,其中用到了多种高性能纤维增强体,如美国 NASA 高超声速充气气动减速器(HIAD)的柔性热防护系统就采用了美国公司的 Nextel440 陶瓷纤维织物。

2. 高性能纤维的基本性能

基本性能是指纤维材料本身的物理化学性质。纤维的性能与其材料的化学组成有关,不同材料制取的纤维,会表现出不同的物理化学性能,主要包括密度、力学、热学、电学、光学性质以及化学成分、化学稳定性等特性（表 2-1）。

表 2-1 部分无机非金属高性能纤维的力学性能

纤维名称	断裂强度（GPa）	初始模量（GPa）	断裂伸长率（%）	密度（g/cm^3）	软化温度（℃）
E-CR 玻璃纤维	3.44	80.3	4.8	2.68～2.72	882
S-高强玻璃纤维	4.89	86.9	5.7	2.46～2.49	—1056
T300 碳纤维	3.5	230	1.5	1.76	—
T700 碳纤维	4.9	230	2.1	1.8	—
M60J 碳纤维	3.9	588	0.7	1.93	—
碳化硅纤维	—3.0	—200	—1	—3.2	—1500

注：数据来自相关产品手册。

对于无机非金属高性能纤维，除了要有较好的力学性能之外，还要满足不同应用领域的要求，需要具备很多其他方面的性能优势，如耐高温、阻燃、耐辐照、耐腐蚀、低介电等。本章将对无硼无氟玻璃纤维、特种玻璃纤维、碳纤维、陶瓷纤维等的基本性能、主要用途以及发展趋势等进行详细介绍。

2.1.2 碳纤维

1. 产品定义、特性、主要性能参数

按照国际标准化组织的定义，碳纤维（Carbon Fiber）是利用有机前驱体形成的热解碳为原料的一类碳元素的质量分数在 90%以上的纤维。碳纤维一般按照有机前驱体进行分类，主要有聚丙烯腈基（PAN-based）、沥青基（Pitch-based）、黏胶基（Rayon-based）等碳纤维。聚丙烯腈是目前制备碳纤维的第一大原料，其产量约占世界总产量的 95%，沥青基碳纤维约占 4%，黏胶基碳纤维约占 1%，酚醛基碳纤维尚处于试验研究阶段，未形成产业化。此外，碳纤维还包括碳纳米纤维（CNF）和碳纳米管（CNT）等特种碳纤维。图 2-1 为碳纤维纱。

图 2-1　碳纤维纱

碳纤维是一种高性能的纤维材料，具有如下特性（表 2-2～表 2-4）：

1. 物理性能

（1）密度低，碳纤维的密度为 1.5～2g/cm^3，相当于钢密度的 1/4，铝合金密度的 1/2；

（2）强度高，其拉伸强度可达 3000～4000MPa，弹性比钢大 4～5 倍，比铝大 6～7 倍；

（3）模量高；

（4）力学性能变化范围宽，可设计性好，且具有良好的编织性能；

（5）热膨胀系数小，制品尺寸稳定性好；

（6）具有各向异性，热膨胀系数小，导热率随温度的升高而下降，耐骤冷、急热，即使从几千摄氏度的高温突然降到常温也不会炸裂；

（7）导电导热性好，不会出现蓄热和过热现象；

（8）生物相容性好，生理适应性强，具有优越的 X 射线穿透性；

（9）耐高温和耐低温性好，可在 2000℃下使用，在 3000℃非氧化气氛下不融化，不软化，在－180℃低温下，钢铁变得比玻璃脆，而碳纤维依旧很柔软，也不脆化；

（10）耐冲击性较差，脆性大，容易损伤。

2. 化学特性

（1）耐酸性能好，对酸呈惰性，能耐浓盐酸、磷酸、硫酸、苯、丙酮等介质侵蚀，其耐腐蚀性能超过黄金和铂金；

（2）耐油、抗辐射、抗放射、吸收有毒气体和使中子减速等特性。

表 2-2 国际先进企业聚丙烯腈基碳纤维的有关性能参数

规格		丝数（根）	拉伸强度（MPa）	拉伸模量（GPa）	伸长率（%）	线密度（g/1000m）	体密度（g/cm^3）	含碳量（%）
T300	1K	1000	3530	230	1.5	66	1.76	93
	3K	3000	3530	230	1.5	198	1.76	93
	6K	6000	3530	230	1.5	396	1.76	93
	12K	12000	3530	230	1.5	800	1.76	93
T300B	1K	1000	3530	230	1.5	66	1.76	93
	3K	3000	3530	230	1.5	198	1.76	93
	6K	6000	3530	230	1.5	396	1.76	93
	12K	12000	3530	230	1.5	800	1.76	93
T400HB	3K	3000	4410	250	1.8	198	1.8	94
	6K	6000	4410	250	1.8	396	1.8	94
T700SC	6K	12000	4900	500	2.1	800	1.8	93
	12K	24000	4900	500	2.1	1650	1.8	93
T800SC	24K	24000	5880	294	2	1030	1.8	—
T800HB	6K	6000	5490	294	1.9	223	1.81	96
	12K	12000	5490	294	1.9	445	1.81	96
T830HB	6K	6000	5340	294	1.8	223	1.81	96
T1000GB	12K	12000	6370	294	2.2	485	1.81	95
M35JB	6K	6000	4510	343	1.3	225	1.75	99
	12K	12000	4700	343	1.4	450	1.75	99
M40JB	6K	6000	4400	377	1.2	225	1.77	99
	12K	12000	4400	377	1.2	450	1.77	99
M46JB	6K	6000	4200	436	1.0	223	1.84	99
	12K	12000	4200	436	0.9	445	1.84	99
M50JB	6K	6000	4120	475	0.9	216	1.88	99
M55J	6K	6000	4020	540	0.8	218	1.91	99
M55JB	6K	6000	4020	540	0.8	218	1.91	99
M60JB	3K	3000	3820	588	0.7	103	1.93	99
M30SC	18K	18000	5490	294	1.9	760	1.73	—

注：以上数据参考 www.toray.cn/。

表 2-3　国内企业聚丙烯腈基碳纤维有关性能参数

规格		单丝直径（μm）	丝数（根）	拉伸强度（MPa）	拉伸模量（GPa）	伸长率（%）	线密度（g/1000m）	体密度（g/cm^3）	含碳量（%）
GQ3522W	3K	7.0	3000	3530	230	1.5	198	1.78	93
	6K	7.0	6000	3530	230	1.5	400	1.78	93
	12K	7.0	12000	3530	230	1.5	800	1.78	93
	24K	7.0	24000	3530	230	1.5	1600	1.78	93
	48K	7.0	48000	3530	230	1.5	3200	1.78	93
GQ4522W	3K	7.0	3000	4900	255	1.9	198	1.78	94
	12K	7.0	12000	4900	255	1.9	800	1.78	94
GQ4522D	12K	7.0	12000	4900	230	2.1	800	1.80	93
	24K	7.0	24000	4900	230	2.1	1600	1.80	93
QZ5526W	6K	5.0	6000	5490	294	1.9	223	1.80	96
	12K	5.0	12000	5490	294	1.9	445	1.80	96
	24K	5.0	24000	5490	294	1.9	890	1.80	96
QZ5526D	12K	5.0	12000	5880	294	2.0	515	1.80	96
	24K	5.0	24000	5880	294	2.0	1030	1.80	96
QZ6026D	12K	5.0	12000	6370	294	2.2	510	1.80	96
GM3040W	3K	7.0	3000	2740	392	0.7	182	1.81	99
	6K	7.0	6000	2740	392	0.7	364	1.81	99
	12K	7.0	12000	2740	392	0.7	728	1.81	99
QM4035W	6K	5.0	6000	4410	377	1.2	225	1.78	99
	12K	5.0	12000	4410	377	1.2	450	1.78	99
QM4040W	6K	5.0	6000	4210	436	1.0	223	1.84	99
	12K	5.0	12000	4210	436	1.0	445	1.84	99
QM4045W	6K	5.0	6000	4120	475	0.9	218	1.88	99
	12K	5.0	12000	4120	475	0.9	436	1.88	99
QM4050W	3K	5.0	3000	4020	540	0.8	109	1.91	99
	6K	5.0	6000	4020	540	0.8	218	1.91	99
QM4055W	3K	5.0	3000	3820	588	0.7	103	1.93	99
	6K	5.0	6000	3820	588	0.7	206	1.93	99

表 2-4 国际先进企业沥青基碳纤维有关性能参数

规格		丝数（根）	拉伸强度（MPa）	拉伸模量（GPa）	伸长率（%）	线密度（g/1000m）	体密度（g/cm^3）
YSH-70A	1K	1000	3630	720	0.5	75	2.14
	3K	3000	3630	720	0.5	250	2.14
	6K	6000	3630	720	0.5	520	2.14
	12K	12000	3630	720	0.5	1040	2.14
YSH-60A	1K	1000	3830	630	0.6	75	2.12
	3K	3000	3830	630	0.6	250	2.12
	6K	6000	3830	630	0.6	520	2.12
	12K	12000	3600	630	0.5	1040	2.12
YSH-50A	1K	1000	3830	520	0.7	75	2.10
	3K	3000	3830	520	0.7	250	2.10
	6K	6000	3830	520	0.7	520	2.10
XN-90	6K	6000	3430	860	0.4	880	2.19
XN-80	6K	6000	3430	780	0.5	890	2.17
	12K	12000	3430	780	0.5	1780	2.17
XN-60	6K	6000	3430	620	0.6	890	2.12
	12K	12000	3430	620	0.6	1780	2.12
XN-15	3K	3000	2400	155	1.5	470	1.85
XN-10	3K	3000	1700	110	1.6	475	1.70
XN-05	3K	3000	1100	54	2.0	410	1.65

2. 生产工艺及原料

1）生产工艺

聚丙烯腈基碳纤维是以聚丙烯腈为前驱体制备的，其制备工艺首先要从丙烯腈单体的聚合开始。将丙烯腈单体聚合得到纺丝原液，可分为一步法和两步法：直接在溶剂中聚合，反应完成后脱除未反应的单体、引发剂和气泡外，称之为一步法；先聚合并分离出聚合体，再将其溶解在溶剂中，称之为两步法。纺丝原液经喷丝板喷出，一般采用湿法（纤维自喷丝板喷出后直接进入凝固浴中）或干喷湿法（纤维自喷丝板喷出后经过一段空气层后再进入凝固浴中）进行纺丝，形成聚丙烯腈初生纤维，初生纤维还需经水洗、牵伸、热定型、干燥等一系列工序最终制得 PAN 原丝。

PAN原丝在200～300℃温度的空气气氛中，在适当张力下进行热处理，称为预氧化处理，获得的纤维成为预氧化纤维。其间发生了一系列的物理化学反应，在这一过程中子氰基上的氮原子与相邻子氰基上的碳原子相结合发生环状交联，形成耐热的吡啶环梯形结构。

碳化是指将预氧丝在惰性气氛保护下通过梯度升温，脱除非碳元素，形成类石墨结构的碳纤维。这个过程可分为两个阶段：第一阶段一般是在300～800℃之间，称之为低温碳化，低温碳化是要脱除一定量的非碳原子(排除了大量的水和二氧化碳、焦油、氢氰酸等)，进一步稳定结构和提高致密性，为纤维承受更高碳化温度奠定结构基础；第二阶段一般是在800～1600℃之间，称之为高温碳化，高温碳化过程中非碳元素的裂解速度减缓，碳结构继续重组，最终成为含碳量大于90%的具有乱层石墨结构的纤维材料，即PAN基碳纤维。

碳纤维石墨化过程是提高碳纤维模量的关键步骤。在惰性气体（氮气或氩气）的保护下，利用2000～3000℃的高温对PAN基碳纤维进一步处理，脱除剩余的非碳元素，同时碳原子在一定张力作用下进行石墨层状结构的排列，由乱层石墨结构逐渐转化为有序的类石墨结构。该步骤产物为高模量PAN基碳纤维。

经过高温处理的碳纤维中90%以上由碳元素组成，纤维表面活性官能团很少，具有较强的惰性，与基体树脂的浸润性变差，会影响到后续制备的复合材料性能，因此需要进行表面处理，一般采取电化学氧化法、液相氧化法、气相氧化法、等离子体改性法等进行纤维表面处理，在此过程中，纤维表面引入了大量含氧活性官能团，从而增加纤维的表面活性，有利于碳纤维与树脂之间形成良好的界面结合，提高碳纤维复合材料的综合性能。

聚丙烯腈碳纤维主要生产工艺流程如下：

PAN基碳纤维：丙烯腈聚合物溶液制备→PAN原丝制备→PAN纤维预氧化→PAN预氧纤维碳化→表面处理→碳纤维成品

高模量PAN基碳纤维主要生产工艺流程如下：

丙烯腈聚合物溶液制备→PAN原丝制备→PAN纤维预氧化→PAN预氧纤维碳化→高温石墨化→表面处理→碳纤维成品

沥青基碳纤维主要生产工艺流程如下：

煤焦油/汽油沥青处理→熔融纺丝→不熔化→碳化→石墨化→表面处理→

碳纤维成品。

黏胶基碳纤维主要生产工艺流程如下：

黏胶纤维加捻→织造→水洗→催化剂浸渍→干燥→氧化炉处理→炭化炉处理→表面处理→收丝→黏胶基碳纤维。

2）碳纤维原料

聚丙烯腈基碳纤维：制备聚丙烯腈碳纤维的主要原材料为石油化工产品——丙烯腈（AN），分子结构为 $CH_2=CH—CN$，AN 具有强极性的侧氰基，适合进行阴离子聚合或自由基聚合，考虑到碳纤维制备过程中纤维制备、预氧化过程的放热控制等因素，常添加一定量共聚单体进行共聚合，也由于 AN 含有强极性的侧氰基，溶液聚合时可选取的聚合物溶剂较少，常用的有机溶剂有二甲基亚砜、二甲基甲酰胺和二甲基乙酰胺等三种，常用的无机溶剂有硝酸、硫氰酸钠水溶液和氯化锌水溶液等三种。

沥青基碳纤维：沥青基碳纤维的原料来源于石油、煤炭等芳香族有机物。一般为石油炼制过程中流体催化裂化（FCC）装置所产生的底油、石脑油裂解装置所产生的乙烯底油、焦炭生产过程中所产生的煤焦油。

黏胶基碳纤维：黏胶基碳纤维的原料来自木材、竹子、棉花等天然植物中的天然纤维素，经蒸煮、精选、漂白、再精选、抄浆、脱水干燥等一系列步骤，最终得到纤维素浆粕。纤维素浆粕通过碱化、老成、黄化、溶解、纺丝等工艺制备得到黏胶纤维原丝。

3. 应用领域

碳纤维最主要的应用形式是作为树脂材料的增强体，所形成的碳纤维增强树脂复合材料（CFRP）具有优异的综合性能，在导弹、空间平台和运载火箭、航空器、先进舰船、轨道交通车辆、电动汽车、卡车、风电叶片、燃料电池、电力电缆、压力容器、铀浓缩超高速离心机、特种管筒、公共基础设施、医疗和工业设备、体育休闲产品以及时尚生活用具等领域，有着实际和潜在的应用。

1）作为导弹、空间平台和运载火箭的关键材料

碳纤维是现代宇航工业的物质基础，具有不可替代性，被广泛应用于导弹武器、空间平台和运载火箭等航天领域。

在导弹武器领域，碳纤维主要用于制造弹体整流罩、复合支架、仪器舱、诱饵舱和发射筒等主次承力结构部件；在空间平台应用方面，可确保结

构变形小、承载力好、抗辐射、耐老化和空间环境耐受性良好，主要用于制造卫星和空间站的承力筒、蜂窝面板、基板、相机镜筒和抛物面天线等结构部件；在运载火箭应用方面，主要用于制造箭体整流罩、仪器舱、壳体、级间段、发动机喉衬和喷管等部件。

目前，碳纤维在航天器上的应用已日臻成熟，是实现航天器轻量化、小型化和高性能化不可或缺的关键材料。

2）作为航空器的结构材料

在大型先进飞机中，CFRP被广泛用作主承力结构材料。且在近期研制成功的新型飞艇中，CFRP也被用作结构材料。

波音777X型飞机和波音787型飞机，机身复合材料的用量都达到了50%。波音777X飞机的主翼由CFRP制成，其翼展长约72m（235英尺），是目前客机中翼展最长的机型之一。CFRP机翼不仅强度高、柔性好，且末端可折叠，多数机场都能满足其宽翼展的停机需求。

图2-2为英国研制的“空中之恋10号（Airlander10）”大型飞艇，这是一种轻于空气的航天器，被设计用来执行侦察、监视、通信、货物与救援物资的运输，以及乘客交通等。该飞艇形状结构材料采用CFRP，最大化地减轻了飞艇自身质量。

图2-2 英国最新研制的“空中之恋10号（Airlander 10）”大型飞艇

3）作为先进舰船船体结构

CFRP 对提高舰船的结构、能耗和机动性能等非常明显。瑞典海军维斯比号护卫舰（Stealth Visby）是世界上第一艘在舰体结构中采用 CFRP 的海军舰艇。舰体采用 CFRP 夹层结构，具有高强度、高硬度、低质量、耐冲击、低雷达和磁场信号，以及吸收电磁波等优异性能。图 2-3 为 CFRP 在舰船船体结构中的应用案例。

图 2-3 CFRP 在舰船船体结构中的应用

CFRP 还用于舰船推进器叶片、一体化桅杆和先进水面舰艇上层建筑的制造。CFRP 叶片不仅更轻、更薄，还可改善空泡性能、降低振动和水下特性、减少燃油消耗。

4）作为轨道交通车辆的车体结构

CFRP 是新一代高速轨道列车车体选材的重点，它可以大幅度减轻轨道列车车体质量，同时也能够在提高列车高速运行性能、降低能耗、减轻环境污染、增强安全性等方面发挥重要作用。当前，CFRP 在轨道车辆领域的应用趋势为：从车厢内饰、车内设备等非承载结构零件向车体、构架等承载构件扩展；从裙板、导流罩等零部件向顶盖、司机室、整车车体等大型结构发展。图 2-4 为碳纤维在高铁车体结构上的应用案例。

5）CFRP 作为电动汽车的车体结构

现有材料中 CFRP 的轻量化效果最好。随着汽车设计和复合材料技术的快速发展，CFRP 在汽车制造领域的应用速度远远超出了人们的预期。

图 2-4　碳纤维在高铁车体结构上的应用

BMW 公司通过与汽车用碳纤维材料（SGL Automotive Carbon Fibers）公司合作，历经 10 多年研发，开始生产自己所需的碳纤维。其中，BMW i3 型车中生命模块的制造工艺：将碳纤维织成织物后浸润于专用树脂中，制成预浸料；将预浸料热定型成刚性车身零件；采用专门开发的技术，将车身零件全自动地黏合成完整的车身部件。所得 CFRP 车身具备极高的抗压强度，能承受更快的加速度，整车的敏捷性和路感都非常好。

6）作为风电叶片的增强结构

风电叶片是风电机组中有效捕获风能的关键部件，叶片长度随风电机组单机容量的提高而不断增长。根据顶旋理论，为获得更大的发电能力，风力发电机需安装更大的叶片。

叶轮直径的增加对叶片的质量及抗拉强力提出了更高的要求。CFRP 是制造大型叶片的关键材料，可弥补玻璃纤维复合材料（GFRP）的性能不足。但长期以来，出于成本因素考虑，CFRP 在叶片制造中只被用于梁帽、叶根、叶尖和蒙皮等关键部位。近年来，随着碳纤维价格稳中有降，加之叶片长度进一步加长，CFRP 的应用部位得以增加，用量也有较大提升。图 2-5 为碳纤维在风电叶片结构上的应用。

图 2-5 碳纤维在风电叶片结构上的应用

7）作为燃料电池的电极气体扩散材料

碳纤维纸作为一种高性能复合材料，是制造燃料电池质子交换膜电极中气体扩散层必不可少的多孔扩散材料。

在质子交换膜燃料电池和直接甲醇燃料电池中，同时使用碳纤维纸和碳纤维布作为气体扩散层的综合效果更好。

8）作为电力电缆的芯材

将相同直径的两种铝导线的截面作对比，其中，钢芯的直径明显大于CFRP芯的直径，这使得CFRP芯铝导线可多容纳28%的铝导线，从而增大了电流的通过能力。

9）作为压力容器的缠绕增强材料

高性能纤维是全缠绕纤维增强复合压力容器的主要增强体。通过对高性能纤维的含量、张力、缠绕轨迹等进行设计和控制，可充分发挥高性能纤维的性能，确保复合压力容器性能均一、稳定，爆破压力离散差小。

20世纪80年代，碳纤维增强无缝铝合金内衬复合压力容器的出现使压力容器的制造费用更低、质量更轻、可靠性更高。

10）作为特种管筒的增强材料

由碳纤维缠绕或预浸料包覆增强的具有特殊用途的承压管筒，在减轻自身质量、改进散热、提高精度、延长寿命等方面效果非常明显。

美国公司将先进复合材料技术与热-机械设计原理相融合，并采用了航空专用碳纤维和航天高温树脂，研制出新一代运动用和军用枪管。与钢质枪管相比，CFRP 增强枪管质量最高可减小 64%，射击精度可达比赛级要求。

11）作为公共基础设施建设用的关键材料

CFRP 的力学特性使得其成为大跨度悬索桥主缆的优选材料。CFRP 主缆可明显提升大跨径悬索桥的整体性能。此外，建筑与民用工程领域是最早将碳纤维用于结构增强的。通过在桥梁等建筑物上铺覆碳纤维织物，可提高水泥结构体的耐用性，以及水泥结构建筑物的抗震性能。

12）在医疗器械和工业设备领域的应用

CFRP 因其优异的机械性能，被用于制造骨科和器官移植等医疗器械，以及制造假肢、矫形器等康复产品。

由短切碳纤维与质量分数占 10%～60%的尼龙或聚碳酸酯模塑成型的 CFRP 部件，质量轻、厚度薄、抗静电、抗电磁，在电子信息产品如笔记本电脑、液晶投影仪、照相机、光学镜头和大型液晶显示板等中应用广泛。加之 CFRP 具有优异的抗撕裂性能，还可用于制造轴承、辊轴、管材等产品，其强度与钢质产品相同，但质量可大幅度降低。图 2-6 为 CFRP 在医疗器械中的应用示例。

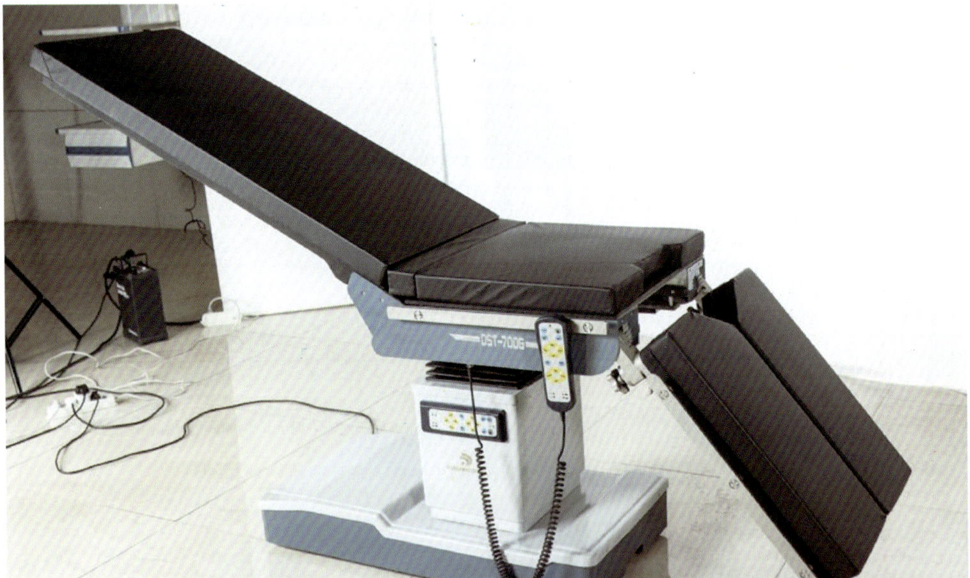

图 2-6　CFRP 在医疗器械中的应用

13）在体育休闲用品领域的应用

体育休闲用品是 CFRP 最早进入市场化的应用领域。滑雪板、滑雪手杖、冰球杆、网球拍和自行车等是 CFRP 在体育休闲用品中的典型应用。

14）作为时尚元素材料

碳纤维本身具有的黑亮色泽，以及其机织物和缠绕物构成的纹理、走向和质感，为时尚设计师们提供了丰富的想象空间和造型元素。目前，使用碳纤维制成的服装饰品有鞋、帽、腰带、首饰、钱包（夹）、眼镜架等，旅行用品有行李箱等，居家用具有桌、椅、浴缸等。所有这些制品都展示出了碳纤维高冷、坚韧、骄傲和优雅的时尚特质。它们既是日用品，又是艺术品，给人们的生活增添了极致奢华的技术和艺术享受。图 2-7 为碳纤维作为时尚元素材料的应用实例。

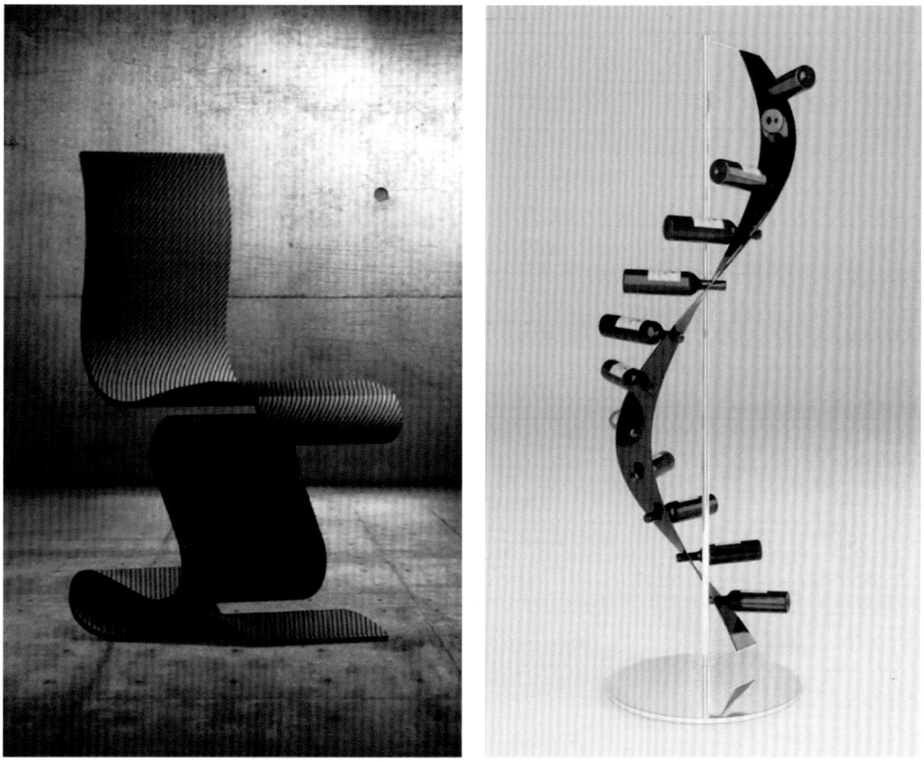

图 2-7　碳纤维作为时尚元素材料的应用

4. 产品现状及发展趋势

国内外正在通过开拓新型的、廉价的、可替代的碳纤维前躯体以及开发新的工艺方法，以降低碳纤维生产成本。日本九州大学尹宫胁研究室以廉价的无灰煤（Hyper-coal）作为新型的前驱体，通过低温溶剂分离和薄层蒸发法调控其相对分子质量的分布和氧含量，制备的碳纤维拉伸强度可达1100MPa，潜能巨大。日本新能源产业技术综合开发机构（NEDO）开发的“新型聚合物＋微波碳化＋等离子体表面处理”技术，可大幅度简化工艺，使能耗削减50%。日本公司通过裂解轮胎冷凝物为原料，合成优质沥青，可规模化生产廉价高性能沥青基碳纤维及纳米碳管。美国橡树岭国家实验室于2001年开始低成本碳纤维制备研究，2016年发放技术许可，其“大丝束腈纶＋微波等离子碳化”技术可使成本降低50%（70～80元/kg）。德国碳纤维材料研发机构已获得德国政府8000万欧元的支持，用于将碳纤维制造成本降低90%项目的研发。东华大学通过跟踪研究，已试制出纺速为500～1000m/min熔融纺丝的低成本PAN原丝；“PAN芳环化＋熔体或干喷湿纺＋快速氧化”技术，已获美国授权发明专利2件、日本授权发明专利5件、中国申请发明专利3件，该技术目前处于中试阶段。

此外，大多数PAN基碳纤维生产企业都在积极开发碳纤维新品种，发展下游碳纤维材料产业链，包括高压输电线、风电叶片、工程塑料、汽车部件、压力容器、结构加固用片材等。例如，日本已决定逐步淘汰T300类碳纤维，重点发展拉伸强度为4000～5000MPa的碳纤维品种（价格与T300基本相当）；其最新研发成功的超碳纤维（UCF）是TORAYCA® 的T2000，强度高达60GPa，相当于碳纤维理论值（180GPa）的1/3。日本开发50K和60K的大丝束碳纤维新品种“PyrofilP330”，产品综合性能达到该公司“TR50S/TRH50”（相当于T700水平）小丝束碳纤维的性能水平，可满足大型风电和高压输电线张力新材的需求；日本开发的导入超高强型的“Tenax-EUTS5524K”新品种，用于深海油田碳纤维复合材料管道、脐带式管、缆、高压容器和新一代飞机。

目前，全球已经形成以日本、美国为代表的典型生产线，主要包括DMSO技术路线、二甲基甲酰胺技术路线和氯化锌技术路线。国外碳纤维企业单线产能大，T300级别的碳纤维产能一般达到2000t以上，生产线的工位多，生产速度快，干喷湿纺速度的可达400m/min，碳化速度可达15m/min。

我国碳纤维产业在过去10年间已实现了“从无到有”的突破，工艺技术不断提升，工艺装备不断优化，应用领域不断拓展。我国千吨级生产能力

续表

牌号	生产厂家	直径（μm）	组成（wt%）	拉伸强度（GPa）	应变（%）	弹性模量（GPa）	密度（$kg \cdot m^{-3}$）	长时使用温度（℃）	熔点（℃）
Nextel480	3M（USA）	10～12	Al_2O_3 60% SiO_2 40%	1.90	0.86	220	3050	—	—
Nextel550		10～12	Al_2O_3 73% SiO_2 27%	2.2	0.98	220	3750	—	—
Nextel720		12	Al_2O_3 85% SiO_2 15%	2.1	0.81	260	3400	—	—
Nextel610		10～12	Al_2O_3 99% SiO_2 1%	3.2	0.5	370	3750	—	—

2. 生产工艺及原料

1）碳化硅纤维制备方法

目前，连续碳化硅纤维的制备方法主要有：化学气相沉积法、超微细粉高温烧结法、活性炭纤维转化法和先驱体转化法 4 种。

（1）化学气相沉积法

化学气相沉积法主要以细钨丝或碳纤维为芯材，以甲基硅烷类化合物（如 CH_3SiCl_3 等）为原料，在氢气流下于灼热的芯丝表面反应，裂解为碳化硅并沉积在芯丝上而制得。该方法制备的碳化硅基纤维纯度高，具有良好的抗拉伸性能、抗蠕变性能、抗氧化性能以及与陶瓷基体的相容性能。但是该方法采用的钨丝和碳丝以及成品碳化硅纤维的直径过大造成其柔韧性较差，不利于后期编织预制体。同时又由于其生产效率低、成本高、难以实现规模化生产，极大地限制了化学气相沉积法碳化硅纤维的应用。

（2）超微细粉高温烧结法

超细微粉烧结法是采用亚微米的 α-SiC 微粉、助烧剂（如硼或碳）与聚合物的溶液混合纺丝，经挤出、溶剂蒸发、煅烧、预烧结及烧结（>1900℃）等步骤最后制得 α-SiC 纤维。该方法制备的纤维是目前多晶碳化硅基纤维中高温抗蠕变特性最佳的纤维。但是其晶粒粗大，且纤维内部有较大的孔洞，因此采用该方法制得的碳化硅纤维因其强度太低且直径偏粗，不适宜用作高性能陶瓷基复合材料的增强纤维。

（3）活性炭纤维转化法

活性炭纤维转化法是利用活性碳纤维与氧化硅气体在一定真空度及1200～1300℃下发生下式所示反应生成碳化硅，然后在氮气下进行热处理，得到全部由β-SiC微晶构成的碳化硅基纤维。该方法制备的纤维具有良好的耐温性能，而且制备过程简单、成本较低，但纤维的抗拉强度和弹性模量较低。

$$2C + SiO(g) \longrightarrow SiC + CO \tag{2-1}$$

（4）先驱体转化法

先驱体转化法就是将含有目标元素的高聚物合成先驱体纺丝成有机纤维，然后通过一系列化学反应将有机纤维交联，最后高温热解成无机陶瓷纤维。其具体工艺流程包括先驱体合成、熔融纺丝、不熔化处理与高温烧结4大工序，如图2-10所示。

图2-10　先驱体转化法制备碳化硅纤维的流程

该方法具有适用于工业化生产、生产效率高、成本低等优点，一直是占据统治地位的制备连续碳化硅基纤维的方法。

2）氧化铝纤维的制备方法

氧化铝纤维的制备方法主要有淤浆法、预聚合法和溶胶-凝胶法等。

（1）淤浆法

淤浆法是将氧化铝粉末、流变助剂、分散助剂、烧结助剂共同分散于水中制成浆料，经过挤出成纤、干燥、烧结得到Al_2O_3纤维。

（2）预聚合法

预聚合法是以烷基铝加水通过聚合反应，合成可用有机溶剂溶解的聚铝氧烷聚合物，继而加入硅酸酯或有机硅化合物浓缩成纺丝液，干法纺丝成先驱纤维。再在600℃空气中裂解成含有氧化铝和氧化硅等的无机纤维，最后在1000℃以上高温烧结，得到微晶聚集态的连续氧化铝纤维。

（3）溶胶-凝胶法

溶胶-凝胶法是指将金属无机盐、金属醇盐、金属乙酰丙酮盐、金属有机酸盐或者它们的混合物通过水解缩聚过程使其逐渐凝胶化得到一定浓度的可纺凝胶，通过机械纺丝或者静电纺丝制得凝胶纤维，然后对凝胶纤维进行干燥、烧结等热处理得到微晶聚集态氧化铝纤维。该法工艺简单，产品纯度高、均匀性好、合成及烧结温度低，所得到氧化铝纤维的抗拉性能好、可设计性强和产品多样化，已成为制取氧化铝纤维的主要方法。

3. 应用领域

1）碳化硅纤维应用领域

碳化硅纤维具有高强高模、耐高温、抗氧化、耐腐蚀、抗蠕变和优良电磁波吸收等特性，与金属、树脂、陶瓷基体具有良好的兼容性，可在多领域中用作高耐热、抗氧化材料以及高性能复合材料的增强材料，尤其在高温抗氧化特性上更显突出，特别适宜作航空发动机、临近空间飞行器及可重复使用航天器等热结构材料。

（1）航空航天的热结构和热防护材料

连续碳化硅纤维增强碳化硅基复合材料具有高的比强度和比刚度、良好的高温力学性能和抗氧化性能以及优异的抗辐照性能和耐腐蚀性能，可满足高推重比发动机对材料高温、高强、低密度的要求，使其在航空航天领域有着广阔的应用前景。

（2）高性能发动机的热端结构部件

碳化硅基复合材料可在1600℃的高温下使用，具有高强度、高模量、质量轻的优势，已经在高推重比发动机的喷嘴挡板、叶盘等关键部位使用。图2-11为发动机叶盘。

图 2-11　发动机叶盘

（3）原子核反应堆

连续碳化硅基复合材料既有碳化硅纤维本身具备的优异高温强度、低化学活性和感生放射性等优点，同时还兼具伪塑性断裂模式、可设计的物理性能和力学性能，因此被认为是理想的核能源领域候选材料。从安全性和可维护性角度而言，碳化硅基复合材料可满足热核反应装置对第一壁材料的使用要求。图 2-12 为热核反应装置。

图 2-12　热核反应装置

（4）民用

碳化硅的综合性能优异，因此有望作为氟化氢分馏塔的填料、高温烧结炉用的加热棒和高温过滤装置的滤件。此外，碳化硅基复合材料也可作为高性能刹车盘的取代材料。图 2-13 为高性能刹车片。

图 2-13　高性能刹车片

2）氧化铝纤维应用领域

氧化铝纤维具有质量轻、耐高温、热稳定性好、抗热震性能好等优点，可用作高温隔热耐火材料。氧化铝纤维表面活性高，与基体之间相容性良好，界面反应较小，复合材料界面黏结性能优异，因此，可用作陶瓷、树脂、金属基等复合材料的增强体，提高材料机械强度与韧性的同时不降低材料耐热性，在航空航天、兵器、交通等领域具有良好的发展前景。

（1）航空航天

固体火箭发动机在航天领域的发展中起着至关重要的作用，具有机动、可靠、易于维护等一系列优点，但服役过程中需要承受高温、高压、高速和化学气氛下的各种复杂载荷作用，因此对制备材料提出了苛刻要求，目前氧化铝纤维复合材料因其优良的比强度和卓越耐热性能，能够很好地满足这一要求。图 2-14 为火箭发动机。

图 2-14 火箭发动机

（2）兵器

氧化铝纤维增强铝基复合材料因其良好的综合性能，在兵器中的应用已越来越广，现在已成为装甲车、坦克发动机活塞的理想材料。图 2-15 为发动机活塞。

图 2-15　发动机活塞

（3）交通

连杆是汽车发动机中继活塞之后第二个成功应用氧化铝纤维增强铝基复合材料的部件。除连杆之外，在汽车上应用的还包括 FP 氧化铝纤维增强铝合金的活塞——连杆，$Al_2O_3 \cdot SiO_2$ 纤维增强铝基复合材料气门和集流腔等。图 2-16 为汽车气门。

图 2-16　汽车气门

4. 产品现状及发展趋势

1）碳化硅纤维现状及发展趋势

耐高温连续碳化硅纤维是高推重比航空发动机不可或缺的耐高温、低密度热结构材料，在航空用陶瓷基复合材料中具有不可替代的地位。随着航空航天技术的不断提升，将碳化硅纤维复合材料应用于相关热端部件，不仅可以提高发动机的工作使用温度，还可以将质量降低 50%～70%，推力提高 30%～100%。因此，具有长寿命、轻质、耐高温、高强度的陶瓷基复合材料变成了代替高温合金应用在发动机热端部件最具潜力的材料，高性能碳化硅纤维也迎来了快速发展的时期。耐高温连续碳化硅纤维同时在民用领域也有广泛应用，具有巨大的商业应用价值。加强连续碳化硅纤维技术的研究和应用，打破国外封锁、提高我国国防武器装备水平，已成为大势所趋。

2）氧化铝纤维现状及发展趋势

氧化铝纤维具有很好的发展前景。当前氧化铝纤维在耐火材料领域的应用已趋于成熟，市场竞争也日渐激烈。而在其他领域，如增强基复合材料、环保、催化等领域应用较少，具有很大的发展潜力和空间。纵览国内外氧化铝纤维的发展趋势，良好的制备工艺是提高其发展速度的重要因素之一。因此，探寻制备氧化铝纤维的新方法是许多科研人员的研究重点，对氧化铝纤维的发展具有重要的战略意义。

5. 其他陶瓷纤维

1）氮化硅纤维

氮化硅纤维是一种耐高温、高强度陶瓷纤维，其化学式为 Si_3N_4。坚固稳定的三维空间网络结构赋予 Si_3N_4 优异的力学性能、化学稳定性和耐热性。它在 1400℃以下的干燥氧化气氛中能够保持稳定，在惰性或还原气氛中使用温度可达 1850℃；具有较低的介电常数、介电损耗（介电常数为 7 左右，介电损耗为 0.001～0.005）与较高的电磁波透过率，是良好的透波材料。

制备氮化硅基纤维的方法可以分为无机烧结法与有机先驱体转化法。无机烧结法主要是用来制备氮化硅短纤维、晶须等，主要包括碳热还原法、直接氮化法、气相反应法等。碳热还原法是将二氧化硅和碳粉混合后，置于氮气气氛中，经大约 1400℃热处理，此时二氧化硅首先被碳还原成气态氧化硅，然后气态的氧化硅和氮气反应生成氮化硅。直接氮化法是把纯度较高的硅粉磨细后，置于反应炉内通入氨气或者氮气，加热到一定的温度，开始进行氮化反应，最后获得氮化硅产品。气相反应法是将氢化硅之类的硅氢化物作为硅源、氮气作为氮源，在气态环境下进行高温化学反应生成氮化硅。无机烧结法的主要优点是制备工艺简单、原料便宜、重复性高；缺点在于烧结温度较高、产品纯度低。

有机先驱体转化法制备氮化硅纤维包括聚合物合成、纺丝、不熔化处理和高温烧成4步工序。根据先驱体合成路线和后续纤维制备工艺的差异，所制备的氮化硅陶瓷纤维组成、结构和性能不同。目前，国外研制氮化硅连续纤维的机构主要为美国道康宁公司、法国Domaine大学、日本东亚燃料公司、日本原子能研究所等。与其他高性能陶瓷纤维相比，目前国内外连续Si_3N_4纤维技术成熟度有待进一步提高，并且在纤维性能评价、工艺适应性及对应的复合材料制备工艺等一系列相关工作方面仍需要加强。

氮化硅纤维具有类似于碳化硅纤维的力学性能和应用领域，耐化学腐蚀和耐高温性能好，是高性能陶瓷基复合材料的增强纤维之一。该材料是未来航天航空、汽车发动机等耐高温部件最有希望的候选材料，有着广泛的应用前景。

2）氮化硼纤维

氮化硼陶瓷（BN）是一种性能优异并有很大发展潜力的新型陶瓷材料，目前普遍认为主要有六方氮化硼（h-BN）、纤锌矿氮化硼（w-BN）、三方氮化硼（r-BN）、立方氮化硼（c-BN）和斜方氮化硼（o-BN）5种异构体。其中最常见的是类似于石墨的h-BN和类似于金刚石的c-BN。BN的晶体结构和B-N键特性决定了BN具有许多优良的物理特性和化学特性：低密度、耐高温、抗热振、抗氧化、高热导率、高电阻率、高电场击穿强度、优良的室温和高温介电性能、耐化学腐蚀、无毒、色白、自润滑、加工性好与多种金属不浸润等。这些优异的性质使BN陶瓷材料在航空航天、新能源及核工业等高端技术领域有着极为广阔的应用前景，是军民两用的关键原材料。近年来，国外的防热透波天线窗复合材料已由石英纤维复合材料过渡到BN复合材料。

BN粉体及纤维的主要制备方法有两种：一种是传统的无机前驱体高温粉体烧结法，另一种是有机前驱体法。无机前驱体转化法制备BN纤维成本低廉，并且适合工业化生产，但是存在很多缺点和技术难点，如B_2O_3前驱体纤维是无定形结构，氮气气氛会导致反应生成的BN纤维取向困难致使材料性能下降；B_2O_3先驱体纤维的结构是晶体紧密堆积的结构，在氮化过程中存在中心的B_2O_3氮化困难，最终形成的BN纤维的芯部存有部分B_2O_3，而B_2O_3极易吸潮，导致产品产生缺陷，致使纤维性能降低。

有机前驱体法制备BN陶瓷纤维的一般过程是以含硼或含氮的小分子有机物质为原料，经过逐步反应得到不同种类的前驱体聚合物（硼-氮聚合物、硼-氧聚合物）。根据前驱体的不同，用熔融法或湿法纺丝得到前驱体纤维，经不熔化处理后，在NH_3或N_2气氛中高温烧成得到BN陶瓷纤维。制备BN陶瓷纤维的关键在于前驱体聚合物的合成。硼-氮聚合物前驱体法合成工艺要求严格，前驱体纤维产率较低，由此材料学家开发了以硼-氧聚合物前驱体法制备BN纤维的技术。此技术中利用Sol-Gel法制备的硼—氧前驱体纤维具有多孔状结构，有利于纤维在氮化中NH_3的扩散，使纤维内部得到更好的氮化。

氮化硼陶瓷（BN）纤维具有非常优异的力学性能和物理性能，目前主要是作为机械工程材料，未来的发展趋势是进一步开发其功能材料的作用，实现多功能化、低成本化和工程化。

2.1.4 玻璃纤维

1. 产品定义、特性、主要性能参数

玻璃纤维是一种人造无机纤维。采用天然矿石，如石英砂、石灰石、白云石、高岭土、叶蜡石等，配合以其他化工原料，如纯碱、硼酸（也可用含碱、含硼的天然矿石代替）等，熔制成玻璃，在熔融状态下借外力拉制、吹制或甩成极细的纤维状材料。按其成分及性能可分为无碱玻璃纤维（含无硼无氟玻璃纤维）、中碱玻璃纤维、高碱玻璃纤维和特种玻璃纤维；按生产方法基本分为两类：一是将熔融玻璃直接制成纤维；二是将熔融玻璃做成球、棒或料块，再以其为原料，用多种加热方式重熔后制成纤维。由于玻璃成分不同，可使其中某一方面的性能更为突出。玻璃纤维可以制成各种形态的制品，如纱、毛纱、布、带、圆筒布、毡等。图2-17为玻璃纤维产品。

所谓高性能玻璃纤维是指与传统玻璃纤维相比某些性能有显著提高，能够在外部力、热、光、电等物理和酸、碱、盐等化学作用下具有更好的承受能力，它保留了传统玻璃纤维耐热、不燃、耐氧化等共性，更有着传统玻璃纤维所不具备的优异性质和特殊功能。就生产规模而言，高性能玻璃纤维又可分为规模化高性能玻璃纤维和特种玻璃纤维。规模化高性能玻璃纤维是指在传统玻璃纤维基础上，对玻璃成分、浸润剂等进行优化，采用与传统玻璃纤维相近的制造技术和规模进行生产，最主流的如无硼无氟（E-CR）类玻璃纤维等；特种玻璃纤维是指力学、电性能、耐热性等某项指标最高的玻璃纤维，其制造难度大，难以采用传统制造工艺和规模进行生产，如 S 高强、石英、高硅氧和光导纤维等玻璃纤维（详见特种玻璃纤维章节）。

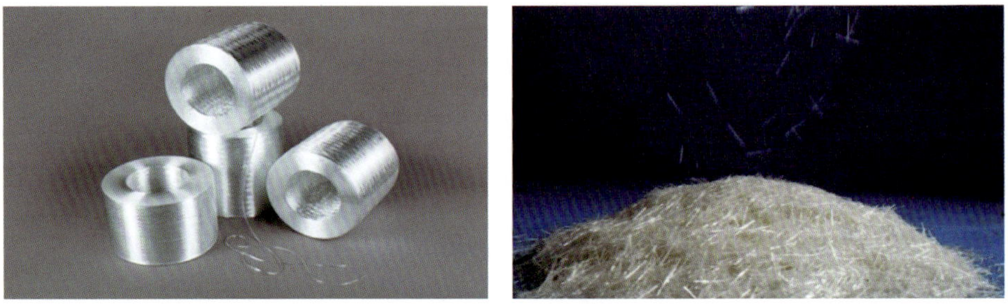

(a) 玻璃纤维纱短切纱

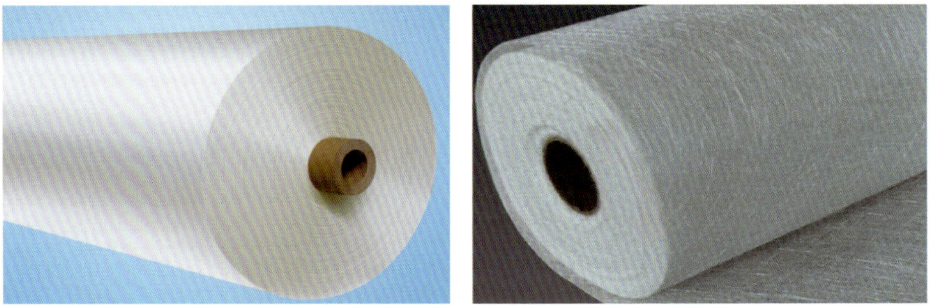

(b) 玻璃纤维布玻璃纤维毡

图 2-17　玻璃纤维产品

E 玻璃纤维：又称无碱玻璃纤维。采用含碱金属氧化物 0～2%的无碱玻璃拉制的连续玻璃纤维。通常的组成范围为：SiO_2 53%～55%，Al_2O_3 13%～16%，CaO 16%～22%，MgO 0～5%，B_2O_3 4%～9%，Na_2O<2%，Fe_2O_3<0.4%，TiO_2<2.5%，F_2<1%。熔制温度 1560～1580℃，拉丝温度 1200～1240℃，拉丝成形工艺性能良好。这种纤维具有电绝缘性能好、机械强度高、耐水性好等特点，但耐酸性较差，适于作电器绝缘材料、塑料及橡胶制品的增强材料等。

无硼无氟（E-CR）类玻璃纤维，是一类不含 B_2O_3 和 F_2 的玻璃纤维。1970 年以来，由于人们对环境效应越来越重视，同时为了提高玻璃的化学性能和力学性能，E 玻璃成分也在不断地改变：减少 B_2O_3 和 F_2 的含量甚至不使用，并添加引入 TiO_2、ZnO、SrO 和 Li_2O 等氧化物，制成 E-CR 玻璃纤维。这类纤维具有良好的电绝缘性和化学稳定性，同时提高了纤维的力学性能，而且对环境更友好。

此外，为了使玻璃纤维具有良好的规模化生产工艺性能，可以对玻璃组分进行调整，通过物理、化学方法进行改进，以改进其原有的不足，发掘并利用其优点，有助于推动连续玻璃纤维制品的合理使用，并不断扩大应用领域。这类玻璃纤维是近年来开发的热点，也是普通玻璃纤维产品的升级。这类玻璃纤维产品家族成员较多，国内外专攻连续纤维的大型玻璃纤维企业均在开发这类玻璃纤维，包括改性高模量高强度玻璃纤维等。

玻璃纤维是一种工程材料，具有不燃、耐腐蚀、吸湿率和伸长率小等优良性能，同时在电气、力学、化学以及光学等方面也有优异性能。

（1）外观特性。玻璃纤维外表呈光滑的圆柱状，其截面呈完整的圆形，玻璃纤维由于表面光滑，所以纤维间的抱合力非常小，用作过滤材料，对气体和液体通过的阻力也小。

（2）密度。玻璃纤维的密度一般在 2.50～2.70g/cm^3，主要取决于玻璃成分，低介电玻璃纤维密度更低，仅为 2.00～2.20g/cm^3，而高模量玻璃纤维密度可达 2.70～2.90g/cm^3。

（3）力学性能。玻璃纤维的强度远远超过其他天然纤维、合成以及各种合金材料，所以是理想的增强材料；玻璃纤维的弹性模量低于金属合金，高于有机纤维，但断裂伸长率较低。

（4）化学稳定性。玻璃纤维的化学稳定性是指抵抗水、酸、碱等介质侵蚀的能力，E-CR 玻璃纤维既保持了 E 玻璃纤维的高强度等性能，又显著提高了耐酸性。但硅酸盐玻璃纤维在碱溶液侵蚀下都会被腐蚀，使纤维强度丧失，因此研发出了特种的耐碱 AR 玻璃纤维（详见特种玻璃纤维章节）。

（5）电性能。玻璃纤维具有良好的电绝缘性能和介电性能，在电气工业中作为各种电绝缘材料、雷达罩透波材料等，E 玻璃系列在常温下的体积电阻率和表面电阻率均大于 $10^{15}\Omega\cdot cm$，在频率为 106Hz 时的节点损耗角 $\tan\delta$ 为 1.1×10^{-3}，介电常数 ε 为 6.6。

（6）耐热性。玻璃纤维具有很高的耐热性，这是因为玻璃纤维的软化温度高达 550～750℃，远远优于已知的各种有机纤维。

（7）柔性。玻璃纤维是无机纤维，比较脆，柔曲性差，为脆性材料。

（8）耐疲劳性。玻璃纤维材料在使用中通常都是受静态疲劳而损坏的。玻璃纤维的耐疲劳性主要取决于吸附作用对纤维强度的影响程度。提高纤维耐疲劳性的途径：一方面是通过玻璃成分的改进和改变纤维成形工艺参数，减少纤维表面微裂纹的数量和尺寸；另一方面是在纤维表面涂覆憎水性物质，防止吸附水进入微裂纹中。

无硼无氟玻璃纤维以及几种主要改性无硼无氟玻璃纤维的性能参数见表 2-7。

表 2-7　玻璃纤维的性能参数

性能	密度（g/m^3）	折射率	软化点（℃）	拉伸强度（MPa）	拉伸模量（GPa）	介电常数
Advantex	2.62	—	916	3750	82	6.6
E8	2.62～2.63	1.568	930	3100～3500	95～98	6.9
HMG	2.61	1.55	930	2700～2900	88～90	—
HT	2.45～2.51	—	935～950	3300～3700	95～100	—

2. 生产工艺及原料

连续玻璃纤维生产技术路线有球法拉丝和池窑拉丝两种。池窑拉丝技术基于大容量玻璃熔制技术及大漏板拉丝技术的不断成熟，随着玻璃纤维大规模生产技术发展，池窑拉丝逐步取代球法拉丝，成为玻璃纤维规模化生产的主导技术。

1）玻璃纤维池窑生产工艺

池窑拉丝技术又称一步法拉丝技术或直接法拉丝技术，是指直接采用以按照玻璃配方配制的配合料为原料，在耐火材料的池窑内进行高温熔制形成玻璃液，玻璃液经池窑通路的铂铑合金漏板、丝根冷却、浸润剂涂覆、单丝集束、拉丝机卷绕等，最终形成连续玻璃纤维原丝或纤维制品。

玻璃纤维生产工艺流程如下：

玻璃纤维成分→玻璃原料→玻璃纤维配合料→纤维玻璃熔制→玻璃纤维成形→浸润剂涂覆→纤维原丝→玻璃纤维纺织加工。

池窑拉丝生产线上按照生产流程有三个工序，分别是配合料制备工序、池窑拉丝工序和制品加工工序。

按照生产管控有七个系统：

（1）原料及自动配合料系统；

（2）池窑拉丝系统，包括：窑炉系统（单元窑、主通路、过渡通路、作

业通路)、成形系统(多分拉漏板为主的作业漏板、成形附件、卷绕设备、成形区气流控制系统等)和浸润剂配制、循环与涂覆系统;

(3)产品加工系统(包括原丝检验、烘干、纤维制品加工系统等);

(4)动力系统(包括天然气、氧气、蒸汽、压缩空气、循环水等);

(5)生产环境温湿度控制系统;

(6)现代物流管理系统;

(7)"三废"处理系统。

各系统技术的不断进步和管理等方面的改进使得整个池窑拉丝生产线成为一条十分现代化的生产线,使新型玻璃纤维实现规模化、低成本及高品质制造。

对应工艺流程,高性能玻璃纤维关键技术主要有纤维玻璃组分设计技术、大容量玻璃熔制技术、大漏板纤维成形技术、玻璃纤维池窑装备技术、玻璃纤维浸润剂及表面处理技术、玻璃纤维制品制造技术、玻璃纤维及制品评价技术。池窑拉丝生产技术具有规模大、工艺稳定等特点,产品质量稳定,单位产品成本低。而大漏板多分拉技术的应用,提高了池窑拉丝技术的适用性,可生产低线密度的玻璃纤维品种。

2)玻璃纤维生产原料

纤维玻璃的原料,依据其用量和生产工艺及制品的作用可分为主料和辅料。一般纤维玻璃都为硅酸盐玻璃,其主要氧化物为 SiO_2、Al_2O_3、CaO、MgO、R_2O、B_2O_3 等。引入的原料有石英砂、叶蜡石、石灰石、白云石、纯碱、硼钙石、硼镁石、硼酸等矿物原料和化工原料,它们是引入玻璃主要成分的原料,称为主料。为保证玻璃熔制过程中的熔制质量,如玻璃澄清、助熔、着色、脱色作用,而用量不大的原料,称为辅料,分为玻璃助熔剂、澄清剂、脱色剂、着色剂、乳浊剂、氧化剂等。

B_2O_3、F_2 作为 E 玻璃的成分,对 E 玻璃的熔制和性能有着重要的影响。B_2O_3 是除 SiO_2 外玻璃中应用最广泛的玻璃形成体,氟在玻璃工业中主要以 CaF_2 的形式引入,是玻璃生产中常用的助熔剂,但是在 E 玻璃熔制过程中硼、氟以氟硅酸(H_2SiF_6)、氢氟酸(HF)和氟硼酸盐的形式挥发,不但会影响玻璃成分的均一性、玻璃的使用性能,而且会污染环境。美国公司在 SiO_2-Al_2O_3-CaO 三元系统玻璃的基础上开发了 E-CR 无硼无氟玻璃纤维,对 E 玻璃纤维的成分进行了许多改变,减少了 B_2O_3 和 F_2 的含量甚至不使用，并添加引入 TiO_2、ZnO、SrO 和 Li_2O 等氧化物，在保留原有性能的同时，降低了 E 玻璃纤维生产过程中硼、氟对环境造成的污染。

3. 应用领域

由于玻璃纤维具有耐高温、抗腐蚀、强度高、比重较低、吸湿低、延伸小及绝缘性好等一系列优异特性，成为一种新型功能材料和结构材料，目前已广泛应用于汽车、航空航天、轨道交通、风力发电、建筑、电子、船艇、医疗、体育用品等领域。玻璃纤维主要用于制造玻璃纤维增强复合材料，这些材料和产品具有轻质、高强、耐磨、耐腐蚀、耐高温、抗氧化以及特殊的电、光、声、磁等一系列优异综合性能，是其他材料难以替代的功能材料和结构材料，将对现代工业、农副业、国防和科学技术发展起到重要的支撑作用。

玻璃纤维可作为复合材料增强基材，能够提高复合材料比强度、比刚度和疲劳性能，更优于金属和普通玻璃纤维增强的复合材料，进一步提高复合材料的结构性能。改性高模高强玻璃纤维主要产品为无捻粗纱（或直接纱），单丝直径有 12μm、14μm、17μm、24μm 等，直接纱的线密度规格为 300～2400tex，其复合材料可用于制作飞机、航天器、风电叶片、汽车等的重要零部件（图 2-18、图 2-19）。

图 2-18　玻璃纤维复合材料房车

图 2-19　风电叶片

玻璃纤维具有良好的介电性能，其较低的介电常数和介电损耗为其在透波领域的应用提供了基础条件，可广泛地应用于飞行器雷达罩、天线罩电、磁窗（图 2-20），也是理想的高性能印制电路板的增强基材和飞行器隐身复合材料增强基材。此外，根据玻璃纤维的表面电阻、体积电阻率大的高绝缘和低介电特性，可将其用于增强复合材料电缆导管、增强光缆芯、增强电缆芯、电缆槽（架）等。

Advantex 等无硼无氟玻璃纤维具有高温强度保留率高，高温下纤维体积收缩率低的特点，采用其作为消声器填充材料可提高消声器的耐久性，延长消声器的运行里程，而且不会被吹出消声器，减少对环境的不良影响。因此该种消声器填充系统一经出现，就得到了快速推广（图 2-21）。

图 2-20　玻璃纤维复合材料雷达罩

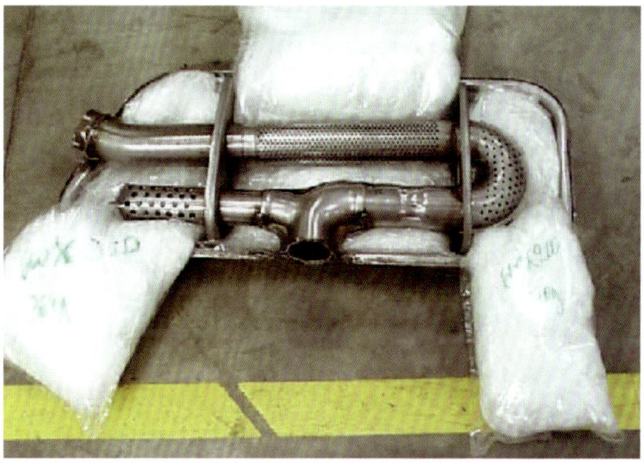

图 2-21　玻璃纤维纱线填充汽车消声器

玻璃纤维还具有特强的耐酸性、耐水性、耐应力腐蚀性，因此可用于高温过滤材料、湿法烟气脱硫脱硝装置、化学储罐、输油管道等领域。此外，在建筑领域，玻璃纤维及织物制品因其优异的综合性能，可作为建筑防水材料以及房屋内外加固、装饰、修补用的织物材料等（图 2-22、图 2-23）。

图 2-22　玻璃钢脱硫塔

图 2-23　玻璃纤维壁布

4. 产品现状及发展趋势

自“十三五”规划以来，我国玻璃纤维行业呈现数字化、智能化和绿色发展态势。在环保升级的重压之下，很多“散、乱、污”企业“关、停、并、转”，行业正在经历新一轮的洗牌，产业链上下游开始实现深度调整。随着产业结构的不断调整，近 10 年来我国玻璃纤维工业池窑技术得到了快速的发展，池窑法生产占比逐年提高，目前达到94%～95%。从我国玻璃纤维池窑规模和平均单线产能看，平均单线产能由3.12万t提高至4.84万t，最高单线产能达到了14万t。根据国家统计局统计数据，2019年全国玻璃纤维纱总产量达到527万t，其中池窑纱产量为492万t，无硼无氟玻璃纤维产量占比达70%以上。

我国玻璃纤维行业池窑拉丝技术处于国际领先水平。同时，玻璃纤维制品也实现了飞速发展，经编织物的发展使我国成为风电新增装机容量第一大国，增强热塑用纱较好地满足了电器和汽车等领域的需求，建筑网布等产业织物很好地满足了我国建筑节能和装饰的需求，短切毡和薄毡满足了我国复合材料，尤其是复材板瓦和沥青瓦的需求。

目前，在我国玻璃纤维消费市场中，建筑、电子电器、交通运输、管道、工业应用以及新能源环保等主要应用领域，占比分别为34%、21%、16%、12%、10%和7%等。2019年以来，风电需求反弹以及汽车轻量化将支撑玻璃纤维需求保持稳定增长。目前，我国整车配件上的复合材料应用比例仅为8%～12%，远低于国外的20%～30%。未来玻璃纤维产品在交通领域中的渗透率有望进一步提升，将带动玻璃纤维需求快速增长。另外，由于玻璃纤维的替代属性，在航空航天、环境工程、海洋工程等新兴领域应用有望增加，行业仍然有较大的成长空间。

高性能玻璃纤维从发明到应用代表了玻璃纤维科学与技术的发展，它作为新材料产品价值链的上游产品，在需求牵引下，产品应用价值不断提升，在新材料产业链上发挥着重要作用。同时，我国玻璃纤维行业还面临着许多问题，如高附加值产品欠缺、应用开发能力有待加强、高档装备不足、自动化水平较低、行业同质化竞争等。此外，近年来随着资源和环境约束不断强化，劳动力等生产要素成本不断上升，依靠资源要素投入、规模扩张的粗放发展模式难以为继。因此，玻璃纤维行业需要持续提升生产水平，强化应用研究，丰富产品品种，优化产能结构。高性能玻璃纤维则需要在玻璃成分多样化及纤维的高性能化、纤维系列化及制品定制化、产业信息化、绿色制造化等方向持续发展。

高性能玻璃纤维家族成员不断增加，其发展重点仍是如何不断改善和提高本身的性能优势，尤其是在力学、耐腐蚀、耐高温方面的优势。除设计开发新成分玻璃纤维外，还需要通过表面处理技术、改变纤维物理结构等方法石英玻璃纤维：石英玻璃纤维的成分基本上就是高纯石英玻璃的成分，氧化硅含量大于99.9%，其性能非常接近石英玻璃的性能。石英玻璃的热学性能主要为：热膨胀系数 $0.054\times10^{-6}K^{-1}$，20℃时的比热为 $0.54\times10^{-6}J/(kg\cdot K)$，20℃时的热传导率为1.38W/(m·K)，退火温度（$\log_{10}\eta=13$）为1220℃，软化温度（$\log_{10}\eta=7.6$）为1700℃。一般的石英玻璃纤维能在600～1050℃长期使用，其优越的耐温性是由 SiO_2 固有的耐温性决定的。在高温下，石英玻璃纤维不会收缩，具有优越的抗温度剧变的能力，在1000℃烧1000h后，石英玻璃纤维的损失不大于1.5%。石英玻璃纤维具有很高的耐热性和抗热冲击性，能长期在1050℃以下使用，瞬间可耐1700℃高温。当温度高于1600℃时，石英玻璃纤维开始升华，这是一种吸热反应来消耗热能，利用这种性能，石英玻璃纤维可用作宇航飞船和洲际导弹返回大气层的烧蚀材料。石英玻璃纤维的热膨胀系数是所有矿物纤维中最低的，而且在各个方向是一致的，不同于有机纤维在轴向和半径方向存在很大的差距，从而保证了复合材料的质量。同时由于石英玻璃纤维有着卓越的电绝缘性，它的介电常数和介质损耗系数是所有矿物纤维中最好的，用于天线和雷达的透波材料或耐高温的透波材料。

低介电玻璃纤维：含高 SiO_2 玻璃，密度低、介电常数低、介电损耗低、介电性能受温度、频率等变化影响小。不易析晶，黏度随温度变化小即俗称的料性长，纤维成形良好。

高强玻璃纤维的性能参数见表2-8。

表2-8 高强玻璃纤维的性能

产品	密度（g/cm^3）	软化点（℃）	膨胀系数	新生态强度（MPa）	弹性模量（GPa）	弹性模量断裂伸长（%）	介电常数（10GHz）	介电损耗（10GHz）
HS2	2.54	910	3.4	4060	85.0	5.2	6.2	0.006
HS4	2.53	938	3.3	4600	86.4	5.4	6.0	0.006
HS6	2.50	1032	3.4	4700	88.0	5.5	5.6	0.006

玄武岩纤维的性能参数见表2-9。

表2-9 玄武岩纤维的性能

拉伸强度（MPa）	弹性模量（GPa）	应用温度（℃）	断裂伸长率（%）	体积电阻率（Ω/m）
2000～4840	80～100	−260～700	2～3	$>10^{12}$

高硅氧玻璃纤维的性能参数见表2-10。

表2-10 高硅氧玻璃纤维的性能

产品形态	热失量（%）	SiO_2 含量	线密度（tex）	断裂强力（N）
定长纱	<3	>96	85±15	>4.0
连续纱	<3	>96	90±9	>9.0

耐碱玻璃纤维（ER-13.82-10）的性能参数见表2-11。

表2-11 耐碱玻璃纤维的性能

产品	原丝		100℃饱和Ca（OH）$_2$溶液中浸泡4h			100℃10%Na（OH）溶液中浸泡4h失重率/%
	直径（μm）	强度（N/mm²）	强度（N/mm²）	保留率（%）	直径缩小率（%）	
ER-13	13.25	1470	1170	80.10	0～0.5	2.20
82-10	13.09	1630	1340	81.96	+3	1.97

注：ER-13：$ZrO_2$14.5%；82-10：$ZrO_2$9%～14%。

石英玻璃纤维的性能参数见表2-12。

表2-12 石英玻璃纤维的性能

SiO_2含量（%）	密度（g/cm³）	抗拉强度（GPa）	弹性模量（GPa）	硬度	耐温（℃）	软化点（℃）	热膨胀率（℃$^{-1}$）		电阻率（Ω/cm）		介电常数	损耗角正切值
							轴向	径向	20℃	800℃		
≥99.9	2.2	3.6	78	6～7	1200	1730	5.4×10^{-7}	5.4×10^{-7}	10^{19}	2×10^{7}	3.78	0.0001

低介电玻璃纤维的性能参数见表2-13。

表2-13 低介电玻璃纤维的性能

新生太单丝强度（MPa）	弹性模量（GPa）	介电常数（10GHz）	介电损耗（10GHz）	密度（g/cm³）
≥2000	≥48	3.9	0.001	2.14

2. 生产工艺及原料

(1) 生产工艺

高强玻璃纤维：国内生产高强玻璃纤维的方法有坩埚法与池窑法两种，其生产流程皆与玻璃纤维基本一致，但由于高强玻璃纤维熔制温度高、黏度大、易析晶等，其制造装置与工艺远不同于普通玻璃纤维。高强玻璃熔制温度很高，普通的耐火材料难以长期承受如此高温，因此如S-2采用了内衬铂铑合金的熔制装置（Paramelters）。该装置由弧形的铂铑合金板（PtRh20）作为电极通电，铂铑板上面分布很多小孔，熔化好的玻璃液通过小孔流入炉腔澄清。这种形式的铂铑合金板不易变形下沉，并且增加了玻璃液与发热体的接触表面积。玻璃液通过高温加热，防止未熔化好的料流入澄清区。正常生产运行时，铂铑合金板的工作温度比漏板工作温度高约204℃，铂铑合金板工作温度可以升至1677℃，漏板工作温度可以升至1454℃。这种垂直熔化的方法，由于采用了铂铑合金作电极发热体，配合料可以在很高的熔化温度下快速熔化，并能很方便地调节熔化温度，因此Paramelters直接熔化拉丝技术可以应用于生产小批量的特种玻璃纤维，也可应用于研究不同成分的配合料熔化性能和拉丝性能。

高强玻璃纤维的生产流程：高强玻璃纤维成分→原料→配合料→熔制→成形→浸润剂涂覆→纤维原丝→纺织加工。

玄武岩纤维：国内生产玄武岩纤维的方法有坩埚法与池窑法两种。其生产流程皆与玻璃纤维基本一致，但原料大不相同。国内目前生产工艺以坩埚法为主，池窑法也已开始突破。

玄武岩纤维生产流程：玄武岩纤维矿→配合料→熔制→成形→浸润剂涂覆→纤维原丝→纺织加工。

高硅氧玻璃纤维的主要方法为酸沥滤法。以三元基础玻璃为例，利用玻璃在熔融或冷却过程中，两个或两个以上互不相容的液相彼此分离，成微不均匀性，利用其结构的分相而产生；高硅氧基础玻璃的组分落在分相区内，当基础玻璃冷却或加热时，会分离成两相，一相几乎全部是SiO_2，另一相则富集Na_2O和B_2O_3，SiO_2相对于酸很稳定，Na_2O和B_2O_3易溶于酸。高硅氧玻璃纤维的生产就是利用这种原理，选用合适的原始玻璃成分制成的纱或织物在一定条件下进行酸沥滤，使Na_2O-B_2O_3相转入溶液中，留下微孔结构的硅氧四面体骨架，再经600～800℃高温处理，使微孔闭合，骨架结构趋于紧密，这样三组分的钠硼硅酸盐玻璃纤维就转化成成分中SiO_2含量96%以上的高硅氧玻璃纤维。

高硅氧玻璃纤维生产工艺流程如图2-30所示。

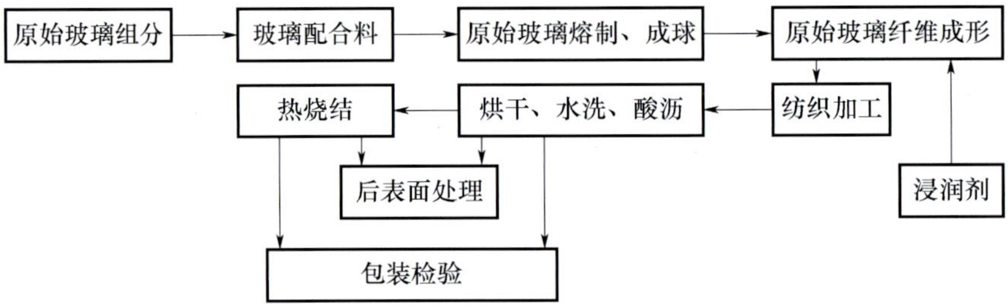

图 2-30　高硅氧玻璃纤维生产工艺流程

耐碱玻璃纤维：国内生产耐碱玻璃纤维有坩埚法与池窑法两种。耐碱玻璃纤维生产工艺流程如图 2-31 所示。

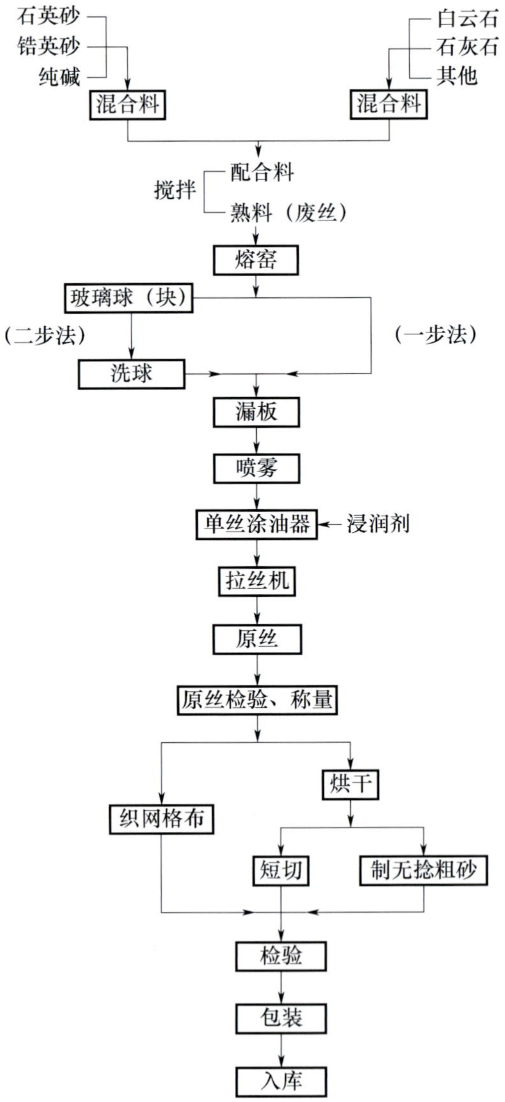

图 2-31　耐碱玻璃纤维生产工艺流程

石英玻璃纤维：石英玻璃纤维的生产方法有棒拉丝法、坩埚法和溶胶-凝胶法 3 种。目前以棒拉丝法为主：棒拉丝法首先是将高纯硅石或水晶熔拉成直径为 1.8～4mm 的石英玻璃棒，然后加热熔融石英棒，并从熔融处引丝，集成一束，经过集束轮涂覆浸润剂，由高速旋转的拉丝机牵引，连续地由排线轮卷绕在绕丝筒上，成为连续石英玻璃纤维原丝。

石英玻璃纤维及其织物的生产工艺流程如图 2-32 所示。

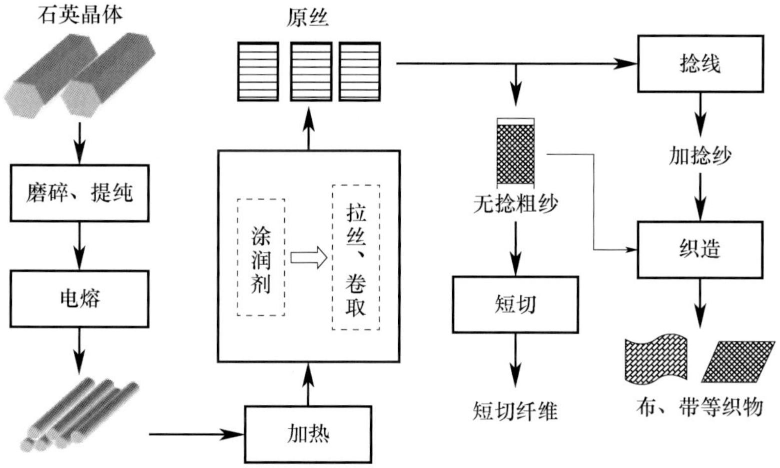

图 2-32 石英玻璃纤维及其织物生产工艺流程

低介电玻璃纤维：生产低介电玻璃纤维有坩埚法与池窑法两种。其生产流程皆与玻璃纤维基本一致，但原料不相同。

生产流程：低介电玻璃纤维原料→配合料→熔制→成形→浸润剂涂覆→纤维原丝→纺织加工。

（2）生产原料

高强玻璃纤维：由石英砂、叶蜡石、石灰石、白云石、纯碱、硼钙石、硼镁石、硼酸等矿物原料和化工原料组成。

玄武岩纤维：玄武岩矿石（及配合料）。

高硅氧玻璃纤维：适合生产高硅氧玻璃纤维的基础玻璃分为三类：Na_2O-B_2O_2-SiO_2 三元成分基础玻璃、Na_2O-SiO_2 二元成分基础玻璃和 E 玻璃。

耐碱玻璃纤维：由石英砂、锆英砂、纯碱、白云石、石灰石及其他混合料组成。

石英玻璃纤维：一般由纯的天然水晶经选矿、磨碎及提炼而成。

低介电玻璃纤维：由石英砂、氧化铝、叶蜡石、硼钙石、硼酸等矿物原料和化工原料组成。

3. 应用领域

高强玻璃纤维：主要应用于航天航空、军工等高精尖领域。图 2-33 为高强玻璃纤维在大型雷达罩上的应用。

玄武岩纤维：主要应用于公路工程及交通安全防护、保温隔声等领域。图 2-34 为玄武岩纤维在路面工程中的应用。

高硅氧玻璃纤维：主要应用于耐高温领域。图 2-35 为高硅氧玻璃纤维布在高温领域的应用。

耐碱玻璃纤维：主要应用于建筑及基础设施领域。图 2-36 为耐碱玻璃纤维在外墙中的应用。

石英玻璃纤维：主要应用于军工、耐高温领域。图 2-37 为石英玻璃纤维在高温过滤领域的应用。

低介电玻璃纤维：主要应用于飞行器雷达罩、天线罩、高性能印制电路板增强基材和飞行器隐身复合材料增强基材。图 2-38 为低介电玻璃纤维在飞行器中的应用。

图 2-33　高强玻璃纤维应用于大型雷达罩

图 2-34　玄武岩纤维在路面工程中的应用

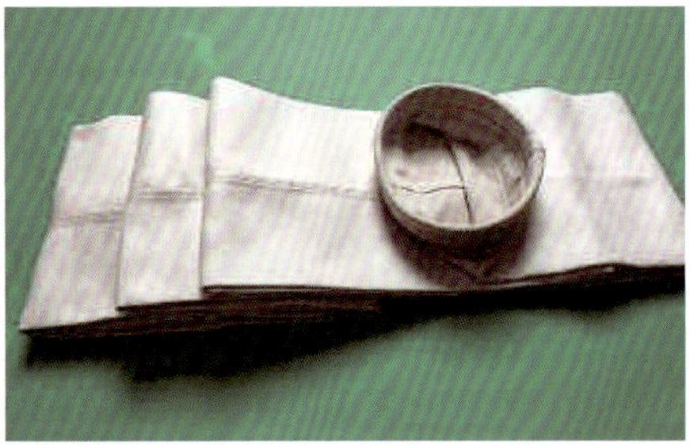

图 2-35　高硅氧玻璃纤维高温滤袋

图 2-36　耐碱玻璃纤维在外墙中的应用

图 2-37 石英玻璃纤维应用于高温过滤器

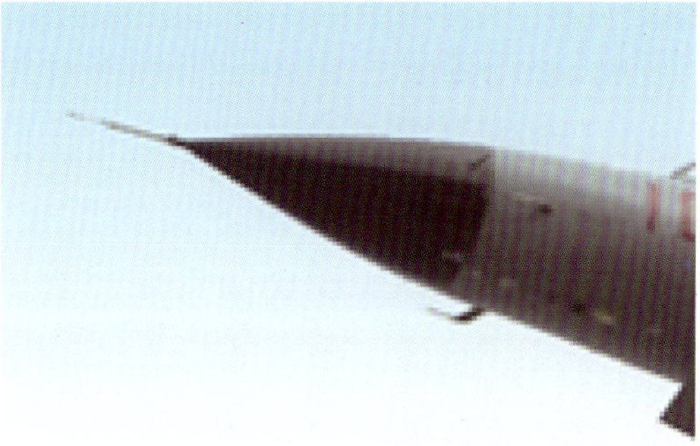

图 2-38 低介电玻璃纤维在飞行器中的应用

4. 产品现状及发展趋势

1）高强玻璃纤维发展现状及趋势

由于高强玻璃纤维具有高强、耐热、抗冲击、高透波率等优异的综合性能，使其在先进复合材料等领域广泛应用。本节介绍高强玻璃纤维在航空航天及军工、民用领域的应用情况。

20 世纪 50 年代，美国空军材料实验室（AFML）与 Owens-Corning 玻璃纤维公司签订研发比金属铝更轻更强的材料，50 年代末，Owens-Corning 玻璃纤维公司成功研制 S 玻璃纤维并应用于“民兵Ⅱ”洲际弹道导弹第 3 级发动机壳体上，极大地减轻了导弹质量。1965 年国外媒体报道，美国采用高强玻璃纤维（S-2994HTS）浸渍环氧树脂缠绕工艺制造发动机壳体，代替合金钢运用于北极星（Polaris）导弹上。最初采用合金钢制造的北极星导弹壳体（A1）的最远射程只有 1600km，而使用高强玻璃纤维制造的北极星导弹（A2）的第二级发动机的最远射程能达到 2400km，随后高强玻璃纤维代替金属应用在北极星（A3）的第一极发动机上，使质量减轻了 65%，最远射程可达 4000km。

高强玻璃纤维复合材料靶板在装备防护上应用广泛，充分体现了高强玻璃纤维性能与成本综合优势，有助于实现交通运输等装备的轻量化。在坦克车辆的发动机功率一定的情况下，为了提高其作战机动能力，应尽量减轻自身质量。传统的金属材料越来越难以满足新型坦克车辆的综合技战指标要求。为了实现减轻自重、提高坦克车辆防护性能、增强战场突防能力，迫切需要轻质高强、具有良好抗弹性能和优良耐疲劳性能的轻质材料替代传统的金属材料。用于坦克装甲车辆的轻质材料不仅要质量轻，同时须满足抗弹、隐身、减震降噪、三防、阻燃等性能要求。现代侦察技术、攻击性武器制导技术、核辐射等的发展对坦克车体防护提出了更高的要求。单独使用传统的金属材料已不能满足各方面的需求。纤维复合材料具有优良的物理机械性能，其比强度和比模量比金属材料高，其抗声震疲劳性、减震性也大大超过金属材料。此外，它具有良好的动能吸收性，且无“二次杀伤效应”，因而具有良好的防弹性能。更重要的是，在抗弹性能相当的情况下，它的质量较金属装甲大大减轻，从而使武器系统具有更高的机动性。舰船防弹靶板采用高强玻璃纤维增强，反辐射导弹爆炸产生的大量高速破片会对舰船重要舱室内的仪器设备和人员安全造成巨大伤害，舰船重要舱室的装甲防护日益受到关注，采用高强玻璃纤维制成的防弹板，研究表明，高强玻璃纤维板中纤维剪切破坏、拉伸断裂、基体碎裂与纤维脱粘、分层损伤是靶板吸收弹体动能的主要方式。

高强玻璃纤维在飞机主结构件复合材料上典型的应用是直升机旋翼主桨叶，它采用高强玻璃纤维无捻粗纱浸渍环氧树脂制成预浸料窄带，用窄带缠绕成主桨叶和尾桨复合材料。与金属桨叶相比，在质量和动态特性、质量分布控制相同的条件下，高强玻璃纤维复合材料桨叶处于比较低的应力水平，疲劳寿命可达 6000 飞行小时以上，甚至是无限寿命。

高强玻璃纤维还用于结构透波一体化复合材料。美国采用 S-2 高强玻璃纤维制造预警机雷达罩，国内采用高强玻璃纤维研制出一种新型兼顾电性、力学性能的功能结构复合材料，既满足宽频带、高透波等电性指标要求，又满足高比强、高刚度的力学指标要求，以高性价比的简单成形工艺、常规原材料制造出了高性能舰载雷达罩。对某工程用单脉冲相控阵天线平板天线罩，罩蒙皮材料选用 SW-280A/3218 和 SW-110A/3218 预浸料，平板天线罩采用热压罐成形工艺方法，蒙皮与蜂窝胶接采用共固化工艺方法，平板天线罩物理性能、电性能及力学性能均满足设计要求。

在民用领域应用方面，美国 Owens-Corning 玻璃纤维公司用 S-2 Zen Tron TM 无捻粗纱制造的 Silentex TM 汽车消声器系统已在丰田汽车中使用，福特工程师采用 S-2 玻璃纤维生产汽车催化反应器的密封垫；波音公司采用 S-2 纤维制造货运输送带、波音 AWAC 等多种飞机雷达罩采用了高强玻璃纤维复合材料，飞机机身、机翼外壳、飞机地板等复合材料采用 S-2 玻璃纤维增强，S-2 玻璃纤维在许多民用直升飞机叶片和传动件上也有应用。空客 A380 是目前航空飞机中复合材料用量最大的一种飞机，S-2 玻璃纤维增强 GLARE 板在 A380 飞机的机身外壳等部位上应用。近年来，随着电子设备的小型化及轻量化，印刷电路板的薄型化及高密度化正日益推进，印刷电路板要求优异的操作性（高的刚性）和优异的尺寸稳定性。为了满足这些要求，作为印刷电路板的增强材料的玻璃纤维要求具有高的弹性模量及低的线膨胀系数，高强玻璃纤维热膨胀系数小于 4×10^{-6}/℃，弹性模量比无碱高 19%，国外已采用高强 S 或 T 玻璃纤维制造印刷线路板封装基板材料。

此外，高强玻璃纤维在压力容器、光缆/电缆加强芯、电机绝缘材料等工业领域，以及在棒球棒和冲浪板等体育器材上已有应用，而且需求量在不断扩大。

2）玄武岩纤维发展现状及趋势

玄武岩纤维是一种比较理想的混凝土及水泥混凝土加强材料，可用于道路建设。在沥青混凝土路及水泥混凝土中是替代木纤维、聚丙烯（PP）纤维、钢纤维的理想材料。此外，在公路建设中，玄武岩纤维复合筋具有高强轻质、高耐腐蚀、施工便利等特点，也是取代钢筋的理想材料，玄武岩纤维及其织物还可用来加固强化路堤、斜坡、堤坝及河岸。玄武岩纤维缆索作为一种新的柔性防护材料，由于其强度高、耐腐蚀、轻质易施工等优点将逐步取代市场上的传统材料。

玄武岩纤维固有的“质量轻、强度高、弹性好”以及“可设计性、成形和修补方便”等特点，适合于制作体育器械及娱乐用品；玄武岩纤维的耐化学腐蚀及力学性能，使它成为舰船用复合材料的加强纤维，可作为舰船的结构及装饰材料在游艇、渔船及内河客船等方面得到广泛应用；在建筑加固方面，用于柱体抗震的玄武岩纤维性能优越；玄武岩纤维复合材料可以作轿车车壳、车身、地板、保险杠、车门、消声器、刹车片等。

岩棉保温材料是采用玄武岩非连续纤维制成的，单纤维直径在 5～15μm，目前已被广泛用于工业设备、建筑、船舶的绝热、隔声等，建筑外墙及管道的保温等。超细玄武岩棉可以采用保温毡形式制取，纤维平均直径为 2～3μm。超细玄武岩棉用来制造绝热隔声、隔冷、过滤材料与纸制品等。

玄武岩纤维已经被列入“863”计划、“十三五”发展规划等，发展势头突飞猛进，全国已经建立了 30 多个生产企业和近 10 个研究单位，分布于近

20 个省、市、区。虽然目前玄武岩纤维池窑生产技术取得了突破，但玄武岩纤维的生产原料存在不均匀性和不稳定性，大型高效低耗能窑炉尚未定型，漏板与组合需要匹配等问题亟待攻克。由于玄武岩纤维能够有效提高沥青混合料的高温抗车辙性能，尤其在 SBS 改性沥青中增强效果更为显著，为了规范玄武岩纤维在沥青混合料中的应用技术，提高玄武岩纤维沥青路面的工程质量，《玄武岩纤维沥青路面施工技术指南》于 2019 年出台。该指南适用于各等级路面的新建、养护工程。另外，在很多工业领域中，迫切需要强度高、耐高温、耐腐蚀的过滤材料以适应恶劣的工作环境，玄武岩比较适合这些要求，也正在向一这领域进军。

3）高硅氧玻璃纤维发展现状及趋势

高硅氧纱可用于编织高硅氧带、套管、绳等，用于耐高温、隔热等防护，纱线线密度一般为 150～800tex，抗拉强度约为 0.2N/tex。连续高硅氧纱可制作二维套管，用作热电偶或导线的绝缘套管、耐高温膨胀节等。高硅氧玻璃纤维短切丝、定长丝是将连续长丝短切成长度为 3mm、6mm、12mm、18mm 等，用于增强酚醛树脂、环氧树脂等作为耐高温烧蚀材料。高硅氧玻璃纤维连续纱编织的多维立体织物，可制成航天耐烧蚀或低成本透波结构件，作为耐高温—绝缘—结构一体化多功能材料。

高硅氧玻璃纤维绳（缝纫线）是经过特殊工艺制成的耐高温和耐磨性好的产品，其主要规格有 ϕ0.4～1.5mm 等，主要用于缝制耐高温隔热的防护帘、毯、隔挡、防火服等，也可用于耐高温树脂增强材料，而直径在 2mm 以上的高硅氧玻璃纤维绳产品主要用于耐高温密封和填充材料。高硅氧玻璃纤维带、套管是采用高硅氧连续长丝编织而成的，主要用于耐高温隔热和防护、电绝缘和电热丝熔断保护等；高硅氧玻璃纤维布具有强度高、易加工和用途广的特点。厚度 0.4mm 以下产品主要用于增强各种树脂，作为耐高温烧蚀材料（增强酚醛、环氧），增强 PTFE 用于透波材料（如飞行器的天线罩材料）；厚度在 0.4mm 以上的高硅氧玻璃纤维布主要用于耐高温隔热的保温防护材料、密封材料和防火材料，如焊接隔帘、防火卷帘、灭火毯、防火服、隔热挡帘、耐高温软接头等。高硅氧布或短切纱可用于增强酚醛树脂，做成各种结构形式的耐高温、耐烧蚀的玻璃钢部件，大量用于火箭、导弹的防热材料；高硅氧网状织物制品，如采用“纱罗”或“充纱罗”组织，再涂以酚醛树脂和耐高温无机填料，用于熔融金属（1450℃以下熔体如铸铁、铜等）过滤，可以除去金属中杂质，大幅度提高铸件合格率。

高硅氧玻璃纤维膨体布采用高硅氧玻璃纤维膨体纱生产，其特点是纱线膨松，纤维的覆盖能力和吸附灰尘、水滴、油雾的能力强，与规格相近的普通高硅氧玻璃纤维布相比，其过滤效率更高，过滤阻力更小。主要用于耐高温隔热材料、耐高温气体粉尘收集材料，该产品厚度一般为 0.6～3.0mm；网状织物还可复合高硅氧丝或棉，经针刺制成复合毡，再经表面处理，可用于 800℃气体收尘袋；用高硅氧纱制作的针刺毡，可在 1000℃下使用，做防火帘等绝热材料。

高硅氧玻璃纤维最早由美国 Owens-Corning 玻璃纤维公司研制而成，并取得专利。由美国 Hitco（汤姆逊）公司在 Owens-Corning 玻璃纤维公司研究基础上，在 20 世纪 40 年代率先进行商业化生产，以纱、布、带等产品出售。当时产品主要用作烧蚀材料，如宇航器重新进入大气层防热罩壳、火箭头锥体、喷嘴和排气口、隔板等。随后，美国 Harveg 公司、俄罗斯玻璃钢科研联合体和白俄罗斯波洛茨克玻璃纤维生产联合体等多家企业均有高硅氧玻璃纤维及制品的研究与生产。美国 JM 公司高纯高硅氧棉毡（Q-Fiber Felt）的 SiO_2 含量在 98.5%以上，不含粘结剂，长期使用温度可达 982℃。

高硅氧玻璃纤维正朝着多品种、多规格化发展，尤其是通过后整理工艺，如表面涂覆各种无机材料或有机材料，改善其可加工性；通过提高 SiO_2 含量方法来进一步提升其耐温性，从而满足不同用途的需要。目前，高硅氧玻璃纤维发展方向是提高其耐温性和强度，其主要途径有：提高高硅氧玻璃纤维 SiO_2 含量，通过原材料选择、配方优化和工艺改进，使制品 SiO_2 含量可达到 98%以上，耐温性提高到 1200℃以上。我国企业和大学共同研制、开发用于特殊用途的高纯度氧化硅纤维，其 SiO_2 含量可达 99.6%；表面涂覆处理，对高硅氧玻璃纤维产品表面涂覆耐高温材料，可以提高其耐温性能，常用的无机涂覆材料有 Cr_2O_3、蛭石、石墨等，经过表面涂覆的高硅氧玻璃纤维产品，其耐温性能可提高 100～200℃，甚至更高。此类产品除俄罗斯外还有俄罗斯、美国等均有产品供应。

4）耐碱玻璃纤维发展现状及趋势

用耐碱玻璃纤维制造的玻璃纤维增强水泥制品（GRC），如 GRC 轻质空心隔墙板、GRC 复合外墙板、GRC 网架面板等，具有轻质、高强、隔热保温、防水、防火、可加工性良好、价格适中的特点，可明显节约钢材，缩短建设周期，获得良好的技术经济效果。耐碱玻璃纤维喷射纱可用于 GRC 幕墙、豪华建筑外装饰板、罗马柱等喷射工艺；耐碱玻璃纤维短切纤维可以与其他基体材料预混后，采用振动成形或其他模压成形工艺，生产 GRC 复合材料制品。目前，无涂敷耐碱玻璃纤维网格布解决了普通涂胶网格布带来的界面结合不良难题，可充分发挥耐碱的高强作用，应用于制作建筑一体化板、家具。

耐碱玻璃纤维直接纱可用于水泥管道缠绕、腐蚀性较强的室外线杆缠绕、耐碱网格布以及格栅类织物的生产；耐碱玻璃纤维缠绕复合材料混凝土电线杆质量只有木杆的 1/2，具有防火、耐紫外线、绝缘性好、耐腐蚀性强的特性，使用寿命长约 70 年，碳排放量显示出明显的优越性。近年来，由于混凝土电线杆的纤维缠绕、高性能混凝土和耐碱玻璃增强技术方面有所突破，其强度、耐用性和防火性能有所提高，玻璃纤维增强质量百分比为 15%，是同类产品玻璃纤维添加量的 3 倍。

耐碱玻璃纤维增强混凝土管内径在 800～3000mm，其外压管在长距离推进、曲线推进以及硬质地基推进（以基岩推进为代表）等方面具有众多案例，耐震性能优良。内压管广泛应用于具有贮存机能的雨水管路、大深度管路以及从虹吸管到农业用水管道的内压管路。管内水压发生作用时，玻璃纤维、钢筋以及混凝土成为一体进行抵抗，并且玻璃纤维是在长纤维的状态下无缝隙均匀地多层配置在混凝土壁面，无论哪个断面，在内水压发生作用时可有效地发挥机能。

耐碱玻璃纤维短切纤维可与砂浆混合有效改善性能，防止微裂纹的产生，广泛应用于修补砂浆、地坪、瓷砖黏结、外墙保温等。长度为 12mm 的高分散短切纤维每千克可分散成 2 亿根单丝，混合均匀，表面无痕，有效控制与预防开裂；耐碱玻璃纤维网格布强度高、黏结性好、服帖性和定位性极佳，广泛应用于墙体增强、外墙保温、屋面防水等方面，还可应用于水泥、塑料、沥青、大理石、马赛克等墙体材料的增强，是建筑行业理想的工程材料。然而，由于标准、施工规范、监管力度等方面的原因，玻璃纤维在建筑中应用多集中在低端低价档位，与国外发达国家相比还有很大差距。近年来，耐碱玻璃纤维网格布应用开发越来越广泛，有研究表明，耐碱玻璃纤维网格布可以应用于地暖工程中，有效防止了地暖地面过薄或者地暖管环路造成的开裂问题。

耐碱玻璃纤维可提高水泥混凝土的韧性，防止混凝土开裂并有效地阻止裂纹扩展、提高耐磨性等，且经济性能良好，是一种理想的增强材料。欧美国家采用耐碱玻璃纤维增强水泥制品已有近50年的历史，已经建立起一整套从标准制定到产品“设计—制造—安装—检测”的完整系统，应用扩展到铁路设施、停机坪、电杆、岛礁、隧道、海堤建设领域，近期在3D打印绿色建筑上也取得了突破。我国在20世纪80年代曾将低锆耐碱玻璃纤维应用于桥梁、水利水电工程中。纤维混凝土在我国铁路工程中虽已得到应用，但纤维混凝土标准规范尚不完善。铁路电缆槽盖板和人行道步板将耐碱玻璃纤维网格布列为适用的纤维类型。桥面防水保护层容易发生开裂，裂缝产生后，水会进入发生冻融破坏，导致防水层防水功能丧失，国内研究机构已开展该项研究。喷射钢纤维混凝土具有良好的韧性，但存在钢纤维易反弹、伤人等施工作业性不好，长期易生锈、影响信号的传输等弊端，国内高校已开展了耐碱玻璃纤维喷射混凝土的研究，掺加0.5%高强耐碱玻璃纤维短切纤维后，喷射混凝土弹性模量提高26%。

用耐碱玻璃纤维制造的GRC具有轻质、高强、隔热保温、防水、防火、可加工性良好、价格适中等优点，获得了各国材料界的认可，在建筑、市政、农业、水利和园林工程等许多领域的应用中显示出广阔的发展前景。

5）石英玻璃纤维发展现状及趋势

石英玻璃纤维在宇航飞船中可以作为发动机周围的耐热辅助设施，包括防火电缆、隔热墙、防火罩等，发射台的防火保护系统，宇航飞船推进器的隔热层；返回大气层的烧蚀材料，飞时的隔热烧蚀垫和机身的防火层。

在导弹和火箭中可以作为推进器的隔热烧蚀材料，如尾翼和支柱、头锥体、雷达天线罩和天线屏蔽器、喷管和排气管、发射台的烧蚀材料。

在热防护领域中作为防火电缆中的防护材料，如热玻璃处理的接触材料，空气净化中光催化反应的基底材料，热电偶、保险丝的保护套，汽车和重型卡车变速器高温尾气排放管的隔热材料，高温气体的过滤材料，高温催化基材，半导体行业中的绝热保温材料，拉制光纤时的隔热材料，棉和陶瓷纤维的替代产品。

石英玻璃纤维的产品有无捻粗纱、有捻纱（包括单股和合股纱）、纤维布、纤维套管、短切纤维、纤维棉和纤维毡等。连续石英玻璃纤维单丝直径一般在 3～14μm，可供纺织加工成石英玻璃纤维纱、布、带等；石英编织套管是一层紧密包裹在线束外的保护层，可以起到隔热绝缘以及保护线束的作用，解决了普通玻璃纤维套管应用于无线电、电机、仪表时，在高温下易发硬、易断裂的问题，适于高精度仪表、电子机电、汽车玻璃工业设备中使用。石英玻璃棉，是采用高压气流喷吹石英玻璃熔融体得到的一种长短不均的石英玻璃纤维，其形态蓬松，类似棉絮。一般纤维直径小于 3μm 的称为超细棉，直径为 3～5μm 的称为细棉。低密度石英玻璃纤维毡、石英玻璃纤维针刺毡具有优异的抗热冲击能力、较低的导热系数，可应用于运载火箭热防护系统、火箭喷管、宇航飞船发动机的隔热等领域。另外，石英玻璃纤维毡还可用作催化反应的接触材料、飞机发动机、各种工业炉的保温隔热材料、光学纤维拉丝过程中的隔热以及陶瓷纤维和石棉制品的替代材料等。美国“阿波罗”飞船的热防护系统就采用了以纯超细石英玻璃纤维为主要成分制成的纤维毡。利用石英玻璃纤维制备的刚性隔热瓦具有质轻、热膨胀系数低、热导率低、隔热效果好等一系列优点，用于近空间飞行器的热防护系统，美国研制出的 LI 系列石英玻璃纤维刚性隔热瓦，已成功应用于航天飞机中温区（650～1260℃）和低温区（370～650℃）的大面积防热。

目前，法国公司生产石英玻璃纤维的技术水平在全世界处于领先地位，二氧化硅纯度达到 99.99%以上。国内规模化生产石英玻璃纤维的公司主要分布在荆州等地。

随着军工和民用通信的要求越来越高，对于信号的准确度要求很高，信号携带的信息量越来越大，传输速度的要求越来越高，致使电磁波的频率越来越高，石英玻璃纤维在军工通信领域的使用量会越来越大。民用通信领域，随着 5G 通信的发展，石英玻璃纤维也会有一席之地。

6）低介电玻璃纤维发展现状及趋势

20 世纪 60 年代末，国外研制成 D 玻璃纤维，从 20 世纪 80 年代开始广泛应用于以上各领域。南京玻璃纤维院研制的 D3 玻璃纤维，在军工领域应用较为成熟，也是制作高透波、宽频带、轻质等高性能雷达罩及印刷线路板的理想增强基材。CPIC 研制的 HL 玻璃纤维在车辆信息与通信系统、ETC、基站天线罩方面也有应用。

拉挤成形工艺中所用的增强材料有连续玻璃纤维及其织物、碳纤维及其织物、芳纶及其织物等，其中又以玻璃纤维及其织物用量最大、最普遍。拉挤成形常用的树脂有不饱和聚酯树脂、环氧树脂、乙烯基树脂和酚醛树脂等，其中不饱和聚酯树脂用得最多。拉挤成形工艺流程如下：

增强材料（纤维及毡材等）排布→浸胶→预成形→挤压模塑及固化→牵引→切割→制品。

5. 树脂传递模塑（RTM）成形工艺

RTM的基本原理是在闭模的模腔内铺放增强材料预成型体、芯材和预埋件，用压力将树脂胶液注入模腔，浸透增强材料，固化后脱模，再进行二次加工等后处理工序。

RTM工艺目前已广泛应用于建筑、交通、电信、卫生、航空航天等工业领域。RTM技术是一种非常具有竞争力的复合材料成形技术，可以作为预浸料/热压罐技术的补充或替代技术。随着原材料、工艺的发展和复合材料成形技术的不断进步，加上RTM工艺自身诸多优点，如模制件公差小、有很高的表面质量、生产加工方式多样、生产效率高、利于环保等特点而受到全世界的重视。

RTM所用增强纤维的类型包括E玻璃纤维、R玻璃纤维和S玻璃纤维，以及碳纤维和芳纶纤维、高拉伸聚乙烯纤维等，且须将纤维制成预成形物。RTM工艺常用的树脂基体通常为热固性树脂，如环氧树脂、酚醛树脂、聚酰亚胺、不饱和聚酯、乙烯基树脂、双马来酰亚胺树脂等。其工艺流程如下：

原材料及模具准备→预制增强体→模具关闭与锁紧→混合、注射和充模→反应和固化→开模和脱模→修整与表面处理。

6. 真空辅助（VARI）成形工艺

真空辅助成形工艺（Vacuum Assisted Resin Infusion，VARI），在模具上铺增强材料（玻璃纤维、碳纤维、夹芯材料等），然后铺真空袋抽真空，在模具型腔中形成一个负压，利用真空产生的压力把不饱和树脂通过预铺的管路压入纤维层中，让树脂浸润增强材料最后充满整个模具，制品固化后，揭去真空袋材料，从模具上得到所需的制品。VARI采用单面模具建立一个闭合系统，模具由柔性膜和刚性半模组成。

与以往传统的复合材料成形工艺相比，VARI更适合成形大厚度、大尺寸的制件，尤其是船舶、汽车、飞机等结构件。VARI 是一种十分有效的成形方法：在真空负压下，树脂慢慢流动，利用树脂分配系统，渗透、浸渍层压板。真空辅助成形技术是 RTM 工艺基础上发展的一种新型高性能、非热压罐成型的低成本的复合材料大型制件的成形工艺，RTM 工艺是在成形过程中，纤维增强体被封闭在模具型腔中，通过模具上的入口向模具型腔注入树脂，使得树脂浸透纤维增强体，然后进行固化成型和脱模。RTM 成形工艺前期模具设计、制造费用高、模具设计难度大、加工大型复合材料制件有困难。VARI 工艺和 RTM 工艺相比有许多优势。由于 VARI 采用柔性真空袋结构，模具成本降低，而且纤维体积含量较高，空隙率较低。这两种工艺方法都是将树脂浸入纤维增强体的孔隙，然后固化成形的方法。但 RTM 是在一定压力下将树脂注入模具型腔中，而 VARI 则是在真空压力下使树脂注入的。VARI 成形工艺中在注入树脂前预先将模具内抽成真空，而且在 VARI 成形工艺过程中始终保持真空状态，这就使得纤维增强体的空隙率降低。另外，VARI 成形工艺中所用的金属模具是单面模具，另一面采用真空袋密封，这样就避免了复杂的双面闭合模具的设计制造过程，而且节省昂贵的模具制造费用。真空辅助成形技术目前广泛用于叶片、船舶、汽车、飞机、导弹等结构件制造。

VARI 成形工艺所用的增强材料一般包括 E 玻璃纤维、碳纤维、芳纶纤维以及 E 玻璃纤维与其他几种纤维的混杂形式，可以是短切纤维或纤维织物，但通常采用织物，如无捻粗纱织物、加捻织物、双向缝合织物等，其中新型的针织材料和平纹单向纤维是较理想的选择。适用于 VARI 工艺的树脂包括环氧树脂、乙烯基树脂、不饱和聚酯树脂、酚醛树脂等低黏度树脂。VARI 成形工艺流程如下：

样板和模具的设计与制造→树脂、增强材料和真空辅助介质的准备→铺放与封装→抽真空→树脂吸入→固化→检测→修整。

2.2.2 不饱和聚酯树脂基复合材料

1. 产品定义、特性、主要性能参数

不饱和聚酯树脂基复合材料是指以不饱和聚酯树脂为基体，并加入各种增强材料制成的复合材料。不饱和聚酯树脂（Unsaturated Polyester

Resins，UPR）是指分子链上具有不饱和键（如双键）的高分子聚合物。不饱和二元酸（或酸酐）、饱和二元酸（或酸酐）与二元醇（或多元醇）在一定条件下进行缩聚反应合成不饱和聚酯，不饱和聚酯溶解于一定量的交联单体（如苯乙烯）中形成的液态混合物即为不饱和聚酯树脂。

在各种不饱和聚酯树脂基复合材料中，选用不同的树脂和不同的增强材料可以获得多种多样的材料特性。

不饱和聚酯树脂基复合材料最常用的树脂有通用型树脂、耐热型树脂、耐化学型树脂、阻燃型树脂等。选用不同的树脂，复合材料可获得诸如耐腐蚀、耐高温、抗化学药品、阻燃、高透光、导电或绝缘等特性。

不饱和聚酯树脂基复合材料最常用的增强材料是玻璃纤维，采用25%～40%的玻璃纤维增强不饱和聚酯，可以使树脂固化后制品机械强度大幅度提高，硬度增大，伸长率下降。一般来说，任何粉状矿物（如碳酸钙、玻璃微珠等）都可用作填料加入不饱和聚酯树脂中，以增加不饱和聚酯树脂基复合材料的强度、减少收缩率并降低成本。此外，选用石墨等导电材料作为填料制备的不饱和聚酯树脂基复合材料，具有良好的导电能力，同时加入碳纤维及金属镍粉可显著增加复合材料的强度，并降低复合材料的体积电阻率。

不饱和树脂基复合材料的产品多种多样，选用不同的增强纤维和树脂会得到不同性能的产品。

样品在短切玻璃纤维含量在50%时的部分性能参数见表2-14。

表2-14　短切玻璃纤维含量在50%时的部分性能参数

序号	性能参数	数值
1	拉伸强度（MPa）	152
2	弯曲强度（MPa）	299
3	冲击强度（kJ/m^2）	164
4	耐热性能（起始分解温度）（℃）	79

2. 生产工艺及原料

1）生产工艺

目前，不饱和聚酯树脂基复合材料的生产工艺主要有以下几类：

（1）缠绕成形技术

（2）模压成形技术

（3）真空辅助成形技术

（4）拉挤成形技术

（5）热压罐成形技术

其中(2)～(5)类生产工艺，前文已有系统介绍，详见复合材料概述部分。

玻璃纤维增强不饱和聚酯树脂复合材料除以上常见成形技术外，还有低压成形工艺等方法。

低压成形工艺：物料在常温或低压条件下固化成形为制品的工艺方法。成型压力范围为 0.1～0.7MPa，最高不超过 2MPa。低压成形过程一般为：先使材料在敞开模具（也可使用对模）上具备一定形状，然后施加低压或不加压，使树脂渗透流动，通过加温或常温固化定型，脱模后再经必要的辅助加工得到制品其中包括手糊成形法、喷射成形法和铺层成形法等。

2）生产原料

主要原料为不饱和聚酯树脂及纤维增强材料，其余原料根据复合材料特性不同，可选择阻燃剂、低收缩剂、抗氧剂、偶联剂等助剂。

不饱和聚酯树脂种类、品牌繁多，适用于制备不同性能的复合材料。以下是常见的不饱和聚酯树脂牌号及用途（表 2-15）。

表 2-15　常见不饱和聚酯树脂牌号及其特性

序号	种类	牌号	特性
1	通用型不饱和聚酯树脂	191.196	—
2	柔韧型不饱和聚酯树脂	TM182.304.T541	柔韧性好
3	阻燃型不饱和聚酯树脂	7901.S—906	阻燃
4	耐化学药品型不饱和聚酯树脂	197.3301.323	耐腐蚀性能强
5	耐热型不饱和聚酯树脂	TM197.TM199.S685	热变形温度高
6	SMC/BMC 专用不饱和聚酯树脂	22.S-816.S-817	黏度低、增稠快、活性高，能快速固化，耐水性和耐热性能好，稳定性好

常见的增强材料为纤维增强材料，如玻璃纤维、碳纤维、芳纶纤维等；此外，一些颗粒状填料也可以作为增强材料，提高复合材料的强度，如玻璃

微珠等。

3. 应用领域

不饱和聚酯树脂基复合材料的应用领域非常广泛。玻璃纤维增强不饱和聚酯树脂基复合材料是其中最具代表性的产品，目前广泛应用于建筑、工业防腐、造船、交通运输及环保等行业。建筑领域的主要产品有冷却塔、波形瓦、平板、活动房、水箱等。除此之外，玻璃纤维增强不饱和聚酯树脂基复合材料也广泛用于工业及民用建筑的卫生工程，主要包括空调器、风机、吸收塔、除尘器、空气过滤器、净化槽、污水池、通风柜、上下水管、储水池、马路护栏等。玻璃纤维增强不饱和聚酯树脂基复合材料，也是化学工业不可缺少的新型耐腐蚀材料。自 20 世纪 60 年代起，我国的玻璃钢储槽、管道开始应用于化工领域，目前主要产品为储罐、管道、配管材料、大型化工设备、风管、洗涤塔、反应器、过滤器、排气管、吸收塔、泵、叶轮、电镀液容器、烟囱、料仓、槽车及地下油罐等。“玻璃钢”船是玻璃纤维增强不饱和聚酯树脂基复合材料工业生产中的一项重要产品，我国“玻璃钢”船目前已基本取代了钢质救生艇，有望逐步以“玻璃钢”渔船取代木质渔船。此外，不饱和聚酯树脂基复合材料制品在客车、载重车、冷藏车、小轿车等交通工具上也得到了广泛应用。目前我国通过采取引进 SMc、RTM 设备和手糊成形工艺生产汽车零部件以及车身、车顶篷、保险杠车灯壳等。玻璃纤维增强不饱和聚酯树脂基复合材料在民生领域也有广泛应用，如城市雕塑、水上滑梯、动物模型、游乐设备和运动器材等。

4. 产品现状及发展趋势

在目前国内不饱和聚酯树脂的下游产品中，占据比重最大的是玻璃纤维增强不饱和聚酯树脂基复合材料，随着全球主要经济体对绿色低碳发展的日益重视，市场对低成本、低耗能、多功能轻型结构纤维、增强不饱和聚酯树脂基复合材料的需求日益迫切。

经过多年的发展，我国纤维增强不饱和聚酯树脂基复合材料的制备水平得到了显著提升。纤维预加张力技术、预浸料拉挤技术、反应注射拉挤技术以及弯曲型材生产技术开始得到推广，无论是附加值还是技术含量，都得到了有效的提升。此外，SMC/BMC 设备的控制水平也从简单控制发展成为闭环控制，通用工艺装备水平的进步为我国纤维增强不饱和聚酯树脂基复合材料的发展奠定了坚实的基础。我国纤维增强不饱和聚酯树脂基复合材料工业经过 50 多年的发展，已得到国际社会的广泛认可，目前发展成为新材料领域的重要主导材料，也是国家战略性新兴产业之一，产量也跃居全球前列，工艺技术水平和工业装备得到显著提升，相关专利数量逐年增加，标准体系不断完善，但与国际领先水平还存在一定的差距。

随着城镇化建设的持续推进，给排水工程的改造和扩建，城镇污水处理，工业循环用水等将拉动大口径（4～9m）的纤维增强不饱和聚酯树脂基复合材料管道的需求；海洋经济开发带动海洋工程的建设，包括海水淡化、海洋油气田、海上风电、核电等将提升对大型防腐工程和大口径纤维增强不饱和聚酯树脂基复合材料管道的需求；高铁、轨道交通产业和汽车专用车（包括冷藏车、客车、房车、新能源车、校车、集装箱车等）轻量化工程势必会带动超轻量化新型材料产业发展，以纤维增强不饱和聚酯树脂基复合材料也将迎来新的发展机遇；玻璃纤维增强不饱和聚酯树脂基复合材料产品在建筑节能方面有外墙装饰挂板、玻璃钢窗框和玻璃钢门板，目前我国门片和窗框制造技术已跻身国际先进行列，大量用于国外节能房屋。此外，不饱和聚酯树脂基复合材料在风力发电等新能源发电行业的发展前景十分广阔，预计未来很长一段时间都将保持高速发展（图 2-39）。

图 2-39　纤维增强不饱和聚酯树脂基复合材料在风电领域的应用

2.2.3 环氧树脂基复合材料

1. 产品定义、特性、主要性能参数

环氧树脂基复合材料是用环氧树脂基体与增强体复合而成的一类新型材料，增强体主要是纤维，特别是碳纤维。其中，玻璃纤维增强环氧树脂基复合材料是一种最早开发并应用于飞机结构制造的复合材料，至今仍在复合材料技术中占有重要地位。

1）基本构成

（1）环氧树脂基体

它是环氧树脂胶液的固化物。环氧树脂胶液是由环氧树脂、固化剂以及促进剂、改性剂、稀释剂、偶联剂和其他助剂组成。根据不同的使用及工艺要求进行选配。

环氧树脂是指分子结构中含有 2 个或 2 个以上环氧基团，并能与某些化学试剂发生反应形成三维网状交联分子结构的高分子材料。这种由线性的大分子结构变成立体的网状分子交联结构的过程叫作固化。环氧树脂的固化，通常需要借助于一种叫作固化剂的化学物质的作用，有时还需要加热。经固化后，树脂由黏流状态转变成坚实的固体状态，此过程为放热反应，这一特性成为表征和研究环氧树脂的分子结构、固化行为以至最终性能的重要依据。

从环氧树脂的化学结构来分析其具有以下特性。

①力学性能高。环氧树脂具有很强的内聚力，分子结构致密，所以它的力学性能高于酚醛树脂和不饱和聚酯等通用型热固性树脂。

②黏结强度高。环氧树脂固化体系中含有活性极大的环氧基、羟基以及醚键、胺键、酯键等极性基团，使得环氧固化物对金属、陶瓷、玻璃、混凝土、木材等固体材料都有极高的黏结强度。

③黏化收缩率小。一般为 1%～2%，其是热固性树脂中固化收缩率最小的品种之一（酚醛树脂为 8%～10%，不饱和聚酯树脂为 4%～6%，有机硅树脂为 4%～8%）。线膨胀系数小（约为 6×10^{-5}/℃），因此，固化后体积变化不大，产品尺寸稳定，内应力小，不易开裂。

④工艺性好。环氧树脂固化过程基本不产生低分子挥发物，可低压成型或接触低压成型。配方设计也较为灵活，可设计出适合各种工艺性能要求的

配方，用于浇筑、模压、浸渍、层压料、粘结剂、涂料等。

⑤电绝缘性优良。环氧树脂是热固性树脂中介电性能较好的品种之一。

⑥稳定性好。环氧固化物具有优良的化学稳定性，其耐碱、酸、盐等多种介质腐蚀的性能优于其他热固性树脂。

⑦有较好的耐热性。一般的环氧固化物能耐热 80～120℃，高温型环氧树脂的耐热性可达 150℃或更高。

（2）增强材料

多采用纤维及其织物，以及微粒状（粉状）材料。增强效果一般随增强材料长径比的增大而增大。微粒材料的增强效果较低，多用于功能性的复合，如 SiO_2 粉用于绝缘料，胶体石墨用于塑料轴承等。但随着当前纳米级材料的迅速开发与应用，预计其增强效果和功能性复合效果将会有大幅度提高。玻璃纤维及其织物是最为常用的纤维材料，但在高性能环氧复合材料中采用最多的是碳纤维及其织物，以及它与芳纶纤维、高强玻璃纤维的混杂纤维。

（3）环氧树脂基体与增强材料的界面层

在环氧树脂与增强材料复合的过程中，在它们之间形成了界面层。界面层的结构及性能与环氧树脂基体和增强材料都不相同。高性能的界面层能保证基体和纤维高度发挥潜在能力，充分实现复合效应。

2）分类

环氧树脂基复合材料品种很多，大体上可按以下方法分类：

（1）按用途可分为环氧结构复合材料、环氧功能复合材料和环氧通用型复合材料。结构复合材料是通过组成材料力学性能的复合，使之能用作受力结构材料，并能按受力情况设计和制造材料，以达到材料性能的最佳状态。功能复合材料是通过组成材料其他性能（如光、电、热、耐腐蚀等）的复合，以得到具有某种理想功能的材料。例如，环氧树脂覆铜板、环氧树脂电子塑封料、雷达罩等。但无论使用材料的哪一种性能，都必须兼具必要的力学性能，否则再好的功能材料也没有实用性。

（2）按成型压力可分为高压成型材料（成型压力 5～30MPa），如环氧工程塑料和环氧层压塑料；低压成型材料（成型压力 $<$2.5MPa），如真空灌注成型雷达天线罩和功能环氧复合材料。一些功能环氧复合材料由于制件尺寸较大（可达几平方米）、型面通常不是平面，考虑到成型模具及设备成本，一般不采用高压成型。

（3）按环氧复合材料性能、成形方法、产品及应用领域的特点，并依据习惯上的名称综合考虑可分为：环氧树脂工程塑料、环氧树脂层压塑料、通用型环氧树脂复合材料及环氧树脂结构复合材料。

3）主要性能

在性能方面，环氧树脂基复合材料密度小，比强度和比模量高。如高模量碳纤维增强环氧树脂基复合材料的比强度为钢的5倍、铝合金的4倍，钛合金的3.2倍，比模量是钢、铝合金、钛合金的5.5～6倍。因此，在强度和刚度相同的情况下，碳纤维增强环氧树脂基复合材料构件的质量可以大大减轻。这在节约能源、提高构件的使用性能方面，是现有的其他金属材料所不能比的。

环氧树脂基复合材料疲劳强度高，破损安全特性好。环氧树脂基复合材料在静荷载或疲劳荷载作用下，首先在最薄弱处出现损伤，如横向裂纹、界面脱胶、分层、纤维断裂等。然而众多的纤维和界面会阻止或延缓裂纹的扩展，基体会迅速把荷载重新分配并通过界面传递到未断纤维上，使整个构件能继续承载，不会立即整体断裂。在疲劳过程中裂纹扩展很慢，直到疲劳寿命的90%左右才迅速断裂。整体断裂前有明显预兆，所以破损安全特性好。而金属材料在疲劳荷载下常常是没有明显预兆的突发性破坏。

环氧树脂基复合材料具有良好的减震性能，耐磨损。结构的自振频率除了与结构本身形状有关外，还与材料的比模量的平方根成正比。环氧树脂基复合材料具有高的比模量，具有高的自振频率。高的自振频率不易引起工作时的共振，可以避免因共振而产生早期破损。同时，复合材料中纤维与基体间的界面具有吸振能力，因此它的振动阻尼很高。对形状和尺寸相同的轻金属合金梁及碳纤维增强环氧树脂基复合材料梁振动试验表明，轻金属合金梁停止振动需要9s，而复合材料梁只要2.5s就静止了。

此外，环氧树脂基复合材料在耐腐蚀性能、介电性能、透电磁波性能、耐热性能及综合性能上表现良好，且易加工成型。如碳纤维增强环氧树脂基复合材料耐化学腐蚀性好，在一般的碱性环境下呈惰性，对有机溶剂、酸碱都具有良好的耐腐蚀性；热膨胀系数小，在常温条件下，碳纤维增强环氧树脂基复合材料的膨胀系数为负值，在200～400℃环境下，膨胀系数接近于0，材料尺寸稳定性好。

环氧树脂基复合材料是由增强纤维与环氧树脂或改性环氧树脂复合而成的一类材料，由于其所用增强材料、成形工艺等的不同，各种环氧树脂基复合材料产品的性能参数也各不相同，其中应用较多的是碳纤维增强的环氧树脂。下面以 T700 碳纤维/环氧树脂基和 T300 碳纤维/环氧树脂基复合材料为例，其主要性能参数见表 2-16。

表 2-16　T700 碳纤维/环氧树脂基和 T300 碳纤维/环氧树脂基复合材料性能

种类	纵向拉伸强度（MPa）	纵向拉伸模量（GPa）	横向拉伸强度（MPa）	横向拉伸模量（GPa）	弯曲强度（MPa）	弯曲模量（GPa）	纵横剪切强度（MPa）	纵横剪切模量（GPa）	层间剪切强度（MPa）	泊松比
T700 复合材料	2097	120	42.0	8.42	1462	109	119	4.48	83.7	0.307
T300 复合材料	1875	138	48.8	8.36	1541	122	113	4.51	99.8	0.270

2. 生产工艺及原料

环氧树脂是先进复合材料应用最广泛的树脂体系。它可以适用于多种成形工艺，可配制成不同配方。目前环氧树脂基复合材料的成形工艺主要有热压罐成型、树脂传递成型（RTM）、纤维缠绕成型、拉挤成型、模压成型、真空灌注成形工艺，详见复合材料概述部分。

生产环氧树脂基复合材料的原材料主要包括基体材料、辅助材料和增强材料。基体材料为环氧树脂，辅助材料是指固化剂、促进剂、稀释剂、阻燃剂、脱模剂等，根据树脂及其性能和制品的要求进行选择。增强材料主要有碳纤维及其织物、玻璃纤维及其织物、芳纶纤维及其织物、玄武岩纤维、硼纤维以及几种纤维的混杂制品等。

3. 应用领域

环氧树脂基复合材料综合性能优异，在航空航天、体育器材及机械、化工、建筑、汽车、海洋工程等领域均有大量应用。其中采用最多的是玻璃纤维增强环氧树脂基复合材料和碳纤维增强环氧树脂基复合材料。

玻璃纤维增强环氧树脂基复合材料开发得最早，具有质量轻、强度高、模量大、耐腐蚀性好、电性能优异、原料来源广泛、工艺性好、加工成型简单、成本低等特点。除了在航空领域用于飞机雷达罩、预警机雷达罩、直升机机翼外，还可以应用于防弹头盔、防弹服、高压容器、体育器材、化工、建筑及海洋工程等领域（图 2-40）。

2. 生产工艺及原料

1）生产工艺

目前酚醛树脂基复合材料的生产工艺主要有以下几类。

（1）缠绕成形技术；（2）拉挤成形技术；（3）RTM 成形技术；（4）模压成形技术；（5）低压成形技术。详见复合材料概述部分。

此外，酚醛 SMC、BMC 是酚醛树脂基复合材料工艺中又一具有广阔发展前景的工艺。采用新型的酚醛树脂，对聚酯 SMC/BMC 的工艺参数（模压温度、压力、时间）稍作调整，就可以用现成的 SMC 模压机械生产酚醛 SMC 产品，此工艺具有操作简便、自由变更片材厚度、易成型多肋和凸起部位及预埋金属嵌件的制品等特点。酚醛 SMC 模压成型正在逐步代替以往的湿法成型，将黏度较低的树脂糊（含树脂、填料、增稠剂、固化剂、表面处理剂、脱模剂等）经加热、滚压、浸润纤维，得到片材经热烘迅速熟化，至手触干燥状态。片材使用期在 30～60d 之间。模压温度为 150～280℃，合模 5min，即制得性能优异的 SMC、BMC 酚醛产品。不同成形工艺区别见表 2-23。

表 2-23　酚醛树脂基复合材料成形工艺对比

项目	手糊法	拉挤	RTM	SMC/BMC
成型压力（MPa）		13～27	9.8～11.7	3.5～10
成型温度（℃）	60	130～205	150～180	150～180
成型时间（min）	60	0.3～1.0	4～20	4～10
产品	船身、建筑用平板	棒、管及各种截面的型材	汽车、电气用中小型部件	中小型带嵌件部件

2）生产原料

主要基体原料为酚醛树脂；酚醛树脂牌号繁多，适用于制备不同性能的复合材料。常见的酚醛树脂类型有：增黏型酚醛树脂，如 204、SL1400、SL1800、R-7518 等；增强型酚醛树脂，如 R7515P、SP6700、SL2201 等；各种增强纤维材料则采用玻璃纤维、碳纤维或各种植物纤维。为提升复合材料的最终性能，还会添加如丁腈橡胶粉（增强复合材料耐磨性）、超细丙烯酸酯橡胶（增强复合材料耐热性和抗冲击力度）等。此外，添加不同种类的催化剂还可以对树脂进行改性，从而得到具备不同特性的复合材料基体。

热固性酚醛树脂：热固性酚醛树脂是苯酚在碱性条件下与过量甲醛反应合成，具有很强的浸润能力，成型性能好，体积密度大，气孔率低，该树脂在15～20℃下可保持3个月左右。

热塑性酚醛树脂：即线性酚醛树脂，是苯酚在酸性条件下与少量甲醛反应合成，它不含进一步缩聚的基团，加入固化剂并达到一定温度才能固化。加热成型后二次加热可以软化成其他形状。

3. 应用领域

1）摩擦材料

长期以来，酚醛树脂作为粘结剂广泛应用于摩擦材料。但随着交通运输工具向高速重载方向发展，对高性能摩擦材料提出了新的要求，如良好的抗热衰退性、热恢复性、足够的摩擦系数、较小的磨耗及较低的噪声等。传统未改性的酚醛树脂材料由于其结构上的酚羟基和亚甲基容易氧化，耐热性有限，脆性大、韧性差，不能满足现代摩擦材料的使用要求。研究人员采用了各种改性方法来提高树脂的性能，进而提高摩擦材料的综合性能。

2）烧蚀材料

酚醛树脂制造的烧蚀材料固化后的主要缺点是性脆、密度稍大。通过改变酚醛树脂中邻对位交联程度，可以优化炭化过程中苯醌式结构中间体稠环化历程，从而调整酚醛树脂烧蚀过程中发生炭化时的交联密度，使炭化过程稳定，易于石墨化，提高了抗烧蚀性能。

3）涂料

通过将硼酚醛树脂和环氧树脂进行混用，利用硼酚醛树脂优异的耐酸、碱腐蚀性能以及耐高温性能和环氧树脂可以常温固化成膜的特点，可以制备出常温固化的耐高温防腐蚀涂料；在硼酸改性酚醛树脂基础上引入豆油和顺丁烯二酸酐的加成产物进行改性，获得各项性能指标均较好的水溶性酚醛树脂涂料。

4）磨具

采用新型超细全硫化粉末丙烯酸酯橡胶增韧改性酚醛树脂。由于超细丙烯酸酯橡胶表面存在大量的活性基团，可以与酚醛树脂发生化学键连接，因此可以同时提高改性树脂的耐热性和冲击强度；相关力学性能研究表明，采用改性树脂制备的树脂磨具的强度和韧性都得到提高，材料的硬度不变。目前树脂已广泛应用于精磨和抛光磨具（图4-46）。

图 2-46 水溶性酚醛树脂砂轮

5）隔热材料

经过 280℃、100h 处理，无石棉高耐热酚醛模塑料弯曲强度可保持 60%，具有优良的耐蠕变性、耐药品性和耐水性，易成型加工，可用于汽车、电气、电子、复印机等隔热零部件（图 2-47）。

图 2-47 酚醛树脂泡沫板

此外，酚醛树脂通过与不同增强体及工艺手段的复合，还会表现出许多优良特性，其低毒、低烟、阻燃、高强度、高韧性、抗冲击、耐介质等特性被广泛应用于飞机构件、船体构件、地铁车厢门、发动机周边高耐温部件、汽车进气管、建筑防火等领域。

4. 产品现状及发展趋势

酚醛树脂正以复合材料形式蓬勃发展，随着人们对美好生活的需求日益增加，材料的难燃性、低烟、低毒性能、耐热性等特性被更加重视，这也促进了酚醛树脂需求量增加。与此同时，相关企业不断增加研究投入力度，新的树脂品种、新的成形工艺、新的合成技术批量涌现。酚醛及其复合材料除具有其他材料不可比拟的阻燃、低发烟和低毒雾等性能外，其热机械性能也优于聚酯、环氧等复合材料。近几年来，由于酚醛树脂在温度升高时才具有优异的机械物理性能，现已跻身于高性能复合材料的树脂基体行列，并在欧美受到极大重视。

在以酚醛树脂为基材的复合材料方面，随着机电、仪表、电子工业和汽车工业、轻纺工业蓬勃发展的需要，酚醛树脂复合材料新品种也朝着具有机械强度高、耐热性好、耐漏电、耐电弧、阻燃和尺寸稳定性好等特点的方向发展，以工程塑料和先进的复合材料的崭新面貌出现。运用特殊的配方技术和生产工艺，各国大公司正在推出多种抗冲击材料、无氨材料、隔热材料、整流子材料等专用酚醛树脂复合材料。

2.2.6 双马来酰亚胺树脂基复合材料

1. 产品定义、特性、主要性能参数

双马来酰亚胺（BMI）树脂是由聚酰亚胺树脂体系派生出来的一类树脂体系，是以马来酰亚胺（MI）为活性端基的双官能团化合物，其树脂具有与典型热固性树脂相似的流动性和可塑性，可用与环氧树脂相同的一般方法加工成型，被认为是目前发展最快且最有前途的一种复合材料基体树脂。

BMI 树脂具有优良的耐高温、抗辐射、耐湿热、耐腐蚀、吸湿率低和热膨胀系数小等优良特性，克服了环氧树脂耐热性相对较低和耐高温聚酰亚胺树脂成型温度高、压力大的缺点。BMI 树脂电性能十分优良，具有介电常数较低，介质损耗小，体积电阻大等优点，这些性能在较宽的温度和频率范围内仍能保持在较高的水平。BMI 树脂的不足之处主要有：熔点高、溶解性差、成型温度高和固化物脆性大等。

BMI 树脂固化产物不溶不熔，刚性和脆性都较大，具有相当高的密度

(1.35～1.4g/cm^3)，T_g 为 250～300℃，断裂伸长率低于 3.5%，BMI 树脂的吸湿率与环氧树脂相当，但是稀释饱和比环氧树脂快。表 2-24 列出了 BMI 树脂的主要性能参数。

表 2-24　BMI 树脂的主要性能参数

性能	状态	最高值	BMI 树脂牌号
T_g（℃）	干态（25℃）	400	KerimidFE7003
	湿态（25℃）	297	Ciba-GeigyXU-295Ci
拉伸强度（MPa）	干态（25℃）	90	TechnochemieH795
	湿态（25℃）	88	Ciba-GeigyXU-295
拉伸断裂延伸率（%）	干态（25℃）	2.9	Narmco5245C
	湿态（25℃）	3.3	HysolEA9102
断裂韧性（J/m^2）		210	Ciba-GeigyXU-295

2. 生产工艺及原料

BMI 树脂基复合材料是以 BMI 树脂为基体，加入各种增强材料制成的复合材料。通过材料间的协同效应（在性能方面取长补短），可有效提高材料的物理性能和化学性能，从而满足各种不同环境和成形工艺的使用要求。

1）BMI 树脂的改性

单纯的 BMI 作为新型复合材料的树脂基体时仍存在成本高、熔融温度高和固化物脆性大等缺点，实际使用需要进行改性，BMI 树脂改性的主要方法包括：用烯丙基共聚物改性、二元胺扩链改性、热塑性树脂改性、热固性树脂改性、橡胶改性。改性后的 BMI 树脂具有更高的力学性能。

（1）烯丙基共聚物改性 BMI

烯丙基化合物与 BMI 单体的固化反应一般是马来酰亚胺环的双键与烯丙基在较低温度下进行双烯加成反应生成 1∶1 中间体，然后在较高温度下马来酰亚胺环中的双键与中间体进行 Diels-Alder 加成反应和异构化反应生成高度交联的韧性树脂。

（2）二元胺扩链改性 BMI

二元胺扩链改性又叫作外扩链法，外扩链可通过延长 BMI 主链，使单位体积的反应基团减少，从而有效降低 BMI 的交联密度，提高 BMI 树脂的韧性。在聚合期间，所涉及的主要反应是 BMI 与二胺之间的 Michael 反应与烯反应。

（3）热塑性树脂改性 BMI

在 BMI 中引入热塑性树脂，可有效改变材料的聚集态结构，随着固化反应的进行，热塑性树脂与 BMI 之间的相容性逐渐下降，形成两相结构。当材料受到大的外力破坏作用时，热塑性树脂颗粒可以阻碍裂纹的进一步扩展，使材料不容易被完全破坏，从而增强了材料的抗破坏能力，达到增韧效果。

（4）热固性树脂改性 BMI

在 BMI 树脂中引入其他热固性树脂，利用了 BMI 单体的活性官能团与其他含有多官能团的热固性树脂的共聚反应，实现增韧改性。常用于改性 BMI 树脂的热固性树脂有环氧树脂、氰酸酯树脂等。

（5）橡胶改性 BMI

在 BMI 树脂中加入少量带活性端基的橡胶，橡胶在树脂固化过程中析出成为分散相，形成硬连续相一软分散体系，可以提高材料韧性。

2）BMI 树脂基复合材料制备

BMI 基复合材料的成形工艺是该工业领域的发展基础和条件。自 BMI 基复合材料出现以来，其成形工艺也在不断变化以适应新的应用领域，目前 BMI 基复合材料的成形工艺主要包括缠绕成形工艺、拉挤成形工艺、热压罐成形工艺和液体模塑成形工艺等。具体成形工艺内容见概述。

3. 应用领域

1）航空航天领域

改性后的 BMI 工艺性能与环氧树脂相当，但耐湿/热性能尤为优异，适用于航空航天领域。相关研究指出，BMI 树脂部分替代环氧树脂作为复合材料的基体与碳纤维复合后，可用于军用机、民用机或宇航器关键结构件，如机翼蒙皮、尾翼、垂尾、飞机机身等部件。BMI 材料最开始应用于航空航天领域的案例是 Rolls-Royce 公司制造的 RB-162 发动机，其压缩机壳、转子翼片及定子翼轮都是由玻璃纤维增强的 BMI 制造，并能在 240℃ 的环境下服役。

除此之外，改性后的 BMI 可制成蜂窝结构的平板材料，主要用于飞机上的地板、隔离墙、盥洗室材料及排气系统管等部件。

2）电子电气领域

除了具备优异的耐湿/耐热性能以外，BMI 材料的尺寸稳定性高，热膨胀系数低，有望代替多层架构线路板中的环氧树脂，还可以用作高温浸渍漆、层压、模压塑料等，用于电器绝缘方面。

3）耐摩擦和磨损材料领域

BMI 树脂基复合材料可以用作金刚石砂轮、重负荷砂轮、刹车片等，也可以用作绝热材料、外层涂料等。

4. 产品现状及发展趋势

BMI 树脂因其优异的耐湿热性、机械性能和加工性能等优势，越来越引起人们的重视，应用领域已从最初的航空航天领域延伸至电子电气等领域。未来 BMI 树脂有以下几个发展方向：①国内目前 BMI 单体品种较少，应有选择地合成和生产多种 BMI 品种；②开发新的共聚反应单体，合成新的有低熔点、高韧性的 BMI 树脂，使材料在保持原有耐高温性能的同时，更易加工成型；③进一步深入研究 BMI 改性化学，降低树脂的固化温度，即开发低温固化高温使用的 BMI 树脂；④开发适用于 RTM 法制造复合材料的 BMI 基体树脂。

2.2.7 聚酰亚胺树脂基复合材料

1. 产品定义、特性、主要性能参数

聚酰亚胺树脂基复合材料是指采用高性能增强纤维作为增强体材料，采用聚酰亚胺树脂作为基体材料的一类新型材料的统称，属于“先进树脂基复合材料”范畴中的一类高性能材料。

基体材料的作用主要是在分散的增强体之间以剪应力的方式传递荷载。基体材料的性能不仅决定着复合材料的抗湿、热能力和使用温度，对复合材料的制造方法、成形工艺也有着十分重要的影响。

作为基体材料的聚酰亚胺（PI）树脂，是主链上含有酰亚胺环（酰亚胺基团）特征结构的一类高分子聚合物的统称，其中以含有肽酰亚胺环的聚合物尤为重要。它是由二元酸和二元胺缩聚得到的产物，分子中含有十分稳定的芳杂环结构单元，作为特种工程材料具有其他高分子材料所无法比拟的特性。

聚酰亚胺树脂具有高机械性能、高尺寸稳定、高化学稳定性、低热膨胀系数、低介电常数与损耗、低吸水率、耐高温、耐低温、耐辐射、耐腐蚀的特性。

聚酰亚胺树脂可分为热塑性树脂和热固性树脂两大类。热塑性聚酰亚胺树脂主要包括硫醚型和醚酐型等。对于热塑性聚酰亚胺树脂而言，由于分子量相对较大，分子链不封端或者以非反应性基团封端导致黏度比较高，除了具有良好的韧性外，玻璃化转变温度一般，由于它的不溶不熔性质，材料的加工成型大多都需在聚酰胺酸阶段完成，这在很大程度上影响了此类高性能材料的广泛应用。为了克服热塑性聚酰亚胺不易加工成型的缺点，一方面对热塑性聚酰亚胺树脂进行深入的改性研究，另一方面成功研制了加工性能优良的热固性聚酰亚胺。热固性聚酰亚胺种类较多，包括 PMR 型聚酰亚胺、乙炔封端和苯乙炔封端的聚酞亚胺、苯并环丁烯封端的聚酰亚胺、烯丙基降冰片烯封端的聚酰亚胺、2，2-对环芳环烃、以二苯撑为封端剂的聚酰亚胺以及双马来酰亚胺树脂（BMI）。热固性聚酰亚胺一般由带有活性端基（包括降冰片基、乙炔基、马来酰亚胺、苯乙炔基、异氰酸酯、苯基三氮烯等）的低分子量预聚物在一定温度条件下反应固化交联，固化交联前由于低分子量预聚物具有比较低的黏度，所以成型加工方式相对方便，适用于生产各种用途的部件结构，应用更广泛。

聚酰亚胺树脂基复合材料具有更高的耐温等级，优异的机械性能、抗热氧化稳定性、耐湿热性、优良的介电性能、抗辐射性能、耐腐蚀性能、耐磨损性能。

本章节选用聚酰亚胺应用在复合材料领域中最为广泛的热固性 PMR 型聚酰亚胺树脂进行介绍。

以 PMR-15、BMP316、KH-304 为代表的第一代聚酰亚胺可以在 280～316℃下长期使用，短期耐温可以达到 350℃。其碳纤维增强复合材料具有优异的常温和高温力学性能。复合材料性能见表 2-25。

表 2-25 一代聚酰亚胺树脂基复合材料力学性能

材料	温度（℃）	0°拉伸强度（MPa）	0°拉伸模量（GPa）	0°弯曲强度（MPa）	0°弯曲模量（GPa）	短梁剪切强度（MPa）
T300/KH304	RT	1486	139	1619	117	108
	320	1410	138	1128	114	56
AS4/PMR-15	RT	—	—	1850	118	98
	320	—	—	930	104	65
某型碳纤维/BMP316	RT	1405	129	1880	140	106
	310	1219	166	1096	138	52

为满足不断发展的发动机技术的需求，科研人员开发出了比 PMR-15 耐温更高的材料——PMR-Ⅱ，PMR-Ⅱ是 NASA 最早研制的可以在 371℃下长期使用的第二代聚酰亚胺树脂，我国在“九五”规划支持下，相继开发出多种型号的耐 371℃的基体树脂。具有代表性的第二代聚酰亚胺树脂牌号有：PMR-Ⅱ-50、V-CAP-75、AFR-700B、KH-307、KH-310-10、KH320B、KH330、BMP350 等。复合材料性能见表 2-26。

表 2-26　第二代聚酰亚胺树脂基复合材料力学性能

材料	温度（℃）	弯曲强度（MPa）	短梁剪切强度（MPa）
T650/PMR-Ⅱ-50	RT	1434	78
	371	666	32
T650/V-CAP-75	RT	1278	69
	371	462	28
石英纤维/AFR-700B	RT	848	59
	371	420	52
UT500/KH-307	RT	1560	78
	370	596	30
UT500/KH-310-10	RT	1700	91
	370	1050	36
UT500/KH320B	RT	1560	56
	370	820	32
UT500/KH330	RT	1820	95
	370	430	25
某型碳纤维/BMP350	RT	1689	114
	310	1105	—
	350	1032	51

在航空航天飞行器的超音速化和轻量化的背景下，第三代聚酰亚胺树脂基复合材料应运而生，具备了更高的力学性能及耐高温性能，能够长期（1000h）在温度为 426℃的环境下服役。第三代聚酰亚胺树脂代表品牌有：DMBZ-15、BMP420 等，复合材料性能见表 2-27。

表 2-27　第三代聚酰亚胺树脂基复合材料力学性能

材料	温度（℃）	弯曲强度（MPa）	短梁剪切强度（MPa）
某型碳纤维/DMBZ-15	RT	1020	58
	420	200	17
某型碳纤维/BMP420	RT	1451	91
	420	790	38

聚酰亚胺树脂分解温度一般在 500℃以下，玻璃化转变温度很难超越 450℃，为打破聚酰亚胺复合材料使用温度和时间的限制。研究人员将具有无机特性的结构引入聚酰亚胺分子内进行有机、无机杂化，在保持工艺性的同时，进一步提升树脂的耐高温性能。目前第四代耐高温聚酰亚胺材料的研究刚刚开始，美国研发的 P2SI900HT 初步形成牌号。其复合材料性能见表 2-28。

表 2-28　第四代聚酰亚胺树脂基复合材料力学性能

性能		0°拉伸强度（MPa）			拉伸强度［0°/±45°/90°］2s（MPa）			拉伸强度［±45°］2s（MPa）			压缩强度（MPa）		弯曲强度（MPa）		
温度℃		RT	371	427	RT	371	427	RT	371	427	RT	316	316	343	371
增强相	T650-35/6K	1340	1370	1320	465	451	418	72	65	57	707	521	1371	1164	1095
	T40/800/8K	1850	1960	1980	688	652	597	75	64	56	—	—	—	—	—
	IM7/6K	1790	1780	1840	639	657	598	67	61	54	—	—	—	—	—

将耐高温聚酰亚胺基体树脂溶液与一定比例的短切纤维（碳纤维、玻璃纤维或芳纶纤维）或功能性填料（聚四氟乙烯、石墨或二硫化钼）复合，经热处理后可制得 B-阶段树脂/纤维模塑料。将模塑料放入模具中经高温反应性模压成形工艺得到的质地密实、表面光洁的超级工程塑料。中国科学院化学研究所研制出耐高温聚酰亚胺超级工程塑料 HTPI 系列，其中 HTPI-1500 系列的性能见表 2-29。

表 2-29 HTPI-1500 系列聚酰亚胺超级工程塑料的性能

性能		弯曲强度（MPa）			弯曲模量（GPa）			压缩强度（MPa）		
温度（℃）		RT	260	316	RT	260	316	RT	260	316
型号	1510-15	146	85	71	7.44	5.25	4.73	—	104	77
	1510-10A5	119	82	65	6.49	6.11	5.22	85	100	74
	1510-15A5	124	69	62	7.81	5.48	4.99	108	90	66
	1510-15A10	114	72	66	8.27	4.90	4.45	—	93	68
	1520-15	165	97	94	5.46	3.98	3.73	121	85	—

2. 生产工艺及原料

目前聚酰亚胺树脂基复合材料的生产工艺。

纤维缠绕成型、拉挤成型、RTM 成型、模压成型、热压罐成型的成形工艺，详见 2.2 复合材料概述部分。

聚酰亚胺树脂基复合材料的原料主要分为两类：一类是增强材料，另一类是基体材料。

1）增强材料

目前已广泛应用的增强纤维品种有玻璃纤维、碳纤维、芳纶纤维、碳化硅纤维等高性能纤维。

2）基体材料

热塑性聚酰亚胺树脂，具代表性的有：LaRC-TPI，LaRC-8515，LaRC-SI 等。

热固性聚酰亚胺树脂经过 40 余年的发展，逐渐形成了耐温等级不同的四代树脂体系，其使用温度从 280℃到 450℃，见表 2-30。

表 2-30 四代聚酰亚胺树脂耐温性能

聚酰亚胺代次	标志性聚酰亚胺	使用温度（℃）
第一代	PMR-15，LP15，KH304，BMP316	280～315
第二代	PMR-Ⅱ-50，V-CAP-75，AFR-700B，PETI-330，PETI-375，KH-305，KH-307，KH-310-10，KH320B，KH330，BMP350	315～370
第三代	AFRPE-4，RP-46，DMBZ-15，BMP420，KH-309	370～426
第四代	P2SI900HT	426～500

3. 应用领域

聚酰亚胺树脂基复合材料在国防、航空、航天、空间技术领域做出了重要贡献，耐高温聚酰亚胺超级工程塑料广泛应用于石油化工、矿山开采、精密机械、汽车工业、微电子设备、医疗器械及轻工电器行业等领域，具有很好的性价比。

4. 产品现状及发展趋势

聚酰亚胺树脂基复合材料是随着航空航天工业的发展而诞生的材料，在20世纪60年代，为了适应航空、航天、电子、电器和汽车工业等领域的需求，研发了热塑性聚酰亚胺等品种，但是在对这类芳杂环高分子的研究中，主要关注的是其耐热性，从而往往会牺牲树脂的加工性能。1972年美国NASA的Serafini等开发了一种全新的热固性复合材料制造方法PMR法，合成出PMR-15聚酰亚胺树脂，解决了以往耐热树脂不溶不熔，难以加工的难题，使得芳杂环树脂基复合材料在航空航天领域开始得以应用。

PMR型聚酰亚胺树脂基复合材料是目前使用温度最高的树脂基复合材料之一，长期工作温度为320～371℃，且热氧化稳定性突出，目前主要应用于制造航空航天飞行器中各种耐高温结构部件，从小型的热模压件（如轴承）到大型的真空热压罐成型结构件（如发动机外罩和导管等）和承力结构件（如发动机外涵道、风扇叶片、导弹仪器舱等）。据报道英国Rolls-Royce公司正在研制PMR-15复合材料的结构件，以逐步取代目前大量使用的钛合金，以降低制造成本和质量。美国已经为第四代军机配套的F-119涡轮发动机研制相应的石墨纤维增强PMR-15树脂基复合材料，现已在发动机的导向叶片和内涵道部件上得到应用，可以预见的是，该类材料将被应用于更多的部位，树脂基复合材料在整机结构中的比例也将进一步提高，这也有助于改善发动机的耗油量与单位成本，以此带动飞机速度、载重、噪声与机动性能的明显改善。此外，美国还将其用于B-2隐形轰炸机的机身基材、同时应用于 F404、 F414、 F110-GE-132、 GE90-115b、 GenX、 F136、 JTAGg、BR710和M88-2发动机的外涵机匣，以及CF6发动机芯帽、F119导流叶片、M88喷口调节片、PW4000高压压气机可动叶片、GE90发动机高压冷却管、F100发动机尾喷管外调节片和RB219-524涡轮机匣等结构。

在航天领域，耐高温树脂基复合材料的应用范围也相当广泛。据报道，如果美国航天飞机轨道器采用石墨纤维/聚酰亚胺复合材料替代目前所用的2219铝合金，结构承温能力可从现在的177℃提高到316℃，结构质量和热防护系统质量将明显降低，预计轨道器降重30%。用于制造航天飞机的方向舵、机翼前襟、副翼和襟翼，可减重26%。此外，聚酰亚胺复合材料还具有优良的介电性能，是理想的热透波材料。据报道，采用诸如石英布/聚酰亚胺复合材料和非炭化烧蚀材料解决吸潮问题，可以制成高速飞行器宽频带雷达天线罩，应用于弹头结构/透波构件的制造。聚酰亚胺复合材料的热导率比金属材料低1～2个数量级，密度是钛合金的约1/3，采用该材料可以进一步减薄隔热层厚度，增加有效空间，达到大幅减重的效果，未来有望实现弹头防热/结构一体化。

聚酰亚胺及其复合材料在信息技术领域也得到了高速发展，在大规模和超大规模集成电路中得到了大量的应用，成为当前微电子信息领域中最好的封装和涂覆材料之一。在化工、矿山、医药、精密机械、汽车等民用领域，可用作耐高温、耐辐射、耐腐蚀、耐磨损、自润滑和绝缘耐高温零部件，如无油润滑、耐腐蚀密封轴、辊、轴套、轴承、衬套、阀门、汽车发动机排气系统部件、非金属管路、阻热板等。

国外第一代聚酰亚胺已经实现商业化，并得到了广泛的应用。美国空军采用纤维增强PMR-15复合材料制造了近程空空导弹的弹体和弹翼，风洞试验表明该材料完全满足各项性能要求。沃特公司采用石墨纤维/PMR-15复合材料制造了4马赫超声速空面导弹（ASM）的进气道、整流罩和尾翼等，验证了其优异的高温性能。另外，在航空发动机零部件也得到大量应用，如F404外涵道、CF6芯帽等。

第二代耐371℃PMR型聚酰亚胺复合材料制造技术也已经基本成熟，并开始得到应用。航天材料及工艺研究所现已研制出三种耐高温（耐320℃、耐370℃和耐500℃）聚酰亚胺树脂基复合材料及其耐高温结构件，并已经在先进航空发动机上得到应用。北京航空制造工程研究所采用HT3/KH-304复合材料制造出了发动机外涵道。北京航空材料研究院采用LP-15/G827复合材料制备的航空发动机分流环已装机试用，在耐370℃聚酰亚胺复合材料研究方面也做了一些有益的探索，研制出了AS4/MPI聚酰亚胺树脂复合材料，已用于航空发动机尾喷管鱼鳞片外防护板地面试验件。

经过几十年的发展，国外已经形成了涵盖280～450℃使用范围的四代聚酰亚胺树脂基复合材料。但我国聚酰亚胺复合材料的应用非常有限，仅有第一代聚酰亚胺复合材料小批量应用于发动机外涵道，远未形成完整的材料与工艺技术体系。我国聚酰亚胺复合材料尚需按代次系列化发展，以满足航空发动机的发展需求，同时需要重点关注以下几方面的研究：热固性聚酰亚胺关键单体合成制备，耐高温聚酰亚胺树脂的合成制备与其复合材料固化成形工艺原理基础，聚酰亚胺树脂复合材料低成本成形技术，耐高温高韧性聚酰亚胺复合材料，超高温有机无机杂化树脂基复合材料等。

未来聚酰亚胺树脂基复合材料的发展趋势有以下几点。

（1）通过引入新单体的方式，开发出能兼顾耐高温性能和工艺性的聚酰亚胺树脂基复合材料，以满足航空航天领域的更高需求；

（2）从原材料、成形工艺、加工等方面进行深入研究，降低复合材料的制造成本，以促进复合材料的批量化、国产化发展；

（3）开发适用于多种成形工艺的新型 PMR 型聚酰亚胺树脂，解决大尺寸、复杂形状制品的成型难题，进一步拓展 PMR 型聚酰亚胺复合材料的应用领域；

（4）建立和丰富聚酰亚胺材料数据库，完善相关技术规范；

（5）设计选材时，需充分体现其先进性，重视聚酰亚胺复合材料的推广应用。

2.2.8 高性能热塑性树脂基复合材料

1. 产品定义、特性、主要性能参数

高性能热塑性树脂基复合材料以热塑性树脂为基体与增强材料复合而成的新型材料。具有以下特性。

（1）密度小、强度高。热塑性复合材料密度为 1.1～1.6g/cm^3，仅为钢材的 1/7～1/5，比热固性复合材料轻 1/4～1/3，能以较小的单位质量获得更高的机械强度。

（2）性能可设计性的自由度大。热塑性复合材料的物理性能、化学性能、力学性能，都是通过合理选择原材料的种类、配比、加工方法、纤维含量和铺层方式进行设计的。由于热塑性复合材料的基体材料种类较热固性复合材料更多，因此在选材设计的过程中自由度也就大得多。

（3）热性能。一般塑料的使用温度为 50～100℃，用玻璃纤维增强后，可提高到 100℃以上。聚醚醚酮树脂的耐热性达 220℃，用 30%玻璃纤维增强后，使用温度可达 310℃。热塑性复合材料的线膨胀系数比未增强的塑料低 1/4～1/2，能够降低制品成形过程中的收缩率，提高制品的尺寸精度。其传热系数为 0.30～0.36W/（m^2·K），与热固性复合材料相似。

（4）耐化学腐蚀性。该性能主要由树脂基体的性能决定。热塑性树脂的种类很多，每种都有自己的防腐特点，因此，可以根据复合材料的使用环境和介质条件，对基体进行优选，一般都能满足要求。热塑性复合材料的耐水性优于热固性复合材料。

（5）电性能。一般热塑性复合材料都具有良好的介电性能，不反射无线电波，透过微波性能良好等。由于热塑性复合材料的吸水率比热固性玻璃钢小，故其电性能优于后者。在热塑性复合材料中加入导电材料后，可改善其导电性能，防止产生静电。

（6）废料可回收利用。热塑性复合材料可重复加工成型，废品和边角余料能回收利用，不会造成环境污染。

由于热塑性树脂基复合材料的增强纤维种类较多，且热塑性树脂基材类型也比较多，因此本节主要列举 AS4C 单向织物/PEEK 复合材料力学性能，详细数据见表 2-31。

表 2-31　AS4C 单向织物/PEEK 复合材料力学性能

0℃						90℃				泊松比	短梁剪切强度（MPa）	面内剪切强度（MPa）	面内剪切模量（GPa）
拉伸强度（MPa）	拉伸模量（GPa）	弯曲强度（MPa）	弯曲模量（GPa）	压缩强度（MPa）	压缩模量（GPa）	拉伸强度（MPa）	拉伸模量（GPa）	压缩强度（MPa）	压缩模量（GPa）				
1722	140.9	1895	141	831.7	140	59.6	9.7	136.1	9.7	0.321	107	113.1	4.99

注：AS4C 单向织物：国内编织，厚度 0.1mm、宽度 300mm；PEEK 树脂：吉林大学生产。

2. 生产工艺及原料

1）生产工艺

连续纤维增强热塑性复合材料：为了更好地实现连续纤维增强复合材料的性能剪裁和树脂含量控制，热塑性复合材料一般要先通过熔融浸渍法、粉末流化浸渍法、粉末悬浮浸渍法、纤维混编法等工艺制成连续纤维热塑性预浸料，在此基础上再进行模压成型、缠绕成型、拉挤成型等生产工艺（详见复合材料概述部分），除此以外，也可以双膜成型（也称树脂膜渗透成型，是 ICI 公司开发的一种利用预浸料制备复合材料制件的方法，此法适用于外形较复杂的制件的成型加工）。

短纤维增强热塑性复合材料：先制得纤维增强热塑性复合材料粒料及纤维增强热塑性复合材料片材（预浸料），再通过热压成型等工艺制成热塑性复合材料。

2）生产原料

原料分为两类：一类是增强材料与热塑性树脂，另一类是预浸料。

（1）增强材料：目前已广泛应用的增强纤维品种有碳纤维、玻璃纤维等高性能纤维。

（2）热塑性树脂：聚丙烯（PP）、聚乙烯（PE）、聚苯乙烯（PS）、聚醚醚酮（PEEK）、聚醚酮（PEK）、聚醚酮酮（PEKK）、聚苯硫醚（PPS）、聚醚酰亚胺（PEI）、聚醚砜（PES）、聚酰胺酰亚胺（PAI）等。

（3）预浸料：连续纤维热塑性预浸料、纤维增强热塑性复合材料粒料及纤维增强热塑性复合材料片材。

3. 应用领域

近年来，热塑性树脂复合材料在汽车、电气、建材、医疗、耐磨、航空航天等行业领域应用发展很快，国内外众多飞机制造公司都采用热塑性树脂复合材料制造飞机部件，使用较多的热塑性树脂是PEEK、PEI和热塑性PI。

4. 产品现状及发展趋势

热塑性树脂基复合材料具有较好的断裂韧性、较大的损失容限、更好的耐蠕变性能，同时也便于存放和回收利用，生产周期较短，因此也获得了快速而广泛的发展，成为纤维增强复合材料研究应用的主流。

在汽车工业中，纤维增强热塑性复合材料由于具有密度小、强度高、耐腐蚀性好、抗冲击性优等特点，应用非常广泛。据介绍，欧洲目前有50%的热塑性复合材料应用于汽车工业，其制品有进气歧管、前端组件、保险杠、挡泥板、发动机罩、配气栅、仪表盘、行李舱底板、蓄电池槽、车门、车身板、座椅靠背、备胎架、发动机底座、暖气机叶轮等。

在电气行业，纤维增强热塑性复合材料尺寸精度高、线膨胀系数小、电性能好，也被广泛用于电子电气和信息技术方面，主要用以制造设备底盘和支架、仪表罩壳、接线盒、开关壳、电视机后盖和调谐器、风扇叶片等。

在医疗领域，以连续碳纤维作为增强体，聚醚醚酮树脂作为基体材料，制得的连续碳纤维增强聚醚醚酮复合材料已经经过相关的体内体外试验。结果证明不仅无细胞毒性，还能促进骨细胞的蛋白合成和成骨，用作人工关节假体能够呈现出良好的促成骨细胞增生及黏附能力。碳纤维增强聚醚醚酮复合材料与骨的界面结合强度优于其他人工关节材料，临床应用疗效明显优于金属材料产品，能从根本上缓解目前关节假体金属材料因力学和生物学不相容所导致的假体松动并发症等问题，目前较为成熟的应用形式有腰椎融合器、接骨板等。

当热水、蒸汽、溶剂和化学试剂等各项指标都处于一定范围内时，具有较好耐湿热能力的聚醚醚酮材料能保持较高的机械强度和水解稳定性。因此，用连续碳纤维增强的聚醚醚酮复合材料制作的骨科瞄准器、外固定支架等适用于医院常规的器械消毒过程，例如，蒸汽高温灭菌。经过严格试验证明，只有超过1h的120℃以上的高温蒸汽才会在极微小的程度上对材料的弯曲和剪切强度产生影响，而15～20min的常规高温灭菌并不会对这种连续碳纤维增强PEEK复合材料的医疗器械产生任何性能上的消极影响，这是大多数金属类材质无法比拟的。

碳纤维增强聚醚醚酮复合材料在放射性定位诊断过程中，对图像质量影响很小，不仅在二维影像中不形成遮挡障碍，在三维影像中，也不会在其周围产生伪影。在临床上，碳纤维增强聚醚醚酮的X光穿透特性有利于医生更好地进行骨折的整复治疗，也便于更清晰地观察到病灶的愈合情况。目前，这类连续碳纤维增强热塑性聚醚醚酮复合材料主要用于骨外科医疗部件，主要包括骨外科固定支架、骨外科瞄准器和骨外科瞄准器支架等。近年来，我国部分企业通过自主研发，采用国产连续碳纤维增强聚醚醚酮复合材料预浸料为原材料，制备出此类部件，使热塑性碳纤维制品的成品价格降低了1/3，为碳纤维增强热塑性复合材料在更大范围内的推广应用做出了良好铺垫。

在耐磨应用领域，热塑性聚酰亚胺材料在热稳定性、抗冲击性、抗辐射性和耐溶剂性能等方面都表现突出。在高温、高低压和高速等极端环境下，这种材料展现出优异的耐摩擦、耐磨损性能。采用碳纤维进行增强后，可进一步提高这类材料的应用性能，扩大其应用范围。试验证明，碳纤维的加入能显著提高热塑性聚酰亚胺的力学性能，当碳纤维的体积分数达到30%时，材料的拉伸和弯曲强度为纯树脂的2～3倍。碳纤维的加入也可有效增强聚酰亚胺复合材料的抗磨性能。碳纤维的耐磨性比聚酰亚胺材料更强，在实际应用过程中，聚酰亚胺材料会先被磨损掉，使碳纤维裸露在磨损表面，成为载荷的主要承载者，这在一定程度上能抑制聚酰亚胺基体的进一步磨损。碳纤维增强的方式赋予了热塑性聚酰亚胺更加出色的耐热性能和机械性能，使其成为更高等级的耐磨损、耐腐蚀材料。

在航空航天领域，首先是军用飞机应用，热塑性复合材料具有极好的吸波性能，能使频率为0.1MHz～50GHz的脉冲大幅度衰减，现在已经用于先进战斗机的机身和机翼，型号为APCHTX。另外APC-2是CelionG40-700碳纤维与PEEK复丝混杂纱单向增强的品级，特别适宜制造直升机旋翼和导弹壳体，美国隐身直升机LHX已经应用此种复合材料；其次是民用飞机，空客A-340/A-380飞机机翼前缘应用的就是碳纤维增强聚苯硫醚（PPS）复合材料。ICI公司利用50%的长玻璃纤维增强尼龙66制造飞机上的阀门，代替了原来使用的酚醛石棉复合材料，满足了飞机阀门在宽的温度范围内与燃料长期接触也能保持其性能和形状的要求。除了飞机外部零件应用PPS外，飞机内部零件，包括座椅架、支架等也应用PPS复合材料。在航天领域方面，遥感卫星的发展离不开以热塑性复合材料制备的大尺寸光学口径，其中包括各种空间相机主光学系统的反射镜（球面和非球面）和光机扫描型空间遥感器扫描镜，如用AS4C单向织物/PEEK预浸料压制成的反射镜基板，复合PEEK树脂制成反射镜，在2.0～3.5μm红外光谱段可达到反射率的要求，在2μm光谱段的反射率为96%以上，3.5μm光谱段的反射率为96.89%。

在建筑领域，利用高性能复合材料代替木材或钢材，是钢筋混凝土浇筑工程的一种发展趋势。由于建筑模板的用量很大，在选择塑料时，需要充分考虑成本和回收问题。一般来说，用强度、刚性均较好的工程塑料会导致成本的提高，而使用热固性塑料则难以解决使用后废弃模板的回收利用问题。相比之下，玻璃纤维增强热塑性塑料则是一种较好的替代材料，它同时满足了低成本和可回收两方面要求。另外，对于热塑性复合材料来说，降低基体的熔融温度意味着可加快材料的加热/冷却周期，缩短循环时间，提高制造效率。以聚醚醚酮（熔融温度为350℃）和聚芳醚酮树脂（熔融温度为305℃）为例，利用这种温度的差距，可实现在PAEK层压板上注塑成型PEEK基结构，如肋条、固定夹等。索尔维公司主要生产用于PEEK、PEKK或PAEK树脂预浸的碳纤维单向带，其在美国加利福尼亚州阿纳海姆工厂自2016年以来不断地扩建和工艺流程的持续优化，已经使该工厂的产能提升了4倍，并于2019年9月又宣布扩大其在美国加利福尼亚州阿纳海姆工厂的产能。

3 先进陶瓷材料

3.1 先进陶瓷材料概述

3.1.1 先进陶瓷的概念

先进陶瓷（Advanced Ceramics）通常定义为采用人工精制的粉末原料、通过结构设计、精确的化学计量、专门制造技术和精密加工符合尺寸精度和具有特定性能的无机非金属材料。不同国家对先进陶瓷叫法各异，又称为精细陶瓷（Fine Ceramics）、高技术陶瓷（High Techology Ceramics）、工业陶瓷（Industries Ceramics）、特种陶瓷（Special Ceramics）、工程陶瓷（Eegineering Ceramics）等。

3.1.2 先进陶瓷与传统陶瓷的区别

陶瓷是中国对世界文明的伟大贡献，陶瓷的发展史是华夏文明发展进步的一个重要标志。据考古证明，我国陶器的出现可追溯到 9000 年前，瓷器也早在 4000 年前。随着科学技术的不断进步与人们生活水平的不断提高，陶瓷已成为人类生活和国民经济建设中不可或缺的材料之一，陶瓷的概念也已远远超出古老的传统陶瓷的范畴。先进陶瓷由于其具有高强、耐高温、耐腐蚀以及功能多样、市场应用广阔等特点，受到了人们的高度重视并得到了迅速发展。

先进陶瓷与传统陶瓷的主要区别如下。

（1）在原料上，先进陶瓷突破了传统陶瓷以黏土为主要原料的界限，代之以“人工精制的原料”。

（2）在成分上，传统陶瓷的组成由黏土的组成决定，所以不同产地的陶瓷有不同的质地。先进陶瓷的原料一般是高纯化合物，因此其成分由人工合成和配比，而不再由原料的产地决定。

（3）在制备工艺上，先进陶瓷突破了传统陶瓷以窑炉为主要烧成手段的界限，广泛采用诸如真空烧结、气氛烧结、热压、热等静压等特殊烧结技术。

（4）在性能上，先进陶瓷具有不同的特殊性能和功能，如高强度、高硬度、耐腐蚀、导电、绝缘，以及在磁、电、光、声、生物工程各方面具有的特殊功能。

3.1.3 先进陶瓷材料的分类及用途

3.1.3.1 先进陶瓷的分类

按陶瓷的性能和使用功能来分，先进陶瓷可分为结构陶瓷和功能陶瓷两大类。结构陶瓷是指具有优异机械力学性能、部分热学和化学功能的新型陶瓷，适用于高温下使用的结构陶瓷又称为高温结构陶瓷，该类材料用于制作工业和技术领域的设备及部件，以充分发挥其耐高温、耐腐蚀、高强度、高硬度等优异性能。按结构陶瓷的组成，可将其分为氧化物、碳化物、氮化物、硼化物、硅化物等类型（表 3-1）。

表 3-1 主要类型结构陶瓷材料

分类	性能特点	应用范围
氮化硅陶瓷	高温稳定性好、摩擦系数、密度、热胀系数小，化学稳定性好，强度高	陶瓷轴承，基片，燃气轮机部件，核聚变屏蔽材料，耐热、耐腐蚀材料，刀具等
碳化硅陶瓷	较高的硬度、强度、韧性，良好的导热性、导电性	耐磨材料，热交换器，耐火材料，发热体，高温机械部件，磨料磨具等
氮化硼陶瓷	熔点高，比热容、热胀系数小，良好的绝缘性、化学稳定性，吸收中子和透红外线	蒸发舟，高温固体润滑剂，绝缘材料，反应堆的结构材料，耐火材料，场致发光材料等
赛隆陶瓷	较低的热胀系数，优良的化学稳定性，高的低高温度强度，很强的耐磨性	高温机械部件，耐磨材料等

续表

分类	性能特点	应用范围
氧化铍陶瓷	具有良好的热稳定性、化学稳定性、导热性、高温绝缘性及核性能	散热器件，高温绝缘制料，反应堆中减速剂，防辐射材料等
氧化锆陶瓷	耐火度高，比热容和热导率小，化学稳定性、高温绝热性好	冶炼金属的耐火材料，高温阴离子导体，氧传感器，刀具等
氧化镁陶瓷	介电强度、高温体积电阻率高，介电损耗低，高温稳定性好	碱性耐火材料，冶炼高纯度金属的坩埚等
氧化铝陶瓷	硬度、机械强度高，良好的化学稳定性和透明度	装置瓷，电路基板，耐磨材料，刀具，钠灯管，红外检测材料，耐火材料等

功能陶瓷是指以非力学性能（如电、磁、热、化学、生物等性能）为主的陶瓷，有些陶瓷材料既是结构材料也是功能材料，如 ZrO_2、Al_2O_3、SiC 等。功能陶瓷具有品种多、应用广、更换频繁、体积小、附加值高等特点，主要有金属氧化物和 Ba、Pb、Mg 及 Sr 的钛酸盐等（表 3-2）。

表 3-2 主要类型功能陶瓷材料

分类	种类与性能	典型材料及组成	应用范围
电功能陶瓷	绝缘材料	Al_2O_3，fBeO，MgO，AlN，SiC	集成电路基片、封装陶瓷、高频绝缘瓷
	介电陶瓷	TiO_2，$LaTiO_3$，$Ba_2Ti_9O_{20}$	陶瓷电容器、微波陶瓷等
	铁电陶瓷	$BaTiO_3$，$SrTiO_3$	陶瓷电容器
	压电陶瓷	PZT，PT，LNN，（PbBa）$NaNb_3O_{15}$	超声换能器、谐振器、压电点火器、电动机、表面波延迟元件等
	半导体陶瓷	PTC（Ba-Sr-Pb）TiO_3 NTC（Mn，Co，Ni，Fe，La）CrO_3	温度补偿和自控加热元件等 温度传感器、温度补偿器等 热传感元件、防火灾传感器等
	高温超导体陶瓷	CTR（V_2O_3）	超导材料等
磁功能陶瓷	软磁铁氧体	La-Ba-Cu-O Y-Ba-Cu-O	电视机、计算机磁芯、温度传感器、电波吸收器
	硬磁铁氧体	Ba、Sr 铁氧体	铁氧体磁石等
	记忆用铁氧体	Li、Mn、Ni、Mg、Zn 与铁形成的尖晶石型铁氧体	计算机磁芯等

续表

分类	种类与性能	典型材料及组成	应用范围
光功能陶瓷	透明氧化铝陶瓷	Al_2O_3	高压钠灯管等
	透明氧化镁陶瓷	MgO	特殊灯管、红外输出窗等
	透明铁电陶瓷	PLZT	光储存元件、光开关、光栅等
敏感陶瓷	湿敏陶瓷	$MgCr_2O_4$-TiO_2、ZnO-Cr_2O_3 等	工业湿度检测等
	气敏陶瓷	SnO_2、α-Fe_2O_3、ZrO_2、ZnO 等	汽车传感器、气体泄漏报警器等
生物化学功能陶瓷	载体用陶瓷	Al_2O_3、SiO_2-Al_2O_3 等	汽车尾气催化载体、化工催化载体、酵素固定载体等
	催化用陶瓷	氟石、过渡金属氧化物	接触分解反应催化等
	生物陶瓷	Al_2O_3，ZrO_2，Si_3N_4，Ca_5（F，Cl）P_3O_{12}	人造牙齿、关节骨等

3.1.3.2 先进陶瓷材料的特性及应用

先进陶瓷不同的化学成分和显微结构决定其具有不同的特殊性质和功能，如结构陶瓷具有高强度、高硬度、高弹性模量、耐温高、耐磨损、耐腐蚀、抗氧化、抗热震等特性；功能陶瓷具有电、磁、光、热、化学、生物等特性，且具有相互转化功能。功能陶瓷在先进陶瓷中约占 70%的市场份额，其余为结构陶瓷（表 3-3）。

表 3-3 先进陶瓷应用性能表

种类		性能	应用
结构陶瓷	高温陶瓷	800℃以上长期使用，超高温短期使用	窑炉器件、柴油机等发动机、航空航天、空间技术等
	高强陶瓷	高韧性、高强度、良好的抗冲击性	机床主轴轴承、密封环、模具等
	超硬陶瓷	热稳定性、化学稳定性、弹性模量优良	高速磨削刀具、防弹装备等
	耐腐蚀陶瓷陶瓷	优良的化学稳定性和耐冲刷性能	化工设备、舰船潜艇密封、金属液体防护、过滤陶瓷等

续表

种类		性能	应用
功能陶瓷	电子陶瓷	压电、光电、热释电、铁电、绝缘性	电子元器件、超高压绝缘子等
	超导陶瓷	超导特性、耐低温	超导光缆、空间、电子、生物等
	光学陶瓷	透波性能、透明性、荧光性	基板、天线罩、发光器、陶瓷传感器、激光器件等
	生物陶瓷	与血液、器官良好的生物相容性	陶瓷关节、骨骼、牙齿等
	磁性陶瓷	磁导率、矫顽力大、硬度高	微波器件、量子无线电等
	储能陶瓷	能量转化与存储特性	热、电、光、氢储能等

3.1.4 先进陶瓷材料的发展现状及发展趋势

随着现代科学技术的高速发展以及大国间在科技领域竞争的日趋激烈，研制与发展具有特殊性能的新一代陶瓷材料的需求日益迫切。先进陶瓷材料具有金属和高分子材料所不具备的高模量、高硬度、耐磨损、耐高温、耐腐蚀、抗腐蚀、良好的生物相容性以及优异的电学、光学、磁电、压电、热电等特性，在航空航天、国防军工、机械化工、生物医疗、信息电子、核电与新能源等领域得到越来越多的应用，已成为国家某些重大工程和尖端技术中不可或缺的关键材料，具有重要的科学价值和国家战略意义。

近 20 年来，我国实施的一系列重大战略性工程对陶瓷材料及其制备技术也提出了更为严苛的要求，例如，航天工业火箭发射中液氢液氧涡轮泵用的氮化硅陶瓷轴承在低温极端条件下无滑转台下高速运转，要求陶瓷轴承强度高、韧性好、耐磨损、表面加工精度高；激光武器需使用大尺寸、大功率 Nd：YAG 激光透明陶瓷，导弹天线罩需使用高透波、高强度陶瓷材料；核电站主泵用的大尺寸陶瓷密封环需要长寿命高可靠性，特别是地球卫星拍摄地面目标的对地监测使用的碳化硅陶瓷反射镜，除了高弹性模量、低热膨胀系数和轻量化，还要求高精度超镜面和大尺寸（直径≥1m），这对大尺寸结构陶瓷材料的成形技术、烧结技术、加工技术都是一个挑战；又如在微电子工业中使用的卫星陶瓷劈刀，其内孔只有 20～30μm；而光通信中的光纤连接器陶瓷插芯，其内孔为 125μm，并且要求极高的表面粗糙度与尺寸精度及同心度。

此外，超高温结构陶瓷（如 ZrB_2、HfB_2）及陶瓷基复合材料（Cf/SiC、SiCf/SiC）的快速发展，使航天飞机能在遨游太空后重返地球；B_4C 陶瓷成为反应堆中不可缺少的吸收中子的控制棒；高硬度陶瓷刀具较传统刀具提高加工效率 3～10 倍；Si_3N_4、SiC 陶瓷作为发动机和燃气轮机的高温关键部件，可使涡轮进口温度提高到 1370℃，从而可以大幅度提高热效率和节省燃料；耐热隔热的陶瓷涂层在航空发动机和重型燃气轮机中的应用越来越多；高铁和电动汽车中 IGBT 功率控制模块封装对高性能 AlN 陶瓷基板，高强度高韧性高导热 Si_3N_4 陶瓷基板需求迫切。汽油柴油车需要性能更佳的蜂窝陶瓷及催化剂载体，从而大大减少汽车尾气排放和环境污染。

以上例子充分表明，先进陶瓷材料对推动科技进步以及重大工程的实施具有至关重要的作用。特别是近 10 年来，由于各种高纯氧化物陶瓷（Al_2O_3、ZrO_2、SiO_2、MgO、Y_2O_3、$MgAl_2O_4$ 等）、氮化物陶瓷（Si_3N_4、BN、AlN、AlON 等）、碳化物陶瓷（SiC、B_4C 等）、硼化物陶瓷（TiB_2、ZrB_2、HfB_2 等）发展，特别是陶瓷材料制备技术和纳米陶瓷复合材料技术的发展，新一代陶瓷材料的各种力学性能、热学性能、透光透波性能大幅提高，未来应用领域将更加广阔。

世界发达国家一直高度重视先进陶瓷材料研发和产业化。从 2000 年开始，美国国家能源部与美国陶瓷协会联合资助并实施了为期 20 年的“美国先进陶瓷发展计划”，该计划将基础研究、技术开发和产品应用几个环节有机地结合起来，共同推进先进陶瓷材料的制备技术发展，其中包括用于国防方面的激光透明陶瓷材料和导弹引导用透波陶瓷材料的制备技术。此外，由于宇航技术发展的需要，美国国家航空航天局（NASA）正在超高温结构陶瓷及其复合材料的开发和制备技术方面实施大规模的研究与发展计划，将高温陶瓷基复合材料制备技术作为研究重点，其目标是将发动机热端部件的使用温度提高到 1650℃或者更高。

欧盟第六次“框架计划”支持多领域科学技术研究，其中部分项目专门针对高性能陶瓷及其复合材料的先进制备技术。在该计划的实施过程中，法国、英国、德国开展了航空航天领域用陶瓷基复合材料和超高温陶瓷材料制包括注浆成型、注凝成型、凝胶注模成型等。

3）碳化硅陶瓷烧结工艺

碳化硅是一种典型的共价键结合的稳定化合物，即使在2100℃的高温下，C和Si的自扩散系数也仅为$1.5\times10^{-10}cm^2/s$和$2.5\times10^{-13}cm^2/s$，很难用常规的方法来实现致密，必须通过添加一些烧结助剂以降低表面能或增加表面积以及采用特殊的工艺来获得致密的碳化硅陶瓷。按照烧结工艺来分，碳化硅可以分为自结合（反应烧结）SiC、无压烧结SiC、热压烧结SiC、高温热等静压烧结SiC、重结晶烧结SiC、超高压烧结SiC。各种工艺制备的碳化硅其性能有较大的差异，即使采用同一工艺制备的碳化硅，由于原料、添加剂不同，其性能也相差很大（表3-6）。

表3-6　不同烧结工艺下SiC陶瓷材料的性能表

种类	SiC（质量分数，%）	密度（g/cm^3）	开气孔率（%）	膨胀系数 10^{-6}（K）	弹性模量 GN(mm^2)	导热系数600℃ [W/(m·K)]	比热500℃ [J/(kg·K)]
反应烧结SiC	90	3.12	<0.1	4.3	400	30	1100
热压烧结SiC	99	3.20	<0.1	4.5	400	55	1100
重结晶SiC	99	2.60	16	4.8	240	28	1100
无压烧结SiC	99	3.15	<0.1	4.9	400	50	1100

3. 应用领域

碳化硅陶瓷材料因其优良的性能而得到越来越广泛的应用。不同制备工艺制得的产品性能有一定的差别。碳化硅粉体制备技术日趋完善，固相法原料便宜、质量稳定、易实现工业化生产；液相法可制得纯度高的纳米级微粉；气相法所得粉末纯度高，颗粒团聚少，组分易于控制，但成本高、产量低，不易实现大批量生产。目前制备高固、低黏浆料和亚微米级的SiC高质量粉体仍是关键问题。碳化硅成型和烧结虽有很多方法，但烧成温度和寻找新的廉价生产工艺是研究重点。与此同时，挖掘和开发碳化硅陶瓷（粉末）的所有满足工业和工程应用领域的性能也是重要任务。

碳化硅陶瓷材料由于其具有耐磨、耐腐蚀、高硬度、低密度以及较高的高温强度等特性，在航空航天、核工业、石油工业、化学工业、轻纺工业、食品工业等需要在高温、高速、耐腐蚀、真空、电绝缘、无磁、干摩擦等特殊环境下，作为一种新型陶瓷材料其不可或缺的替代作用正在被人们逐渐认识，近十多年来得到迅速普及，应用领域日趋扩大（表3-7）。

表 3-7　碳化硅陶瓷在各领域的应用

应用领域	使用环境	用途	主要优点
石油工业	高温、高压	喷嘴、轴承、阀片	耐磨耗、耐高温
微电子工业	大功率散热	封装材料、基片	高导热、绝缘
化学工业	强酸、强碱、高氧化	密封、泵部件	气密性、耐磨
汽车工业	燃烧（发动机）	涡轮增压器等	低摩擦
激光	大功率、高温	反射屏	高刚度、稳定性
喷砂器	高速研削	喷嘴	耐磨损
造纸工业	纸浆溶液	密封件管套轴承衬垫	耐腐蚀、耐磨损
矿业	研削	内衬、泵部件	耐磨损
原子能	高温水	密封、轴套	耐放射性
耐火材料	高温窑炉	棚板、支架、梁	耐高温
其他	加工工程	拉丝成型模具	耐磨损、耐腐蚀

4. 产品现状及发展趋势

碳化硅陶瓷脆性大，通常要与碳纤维复合形成碳化硅基复合材料，提高其韧性。碳化硅陶瓷具有高温耐氧化性能，耐磨性能优异、热膨胀系数小等优点，在航空航天、电子信息、机械装备等领域都得到了广泛的应用。除了传统的用作研磨剂和耐火材料之外，碳化硅产品在耐磨损部件和精密加工元件中的应用也逐渐增加。另外，碳化硅陶瓷涂层也是目前研究得最为深入的抗氧化涂层体系之一，被广泛用作高温部件的表面涂层，如导弹火箭的喷射管，发动机的涡轮以及汽车机械刹片等（图 3-34～图 3-37）。

图 3-34　碳化硅陶瓷球

图 3-35　碳化硅陶瓷密封环

图 3-36 碳化硅轴承

图 3-37 碳化硅喷嘴

目前，国外碳化硅陶瓷产业已逐步实现产业化，而国内发展缓慢，大多数仍处在实验室的基础研究阶段，与国外差距较大。未来，碳化硅材料在以下方面有待开展进一步研究：一是航空航天热结构部件等复合材料表面碳化硅抗氧化涂层的制备及其失效机制的研究；二是化学气相沉积法和化学气相渗透法的机理与晶体生长的反应动力学过程的模拟研究；三是开发碳化硅陶瓷材料烧结助剂，降低碳化硅材料的烧结温度及压力，从而进一步降低成本。

3.2.3.6 碳化硼陶瓷

1. 产品定义、特性、主要性能参数

碳化硼（Boron Carbide），别名黑钻石，分子式为 B_4C，通常为灰黑色微粉，是目前已知材料中硬度仅次于金刚石和立方氮化硼的超硬材料，硬度高达 3000kg/mm^2；密度低，仅为 2.52g/cm^3，是钢铁的 1/3；弹性模量高，为 450GPa；熔点高，约为 2447℃；其热膨胀系数低，导热率较高。

此外，碳化硼具有很好的化学稳定性，耐酸耐碱腐蚀，在常温下不与酸碱及大多数无机化合物液体反应，仅在氢氟酸-硫酸、氢氟酸-硝酸混合液中有缓慢的腐蚀；且与大多数熔融金属不润湿、不发生作用。

碳化硼还具有很好的吸收中子能力，这是其他陶瓷材料所不具备的。

2. 生产工艺及技术

碳化硼陶瓷的主要制备工艺是粉体制备、成型和烧结。

1）碳化硼粉体的制备

根据合成碳化硼粉末所采用的反应原理、原料及设备的不同，碳化硼粉末的工业制备方法主要有碳热还原法、自蔓延高温合成法、激光诱导化学气相沉积法和先驱体转化法等，其中激光诱导化学气相沉积法和先驱体转化法多用于制备具有特殊形貌的碳化硼陶瓷粉体。

（1）碳热还原法。合成碳化硼粉体最常用的方法，其工艺过程是将硼单质或含硼的化合物与碳粉或含碳的化合物均匀混合后放入高温设备，例如，碳管炉或电弧炉中，通以保护气体 Ar 或 N_2 在一定温度下合成碳化硼粉体。该工艺成熟稳定，工艺过程简便。缺点是制备的碳化硼粉体粒度分布不均匀，而且能耗较高。其反应化学方程式如下：

$$2B_2O_3(4H_3BO_3)+7C = B_4C+6CO_2(g)+6H_2O(g) \qquad (3\text{-}2)$$

（2）自蔓延高温合成法（SHS）。利用化合物合成时的反应热，使反应进行下去的一种工艺方法。该方法制备碳化硼时多以 Mg 作为助熔剂，故又称镁热法。该方法优点：具有反应温度较低（1273～1473K）、节约能源、反应迅速及容易控制等，所以合成的碳化硼粉的纯度较高且原始粉末粒度较细（0.1～4μm），一般不需要做破碎处理，是目前合成碳化硼粉的较佳方法。缺点是反应物中残留的 MgO 必须通过附加的工艺洗去，且极难彻底除去。其反应化学方程式如下：

$$2B_2O_3+5Mg+2C = B_4C+CO(g)+5MgO \qquad (3\text{-}3)$$

（3）激光诱导化学气相沉积法。利用反应气体分子对特定波长激光束的吸收而产生热分解或化学反应，经成核生长形成超细粉体。其工艺过程是以含有碳源及硼源的气体（BCl_3、B_2H_6、$CHCl_3$、CH_4 等）为原料，在激光的强烈辐射下，混合气体迅速加温并发生反应生成 B_4C 纳米粉体颗粒与石墨、氯仿等挥发物以烟灰形态沉积在有微细孔的碳-铜栅格上，再经过一定的处理得到具有较高纯度的纳米碳化硼粉体。目前，研究者以钕钇铝石榴石激光作为激光源，$C_6H_6+BCl_3$ 为反应气体，制备出了石墨包覆 B_4C 的纳米粉体，B_4C 粒度为 14～33nm。

激光诱导化学气相沉积法优点：制备的碳化硼粉体纯度高染；反应具有选择性，可精确控制反应区条件；激光能量高度集中，反应与周围环境之间的温度梯度大，有利于成核粒子快速凝结。

（4）先驱体转化法。根据其合成反应过程中是否引入氧元素可将其分为两类：含氧先驱体和无氧先驱体。含氧碳化硼先驱体一般由溶胶-凝胶法通过硼酸与多羟基碳源反应得到，而无氧碳化硼先驱体主要由无氧硼源与碳源通过化学反应进行制备。

目前，含氧碳化硼陶瓷先驱体主要应用于制备碳化硼粉体。采用含氧碳化硼先驱体制备碳化硼陶瓷粉体，可使碳源和硼源在分子水平上均匀混合，不仅降低了反应温度，减少了硼源的损失，而且可得到粒度更加均匀的陶瓷粉体。

无氧碳化硼陶瓷先驱体主要用于制备碳化硼纤维，其主要含 B、C 与 H 三种元素。采用 6，2-$(CH_2)_6(B_{10}H_{13})_2$ 先驱体运用氧化铝模板法制备了 ϕ250nm×25μm 的碳化硼纳米纤维。

2）碳化硼陶瓷成型与烧成

碳化硅陶瓷可采用各种方法成型，主要包括模压成型、等静压成型、注浆成型、注凝成型、凝胶注模成型等。

B_4C 是共价键很强的化合物，晶界移动阻力很大，固态时表面张力很小，这些固有的特性决定了碳化硼是一种极难烧结的陶瓷材料。纯 B_4C 原料采用传统的烧结工艺在 2200～2240℃的高温下只能达到 75%～80%的相对密度，不能满足工程应用的需求。目前较成熟的碳化硼陶瓷的烧结方法主要有热压烧结法和常压烧结法两类。热压烧结主要包括常规热压和热等静压烧结方法（表 3-8）。

表 3-8　碳化硼陶瓷的两种烧结方法对比

烧结方法	优点	缺点
无压烧结	1. 制备成本低，工艺简单； 2. 可生产结构复杂烧结件； 3. 可通过烧结剂改良工艺	1. 对碳化硼粉末要求高； 2. 制件晶粒粗大，品质不一； 3. 烧结温度高，范围窄
热压烧结	1. 烧结温度较低、速度快； 2. 致密化好； 3. 晶粒较细、力学性能好	1. 小晶粒存在聚集可能性； 2. 无法显著降低烧结温度； 3. 难以制出复杂零件
热等静压烧结	1. 烧结温度显著降低； 2. 致密化好； 3. 晶粒较细、力学性能好	1. 对设备要求高； 2. 成本高
液相烧结	1. 成本低； 2. 致密化好； 3. 晶粒细，力学性能好	存在失重现象，对其进一步研究仍待进行

3. 应用领域

碳化硼陶瓷是新型陶瓷中重要的耐磨损和高硬度结构陶瓷材料，具有高熔点、超高硬度、低密度、耐磨损和耐腐蚀等优异性能，在国防、核能、航空航天、机械、耐磨技术等领域有广阔的发展应用前景。同时碳化硼陶瓷具有中子吸收能力强、吸收能谱宽等特性，碳化硼也可用于制造核反应堆堆芯组件材料。

1）防弹装甲领域

由于 B_4C 陶瓷具有轻质、超高硬和高弹性模量特性，是防弹背心、防弹头盔和防弹装甲的最佳材料，目前碳化硼陶瓷广泛应用于陶瓷装甲材料中。与其他防弹材料相比，B_4C 陶瓷更轻更硬，特别适宜用于武装直升机和其他航空器作为防弹装甲材料，可有效抵挡炮弹。英国 BAE 系统公司的先进陶瓷分公司生产的碳化硼陶瓷，已经用作美军“拦截者”防弹衣。

2）耐磨技术领域

在耐磨技术与工程领域，利用 B_4C 的高硬度制备的各种喷嘴，用于船体除锈的除砂器喷嘴及高压喷射水切割用喷嘴，碳化硼用作其他硬质材料，如硬质合金、工程陶瓷的抛光、精研或粉碎过程的研磨材料，取代原来使用的金刚石磨料，可以大大降低研磨过程的成本。

3）核能领域

在反应堆堆芯组件中，中子吸收材料（控制棒、调节棒、事故棒、安全棒、屏蔽棒）是仅次于燃料元件的重要功能元件。由于碳化硼的中子吸收截面大，吸收能谱宽，价格低，原料来源丰富，吸收中子后没有强的射线二次辐射，从而易于废料处理。因此，碳化硼是一种重要的中子吸收材料。

4）温差电偶

利用 B_4C 的热电性，日本和德国烧结制备出可测 2200℃ 的温差电偶，用于高温的测量与控制。它的高热电性和稳定性使其可长期可靠地使用，对温度进行重复测量。

5）其他应用

由于 B_4C 对铁水稳定，且导热性好，可以用作机械工业连续铸模；利用 B_4C 抗强酸腐蚀和抗磨损特性，可用于火箭液体发动机燃料的流量变送器轴尖；B_4C 还是长寿命陀螺仪中优异的气体轴承材料，而在飞机、舰船、航天飞行器等运载体的惯性导航和惯性制导系统中，陀螺仪是极其重要的敏感器。

4. 产品现状及发展趋势

随着烧结技术的发展，碳化硼陶瓷的优异性越来越突出，其产品在现代工程技术经常遇到的高温、高速、强腐蚀介质等工作环境下，具有特殊的使用价值。尽管碳化硼陶瓷获得了广泛的应用，但还是存在成本高、断裂韧性低、烧结温度过高（约 2300℃）、抗氧化能力较差（在空气中 600℃开始氧化，900℃迅速氧化）、对金属的稳定性较差（除了 Ag、Cu、Sn、Zn 等之外，几乎与所有金属发生反应形成金属硼化物）、机械加工难等问题，这些制约了碳化硼陶瓷块体材料的大规模应用。因此，今后仍需按照实际使用环境的要求，来调控 B_4C 陶瓷的结构和性能，并不断完善和发展新的烧结技术，从而不断降低其制造成本，提高其可靠性和强韧性，使碳化硼陶瓷这种优异的工程材料获得更广泛的应用（图 3-38～图 3-41）。

图 3-38　碳化硼喷砂嘴

图 3-39　碳化硼陶瓷板

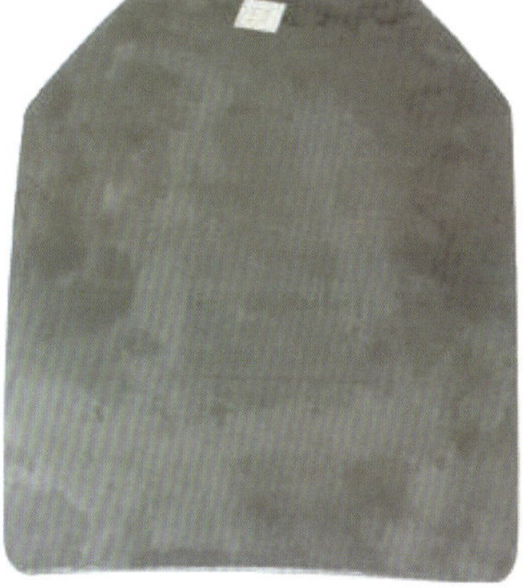

图 3-40　碳化硅抗弹插板

图 3-41　陶瓷防弹衣

3.3 功能陶瓷材料及产品

3.3.1 功能陶瓷概述

3.3.1.1 功能陶瓷的特性及分类

功能陶瓷是利用光、热、力、声、磁、电等直接效应及耦合效应的一种先进材料。功能陶瓷经历了电介质陶瓷、压电铁电陶瓷、半导体陶瓷、高温超导陶瓷等一系列过程，目前已发展成为性能多样、品种繁多、使用广泛、市场占有份额很高的一大类先进陶瓷材料。功能陶瓷主要用于电、磁、光、声、热和化学等信息的检测、转换、传输、处理和存储等，在电子信息、集成电路、计算机、能源工程、超声换能人工智能、生物工程等众多近代科技领域具有广阔的应用前景。当前功能陶瓷正朝着智能化、小型化、复合化、多功能化和材料、设计、工艺一体化的方向进一步发展。

功能陶瓷大体可分为电功能陶瓷、磁功能陶瓷、光功能陶瓷和生物及化学功能陶瓷四大类（表 3-9）。

表 3-9 功能材料分类

分类	种类与性能	典型材料及组成	应用范围
电功能陶瓷	绝缘材料	Al_2O_3，fBeO，MgO，AlN，SiC	集成电路基片、封装陶瓷、高频绝缘瓷
	介电陶瓷	TiO_2，$LaTiO_3$，$Ba_2Ti_9O_{20}$	陶瓷电容器、微波陶瓷等
	铁电陶瓷	$BaTiO_3$，$SrTiO_3$	陶瓷电容器
	压电陶瓷	PZT，PT，LNN，(PbBa) $NaNb_3O_{15}$	超声换能器、谐振器、压电点火器、电动机、表面波延迟元件等
	半导体陶瓷	PTC (Ba-Sr-Pb) TiO_3 NTC (Mn，Co，Ni，Fe，La) CrO_3	温度补偿和自控加热元件等 温度传感器、温度补偿器等 热传感元件、防火灾传感器等
	高温超导体陶瓷	CTR (V_2O_3)	超导材料等

续表

分类	种类与性能	典型材料及组成	应用范围
磁功能陶瓷	软磁铁氧体	La-Ba-Cu-O Y-Ba-Cu-O	电视机、计算机磁芯、 温度传感器、电波吸收器
	硬磁铁氧体	Ba. Sr 铁氧体	铁氧体磁石等
	记忆用铁氧体	Li、Mn、Ni、Mg、Zn 与铁形成的尖晶石型铁氧体	计算机磁芯等
光功能陶瓷	透明氧化铝陶瓷	Al_2O_3	高压钠灯管等
	透明氧化镁陶瓷	MgO	特殊灯管、红外输出窗等
	透明铁电陶瓷	PLZT	光储存元件、光开关、光栅等
生物及化学功能陶瓷	湿敏陶瓷	$MgCr_2O_4$-TiO_2、ZnO-Cr_2O_3 等	工业湿度检测等
	气敏陶瓷	SnO_2、α-Fe_2O_3、ZrO_2、ZnO 等	汽车传感器、 气体泄漏报警器等
	载体用陶瓷	Al_2O_3 瓷、SiO_2-Al_2O_3 瓷等	汽车尾气催化载体、化工催化载体、酵素固定载体等
	催化用陶瓷	氟石、过渡金属氧化物	接触分解反应催化等
	生物陶瓷	Al_2O_3、Ca_5(F，Cl) P_3O_{12}	人造牙齿、关节骨等

3.3.1.2 应用领域

1. 电磁功能陶瓷

电磁功能陶瓷是指主要利用其电学和磁学性能的功能陶瓷。主要包括电介质陶瓷、半导体陶瓷、磁性陶瓷和超导陶瓷。1）电介质陶瓷分为电绝缘陶瓷和电容器陶瓷。随着材料科学的发展，又相继发现了压电、铁电和热释电等功能陶瓷，主要应用在传感、电声和电光技术等领域。2）半导体陶瓷常称为敏感陶瓷，由具有比较宽的禁带的各种氧化物组成。半导体陶瓷做成各种传感器来检测温度、光、电、气体、湿度、压力、速度、流量和离子浓度等，广泛用于工业检测、控制仪表、交通运输、汽车、机器人、防公害、防灾、公安以及家用电器等各个领域。3）磁性陶瓷是氧和以铁为主的一种或多种金属元素组成的复合氧化物，所以也称为铁氧磁体-铁氧体。磁性陶瓷材料具有强大的磁偶极、高的电阻系数、极低损耗等特性。铁氧磁体是主要的磁性材料，从晶体结构分，目前已有尖晶石型、石榴石型、磁铅石型、钙钛矿型、钛铁矿型和钨青铜型等6种。在现代无线电电子学、自动控制、微波技术、电子计算机、信息储存、激光调制等方面都有广泛的用途。4）超导陶瓷具有完全导电性和完全抗磁性。某些材料的温度降低到某一临界温度以下时，其电阻突然消失，称为超导电现象。因其完全导电性可以制备无损传输电缆，利用超导陶瓷的完全抗磁性可以制作高速超导磁悬浮列车。超导材料在电力系统的应用如获成功，将为能源利用带来革命性的变化，因为电阻为零，可实现完全没有能量消耗。利用超导陶瓷的抗磁性，在环保方面可以进行废水净化。

2. 化学功能陶瓷

化学功能陶瓷是利用该类陶瓷材料对某些化学物质的敏感性、吸附性和催化性，加之陶瓷材料所特有的耐高温、耐腐蚀、高的化学稳定性和尺寸稳定性等，使其在化工工业中作为催化剂或催化剂载体材料。催化剂的催化活性组分通常为Pr、Rh和Pd等稀有贵金属，与载体和助催化剂共同构成现代多项反应用工业催化剂。

催化剂载体为具有比表面积大、热稳定性高、热膨胀系数小、较高的机械强度、热容量低和耐腐蚀性好的多孔陶瓷材料。载体材料包括堇青石、莫来石、二氧化钛、富铝红柱石等材质的整体式蜂窝陶瓷载体以及活性氧化铝陶瓷颗粒载体，根据不同材质可适用于不同场合。另外，陶瓷填料、多孔陶瓷和泡沫陶瓷用作吸附剂、干燥剂、过滤渗透分离材料在水净化处理、工业收尘、环境保护等方面也是常用材料。

3. 光功能陶瓷

光功能陶瓷不仅具有耐高温、耐腐蚀、高绝缘、高强度等陶瓷特性，同时具有高的光学透过率。按照用途和功能可分为透明结构陶瓷和透明功能陶瓷两大类，透明结构陶瓷主要用于高压钠光灯管、高温透视窗等方面，包括氧化铝、氧化钇、氧化锆、氧化镁及尖晶石透明陶瓷等结构材料。透明功能陶瓷主要用于激光、显示技术、医学等方面，比较常用的是激光透明陶瓷（Nd：YAG）、电光透明陶瓷（PLZT）和闪烁透明陶瓷（YGO、GGg、Gd_2S）。也可以分为氧化物透明陶瓷和非氧化物透明陶瓷。常见氧化物透明陶瓷有：Al_2O_3、MgO、CaO、γ-AlON、$MgAl_2O_4$、YAg、PLZT和稀土氧化物闪烁陶瓷。常见的非氧化物透明陶瓷有：AlN、ZnS、ZnSe、MgF_2、CaF_2等。透明陶瓷具有优异的力学性能，因而其适合做窗口材料和透镜材料，在高温飞行器、激光装置和高温辐射源中，有广泛应用。

4. 生物功能陶瓷

生物功能陶瓷分为生物惰性和生物活性两大类，具有亲水性、能与细胞等生物组织表现出良好的亲和性。用于生物硬组织医用材料，即将生物陶瓷用作医用复合材料，应用于人体生物体的修复，制作人工关节、人工骨、人工牙根、听觉小骨、中耳引流管等，还可以分为与生物体相关的植入陶瓷和生物化学相关的生物工艺学陶瓷。

生物活性陶瓷材料包括表面生物活性陶瓷和生物吸收性陶瓷，又叫生物降解陶瓷。生物表面活性陶瓷通常还有羟基，生物组织可长入并同其表面产生牢固的键合。生物吸收性陶瓷是能部分或者全部被人体吸收，在生物体内能诱发新生骨的生长，并与骨组织形成牢固的化学键结合。

3.3.2　电功能陶瓷

3.3.2.1　陶瓷电容器

1. 产品定义、特性、主要性能参数

陶瓷电容器（Ceramic Capacitor；Ceramic Condenser）指主要用于制造电容器介质的陶瓷，具有介电常数高、介质损耗小等特点。使用的材料主要是金红石和各种钛酸盐、锆酸盐、锡酸盐等。根据陶瓷电容器所采用陶瓷材料的特点，可分为四类：温度补偿型（Ⅰ型）、温度稳定型（Ⅱ型）、高介电常数型（Ⅲ型）和半导体系型（Ⅳ型）（表 3-10）。

表 3-10　陶瓷电容器依据采用陶瓷材料的特点分类

类型	特征
温度补偿型（Ⅰ型）	介电常数的温度系数 α 在 $+10^4/℃\sim-4.7\times10^{-3}/℃$ 随意获得，具有高的 Q 值、绝缘电阻高，适用于高频
温度稳定型（Ⅱ型）	介电常数的温度系数接近 0，具有高的 Q 值，适用于高频，可用于制造微波滤波器，也称微波电介质陶瓷
高介电常数型（Ⅲ型）	介电常数高（达 1000～3000，甚至更大），可获得大的容量，绝缘电阻高，Q 值小，适用于低频
半导体系型（Ⅳ型）	由于利用半导体化的高介电常数陶瓷的表面层或阻挡层，故可以比Ⅱ型更小型化

根据制造陶瓷电容器的材料的性质，也可分为以下四类：非铁电电容器陶瓷，属于Ⅰ型或Ⅱ型；铁电电容器陶瓷，属于Ⅲ型，也称强介电常数电容器陶瓷；反铁电电容器陶瓷，属于Ⅲ型；半导体电容器陶瓷，属于Ⅳ型（表 3-11）。

表 3-11 陶瓷电容器依据制备的材料的性质分类

类型	特征
非铁电电容器陶瓷	非极性的线性介质，$P \propto E_{外}$，ε 不太高，在 $10^2 \sim 10^9$ 量级；高频损耗小，$\varepsilon - T$ 呈线性关系；其温度稳定性和频率稳定性好，又称为热补偿电容器陶瓷或高频电容器陶瓷
铁电电容器陶瓷	一般不含 Fe，极性的非线性介质，存在铁电畴，电滞回线、居里点等，它的主要性能是介电常数很高（$10^4 \sim 10^8$ 量级）且呈非线性，亦称为强介电常数电容器陶瓷
反铁电电容器陶瓷	在转变温度下，临近晶胞沿反相平行方向自发极化，P-E 呈双电滞回线，存在反铁电居里点
半导体电容器陶瓷	利用半导电的陶瓷在晶粒界面或电极界面上所形成的阻挡层，其等效介电常数非常高（$10^4 \sim 10^5$ 量级）

2. 生产工艺技术

功能陶瓷的生产工艺过程主要包括原料处理和加工、备料、成型、烧成及电极制备、元件性能检测等。生产工艺流程总体上与传统陶瓷的生产工艺流程相似，但在原料选取、粉体制备、成型和烧结等环节中根据各类功能陶瓷的特点有所不同。

原料处理和粉体制备：

功能陶瓷工业生产用原料分为天然矿物原料和化工原料两种。天然矿物原料由于纯度、杂质种类和数量以及矿物组成等很难控制，只有少数被采用。如滑石、菱镁矿、膨润土、方解石、石英、萤石、长石、锂辉石等。化工原料多为金属和非金属氧化物、碳酸盐等。因其纯度和物理特性可控，在生产中越来越多地使用高纯度、高细度的化学试剂为原料。如金红石型二氧化钛、氧化铝、氧化锆、氧化锌、铅丹、二氧化锡、稀土氧化物和碱土金属钛酸盐等。

原料煅烧是原料处理的一部分，改变原料的物理状态和矿物结构，改善原料工艺性能，促进晶体转化获得具有优良电性能的晶型。同时可以使原料颗粒致密化，减少瓷料制品烧结时的收缩率。

（3）三元系：Pb（$Mg_{1/3}Nb_{2/3}$）O_8-$PbTiO_8$-$PbZrO_3$

三元系压电陶瓷是在PZT的基础上再添加三元-复合钙钛矿型物质而组成的。以Pb（$Mg_{1/3}Nb_{2/3}$）O_8-$PbTiO_8$-$PbZrO_3$ 系为例，三者能完全固溶，且具有三种晶型。富Ti区为四方铁电相 F_t，富Zr区为高温三方（三角）铁电相 $F_{R(高温)}$，富Nb、Mg区为假立方铁电体 F_{pc}。随着Pb（$Mg_{1/3}Nb_{2/3}$）O_3 固溶量的增加，在室温下将出现两条准同型相界线。在Zr：Ti＝44～54整根准同型相界附近都具有突出的压电性能。

2）无铅压电陶瓷分为 $BaTiO_3$ 基、$Bi_{0.5}Na_{0.5}TiO_3$ 基、铌酸盐系和铋层状结构

（1）$BaTiO_3$ 属于钙钛矿结构，具有很高的介电常数、较大的机电耦合系数、居中的压电性能和较小的损耗。但由于低居里点（120℃）和在5℃附近存在铁电四方到正交的相变点，限制了其在大功率换能器上的应用。

（2）$Bi_{0.5}Na_{0.5}TiO_3$ 是一种钙钛矿型弛豫铁电体，具有良好铁电性、压电性能、声学性能以及较小的介电常数，但其机电耦合系数很低，K_p 在0.3～0.9，通过掺杂改性后可用于超声领域。

（3）铌酸盐系主要是钙钛矿结构和钨青铜结构两类，能与多种结构的铁电体形成不同特性的固溶体陶瓷，得到性能较好的铁电压电体。

（4）铋层状结构是由钙钛矿层和铋层有规则地交替排列而成，具有低介电常数、高居里温度、明显的压电性各向异性，高绝缘强度、高电阻率、低老化率，适合高温高频场合使用。

2. 生产工艺技术

压电陶瓷的制造工艺和一般电子陶瓷的工艺类似，主要是预烧（合成）、烧结（致密化）和人工极化三个关键工序。以PZT陶瓷为例，将高纯度 Pb_3O_4（PbO）、ZrO_2 和 TiO_2 等原料煅烧粉碎后，进行预烧，控制预烧温度（400～900℃）和保温时间获得高性能PZT粉体，反应过程为：

580～600℃：$PbO+TiO_2 \longrightarrow PbTiO_3$

800℃左右：$PbO+ZrO_2 \longrightarrow PbZrO_3$

950℃左右：$PbTiO_3+PbO+ZrO_2 \longrightarrow Pb(Zr_{9-y}Ti_y)O_3$

1050℃以上：$Pb(Zr_{9-y}Ti_y)O_3+PbTiO_3 \longrightarrow Pb(Zr_{9-x}Ti_x)O_3$

将PZT粉体经冷等静压成型后，经1230～1270℃烧结后，可制备综合性能较好的PZT陶瓷。再经850℃氧化处理后，材料性能有所改善。

烧成后的压电陶瓷经过人工极化处理后才具有压电性。极化电场、极化温度和极化时间是极化工艺的三个重要参数。大多数极化条件是：极化温度100～150℃，极化电场2.1～4.5kV/mm，极化时间10～20min。具体数值应当根据不同材料组成及制品尺寸而定。

3. 应用领域

压电陶瓷是一类具有压电特性的电子陶瓷材料，其应用大致可分为两大类：换能器和压电振子。不同的场合对压电陶瓷性能要求不同。换能器方面包括接收型水声换能器，发射型水声换能器，电声材料，引燃、拾音、高压发生器等；压电振子方面包括陶瓷滤波器、变频器和陶瓷振荡器等。压电陶瓷在商业、军事、汽车、计算机、医学及消费领域中的应用日益广泛。

1）在水声技术领域

水声换能器是压电陶瓷的一项重要应用，利用压电陶瓷的正、逆压电效应以发射声波或接收声波来外城水下观察、通信和探测工作。

2）在超声技术领域

利用压电陶瓷的逆压电效应，在高驱动电场下产生高强度超声波，以此为动力应用在超声清洗、超声乳化、超声焊接、超声打孔、超声粉碎、超声分散等装置上的机电换能器等方面。利用压电陶瓷的弯曲振动、产生位移和形变等特性应用在微位移控制器、小型振动电动机、光束偏转器、压电继电器、流量自控阀、录像机磁头自动扫描跟踪器等方面，还可以采用一个压电换能器兼具发射和接收超声波两种功能，用在车辆计数器、电视机遥控、超声波测距计、液面计、超声波防盗、声学探测机以及医疗超声器械等方面。

3）在高电压发生装置方面

高电压发生器利用压电陶瓷的正压电效应将机械能转换成电能，从而产生高的电压。一般应用在压电点火器、引燃引爆、压电开关和小型电源等方面。另一方面用于小功率仪表上的压电变压器。

4）在电声设备方面

利用压电陶瓷的正、逆压电效应将电能转换成声能或者将声能转换成电能。一般应用在拾音器、扬声器、送受话器、蜂鸣器、声级校准器、电子校表仪等方面。

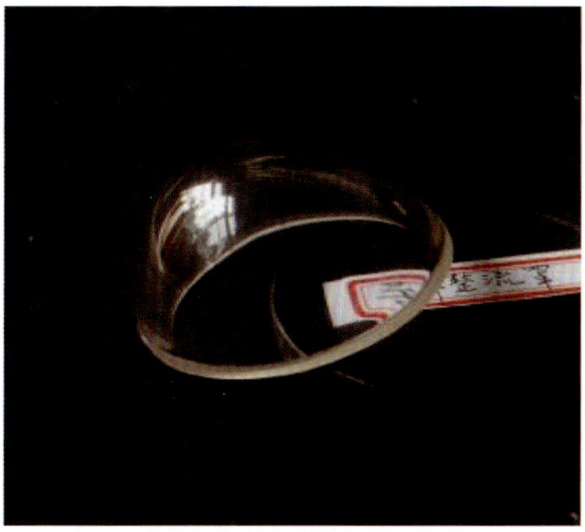

图 3-58　光学整流罩

图 3-59　金属卤化物灯

4. 产品现状及发展趋势

经过半个世纪的发展，通过控制显微结构所制得的透明陶瓷的质量可与晶体相媲美。然而，迄今为止高质量的透明陶瓷仅局限于高对成型的立方晶系，如 CaF_2、YAg、Y_2O_3 等。透明氧化铝陶瓷的直线透过率一直徘徊在10%～15%（可见光波段），许多学者将其称为半透明氧化铝陶瓷。长期以来人们希望提高透明氧化铝陶瓷的直线透过率，从而替代蓝宝石单晶，用于制作护目头盔、高温窗口以及导弹头部的红外整流罩等。国内外学者开展了亚微米晶透明氧化铝陶瓷、晶粒定向透明氧化铝陶瓷以及固态晶体生长法制备氧化铝单晶等方面的研究，所制备的透明氧化铝陶瓷的透过率得到大幅提高。未来透明氧化铝陶瓷通过掺杂 Ti、Cr 等元素，研究发光性能，探索其用作激光介质的潜力。

3.3.3.2　透明镁铝尖晶石陶瓷

1. 产品定义、特性、主要性能参数

镁铝尖晶石陶瓷，又称半透明烧结镁铝尖晶石陶瓷，是尖晶石（AB_2O_4）结构的代表，属面心立方结构，光学各向同性，理论组成与最低共熔点接近，烧结温度范围窄，相对密度为理论密度的 99.7%～100%，具有非常好的光学透过率，几乎覆盖紫外到红外区域（$190nm<\lambda<6000nm$），从 1000～4000nm，透过率接近理论值，4000nm 以后透过率开始下降，但与蓝宝石和氮氧化铝相比，其依然较好。而且，透明镁铝尖晶石陶瓷具有耐腐蚀性、高介电性、良好的电绝缘性以及出色的机械加工性

能，同时其硬度随温度的变化不是很明显（表3-14）。

表3-14 $MgAl_2O_4$ 透明陶瓷的物理性质

性质	密度 (g/cm^3)	熔点 (℃)	抗弯强度 (MPa)	努氏显微硬度 (MPa)	抗压强度 (MPa)	杨氏模量 (GPa)	线性热膨胀系数 ($\times10^{-6}$/℃)	热传导系数 [W/(m·K)]	介电常数 (10^6Hz)
数值	3.58	2135	122	13980	2500	190	703	15	8.2

2. 生产工艺及技术

$MgAl_2O_4$ 尖晶石透明陶瓷具有良好的光学透过率，但毕竟是一种多晶陶瓷材料，其在制备过程中有很多因素会影响材料的实际光学性能。例如，漫反射一般取决于晶体表面的平整度和光滑度，光散射是由于烧结过程中出现的气孔、杂质、析出相、添加剂以及晶界造成，同时业余材料的化学计量比和压力有关。因此，要想获得透光性好的镁铝尖晶石陶瓷需要控制可能引起晶体材料对光反射、散射和吸收的各种因素，而这些实际上由粉体材料、烧结工艺、晶体表面加工工艺等几个方面引起。

1）镁铝尖晶石粉末的合成

镁铝尖晶石透明陶瓷透光性对粉体的纯度与粒度十分敏感，需要制备高纯、高烧结活性、成分均匀、粒径分布窄、分散性好。常用的 $MgAl_2O_4$ 粉体的制备方法分为液相法和固相法。液相法可分为：冷冻干燥法、均匀沉淀法、共沉淀法、凝胶沉淀法、水热合成法、火焰喷雾热解法、蒸发分解法、超临界法、燃烧合成法、溶胶凝胶法等。

固相法是把 Al_2O_3 和 MgO 及添加剂作为反应物均匀混合研磨后煅烧发生反应制备粉体的方法。添加剂为 B_2O_3 和 TiO_2 或 B_2O_3 和氟化物（LiF、CaF_2、ZnF_2、BaF_2）的混合物。使用不同添加剂，尖晶石合成转化率在81%～95%。

液相法是选择合适的可溶性金属盐溶液，通过加入沉淀剂或蒸发、升华、水解等使金属离子沉淀或结晶形成前驱体，经热处理制得超细粉体。

固相法制得的 $MgAl_2O_4$ 粉体粒径小于1μm，目前，机械粉碎的极限粒度为0.1μm，平均粒度达到0.1μm，而且还要达到一定的比表面积要求，机械粉碎的方法几乎不可能。因此，当前制备超细粉 $MgAl_2O_4$ 粉体多用液相法。可用以下方法制备：

(1) 共沉淀法

以化学纯 $MgCl_2 \cdot 6H_2O$、$AlCl_3 \cdot 6H_2O$ 为原料，化学纯 $NH_3 \cdot H_2O$ 作沉淀剂，保持溶液 pH 在 9～12，采用化学沉淀法制备 $MgAl_2O_4$ 粉体。经表面活性剂改性脱水后，焙烧、研磨后制得晶粒尺寸在 40nm 左右，分散性好，近球形颗粒形状，比表面积在 $100m^2/g$ 以上，反应活性大的超细 $MgAl_2O_4$ 粉体。

(2) 水热合成法

在一定温度（100～1000℃）和压强（9～100MPa）条件下，以 Al $(OH)_3$ 和 Mg $(OH)_2$ 为原料，经水热过程，制备 Mg $(OH)_2$ 和 $(AlOOH)_{45}$ 的复合粉体，经焙烧制得 $MgAl_2O_4$ 粉体。单相粉体晶粒发育完整，粒径很小且分布均匀，团聚程度很轻，易得到合适的化学计量物和晶粒形态，省去高温焙烧和球磨，避免了杂质和结构缺陷，而且粉体烧结性能好。

2) $MgAl_2O_4$ 尖晶石透明陶瓷烧结

近年来，制备透明 $MgAl_2O_4$ 陶瓷的方法主要集中在热压烧结（HP）结合热等静压烧结（HIP）、常压烧结、放电等离子体烧结和微波烧结等。

采用真空热压烧结和热等静压法相结合制备透明尖晶石陶瓷材料。以高纯、超细的镁铝尖晶石粉末为原料，真空热压温度控制在 1500～1600℃，保温时间为 3～9h，压强为 30～70MPa。热等静压采用高纯氩气为增压介质，温度控制在 1600～1800℃，保温时间为 2～4h，压强为 150～200MPa。制得的镁铝尖晶石陶瓷可见光波段透光率不低于 82%，但这种方法效率低、成本高。

采用常压烧结制备透明尖晶石陶瓷材料。以共沉淀法制备的活性纳米尖晶石粉末为原料，经 200MPa 压缩后，在空气中预烧，无任何添加剂，于 1750℃真空烧结 2h，可制得透明尖晶石陶瓷。

3. 应用领域

镁铝尖晶石具有优良的物理性质且具有陶瓷的优点，耐高温、耐磨损、耐腐蚀、抗冲击、高强度、高硬度、良好的电绝缘性能等，又具有蓝宝石晶体、石英玻璃的光学性能，在紫外、可见光、红外光波段具有良好的透过率，具有比石英玻璃更好的机械强度、高的热导率，更耐酸碱腐蚀，已在航空航天、国防、激光、原子能及半导体等工业中得到了广泛应用。

镁铝尖晶石熔点高，物理化学性能稳定，并具有耐酸碱、耐腐蚀等优点，常被用作高级耐火材料广泛应用于水泥、化工等领域。使用寿命高于 $MgCr_2O_4$ 几十倍。

在电子工业领域，镁铝尖晶石应用于大规模集成电路的衬底材料，还具有抗辐照能力强的特点，适宜制作场效应管和功耗低、速度高的互补电路。

镁铝尖晶石陶瓷具有各向同性的立方结构，是良好的激光材料，还具有硬度高、强度高、化学稳定性好的优点，可以制作大尺寸的工件，同时具有蓝宝石晶体、石英玻璃的光学性能，对紫外到近红外光波段（0.8～6.5μm）的电磁波有良好的透过能力，是红外系统窗口和电磁窗口的最佳候选材料，可用作透明装甲防弹窗口、高马赫导弹整流罩和窗口。

在核工业领域，镁铝尖晶石具有良好的抗辐照性能，以及在高温环境下的稳定性，可作为反应堆壁材料和包裹核废料的陶瓷材料，以及核聚变系统的窗口材料。

4. 产品现状及发展趋势

镁铝尖晶石透明陶瓷（图 3-60）以其透光波段覆盖紫外到可见光区域、良好的化学稳定性和机械加工性能，在军工领域得到重视和应用。要获得高透光率的镁铝尖晶石，需要减少光的反射、散射和吸收。杂质、气孔、表面光洁度等都会对透明陶瓷光学性能造成影响，为此还需要在高质量粉体制备、坯体的致密化烧结以及透明陶瓷的表面加工等三个方面进一步深入研究，以便全面改善和提高镁铝尖晶石透明陶瓷的性能。

从镁铝尖晶石粉体制备技术发展上来看，纯度、粒度依旧是核心问题，各种制备技术都有其局限性。超细粉体物质结构与理论性质的研究有待深入。随着粉体合成工艺的开发和各类烧结助剂（B_2O_3，CaO 和 LiF 等）的应用及新的成型及烧结技术的应用，镁铝尖晶石的性能将不断改进，制备尺寸增加而制造成本降低。热压烧结、热等静压及放电等离子烧结法逐渐替代无压烧结来制备高透光率的尖晶石透明陶瓷。例如，通过将纳米 Si_3N_4 引入镁铝尖晶石集体中，制得的复合材料中红外波段透过率达到 70%，以及可以接受的可见光透过率，并且光学性能在 1000℃退火 4h 后没任何变化，强度和韧性分别提高 29%和 85%（图 3-61）。

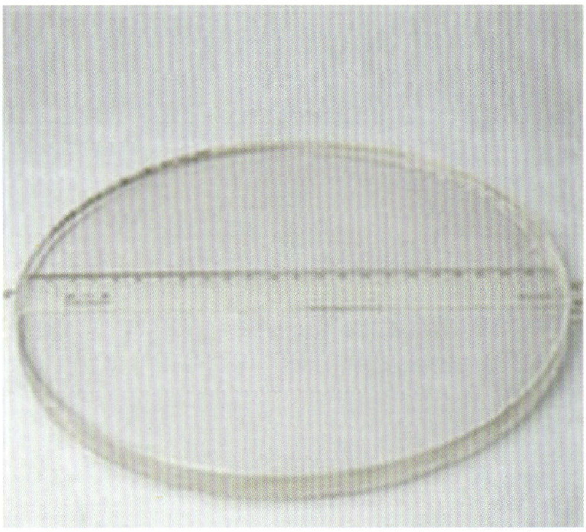

图 3-60 镁铝尖晶石透明陶瓷

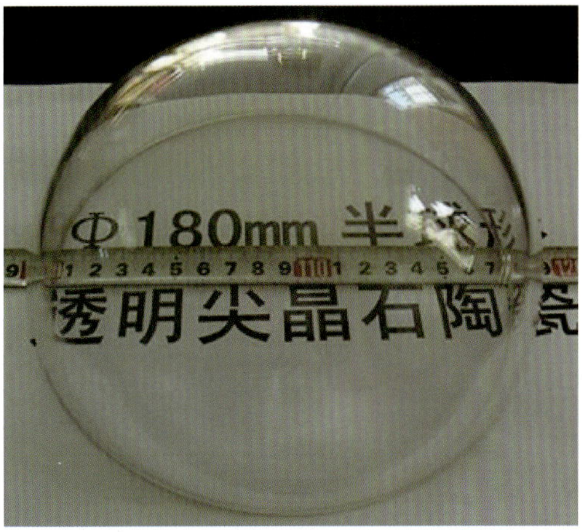

图 3-61 半球形镁铝尖晶石透明陶瓷

3.3.3.3 阿伦（AlON）透明陶瓷

1. 产品定义、特性、主要性能参数

AlON 是 Al_2O_3 和 AlN 的固溶体，根据 AlN-Al_2O_3 二元系相图，AlON 相可分为纤锌矿型结构和尖晶石结构两类。γ-AlON 是非化学计量比的尖晶石结构。γ-AlON 在近紫外和中红外波区域有很高的透过率，在 0.2～3μm 波段的透过率高于 80%。γ-AlON 透明陶瓷的机械性能更加出色，可与蓝宝石单晶相媲美。更重要的是，可以采用传统的陶瓷制备方法来获得大尺寸、复杂形状的 AlON 透明陶瓷，工艺简单，成本低廉。除此之外，它还具有良好的耐高温性、抗热震性和出色的抗雨水/砂砾冲刷性能。AlON 陶瓷的光学性能与蓝宝石、尖晶石、氧化钇相当（中红外透光率>80%），而抗弯强度与蓝宝石接近（300MPa），明显高于尖晶石（190MPa）和氧化钇（160MPa）（表 3-15）。

表 3-15 γ-AlON 的性能参数

性质	密度 (g/cm^3)	熔点 (℃)	抗弯强度 (MPa)	显微硬度 (GPa)	剪切模量 (GPa)	杨氏模量 (GPa)	热膨胀系数 ($\times10^{-6}$/℃)	热传导系数 [W/(m·K)]	泊松比	折射率 %λ=4.0μm	断裂韧性 ($MPa\times m^{1/2}$)
数值	3.71	2140	300±34	19.5	130.4	323.6	7.8	12.6	0.24	1.66	2.0

2. 生产工艺及技术

1）γ-AlON 粉体制备

目前，γ-AlON 粉体的合成方法主要有高温固相反应、氧化铝还原氮化、高温自蔓延、化学气相沉积、溶胶凝胶等方法（表 3-16）。

表 3-16 γ-AlON 粉体的合成方法介绍

方法	反应式	温度
高温固相反应法	$Al_2O_3(s)+AlN(s)\longrightarrow AlON(s)$	1650℃
还原氮化氧化铝法	$Al_2O_3(s)+C(s)\longrightarrow AlON(s)+CO(g)$	1700℃
	$Al_2O_3(s)+Al(l)+N_2(g)\longrightarrow AlON(s)$	1500℃
	$Al_2O_3(s)+NH_3+H_2\longrightarrow AlON(s)+H_2O$	1650℃
气相法	$AlCl_3(s)+CO_2(g)+NH_3(g)+N_2(g)\longrightarrow AlON(s)+CO(g)+N_2(g)+HCl(g)$	900℃
自蔓延法	$Al(l)+Air\longrightarrow AlON(s)$	1500℃

目前经常采用的是高温固相反应法、碳热还原氮化法。

2）AlON（氮氧化铝）透明陶瓷成形技术

目前，国内外一般采用冷等静压成型、注浆成型和注射成型 3 种成形技术。冷等静压成型适合制备成型复杂形状的制品、坯体；注浆成型适合制备形状复杂的大型陶瓷部件，成形过程包括物理脱水和化学凝聚过程，可能会引入 Ca^{2+} 造成浆料絮凝，影响光学性能；注射成型适合成型复杂形状制品、尺寸精度高、机加工量少以及自动化程度高。

3）AlON 透明陶瓷烧结技术

AlON 透明陶瓷有两种不同的烧结方法：一种为一步法；另一种为两步法。

（1）一步法烧结

首先将 Al_2O_3 和 AlN 的粉末按一定比例混合，然后经过成型、采用无压烧结、常压烧结等方式，通过添加 MgO/Y_2O_3 等烧结助剂，获得的 AlON 透明陶瓷致密度低，光学性能差。

（2）两步法烧结

首先制备出单相分布均匀、活性较高的 AlON 粉末，然后对粉末进行造粒和成型后，再通过热压烧结工艺，在较高温度下保温很短一段时间（1940℃，1h），然后在 1880℃下保温 9h，获得高透明的 AlON 透明陶瓷。

4）机械加工

烧制好的试样需对其表面进行研磨和抛光，经过打磨后的陶瓷样品的透过率一般从 40%～45%提高到 50%～60%，抛光后能达到 80%以上。

3. 应用领域

氮氧化铝（AlON）透明陶瓷具有强度高、硬度大、耐腐蚀、热震性好等优点，在紫外、可见光和近红外波段具有良好的直线透过率（超过80%），还具有良好的光学和机械性能各向同性。其和单晶蓝宝石及镁铝尖晶石被公认为可适用于3Ma以上导弹红外窗口的三种理想候选材料，而AlON成本、加工性能优于蓝宝石，力学性能优于镁铝尖晶石，因而成为高马赫数导弹的优选材料，在国防和民用众多领域具有广泛的应用前景，被美国军方评为“21世纪最重要的国防材料之一”。

AlON透明陶瓷最大潜在应用市场是透明装甲。AlON透明陶瓷可以用作装甲车、直升飞机的防弹窗口（图3-62）。比传统的防弹玻璃薄、轻且更坚固，更具有出色的耐磨性、抗划伤性，风沙、剐蹭等都不会影响它的透明度。

AlON陶瓷优于拥有宽的能带间隙、低的光子能量以及高温稳定性，适合用作发光材料基质。如全固态紧凑型激光器件、上转换荧光粉、三维立体显示、光纤通信技术、光信息存储和显示方面等。

另外，在民用方面，由于AlON高硬度和耐久度的优点，AlON透明陶瓷（图3-63）目前主要应用于制备POS机的窗口材料，也可用于精密仪器仪表的壳体、高档手表、棱镜、各种防护目镜片、高温高压设备的观察窗口以及挡风玻璃等。因为具有突出的抗化学腐蚀特性，还可以用于半导体生产设备、器件包括等离子体输送管、晶片载体、工艺外壳等。

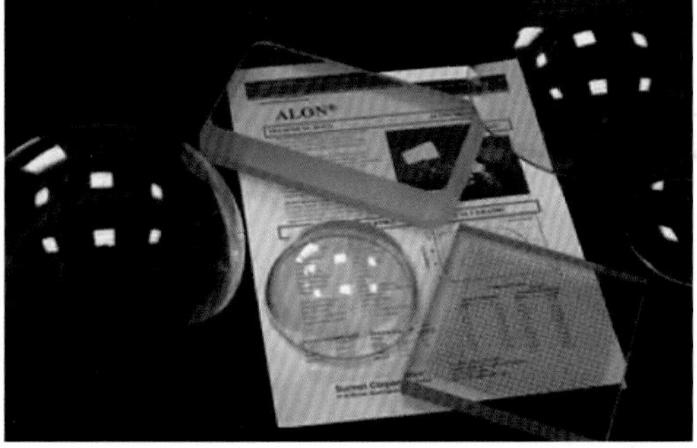

图3-62 AlON透明陶瓷窗口

图3-63 AlON透明陶瓷

4. 产品现状及发展趋势

AlON透明陶瓷具有优异的光学特性和机械性能，不仅在军事领域有重要作用，在商业领域也有广阔的市场前景。国内研究水平和市场开发与国外存在较大的差距，应该进行整个制备工艺的改进和提高，特别是加大对复杂形状制品的研制，探索出成熟稳定的制备工艺，早日实现产业化。

烧结大尺寸复杂形状 AlON 陶瓷制品，首选无压烧结法，但无压烧结法对 AlON 粉末有严格的要求，包括颗粒尺寸小、纯度高、近球形、烧结活性高等。目前合成 AlON 的主流方法为碳热还原氮化法和铝热还原氮化法。相比碳热还原氮化法，直接氮化法不会有残留碳固溶进入 AlON 粉末，但直接氮化法的反应机理仍待深入研究，制备工艺仍待优化。

达到实用化水平的大尺寸复杂形状 AlON 透明陶瓷的研制，在密堆成型、均匀致密化烧结等不同工序都需要更深入的系统研究，实现关键技术突破与工艺优化。

AlON 陶瓷烧结温度相对较高，烧结助剂可以起到提高扩散速率，消除气孔等作用。现常用烧结助剂有 MgO、La_2O_3、Y_2O_3 等。寻找更好的烧结助剂，促进致密化，进而获得更好透光性能也是 AlON 透明陶瓷未来研究的方向之一。

3.3.4　绝缘陶瓷

3.3.4.1　绝缘氧化铝陶瓷

1. 产品定义、特性、主要性能参数

氧化铝陶瓷按其中氧化铝含量不同分为高纯型和普通型。高纯型氧化铝陶瓷系 Al_2O_3 含量在 99.9%以上的陶瓷材料。透射波长 6～9μm，一般制成熔融玻璃取代铂坩埚，利用其透光性及可耐溅金属腐蚀性用作钠灯管；在电子工业中可用作集成电路基板与高频绝缘材料。

普通型氧化铝陶瓷是一种以 α-Al_2O_3 为主晶相的陶瓷材料，又称刚玉瓷，属三方晶系，密度为 3.92～4.01g/cm^3，其结构最紧密、化学活性低、高温稳定性好、电学性能和机械电性能优良。以 α-Al_2O_3 和 $3Al_2O_3 \cdot 2SiO_2$ 为主晶相的氧化铝陶瓷成为刚玉-莫来石瓷，以 $3Al_2O_3 \cdot 2SiO_2$ 为主晶相的氧化铝陶瓷成为莫来石瓷（表 3-17）。

表 3-17 不同氧化铝含量的氧化铝陶瓷性能参数

性能	Al_2O_3 含量				
	白色氧化铝				黑色氧化铝
	80	94	96	99.5	90
体积密度（g/cm^3）	3.3	3.65	3.8	3.89	3.6
抗弯强度（MPa）	22	31	28	49	28
线膨胀系数（$\times 10^{-6}/℃$）（21～800℃）	7.6	7.2	7.6	7.6	7.3
导热系数［W/（m·K）］	17	17	21	37	17
绝缘强度（kV/mm）	10	10	10	10	10
体积电阻率（$\Omega \times cm$）20℃	$>10^{14}$	$>10^{14}$	$>10^{14}$	$>10^{14}$	10^{14}
300℃	10^{13}	10^{12}	10^{14}	10^{10}	10^{9}
Te 值（℃）	940	930		850	
介电常数 ε（MHz）	8.0	8.6	9.4	10.6	
$\tan\delta \times 10^{-4}$（MHz）	13	3	2	<1	
$\varepsilon \times \tan\delta$，$10^{-4}$	104	26	19	<10	

氧化铝陶瓷材料具有热稳定性和化学稳定性，电绝缘性，压电性、耐腐蚀性、化学吸附性、生物适应性、吸声性和透光性等多种实用价值的性能特点。

2. 生产工艺技术

1）氧化铝粉体的制备

氧化铝陶瓷最重要的原料是 Al_2O_3 粉末，其性能好坏以及含量多少对氧化铝陶瓷有很大影响。α-Al_2O_3 因其是最稳定的晶态，通常作为氧化铝陶瓷的最主要、最常用的原料。在生产 Al_2O_3 含量 99.5%以上高纯氧化铝陶瓷或透明陶瓷时，要求 Al_2O_3 原料纯度≥99.9%，还需超细粉碎且粒径分布均匀。

在制备 Al_2O_3 原料方面，如果对于纯度要求不高的 Al_2O_3，一般采用拜耳法。以铝矾土矿为原料，通过烧结、溶出、脱硅、分解、煅烧等步骤，把铝土矿中的 Al_2O_3 成分溶解于氢氧化钠溶液中，将得到的偏铝酸钠溶液，冷却至过饱和态，加水分解就会析出氢氧化钠沉淀，再将它煅烧即可得到 Al_2O_3 粉体。

在制备高纯度氧化铝粉体时，一般采用铵明矾热解法、有机铝盐加水热分解法、铝的水中放电分解法和铝的铵碳酸盐热分解法等。目前，国内外主要采用铵明矾热解法，此方法制备的 Al_2O_3 纯度高、细度小（约 1μm 以下），且颗粒分布范围窄、团聚程度低。具体反应过程为：

$$Al_2(NH_4)_2(SO_4)_4 \cdot 24H_2O \longrightarrow (200℃)Al_2(NH_4)_2(SO_4)_4 \cdot H_2O + 23H_2O \quad (3\text{-}6)$$

$$Al_2(NH_4)_2(SO_4)_4 \cdot H_2O \longrightarrow (500 \sim 600℃)Al_2(SO_4)_3 + SO_3(g) + 2NH_3(g) + 2H_2O \quad (3\text{-}7)$$

$$Al_2(SO_4)_3 \longrightarrow (800 \sim 900℃)Al_2O_3 + 3SO_3(g) \quad (3\text{-}8)$$

$$\gamma\text{-}Al_2O_3 \longrightarrow (1300℃, 1.1 \sim 2h)\alpha\text{-}Al_2O_3 \quad (3\text{-}9)$$

Al_2O_3 粉体的颗粒越细，活化程度越高，粉体就越容易烧结，烧结温度越低。

2）氧化铝陶瓷成型与烧结

（1）氧化铝陶瓷成形的方法有多种，可以按照产品的形状、大小、复杂性与精度要求选择。常用的方法有：干压法成型、注浆成型、挤压成型、冷等静压成型、注射成型、流延成型、热压成型与热等静压成型以及压滤成型、凝胶注成型、3D 无模成型等。

（2）氧化铝陶瓷烧结

氧化铝熔点高达 2050℃，导致氧化铝陶瓷烧结温度普遍较高。目前，通常采用热压烧结工艺，具体可分为气氛压力烧结和热等静压烧结。一般常压普通烧结 1800℃以上高温，在 20MPa 热压下烧结温度在 1500℃左右，而 HIP（400MPa）下烧结温度 1000℃左右就可以实现致密化。随着低温烧结技术的研究深入，从 75 瓷到 99 瓷在低温烧结技术上已取得显著成效（表 3-18）。

表 3-18　氧化铝陶瓷低温烧结情况

	75 瓷	85 瓷	90 瓷	95 瓷	99 瓷
标准烧结温度（℃）	1400	1500	1600	1650	1750
低温烧结温度（℃）	1300	1360	1430	1450	1550

氧化铝陶瓷烧结温度主要由其化学组成中 Al_2O_3 的含量来决定，Al_2O_3 含量越高烧结温度越高。除此之外，还与瓷料组成、配比及烧结添加剂种类有关。通过掺杂改性技术，不但可以降低烧结温度，还可以大幅提高氧化铝陶瓷的各项机电性能。普遍采用 CaO、MgO、SiO_2 以及过渡元素和稀土金属氧化物为添加剂。具体配方可参照 CaO-Al_2O_8-SiO_2、MgO-Al_2O_8-

SiO_2、$MgO\text{-}CaO\text{-}Al_2O_8\text{-}SiO_2$ 等三元、四元或其他相图中最低共熔物的组成点配比。比如，在 $CaO\text{-}Al_2O_8\text{-}SiO_2$ 相图中，最低共熔相温度为 1495℃。当瓷料组成中 $SiO_2/CaO<2.16$ 时，共存矿物为钙长石和六铝酸钙；而当 $SiO_2/CaO>2.16$ 时，则刚玉与莫来石和钙长石共存。

$MgO\text{-}Al_2O_8\text{-}SiO_2$ 系的优点是耐酸性好，结构中晶粒细小，但烧结温度比 $CaO\text{-}Al_2O_8\text{-}SiO_2$ 系偏高几十摄氏度。通过引入 Y_2O_3、La_2O_3 可降低烧成温度。

$MgO\text{-}CaO\text{-}Al_2O_8\text{-}SiO_2$ 系兼具烧成温度较低和晶粒细小、组织结构较致密、抗酸碱腐蚀能力较强的特点，是一种较可取的典型白色瓷料系统。SiO_2/CaO 在 2.16 附近时，瓷料 $\tan\delta$ 值明显增高。

性能优异的黑色氧化铝陶瓷是引入过渡元素 Fe、Co、Ni、Cr、Mn、Ti、V 等生成的。如在氧化铝瓷料中加入 3%～4%（质量分数）上述部分过渡元素混合物，即可烧纸黑色氧化铝陶瓷。

3. 应用领域

随着科学技术的发展及制造技术的提高，氧化铝陶瓷在现代工业和现代科学技术领域中应用越来越广泛。

1）机械方面

Al_2O_3 瓷烧结产品的抗弯强度可达 250MPa，热压产品可达 500MPa。Al_2O_3 陶瓷的莫氏硬度可达到 9，加上具有优良的抗磨损性能等，故广泛用于制造刀具、球阀、磨轮、陶瓷钉、轴承等，其中以 Al_2O_3 陶瓷刀具和工业用具应用最广。

2）电子、电力方面

在电子、电力方面，有各种 Al_2O_3 陶瓷底板、基片、陶瓷膜、透明陶瓷以及各种 Al_2O_3 陶瓷电绝缘瓷件、电子材料、磁性材料等，其中以 Al_2O_3 透明陶瓷和基片应用最广。

3）化工方面

在化工应用方面，Al_2O_3 陶瓷也有较广泛的用途，如 Al_2O_3 陶瓷化工填料球、无机微滤膜、耐腐蚀涂层等，其中以 Al_2O_3 陶瓷膜和涂层的研究和应用最多。

4）医学方面

在医学方面，Al_2O_3 陶瓷具有优良的生物相容性、生物惰性、理化稳定性及高硬度、高耐磨性是制备人造骨和人造关节的理想材料，更多用于制造人工骨、人工关节、人工牙齿等。

5）建筑、卫生、陶瓷方面

在建筑卫生陶瓷方面，产品随处可见，如 Al_2O_3 陶瓷衬砖、研磨介质、辊棒、陶瓷保护管以及 Al_2O_3 质耐火材料等。其中以 Al_2O_3 球磨介质应用最广。

6）其他方面

各种复合、改性的增韧 Al_2O_3 陶瓷，在航空航天方面应用较多的是 Al_2O_3 基纤维，用于航天飞机上的隔热瓦和柔性隔热材料等。在高温工业炉领域主要是用 Al_2O_3 基短纤维做保温耐火材料等（图 3-64～图 3-67）。

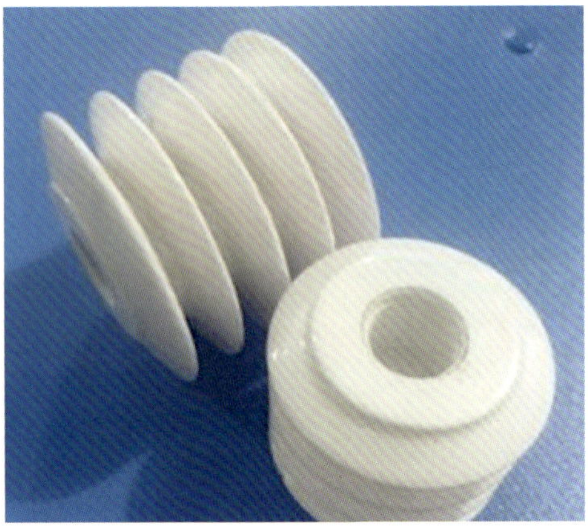

图 3-64　氧化铝陶瓷电绝缘瓷件

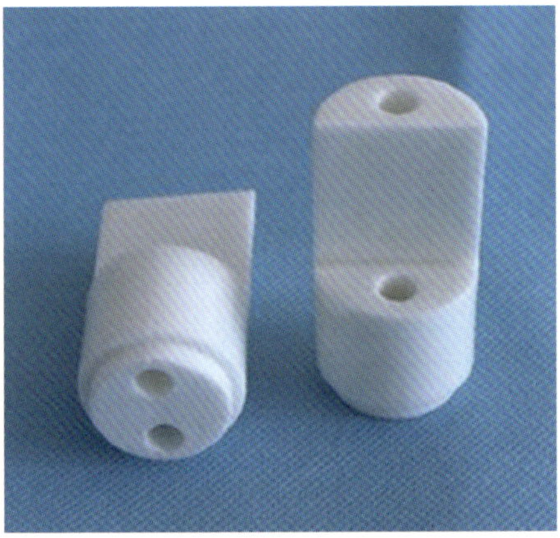

图 3-65　氧化铝陶瓷绝缘装置

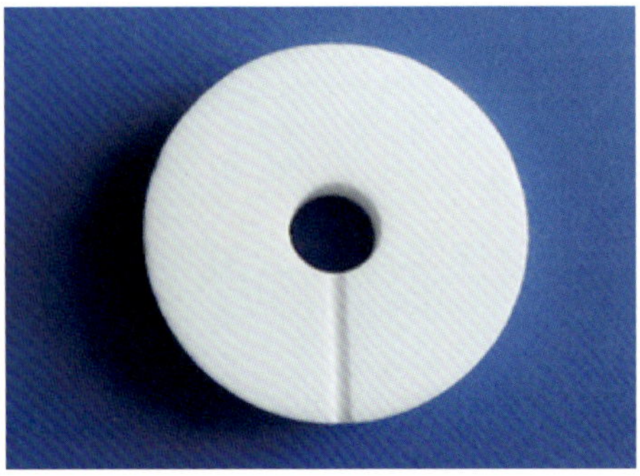

图 3-66　氧化铝电子陶瓷片（一）

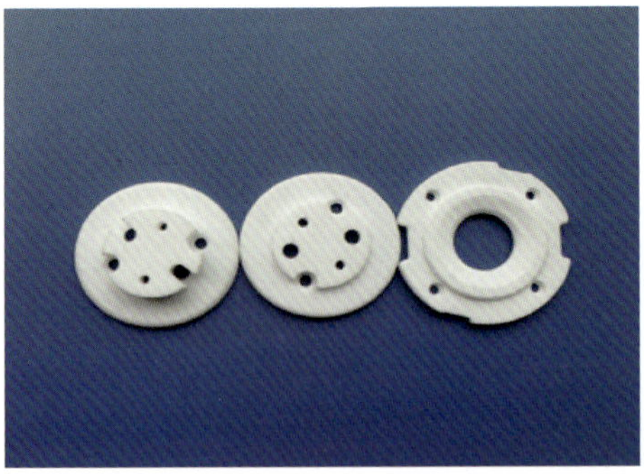

图 3-67　氧化铝电子陶瓷片（二）

4. 产品现状及发展趋势

氧化铝陶瓷作为先进陶瓷中应用最广的一种材料，伴随着整个行业的发展呈现以下发展趋势：1）技术装备水平快速提高：计算机技术和数字化控制技术的发展促进了先进陶瓷材料工业的技术进步和快速发展，诸如自动控制连续烧结窑炉、大功率大容量研磨设备、高性能制粉造粒设备等净压成型设备等先进的成套设备有力地推动了行业整体水平的提高，同时在生产效率、产品质量等方面也都明显改善；2）产品质量水平不断提高：国内微晶氧化铝陶瓷制品从无到有，产业规模从小到大，产品质量从低到较高，经历了一个快速发展的历程；3）产业规模将迅速扩大：微晶氧化铝陶瓷制品作为其他行业或领域的基础材料，受着其他行业发展水平的影响和限制。从氧化铝陶瓷的应用情况看，应用范围越来越广，用量越来越多，特别是在防磨工程和建筑陶瓷生产方面的用量增加将更为显著。

3.3.4.2 莫来石陶瓷

1. 产品定义、特性、主要性能参数

莫来石陶瓷是以 $3Al_2O_3 \cdot 2SiO_2$（化学成分 $Al_2O_3$71.8%，$SiO_2$28.2%）为主晶相的陶瓷，属斜方晶系，是唯一一种在常压下存在的二元 Al_2O_8-SiO_2 相物质。密度为 3.23g/cm^3，熔点在 1810℃左右，介电常数为 7，硬度 2～7。莫来石陶瓷具有膨胀均匀、热震稳定性极好、荷重软化点高、高温蠕变值小、硬度大、抗化学腐蚀性好等特点。特别是高性能高纯莫来石陶瓷，在 1300℃时抗弯强度达 570MPa，断裂韧性 KIC 达 5.7MPa，均比常温时高 1.6 倍，这种随温度升高、强度和韧性不仅不衰减反而大幅度提高，是高纯莫来石陶瓷作为高温材料极佳的特性。莫来石分为低铝莫来石（42%～47%）、中铝莫来石（60%）和高铝莫来石（70%）。这种材料的缺点是常温强度过低、韧性较差（表 3-19）。

表 3-19 莫来石陶瓷的主要性能

熔点（℃）	热膨胀系数（$\times10^{-6}$/℃）	热导率（W/m·K）	弹性模量（GPa）	泊松比	介电常数 ε	绝缘电阻率（Ω·cm）	莫氏硬度
1830	4.4～5.6	3.89～6.07	220	0.28	6.4～7.3	$>10^{13}$	7.5

2. 生产工艺及技术

高纯度莫来石粉料的制备工艺种类繁多，合成莫来石所需要的原料主要有天然的铝硅酸盐矿物（蓝晶石、黄玉、高岭土、硅线石、十字石、红柱石等）和化工合成原料（氢氧化铝、氧化铝、氧化硅或其他的含铝含硅前驱体)。目前规模化生产主要以熔融法、烧结法为主。

莫来石陶瓷制备工艺:

一次莫来石:原料矿物在加热时分解而生成莫来石,具体反应过程为:

$$Al_2O_3 \cdot 2SiO_2 \cdot 2H_2O \longrightarrow (600℃) Al_2O_3 \cdot 2SiO_2 + 2H_2O \quad (3\text{-}10)$$

$$2(Al_2O_3 \cdot 2SiO_2) \longrightarrow (1200℃) 3Al_2O_3 \cdot 2SiO_2(60\%) + 4SiO_2(40\%) \quad (3\text{-}11)$$

二次莫来石:预先合成莫来石作为配料,在高铝瓷配方中加入 Al_2O_3,具体反应过程为:

$$3Al_2O_3 + 2SiO_2 \longrightarrow 3Al_2O_3 \cdot 2SiO_2 \quad (3\text{-}12)$$

3. 应用领域

1) 高温结构材料

近年来,莫来石耐火材料发展非常迅速,随着工业技术的不断进步,莫来石新材料不仅满足了石油、化工等高温行业迅速增长的需求,同时也满足了高温行业技术不断进步的新要求。现在工业使用的耐火材料可由氧化硅、氧化钙、氧化铝等氧化物制备而成。莫来石作为一种高性能的耐火材料,它具有高熔点、膨胀均匀、热震稳定性好、荷重软化点高、高温蠕变值小、硬度大、抗化学腐蚀性好等优点。莫来石耐火材料应用于马弗炉、煅烧炉、锅炉、回转窑等高温设备中。莫来石与其他优质的材料进行优势互补,复合成更加优良性能的耐火材料,作为高温工程材料还广泛应用于高温防护管、热电偶保护管以及金属熔融坩埚等耐热材料。

2) 光学材料

莫来石晶体虽然不是立方晶系,只是斜方晶系,但因光线双折射小(仅为 0.012),在 5~8μm 红外波段具有良好的透过性。同时其具有优良的抗热震性、介电性能和高温强度,可在高化学侵蚀环境和高温、高机械应力环境下用作光学窗口材料。除此之外,在激光晶体材料方面,可作为 Cr^{3+} 的基体材料,用于古田激光器中的激励器。

3) 电子封装材料

莫来石因其本身较低的介电常数和热膨胀系数使其可用在电子封装材料方面,但与硅相比,莫来石热膨胀系数(4.0×10^{-6}/℃,20~200℃)稍高,可通过和玻璃与低膨胀陶瓷(堇青石或锂辉石)复合提高匹配性。莫来石介电常数($\varepsilon=6.7$),传导滞后时间比刚玉低约 17%,可通过和玻璃与堇青石复合提高传递速度。莫来石的热导率优良，可用作 AlN 基片的封装材料。莫来石和玻璃与堇青石复合后可与铜共烧，提高布线密度。

4）其他应用

莫来石作为一种优秀的化工材料，在其他方面也有很多应用。如莫来石可以作为透气性陶瓷元件。这种材料机械强度大，气孔分布较均匀，透气性好。此外，莫来石复合材料可以作为催化剂载体，其具有较好的化学稳定性及耐热性能，可以负载多种催化剂。制备的催化剂可用于石油裂解、汽车尾气处理以及废水处理等方面。莫来石陶瓷合金还可用于刹车片内衬，这种材料以金属合金作为基体，其他种类陶瓷作为分散介质。由于该材料比聚合物制备的刹车材料具有较好的耐热性和耐磨性，目前在飞机和高铁系统以及汽车刹车片方面已经广泛使用（图 3-68～图 3-71）。

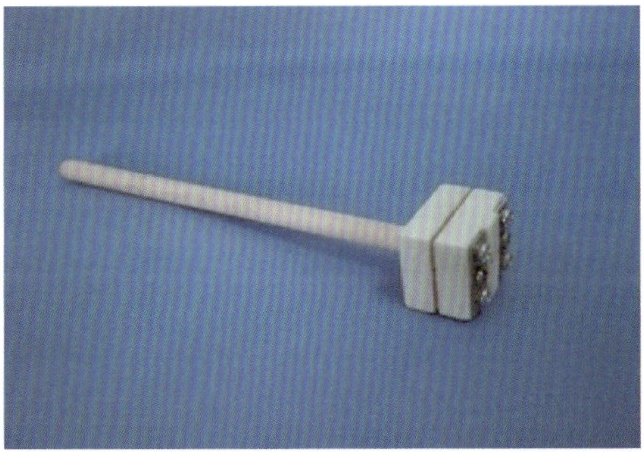

图 3-68　莫来石陶瓷热电偶管

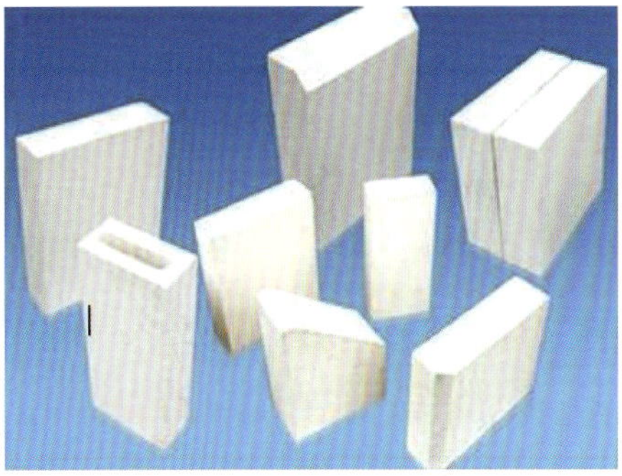

图 3-69　莫来石保温砖

图 3-70　莫来石蜂窝陶瓷

图 3-71　莫来石陶瓷匣钵

4. 产品现状及发展趋势

莫来石生产已有 70 多年的历史，大规模生产从 20 世纪 60 年代开始，70 年代产量猛增。至今莫来石的主要用途是作为耐火材料。虽然莫来石本身的抗热震性能好，但是在常温下，普通的莫来石材料暴露出韧性差、耐蚀性差等弱点。近年来，莫来石材料发展非常迅速，应用也更加广泛，出现了诸多综合性能优良的新型莫来石材料。目前，高温结构材料、陶瓷材料、绝热绝缘材料的研究相对较多。但在电学性能和光学性能方面研究相对较少，存在问题比较多，要想未来在电学、光学等领域得到更广泛的应用，需要加大研究力度。在莫来石合成方法方面，需要在材料合成机理方面更加深入地分析研究，开发出更加适合于工业化的先进方法；在理论方面需要加大莫来石材料的热力学和动力学研究。

3.3.5 敏感陶瓷

3.3.5.1 热敏陶瓷

1. 产品定义、特性、主要性能参数

热敏陶瓷材料是半导体陶瓷材料的一类，其电阻率为 $10^{-4}\sim10^{7}\Omega\cdot cm$，是一种对温度变化敏感的陶瓷材料。热敏陶瓷按阻温特性分为三类。

1）负温度系数热敏电阻陶瓷（简称 NTC 热敏陶瓷）

负温度系数热敏电阻陶瓷电阻率随温度升高按指数关系减小，大多是具有尖晶石结构的过渡金属氧化物固溶体，即多数还有一种或多种过渡金属（如 Mn、Cu、Ni、Fe 等）的氧化物，化学通式为 AB_2O_4，其导电机理因组成、结构和半导体化的方式不同而异。负温度系数热敏陶瓷主要用于温度测量和温度补偿。

2）正温度系数热敏电阻陶瓷（简称 PTC 热敏陶瓷）

正温度系数热敏电阻陶瓷电阻率随温度升高按指数关系增加。这种特性由陶瓷组织中晶粒和晶界的电性能所决定，只有晶粒充分半导体化、晶界具有适当绝缘性的陶瓷才具有这种特性。常用的正温度系数热敏陶瓷是掺入施主杂质、在还原气氛中烧结的半导体化 $BaTiO_3$ 陶瓷，主要用于制作开关型和缓变型热敏陶瓷电阻、电流限制器等。

3）临界温度热敏电阻陶瓷（简称 CTR 热敏陶瓷）

临界温度热敏电阻陶瓷的电阻率在某一临界温度发生突变，利用其特性可制造开关器件，故称开关热敏陶瓷。

热敏陶瓷特性有：

1）电阻-温度特性（图 3-72）

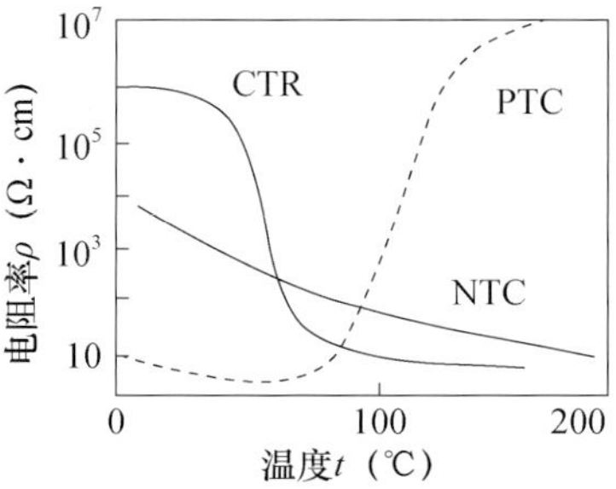

图 3-72 PTC、NTC 及 CTR 热敏电阻电阻-温度曲线（R-T 曲线）

电阻与温度的关系是热敏电阻最基本的特性，可用下式表示：

$$\rho_T = \rho_\infty e^{(\Delta E/2KT)} \quad (3\text{-}13)$$

式中，ρ_T 为温度 T 时材料的电阻率；ρ_∞ 为 $T=\infty$时电阻率；ΔE 为活化能；K 为玻尔兹曼常数；T 为绝对温度。

通常我们令式中的 $\Delta E/2KT=B$，B 即称为材料常数，是热敏电阻材料的特征参数。

另外，可定义：

$$\alpha_T = 1/\rho_T \cdot d\rho_T/d_T \quad (3\text{-}14)$$

式中，α_T 为电阻温度系数，它是温度的函数。

①NTC 热敏电阻的温度特性

$$R_{TN} = R_a e B_n (1/T - 1/T_a) \quad (3\text{-}15)$$

$$B_n = (\ln R_T - \ln R_a)/(1/T - 1/T_a) \quad (3\text{-}16)$$

式中，R_T 为 T 温度时的电阻值；R_a 为标准温度（T_a）时的电阻值，通常 T_a =25℃；B_n 为 NTC 热敏电阻的材料常数。

由 B 的定义式计算的值比较符合单晶材料制成的热敏电阻。许多陶瓷材料，由于掺杂化合物的影响，往往有复杂的能带结构，B_n 值往往随温度略有变化。还应注意，B_n 随材料成分、配比、烧结温度、烧结气氛等变化不同。

②PTC 热敏电阻的温度特性

试验证明，PTC 热敏电阻在工作温度范围内，其温度特性可近似表示为：

$$R_{TP}=R_a eB_p(T-T_a) \tag{3-17}$$

$$B_p=(\ln R_T-\ln R_a)/(T-T_a) \tag{3-18}$$

式中，T_a 和 T 为在 PTC 温度范围内较低的温度点和较高的温度点；R_a 和 R_T 为 T_a 和 T 温度时的电阻值；B_p 为 PTC 热敏电阻的材料常数。

不同 PTC 热敏材料的 B_p 也有很大的差别，因而有缓变型材料和开关型材料的区别。另外，B_p 和烧结、冷却等制造工艺条件，测量时选取的 T_a 和 T 的值有一定关系。

2）伏安特性（静态特性）

热敏电阻的伏安特性即电流-电压特性。表示在热敏电阻两端的电压和通过它的电流在热敏电阻与周围介质达到热平衡时，即加在热敏电阻上的电功率与耗散功率相等时的关系。

（1）NTC 热敏电阻的伏安特性

$$U_T=IR_0\exp B_N(1/T-1/T_N) \tag{3-19}$$

NTC 热敏电阻的伏安特性公式表明：

①热敏电阻伏安特性峰值 $I_m=R_0\exp$（$-T_m/T$）。

②热敏电阻伏安特性峰值随 R_0 的增加而增加。

③在相同的电流 I 处，如环境温度 T_0 增加，则热敏电阻温度升高，R_T 下降，p 和端电压 U_T 也下降，使伏安曲线向下移。

④当耗散系数 H 增加时，U_m 和 I_m 也相应增加。

⑤当环境温度 T_0，耗散系数 H，室温电阻 R_0 不变，B_N 增加时，伏安特性的峰值向电压低的方向及电流小的方向移动，下降的斜度增加。

（2）PTC 热敏电阻的伏安特性

由于通过热敏电阻器的电流很小，耗散功率引起的温度可以忽略不计。当耗散功率增加，阻体温度超过环境温度，引起电阻增大，曲线开始弯曲。当电压增加至 U_m 时，存在一个电流最大值 I_m。电压继续增加，由于升温引起电阻值的增加超过电压的增加速度，电流反而减小，曲线斜率由正变负。

3）电流时间特性（动态特性）

表示热敏电阻对环境温度变化的响应速度，即对热的敏感程度，常用时间 τ 表示，其值从几毫秒到几十分钟。

热敏电阻的时间常数等于在零功率测试条件下，即在将自热忽略或在自热极小的条件下，当温度突变时，从起始温度 T_s 变至最终温度 T_0，温差 T_s-T_0 的 63.2%所需要的时间。

τ 的大小表明热敏电阻对快速变化的信号响应的速度。为了获得 τ 小的热敏电阻，应尽可能减小材料的热容量、元件的体积。

2. 生产工艺技术

1）NTC 热敏陶瓷

NTC 热敏陶瓷通常是由 Mn、Co、Ni、Fe 等过渡金属的尖晶石型或其他结构的氧化物陶瓷。尖晶石结构有正尖晶石和反尖晶石两种，其中只有包含反尖晶石结构或半反尖晶石结构的陶瓷才具备 NTC 特性。因此，NTC 热敏陶瓷材料通常都是以 MnO 为主材料，同时引入 CoO、NiO、CuO、FeO 等，在高温下形成半反或全反尖晶石结构的陶瓷，包括二元系和多元系氧化物。二元系金属氧化物主要有：CuO-MnO-O_2、CoO-MnO-O_2、NiO-MnO-O_2 等系。三元系有：CoO-MnO-NiO、CuO-MnO-NiO、CuO-MnO-CoO 等 Mn 系和 CuO-FeO-NiO、CuO-FeO-CoO 等非 Mn 系。此外，还有厚膜材料正在不断开发并获得迅速发展。

根据各种材料的电阻-温度曲线（R-T 曲线），最有实用意义的为 Co-Mn 系材料，在 20℃时的电阻率为 $10^3\Omega \cdot cm$，主晶相为立方尖晶石 $MnCo_2O_4$。随着 Mn 含量的增大，则形成 $MnCo_2O_4$ 立方尖晶石和 $MnCo_2O_4$ 四方尖晶石的固溶体，电阻率逐渐增大。

在含 Mn 的三元系中，随着 Mn 含量的增大，电阻率增大。和不含 Mn 的三元系相比较，含 Mn 三元系组成对电性能的影响小，产品一致性好。

含 Mn 的四元系氧化物是一类新型热敏电阻材料。它的主要特点是原料廉价、稳定性好。在 Co-Mn-Ni-Fe 系中，Fe 含量为 13%～50%，Mn 含量 $<$33%，20℃时电阻率为 $10^4 \sim 10^5\Omega \cdot cm$。在 Co-Mn-Ni-Cu 系中 Cu 含量为 13%～30%，Mn 含量 $<$33%，20℃时电阻率为 $10^2 \sim 10^9\Omega \cdot cm$。

在多元系中，除上述材料外，还有用以上氧化物与 Li、Mg、Ca、Sr、Ba、Al 等氧化物组成的材料。这些材料价廉、稳定性好、烧结温度低，其中 Ca-Cu-Fe 系为高 B 值材料，$B=0.8 \sim 0.9$T，在 20℃时电阻率为 $10^4 \sim 10^5\Omega \cdot cm$。Cu-Mn-Al 和 Co-Ni-Al 系为较低 B 值材料，$B=0.2$T，在 20℃时电阻率为 $10^4 \sim 10^8\Omega \cdot cm$。

还有高稳定性材料可用于测量 0～50℃范围的温度，精度达 0.001℃。

另外，还有 R-T 关系非常好的线性材料，如 CdO-Sb_2O_8-WO_3 和 CdO-SnO_2-WO_3 系，在－100～300℃范围内，非线性系数小于 10^{-5}。

为保证成分均匀，一般采用化学沉淀法制备纯净的原料。用 Co、Mn、Cu、Ni 等的硝酸盐或硫酸盐水溶液与 $Fe(OH)_2$ 或氨水反应生成氢氧化物沉淀，然后分解得到混合均匀的氧化物粉末，然后按传统陶瓷成形方法成型。

2）PTC 热敏陶瓷

PTC 热敏电阻器有两大系列：一类是采用 $BaTiO_3$ 为基材料；另一类是以氧化钒为基材料。目前广泛应用的是钛酸钡系陶瓷 PTC 热敏电阻器。

$BaTiO_3$ 陶瓷是一种典型的铁电材料，常温下其电阻率大于 $10^{12}\Omega\cdot cm$，为绝缘体。引入稀有元素，使其电阻率下降到 $10\Omega\cdot cm$ 以下，成为具有很大的正温度系数的半导体陶瓷材料，在居里温度以上几十摄氏度的温度范围内，其电阻率增大 4～10 个数量级，产生 PTC 效应。

（1）$BaTiO_3$ 陶瓷半导化

一般采用掺杂施主金属离子。在高纯 $BaTiO_3$ 陶瓷中，用 La^{3+}、Ce^{4+}、Sm^{3+}、Dy^{3+}、Y^{3+}、Sb^{3+}、Bi^{3+} 等置换 Ba^{2+}。或用 Nb^{5+}、Ta^{5+}、W^{6+} 等置换 Ti^{4+}。掺杂量一般在 0.2%～0.3%mol 之间，稍高或稍低均可能导致重新绝缘化。具体半导化过程为：

①施主掺杂法（价控半导化）——高价元素取代

三价离子（La^{3+}、Nd^{3+}、Sm^{3+}、Dy^{3+}、Sb^{3+}、Bi^{3+}）等置换 Ba^{2+}

$$Ba^{2+}Ti^{4+}O_3^{2-}+xLa^{3+}\longrightarrow Ba_{9-x}^{2+}La_x^{3+}\,[Ti_{9-x}^{4+}\,(Ti^{4+}\cdot e)_x]\,O_3+xBa^{2+}$$

或五价离子（Nb^{5+}、Ta^{5+}、Sb^{5+} 等）取代 Ti^{4+}

$$Ba^{2+}Ti^{4+}O_3{}^{2-}+xNb^{5+}\longrightarrow Ba^{2+}\,[Ti_{9-2x}^{4+}\,(Ti^{4+}\cdot e)_xNb_x^{5+}]\,O_3+xTi^{4+}$$

五价离子掺杂浓度对 $BaTiO_3$ 的电阻率影响很大，一般掺杂浓度为（质量分数）：Nd0.05%；La、Ce、Nb0.2～0.3%；Y0.35%。

采用普通陶瓷工艺，即能获得电阻率为 10^8～10^5 $\Omega\cdot cm$ 的 N 型 $BaTiO_3$ 半导体。

②AST 掺杂法——SiO_2、$SiO_2+Al_2O_3$、$SiO_2+Al_2O_3+TiO_2$

具体半导化过程为：$BaTiO_3+xLa^{3+}+xFe^{3+}\longrightarrow Ba_x^{2+}La_x^{3+}\,[Ti_{9-x}^{4+}Fe_x^{3+}]\,O_3^{2-}$

AST 与原料中的受主杂质形成玻璃相，实现半导化。一般采用工业原料，在空气中 1260～1380℃烧结即可得到，电阻率为 40～100$\Omega\cdot cm$。

续表

性质	参数
晶格能（kJ·mol^{-1}）	4040（根据玻恩-哈伯循环）
蒸汽压（Pa）	1599.86（1500℃）；133.32（1400℃）
熔点（℃）	在高温下分解，在压力下高于 2070℃
介电常数（ε）	10～30（陶瓷），8.5（单晶）

2. 生产工艺及技术

ZnO 具有纤锌矿的晶体结构，氧离子以六角密堆方式排列，锌占据四面体空隙的一半。ZnO 压敏陶瓷是以氧化锌为主体原料，加入多种金属氧化物添加剂组成，经过高温烧结而制成的实用新型半导体陶瓷。ZnO 压敏电阻器的性能参数与 ZnO 半导体陶瓷的配方有密切关系（表 3-21）。

表 3-21　典型氧化锌电阻器材料性能

序号	添加成分	预处理温度（℃）	烧结温度（℃）	性能
1	Cr_2O_3、Bi_2O_3		800 以上	$\alpha=10$；$V_{1mA}=40$
2	Cr_2O_3、Bi_2O_3、CoO、MnO_2、Sb_2O_3		1200/1450；9～20h	$\alpha=50$；$V_{1mA}=100\sim300$
3	Cr_2O_3、Bi_2O_3、CrF_3、CoO_2、MnO_2、Sb_2O_3、SiO_2、SnO	100/1000	1000/1450	$\alpha=12\sim50$；$C_{1mA}=900\sim9000$
4	Cr_2O_3、Bi_2O_3、CoO、MnO、Sb_2O_3、SnO_2、NiO	700/800（ZnO）		$\alpha=41\sim90$；$V_{1mA}=10\sim60$
5	Bi_2O_3、CoO、MnO、Sb_2O_3、SnO_2、$CaCO_3$、HBO_3		1325/1400	$\alpha=40\sim60$；$V_{1mA}=120$
6	Bi_2O_3、Sb_2O_3（Cr_2O_3、Fe_2O_3、Co_2O_3、Mn_2O_3）、（SnO_2、NiO_2、MnO_2、ZrO_2、TiO_2）	600/900	1000/1300；9～5h	$\alpha=30\sim120$；$V_{1mA}=130\sim700$
7	（SnO_2、ZrO_2、TiO_2）、ZnO、Sb_2O_3、Bi_2O_3、（Fe、Cr、Mn、Co）	800，1h	1100/1300；2h	$\alpha=10\sim116$；$V_{1mA}=130\sim780$
8	Fe_2O_3、CdO、NiO、TiO_2、MnO_2、BaO、SrO、PbF_2（电极 Ag）、Bi_2O_3、SiO_2、B_2O_3、CoO		1200/1450（N_2）	$\alpha=8\sim20$；$C_{100mA}=0.2\sim6V$
9	Bi_2O_3、Ga_2O_3（CoO、MnO）（AbO_3、Al_2O_3、TiO_2）	600/1000	1000/1450	$\alpha=20\sim44$；$C_{10mA}=10\sim80$

氧化锌压敏陶瓷电阻器的制造工艺与传统陶瓷工艺基本相同，具体流程包括：原料处理→配料→预烧→造粒→成型→烧成→涂银→测试→组装→标

志→入库。

为了达到一定细度，防止杂质进入，要求在塑料橡胶容器振磨或湿式球磨。预烧在空气中进行，在750～800℃保温0.1～1h进行烧银。烧结温度对ZnO压敏陶瓷的性能有很大影响，因此应根据产品性能参数的要求来选择烧结工艺。在1150～1350℃都可以得到良好的非线性产品。对特定配方来讲，只有一个最适宜的烧成温度。ZnO压敏陶瓷的基本晶界结构与烧成温度、冷却方式都有密切关系。主要由四种晶相组成：溶解有少量Co和Mn的ZnO相；溶解有Co、Mn和Cr的$Zn_7Sb_2O_{12}$立方尖晶石相；溶解有Co、Mn和Cr的$Zn_2Bi_3Sb_3O_{14}$的立方焦绿石相；富铋相，包括溶有Zn、Sb的β-Bi_2O_3相和溶有ZnSb的δ-Bi_2O_3相（表3-22）。

表3-22　压敏陶瓷中各相的作用

晶相	作用
ZnO相	主晶相，由于施主元素Al、Co、Sb等的加入，使它成为*n*型半导体，室温电阻率为0.1～2.7Ω·cm。ZnO晶粒对于*I-V*特性，尤其在大电流情况下，ZnO晶粒上的电压降起决定性作用
尖晶石相	是不连续的小晶粒，位于晶粒边界，它对压敏陶瓷的非线性不起直接作用，但由于该相和ZnO及富Bi_2O_3液相在高温下共存，它对各成分向各项的分配起作用，使富Bi_2O_3相有一特定的组成，并能控制沉积到晶粒边界处的ZnO晶粒的生长
焦绿石相	仅在加热过程中起到产生富Bi_2O_3液相的作用
富铋相	能溶解大量ZnO和少量Sb_2O_3，促进液相烧结，富Bi_2O_3液相在晶粒边界结晶，溶有大量ZnO和少量Sb_2O_3、Co_2O_3、MnO_2等，对于产生高α值有作用；富Bi_2O_3液相含有SiO_2使液相黏度提高，Zn离子迁移发生困难，故有抑制ZnO晶粒长大的作用

3. 应用领域

氧化锌压敏陶瓷是最常见的压敏陶瓷，主要应用于航空航天、轨道交通、汽车和家用电器等领域。在低压方面，氧化锌压敏电阻器因其良好的非线性和低的漏电流等，广泛用于家用电器方面，如电视机、电冰箱、洗衣机、微波炉等。特别适用于LCd、键盘、I/O接口、Ic、ASIc、MOSFET、CMOS、传感器、激光二极管、前置放大器、声频电路等的过压保护等。在高压方面，ZnO避雷器和ZnO压敏阀片可靠的过电压保护，用于大型发电机、电动机、变压器、大型起重机的电缆绞盘、中心导电装置及变压器电动机的配电装置（图3-78～图3-81）。

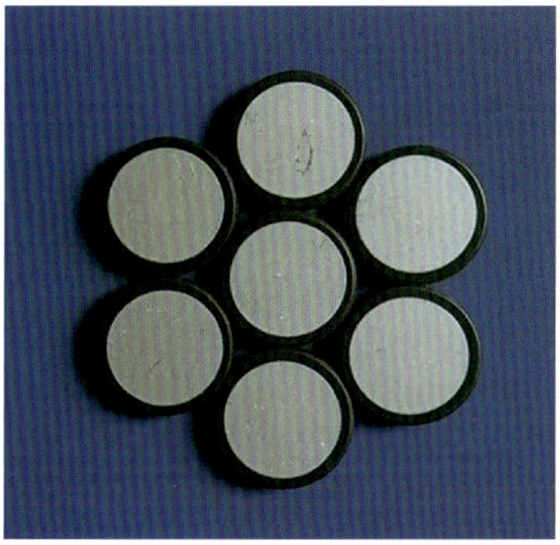

图 3-78　氧化锌压敏陶瓷片

图 3-79　贴片压敏电阻

图 3-80　氧化锌压敏电阻器

图 3-81　MLCC 陶瓷电容器

4. 产品现状及发展趋势

压敏电阻器在我国已经形成了规模化的产业，无论是 SrTiO 系压敏陶瓷、TiO 系压敏陶瓷、低压 ZnO 压敏电阻和高压 ZnO 阀片还是多层片式 ZnO 压敏电阻器，各种新型压敏陶瓷材料和压敏元件的研发都取得了很大的进展。然而与国际先进水平相比还有某些差距，尤其是产业化方面的差距更明显。主要表现在：通流容量低、能量耐量小、老化时效率高等。目前，国外压敏电阻正向低压、高性能、多功能及系列化方向发展。为了赶上国际水平，我们还需要在高纯超细粉料制备技术，超低压、双功能方向，MLCC 工艺片式化和多层化方向等方面努力。

3.3.5.3　气敏陶瓷

1. 产品定义、特性、主要性能参数

现代社会，人们在生活和工作中使用和接触的气体越来越多，其中某些易燃、易爆、有毒气及其混合物一旦泄漏到大气中，会造成大气污染，甚至引起爆炸和火灾等。因此对可燃、易爆、有毒气体进行检测、监控、报警防火至关重要。常用的检测方法有电气化学法、光学测量法、色谱分离法等，各有特色。近年来，利用半导体材料制成小体积或膜状的气敏元件来检测的半导体法发展迅速。气敏陶瓷，亦称气敏半导体适用于吸收某种气体后电阻率发生变化的一种功能陶瓷。将气体参量转化成电信号，能以物理或化学吸附的方式吸附气体分子。气敏陶瓷大致可分为半导体式、接触燃烧式及固体电解质式三种。

1）半导体式气敏陶瓷

半导体式气敏陶瓷按作用机制可分为表面效应型和体效应型；按结构可分为烧结型、厚膜型；按加热方式可分为直热式和旁热式；按所用主要原料可分为 SnO_2 型、ZnO 型、α-Fe_2O_3 型、γ-Fe_2O_3 型等。

2）接触燃烧式气敏陶瓷

接触燃烧式气敏陶瓷元件系用铂金丝做母线，表面用陶瓷涂层、触媒材料、防晶粒生长材料以及防触媒中毒材料等涂层所制成。

3）固体电解质式气敏陶瓷

固体电解质是一类介于固体和液体之间的奇特固体材料，其主要特征是它的离子具有类似于液体电解质的快速迁移特性。如 ZrO_2 气敏陶瓷，K_2SO_4、Na_2SO_4 等碱金属硫酸盐等。

气敏陶瓷的工作原理：半导体气敏陶瓷是利用半导体陶瓷与气体接触时电阻的变化来检测低浓度气体的。半导体表面吸附气体分子时，其电导率将随半导体类型和气体分子种类的不同而变化。气体吸附一般分物理吸附和化学吸附两大类。前者吸附热低，可以是多分子层吸附，无选择性；后者吸附热高，只能是单分子吸附，有选择性。在一般情况下，物理吸附和化学吸附同时存在。在常温下物理吸附是吸附的主要形式。随着温度的升高，化学吸附增加，至某一温度达到最大值。超过最大值后，气体解吸的概率增加，物理吸附和化学吸附同时减少（图 3-82）。

半导体陶瓷气敏特性大多通过待测气体在陶瓷表面的附着，产生某种化学反应（如氧化、还原反应）、与表面产生电子的交换（俘获或解放电子）等作用来实现的，这种气敏现象称为表面过程。半导体气敏传感元件分为 N 型和 P 型，N 型在检测时阻值随气体浓度的增大而减小；P 型阻值随气体浓度的增大而增大（表 3-23）。

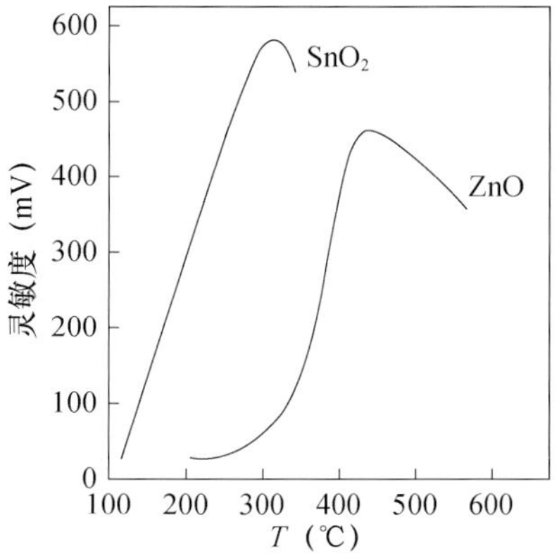

图 3-82 气敏半导体检测灵敏度和温度的关系（检测气体：0.1%丙烷）

表 3-23 半导体气敏陶瓷基本特性

半导体材料	添加物质	检测气体	使用温度（℃）
SnO_2	PdO，Pd	Co，C_3H_8，乙醇	200～300
SnO_2+SnCl_2	Pt，Pd，过渡金属	CH_4，C_3H_8，CO	200～300
SnO_2	$PdCl_2$，$SbCl_3$	CH_4，C_3H_8，CO	200～300
SnO_2	PdO+MgO	还原性气体	150
SnO_2	Sb_2O_3，MnO_2	Co，煤气，乙醇	250～300
SnO_2	稀土类金属	乙醇类可燃气体	250～300
SnO_2	过渡金属	还原性气体	250～300
ZnO	Pt，Pd	可燃性气体	250～400
α-Fe_2O_3	Pt，Ir	丙烷	350
γ-Fe_2O_3	Pt，Ir	可燃性气体	250

气敏元件的主要性能指标：

1）初始电阻

初始电阻是指在室温下，清洁空气中或一定浓度的检测气体中气敏元件的电阻值。

2）灵敏度

表示气敏元件对被测气体的敏感程度。灵敏度表示方式：

$$灵敏度=R_{air}/R_{gas} 或灵敏度=R_{c1}/R_{c2} \quad (3\text{-}23)$$

式中，R_{air} 为气敏元件在清洁空气中的电阻值；R_{gas} 为通入被测气体时气敏元件的电阻值；R_{c1} 为被测气体浓度为 0.1%时气敏元件的电阻值；R_{c2} 为通入被测气体时气敏元件的电阻值。

3）响应时间

表示气敏元件对被测气体的响应速度。一般用从通入被测气体之后到元件电阻值稳定时所需要的时间。

4）恢复时间

恢复时间指被测气体解吸所需要的时间，也称脱附时间。表示对被测气体解吸的快慢。恢复时间的长短对气敏元件的响应特性有直接影响。

5）工作温度

气敏元件多属化学敏感元件，因此需要创造一个适当高的温度条件，元件才能正常工作。且要求在工作温度下，元件的阻值比较稳定，在加热温度波动时，不致使元件阻值波动，同时在接触被测气体时，元件的灵敏度高。

6）寿命

元件能正常工作的时间称为它的寿命。影响寿命的因素有催化剂的老化、中毒，以及气敏陶瓷材料在使用过程中的晶粒长大等。

2. 生产工艺及技术

1）烧绿石型气敏陶瓷材料的制备

烧绿石型氧化物：$Pb_2M_2O_{7-y}$（M=Ir；$Ru_{1-x}Pb_x$；$x=0.75$）

制备方法：采用共沉淀法制备烧绿石型氧化物，具体如下：

按化学计量比取适量钌、铱的氯化物以及特级氮化铅溶液，然后往溶液中缓慢加入过量2mol/L的NaOH。在75℃的氧气气氛中持续搅拌24h，生产沉淀。在120℃下干燥12h，于500～780℃的空气气氛下煅烧2h。用蒸馏水去掉NaCl等副产物，最后在120℃干燥12h，即可得到。在400℃以下，对NO_x有很好的敏感性。

2）尖晶石型气敏陶瓷材料的制备

用作气敏材料的尖晶石型氧化物主要为$ZnFe_2O_4$、$ZnCr_2O_4$。

制备方法：采用固相反应法，具体如下。

按化学计量比将各种金属氧化物（或金属盐）在高温下煅烧制得。此种制备分体的方法工艺简单、易行，但反应温度高（一般在1200℃以上），保温时间长，要求参加反应的粒子小、均匀性好。尖晶石氧化物电极的传感器在650～700℃范围内，对NO_2和NO、CO均有最高的灵敏性。

3）钙钛矿型氧化物气敏陶瓷材料的制备

钙钛矿型氧化物是传感器中应用比较广泛的气敏材料。常用的钙钛矿型氧化物主要有 $LaMnO_3$、$LaFeO_3$、$La_{9-x}Sr_xCoO_{8-\delta}$ 等，以及在此基础上添加一种或几种金属的复合金属氧化物。

钙钛矿型氧化物也多用传统的固相反应法制备。采用溶胶-凝胶方法进行制备：首先按化学计量比配制一定浓度的金属盐溶液，再加入 EDTA 的氨水溶液，在磁力搅拌器上加热搅拌一定时间，然后放入一定温度的水浴中加热至湿凝胶。将湿凝胶放入真空干燥箱中烘干成干凝胶。最后将干凝胶在马弗炉中进行热处理即可得到。用 ZrO_2 作电介质，用高密度的 $LaMnO_3$ 和 $Y_{0.16}Tb_{0.3}Zr_{0.54}O_2$ 薄膜作为测试电极制成 ZrO_2 质混合位型传感器。可检测含 O_2 气流中含有的还原气体的浓度。

3. 应用领域

气敏电阻应用较广泛的是防灾报警，如液化石油气、天然气、城市煤气、煤矿瓦斯以及有毒气体等方面的报警器。也可用于对大气污染进行监测以及在医疗上用于对 O_2、CO_2 等气体的测量。生活中可用于空调机、烹调装置、酒精浓度探测等方面（图 3-83、图 3-84）。

图 3-83　酒精传感器

图 3-84　气体传感器

4. 产品现状及发展趋势

从目前研究进展来看，半导体气敏陶瓷元件的灵敏度高，有利于实现快速、连续及自动测量，结构及工艺简单、方便、价廉。缺点是稳定性、互换性不好，对不同气体分辨力差，在低温、常温条件下工作问题还有待进一步解决，不易实现定量检测等。未来需要进一步开展气敏半导体陶瓷材料的基础理论研究，在新的理论基础上探讨解决气敏半导体陶瓷材料的性能问题。

同时，要积极开发短、小、轻、薄的气敏半导体陶瓷元器件，满足种类繁多的气体检测需求。

3.3.5.4 生物陶瓷

1. 产品定义、特性、主要性能参数

生物陶瓷是指用作特定的生物或生理功能的一类陶瓷材料，即直接用于人体或人体相关的生物、医用、生物化学等的陶瓷材料。广义的生物陶瓷可以分为与人体相关的陶瓷（植入类陶瓷）和与生化学相关的陶瓷（生物工程类陶瓷）两大类。

1）植入陶瓷：主要有人造牙齿、人造骨、人造心脏瓣膜、人造血管和其他医用人造气管和穿皮接头等。实用品种包括：氧化铝陶瓷和氧化铝单晶、磷酸钙系陶瓷（磷灰石质陶瓷）、热解炭、$CaO-P_2O_5-SiO_2-Na_2O$ 系玻璃等。

2）生物工程陶瓷：主要应用的有多孔玻璃和多孔陶瓷。实用品包括：$Na_2O-B_2O_8-SiO_2$ 玻璃和 Al_2O_3、TiO_2、SiO_2、ZrO_2、$TiO_2-Al_2O_3$ 等多孔陶瓷载体。

陶瓷植入材料根据其与生物组织的作用机理分类，可分为生物惰性陶瓷、生物活性陶瓷和生物可降解陶瓷三类（表 3-24）。

表 3-24　陶瓷植入材料分类及特点

分类	主要特点	材料组成
生物惰性陶瓷	在生物体内化学性质稳定，生物相容性好，无相成元素溶出，对机体无刺激	氧化铝（Al_2O_3）、氧化锆（ZrO_2）、 碳素（C）、氧化钛（TiO_2）、 氮化硅（Si_3N_4）、碳化硅（SiC）、 硅铝酸盐（$Na_2O \cdot Al_2O_3 \cdot SiO_2$） 钙铝系（$CaO \cdot Al_2O_3$）
生物活性陶瓷	表面可与生理环境反应形成阻止材料进一步溶解的界面，与人体组织具有良好的化学亲和性	高结晶度羟基磷灰石［$Ca_{10}(PO_4)_6(OH)_2$］ 生物陶瓷（$SiO_2 \cdot CaO \cdot Na_2O \cdot P_2O_5$） 玻璃陶瓷（$SiO_2 \cdot CaO \cdot Na_2O \cdot P_2O_5$）
生物可降解陶瓷	暂时的骨替代材料，最终通过体液溶解或被代谢系统排出体外	磷酸三钙［$Ca_3(PO_4)_2$］ 可溶性钙铝系（$CaO \cdot Al_2O_3$） 低结晶度羟基磷灰石［$Ca_{10}(PO_4)_6(OH)_2$］ 掺杂型羟基磷灰石［$Ca_{10-n}Sr(PO_4)_6(OH)_2$］

生物陶瓷具备的性能：

1）与生物组织有良好的相容性

将生物陶瓷材料代替硬组织（牙齿、骨）植入人体后，与机体组织（软组织、硬组织以及血液、组织液）接触时，具有良好的亲和性能。材料与机体软组织都具有良好的结合性。此外，还要求材料对周围组织无毒性、无刺激性、无致敏性、无免疫排斥性以及无致癌性。

2）有适当的生物力学和生物学性能

材料的力学性能与机体组织的生物力学性能相一致，不产生对组织的损伤和破坏作用。

3）具有良好的加工性和临床操作性

生物陶瓷植入的目的，是通过人工材料替代和恢复各种原因造成的天然牙和骨缺损缺失的生理外形，重建已丧失的生理功能。因此，就要求种植的生物陶瓷具有良好的加工成形性，且在临床治疗过程中，操作简便，易于掌握。

4）具有耐消毒灭菌性能

生物陶瓷材料是长期植入体内的材料，植入前须进行严格的消毒灭菌处理。因此，无论是高压煮沸、液体浸泡、气体（环氧乙烷）或 γ 射线消毒后，材料均不能因此而产生变性，且在液体或气体消毒后，不能含有残留的消毒物质，以保证对机体组织不产生危害。

2. 生产工艺及技术

1）生物惰性陶瓷

生物惰性陶瓷主要是指化学性能稳定，生物相容性好的陶瓷材料。这类陶瓷材料的结构都比较稳定，分子中的键力较强，而且都具有较高的机械强度，耐磨性以及化学稳定性。主要有氧化铝陶瓷、单晶陶瓷、氧化锆陶瓷、玻璃陶瓷等。

氧化铝陶瓷和单晶氧化铝。氧化铝陶瓷由氧化铝粉料烧结制成，单晶氧化铝可用提拉法或焰熔法制取。

（1）氧化铝陶瓷制备

生物氧化铝陶瓷原料要求比较严格，纯度一般要 99.9％以上，可利用硫酸铝铵在 900～1000℃分解制得。

采用的添加剂可分为两类：一类是能生成液相、降低烧结温度、促进烧结的添加剂，主要有 MgO、CaO、BaO 等；另一类是能与 Al_2O_3 生成固溶体的添加剂，主要有 TiO_2、Cr_2O_3 等。

氧化铝生物陶瓷需对其尺寸、光洁度和形状等进行精加工，以达到临床使用的要求。

（2）氧化铝单晶

单晶氧化铝轴方向具有相当高的抗弯强度，耐磨性好，耐热性好，可直接与骨固定。用作生物陶瓷的氧化铝单晶是无色透明的。氧化铝单晶生产工艺有提拉法、导模法、气相化学沉积法、焰熔法等。

①提拉法，又称引上法。

即把原料装入坩埚内，将坩埚置于单晶炉内，加热使原料完全融化，把装在籽晶杆上的籽晶浸渍到熔体中与液面接触，精密的控制和调整温度，缓缓地以 1～4mm/min 的速度向上提拉籽晶杆，并以一定的速度旋转（坩埚的转速为 10r/min，籽晶杆的转速为 25r/min，两者转向相反），使结晶过程在固液界面上连续进行，直到晶体生长达到预定长度为止。

②焰熔法，也叫维尔纳叶法。

将硫酸铝铵原料装在料斗内，下降通过倒装的氢氧焰喷嘴，将其溶化后沉积在保温炉内的耐火材料托柱上，形成一层熔化层，边下降托柱边进行结晶。用这种方法晶体生长速度快、工艺较简单，不需要昂贵的铱金坩埚和容器，较为经济。

（3）氧化锆陶瓷

部分稳定的氧化锆和氧化铝陶瓷一样，生物相容性良好，在人体内稳定性高，且比氧化铝断裂韧性、耐磨性更高，有利减少植入物尺寸和实现低摩擦、磨损，用以制造牙根、骨、股关节、复合陶瓷人工骨、瓣膜等。目前氧化锆的生物医学应用远不如氧化铝陶瓷（表 3-25）。

表 3-25　氧化铝陶瓷、氧化锆陶瓷的物理特性

物理特性	氧化铝陶瓷	ISO 标准 6474	氧化锆陶瓷	紧质骨	松质骨
质量分数（%）	>99.8	>99.5	>97		
密度（$g \cdot cm^{-3}$）	>3.93	>3.90	6.05	1.2～2.1	
平均粒径（mm^{-3}）	8～6	<7	0.2～0.4		
表面粗糙度 *Ra*（mm^{-3}）	0.02		0.008		

续表

物理特性	氧化铝陶瓷	ISO 标准 6474	氧化锆陶瓷	紧质骨	松质骨
硬度（HV）	2300	>2000	1300		
压缩强度（MPa）	4500		2000	100～230	2～12
抗弯强度（MPa）	595	>400	1000	50～150	
杨氏模量（GPa）	400		150	3～30	0.01～0.5
断裂韧性 K（$MPa \cdot m^{1/2}$）	1～6		15	2～12	

2）生物活性陶瓷

生物活性陶瓷包括表面生物活性陶瓷和生物吸收性陶瓷，又叫生物降解陶瓷。生物表面活性陶瓷通常含有羟基，还可做成多孔陶瓷，生物组织可长入并同其表面发生牢固的键合；生物吸收性陶瓷的特点是能部分吸收或者全部吸收，在生物体内能诱发新生骨的生长。生物活性陶瓷有生物活性玻璃（磷酸钙系）、羟基磷灰石陶瓷、磷酸三钙陶瓷等几种。

（1）生物活性玻璃

生物活性玻璃的主要成分是 CaO、Na_2O、SiO_2、P_2O_5，比普通玻璃含有较多的钙和磷，与骨自然牢固地发生化学结合。一般是在 CaO-P_2O_5 系中加入 Na_2O、K_2O、MgO、SiO_2、CaF_2 等。

生物活性玻璃的生产工艺过程：配料制备→配料熔制→成型→加工→晶化热处理→再加工。

玻璃陶瓷生产过程的关键在晶化热处理阶段：第一阶段为成核阶段，第二阶段为晶核生长阶段，这两个阶段有密切联系。在第一阶段必须充分成核，在第二阶段控制晶核的成长。

玻璃陶瓷的析晶过程由三个因素决定。第一因素为晶核形成速率；第二因素为晶体生长速率；第三因素为玻璃的黏度。三个因素都与温度有关。为了促进成核，一般要加入成核剂：金、银、铂等贵金属离子，或添加 TiO_2、ZrO_2、P_2O_5、V_2O_5、Cr_2O_3、MoO_3、氟化物、硫化物等。

（2）羟基磷灰石陶瓷

羟基磷灰石是人体和动物骨骼、牙齿的主要无机成分，在骨质中，羟基磷灰石大约占 60%。理论组成为 $Ca_{10}(PO_4)_6(OH)_2$，Ca/P=1.67，晶体结构为六方晶系。

羟基磷灰石的制备可分为湿法和干法。具体分为：固相反应法、水热反应法和沉淀反应法（表3-26）。

表3-26　羟基磷灰石陶瓷的常用配方

序号	Ca：P	组成%			
		$CaHPO_4 \cdot 2H_2O$	$CaCO_3$	$Ca(OH)_2$	外加剂
1	1.67	77.6		22.4	CaF20.86
2		71.97	28.03		
3		77.6			
4		74.7	10.7	16.6	

①固相反应法

这种方法与普通陶瓷的制作方法基本相同，根据配方将原料磨细混合，在高温下进行合成，合成温度为1000～1300℃，反应过程：

$$6CaHPO_4 \cdot 2H_2O + 4CaCO_3 \longrightarrow Ca_{10}(PO_4)_6(OH)_2 + 4CO_2 + 4H_2O \quad (3\text{-}24)$$

②水热反应法

将 $CaHPO_4$ 与 $CaCO_3$ 按6：4摩尔比进行配料，然后进行24h湿法球磨。将球磨好的浆料倒入容器中，加入足够的蒸馏水，在80～100℃恒温情况下进行搅拌，反应完毕后，放置沉淀得到白色的羟基磷灰石沉淀物，其反应过程：

$$6CaHPO_4 + 4CaCO_3 \rightarrow Ca_{10}(PO_4)6(OH)_2 + 4CO_2 + 4H_2O \quad (3\text{-}25)$$

③沉淀反应法

此法用 $Ca(NO_3)_2$ 与 $(NH_4)_2HPO_4$ 进行反应，得到白色的羟基磷灰石，其反应过程：

$$10Ca(NO_3)_2 + 6(NH_4)\ 2HPO_4 + 8NH_3 \cdot H_2O + H_2O$$
$$\longrightarrow Ca_{10}(PO_4)\ 6(OH)_2 + 20NH_4NO_3 + 7H_2O \quad (3\text{-}26)$$

此外，还有其他方法可制成羟基磷灰石。羟基磷灰石还可以与其他材料形成复合羟基磷灰石陶瓷，使性能进一步改善。

（3）磷酸三钙陶瓷

磷酸三钙与羟基磷灰石都属于磷酸钙生物陶瓷，磷酸三钙是Ca：P＝1.5的 β-$Ca_3(PO_4)_2$（简称β-TCP），磷酸三钙具有生物吸收性，最终能被原骨吸收溶于原骨组织中与原骨长成一体。

磷酸三钙制备工艺与羟基磷灰石陶瓷相似。

①固相反应法

这种方法由 $CaHPO_4 \cdot 2H_2O$ 直接分解，分解温度 800～1000℃，反应过程：

$$2CaHPO_4 \cdot 2H_2O \longrightarrow \beta\text{-}Ca_2P_2O_7 + 3H_2O \tag{3-27}$$

$$\beta\text{-}Ca_2P_2O_7 \longrightarrow \beta\text{-}Ca_3(PO_4)_2 + CO_2 \tag{3-28}$$

②化学法

$$3Ca(OH)_2 + 2H_3PO_4 \longrightarrow \beta\text{-}Ca_3 \longrightarrow (PO_4)_2 + 6H_2O \tag{3-29}$$

反应过程中要保持 pH 为 2～7

③沉淀反应法

$$3Ca(NO_3)_2 + 2(NH_4)_2HPO_4 + 2NH_3 \cdot H_2O + H_2O \longrightarrow \beta\text{-}Ca_3(PO_4)_2 + 6NH_4NO_3 + 2H_2O \tag{3-30}$$

此反应要保持 Ca：P＝1.1～1.67，当小于 1.5 时，生成物中含有较多的磷酸氢铵；当大于 1.67 时，生成物中含有较多的 $Ca \longrightarrow (NO_3)_2$。

采用磷酸三钙材料用于生物陶瓷，多制成多孔性材料，而且烧结温度不超过 1000℃，这样有利于磷酸三钙降解。

3. 应用领域

目前，生物陶瓷的应用范围也正逐步扩大，可应用于人工骨、人工关节、人工齿根、骨充填材料、骨置换材料、骨结合材料，还可应用于人造心脏瓣膜、人工肌腱、人工血管、人工气管，经皮引线可应用于体内医学检测，以及膜、人造血管和其他医用人造气管和穿皮接头等（图 3-85～图 3-87）。

1）医用生物陶瓷材料

医用生物陶瓷材料主要用于移植生物陶瓷以及具有分析及科学仪器的医疗设备。移植物陶瓷具体会用于牙齿和骨头替换的医疗设备及移植体。

2）移植生物陶瓷材料

生物陶瓷材料的耐磨性、与生物相容性等特点导致这种材料在许多医疗设备中具有较大的适用性。可以通过药物传递到人工关节，刺激器和电子传感器。如氧化锆和氧化铝材料由于自身的化学稳定性较好，因此可以更好地承受人体的不友好环境。其中牙齿和骨代替是移植陶瓷的主要市场。氧化铝和氧化锆材料在骨移植中具有重要地位，当前随着相关技术的发展，该材料的稳定性研究力度不断加大，同时通过对人体骨骼成分以及承受力的对比，发现该类材料在骨组织工程研究中可以发挥非常重要的作用。随着生物陶瓷材料研究范围的扩大，更加优质和稳定的材料也会不断问世。

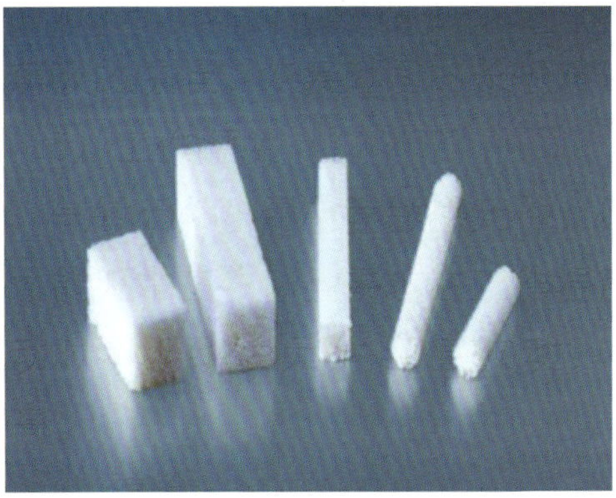

图 3-85　生物活性陶瓷

图 3-86　生物陶瓷髋关节

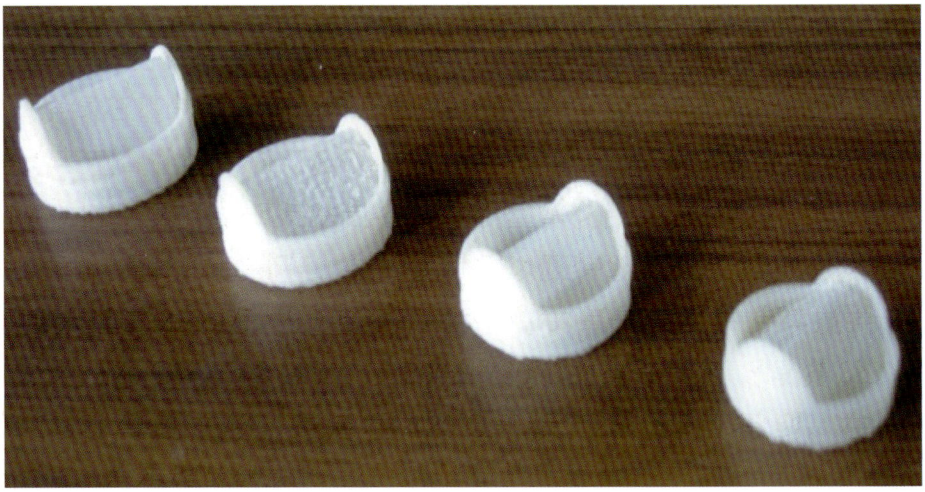

图 3-87　人造心脏瓣膜

3）生物医疗设备用陶瓷

具体包括成像仪、医学化验设备、检验系统以及超声波设备。

4）移植体陶瓷材料应用

在牙齿保洁行业，由于牙齿的消耗情况不断加大，牙科设备的更新换代也会不断加快。

4. 产品现状及发展趋势

生物陶瓷材料已经经历了一定的发展，在医学领域中表现出的价值非常明显。今后生物陶瓷材料的发展趋势主要体现在以下几个方面。

（1）通过研究与人体结构相似的有机无机复合材料，不断改善生物陶瓷材料的可靠性、强度以及韧性，从而不断改善材料的力学性能。

（2）在人骨研究的理论基础上，通过种植与软组织结合的机理，开发与人体组织适应性好，同时促进生长的生物陶瓷材料。

（3）生物陶瓷材料由于自身的特点，大部分可以直接移植到人体内，但随着应用领域的增加，应该积极研究材料的降解特点，可以在人体恢复过程中形成微型颗粒物质等。

（4）由于移植陶瓷应用范围不断扩大，今后医学领域中的人造血管和人造气管也将成为重要的研究方向。

3.3.5.5 环保陶瓷

1. 产品定义、特性、主要性能参数

由于用途广泛、种类繁多，环保陶瓷目前尚无准确的概念。以陶瓷生产制造过程及应用为例，很多企业、产品冠以“环保陶瓷”的名称。如许多汽车尾气净化器生产企业、微孔过滤陶瓷生产企业、蜂窝陶瓷填料生产企业等都能够称为“环保陶瓷”公司。“环保陶瓷”产品概念更广泛，涉及工业陶瓷、建筑卫生陶瓷、日用陶瓷等不同领域，如具有抗菌功能的陶瓷砖、陶瓷洁具，具有节水功能的陶瓷卫浴产品，不含有毒、有害色釉料的陶瓷餐具等都被称为“环保陶瓷”。此外，一些采用低温快烧等节能技术生产的陶瓷也被称为“环保陶瓷”。由此可见，“环保陶瓷”的概念如何界定尚不明确。因此，环保陶瓷主要指主要应用于环境工程领域，如水处理、气体净化、工业提纯过滤、污染物治理、噪声处理、节能控制、新能源开发等领域，对大气、水体、土壤等自然环境的保护，以及节能降耗起到直接或间接作用的工业陶瓷材料、产品及器件。

2. 生产工艺及技术

当前应用较多的环保陶瓷材料主要以气体、水、固体颗粒过滤分离材料、催化剂及载体、传感器、节能环保、新能源用陶瓷材料等为主。这类材料包括具有多孔结构、蜂窝结构的陶瓷材料、致密陶瓷材料、陶瓷多孔膜、陶瓷涂层、陶瓷基复合材料等。环保陶瓷的制备工艺技术主要涵盖以上材料的典型制造工艺，以及近年来新发展出来的先进制造工艺。

环保陶瓷材料制造工艺主要包括坯体成型、干燥、烧成等工艺。其中成形工艺种类繁多，实际生产过程中需要根据所制备材料的结构及应用特性，而选择合适的工艺。环保陶瓷中大量的多孔陶瓷制品是以管式、蜂窝式、板式结构为主，因此在成型上多采用干压成型、挤出成型、注浆成型等工艺；对于致密陶瓷材料主要以干压成型、等静压成型为主；对于尺寸较小、结构复杂的传感器等陶瓷材料，则主要采用热压铸、注塑、流延等成形技术；对于大尺寸复杂异构制品主要采用注浆、凝胶注模等成形技术；在陶瓷涂层和陶瓷膜制备方面，主要采用溶胶-凝胶法、浸渍法、电泳沉积、化学镀等成形工艺进行制造。干燥工艺除传统的控温控湿干燥外，目前红外干燥、微波干燥等先进技术也在环保陶瓷的工业化生产中得到了广泛应用。环保陶瓷的烧结技术主要包括空气气氛下的常压烧结技术、真空烧结技术、气体保护下的气氛烧结和气氛压力烧结技术等。

3. 应用领域

工业陶瓷应用于环境工程领域，已有上百年的历史。传统的环境工程领域应用包括：用于净化水体的陶瓷滤芯，用于污水活化的陶瓷曝气器、用于降低钢铁冶炼等高温窑炉能耗的陶瓷蓄热体、用于处理化工原料的陶瓷填料、用于消除高温燃气噪声的陶瓷消声器、用于高温烟气除尘的高温过滤器等，并随着陶瓷制造技术的发展、材料性能提升、应用领域的拓宽，逐渐发展到机动车尾气净化用蜂窝陶瓷催化剂、大气污染物治理用陶瓷催化剂、工业干燥炉用红外陶瓷燃烧板、陶瓷太阳能电池等。除直接应用于环境工程领域外，环保陶瓷还间接用于环境工程过程监控或环境质量监控，如用于控制尾气排放的陶瓷氧传感器、用于监控土壤水分的陶瓷湿敏传感器等。

4. 产品现状及发展趋势

蜂窝陶瓷在助热燃烧方面亦发挥出重要的促进作用。它的防治作用是通过 NH_3 将 NO 还原为 N_2，实现催化还原。近年来，为控制气体排放形成的大气污染，凝聚着多种净化技术的多孔蜂窝陶瓷产品，正在被广泛应用于汽车尾气排放处理、烟气中 NO_x 的排除、燃气轮机等的催化助热以及其他化学反应工程。尽管目前的蜂窝陶瓷产品仍存在脆性弱点，但在环境领域中表现出难以代替的作用，而获得广泛欢迎。

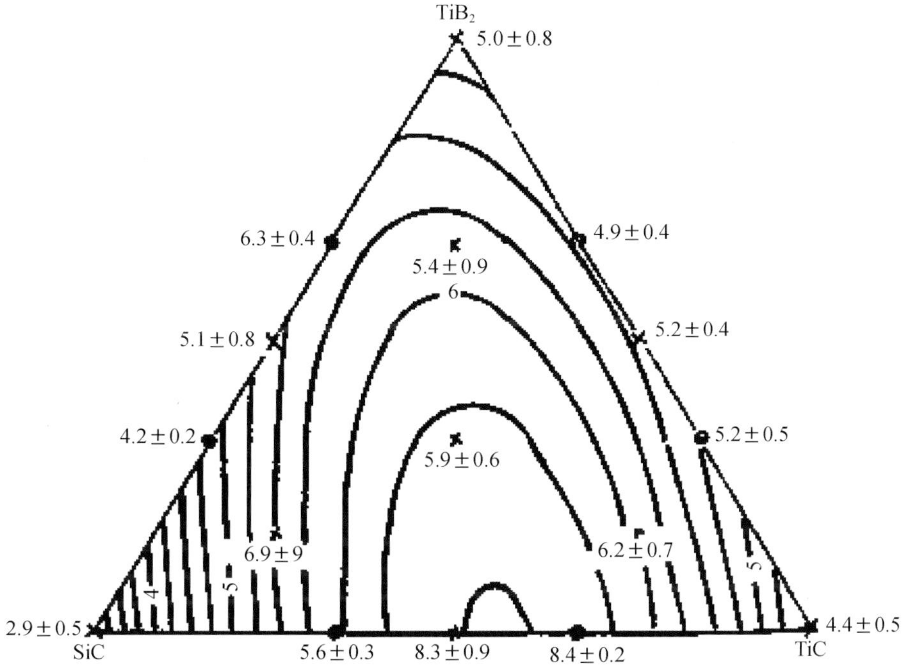

图 3-93 三元系多项式模型预测断裂韧性曲线

定向纤维复合材料的性能呈各向异性。沿纤维垂直方向的拉伸强度及沿纤维方向的剪切强度极低，而沿纤维垂直方向的断裂强度主要体现了纤维的承载能力，其值很高，而沿纤维方向的弹性模量根据复合法则，与纤维的模量成正比。纤维垂直方向的弹性模量与剪切模量，即使不随纤维的模量增大而成比例地增大，但也有助于特性值的提高。

4）破坏的非灾难性

对于陶瓷材料，由于其脆性，当所受力超过材料缺陷部分的临界应力值时，将会导致脆性断裂，发生灾难性破坏，预先没有任何征兆。

多属陶瓷材料在高温承载时，由于结合相或晶界相高温下的软化，将产生塑性变形或黏性变形，最后导致蠕变断裂，这种断裂有前兆。

对于结构材料，用纤维和晶须等去弥散复合制备陶瓷基复合材料的最大目的是使基体补强和增韧，即提高材料的承载能力和改善材料的脆性断裂性能。开发超塑性陶瓷材料也是解决陶瓷的脆性断裂问题。这样陶瓷基复合材料的非灾难性破坏问题将逐步地得到改善。

对于长纤维定向复合材料，由于集体中有大量独立的纤维，当材料超载并有少量纤维断裂时，其载荷会迅速重新分配在未破坏的纤维上，这样在短期内不致使整个构件丧失承载能力，与弥散性复合材料相比，该类复合材料具有更强的抗灾难性破坏力。

3. 陶瓷基复合材料的性能设计

陶瓷基复合材料的设计有以下通则：

1）相组成的选择（化学相容）

陶瓷基复合材料不同相之间的化学相容性是指体系中复合相之间不发生化学反应。因而在设计时可从以下两个方面予以考虑。

（1）从热力学角度考虑

从热力学角度可对复合系统进行热力学计算，分析不同的相组分之间是否具有化学反应的可能性。

（2）从相图角度考虑

从相图角度可看一下复合体系中各相是否具有共相区或共存区。如存在共存区域，则此区域中的组成，在高温下各相彼此能够共存，具备复合材料组成选择条件。但真正有效的办法还是要经过反复试验才行。

2）物理性能的匹配（物理相容）

（1）膨胀系数的匹配

膨胀系数的匹配原则：分散相的热膨胀系数 α_R 相近于或略大于基体相的热膨胀系数 α_m。

（2）调节结构力学性能

调节复合材料的结构力学性能，重要的是要求补强相与基体相的模量与强度相匹配。

（3）调整其他性能

一般来说，要调整复合材料的电、磁、热、光等特性，应选择在这些性质方面具有特点的分散相去复合基体相。如要加强氮化硅基材料的电导性或降低氮化硅材料的介电能力，就选用电导性能好的碳化硅材料为分散相。

总之，除化学相容外，陶瓷基复合材料的复合法则，还应考虑弹性模量、强度、电、磁和热性能，膨胀系数的匹配，复合材料的叠加效应等，即单相陶瓷材料引入第二相后，会使材料的性能得到良好的改善，起到性能相互取长补短的综合效果。

4. 应用领域

陶瓷基复合材料已实用化或即将实用化的领域有刀具、滑动构件、发动机制件、能源构件等。

1）刀具

陶瓷基复合材料应用于切削刀具、阀及阀座、泵衬及挤压磨具等，其性能远优于硬质合金和普通陶瓷材料。其中应用最普遍的是切削刀具类，几乎占工程陶瓷产量的三分之二。

2）发动机制件

工程机械内燃机由于长期工作在高温高压下，活塞与活塞环、缸壁间不断产生摩擦、润滑条件不充分，工作条件非常恶劣，尤其是在大功率的发动机中，普通的铸铁或铝合金活塞易燃易发生变形，疲劳热裂。用陶瓷基复合材料制造的活塞，高温强度和抗热疲劳性能明显提高，并且具有较低的线胀系数，提高了活塞的工作稳定性和使用寿命。

3）航天领域

具有良好的耐热性和在高温下比强度高的特性，可用来制造飞机发动机零部件，提高发动机性能。它还具有比模量高、热稳定性好的特点，而且克服了其脆性弱点，抗热震冲击能力显著增强。用于航天防热结构，可实现耐烧蚀、隔热和结构支撑等多功能的材料一体化设计，大幅减轻系统质量，增加运载效率和使用寿命，或者提高导弹武器的射程和作战效能。

4）生物医学

近年来临床广泛应用种植牙修复牙齿缺失，种植区骨量不足成为牙种植外科面临的常见问题。为解决这一问题，人们研究了多种骨修复方法，将异体骨经高温煅烧陶瓷化处理，消除了传播疾病的潜在危险，其组成成分完全为人体正常骨组织无机成分，具有良好的组织相容性，对促进骨组织修复具有重要意义。另外，生物活性陶瓷复合人工骨也具有良好的临床应用前景。

陶瓷基层状复合材料的制备工艺具有简便、易行、易于推广、周期短而价廉的优点，可以应用于制备大的或形状复杂的陶瓷部件。这种层状结构还能与其他增韧机制结合，形成不同尺度多级增韧机制协同作用，实现了简单成分多重结构组合，从本质上突破了复杂成分简单复合的旧思路。这种新的工艺思路是对陶瓷基复合材料制备工艺的重大突破，将为陶瓷基复合材料的应用开辟广阔前景。

3.3.6.2 颗粒增强陶瓷基复合材料

1. 产品定义、特性、主要性能参数

颗粒增强陶瓷基复合材料是指在陶瓷基体中引入第二相——颗粒增强相，并使其均匀弥散分布与基体复合而得到的一种强韧化的陶瓷基复合材料。陶瓷基体可以是氧化物陶瓷（如氧化铝、莫来石、刚玉石等）和非氧化物陶瓷（如各种氮化物、碳化物、硼化物等）。第二相颗粒可以是氧化物和非氧化物陶瓷颗粒或金属粉末颗粒，按共性质分为刚性（硬质）颗粒和延性颗粒。

颗粒增强陶瓷是在金属材料弥散强化技术的基础上发展起来的一种陶瓷基复合材料技术，可明显改善陶瓷基体的强度、韧性和高温性能，尽管颗粒的增韧效果不如晶须与纤维，但具有制备工艺简单、第二相分散容易，易于制备形状复杂的制品，价格低廉等优点，颗粒增强可以得到各向同性和高温强度、高温蠕变性能有所改善的陶瓷基复合材料（表 3-29）。

表 3-29 陶瓷基复合材料的性能

补强体/基体	抗弯强度（MPa）		蠕变（100MPa）（ε/s）	室温断裂韧性 K_{IC}（MPa·$m^{1/2}$）	抗氧化性
	室温	高温			
非氧化物/氧化物					
$BN_{(p)}$ /AlN-SiC		28，1530℃			较好（至 1600℃）
SiC～SiC	350-750			18	<10μm^2/h，1600℃
$SiC_{(p)}$ /H_fB_2	380	28，1600℃	1×10^{-5}，1600℃		12μm/2000℃/1h
$SiC_{(p)}$ /H_fB_2-SiC	1000				5%质量增加，1600℃/h
SiC/$MoSi_2$	310	20，1400℃		≈8	<10μm^2/h，1600℃
ZrB_2(pl) /ZrC(Zr)	1800～1900			18	
20%（体积）SiC/Si_3N_4	500			12	好（至 1600℃）
10%（质量）SiC（w）/Si_3N_4	1026	657，1300℃		8.9	
10%（质量）SiC（w）/Si_3N_4	1068	386，1300℃		9.4	
氧化物/氧化物					
Al_2O_3（w）/A_3S_2	≈180				分解反应
Al_2O_3/ZrO_2	500～900				稳定
YAG/Al_2O_3	373			4	稳定

续表

补强体/基体	抗弯强度（MPa）		蠕变（100MPa）（ε/s）	室温断裂韧性 K_{IC}（MPa·$m^{1/2}$）	抗氧化性
	室温	高温			
非氧化物/氧化物					
SiC/ZrB_2-Y_2O_3					差
TiB_2/ZrO_2					差
SiC/Al_2O_3	600～800		1×10^{-5}，1525℃	1～9	差（>1200℃）
30%（体积）SiC/ZrO_2	650	400，1000℃		12	差（>1000℃）
$SiC_{Nicalon}/Al_2O_3$	450	350，1200℃		21（18，1200℃）	

颗粒增强复合材料按颗粒尺寸间距可分为三类：

1）弥散增强复合材料：粒径 0.09～0.1μm，间距 0.09～0.3μm；

2）纯颗粒复合材料：粒径 9～50μm，间距 9～25μm；

3）空心微球：球径 10～30μm，壁厚 1μm。按照基体可以分为：颗粒弥散强化陶瓷、颗粒增强金属和颗粒增强聚合物。

2. 生产工艺技术

颗粒增强陶瓷基复合材料采用传统的烧结工艺，即将不同的陶瓷材料粉体经机械混合或化学混合得到均匀的混合料，压制或注射成型后进行常压烧结、热压烧结或热等静压烧结，得到致密的陶瓷基复合材料。

常压烧结工艺简单、对烧成设备无特殊要求，成本低且利于制备复杂形状制品，适于批量生产。烧结过程中陶瓷基复合材料比单相陶瓷材料所消耗烧结助剂量多，对原料的细度、活性、粒度分布要求高，所以加入的增强体在集体中的预分散应均匀。

热压烧结工艺烧结温度较低，烧结时间短（一般为 30～50min），连续热压烧结的时间更短（一般为 10～25min），晶粒尺寸小，可以制得接近理论密度的制品。一般常采用高纯高强石墨作为压模材料，制品精度低，需要表面精加工。

热等静压烧结多用于制造纤维、晶须（短纤维）和颗粒增强陶瓷基复合材料。为了提高制品的质量，常采用振动粉料包套装填技术，不仅有利于提高装填速度，而且有利于提高装填密度和降低实际压缩比。

3. 应用领域

对于高温下使用的颗粒弥散及晶须复合增韧陶瓷基复合材料，就基体而言，综合考虑高温强度、抗热震性、比重、抗蠕变性、抗氧化性等，首选材料仍是 Si_3N_4 和 SiC。在非航空航天领域，一般采用颗粒或晶须增强的陶瓷基复合材料。用于高温和腐蚀性环境的发动机部件、切削刀具镶块、耐磨损零部件、喷管和排气管、热交换器管束等。目前，用 SiC 颗粒增强的 Si_3N_4、用 SiC 晶须增强的 Al_2O_3 复合材料制造的切削刀具镶块已成功进入国际市场。

4. 产品现状及发展趋势

近年来，陶瓷基纤维复合材料发展较快，陶瓷的室温和高温强度及韧性均已得到显著改善。然而，由于品种上的限制，以及毒性、价格等方面的问题，纤维的应用受到一定程度的制约。以颗粒补强增韧的陶瓷基复合材料是陶瓷材料的另一新品种。微米级颗粒补强增韧效果远不能与纤维补强的陶瓷基复合材料相比，颗粒尺度小到几十至一二百纳米时，效果会发生重大变化，甚至产生质的飞跃。例如，日本研究人员用氧化铝和碳化硅超细粉合成的高强度纳米复相陶瓷在 1100℃时强度超过 1500MPa。

3.3.6.3　纤维增强陶瓷基复合材料

1. 产品定义、特性、主要性能参数

1）纤维增强体分类

纤维增强陶瓷基复合材料（FRCMCs）克服了陶瓷材料脆性断裂的缺点，也保持了陶瓷本身的优点。虽然用于纤维增强陶瓷基复合材料的纤维种类较多，但是能真正使用的纤维种类并不多，主要包括以下几个方面。

（1）氧化铝系列（莫来石）纤维

这类纤维的高温抗氧化性能优良，有可能用于 1400℃以上的高温环境。但目前作为纤维增强陶瓷基复合材料的增强材料主要存在以下两个问题：一是高温下晶体相变、晶粒粗化以及玻璃相的蠕变导致纤维的高温强度下降；二是在高温成型和使用过程中，氧化物纤维易于陶瓷基体（尤其是氧化物陶瓷）形成强结合的界面，导致 FRCMCs 的脆性破坏，丧失了纤维的补强增韧作用。

（2）碳化硅系列纤维

目前，制备碳化硅纤维的方法主要有两种：一是化学气相沉积法（CVD）；

用这种方法制备的碳化硅纤维高温性能好，但由于直径太大（>100μm），不利于制备形状复杂的FRCMCs构件，且价格昂贵，因而其应用受到很大限制。二是有机聚合物先驱体转化法：这种方法制备的纤维中不同程度地含有氧和游离碳杂质，从而影响纤维的高温性能。H本碳公司生产的低含氧量碳化硅纤维具有较好的高温稳定性，其强度在1500～1600℃温度下变化不大。

（3）氮化硅系列纤维

它们实际是由Si、N、C和O等组成的复相陶瓷纤维。这类纤维通过有机聚合物先驱体转化法制备。其也存在与先驱体碳化硅纤维同样的问题，因而其性能与先驱体碳化硅纤维相近。

（4）碳纤维

碳纤维是目前最成熟、性能最好的纤维之一，已被广泛用作复合材料的增强材料。其高温性能非常好，在惰性气氛中，2000℃温度范围内其强度基本不下降，是目前增强纤维中高温性能最佳的一类纤维。但其存在高温抗氧化性能差的弱点，空气中温度高于360℃后，即出现明显的氧化失重和强度下降。

2）纤维补强陶瓷基复合材料的主要机理

（1）负载传递

从弹性力学原理出发，当纤维的弹性模量（Ef）大于基体的弹性模量（Em）时，施加在复合材料上的应力可以通过基体的塑性或弹性形变传递到纤维上，这时纤维承担着较大的外加负荷，从而产生有效的增强效果。这适用于大部分韧性的聚合物基及金属基复合材料，材料的韧性也随Ef/Em的比值和纤维体积分数（Vf）的增大而提高。但对于具有高弹性模量的脆性陶瓷基复合材料，由于其与纤维的弹性模量相近，且在常温下不发生大的弹性变形，所以附在传递的作用受到限制。用弹性模量较高的Al_2O_3、石墨及SiC纤维补强硅酸盐玻璃基体材料时，补强效果较好。

（2）预应力效应

由于纤维与基体材料热膨胀系数的差异，复合材料从工艺处理温度冷却下来时，将会产生一个残余应力，称为预应力。当纤维的膨胀系数大于基体时，纤维本身在长度方向上承受张应力作用，基体则受压应力作用，才能产生预应力强化效应。预应力F的大小与基体离开纤维表面距离r的立方成反比。不过应注意，纤维与基体间产生的残余应力应小于纤维与基体间的破坏应变值。

（3）拔出效应

复合材料在断裂破坏过程中，由于纤维从基体中的拔出而消耗一部分能量，从而提高了材料的断裂韧性。产生拔出的必要条件是纤维和基体间有较高的横向断裂韧性以及较差的界面结合，这种效应随纤维体积分数的增大而显著提高。

（4）微裂纹化能量吸收

纤维与基体间物理性能的失配是在复合材料基体内造成微裂纹的主要原因。在复合材料破坏过程中，由于断裂面上的微裂纹吸收了部分能量，减缓了裂纹扩展的速度，从而相应提高了材料的韧性。

（5）裂纹转向

由于纤维和基体间的热膨胀系数与弹性模量等失配而产生应力场，使裂纹在纤维周围产生倾斜或弯曲，尖端钝化或转向，裂纹传递途径更为复杂，从而达到补强效果。

3）纤维补强陶瓷基复合材料的性能特点

纤维补强陶瓷基复合材料的最大特点是工作温度区间宽、高温强度高，因此这种材料在高温下长时间使用时不发生蠕变并能在温度反复变化下保持优异的耐冲击性。

连续纤维补强陶瓷基复合材料是目前断裂韧性最佳的一种复合材料，该材料具有以下特点。

（1）强度和韧性高；

（2）断裂能大时不发生突然性断裂；

（3）高温下仍保持常温机械特性；

（4）抗静态和动态疲劳性优异；

（5）强度均匀；

（6）集体断裂应变性能好。

不连续纤维补强的陶瓷基材料有晶须补强陶瓷基材料和短纤维补强陶瓷基材料，而其中晶须补强陶瓷基材料的性能最佳，它具有较好的断裂韧性、优异的耐高温蠕变性能、均一的强度以及较高的耐磨损性和耐蚀性，这种复合材料最大的缺点是断裂能的增大低于连续纤维补强的复合材料。

2. 生产工艺技术

纤维增强陶瓷基复合材料（FRCMCs）制造工艺。

由于碳化物与金属之间的浸润性良好，因而常常将其作为金属陶瓷中的主要陶瓷原料。碳化物可通过金属氧化物的还原、碳化，或金属氧化物、金属和碳化氢的气-固反应，金属卤化物与碳化氢的气相反应制得。硼化物、氮化物都可用相应的方法制得。金属粉末可用金属盐的还原法、碳基法、电解法、熔融金属的喷吹法等方法制得。

为了减少杂质的污染，通常可用有该种金属陶瓷内衬的球磨和硬质合金球来混合配料。近年来还发展了搅拌磨、高能振动磨等高效研磨设备。如能用喷雾干燥法造粒，将得到流动性好且极均匀的球形混合料团粒。

成型多采用半干压法，也有采用冷等静压法的。烧结可在氢气、氩气或真空中进行，也有采用热压烧结、热等静压烧结和气氛压力烧结法的。

烧结过程可分为预烧、烧结和冷却三个阶段。预烧阶段主要是使成型结合剂分解并充分排除，粉料表面的氧化物被还原，颗粒产生焊接，陶瓷少量溶于金属中。预烧阶段坯体收缩不大，但有一定的强度。在烧结阶段，随着温度的升高，陶瓷在金属中的溶解度增大，并出现液相。温度进一步升高，溶入液相的陶瓷量增多，液相量也不断增加，坯体收缩剧烈，很快致密化。金属陶瓷的种类不同，烧结温度差别很大，如 WC-Co 系在 1380～1480℃烧结，WC-Ti-Co 系在 1480～1560℃烧结。特殊需要时，还可用热压法使金属相成为软化状态，再用挤压法将材料加工成所需形状，或用渗金属法，或者用在熔融金属中通过机械搅拌使陶瓷粉末均匀分散、混入的方法制造金属陶瓷。此外，还可以采用将金属制成多孔状，再放到陶瓷泥浆中浸渍后经干燥、烧结的方法来制造金属陶瓷。

3. 应用领域

金属陶瓷兼有金属和陶瓷的优点，它密度小、硬度高、耐磨、导热性好，不会因为骤冷或骤热而脆裂。另外，在金属表面涂一层气密性好、熔点高、传热性能很差的陶瓷涂层，也能防止金属或合金在高温下氧化或腐蚀。金属陶瓷既具有金属的韧性、高导热性和良好的热稳定性，又具有陶瓷的耐高温、耐腐蚀和耐磨损等特性。金属陶瓷广泛地应用于火箭、导弹、超音速飞机的外壳、燃烧室的火焰喷口等部位。

纤维增强铝基复合材料具有比强度和比模量高、尺寸稳定性好等一系列优异性能，目前主要用于航天领域作为航天飞机、人造卫星、空间站等的结构材料。

硼纤维增强铝基复合材料是实际应用最早的金属基复合材料，美国和苏联的航天飞机中机身框架及支柱和起落拉杆等都用该材料。硼-铝复合材料可用作多层半导体芯片的支座的散热冷却板材料，还可用作中子屏蔽材料，制造废核燃料的运输容器和储存容器、可移动防护罩、控制杆、喷气发动机风扇叶片、飞机机翼蒙皮、结构支承件、飞机垂直尾翼、导弹构件、飞机起落部件、自行车架、高尔夫球杆等。

碳纤维增强铝基复合材料具有比强度高和比刚度高，导电、导热性好，密度低和尺寸稳定等特点。用这种材料制成的卫星抛物面天线骨架，热膨胀系数低，导热性好，可在较大温度范围内保持尺寸稳定。

碳化硅-铝复合材料主要用作飞机、导弹、发动机的高性能结构件，如飞机的 Z 形加强板、喷气战斗机垂直尾翼平衡器和尾翼梁、导弹弹体及垂直尾翼和汽车空调器箱。

氧化铝纤维增强铝基复合材料最成功的应用是用来制造柴油发动机的活塞。

非连续增强铝基复合材料有碳化硅晶须和颗粒、氧化铝短纤维以及硅酸铝纤维增强铝基复合材料。碳化硅晶须增强铝基复合材料用于制造导弹平衡翼和制导元件，航天器的结构部件和发动机部件，战术坦克反射镜部件，情形坦克履带，汽车零件，如活塞、连杆、汽缸、活塞销等，飞机的机身地板和新型战斗机尾翼平衡器。

碳化硅增强铝基复合材料可用来制造卫星及航天用结构材料，如卫星支架、结构连接件、管材，各种型材，导弹翼、遥控飞机翼、飞机零部件等，还可用作汽车零部件，如驱动轴、刹车盘、发动机缸套、衬套和活塞等。

氧化铝短纤维和硅酸铝纤维增强复合材料目前主要用于制造汽车发动机零件，如活塞镶圈、传动齿轮等。

4. 产品现状及发展趋势

金属基复合材料的主要目标是解决航空、航天等高技术领域提高用材强度、弹性模量和减轻重量的需要。目前远不如高聚物复合材料那么成熟，但由于金属基复合材料比高聚物基复合材料耐温性有所提高，同时具有弹性模量高、韧性与耐冲击性好、对温度改变的敏感性很小、较高的导电性和导热性，以及无高分子复合材料老化现象，成为用于宇航、航空等尖端科技的理想结构材料。随着宇航事业的发展，高温耐热金属基颗粒复合材料越来越受重视，通常作为耐磨、耐热、耐蚀、高强度材料开发，以铜、钼、镍、钴等为基体的金属基复合材料越来越受重视。另外，金属基复合材料涂层已应用在传送机、离心机、泥浆泵壳体、钻具和其他需要耐蚀和耐磨的场合。

目前，金属基复合材料领域的研究重点正逐步由连续纤维增强的金属基复合材料转到不连续增强体金属基复合材料。在基础理论研究的理论深度上国内与国外有一定的差距，特别是在原子、分子水平上深入认识界面的结构方面不够。其主要原因为：一是缺少先进的分析表征手段，二是缺少从事该领域研究的高端人才。此外，金属基复合材料的再生利用也是降低成本、实现产业绿色发展的关键，应进一步加强对相关问题的研究。

4 先进矿物功能材料

4.1 材料概述

先进矿物功能材料是以非金属矿为原料，在发挥矿物离子交换、吸附、悬浮、可塑、化学稳定以及电学、热学等性能的基础上，经过一定工艺过程制成的具有独特功能的材料。先进矿物功能材料在新一代信息技术、高端装备制造、新材料、生物、新能源、节能环保等战略性新兴产业中发挥着关键作用。

4.1.1 先进矿物功能材料的种类及用途

1. 按应用领域分类

先进矿物功能材料的应用领域可分为：环境治理材料、新能源材料、电子信息材料、农林用材料、生物医药材料、节能密封保温材料、日化及食品材料、功能助剂及填料等，具体可见表 4-1。

表 4-1 先进矿物功能材料的主要应用领域

环境治理材料	水污染治理材料
	大气污染治理材料
	土壤污染治理材料
	固体废弃物治理材料
新能源材料	动力电池材料
	储能材料
	光伏材料
电子信息材料	电子封装材料
	电子传感器材料

续表

农林用材料	农药载体材料
	矿物土壤保水剂
	农业生态环境调理材料
生物医药材料	快速凝血止血材料
	药物靶向载体材料
节能密封保温材料	珍珠岩外墙保温材料
	发泡陶瓷材料
	石墨密封材料
日化及食品材料	助滤剂材料
	凝胶材料
	食品添加剂材料
功能助剂及填料	矿物颜料
	造纸、油漆等高端填料
	绿色建材功能填料

随着技术的进步和社会的发展，矿物功能材料将会应用于更多领域，其类别将不断增加，将为国民经济和社会建设发挥更大更多的作用。

2. 先进矿物功能按材料性能分类

1）功能填料

方解石、大理石、白垩、滑石、叶蜡石、伊利石、高岭土、云母、硅灰石、透辉石、硅藻土、膨润土、皂石、海泡石、凹凸棒石、金红石、长石、重晶石、石膏、石英、石棉、水镁石、沸石等矿物加工的粉体（10～1000μm）及超细粉体（0.9～10μm）、表面改性粉体、高长径比针状粉体、大厚径比粉体，在橡胶、塑料、造纸、涂料、陶瓷、油漆、建材等领域的应用。

2）热学功能材料

石棉、石墨、云母、珍珠岩、水镁石、硅灰石、沸石、金红石、滑石、石英石等矿种制备的石棉布板、岩棉、玻璃棉、防火隔热板、吸声消声板、镁碳砖、膨胀蛭石、膨胀珍珠岩、微孔硅钙板、玻璃微珠等，在建材、建筑、冶金、化工、交通、航空航天等领域的应用。

3）电磁功能材料

石墨、石英、水晶、金刚石、电气石、沸石、蛭石等非金属矿加工制备石墨电极、胶体石墨、电刷、浮化石墨、热敏电阻、非线性电阻、压电水晶、云母电容、电子封装等，在电力、微电子、通信、计算机、航空航天、航海等领域的应用。

4）光功能材料

石英、水晶、冰洲石、方解石等非金属矿加工制备偏光、折光、聚光镜片、光学玻璃、光导纤维、透明石英玻璃管、滤光片等，在通信、电子、仪器、仪表、航空航天等领域的应用。

5）吸波与屏蔽材料

金红石、电气石、石墨、石英、重晶石等非金属矿加工制备核反应堆屏蔽材料、防护服、消光剂等，在核工业、军工、电子领域的应用。

6）催化材料

沸石、高岭土、硅藻土、海泡石、凹凸棒、地开石等非金属矿加工制备分子筛、催化剂及载体等，在石油、化工、农药、医药等领域的应用。

7）吸附材料

沸石、高岭土、硅藻土、海泡石、凹凸棒、地开石、膨润土、皂石、石墨、蛋白石等非金属矿加工制备助滤剂、脱色剂、干燥剂、除臭剂、抗菌剂、水净化剂、空气净化剂、油污染处理剂、核废料处理剂、固沙剂等，在啤酒、饮料、食用油、工业油脂、制药、环保、化妆品、食品等领域的应用。

8）流变材料

膨润土、皂石、凹凸棒、水云母等非金属矿加工制备有机膨润土、无机凝胶、触变剂、防沉剂、增稠剂、流平剂等，在油漆、涂料、造纸、农药、医药、采油、钻探等领域的应用。

9）黏结材料

膨润土、海泡石、凹凸棒石、水云母等非金属矿加工制备粘结剂、硅酸钠、胶粘剂等，在冶金、建材、铸造、轻工等领域的应用。

10）生物材料

沸石、麦饭石、高岭土、硅藻土、凹凸棒、膨润土、皂石、珍珠岩、蛋白石、电气石、滑石等非金属矿加工制备药品及保健品、药物载体、饲料添加剂、抗菌剂、化妆品添加剂等，在制药、生物化学、畜牧业、化妆品等领域的应用。

4.1.2　先进矿物功能材料发展现状及发展趋势

4.1.2.1　发展现状

矿物功能材料发展是非金属矿业高质量发展的重要标志。十多年来，我国非金属矿产及矿物功能材料产业得到较快的发展。2018 年规模以上非金属矿行业总产值约 8400 亿元。矿物功能材料产业总产值约 2500 亿元。

1. 各级政府高度重视矿物功能材料发展

工信部发布的非金属矿行业发展规划（“十二五”“十三五”）将发展矿物功能材料列为主要内容；2016 年科学技术部组织实施了“重点基础材料技术提升与产业化”重点研发计划，其中将“节能、环保非金属矿物功能材料”列为任务之一；2016 年发展改革委、工信部联合发文《关于实施制造业升级改造重大工程》，其中将矿物功能材料列入重点工程之一；2014 年国务院《关于加快培育和发展战略性新兴产业的决定》将非金属矿物功能材料列入新兴产业鼓励发展类。此外，多个省市设立“工程技术研究中心”和“重点实验室”，并出台了一系列科技、产业扶持政策，持续加大对矿物功能材料研发的支持力度。

2. 市场需求带动结构调整和新产品开发

以石墨、石英、黏土类矿物等重点优势矿种的深加工利用为重点，在“光伏电动新能源、新型日化、生物医用、农药饲料、土壤修复治理、集成电路电子封装”等国家战略和市场需求牵引下，高性能矿物功能填料、环保助剂材料、土壤改良剂、多功能矿物肥料、农药载体材料等一批深加工产品和功能材料不断得到开发和推广应用。据中国非金属矿工业协会统计，我国部分优势矿种（石墨、石英、黏土类矿物）深加工及功能材料占同类矿物加工的 50% 以上，深加工及矿物功能材料的产值约占非金属矿总产值的 30%，约 2500 亿元。

4.1.2.2　发展趋势

我国经济发展正在进入高质量发展的战略机遇期。高新技术及产业发展与非金属矿及其功能材料发展密切相关，支撑着国家重大战略和关键需求。

展望未来，我国先进矿物功能材料发展应坚持“需求牵引、重点突破、示范导向、支撑发展”的要求，以“石墨、石英、黏土矿物”等重点优势矿种为突破口，围绕“环境治理、生物医药、农业农村、电子信息、国防军工”等领域需求，实现我国矿物功能材料及产业的引领超越国际一流水平。

1. 黏土矿物功能材料

1）环境治理

目前，我国环境污染治理投入不断加大，环保产业已成为最具发展前景的新兴产业之一。环境矿物材料是指以天然矿物岩石为主要原料，在制备和使用过程中能与环境相容和协调、或在废弃后可被环境降解、或对环境有净化和修复功能的材料。目前，膨润土、凹凸棒石、海泡石等多种黏土矿物材料已广泛应用于环境治理领域中，在大气、水体、固体污染物治理方面成绩显著。治理环境污染的催化剂载体、分子筛、吸附剂、中和剂等黏土矿物功能材料功能产品的需求较大。

2）农业农村

土壤是农业农村可持续发展的基础，关系到人民群众的饮食健康。黏土矿物含有较高的矿物营养元素以及微量元素，施入土壤后可增加土壤肥力，有效减少化肥使用，节约农业生产成本。随着我国土壤治理的全面推进，土壤改良剂、重金属吸附剂等产品需求将进一步扩增。此外，膨润土、凹凸棒石、海泡石等可作为农药载体、掺和剂和吸附剂来使用，可以避免传统农药残留所带来的公害，减少对人体的危害，并能防止向大气和水体中释放农药，有利于生产环保型绿色食品。

3）生物医药

膨润土、凹凸棒石、高岭石、海泡石等黏土矿物材料已作为药用助剂或活性成分，被广泛用作胃、肠道疾病，腹泻，皮肤疾病及炎症的治疗药物或药物的辅料及保健品、美容品等常用药物的填料。

黏土矿物作为绿色医药或化妆品填料，将在人类医疗保健事业中发挥越来越大的作用。矿物纳米材料医药系统、靶向药物载体、抗菌剂、植入生物医用材料、滤膜材料等尖端领域的应用将是重要的发展趋势。

4）新能源

黏土矿物具有独特的晶体结构、微观形态及优良的理化性能，为其应用于新能源领域提供了较大的优势。黏土矿物在电池领域的应用开发趋势：针对电池领域的性能改善需求，研究黏土矿物的提纯及品质控制技术，以获得性能稳定的黏土矿物；研究黏土矿物-电解质、电极材料复合物制备过程中的反应机制、黏土矿物对电池物理性能、电化学性能的影响规律，将黏土矿物应用于高端电池制造领域；建立质量控制标准，加快黏土矿物在电池领域的产业化应用，获得更高性能的电池。

此外，新型高效氢燃料电池已成为新能源领域大力发展的前沿产品之一。针对气体储备问题，凹凸棒石、蒙脱石、埃洛石等具有孔状、管状的黏土矿物等通过负载储氢离子，具有成为高效储氢材料的潜力。

2. 石墨功能材料

石墨功能材料未来的发展趋势：石墨环保材料（包括膨胀石墨基材料、石墨烯气凝胶基材料等）、天然石墨医药健康材料（包括石墨敷料、石墨载体药品等）、石墨基 Si/C 负极材料、石墨高导热材料、微晶石墨基各向同性石墨、石墨半导体材料、石墨模具材料、核工业用减速材料和反射材料、火箭烧嘴用石墨材料、导弹鼻锥石墨材料、石墨烯复合材料、石墨储氢材料、石墨土壤改良剂、石墨润滑剂、石墨防腐材料、石墨导电材料及石墨/石墨烯基传感器材料等。

3. 石英功能材料

石英及其功能材料是新一代信息技术、高端装备制造业、新能源及新材料产业等战略性新兴产业重要的基础原材料。高纯化、超细化、功能化、智能化、精细化是其未来重要的发展及研究方向。随着我国相关产业的快速发展，石英功能材料的需求年增长率约为20%。高纯石英材料关系我国关键产业的发展，其战略地位非常重要。

4.2 典型产品

4.2.1 环境矿物材料

环境矿物材料是与生态环境具有良好协调性或直接具有环境修复作用的矿物材料。近年来，我国矿物材料研究发展迅速，新型矿物材料不断涌现，应用领域也在不断扩大，除了在常见的水、气、土壤、固体废弃物等领域外，在沙漠治理、海上重油处理、核辐射处理等方面的应用研究也有着加强，已经成为相关活跃学科的前沿领域。如今，环境保护问题备受关注，以处理大气污染、水污染、土壤污染等方面的环境矿物材料发展迅猛。我国每年提出环保政策，设立新的制度与方案，来应对环境保护中的关键问题。然而，处理污染物技术的成本昂贵且技术复杂，使用规模仍较小。环境矿物材料作为环境污染处理剂具有以下优点：治理高效、成本低廉、操作简单、适用面广、可大规模使用。

4.2.1.1 产品种类及用途

环境矿物材料可根据特点和用途进行分类。根据材料特点，如化学成分、理化性质、治理机理等可分为天然环境矿物材料，改性环境矿物材料，复合、合成环境矿物材料，工业废弃物等。天然环境矿物材料的种类及范围见表 4-2。

表 4-2 天然环境矿物按特点分类的材料类型

种类	范围		典型矿物
天然环境矿物	黏土矿物	由硅氧四面体和铝氧八面体按照不同比例共氧连接的层状、链状、岛状结构铝硅酸盐矿物	膨润土、高岭土、蛭石、凹凸棒石、埃洛石、伊利石、海泡石等
	多孔矿物	表面具有特殊孔道结构和形态的矿物，具有孔道效应和表面荷电效应、吸附性和离子交换性	沸石、膨胀珍珠岩、石墨、活性炭、蛭石、羟基磷灰石等
	钙质矿物	将含钙矿物或含钙矿物的岩石通过深加工或精细加工制备的功能矿物材料	方解石、文石和白云石、石膏、硬石膏和半水石膏、硅灰石、磷灰石等
	镁质矿物	将含镁矿物或含镁矿物的岩石通过深加工或精细加工制备的功能矿物材料	白云石、水镁石、滑石、菱镁矿等
	锰氧化物	含锰元素的矿物材料	软锰矿、硬锰矿、水锰矿、褐锰矿、黑锰矿、菱锰矿等
	铁氧化物	含铁元素的矿物材料	磁铁矿、赤铁矿、褐铁矿、菱铁矿等

续表

种类	范围	典型矿物
改性环境矿物	将环境矿物材料经过一系列加工改性可显著提高环境治理效果的矿物材料，如粉碎研磨、酸碱改性、盐改性、热改性、有机改性、提高纯度、复合改性等	蒙脱石酸改性、有机膨润土、超细石英、凹凸棒石及沸石的碱改性等
复合、合成环境矿物	将一种或多种天然环境矿物材料与其他有机和无机材料按适当配比进行烧结、胶凝、黏结、交联等复合或合成加工的功能矿物材料	岩棉、活性炭、陶粒、硅藻土基复合材料等
工业废弃物	工业生产的废渣、固体废弃物等	废钢渣、高炉渣、粉煤灰、赤泥等，石棉尾矿、矿山尾矿、金属矿山冶炼渣等

从矿物材料用途出发，可分为水体污染治理材料、大气污染治理材料、土壤污染治理材料、固体废弃物治理材料四大类，其分类见表 4-3。

表 4-3　环境矿物材料的分类及用途

污染治理范围	功能	环境矿物材料
水体污染	过滤吸附	石英、尖晶石、石榴石、坡缕石、海泡石、膨胀珍珠岩、硅藻土、膨胀蛭石、麦饭石等用于水体过滤，改性高岭土吸附刚果红，酸化坡缕石吸附有机污染物苯，蛭石吸附氨氮和水体重金属离子等
	控制 pH	白云石、石灰石、方镁石、蛇纹石、钾长石、石英等用于清除水中过多的 H^+ 或 OH^-
	净化	明矾石、三水铝石、高岭石、蒙脱石、沸石等用于清除废水中的有机污染物和重金属，如 $H_2PO_4^-$、$PO_4{}^{3-}$、Hg^{2+}、Cd^{2+}、Pb^{2+}、Cr^{3+} 等
大气污染	中和吸附	石灰石、菱镁矿、水镁石等碱性矿物用于中和可溶于水的酸酐有害气体。沸石、坡缕石、海泡石、蒙脱石、高岭石、白云石、硅藻土等多孔物质制作吸附剂用于吸附 NO_x、SO_x、H_2S、氨气、甲醛、甲烷等有毒有害气体。膨润土、海泡石可用于处理 NH_3、SO_2、H_2S 等有害气体
土壤污染	中和吸附	膨润土、海泡石、沸石、珍珠岩、石膏、蛭石、高岭土、硅藻土、石灰石、铁锰矿物、浮石、粉煤灰、电石渣吸附固定土壤重金属和有机污染物
固体废弃物	吸附固化	膨润土、海泡石、石膏、浮石、粉煤灰、电石渣、蒙脱石、蛭石、高岭土

1. 水体污染治理材料

环境矿物材料具有比表面积大、良好的吸附性能、化学活性和离子交换性等优秀的物理化学性质，同时具有原料储量大、生产成本低、对环境无二次污染等优势，在水体治理领域发挥重要作用。常见的水体污染治理材料，如沸石、蛭石、凹凸棒石、海泡石、蒙脱石、磷灰石对水体中的氮磷、重金属铅铬镉锰铜等具有良好的去除效果。环境矿物材料作为水体污染治理材料的具体分类及特点见表4-4。

表4-4 水体污染治理材料的种类及特点

水体污染治理材料	特点	环境矿物材料
过滤用矿物材料	在水中可稳定存在，不溶解、不电离、不与水发生反应、保持中性的矿物材料	石英、尖晶石、石榴石、多孔 SiO_2、硅藻土等，板柱状矿物和片状矿物不宜单独作过滤用矿物材料
控制水体pH值矿物材料	能与水体中的 H^+ 或 OH^- 发生反应并消耗的矿物，可起到调节水体pH的作用	方解石、白云石、石灰乳、水镁石、方镁石、橄榄石、蛇纹石、长石等矿物可处理酸性水，石英等酸性矿物可处理碱性水
矿物性质治理材料	矿物的荷电性、良吸附性、离子交换性、脱色性	高岭石、蒙脱石、凹凸棒石、坡缕石、海泡石、磁铁矿

水体污染治理材料也可通过水体污染物种类分类，其作用的性能有所不同，具体情况见表4-5。

表4-5 水体污染物种类及治理材料

水体污染物种类	水体污染治理材料	性能
酸、碱、盐等无机物污染	沸石、黏土矿物、硅藻土、蛋白石、磷灰石、电气石、软锰矿、硅胶、蛇纹石、埃洛石、蛭石等	矿物过滤作用、孔道效应
重金属污染（汞、镉、铅、铬等）	黏土矿物、多水高岭石、伊利石和绿泥石等可作为稳定化试剂、渗透反应墙的填充剂使用	吸附作用、化学活性作用、离子交换作用、纳米效应、生物交互作用

续表

水体污染物种类	水体污染治理材料	性能
植物营养物质污染（氮、磷等）	膨润土、蛭石、陶粒、碳酸盐、石灰石、沸石、锰钾矿、高岭土等	离子交换作用、沉淀作用，主要发生在矿物表面、孔道内与层间域
有机污染物	膨润土、凹凸棒石、石墨	均相、非均相和吸附的协同作用

2. 大气污染物治理材料

在实际的大气污染中比较常见的是颗粒污染物、气态污染物，颗粒污染物的治理方法主要是利用重力、离心力等物理方法来进行多相分离，而气态污染物是根据其不同的理化性质来开展不同的处理技术方案，如光催化氧化、吸附、氧化、等离子体、湿法除尘等技术手段。矿物材料去除大气颗粒污染物主要是通过沉降、过滤及吸附作用。大气污染治理材料按照性能机理分类见表 4-6。

表 4-6　大气污染治理材料的分类及用途

大气污染治理材料	性能机理	环境矿物材料
	中和作用	石灰石、方解石、生石灰、方镁石、水镁石
	吸附作用	黏土矿物、沸石以及改性后的多孔状物质吸附剂

大气污染治理材料按处理的大气污染物类型可分为除尘矿物材料、烟气脱硫矿物材料、烟气脱硝矿物材料、烟气脱硫脱硝矿物材料、挥发性有机物治理材料等。

1）除尘矿物材料

除尘矿物材料主要由纤维滤料、高温滤料组成，其各自的组成特点和应用范围分别见表 4-7 和表 4-8。

表 4-7　纤维滤料的组成、特点及应用范围

成分组成	主要组成物质为氧化物，如二氧化硅、氧化铝、氧化镁等
特点	比表面积大、价格低廉、易加工、耐磨性好、抗化学侵蚀性好
应用范围	可作为纺织品过滤材料，也可纤维束或纤维球滤料使用

表 4-8 高温滤料的组成、特点及应用范围

高温滤料种类	金属多孔过滤材料	陶瓷多孔过滤材料
成分组成	绝大多数是含重金属元素的硫化物和部分氧化物，如方铅矿（PbS）、磁铁矿（Fe_3O_4）；以及金属单质，如金（Au）	碳化硅、氮化铝、氧化铝
特点	优异的耐温性、力学性能和抗热震性能，适于连续的反向脉冲清洗，再生性好，使用寿命长，良好的加工性和焊接性能	孔隙率较高、体积密度小，具有高比表面及其独特的物理表面特性，对液体和气体介质有选择的透过性，能量吸收或阻尼特性，耐高温耐腐蚀、高的化学稳定性和尺寸稳定性
应用范围	烧结金属丝网、金属纤维毡、烧结金属粉末和金属膜等。在高温煤气除尘当中的应用是其他过滤材料难以取代的	在气体液体过滤、净化分离、化工催化载体、吸声减震、高级保温材料、生物植入材料、特种墙体材料和传感器材料等多方面得到广泛的应用

2）烟气脱硫矿物材料

烟气脱硫矿物材料的分类、特点及典型矿物产品见表 4-9。

表 4-9 烟气脱硫矿物材料的分类、特点及典型产品

烟气脱硫矿物材料	特点	典型产品
钙基固硫剂	通常使用的固硫剂是含钙、镁、铝、铁、硅和钠等的物相。通过在粉煤成形过程中加入这些固硫剂，使煤在燃烧时所生成的二氧化硫被固硫剂吸收，形成硫酸盐固定在炉渣中，以减少向大气排放	天然石灰石、白云石
硅藻土吸附材料	硅藻土具有独特的微孔结构，比表面积大，堆密度小，孔体积大，因而其吸附能力强。硅藻土在烟气脱硫应用中主要是借助于其丰富的微孔结构达到物理吸附的效果，硅藻土中羟基越多吸附性能越好，硅羟基可通过化学反应的方式去除烟气中的二氧化硫	硅藻土
吸收材料	以石灰石粉末或消石灰在水中形成石灰石粉浆液或石灰乳作为吸收剂吸收 SO_2。该方法设备简单，操作容易，脱硫效率高	石灰石、生石灰
	氧化镁法脱硫技术由于具有系统简单，不易结垢等优势，应用广泛	菱镁矿、水镁石

3）烟气脱硝矿物材料

烟气脱硝矿物材料的具体分类见表 4-10。

表 4-10 烟气脱硝矿物材料的种类

烟气脱硝材料	环境矿物材料种类	
锰基催化剂	负载型催化剂	活性炭、碳纳米管、CeO_2
	非负载型锰基催化剂	MnO_x、VO_x、FeO_x 催化剂
	双金属氧化物的锰基催化剂	MnO_x/Al_2O_3、MnO_x/TiO_2、MnO_x/USY（超稳定Y型分子筛）和 MnO_x/活性炭
海泡石吸附剂	海泡石是新型的天然矿物质吸附剂，一般呈致密的黏土或纤维集合体。它具有很高的比表面积和良好的化学和机械稳定性。海泡石作为吸附剂可去除有害气体中的氨气、甲醛、硫化物等污染物	
分子筛	分子筛具有优良吸附性能、适宜的表面酸性和灵活性，常用作吸附剂的分子筛有氢型丝光沸石、氢型皂沸石等	

4）烟气脱硫脱硝矿物材料

烟气脱硫脱销矿物材料的分类及性能见表 4-11。

表 4-11 烟气脱硫脱硝矿物材料的种类及性能

烟气脱硫脱硝材料	具体种类	性能
稀土氧化物材料	钙钛矿型稀土复合氧化物	钙钛矿复合氧化物在脱硫过程中可转化为金属硫氧化物活性相，可催化 CoS 中间产物与 SO_2 反应
	萤石型稀土复合氧化物	在催化还原脱硫脱硝中具有良好的应用前景
沸石	方沸石、菱沸石、钙沸石、片沸石、钠沸石、丝光沸石、辉沸石	沸石分子筛具有选择吸附效能，它具有蜂窝状的结构。沸石对于极性分子和不饱和分子有很好的亲和力，在低分压、低浓度、高温等十分苛刻的条件下都具有优良的吸附性能
凹凸棒石	凹凸棒石	凹凸棒石具有良好的吸附和离子交换性能，具有独特的物理、化学性质，可以很好地净化废气中的有害气体，加热或以化学剂处理可使凹凸棒重生循环使用
蒙脱石	蒙脱石	蒙脱石层间化合物作为一类新型的功能材料，在催化剂和催化剂载体，选择性吸附剂以及纳米级复合材料等领域显示了广阔的应用前景

5）挥发性有机物（VOCs）治理材料与室内空气净化材料

挥发性有机物（VOCs）治理材料与室内空气净化材料分类及典型矿物材料见表 4-12。

表 4-12　挥发性有机物（VOCs）治理材料与室内空气净化材料的分类

<table>
<tr><th>类别</th><th>功能</th><th colspan="2">环境矿物材料</th></tr>
<tr><td rowspan="3">挥发性有机物（VOCs）治理材料</td><td rowspan="2">催化处理</td><td>贵金属催化剂</td><td>催化燃烧中常见的贵金属催化剂是以 Pd、Pt、Au、Ru 等为组分，以过渡金属氧化物、分子筛、改性柱撑黏土为载体</td></tr>
<tr><td>金属氧化物催化剂</td><td>单一过渡金属氧化物催化剂、复合金属氧化物催化剂、钙钛矿型催化剂、尖晶石型催化剂、水滑石衍生复合催化剂</td></tr>
<tr><td>吸附处理</td><td colspan="2">活性炭、坡缕石、人工沸石</td></tr>
<tr><td rowspan="3">室内空气净化材料</td><td>吸附</td><td colspan="2">膨润土、硅藻土、活性炭</td></tr>
<tr><td>热催化氧化</td><td colspan="2">热催化氧化采用的催化剂有 Pt、Au、Pd、Ag 等贵金属催化剂，Cu、Mn、Co 等非贵金属催化剂和 MnO_x、Co_3O_4 等金属氧化物等</td></tr>
<tr><td>光催化</td><td colspan="2">光催化材料 TiO_2 的载体主要包括玻璃类、陶瓷类、非金属矿物类、吸附剂类以及金属类等</td></tr>
</table>

3．土壤污染治理材料

土壤污染具有隐蔽性、长期性和不可逆性，主要包括重金属污染物、有机污染物、无机污染物等。环境矿物材料主要通过吸附、催化氧化、降解、氧化还原、沉淀、钝化稳定等单一或多种方式对土壤进行修复治理，主要的土壤污染治理材料分类及特点见表 4-13。

表 4-13　土壤污染物种类及治理材料

<table>
<tr><th>土壤污染物类型</th><th colspan="3">环境矿物材料种类</th></tr>
<tr><td rowspan="2">土壤有机物污染</td><td>天然硅酸盐矿物材料</td><td colspan="2">蒙脱石、高岭石、膨润土、高岭石</td></tr>
<tr><td>金属矿物材料</td><td colspan="2">铁锰氧化物、零价铁、软锰矿、氢氧化物</td></tr>
<tr><td rowspan="5">土壤重金属污染</td><td rowspan="3">天然环境矿物材料</td><td>磷灰石材料</td><td>羟基磷灰石</td></tr>
<tr><td>硅酸盐矿物材料</td><td>膨润土、凹凸棒石、海泡石、高岭土、沸石</td></tr>
<tr><td>金属氧化物和其他天然环境矿物材料</td><td>铁锰氧化物、针铁矿、白云石、石灰石</td></tr>
<tr><td>改性环境矿物材料</td><td colspan="2">有机膨润土、有机高岭石</td></tr>
<tr><td>人工合成环境矿物材料</td><td colspan="2">人工合成沸石、人工合成磷酸铁纳米材料</td></tr>
</table>

4．固体废弃物治理材料

近年来随着研究学者对环境矿物材料性质了解的进一步深入，他们利用环境矿物材料的优良性能，通过吸附、沉淀、离子交换、稳定/固化等一种或多种方式对固体废弃物进行降解处理，固体废弃物因堆积造成的环境污染问题在很大程度上得到缓解和处理。固体废弃物种类及相关环境矿物治理材料见表 4-14。

表 4-14　固体废弃物种类及治理材料

固体废弃物种类		环境矿物材料
城市垃圾	填埋防渗层	赤泥、沸石、膨润土、蒙脱石
	飞灰处理	沸石、磷灰石、有机膨润土
	垃圾降解	铁氧化物
工业废弃物	矿山尾矿	石灰、凹凸棒土、硅藻土、泥炭、膨胀土、蛭石
	金属废渣	粉煤灰，电石渣稳定、固化
农业废弃物	农业固废堆肥	沸石、海泡石、蛭石、麦饭石、膨胀珍珠岩

4.2.1.2　水污染治理矿物材料

水污染治理矿物材料是环境矿物材料最重要的部分，也是研究最活跃、成果最集中的部分。这是由于环境矿物材料比表面积大、离子交换能力强使其具有较强的吸附性能，可用来去除废水中的金属离子、有机污染物等。近年来，水污染治理矿物材料已逐步应用于常规的污水和废水处理。

1. 微污染水源活性材料

黏土矿物和凝结剂用于处理污染较轻的水源，对原水中的藻类、色度和浑浊度具有良好的去除效果。微污染水源活性材料所用黏土矿物的类型仅限于凹凸棒土、膨润土、高岭土和硅藻土，其种类及应用见表 4-15。中国的黏土矿物种类很多，尝试使用黏土矿物处理微污染水具有重要的现实意义。

表 4-15　微污染水源活性材料的种类及应用

分类	特点	应用领域
凹凸棒土	具链层状结构的含水富镁硅酸盐黏土矿物，常作高分子材料的补强剂。比表面积大，表面活性高，易团聚，表面羟基多为极性，与非极性高分子材料亲和性弱	作为吸附剂、粘结剂、助剂、添加剂、催化剂载体等水处理药剂。应用于水处理、建材、轻工、纺织、地质勘探等行业

续表

分类	特点	应用领域
膨润土	以蒙脱石为主要成分的黏土矿物，晶胞带负电，具有吸附阳离子的能力。吸附能力强，比表面积大，层间作用力较弱，层间易剥离、膨胀，分离成更薄的单晶片	活化、有机改性、无机改性、有机无机复合改性，应用于含重金属废水、有机废水、含磷废水中
高岭土	主要由晶体结构呈微小片状、管状、叠片状等形状的高岭石族矿物组成	主要用于造纸、陶瓷和耐火材料等，改性高岭土广泛应用于废水中重金属、氮磷等污染物的去除
硅藻土	多孔性、密度小、比表面积大、吸附性好、耐酸、耐碱、绝缘的非金属矿	吸附水中的重金属污染物，广泛应用于废水处理领域

2. 复合型污水治理剂

复合型污水治理剂是以复合天然矿物为原料加工处理得到的污水治理剂。天然矿物内表面因特殊结构可吸附较小的有机质。对于一些粒径大于天然矿物内孔径的含极性基团，或含可极化基团的有机分子能与天然矿物外表面发生强吸附-离子交换并被去除。通过甄选不同类别的天然矿物进行复合，能进一步提升污水治理效果，扩大治理领域（表 4-16）。

表 4-16　复合型污水治理剂的特性及应用

特性	应用领域	具体作用
吸附性与吸附选择性、吸附-交换截留性、离子交换性、催化裂化性、化学转化性	电镀、电路板、电池、冶金、重金属、有毒物、氨氮等废水	消除或减少各类有毒物质，清除放射性物质，清除或降低水体的色度，消灭水中的各类病原微生物，调整水的酸碱度等
胶粘-絮凝性、脱色除臭去毒性、耐热、耐酸性、生理助育性	制革、制药、印染、食品、精细化工、木材加工、屠宰、畜牧等废水	清除植物营养降解耗氧有机物，清除各种微细固体悬浮物，清除或减少水体的臭味或异味，清除或降低水中的 Ca、Mg 元素、软化硬水等

4.2.1.3　气体污染治理矿物材料

气体污染治理矿物材料是一些具有较大比表面积和丰富孔道结构的天然矿物，对气体有良好的吸附性能，例如，沸石具有大量孔穴和孔道，被用于吸附甲硫醇、氨气、苯气体、甲醛、甲烷等。膨润土、海泡石等被作为吸附介质用于处理 NH_3、SO_2、H_2S 等有害气体。

1. 沸石浓缩转轮

沸石浓缩转轮系统能够将低浓度、大体积的有机废气通过吸附—解吸—浓缩三个连续可变温度的吸收和解吸程序，转变为高浓度、小流量的浓缩气体。该系统已被广泛用于涂料、印刷、电子、绘画等行业。其中，沸石分子筛因其特殊结构，已成为一种重要的疏水吸附材料，同时还兼具优良的耐热性和非催化性，十分适合吸附挥发性有机化合物，因此也是沸石浓缩转轮技术的核心材料。沸石分子筛性能需满足 GB/T 7701 的要求，沸石分子筛性能指标见表 4-17。

表 4-17 沸石分子筛的性能指标

项目		性能指标
空隙率（ε）		0.40
比表面积（m^2/g）		≥750
pH 值		8～10
水分（%）		≤5.0
强度（%）		≥90
装填密度（kg/m^3）		450～600
粒度（%）	>6.3mm	≤5
	3.11～6.30mm	≥90
	<3.15mm	≤5

近年来，城市工业化的迅速发展导致大气污染问题越来越严重。挥发性有机化合物，如 VOC 是常见的大气污染物，严重危害了大气环境和人体健康。合理利用沸石浓缩转轮技术能有效解决该问题，其原理：当低浓度 VOCs 废气通过蜂窝状沸石，VOCs 成分被沸石吸附，净化后的气体在室内通过循环处理的方式回收热能。此时，已吸附 VOCs 的蜂窝沸石连续旋转，利用少量的加热空气在解吸附模块进行解吸附再生，在此过程中，能够从低浓度的废气中得到高浓缩气体。

在处理大风量、低浓度的废气燃烧和回收的时候，如果没有沸石转轮，在直接进行燃烧的情况下，废气处理设备不仅体积庞大，而且产生的运行费用也会很庞大。沸石浓缩转轮示意图如图 4-1 所示。

图 4-1　沸石浓缩转轮示意图

沸石吸附浓缩转轮适用范围见表 4-18。

表 4-18　沸石吸附浓缩转轮适用范围

VOCs 的主要来源	VOC 种类
机车船舶机械喷漆	甲苯、二甲苯、酯、醇
半导体清洗	IPa、醇、酮、胺
印刷干燥	甲苯、IPa、酯、酮
石油化学	芳香族、有机酸、醇
合成树脂	苯乙烯、醛、酯
液晶制造	醇、酯、胺
锂电池涂层、电解液	NMP、酯、卤代烃
黏合剂涂层	酮、醇、甲苯

2. 活性炭

活性炭是一种以碳为主要成分的多孔矿物材料，其碳含量较高（一般超过 85%），其结构内部吸附孔数量与其表面积直接相关，也决定了活性炭的吸附能力。活性炭易于吸附的有机物包括芳烃溶剂（苯、甲苯）、氯代芳烃（氯苯、多氯联苯）、酚和氯酚类、戊糖核酸（芪）、杀虫剂和除草剂、氯化非芳香类物质（四氯化碳）、挥发性有机物（三氯乙烯、四氯乙烯）、高分子量烃类（汽油）等。

灰分是活性炭性能的一项重要评价指标，灰分一定程度上代表活性炭中杂质，灰分过高表明活性炭中杂质含量高，在使用过程中易堵塞毛孔，从而影响到活性炭的吸附能力。在实际生产应用中，通过改性可以提高活性炭对目标物质吸附的效率和特异性，解决其吸附选择性弱、孔径分布不均匀和表面官能团局限等问题。目前可通过酸碱改性、负载杂原子和化合物改性、低温等离子体改性、微波改性等方法对活性炭进行改性，见表 4-19。

表 4-19　活性炭改性方法及特点

活性炭改性方法	特点
酸碱改性法	去除活性炭中酸碱可溶性物质来达到降低灰分含量的目的，扩大其比表面积和孔道容积。相较酸改性，碱改性可提高活性炭表面碱性官能团数量，增强其表面 π-π 色散力，使活性炭整体的非极性提升，有利于其吸附弱极性有机物
负载杂原子和化合物改性法	利用负载的杂原子和化合物与甲苯之间的络合作用来提高活性炭的吸附性能，但引入的杂原子和化合物含量过高时易堵塞孔道，降低活性炭对甲苯的吸附容量
低温等离子体改性法	该法可改变活性炭表面化学性质和界面物性，具有环保节能、使用范围广、效率高等优点
微波改性法	利用微波能量加热去除孔道内部杂质、提高表面活性位点浓度，配合通入的还原性气体还能分解活性炭表面的酸性官能团，增强其碱性。但随着温度的升高，会造成炭骨架收缩，使活性炭吸附能力有所下降。因此，微波辐照功率、改性物的浓度及辐照时间是微波改性法中需要控制的关键因素

吸附法是用于处理挥发性有机化合物的一项重要技术。当选择活性炭材料作为吸附剂处理含 VOCs 的废气时，气体分子在活性炭内部大孔间扩散，VOCs 分子逐步被大孔中的微孔吸附。VOCs 在活性炭孔隙上的扩散示意图如图 4-2 所示。非 VOCs 分子通过吸附床排出，以达到废气净化的目的。因此活性炭被广泛地用于废气处理和尾气吸附领域，如喷涂、喷漆装置尾气净化，点胶、锡焊尾气吸附，塑料成型工业尾气吸附，医药、化工合成尾气吸附，溶剂回收，加油站，化工储罐，有机物焚烧装置控制二噁英排放（垃圾焚烧发电、废金属冶炼回收、危险固体废弃物焚烧）等。

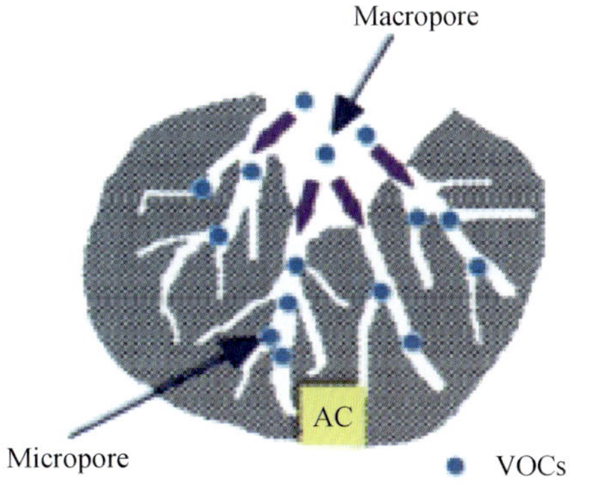

图 4-2　VOCs 在活性炭孔隙上的扩散

4.2.1.4 土壤污染治理矿物材料

1. 土壤重金属固化剂

土壤重金属固化技术是通过土壤固化剂黏结土壤，降低重金属在土壤中的渗透转移能力，限制重金属自身的转移速度。常见的固化剂有石灰、石灰石等，如图 4-3 所示。土壤重金属固化剂在使用过程中不会改变土壤结构，但具有凝结时限、老化期指标要求，同时使用固化剂的土壤还需要养护一段时间。我国石灰、石灰石储量高、成本低廉，整个流程操作简单，常被用来作为酸性土壤的土壤重金属固化剂材料。

图 4-3　石灰土壤重金属固化剂

石灰石的有效成分是 $CaCO_3$，高温煅烧可生成生石灰 CaO，生石灰吸水潮解可变成熟石灰 $Ca(OH)_2$。针对镉污染严重的土壤，石灰的添加有利于提高土壤 pH，从而降低镉的生物有效性。石灰对多种重金属污染的土壤也有一定的治理作用，对受污染土壤中的植物重金属含量具有一定的降低效果。石灰处理效果好、成本低，但也存在供碱过快、有效期短、易造成土壤板结等问题。研究发现，碳酸钙固化剂的加入可提高土壤 pH，对土壤重金属 Pb、Zn、Cd、Cu 的固化达到良好的稳定效果。

2. 土壤重金属无机稳定剂

环境矿物材料可以调控土壤重金属的存在形式和价态、有效暴露面积，从而达到降低重金属毒性、迁移转化速度、生物有效性、修复环境土壤的目的。土壤重金属稳定剂进行原位化学钝化修复的方式主要是通过吸附、沉淀、络合、氧化还原等物理化学反应，具有见效快、操作简单、投入成本低等优势。常见的土壤重金属稳定剂类型及其性能机理见表 4-20。

表 4-20 常见的土壤重金属稳定剂类型及其性能机理

类型	名称	有效成分	重金属	性能机理
土壤重金属稳定剂	硬石膏	$CaSO_4$	Cd、Pb、Ni、Zn、Hg、Cr	提高土壤 pH，增加土壤表面负电荷，增强吸附
	天然、天然改性或人工合成矿物	海泡石、沸石、蒙脱石、凹凸棒石、高岭石	Zn、Cd、Pb、Cr、Cu	颗粒小、比表面积大、表面带有负电荷，具有较强的吸附性能和离子交换性能
	金属及金属氧化物	FeO、Fe_2O_3、Al_2O_3、MnO_2	As、Zn、Cr、Cu	诱导重金属吸附或与重金属形成沉淀
	含磷物质	可溶磷酸盐、难溶羟基磷灰石、磷矿石	Cd、Pb、Cu、Zn	诱导重金属吸附或与重金属形成沉淀或矿物、表面吸附重金属

以羟基磷灰石、蒙脱石这两种土壤重金属无机稳定剂为例。研究表明，在实际土壤修复过程中，羟基磷灰石、蒙脱石两种土壤重金属无机稳定剂的加入可提高土壤 pH，但重金属稳定效果中羟基磷灰石优于蒙脱石。两种稳定剂加入前后土壤浸出液重金属质量浓度和土壤 pH 见表 4-21，当稳定剂加入量为 10%时，羟基磷灰石、蒙脱石对土壤重金属 Pb、Zn、Cd、Cu 的平均稳定效率分别达到了 99.63%、97.15%。

蒙脱石黏土矿物、羟基磷灰石磷酸盐矿物作为土壤重金属稳定剂不仅可以用于土壤重金属污染治理，在调节土壤理化性质和硅含量、增强土壤肥力等方面发挥积极作用，还可用于农田、尾矿库周边等大面积受污染土壤区域的重金属治理。

表 4-21 稳定剂加入前后土壤浸出液重金属质量浓度和土壤 pH

稳定剂	稳定剂加入量（w）%	ρ（Pb）(mg/L)	ρ（Zn）(mg/L)	ρ（Cd）(mg/L)	ρ（Cu）(mg/L)	土壤 pH
未加	0	8.70	132.40	0.48	69.50	4.18
蒙脱石	1	7.05	108.98	0.39	59.40	4.19
	3	5.26	88.10	0.15	28.87	4.24
	5	3.37	39.95	0.05	13.53	4.87
	7	1.35	2.91	0.01	6.65	5.06
	10	0.37	1.66	未检出	4.13	5.28

续表

稳定剂	稳定剂加入量（w）%	ρ（Pb）(mg/L)	ρ（Zn）(mg/L)	ρ（Cd）(mg/L)	ρ（Cu）(mg/L)	土壤 pH
羟基磷灰石	1	6.46	107.36	0.30	52.62	4.72
	3	3.60	60.18	0.12	32.56	4.86
	5	0.72	10.44	0.02	6.41	5.12
	7	0.29	1.25	0.01	1.25	5.33
	10	0.08	0.18	未检出	0.26	5.78

3. 凹凸棒基稳定剂

凹凸棒石又称坡缕石，是一种含水富镁铝的硅酸盐黏土矿物，具有2∶1型链层状结构，属于海泡石族，具有特殊纳米纤维结构。凹凸棒石的单晶直径为纳米级别，类似碳纳米管，具有类似沸石的纳米孔道，这也赋予了凹凸棒石良好的离子交换性和吸附性。通过酸改性、热处理等方式能进一步提高凹凸棒石的比表面积、增大其表面活性位点，增强其对土壤重金属的吸附性能。此外，凹凸棒土富含微量元素，结构内赋存多种水分子（结构水、沸石水、吸附水等），这一特殊的物化性质也使其能作为载体，加速营养成分的渗透扩展。

目前，凹凸棒石作为吸附剂、催化载体已被广泛应用于环境治理、农业生产、生物医药研究等领域。

凹凸棒基稳定剂生产工艺如下。

破碎磨细：采用破碎机对凹凸棒土进行破碎，筛选目数为30～60目；

酸改性：加入摩尔浓度为3～9mol/L的硫酸溶液改性剂进行酸化处理；

干燥脱水：晾晒干燥使其含水率降至15%，再次粉碎筛分至100～150目；

热改性：焙烧炉中焙烧，设置温度在300～360℃之间、时间为41～120min；

瞬间冷却，二次焙烧：喷上4～20℃的冷水搅拌使其瞬间冷却并进行二次焙烧。

4. 改性黏土矿物基稳定剂

黏土矿物包括蒙脱石、伊利石、高岭土、蛭石、海泡石、膨润土等铝硅酸盐矿物。黏土矿物基材料具有比表面积大、表面电性、成本低、使用效果好、对环境无二次污染等优势，能通过表面吸附、络合沉淀、离子交换等单一或多种作用方式对土壤中的重金属进行钝化修复。黏土矿物经活化后化学活性得到显著提高，进一步提升了离子交换量和供碱释钙能力，能更好地对土壤中的 Ni、Pb、Zn、Cu 等重金属进行络合沉淀。

原材料加工制备工艺主要包括铝硅酸盐黏土矿物基土壤调理剂精选、复合盐焙烧、水热活化调控等。高品位、高纯度、高反应活性的铝硅酸盐矿物筛选工艺为“破碎-磨矿”“洗矿-浮选”“成品-尾矿处理”。筛选后的铝硅酸盐矿物与钠、钙复合盐按照一定的比例充分混合，送至回转窑于 1200℃煅烧 1h。煅烧完全后冷却至 80℃下采用雷蒙磨研至 100 目。最后进行水热活化处理，干燥后可得到经活化改性的铝硅酸盐黏土矿物基土壤调理剂。

研究证明，采用低品位天然铝硅酸盐矿物为原料制备矿物基重金属修复材料，经济效益好、工艺稳定、综合回收效率及产品附加值高，对土壤中重金属修复具有良好的稳定、固化效果。该产品在实际应用中具有成本低、使用简便、效果好等优点，目前已在土壤改良、农用肥料、农作物种植等方面得到了广泛应用，适合大面积推广。

5. 土壤有机物处理剂

土壤污染中有机污染物主要来源于农药、杀虫剂，种类复杂多样，部分有机污染物可在土壤内长期残留富集，危害土壤环境，损坏土壤肥力。硅酸盐黏土矿物（蒙脱石、伊利石、高岭石等）具有比表面积大、吸附容量高等特性，可以通过催化氧化降解、吸附固定等方式对土壤中的有机污染物进行降解。

目前，黏土矿物尤其是改性黏土矿物（有机膨润土、表面活性剂改性的柱撑蒙脱石等）多用于吸附固定土壤中的有机污染物（农药、8-氯乙烯、4-氯苯酚等）。

4.2.1.5 固体废弃物治理矿物材料

1. 垃圾填埋场防渗材料

在垃圾填埋场治理过程中通常会在垃圾堆体与地表之间设置防渗层，利用防渗层的吸附、隔离作用防止垃圾堆体、垃圾堆渗滤液污染土壤。天然矿物具有吸附性能好、成本低、使用简单等优点，是垃圾填埋场防渗层理想的填充材料。但以天然矿物材料作为垃圾填埋场的防渗层在使用过程中经常因为垃圾渗滤液侵蚀、干燥收缩等原因导致防渗效果不持久、有害物质衰减能力下降。

膨润土吸附悬浮颗粒效果明显，但长时期作业后会因遇水膨胀堵塞颗粒间孔隙，作业寿命较短。沸石对垃圾渗滤液中的无机污染物和有机污染物具有良好的衰减作用，尤其对氨氮的衰减效果明显（衰减率达99%以上）。采用多层矿物衬里作为垃圾填埋场防渗材料可以集多种矿物优势降低垃圾填埋场渗滤液的渗透效率。例如，在防渗材料衬里中加入适量赤泥，能一定程度上改善防渗层的渗透系数，进一步提升防渗层的隔离、降解效果，达到以废固废的目的。相关证明显示，采用多层矿物衬里赤泥-沸石-膨润土的渗透系数均达到 10^{-8}cm/s 量级，符合垃圾填埋场防渗材料标准。膨润土、沸石和赤泥的土工参数见表 4-22，多层矿物衬里对垃圾填埋场渗滤液有害物质衰减效果良好，各衬里配置情况见表 4-23，各柱结构示意图如图 4-4 所示，对 COd、电导率、氨氮的衰减率达到甚至优于 3 种材料单独用作防渗衬里时的最高水平，出水 pH 与原液相当。

表 4-22　膨润土、沸石和赤泥的土工参数

材料	膨润土	沸石	赤泥
风干含水率（%）	12.96	3.51	3.76
塑限（%）	57.67	—	37.05
最大风干密度（g/cm^3）	1.00	1.23	1.35
最优含水率（%）	53.40	31.62	38.85
渗透系数（cm/s）	2.54×10^{-7}	7.84×10^{-7}	5.17×10^{-7}

表 4-23　各衬里配置情况

编号	膨润土			沸石			赤泥			总厚（cm）
	质量（g）	加水（g）	层厚（cm）	质量（g）	加水（g）	层厚（cm）	质量（g）	加水（g）	层厚（cm）	
柱 1	174.08	61.95	4							4
柱 2							218.28	70.12	4	4
柱 3				201.30	47.78	4				4
柱 4	65.28	23.23	1.5	75.49	17.92	1.5	54.57	17.53	1	4
柱 5	65.28	23.23	1.5	75.49	17.92	1.5	54.57	17.53	1	4

注：柱 4，5 为三明治结构衬里，配样条件相同，但结构中膨润土和沸石顺序颠倒。

性能（在5C下为115mAh/g）。此外，由于藻酸钠是褐藻中提取的一种可生物降解的多糖，两种成分均无毒，这种环保型隔膜可以在土壤中降解而不会引起任何污染，在保证环保的前提下提高了电池的电化学性能和安全性能。

2. 矿物基锂电池复合电解质

1）蒙脱石电解质添加剂

随着对锂离子电池研究的不断深入，具有更高能量密度的锂电池的需求不断增长。金属锂作为负极材料被广泛应用，但在电池循环过程中，负极表面较低且不均匀的锂离子浓度通常会导致枝晶不受控制地生长，特别是在高电流密度下更甚。通过使用亲锂蒙脱石作为醚基电解质中的添加剂来调节负极表面上的锂离子浓度，从而促进锂离子的均匀沉积是一种有效的解决方法。在试验过程中，亲锂蒙脱石显示出泵送特性，改善了锂离子的自浓缩动力学过程，并因此加速了锂离子在沉积物/电解质界面处的转移。通过对电化学界面上离子通量的原位拉曼跟踪，TFSI的信号强度变化可以忽略不计，表明离子分布均匀，这使得锂能够在负极表面上稳定而均匀地沉积下来，这应该可以成为优化下一代锂电池锂沉积的一种行之有效的办法。将蒙脱石掺入含有三氟甲磺酸锂（LTF）盐的聚甲基丙烯酸甲酯（PMMA）基体中，也能改善锂离子电池的性能。

2）锂云母复合电解质

在之前的研究中，无论是作为电极材料还是锂离子电池中固态电解质，二维（2D）层状材料均已显示出在离子传输方面的优越性。据报道，硅酸盐这种具有2D层状结构的天然矿石作为复合聚合物电解质（CPE）中的添加剂，可以通过抑制聚合物电解质的结晶来促进Li^+的解离，从而提高离子电导率。将锂云母作为固态电解质（SSE）来进行验证，纯锂云母和仅含聚环氧乙烷（PEO）（不含锂盐）的锂云母复合材料均显示出一定的离子电导率。2D结构为锂离子的转移提供了通道，使之具有良好的离子导电性，纯锂云母在100℃下的离子电导率为1.5×10^{-5}S/cm。将PEO和$LiClO_4$引入锂云母体系中以形成复合电解质，提高了锂云母的界面电阻，使之在60℃时离子电导率提高至1.6×10^{-4}S/cm。与聚合物电解质相比，所获得的CPE具有更好的离子电导率，更高的Li^+转移数，更好的热稳定性和机械性能。

3）埃洛石复合电解质

高性能的固态聚合物电解质（SPE）将会成为下一代锂电池研究的重点，而改善SPE的形态和电化学性能的最有效的方法之一是添加具有特定纳米结构的填料。但这种填料的生产通常很昂贵，并且需要复杂的制备程序。具有管状结构的埃洛石纳米管（HNT）在几何特征方面与碳纳米管类似，并且成本低廉，选用 HNT 制成的 HNT 聚环氧乙烷复合 SPE 具有出色的电化学性能和机械性能。但 HNT/SPE 对磷酸铁锂（LFP）电池无效。电极和电解质之间的相容性急剧下降，并且没有获得良好的循环性能。在此基础上，在电解质制备的过程中加入少量的 LFP，使之附着于 HNT 之上，形成新型 SPE HNT-LFP/SPE。新型 SPE 的制备及组装如图 4-6（a）所示。新电解质的使用使得 LFP 电池的综合性能得以提高，不仅实现了良好的离子电导率（在 25℃下为 9.23×10^{-5} S/cm），而且增强了电极与电解质之间的相容性。同时，发现电化学稳定性窗口为 5.14V，锂离子转移数为 0.46。将新的 SPE HNT-LFP/SPE 加入可以使当前商用的 LFP 电池有更进一步的发展。

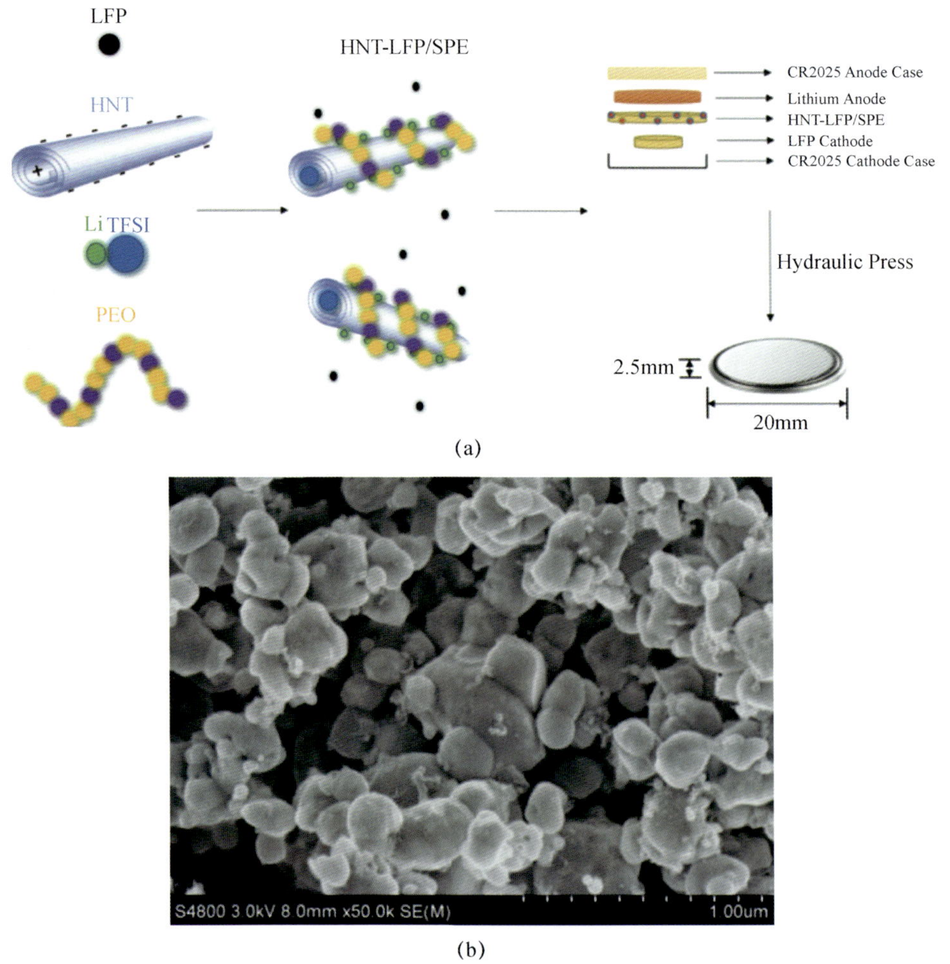

图 4-6 （a）SPE 的制备及组装示意图；（b）商用 LFP 正极材料（贝特瑞）

3. 矿物基锂电池负极材料

1）黏土矿物制备负极材料

由于硅具有超越其他负极材料的高理论能力，因此被认为是下一代锂离子电池（LIB）最具潜力的负极材料。然而，由于硅基材料的循环稳定性和倍率性能仍面临着巨大的商业化挑战。从高岭土中采用两步酸洗处理提取出无定形 SiO_2，再通过镁热还原法制备硅纳米片（k-Si）。二维纳米结构不仅可以大大缓解体积膨胀引起的问题，还因其较大的比表面积加速了离子和电子的传输。作为LIB的负极材料，在50次循环后，k-Si在0.2A/g的低电流密度下表现出1909mAh/g的高可逆比容量；在500次循环后，在2A/g的高电流密度下表现出1156mAh/g的高可逆比容量；在4A/g的电流密度下表现出889mAh/g的出色倍率性能。显著领先于目前商用的 SiO_2 粉末制备的Si材料性能。同样采用酸化、镁热还原的方法成功地从天然蛭石中提取了介孔二维硅纳米片（Ver-Si）。Ver-Si在循环稳定性和倍率性能方面表现出了令人满意的电化学性能，可逆容量为900mAh/g，并且容量保持率很高。天然蛭石是一种地球上含量较多，且具有层状结构的非金属矿物，所制成的Ver-Si独特的二维片状结构可以促进离子和电子的传输，具有中孔形态的二维纳米片结构可以有效地缓解电极的体积变化。此外，Ver-Si的多孔结构非常有利于吸收电解质，因此减少了 Li^+ 在固相中的扩散距离。为了推动LIB中Ver-Si的商业化，必须将Ver-Si与碳材料进行复合。初步的研究结果表明，与石墨和石墨烯偶联后，可以进一步改善Ver-Si的电化学性能。

2）硅藻土合成负极材料

对于全固态锂金属电池，具有分层结构以实现高倍率性能，体积变化适应能力和枝晶抑制能力的锂金属基负极材料是非常重要的。然而，由于锂的挥发性，使得基于锂金属的分层负极材料的制备具有挑战性。天然硅藻土首先通过镁热还原过程转化为分层硅骨架，然后将硅藻土衍生的硅粉末（DF-Si）与熔融的Li混合，得到分层的硅化锂-Li杂化碎片，在组装的聚乙烯基固态聚合物电解质（PEO-SPE）包覆上硅藻土衍生的硅化锂-Li冷压成复合负极材料（PEO-DLSL）。这种复合负极材料在1000h内表现出稳定的锂脱嵌/嵌入性能，层状结构促进了电极与固态电解质间的紧密接触，提供了 Li^+ 离子传输通道，对于适应电池循环过程中的界面波动起到至关重要的作用；平均过电压低于 100mV，没有任何短路。此外，使用该锂金属复合负极与磷酸铁锂正极耦合的全固态电池具有出色的循环稳定性（0.5C，500 个循环下容量衰减率为 0.04%）和高倍率性能（在 5C 下为 65mAh/g）。天然硅藻土衍生的混合负极可促进自然资源的可持续利用，有望开发出具有高能量/功率密度的安全固态锂金属电池。

3）蒙脱石合成负极材料

通过蒙脱石原位合成的硅片/氮掺杂类石墨烯类碳复合材料（Si/NG）作为电池负极也能有效改善锂离子电池的电化学性能，合成原理如图 4-7（a）所示。蒙脱石首先在形成氮掺杂的石墨烯状碳材料的过程中充当纳米板，随后进行低温铝热还原原位合成硅片。作为 LIB 的负极材料，Si/NG 表现出了良好的循环性能和倍率性能，这项工作为从黏土矿物中合成硅/杂原子掺杂的石墨烯复合材料提供了一种简便且廉价的方法，推进了在 LIB 中先进负极材料的实际生产和商业应用［图 4-7（b）（c）］。

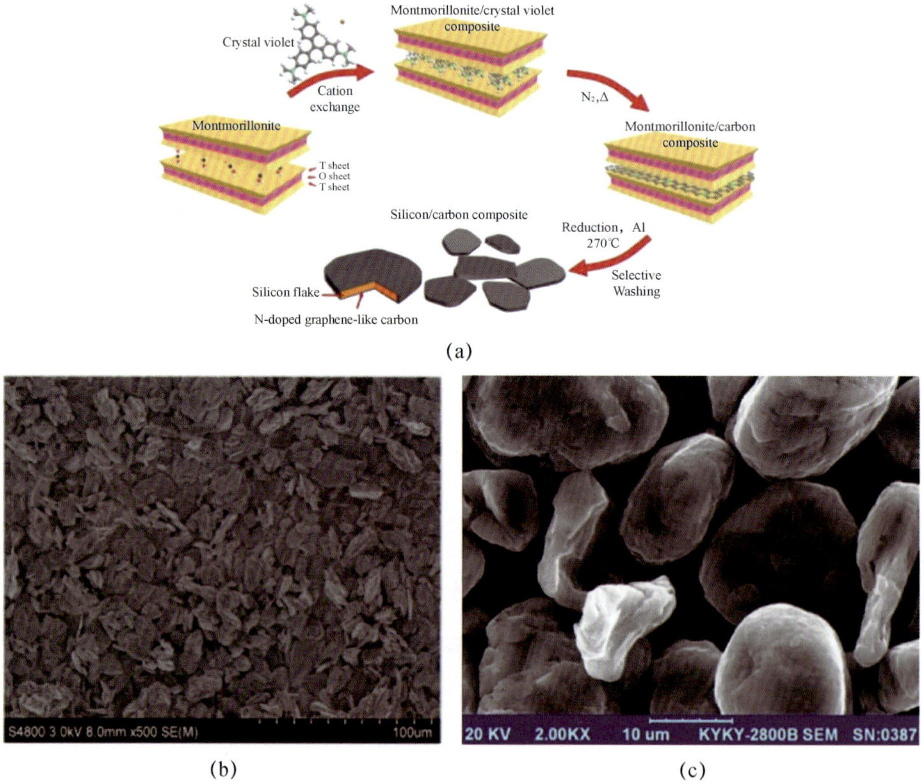

图 4-7（a）蒙脱石基原位合成 Si/NG 复合材料示意图；（b）商用高容量硅系复合负极材料；（c）天然石墨负极材料（贝特瑞）

有强大的多硫化物阴离子吸附能力。通过对电化学性能的比较，膨胀蛭石粉末与多硫化物之间相互作用的研究以及 Zeta 电位的测量成功证明了当膨胀蛭石作为基质时，Li-S 电池的双电层效应发挥了至关重要的作用。由于蛭石表面自然拥有的表面阳离子与多硫化物阴离子之间的相互作用，含 S_n^{2-} 阴离子的层被吸附在蛭石表面，成功降低了多硫化物的溶解及其穿梭效应。膨胀蛭石-S 复合材料具备出色的倍率性能和长期循环稳定性（在 500～1000 个循环内），成为碳-S 复合材料有力的竞争对手。从长远来看，试验结果不仅强调了天然黏土矿物的有用性，还使我们认识到天然黏土矿物与多硫化物之间通过双电层效应发生相互作用，并能够增强锂硫电池的性能。科研人员合成了碳包覆的埃洛石纳米管（HNT@C）复合材料，合成原理如图 4-12 所示，并将其用作锂硫电池的硫基质材料。利用 HNT 黏土独特的一维管状结构和丰富的铝硅酸盐来物理吸附和化学吸附多硫化锂，这可能在抑制多硫化物的穿梭效应中起重要作用。此外，通过聚多巴胺（PDA）涂层和热解将导电碳沉积在 HNT 的表面上，解决了 HNT 的绝缘问题，使得 HNT@C 的导电率显著提高。当用作硫基体材料时，与纯硫正极和 S/HNT 正极相比，S/HNT@C 正极具有更高的倍率能力和循环稳定性。另外，研究发现碳含量对 Li-S 电池的电化学性能有影响，当碳含量为 3%时，S/HNT@C 正极具有最佳的电化学性能，在 0.1C 时的初始放电容量为 922.7mAh/g，在 1C 下 500 次循环后的容量保持率为 82%（表 4-26）。

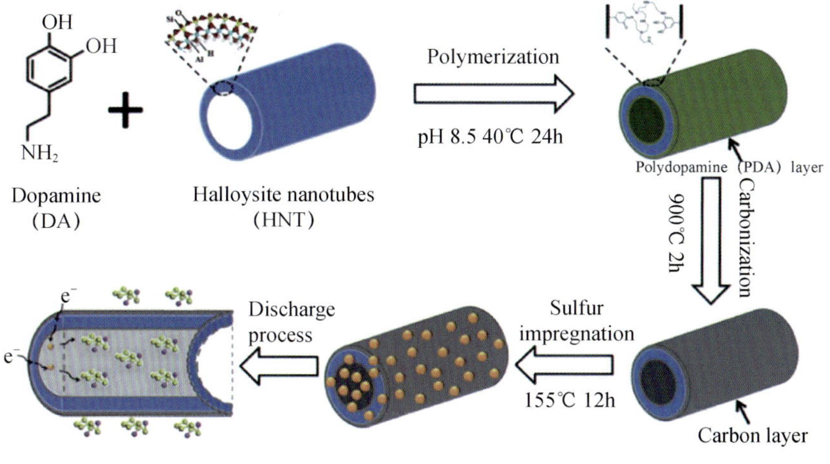

图 4-12 用于硫正极的碳包覆埃洛石纳米管（HNT@C）主体材料的合成示意图

表 4-26　矿物用于锂硫电池的相关性能参数

类型	矿物	放电比容量（mAh/g）	循环性能
隔膜	蛭石	1000	0.1C 50 次，90.3%
	蒙脱石	1382	0.1C 200 次，66.9%
电解质	埃洛石	854	0.1C 100 次，87%
正极	埃洛石	827.1	0.1C 100 次，67.7%

随着锂离子电池的广泛应用，Li 和 Co 等资源的大量使用，开发新型的含量高且具有高能量密度的正极材料是实现持久储能革命的关键。磷锰钠石 $Na_xM_y(XO_4)_3$，（M＝Mn，Fe，Co，Ni；X＝Mo，W，P，As，S）由于其独特的开放骨架几何结构、结构灵活、可分层合成和理想的电化学性能，近年来引起了科学界的广泛关注。钾离子作为锂离子电池的潜在替代品，已经开发出了用于 KIB 的正极和负极材料，并证明了 KIB 相比 LIB 和 NIB 的几个独特优势，除了不含任何稀有/有毒元素外，钾和锂的氧化还原电位接近（锂-3.04V，钾-2.93V），而且，由于溶剂和阴离子相互作用比 Li^+ 弱，K^+ 在电解质中的扩散速度更快，这对实现大功率 KIB 至关重要。除此之外，Ca 金属电池替代锂离子电池的研究也不容忽视，基于含钙矿物质的 Ca 金属负极的可在充电电池在能量密度、安全性和成本方面都表现出一定的优势。

4.2.2.3　燃料电池矿物材料

微生物燃料电池（MFC）是一种生物电化学系统，在处理废水的同时可以回收生物电。像 Nafion-117 这样昂贵的质子交换膜（PEM），给该技术的可持续大规模应用带来了严重的瓶颈，因此降本增效是下一步需重点解决的问题。5%针铁矿和天然黏土作为基础材料研制成功新型 PEM，称为 G-5，在 MFC 中用作隔膜。据统计，G-5 膜的价格仅为市面上可买到的 MFC 中的 Nafion-117 膜价格的五分之一，与使用 Nafion-117 的 MFC 相比，具有低成本 G-5 膜的 MFC 改善了电力回收和废水处理的效果，使用 G-5 作为 PEM 的 MFC 的功率密度（$112.81 \pm 8.74 mW/m^2$）略高于使用 Nafion-117 作为 PEM 的 MFC 的功率密度（$106.95 \pm 5.52 mW/m^2$）。与使用

Nafion-117 作为 PEM 的 MFC 相比，使用 G-5 膜的 MFC 的化学需氧量去除和库仑效率分别提高了 22%和 8.6%。该产品具有用于 MFC 以降低制造成本的潜力。

研究不同厚度的陶土隔膜（4mm、MFC-1 和 5mm、MFC-2）对 MFC 性能的影响，结果表明，使用 4mm 隔膜的 MFC-1 中的功率输出明显高于壁厚 5mm 的 MFC-2。陶土隔膜可以替代高成本的聚合物隔膜。使用 MFC-1 中提供的更薄的阳离子交换膜必将克服常规 MFC 中获得较高性能的主要障碍。在设计堆叠式 MFC 时，内阻和质子传质的改善也起着重要作用。在黏土中添加 20%蒙脱石混合，制备一种极具成本效益的质子交换膜用于微生物燃料电池。经碱处理的膜与中性水处理的膜相比，显示出接近 4 倍的质子传质系数和质子传导率，以及最低的氧扩散系数。酸处理的膜的质子传质系数是碱处理的膜的五分之一，碱处理过的膜的阳离子迁移数约是用中性溶液处理过的膜的一半。尽管具有更高的质子传导率和质子传质系数，但阳离子迁移数仍然较低，这表明碱处理可以使黏土膜的质子选择性更高。碱处理后，黏土膜的乙酸扩散系数、氧扩散系数和吸水率也降低了，并且使用碱处理的黏土膜作为 PEM 可以提高 MFC 的性能。因此，将经过碱处理的黏土膜用于 MFC 中，也能够使其获取更多的能量，同时提升废水处理效率。

壳聚糖/蒙脱土（CHI/MMT）纳米复合材料可用于微生物燃料电池的隔膜，该材料的氧扩散系数降低了约 100 倍，这使外生电化学阳极细菌的生长更好，将电子双层电容提高了四个数量级，并降低了阳极和阴极的电荷转移阻抗，改进了膜的质子传导性，将电阻降低了 73.2%，取得了良好的效果。将由椰子壳衍生的活性炭与天然黏土混合制备出低成本的 PEM，黏土中存在有效的吸湿性氧化物（如 SiO_2、TiO_2、Al_2O_3、$Al_2(SO_4)_3$ 和 Al_2SiO_5），并且活性炭具有高孔隙度和优越的比表面积。与 Nafion-117 膜相比，铸造的 ACCS/黏土膜显示出两倍的离子交换容量、更低的电荷转移阻力、更低的氧扩散系数和更高的质子扩散系数。由于带有 ACCS/黏土膜的 MFC 具有更高的质子扩散系数，因此，其工作电压和库仑效率比使用 Nafion-117 膜的 MFC 更高（约 1.5 倍）。这种低成本的隔膜为 MFC 在现场应用中使用的昂贵 PEM 提供了可持续的替代方案。

4.2.2.4 染料敏化太阳能电池矿物材料

可靠的、可持续的能源资源对于现代社会的经济增长至关重要。基于化石燃料的传统能源消耗不仅是不可持续的，而且燃料在燃烧过程中，二氧化碳的排放也对环境有害，开发清洁、安全、成本低的能源来代替化石燃料已成为社会发展的主要问题，而光伏太阳能电池为将来的能源供应问题提供了理想的解决方案，其中染料敏化太阳能电池（DSSC）在材料成本、器件效率和长期稳定性方面表现优异。染料敏化太阳能电池主要是模仿光合作用原理研制出来的一种新型太阳能电池。以低成本的纳米二氧化钛和光敏染料为主要原料，模拟自然界中植物利用太阳能进行光合作用，将太阳能转化为电能的过程。

在对染料敏化太阳能电池的研究过程中，电解质的选择是其成功商业化的瓶颈之一，这决定了选择更好的光伏性能还是长期的性能稳定性，同时，在使用低成本金属电极的情况下，氧化还原反应会腐蚀电解质，这成为工业化生产 DSSC 的另一个限制。在清洁能源的最新研究中，纳米黏土矿物由于其高化学稳定性、独特的溶胀能力、离子交换能力和流变特性，在液体电解质中作为添加剂成为准固态染料敏化太阳能电池的凝胶电解质起着重要的作用，有效解决液体电解质泄漏的问题。将阴离子水滑石作为凝胶剂，协助 DSSC 中凝胶电解质的形成，证明了水滑石阴离子对其光电性能的影响。在 DSSC 应用的背景下，随着离子亲和力的增加，V_{oc} 增加。这可能是因为 Li^+ 与水滑石化合物的插层导致 TiO_2 导带的升高；由于三碘化物扩散系数的降低，离子亲和力的增加，J_{sc} 降低。实验证明，正确选择水滑石不仅可以固化电解质以防泄漏，还可以提高太阳能电池的效率。带有负电荷的蒙脱石（exMMT）纳米片能够吸附 9-甲基-8-丙基咪唑鎓阳离子，形成用于染料敏化太阳能电池（DSSC）的凝胶型离子液体基电解质系统。不仅能表现出像凝胶剂一样的性能，并且由于凝胶电解质体系电阻的降低和对电极处还原反应速率的提高而提高了全日照时 DSSC 的功率转换效率，增强了其光伏性能。

来自天然提取物的许多有机染料现在也已应用于染料敏化太阳能电池，通过植物的果实、花朵和叶子中纯化而获得的天然染料转化效率较低，可以通过结构修饰提高效率。Bixin 是胭脂树中的主要色素，可作为染料敏化的 TiO_2 太阳能电池的光敏剂。高岭石能够改善纯 Bixin 的吸收系数、稳定性和电子转移，从而提高能量转换的效率。经过酸性活化的高岭石获得了较大的层间距，起到了增硅降铝的作用，可捕获更多的 Bixin 分子，同时高岭石层中的硅可以充当半导体改善太阳能电池中 TiO_2 的性能。同时研究发现，高岭石能够使 Bixin 成为强光吸收染料并保持其稳定性，TiO_2 和高岭石-Bixin 之间的强相互作用获得了更好的电子转移，这比纯 Bixin 作为光敏剂的效率要高得多。

4.2.2.5 建筑储能矿物材料

能源是为全世界社会的发展带来技术进步和经济发展的关键条件。不可再生能源的持续消耗和全球变暖的情况日趋严重，迫使人类转向使用可再生能源。当前，全球能源消耗中约18%来自可再生能源。除了提高可再生能源利用率外，开发应用能源储存技术也是解决目前困境的重要方法之一。通过将能源存储应用于高效、清洁的能源系统，可以最大限度地减少对二次能源、碳基燃料的依赖，从而提高可再生能源产生其他能源的可靠性。除此之外，如果能源生产超过能源需求，还可以使用能源存储系统来保留多余的能源，使能源达到供需平衡的状态。

1. 膨胀珍珠岩基储热材料

为了克服由于快速城市化，劳动生产率的提高，消费意识的改变和化石燃料的枯竭而导致的能源供需差距不断扩大，需要开发具有可再生能源的技术。相变材料（PCMs）是有效利用可再生能源中热能最合适的材料之一。近年来，对于开发相变材料用于效率更高的热能存储的研究越来越活跃。然而，PCMs 在熔融状态下容易发生泄漏现象，为了解决这一问题，通过将 PCMs 微包装到微观壳层或将 PCMs 浸渍到多孔支撑材料中，制备复合 PCMs 受到了广泛的关注。黏土矿物因其出色的孔隙结构，出色的稳定性，完美的有机相容性和环保特性，可用于合成形状稳定的相变材料，避免泄漏现象的发生，同时增强相变材料的储热性能。膨胀珍珠岩（EP）是一种超轻质材料，可作为优质的绝缘体和多孔基质材料，并且价格低廉，种类繁多，是储热材料的可行备选方案。科研人员通过真空浸渍法制备了含有碳纤维（CF）的十四醇-棕榈酸（TD-PA）/膨胀珍珠岩（EP）复合材料（TD PA/EP CF CPCMs），PA 和 TD 的二元共晶混合物被用作复合材料中的热能存储材料，EP 充当支撑材料。研究表明，各原料之间除了物理组合外没有化学相互作用。TD-PA 被充分吸收到 EP 多孔结构中，即使在熔融状态下也没有泄漏。测得的熔融温度为33.6℃，具有138.3kJ/kg的高相变潜热（PCLH），估计冷却温度为29.7℃，PCLH为137.5kJ/kg。热循环测量得知，在200次熔融、冷却循环之后，PCM也具有足够的稳定性。此外，在CF的存在下，热导率从0.48增加到1.081W/(m·K)。铜粉（CuP）的加入能够提高热导率，研究发现，将导热增强剂（TCE）与PCM混合的方法相比，将TCE注入基质材料具有更好的热性能和可控性。也有研究发现，通过真空浸渍法将EP与十八醇复合或者与癸酸-肉豆蔻醇复合所得到的CPCM具有良好的热稳定性和防漏性能，在建筑材料、室内降温仪等储热方面具有广阔的应用前景。

2. 硅藻土基储热材料

硅藻土（DT）由于其天然的高孔隙率和相对较低的价格而被用作复合材料PCM中的支撑基质。相比于未加工的硅藻土，经过微波-酸处理的硅藻土（D_m）具有更高的负载能力。将膨胀石墨（EG）与D_m按质量比为1：10一起用作支撑材料，以提高月桂酸-硬脂酸（LA-SA）复合PCM的导热性，并起到一定的稳定作用。研究表明，在浸渍过程中PCM与载体之间没有发生化学反应，负载量为72.2%，相变温度为31.17℃，其熔融的潜热值为117.30J/g，冷却的潜热值为114.50J/g。LA-SA/D_m/EG的热导率为LA-SA/D_m的3.2倍。因此，该复合相变材料是室内热舒适系统，特别是建筑物围护结构中热能存储的潜在选择。以癸酸（CA）为PCM，以硅藻土为载体，采用直接浸渍法制备出一种新型的热能存储（TES）形状稳定的相变材料癸酸/硅藻土（CA/DT），通过泄漏试验对复合材料进行了详细研究。结果表明，由于DT的多孔结构，吸附在DT中的CA的最大质量分数为50%，所制得的形状稳定的相变材料（FSPCM）的熔点为34.9℃，潜热为89.2J·g^{-1}，并且热稳定性明显增强，传热效率也高于原始的CA。在CA/DT中加入碳纳米管（CNT）形成三元体系用于储热。研究发现，当CA/DT复合物中CA的负载量达到约54%时，可以获得良好的形状稳定性。此外，CNT加入之后增强了二元体系的导热性。分析结果表明，FSPCM的组分具有很好的相容性，并且CA能够很好地渗透到DT/CNT基质的结构中，三元体系的熔融潜热为79.09J/g，峰值熔融温度为31.38℃，仅仅加入7wt%的CNT，CA/DT/CNT的热导率从0.15增加到0.48W/(m·K)，碳纳米管的加入，大大提高了三元体系的热导率。

3. 海泡石基储热材料

使用未改性和微波辐照的硅藻土和海泡石样品，通过不同的混合工艺（例如直接浸渍，真空浸渍和超声辅助浸渍方法）制备了十五烷/硅藻土和十五烷/海泡石纳米复合材料，使用微波处理的硅藻土样品通过直接浸渍法制备的十五烷/硅藻土复合物，测定的熔融温度为9.25℃，潜热容量为58.73J/g，制备的十五烷/海泡石熔融温度范围为7.98～8.53℃，潜热容量范围为41.01～46.02J/g，研究证明，人造硅藻土和海泡石基PCM复合材料具有良好的储热潜力。形状稳定的海泡石（Sep）/脂肪酸共晶（FAEM）复合材料（PCM）的热能存储（TES）性能，通过直接浸渍法将Sep渗入癸酸（CA）和硬脂酸（SA）的共晶混合物。研究结果表明，所生产的形状稳定的复合PCM（FSt-CPCM）具有合适的熔融温度（22.86℃）和相对高的潜热容量（76.16J/g），可用于建筑物空间的热调节。FSt-CPCM在1000次熔融、冷却循环之后仍具有出色的化学稳定性和TES可靠性。此外，与普通水泥灰浆相比，含有FSt-CPCM的水泥灰浆在实验室规模的测试中表现出出色的温度控制性能。Sep/FAEM水泥复合灰浆可被用作室内温度调节和建筑围护结构节能的材料。

4. 高岭石基储热材料

在黏土矿物作为储能材料的支撑材料的研究过程当中，高岭石也被用来做大量的试验，研究其对于储能性能的影响。通过对高岭石进行无模板结构重组，随后用（8-氨基丙基）三乙氧基硅烷（APTES）进行改性，制备了氨基功能分层多孔纳米片（NH_2-HPNT），将NH_2-HPNT与硬脂酸（SA）混合以生产新型形状稳定的复合相变材料（PCM），并研究了其性能，其性能改善机制如图4-13（a）所示。结果表明，经严格泄漏测试，材料中最大SA含量为63.5wt%。NH_2-HPNT/SA复合PCM在68.3℃时以118.6J·g^{-1}的相变焓熔化，在63.7℃时以111.8J/g的温度凝固。所制备的复合PCM是热稳定的，与SA相比NH_2-HPNT/SA的热导率提高了60%。此外，经热循环实验表明，200个熔融、冷却循环后，NH_2-HPNT/SA比HPNT/SA更加可靠。该产品有望成为热能存储中PCM的支撑材料［图4-13（b）］。

5. 膨润土基储热材料

膨润土作为矿物耦合的载体，经片状石墨-碳纳米纤维的改性后可用于装载硬脂酸，形成稳定的相变复合材料。为了同时提高热导率和负载空间，通过化学气相沉积技术在片状石墨表面生长碳纳米纤维，然后与改性膨润土化学键合，制备了载体材料。研究了耦合行为对界面热阻的影响，结果表明，化学键合可以在一定程度上降低界面热阻，耦合支撑材料的热导率（4.595W/(m·K)）高于非耦合支撑物的热导率（4.291W/(m·K)），同时复合材料具有良好的化学相容性，在180℃下具有良好的热稳定性。这种具有41.90%负载能力的复合材料的熔融潜热值为79.13J/g，冻结潜热值为79.13J/g。经过50次熔融、冷却循环，熔融潜热的变化在0.05%以内，表现出良好的热可靠性。此外，该复合材料的导热系数是纯相变材料的导热系数的10.5倍，因此传热效率更高，并且通过红外热成像记录的瞬态温度响应极佳。总之，由于较大的潜热能力和相当大的导热性，该复合材料成为储热应用的潜在候选者。

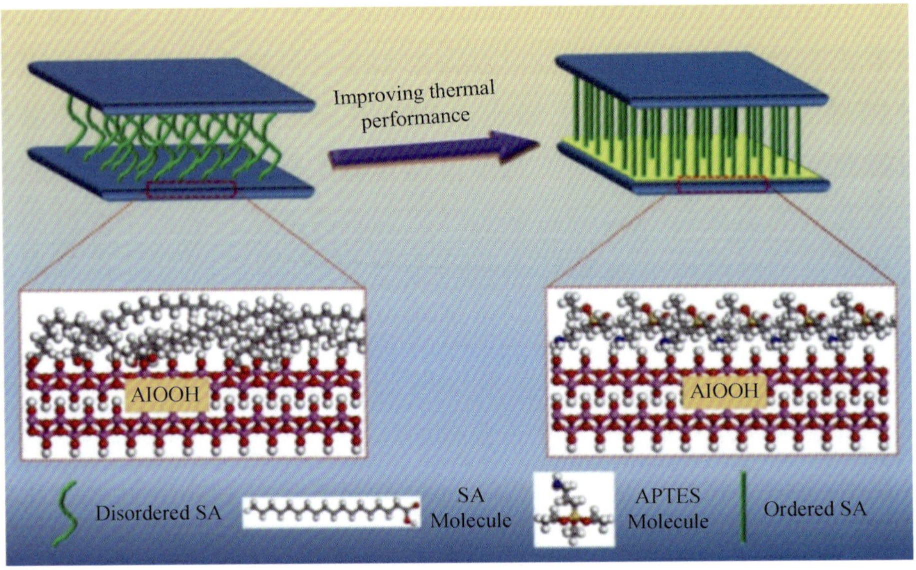

(a)

(b)

图4-13 （a）改善复合PCM热性能的机制示意图；（b）储热砖（金合能源）

6. 膨胀蛭石基储热材料

膨胀蛭石（EV）是一种传统的绝缘材料，具有来源广、防火隔声、质量轻等特点，一直被用作屋顶和墙板的部件。研究者们已经对基于 EV 的形状稳定的相变材料进行了若干研究，通过将共晶盐水合物（质量比为 1∶1 的 $Na_2SO_4 \cdot 10H_2O$-$Na_2CO_3 \cdot 10H_2O$）浸渍到 EV 中制备新型形状稳定的相变材料，测定复合物中共晶盐水合物的最大质量百分比为 60%。真空浸渍制备盐水合物、EV 复合 PCM 的原理如图 4-14（a）所示。经过各种测试结果表明，共晶盐水合物完全填充在 EV 的多层结构中，并且各组分之间具有良好的相容性。复合材料的相变温度和熔化焓分别为 23.98℃和 110.3J/g。测得热导率为 0.192W/(m·K)，证明该复合材料绝缘性能好。然后在小型试验箱中对复合 PCM 进行测试，将含有 PCM 的室内温度变化与另一个没有 PCM 的相同室进行比较，从而评估热调节性能。结果表明，该复合材料具有将室内温度长时间保持在舒适范围内的功能。低成本的水合盐、EV 复合材料对建筑保温隔热产生很大影响，起到节能的效果（表 4-27）。

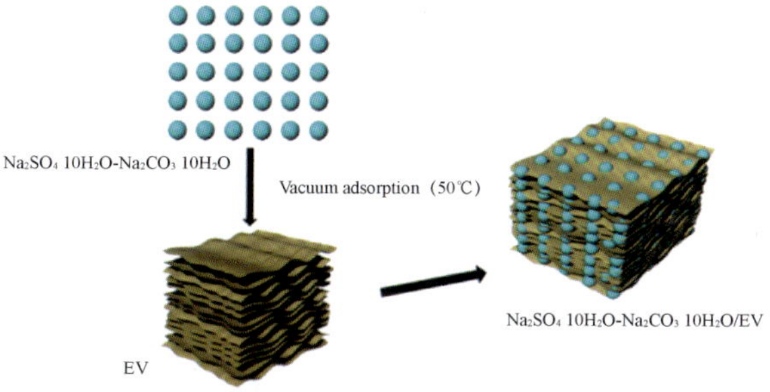

(a)

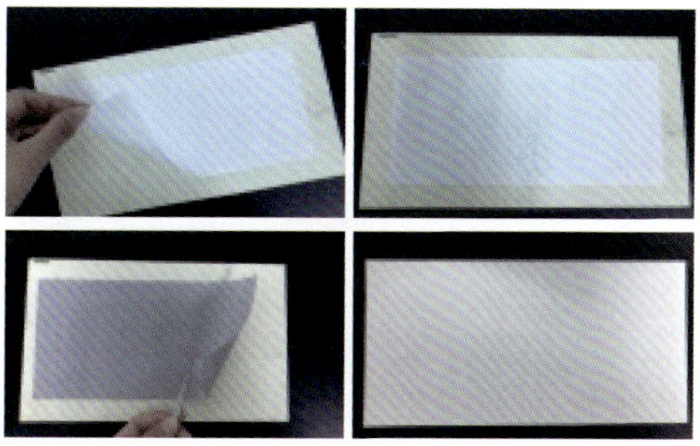

(b)

图 4-14 （a）真空浸渍制备盐水合物、EV 复合 PCM 的原理图；（b）相变薄膜材料（深圳垒石）

表 4-27 矿物基建筑储能材料性能参数

矿物	熔融温度（℃）	熔融潜热（$J \cdot g^{-1}$）	冷却温度（℃）	冷却潜热（J/g）	装载量（%）	热导率[W/(m·K)]
膨胀珍珠岩	35.5	156.7	36.1	156.1	77.7	1.463
硅藻土	31.17	117.3	30.02	114.5	72.2	0.51
高岭石	68.3	118.6	63.7	111.8	63.5	0.40
膨润土	52.01	79.13	53.43	79.13	41.9	2.803
膨胀蛭石	23.98	110.3	14.43	79.6	60	0.192

4.2.2.6 太阳能储能矿物材料

全球能源需求逐步增加，通过燃烧化石燃料可以满足大部分能源需求，但会对环境产生严重危害并且消耗迅速。为了减少温室气体的排放，必须大幅增加包括偏远地区在内的可再生能源（即太阳能、潮汐能、风能等）的生产，但这些能源本质上是间歇性的能源供应，为了确保可再生资源能够持续提供能量，以促进全球范围内全天候的电力生产，就需要像电池和超级电容器这样的高效电化学能量存储系统。

1. 蒙脱石基太阳能储能材料

具有转换和存储太阳能能力的相变材料（PCM）可以充分利用清洁的可再生能源。天然蒙脱石（Mt）被剥离成二维蒙脱石纳米片（MtNS），然后被自组装成三维网络蒙脱石骨架（3D-MtNS），该骨架被用于封装硬脂酸（SA），该复合 PCM 的制备极大地促进了太阳能的转换和存储性能。这种新颖的 3D-MtNS 框架提供了超高的孔隙率和巨大的比表面积，可以封装 95wt%以上的 SA 而不会泄漏，从而在黏土矿物基复合 PCM 中实现了最高的潜热容量（198.78J/g）。此外，整个 PCM 复合材料中的交联 MtNS 提供了快速的传热路径，从而具有出色的传热能力和光热转换性能。此外，由于受到 3D-MtNS 框架的保护，复合 PCM 具有出色的形状稳定性、热稳定性和循环稳定性。与以前制备的黏土矿物基复合材料 PCM 相比，该 3D 网络 Mt/SA 复合材料 PCM 具有显著的潜热容量和良好的传热能力，可实现太阳能的直接转换、存储和利用。将二维蒙脱石纳米片（2D-MMT）用于封装硬脂酸（SA）乳胶颗粒，通过强静电吸引力下在负电 SA 乳胶表面上自组装带正电的 MMT 纳米片制备出一种新型核壳结构的纳米复合相变材料，能极大地提高热能存储容量和导热系数。MtNS/SA 复合 PCM 的制备工艺和自组装机制如图 4-15 所示。由于 MMT 纳米壳非常薄，因此 2D-MMT/SA 复合材料装载 SA 的质量分数非常高（>80%），具有巨大的潜热存储能力（184.88J/g）。另外，由于 MMT 纳米片相对较高的热导率，该 PCM 的热导率最多可以达到 SA 的 159.46%。之后，还研究了 2D-MMT 壳厚度对潜热、热传递能力、形状稳定性以及循环性能等热能存储性能的影响，发现 2D-MMT 壳越薄，热导率和潜热存储能力越好。此外，保护性 2D-MMT 外壳为复合材料提供了出色的形状稳定性，从而有效地限制了 PCM 的泄漏。不仅如此，该复合材料在熔融、冷却测试中也表现出稳定的循环性能。将蒙脱石（Mt）在硬脂酸（SA）乳液中自组装形成 Mt/SA 微胶囊，并通过硅酸四乙酯（TEOS）的水解和缩聚反应并用 SiO_2 包覆，以增强结构稳定性。研究表明，Mt/SA 微胶囊呈球形，粒径分布为 10～30μm。Mt/SA 微胶囊的冷却潜热在 52.3℃下为 118J/g。与 SA 相比，Mt/SA 微胶囊的储能速率更快。Mt/SA 微胶囊具有优异的结构稳定性，高的储能能力和稳定的储能与释放性能。Mt/SA 微胶囊的储能性能优于通过真空浸渍制备的 Mt/SA 复合物。在 2D-Mt/SA 中加入银纳米颗粒（AgNPs）之后比纯 SA 的热导率增加了 229.3%，并且具有优异的传热能力，显著的热充电、放电速率和出色的光热转换能力，表现出出色的热稳定性和结构可靠性。蒙脱石储能复合材料具有非常低的成本，超高的潜在储热能力，良好的导热性，出色的结构稳定性和循环性能，在可持续能源领域中对太阳能存储具有广阔的应用前景。

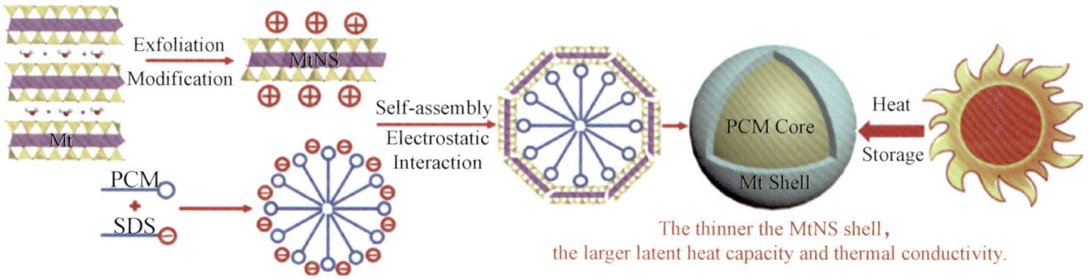

图 4-15　MtNS/SA 复合 PCM 的制备工艺和自组装机制示意图

2. 高岭石基太阳能储能材料

通过对高岭石尾矿和赤铁矿作为主要原料的生坯进行热处理，来合成新型显热储能材料（TSM），试验表明，在 200～1000℃的温度下进行热处理后，生坯的热导率达到 1.19～1.64W/(m·K)。事实证明，黏土成分对生坯的热导率具有重要影响。高岭土尾矿可以作为“调节剂”，将导热系数从 1.42W/(m·K) 调节到 1.92W/(m·K)，TSM 可为集中式太阳能热能存储系统提供潜在的有效选择。为了探索载体的粒度分布对相变材料（PCM）的热性能的影响，通过使用硬脂酸（SA）与尺寸不同的高岭土（Kaol）杂化来制备形状稳定的复合材料。结果表明，优异的热容量归因于对 SA 更高的负载容量和结晶度，这与复合材料中 Kaol 的布局状态密切相关。随着结晶度的增加，界面热阻的降低和有效的热传导网络，可以实现更高的热导率。传热网络的建立在很大程度上取决于载体中小颗粒和大颗粒之间的相互比例。据推测，这些微小的颗粒起着桥梁的作用，从而分散了各自分散的板块，促进了连续的导热路径。结果表明，高岭土的粒径分布可能对复合材料的热性能产生很大影响。使用三种高岭石（片状，PKaol；层状，LKaol 和棒状 RKaol）装载石蜡，制备 PKaol/石蜡，LKaol/石蜡和 RKaol/石蜡复合物，详细研究了高岭石微观结构对复合材料储热性能的影响。研究发现，当小于 5nm 的高岭石孔的比例降低时，复合材料中石蜡的结晶度增加。孔径也影响了高岭石附近区域石蜡内部的热传递。LKaol/石蜡复合材料中的石蜡具有更高的结晶度（F_c，98.4%）和单位质量的有效储能时间（E_{ef}，215.6J/g），表明大部分石蜡可以促进能量储存。这可能是因为 LKaol 孔结构更适合于支撑相变材料（PCM）。这也导致较少的声子散射，因此导致该复合物中石蜡的声子平均自由度更大，并且热导率更高[0.78W/(m·K)]。

3. 硅藻土基太阳能储能材料

不同的黏土矿物在太阳能存储系统中都能发挥出相当大的潜力。通过将癸酸（CA）真空浸渍到还原的氧化石墨烯修饰的硅藻土（rGO-DI）中，制备了硅藻土基复合相变材料（DI 基 CPCM）。在 DI 基 CPCM 中，将 DI 用作支撑材料，首先通过热处理和碱处理对其进行纯化，以提高 PCM 的吸附能力，使用 rGO 修饰 DI，以提高 CPCM 的导热性。rGO-DI 可以将 CA 的质量分数保持在 60%而不会泄漏。CA/rGO-DI-2 的最大熔融焓和冷却焓分别达到 106.2J/g 和 108.6J/g，其热导率高达 0.5226W/(m·K)。分别比纯 CA 和 CA/DI 高 260.4%和 81.3%。CPCM 具有良好的热可靠性和热稳定性，并且 CA 和 rGO-DI 之间没有化学反应。在 200 个熔融、冷却循环后，CPCM 保持出色的热性能。

4. 莫来石太阳能储能材料

为了提高相变复合材料的储能效率，使用多孔莫来石包裹 PCM-棕榈酸，并使用石墨粉增强整体导热性。在试验过程中，通过简便的直接浸渍法制备了一系列棕榈酸/莫来石/石墨（PA/莫来石/GP）稳定相变材料（FSPCM）。结果表明，PA，PA/莫来石和 PA/莫来石/GP 的熔融焓为 213.1J/g，54.7J/g 和 52.3J/g，而冷却焓分别为 217.0J/g，53.6J/g 和装材料、覆铜板材料、导热散热材料、敏感材料等。目前人工智能、集成电路、第五代移动通信、可穿戴设备等技术正在成为电子信息产业的重要发展趋势，而轻薄化、小型化也成为电子元器件和电子产品的重要发展方向，这对相关的电子信息材料也提出了更高的要求，而球形硅微粉、石墨烯等新型非金属矿物功能材料可以在电子封装材料、导热散热材料等电子信息材料领域发挥着重要作用。

4.2.3.1 电子封装材料

集成电路技术的发展日新月异，作为信息时代标志的微电子技术的核心及代表，自从第一块半导体集成电路问世以来，仅仅不到50年的时间就经历了小规模、中规模、大规模、超大规模和巨大规模等五个阶段的发展，目前正向更高集成度迈进。在微电子集成电路以及大功率整流器件中，密集的无数微小尺寸的元件产生大量热量，因芯片与封装材料之间热膨胀系数的不匹配而引起的热应力疲劳以及散热性能不佳而导致的芯片过热已成为微电子电路和器件的主要失效形式。电子元件的封装成为制约系统性能的瓶颈问题。

所谓封装是指用基片、底板、外壳来支撑和保护半导体芯片和电子电路，同时起到散热和（或）导电的作用。电子封装材料作为一种底座电子元件，用于承载电子元器件及其相互连线，因此封装材料必须和置于其上的元器件在电学、物理、化学性质方面保持良好的匹配。通常，封装材料应具备如下性质。

（1）较低的热膨胀系数，能与Si、砷化镓芯片相匹配，以免工作时两者热膨胀系数差异导致热应力而使芯片受损；

（2）导热性能好，能及时将半导体工作产生的大量热量散发出去，保护芯片不因温度过高而失效；

（3）气密性好，能抵御高温、高湿、腐蚀、辐射等有害环境对电子器件的影响；

（4）强度和刚度高，对芯片起到支撑和保护的作用；

（5）良好的加工成型和焊接性能，以便于加工成各种复杂的形状和封装；

（6）性能可靠，成本低廉；

（7）对于应用于航空航天领域及其他便携式电子器件中的电子封装材料的密度要求尽可能地小，减轻器件的质量。

电子封装材料是用于微电子工业的一种具有低膨胀系数和高导热性能封装材料。电子封装材料的种类很多，目前常用的材料包括陶瓷、塑料、金属、金刚石、金属基复合材料等。随着集成电路规模的不断提高，相应的电子封装材料也经历了金属封装—陶瓷封装—塑料封装几个阶段。塑料电子封装材料主要以环氧树脂、有机硅为主，其次为有机硅环氧、聚酞亚胺和液晶聚合物等。塑料电子封装材料价格便宜、成形工艺简单、适合大规模生产、可靠性也较高，因此近年来发展很快。目前除军工、航天等部分领域，塑料封装已占据95%以上的市场，尤其消费类电子产品的器件封装几乎全部采用塑料封装，其发展前景十分可观。

但目前环氧塑封料在应用中最突出的问题仍然是模塑料固化后的内部应力问题。成型固化收缩和热收缩而产生的应力会使封装器件出现强度下降、开裂、空洞、离层等各种缺陷或发生连接线切断等现象。内部应力发生的原因是半导体器件由不同线膨胀系数的材料组成，在封装后的器件内部，模塑料固化收缩同硅片热收缩有差异，即二者线膨胀系数不同，一般模塑料比硅片、引线的线膨胀系数要大一个数量级，在成型加热到冷却至室温过程中必然在硅片上残留应力。

将无机填料加入环氧树脂浇筑料中，可以减小产品的固化收缩率及热膨胀系数，提高力学性能，降低吸水率，同时可以降低成本，现在已成为降低封装器件热应力的主要方法。由于 SiO_2 具有稳定的物理化学性能、良好的透光性和线膨胀性能、优良的高温性能，因此硅微粉是目前最理想的环氧塑封料的填充材料。硅微粉有结晶型硅微粉和熔融型硅微粉。

1. 结晶型硅微粉

结晶型硅微粉是以天然粉石英矿为原料，采用先进的工艺和设备，经过超细分级、精细提纯和表面改性等工艺制得的，主要用于电子、电器领域的行输出变压器、晶体管、半导体元器件、互感器、干式变压器、高压开关、绝缘子等产品的环氧树脂封装材料的绝缘填料，具有改善产品加工工艺性能、提高固化物热、电、机械性能、减低生产成本等作用，是一种理想的电子、电器产品的功能填料，电子级结晶型硅微粉粒度和理化指标要求见表4-29、表4-30。

表 4-29 电子级结晶型硅微粉粒度指标要求

规格	中位粒径 D50（μm）	比表面积 c（m^2/g）	累积粒度
300	21.00～25.00	1700～2100	ϕ≤50μm≥75%
400	16.00～20.00	2100～2400	ϕ≤39μm≥75%
600	11.00～15.00	2400～3000	ϕ≤25μm≥75%
1000	8.00～10.00	3000～4000	ϕ≤10μm≥75%

表 4-30 电子级结晶型硅微粉理化指标要求

<table>
<tr><th colspan="2" rowspan="2">产品类型</th><th rowspan="2">含水率（%）</th><th rowspan="2">密度（$10^3 kg/m^3$）</th><th colspan="5">化学成分（%）</th></tr>
<tr><th>灼烧失量</th><th>SiO_2</th><th>Fe_2O_3</th><th>Al_2O_3</th><th>憎水性（min）</th></tr>
<tr><td rowspan="2">合格品</td><td>普通级</td><td rowspan="4">≤0.08</td><td rowspan="4">2.65±0.05</td><td rowspan="4">≤0.10</td><td rowspan="2">≥99.65</td><td rowspan="4">≤0.010</td><td rowspan="4">≤0.10</td><td>—</td></tr>
<tr><td>活性级</td><td>≥45</td></tr>
<tr><td rowspan="2">优等品</td><td>普通级</td><td rowspan="2">≥99.70</td><td>—</td></tr>
<tr><td>活性级</td><td>≥45</td></tr>
</table>

研究表明以主体粒度10～20μm、−20μm累计含量达75.77%、SiO_2含量为99.18%～99.79%的天然粉石英为填料，应用于环氧树脂绝缘填料，显示出低的混合黏度、高的填充量和优良的工艺性能，且随着填充量的增加，环氧树脂固化反应温升和固化物线收缩均减小，可以用于设计低收缩固化物配方。天然粉石英在环氧树脂浇筑料、灌封料、塑封料、包封料的应用试验均表明，天然粉石英作环氧树脂绝缘填料不仅可改善环氧树脂混合料的黏度、提高混合料对线圈的浸润性和渗透性，还可增加填充量、降低固化过程中的反应热和固化物的线收缩率，提高产品的热、电、力学性能和降低生产成本，具有广阔的应用前景。

2. 熔融型硅微粉

熔融型硅微粉是采用高温熔融法对结晶型硅微粉进行热处理，当处理温度超过1700℃时二氧化硅变为熔融状态。硅微粉填料能很好地减少环氧浇筑混合料的线膨胀系数。普通硅微粉的线膨胀系数为5×10^{-6}/K，熔融硅微粉的线膨胀系数为6×10^{-7}/K，纯环氧树脂的线膨胀系数为6×10^{-5}/K左右。由此可见，熔融型硅微粉更能降低塑封料的线膨胀系数，电子级熔融型硅微粉粒度与理化指标要求见表4-31、表4-32。

表 4-31　电子级熔融型硅微粉粒度指标要求

规格	中位粒径 D50（μm）	比表面积 c（m^2/g）	累积粒度
300	21.00～25.00	1700～2100	$\phi\leqslant 50\mu m \geqslant 75\%$
400	16.00～20.00	2100～2400	$\phi\leqslant 39\mu m \geqslant 75\%$
600	11.00～15.00	2400～3000	$\phi\leqslant 25\mu m \geqslant 75\%$
1000	8.00～10.00	3000～4000	$\phi\leqslant 10\mu m \geqslant 75\%$

表 4-32　电子级熔融型硅微粉理化指标要求

<table>
<tr><th colspan="2" rowspan="2">产品类型</th><th rowspan="2">含水率（%）</th><th rowspan="2">密度（$10^3 kg/m^3$）</th><th colspan="5">化学成分（%）</th></tr>
<tr><th>灼烧失量</th><th>SiO_2</th><th>Fe_2O_3</th><th>Al_2O_3</th><th>憎水性/min</th></tr>
<tr><td rowspan="2">合格品</td><td>普通级</td><td rowspan="4">≤0.08</td><td rowspan="4">2.20±0.05</td><td rowspan="4">≤0.08</td><td rowspan="2">≥99.75</td><td rowspan="4">≤0.008</td><td rowspan="4">—</td><td>—</td></tr>
<tr><td>活性级</td><td>≥45</td></tr>
<tr><td rowspan="2">优等品</td><td>普通级</td><td rowspan="2">≥99.80</td><td>—</td></tr>
<tr><td>活性级</td><td>≥45</td></tr>
</table>

熔融型硅微粉也可以通过熔融真空喷射而得到具有球状特征的产品，这种产品叫球形硅微粉（图 4-17）。球形熔融硅微粉经过热处理后呈类球形，具有高介电常数、高耐热系数、低膨胀系数、低杂质、低摩擦系数等更加优异的性能。如：（1）球形粉体的表面流动性好，与树脂成膜均匀，树脂添加量小且流动性好，粉体的填充量可达最高。而硅微粉的填充率高决定了材料的热膨胀系数小，导电系数小，也就越接近单晶硅的热膨胀系数，由此生产的电子元器件的使用性能也越好。（2）球形化粉体制备的塑封料应力集中最小，强度高。（3）球形粉体摩擦系数小，可以降低对模具的磨损。对于熔融球形硅微粉高比例加入环氧树脂中其热膨胀系数可调至 8×10^{-6} 左右，而结晶型硅微粉热膨胀系数为 6×10^{-6}，所以在高档集成电路中熔融型硅微粉的性能更加优异。

球形硅微粉的物理制备法主要有火焰成球法、高温熔融喷射法、等离子法等。

火焰成球法首先对石英进行粉碎、筛分、提纯等前处理，然后将石英微粉送入燃气-氧气产生的高温场中，进行高温熔融、冷却成球，最终形成高纯度球形硅微粉。我国采用火焰法开发出“高纯球形石英粉产品工业化制备技术及专用生产设备”并通过鉴定，所制备的球形石英粉成球率达 98%以

（3）硅灰石

将天然硅灰石矿进行精选、提纯、超细粉碎、超细分级及表面处理而成的硅灰石粉体，可以作为覆铜板的功能性粉体材料，可增强后端制品的抗冲击和弯曲强度，覆铜板用硅灰石填料指标要求见表 4-36。

表 4-36　覆铜板用硅灰石填料指标要求

项目		单位	硅灰石
主要物理指标	pH	—	10.0±1.0
	含水量	%	≤0.20
	白度	度	≥88
	磁性杂质	ppm	≤5
	平均粒度	μm	2～10
主要化学指标	SiO_2	%	51.0±5.0
	CaO		45.0±5.0

（4）结晶石英

将天然石英矿进行精选、提纯、超细粉碎、超细分级及表面处理而成的结晶石英粉，可以作为覆铜板的功能性粉体材料，其能明显提升后端制品的理化性能、降低制作成本，覆铜板用结晶石英填料指标要求见表 4-37。

表 4-37　覆铜板用结晶石英填料指标要求

项目		单位	结晶石英
主要物理指标	莫氏硬度	—	7
	pH	—	6.0±1.0
	含水量	%	≤0.50
	白度	度	≥90
	磁性杂质	ppm	≤5
	平均粒度	μm	2～10
主要化学指标	SiO_2	%	≥99.20
	Fe_2O_3		≤0.10

（5）熔融石英

将天然石英经精选、提纯、熔融制成熔融石英，再实施进一步除杂、超细粉碎、超细分级及表面处理而成的产品，可以作为覆铜板的功能性粉体材料，其主要特性是介电常数低、热膨胀系数小，能有效提升 PCB 的介电性能，覆铜板用熔融石英填料指标要求见表 4-38。

表 4-38　覆铜板用熔融石英填料指标要求

项目		单位	熔融石英
主要物理指标	莫氏硬度	—	7
	pH	—	6.0±1.0
	含水量	%	≤0.20
	白度	度	≥95
	磁性杂质	ppm	≤5
	平均粒度	μm	1.5～5.0
	介电常数	—	3.8
主要化学指标	SiO_2	%	≥99.50
	Fe_2O_3		≤0.10

4.2.3.3　导热散热材料

随着社会经济的持续发展和人们生活水平的不断提高，人们对智能电子产品的需求急剧增长，电子行业和电子信息技术得到了快速发展。近年来电子元器件不断向微型化、轻量化、集成化和高频化方向发展，这导致电子设备的工作频率持续增加，功率密度和发热量越来越高。如果不能及时将电子设备产生的热量导出，热量聚集将会严重影响电子设备的稳定性和使用寿命。散热问题成为制约电子产品性能进一步发展的关键因素。因此，当前电子行业对热管理技术提出了更高的要求，而导热材料在热管理技术中扮演着非常重要的角色。理想的导热材料需满足如下几个性能要求。

（1）较高的热导率，可以将电子设备正常工作时产生的热量及时散发出去，从而保证芯片、CPU 等温度在可接受的范围内，提高设备可靠性（图 4-19）；

（2）较低的热膨胀系数，能与电子元器件的膨胀系数相匹配，避免在升温和冷却过程中，由于两者相差太大而产生热应力；

（3）低密度，满足电子产品轻质、便携的要求；

（4）良好的加工性能或几近成型工艺，以便加工成各种复杂形状；

（5）具有一定的强度和机械支撑能力，可以最大限度保护电子元器件不受外力损害；

（6）生产成本低，适合工业化大生产，满足大规模商业化的要求。

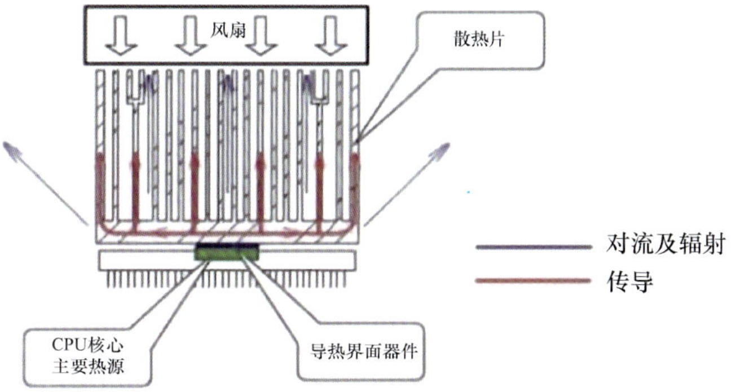

图 4-19　电子设备散热系统示意图

现阶段常用的导热材料多数为金属材料、陶瓷材料和塑料材料。铜、银、铝等金属材料热导率为 230～427W/(m·K)，具有良好的导热性能，然而金属散热材料的热膨胀系数普遍较高且耐腐蚀能力较差，在一定程度上限制了其在散热领域的应用；陶瓷散热材料热膨胀系数较低，但其热导率仅为 250W/(m·K)，散热效果有限，同时陶瓷散热材料加工工艺复杂、成本较高，不适合大规模应用；塑料散热材料价格低廉、绝缘性好、密度小，但其气密性较差且无法适用恶劣的环境，难以满足当今电子行业对散热材料的性能要求。

常用的导热材料在热管理技术领域应用的局限性，已经难以满足电子行业对电子元器件多功能化和便携式的变革要求。目前电子行业亟待一种高效导热的轻薄化材料，以便能够迅速将集成电路产生的大量热量传递出去，从而保证电子设备的正常运行。因此，研制新型轻质电子散热材料成为一种趋势。

石墨具有独特的层状结构：碳原子成层排列，碳与碳之间等距相连，每层结构为六方环状排列。这些六方环上下相互位移后重叠排列形成了石墨的层状结构。上、下两层六方环状结构碳原子之间的距离大约为 0.34nm，比起层内碳原子距离 0.142nm 要远得多。石墨这种独特的结构使其性能突出，如高热导率［129W/(m·K)］、低摩擦系数（0.1）、高导电性（8～$13\times10^{-6}\Omega/m$）、良好的化学稳定性和易于精加工等。石墨可以层层剥离得到二维石墨烯，也在电学、力学、热学等方面可以体现出比石墨更好的性能。石墨材料因其高的热导率在导热散热材料中具有广泛的应用前景，产品种类包括鳞片石墨、膨胀石墨、石墨烯和石墨复合材料等。

（1）鳞片石墨及其复合材料

石墨作为碳材料家族的一员，具有良好的热传导性能，而且生产成本低。研究人员利用天然鳞片石墨制备导热泥，并研究了石墨粒径大小、填充率以及多粒径混合等因素对制得的导热泥热传导系数的影响。相关研究表明，小粒径的石墨颗粒在弥散状态时比大粒径颗粒分散得更均匀，而在密集状态则会更容易发生团聚现象。解决团聚现象的方式有机械扰动和表面改性，前者因为不能改变颗粒的表面能力而效果有限，后者应用更为广泛，能达到很好的效果。研究还指出，炭黑作为偶联剂对石墨表面改性时适宜的用量才能制得较高热导率的导热泥。此外，将石墨的多种粒径颗粒混合作为填料时，因为小粒径颗粒可以填补到大粒径颗粒之间的空隙中而提高了空间的利用率，这样制备的导热泥比单一粒径的导热泥性能更优异，不过细小颗粒在混合态中的分散并不理想，理想分散还需要对颗粒进行更为严格的表面改性处理。晶体结构规则的材料都具有稳定的洛伦兹数，试验结果表明，单粒径或者多种粒径混合作为填料制备的导热泥也具有很稳定的洛伦兹数，说明只使用石墨颗粒作为填料时，无论改变填料的粒径大小、增加或减少填料的填充率、变换填料颗粒的不同配比方式等都不能从本质上改变材料热导率和电导率同时增加和减少的问题，必须通过其他方式破坏材料的洛伦兹性质。试验通过添加氟化石墨，使导热泥不再具有稳定的洛伦兹数，制备的导热泥电导率大幅度降低，而热导率虽然有所降低，但仍然明显高于对照组。

高分子聚合物材料有着优良的加工性能，且具有耐溶剂性好、耐腐蚀、价格低廉等优点，在很多行业领域已经取代传统金属、陶瓷材料，但是高分子聚合物导热性能较差，导热系数偏低，如 PA6 导热系数低约为 0.25W/m·K。研究表明在 PA6 等高分子聚合物材料中加入表面改性后的天然鳞片石墨（固定碳含量≥94%）可以明显改善材料导热性能；当 325 目鳞片石墨单一填充量为 50%时，复合材料的导热系数为 2.38W/m·K；当 1000 目胶体石墨用量为 85%时，复合材料导热系数达 4.61W/m·K；目前，鳞片石墨、高分子聚合物复合材料已被广泛用于 LED 节能灯的支撑和散热材料。

（2）膨胀石墨（柔性石墨）

膨胀石墨（柔性石墨）选用优质天然鳞片石墨，经化学、热处理等一系列工艺制成。由于结构决定性质，柔性石墨和天然石墨的结构相同，因此其性质也和普通石墨相同。因其独特的加工工艺，使其具备了普通石墨所不具备的特殊性能：耐高温、耐辐射、耐腐蚀、润滑性、密封性和机械性，同时还具有较大的表面活性和比表面积，容易辊压成型。通过辊压成型制备的柔性石墨纸，质量较轻，纯度和柔韧性得到显著提升，在弯曲或形变过程中不易断裂，很好地保证了石墨纸的导热性能和电热性能，是一种理想的新型散热材料，膨胀石墨及柔性石墨如图 4-20 所示。

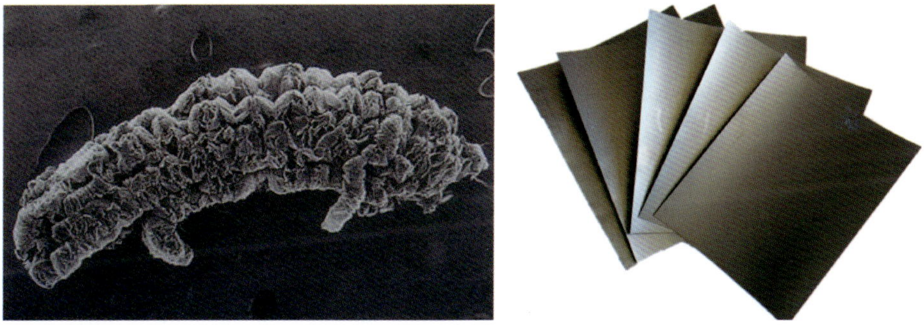

图 4-20　膨胀石墨及柔性石墨

中国科学院山西煤炭化学研究所开发的高导热柔性石墨纸具有如下特点：热稳定性好，耐化学腐蚀，耐辐射，低摩擦系数、自润滑，对气体和液体具有优良的不渗透性，高的压缩、回弹性。由于具备上述性能，因而有很广的适应性，尤其是在石油、化工、机械、电力、冶金、原子能和宇航等领域。该产品是一种理想的密封、高导热散热材料。产品的性能指标如下：纯度＞99%；灰分＜0.5%；使用温度范围－200～2500℃（在非氧化性气氛中）；氧化开始温度 500℃（在空气中 24h，失重 2%）；压缩≥15%；回弹率≥30%；滑动摩擦系数 0.15；电阻率 3～5$\mu\Omega \cdot m$；热膨胀系数（1/℃）（1.6～4.7）$\times 10^{-6}$；导热率（a 向）300～600W/(m·K)。

研究表明利用鳞片石墨，经过酸化、膨胀、除硫、辊压等工艺得到超薄柔性石墨纸，石墨纸的导热系数分布在 269.771～588.535W/m·K 之间（表 4-39）。在厚度一定时，随着材料密度的增加，材料的导热系数增加，材料的导热性能随着密度的增加而提高；在密度一定时，材料的厚度增加，材料的导热系数减小，导热性能降低。

表 4-39　不同规格柔性石墨纸的导热系数

密度（g/cm^3）	厚度（mm）	导热系数（W/m·K）
1.0	0.07	417.306
	0.08	326.289
	0.09	299.855
1.3	0.05	443.581
	0.06	423
	0.07	417.306
1.5	0.03	588.535
	0.04	509.275
	0.05	474.887

（3）石墨烯及其复合材料

石墨烯散热技术与石墨片散热，名字虽然相似，但是实际性能却有天壤之别。石墨烯的导热系数为 5300W/（m·K），是已知导热系数最高的材料，其散热效率远高于目前的商用石墨散热片。而且除了有高的热导率值外，石墨烯的二维几何形状，与基体材料的强耦合及低成本，都使得石墨烯成为界面材料的理想填料。将石墨烯基界面导热材料应用于热管理可满足飞速发展的电子工业中高密度、高集成度组装发展的要求（图 4-21）。

图 4-21　石墨烯高导热膜

目前，天然石墨烯的制备方法主要有三种：机械剥离法、液相剥离法和氧化还原法。石墨烯最早通过机械剥离的方法制备而成，而透明胶带法一直作为一种传统的机械剥离手段，其对石墨烯的研究发展具有里程碑式的意义。液相剥离是将石墨或膨胀石墨直接溶解在溶剂中，通过超声、电场或剪切等作用剥离出石墨烯。氧化还原法制备石墨烯是将石墨经过一定的方法氧化，使其片层之间嵌入含氧官能团，然后通过化学法或热处理去除含氧官能团得到石墨烯的一种方法。

研究表明以不同尺寸天然鳞片石墨为原料通过氧化还原法制备氧化石墨烯，并采用水合肼还原获得石墨烯溶液，将石墨烯溶液初步过滤浓度稀释至一定浓度，然后快速真空抽滤，使石墨烯沉积到可溶解的滤膜上，然后将滤膜溶解并把残留的石墨烯薄膜转移到不同基底上，就能获得石墨烯薄膜，纵向热导系数在 900～1200W/(m·K)。另外，采用微波法还原氧化石墨烯制备石墨烯薄膜，石墨化程度更高、微观结构完整、面内缺陷少，因而导热系数比未经微波处理的样品的导热系数要高，其导热系数可以达到 3290W/(m·K)。

常州某公司自主研发的石墨烯导热膜产品，是以石墨烯为原料，采用多层石墨烯堆叠而成的高定向导热膜，与市场其他同类散热材料相比，具有机械性能好、导热系数高，质量轻、材料薄、柔韧性好等特点，同时填补了国内外石墨烯高导热性应用产业化的空白。其产品规格见表 4-40。

表 4-40　石墨烯散热膜产品规格

参数	H30	H50	H65	H80	H100
厚度（μm）	30±5	50±5	65±5	80±5	100±5
导热系数［W/（m·K）］	≥1400	≥1250	≥1200	≥1200	≥1200
热扩散系数（mm^2/s）	≥850	≥750	≥700	≥700	≥700
密度（g/cm^3）	2.0±0.1	2.0±0.1	2.0±0.1	2.0±0.1	2.0±0.1
拉伸强度（MPa）	>20	>20	>20	>20	>20
折弯测试（R1，180°，次）	$>10^5$	$>10^5$	$>10^5$	$>10^5$	$>10^5$
电导率（s/m）	$>5\times10^5$	$>5\times10^5$	$>5\times10^5$	$>5\times10^5$	$>5\times10^5$
耐热温度（℃）	400	400	400	400	400

4.2.3.4　半导体材料

半导体指常温下导电性能介于导体与绝缘体之间的材料，在集成电路、消费电子、通信系统、光伏发电、照明、大功率电源转换等领域都有应用，如二极管就是采用半导体制作的器件。常见的半导体材料有硅、锗、砷化镓等，硅是各种半导体材料应用中最具有影响力的一种。目前随着非金属行业的发展，石英材料和石墨材料等非金属矿物功能材料在半导体材料制作过程中也越来越广泛。

1. 半导体用石英材料

石英材料是半导体生产过程中的重要材料，其质量、加工精度直接影响半导体产品的成品率。在半导体生产过程中，石英材料典型的应用有：用于硅单晶制造的石英坩埚，用于光刻工程的石英玻璃钟罩，石英管制作的石英舟，用于IC外延、扩散和光刻工程的石英支架等。

1）石英坩埚

因为单晶硅是生产大规模集成电路的原材料，所以对石英坩埚的要求十分苛刻（图4-22）。目前单晶硅的发展主要向大直径、高纯度以及杂质分布高均匀性的方向发展。而石英坩埚是直拉单晶硅生长过程中的重要材料，它的纯度和加工质量会直接影响单晶硅的产量和质量，随着直拉单晶硅投料量和晶体生长直径的不断增大，对石英坩埚的纯度和质量要求越来越高，主要有以下几个方面要求：①材质必须是高纯度半导体级，且纯度要高，有害化学元素小于25×10^{-6}；②耐高温性强，在高温过程中保持高电阻率及防止软化；③坩埚的尺寸大，国外已普遍使用22英寸及36英寸的石英坩埚；④气泡要少，气泡在生产中不长大；⑤规格精度高，耐温性能好，节约能源。

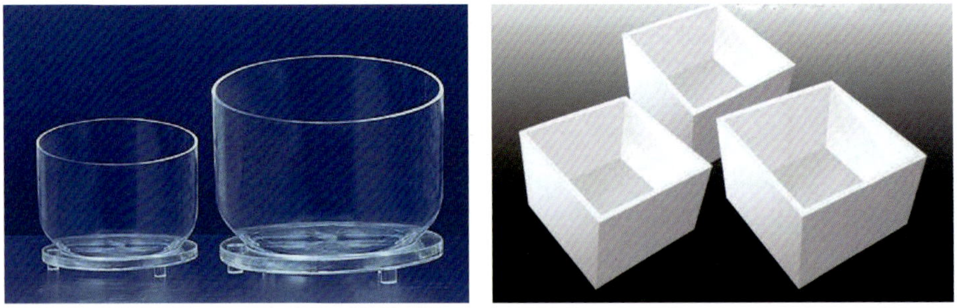

图4-22　石英坩埚

2）石英玻璃、石英管

石英玻璃凭借其高纯度、耐高温、低热膨胀性、化学稳定性强等优良性能，在半导体芯片制造加工中被广泛应用。半导体石英产品种类繁多，主要用于硅片制造环节的拉制单晶的石英坩埚、多个晶圆制造的核心环节的硅片承载器具（扩散、氧化环节的扩散管、舟、支架等；刻蚀环节的石英环等；清洗环节的石英玻璃花篮、清洗槽等）以及光刻环节使用的光掩膜板的基板材料。

透明石英玻璃棒（图 4-23）：T 级石英玻璃棒的纯度要求为铝、铁、钙、镁、钛、铜、钴、锰、镍、锂、钠、钾、硼 13 种杂质元素的总量≤30×10^{-6}，其中铁含量应≤1.5×10^{-6}，钛含量应≤3×10^{-6}，铜含量应≤0.8×10^{-6}，硼含量应≤0.2×10^{-6}，锂、钠、钾总含量应≤5×10^{-6}。

D 级石英玻璃棒的纯度要求为铝、铁、钙、镁、钛、铜、钴、锰、镍、锂、钠、钾、硼 13 种杂质元素的总量≤25×10^{-6}，其中铁含量应≤0.8×10^{-6}，钛含量应≤2×10^{-6}，铜含量应≤0.5×10^{-6}，硼含量应≤0.1×10^{-6}，锂、钠、钾总含量应≤2.5×10^{-6}。

透明石英玻璃管（图 4-24）：T 级石英玻璃棒的纯度要求为铝、铁、钙、镁、钛、铜、钴、锰、镍、锂、钠、钾、硼 13 种杂质元素的总量≤30×10^{-6}，其中铁含量应≤1.5×10^{-6}，钛含量应≤3×10^{-6}，铜含量应≤0.8×10^{-6}，硼含量应≤0.2×10^{-6}，锂、钠、钾总含量应≤5×10^{-6}。

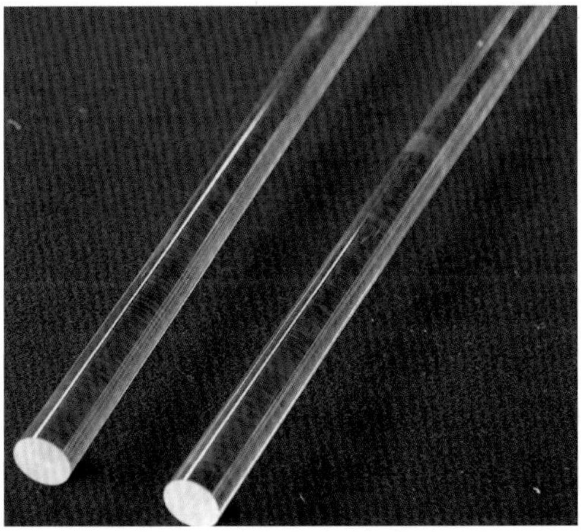

图 4-23　透明石英玻璃棒

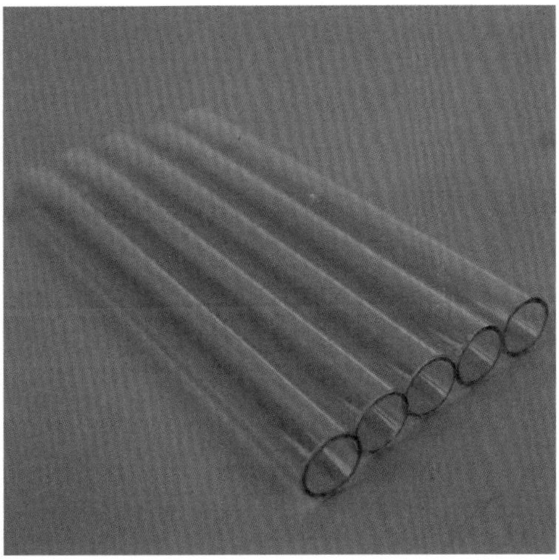

图 4-24　透明石英玻璃管

2. 半导体用石墨材料

半导体的发展与石墨材料在半导体工业中的应用是分不开的。在半导体工业中，直拉单晶炉的加热系统大量采用高纯石墨材料。它由各种高纯石墨加工而成。例如，其中的石墨坩埚及其他石墨部件采用了高纯细颗粒结构石墨，石墨加热器采用了高纯各向同性石墨，石墨保温罩和石墨盖板采用高纯中颗粒结构的石墨。此外，石墨材料还在半导体硅片加工（包括区熔、外延、外形加工等）中作为辅助工具、部件，在半导体硅片用多晶硅材料的生产中为辅助工具、部件。

1）高纯石墨

高纯石墨是指固定碳含量>99.9%，甚至>99.99%的石墨产品，是以天然鳞片石墨为原料制备而成。提纯方法主要有两类：一是湿法提纯，包括浮选法、酸碱法、氢氟酸法；二是火法提纯，包括氯化焙烧法和高温法。

高纯石墨具有强度高、抗热震性好、耐高温、抗氧化、电阻系数小、耐腐蚀、易于精密机加工等优点，是理想的无机非金属材料（图 4-25）。用于加工制作电加热元件、结构铸造模、冶炼高纯金属用坩埚舟皿、单晶炉用加热器、电火花加工石墨、烧结模具、电子管阳极、金属涂镀、半导体技术用的石墨坩埚、发射电子管、闸流管和汞弧整流器用的石墨阳极、栅极等，半导体用高纯石墨技术指标见表 4-41。

图 4-25　高纯石墨坩埚

表 4-41　半导体用高纯石墨技术指标

型号	技术性能							
	灰分（%）≤	硫含量（%）≤	钙含量（%）≤	体积密度（g/cm^3）≥	真密度（g/cm^3）≥	抗压强度（MPa）≥	抗折强度（MPa）≥	电阻率（$\mu\Omega\cdot m$）≤
G2	0.010	0.050	—	1.65	2.20	40	20	15
G3	0.025	0.050	0.006	1.65	2.15	25	14	—
G4	0.100	0.050	0.030	1.65	2.15	25	17	—

2）各向同性石墨

各向同性石墨是指具有各向同性的石墨材料。由于石墨晶体的层状结构，石墨在相互垂直的两个方向上物理性能一般存在着较大的差异，一般地，用在互相垂直的两个方向上热膨胀系数的比值来衡量石墨的各向同性度（表4-42）。根据各向同性度的不同，人造石墨可以分为各向同性石墨、近各向同性石墨和各向异性石墨（表4-43）。各向同性石墨具有良好的耐高温、耐腐蚀性能，且在长时间的高温、高压环境条件作用下，各个方向上的尺寸、性能变化基本一致，在半导体行业、冶金铸造以及原子能等工业领域中有着非常广泛的应用（图4-26）。

图4-26　高温冷气堆球形燃料元件

表4-42　各向同性石墨理化性能指标

牌号	体积密度 (g/cm^3) ≥	电阻率 (μΩ·m) ≤	抗压强度 (MPa) ≥	抗折强度 (MPa) ≥	肖氏硬度 ≥	弹性模量 (GPa) ≤	热膨胀系数 (×10^{-6}℃) ≤	灰分 (%) ≤
DJY-1	1.85	15	70	35	55	11	4.0	0.10
DJY-2	1.77	15	55	27	50	12	4.5	0.12
DJY-D1	1.85	15	75	36	55	11	4.5	0.10
DJY-D2	1.82	15	52	28	50	10	4.0	0.10
DJY-D3	1.75	15	45	23	45	9	3.8	0.12
DJY-3	1.80	15	60	30	50	11	4.5	0.10
DJY-4	1.75	15	50	25	48	10	4.2	0.12
DJY-5	1.70	15	42	23	45	9	3.5	0.12

表4-43　石墨按照ASTM标准分类

类别	各向同性度
各向同性石墨	1.00～1.10
近各向同性石墨	1.10～1.15
各向异性石墨	>1.15

传统的各向同性石墨与人造石墨类似，以石油焦、沥青焦、二次焦、中间相炭微球等为原料，经过粉碎、混捏、成型、炭化、浸渍以及石墨化工艺制备而成，成形工艺主要有振动成型和等静压成型。目前，随着行业的发展，天然细鳞片石墨和微晶石墨也成为制备各向同性石墨的一种潜在原料。

4.2.3.5 导电绝缘材料

导电材料是指专门用于输送和传导电流的材料，一般分为良导体材料和高电阻材料两类。在电工领域，导电材料通常指电阻率为（1.5～10）$\times 10^{-8}\Omega \cdot m$的金属。其主要功能是传输电能和电信号。此外，广泛用于电磁屏蔽，制造电极、电热材料、仪器外壳等。绝缘材料是在允许电压下不导电的材料，但不是绝对不导电的材料，在一定外加电场强度作用下，也会发生导电、极化、损耗、击穿等过程，而长期使用还会发生老化。它的电阻率很高，通常在10^{10}～$10^{22}\Omega \cdot m$的范围内。如在电机中，导体周围的绝缘材料将匝间隔离并与接地的定子铁芯隔离开来，以保证电机的安全运行。

在非金属矿物功能材料中，石墨材料、重晶石粉体一般具有良好的导电性能，而云母材料则具有较高的绝缘电阻。

1. 导电材料

1）石墨导电薄膜

由于原子间的作用力非常强，在常温下，即使周围碳原子发生挤撞，石墨烯中的电子受到的干扰也很小。电子在石墨烯中传输时不易发生散射，迁移率可达 $2\times 10^5 cm^2/(V \cdot s)$，其面电阻约为 $31\Omega/sq$，电导率可达 $10^6 S/m$，是室温下导电性最佳的材料。

研究表明利用水合肼对氧化石墨烯进行还原，同时借助超声制备分散性较好石墨烯溶液，通过真空抽滤的方法进行成膜，并将制备的薄膜转移到石英基板上，在 1100℃ 的条件下热处理 30min，可以制备透光率（$\lambda=550nm$）为 80%、方块电阻约为 $2k\Omega/sq$ 的石墨烯透明薄膜。

2）石墨烯/聚合物复合材料

由于石墨烯具有优异的导电性能和大的比表面积，可与绝缘聚合物基体复合制备聚合物基石墨烯导电复合材料（图 4-27）。该材料既有优异的导电性能，又具有良好的可加工性，因此受到科研人员的广泛关注。目前制备方法有溶液共混法、熔融共混法和原位聚合法等。

研究表明将用肼还原后的石墨烯与聚苯乙烯（PS）进行溶液共混复合，当石墨烯添加量为 2.45%（以体积分数计）时，材料电导率达到 72.18S/m；当以聚苯基缩水甘油醚接枝改性热还原石墨烯为原料时，由于石墨烯表面修饰聚苯基缩水甘油醚，改善了与聚苯乙烯的亲和性，因此石墨烯在基体中分散均匀，当石墨烯质量分数仅为 0.5%时，材料的电导率可以达到 10^{-4}S/m。

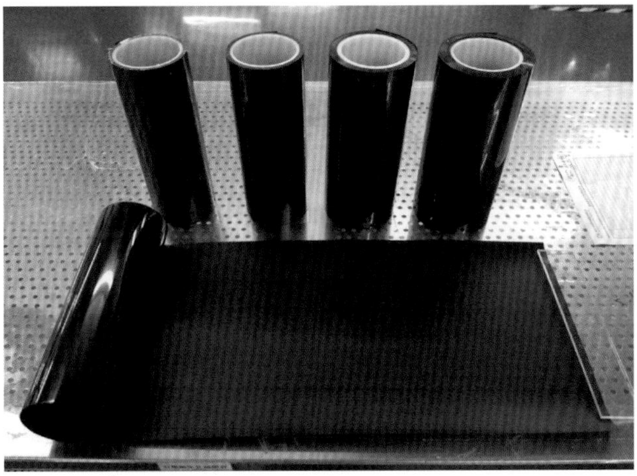

图 4-27　石墨烯导电复合材料薄膜

3）重晶石导电粉体

通过对重晶石矿物进行相应的物理化学处理，把廉价的矿物加工成复合导电粉末，不仅可大大降低导电粉体的制备成本，为其发展提供思路，而且可极大地提高重晶石资源的使用价值。该方法制得的粉体可用于生产导电涂料、抗静电涂料、导电塑料、导电橡胶、电气设备外壳等，还可建造无尘室及电磁屏蔽层。

研究表明以高纯超微细重晶石粉作为基体，采用化学共沉淀技术，利用半导体掺杂原理，以锑掺杂氯化锡水解对重晶石进行包覆，再经焙烧制得锑掺杂 SnO_2 包覆重晶石的导电粉末 Sb_2SnO_2/Barite，其电阻率可达 13Ω·cm，平均粒径为 33.6μm；将丙烯酸树脂与适量导电粉末及助剂混合制成导电涂料，按国家标准检测涂料的各项性能，发现导电粉末用量为 20%～45%时，所制得的丙烯酸导电涂料电阻率小于 10Ω·cm，而纯的丙烯酸涂料电阻率大于$10^5\Omega\cdot cm$；该粉末用于导电涂料对频率小于100MHz的电磁波还有显著的屏蔽效果（35～40dB）。

2. 绝缘材料

云母特殊的层片状结构决定了其在垂直于解理面具有极高的电绝缘性，同时还具有较好的透明度、极好的剥分性、化学稳定性、还原性以及在高温状态下能保持上述优良物理化学性能的特点，是非常重要的绝缘材料（图4-28），广泛用于电子、电机、电信、电器、航空、交通、仪表、冶金、建材、轻工等工业部门，以及国防和尖端工业领域。

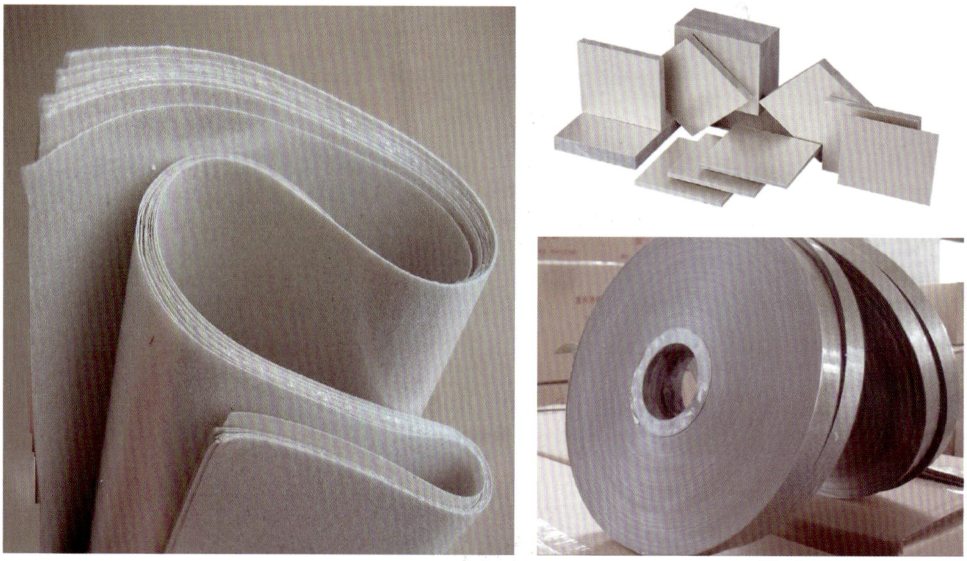

图4-28　云母绝缘材料

作为电气绝缘材料使用是云母应用的重要方向。云母绝缘材料在使用的过程中，需要具备足够大的面积。随着大片云母资源的枯竭，以碎云母通过合适的加工方式制备的片状绝缘材料已经成为云母绝缘使用的主流。传统的云母绝缘材料制备方式：云母经粉碎后制备云母纸，云母纸在补强材料，如环氧树脂、有机硅树脂、玻璃纤维、聚酰胺薄膜等的作用下形成具有一定强度的云母板、云母带等绝缘材料。

随着国家经济实力的不断增强，在复杂工程环境下工作的电气设备日益增多，这就要求相应的特殊材料作为支撑，即在各种极端条件下使用的绝缘材料。这对绝缘材料的性能提出了严格要求：（1）在保证绝缘强度的基础上，提高云母基绝缘材料的机械强度、耐温性能、防潮性能、使用寿命，减薄绝缘厚度，减小绝缘体积等；（2）缩短材料制备工艺，常温下生产，降低能耗；（3）减少有机高分子材料的使用，降低有毒有害气体的产生，提高绝缘材料的耐温性能，提升材料制备过程中的环境友好性；（4）选用合适的增强材料，研究增强材料与基料云母间的界面增强机理，提出复合材料界面增强技术，提升复合效果，提高产品的机械强度、使用稳定性等。云母与增强材料直接复合成型制备新型云母基片状绝缘材料，是云母基绝缘材料发展的一个重要方向。

芳纶纤维（图 4-26）是一种由苯环和酰胺键构成主链的有机化合物，其中 85%以上的酰胺基直接与苯环相连。芳纶纤维具有极高的强度（同类钢丝的 5～6 倍）、模量（同类钢丝的 2～3 倍）、韧性（同类钢丝的 2 倍），且具有优良的绝缘性能、耐高温性能。芳纶纤维可用于制备耐高温绝缘材料如电机绝缘材料、变压器主绝缘材料、柔软复合绝缘材料等。如国外某芳纶纤维增强云母基复合绝缘材料产品性能：厚度 0.13mm，质量 148.4g/m^2，云母含量 124 g/m^2，拉伸强度 52N/cm，介电强度 35kV/mm。

图 4-29　芳纶纤维

研究表明以芳纶短切纤维为原料制备出的芳纶纳米纤维（ANFs）可以用于芳纶云母纸的自增强及 ANFs/云母复合绝缘纸的制备，可以降低纸张厚度；添加量为 15%时，纸张的抗张指数达到 31.21N·m/g，耐压强度达到 16.39kV/mm，相较于空白纸样分别提高了 268.4%和 66.51%，纸张的层间结合强度达到 187.77 J/m^2，相较于空白纸样提高了 86.37%，耐热性能略有降低。不同比例 ANFs/云母复合绝缘纸均具有较好的透明性和柔韧性，随着 ANFs 比例的增加，纸的透明性逐渐增加，紫外吸收率略有降低，当 ANF 与云母比例为 1∶1 时，复合纸的断裂强度达到 96.78MPa，断裂伸长率为 2.19%，耐压强度达到 47.6kV/mm。

4.2.3.6 电磁屏蔽材料

随着现代电子工业、电信产业的迅猛发展及电器产品的普及，电磁辐射在我们生存的环境中正在不断增强，由此产生的危害也日益严重。(1) 电磁波干扰危害电子设备，近年来世界各地已发生多起因移动电话信号或寻呼台信号干扰而导致机场、医院、天文台甚至核电站设备失常的事故。(2) 电磁波辐射导致信息泄露，危及国家、民族和个人的利益和安全。普通计算机在进行数据传输、数据处理过程中泄漏出的电磁波，可在 1000m 以内被接收和复原，若采用尖端接收和解码技术，则截获的最大距离将更远。(3) 电磁波污染威胁人类健康，如某些地区手机的电磁波辐射量已达 600μm，超过国家对人体电磁辐射安全标准的 15 倍。

采用电磁屏蔽材料防护技术是防止电磁污染最有效的办法。电磁屏蔽的作用原理是利用屏蔽材料对电磁能流的反射、吸收和引导作用，其与屏蔽结构表面和屏蔽体内部感生的电荷、电流与极化现象密切相关。目前，常用屏蔽材料种类比较多，包括导电橡胶、导电油漆、导电粘结剂等，非金属矿功能材料主要起功能增强的填料作用。

1. 石墨

石墨是碳的结晶体，导电性较高，经常被作为复合型电磁屏蔽材料或导电涂料型电磁屏蔽材料的填料。

研究表明，在水泥砂浆中掺入石墨粉、碳纤维可以显著提高材料的屏蔽效能；单掺石墨粉时随着石墨粉用量的增加，其屏蔽效能逐渐提高，当石墨为 15%时，在 1.2～1.5GHz 频段范围屏蔽效能为 10～21dB；同时，二者复掺往往比单掺的屏蔽效能要好，复掺 2%碳纤维、10%石墨粉时，100kHz～1.5GHz 频段范围的屏蔽效能最大可达 30dB。

在石墨导电涂料型屏蔽材料（图 4-30）中，复合型屏蔽涂料的屏蔽效果也优于单一的石墨。以石墨、镍为屏蔽材料，利用涂覆法分别制备石墨屏蔽涂层织物、石墨与镍混合涂层织物，结果表明石墨与镍混掺的涂层织物屏蔽性能较好，在一定频率范围内，测得屏蔽值为 23.4～27.5dB，屏蔽率高达 95%左右。

2. 石墨烯

单层石墨烯的理论电导率为 10^8S/m，假设单层石墨烯是无限大且各向同性的材料，则根据平面波理论可以计算出单层石墨烯屏蔽效能的理论值为 16.5dB。这意味着一个原子层厚度的材料可以屏蔽掉 97.8%的电磁干扰，由此可以看出，石墨烯在电磁屏蔽中应用的潜力与价值（图 4-31）。

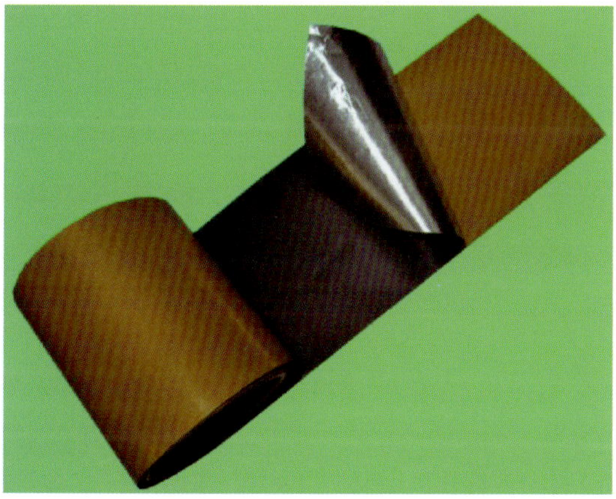

图 4-30 石墨铝箔屏蔽材料

图 4-31 石墨烯防辐射毯

研究表明，通过化学镀的方法在还原氧化石墨烯（RGO）表面均匀沉积金属镍纳米颗粒可以制备 Ni-RGO 新型复合电磁屏蔽材料，最大反射效能可达−24.5dB。同时，以 $FeCl_3 \cdot 6H_2O$ 和氧化石墨为原料，采用溶剂热法制备 RGO/Fe_3O_4 新型复合电磁屏蔽材料，吸波效果明显优于 Fe_3O_4，2mm 材料的有效吸波带宽最大可达 1.8GHz；调节 $FeCl_3 \cdot 6H_2O$ 的添加量和材料厚度，材料的最小反射损耗可以达到−44.2dB。

3. 重晶石

以重晶石粉为基体，采用化学共沉淀技术表面包覆锑掺杂二氧化锡可以制得重晶石基复合导电粉末，用于导电涂料对于频率<100MHz 的电磁波大可达到显著的屏蔽效果（35～40dB）（图 4-32）。

4.2.3.7 敏感材料

敏感材料主要是指能够将接收到的信号转化为电子信号传输给相应设备的传感器。根据接收信号的不同，可以将其分为压力感应器、重力感应器、热量感应器、湿度感应器、方向感应器等。在非金属矿物功能材料中，石英材料广泛地应用于各种电子传感器材料中。

图 4-32　防辐射硫酸钡板

石英传感器

石英传感器（图 4-33）是利用石英晶体固有的压电效应的特性根据实际工作需要而制成的，包括压电式传感器、集成式传感器和压力传感器等。《人造石英晶体——规范与使用指南》（GB/T 3352—2012）对石英传感器的原料性能和石英晶片的产品性能提出了具体要求。

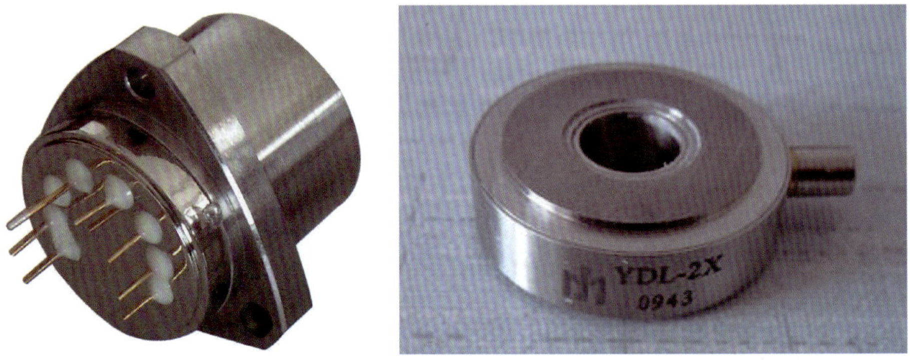

图 4-33　石英传感器

4.2.4　农林矿物新材料

非金属矿物作为自然界三大基础矿物之一，其独特的结构和理化性能使其在农业中具有广阔的应用前景。自 20 世纪 50 年代以来，国内外已陆续将非金属矿物应用于农业生产中，应用范围包括土壤改良、矿物肥料、农药、饲料工业、畜牧养殖和渔业养殖等方面。随着人们对非金属矿研究的不断深入，其在农业领域的应用范围正在不断扩大，用量迅速增加，使用普及率日趋提高。本节将着重介绍非金属矿物在矿物肥料、保肥蓄水、农药载体和矿物饲料方面的研究进展。

4.2.4.1 土壤改良用矿物材料

肥料是农业生产中重要的物质基础之一。肥料有广义和狭义之分，狭义的肥料指能提供植物养分的物料。植物所必需的元素有氮、磷、钾“三要素”，钙、镁、硫“三中素”和硼、锰、锌、铜、钼、铁、氯“七微素”13种。再加上空气和水提供的碳、氢、氧“三大素”共16种元素。由于碳、氢、氧存在于空气和水中，并不需要人工去补充，所以狭义上讲，肥料就是为植物补充上述13种元素物质。但随着对农业生态系统研究的不断深入，人们已经明确认识到仅补充植物所需的13种元素已无法满足现代农业的需求。因此，肥料的概念和范围进一步延伸，是指施于土壤或植物的地上部分，能改善植物的营养状况，提高作物产量和品质，改良土壤性质，预防和防止植物生理性病害的一切有机或无机物质，即广义上的肥料。

肥料的分类方法很多，按其来源可以分为无机肥料、有机肥料和生物肥料。无机肥料主要是指工厂生产的化学肥料，其可分为单质肥、复合肥和复混肥。单质肥只能给植物提供单一的营养成分，如氮肥、磷肥、钾肥、硼肥、锌肥和钼肥等。而复合肥和复混肥则可以提供多种营养物质，二者的区别是复合肥要经过化学反应得到，养分高且固定。复混肥则是通过物理混合而成，生产工艺简单。矿物肥料属于无机肥料，它是指含有磷、钾元素及多种中微量元素的非金属矿物，经活化而成的一种新型、环保、高效肥料。

国外对于矿物肥料的研究及应用开展时间较早，应用范围更广。迄今为止，所涉及的非金属矿物高达60种。主要有泥炭、沸石、膨润土、凹凸棒石、滑石、皂石、叶蜡石、海绿石、珍珠岩、海泡石、石灰岩、白云石、沸石和硅藻土等。相比较而言，我国在矿物肥料方面的研究及应用工作开展的时间比较短，仅有20年的时间，但发展十分迅速，在农业土壤调理和污染土地修复中发挥着重要作用（图4-34、图4-35）。

图 4-34　矿物功能材料在农业种植方面的应用

图 4-35　矿物功能材料在污染场地修复方面的应用

矿物肥料在土壤治理方面主要发挥以下几方面的作用。

1. 补充作物所必需的各种微量元素

大量研究和应用试验表明，非金属矿物本身具有释放作物生长所需各种微量元素的能力（表 4-44）。例如，森内尔岩的钾含量高达 18.7%，光卤石含钾量达 14.11%，海绿石也含有较高的 K_2O，还含有 Cu、Zn、Mn、b、Mo 等微量元素，其肥效不亚于钾肥和过磷酸钙。农田施用天然矿物肥料海绿石，可提供植物生长所需的 K、P 及多种微量元素，增产效果显著，可使谷物增产 24%～44%，蔬菜增产 25%～50%，马铃薯增产 35%。又如磷灰非常普遍。引入非金属矿物不仅大大降低了保水剂的成本，而且也为非金属矿的高值化应用开辟了新途径。另外，许多非金属矿物本身具有改良土壤的作用，富含多种植物生长所必需的微量元素，因此运用于农业方面可以充分发挥保水剂的保水性能和非金属矿物土壤改良性能。

图 4-39 含不同量凹凸棒石的粒状有机/无机复合保水剂

2）无机组分的加入能够有效提高保水剂的吸水和保水能力。非金属矿物特有的空间结构以及表面含有的活性基团能较好地改善保水剂的空间网络结构。如黏土矿物表面含有大量的活性羟基，一部分可作为亲水性基团，另一部分可以起到类似交联剂的作用，在一定程度上起到吸水、保水的作用。

3）无机组分引入保水剂还能使保水剂具有某些特殊性能。如保水剂中引入蒙脱土能够提高其凝胶强度、热稳定性；引入凹凸棒石能够明显提高保水剂的耐盐性能等。在复合保水剂的研究中，应用较多的非金属矿物包括高岭石、蒙脱石、水滑石、云母、凹凸棒石等。

1. 蒙脱石复合保水剂

蒙脱石是膨润土的主要组分，因此在很多研究工作中，都直接使用膨润土作为复合保水剂的无机组分。蒙脱土晶体结构的层间阳离子与晶体骨架间会形成电偶极子，晶层之间作用力很小，使其具有很高的阳离子交换容量、膨胀性、吸附性和分散性，能够稳定地分散在丙烯酸类亲水性单体的水溶液中进行聚合，从而提高保水剂的吸水倍率、吸水速率、高温保水和加压保水等性能。钠基蒙脱石的膨胀性要优于钙基蒙脱石，在水中的悬浮性更好，更适合作为保水剂原料（图 4-40）。

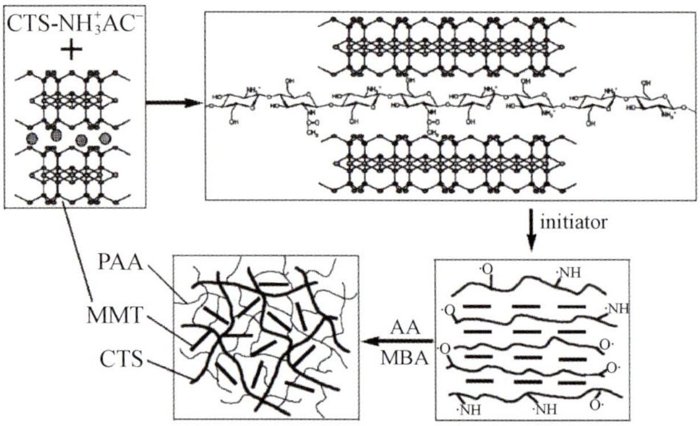

图 4-40　蒙脱土原位插层合成壳聚糖-g-聚丙烯酸/蒙脱石纳米复合保水剂机理示意图

2. 高岭石复合保水剂

高岭石具有硅氧四面体晶片和铝氧八面体交替排列组成的 1∶1 型晶体结构，晶层之间因较强的氢键作用而紧密结合，因此高岭石几乎不具有膨胀性。但经深加工处理后的粉体具有较大比表面积，表面存在许多羟基和活性点（永久电荷、可变电荷、可交换性阳离子），可与有机聚合物反应形成网状结构，从而提高复合保水剂的吸水倍率及凝胶强度。

3. 凹凸棒石复合保水剂

凹凸棒石的层链状结构决定了其主要是通过表面的羟基与亲水性单体进行反应形成复合保水剂。由于凹凸棒石表面含大量活性羟基，可以交联点的形式存在于高分子网络中，起到了交联剂的作用。为了提高其表面羟基活性，凹凸棒石经适当方式将其表面的羟基活化，更有利于提高凹凸棒石与单体的相互作用程度，改善所得保水剂的综合性能。此外，由于凹凸棒石相对于其他黏土矿物具有更好的耐盐性能，以凹凸棒石为无机组分的复合保水剂往往具有较高的耐盐性能（图 4-41）。

4. 云母复合保水剂

引入云母制备的复合保水剂具有更高的吸水倍率，且可大大降低材料成本。但云母的羟基能与丙烯酸的羧基形成酯键，起到辅助交联作用，提高了交联密度，从而使该保水剂的吸水倍率随云母含量的提高而减小。为排除云母与丙烯酸通过形成酯键提高交联度，科研人员将丙烯酸完全中和后再与季铵盐改性云母进行反相悬浮聚合。结果表明，季铵盐插层到了云母的层间，云母片层被完全剥离，达到纳米分散。由于云母较高的分散程度，提高了云母与高分子链的离子相互作用和氢键作用，从而改善了有机相和无机相的相容性，提高了该保水剂的凝胶强度。

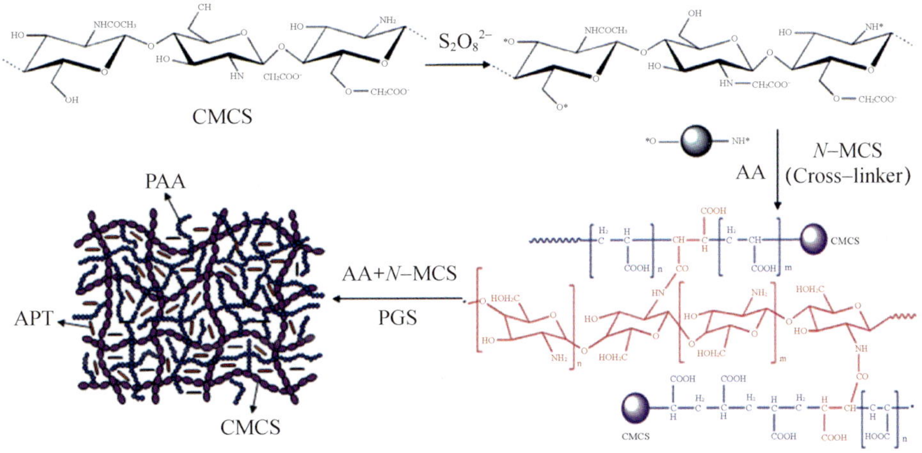

图 4-41　N-马来酰化壳聚糖-g-聚丙烯酸/凹凸棒石纳米复合保水剂机理示意图

5. 其他非金属矿物复合保水剂

除高岭石、蒙脱石、凹凸棒石和云母外，引入其他非金属矿物作为无机成分，如水滑石、硅藻土、蛭石、埃洛石等，在降低成本的同时也能起到提高保水吸水和缓释肥料的作用。以丙烯酸和硅藻土为原料合成复合保水剂，其吸水倍率最高可达 611g/g。在纯合成丙烯酸保水剂中引入 20（wt)% 的蛭石，其吸蒸馏水以及吸盐水倍率分别可达 1232g/g 和 89g/g。以海泡石与丙烯酸为原料合成的复合保水剂，最佳吸水倍率也可达 1419g/g（图 4-42)。

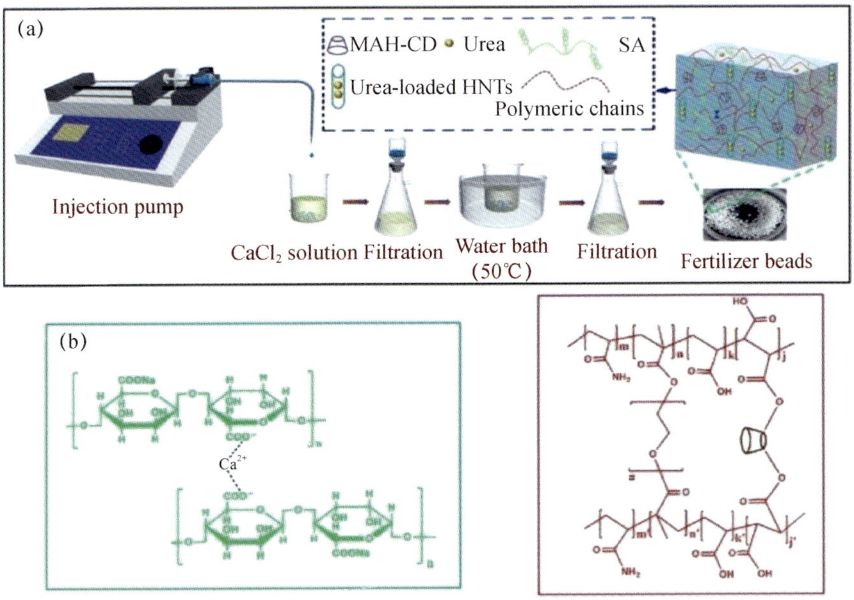

图 4-42　埃洛石缓释复合保水剂制备及缓释机理

6. 非金属矿复合保水剂在农业中的应用

目前，保水剂在农业中的应用非常广泛，其作用主要包括以下几个方面：

（1）抗旱保水。保水剂使土壤持水容量增大，减少水分的蒸发以及深层渗漏，从而提高水分的持有量。在缺水地区，保水剂在降水和灌溉期间大量吸收水分，在干旱时期缓慢放出水分，延长了灌溉周期，增强了植物的抗旱能力（图4-43）。

（2）提高肥效。保水剂具有吸收和保蓄水肥的作用，其分子表面能够进行离子吸附和交换，可以通过包裹或络合等方式将溶于水中的肥料固定其中并缓慢释放，在一定程度上减少可淋溶性养分的淋溶损失，协调水肥耦合环境，显著提高氮肥、钾肥的利用率。

（3）改良土壤、提高农作物品质。适量的保水剂可以有效改良土壤的团粒结构、吸湿能力、透水性、透气性及温度，促进植物生长，提高农作物成活率及产量。

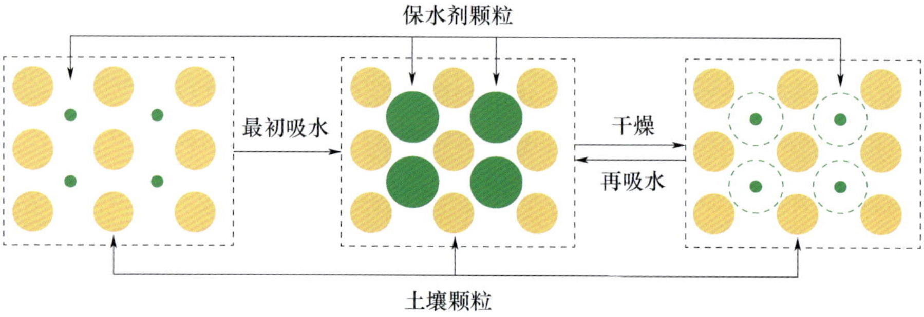

图4-43　保水剂在土壤中的吸水-干燥循环过程

在粮食作物中的应用。保水剂对小麦、玉米、马铃薯等粮食作物有良好的增产增收效果。小麦种植中使用保水剂，可促进冬小麦提前出苗4～9d，提高出苗率10%～30%，延迟作物凋萎3d，延迟作物枯萎5～9d，提高单位面积小麦穗数和千粒重，小麦增量18%左右。与有机酸土壤调理剂联合施用，可使轻度、中度盐碱土的含盐率分别减低19.9%和42.0%，土壤有机质含量分别增加23.4%和29.2%，小麦分别增产9.17%和15.73%。保水剂对玉米增产也有明显效果，能够提高玉米生物量、水肥利用率，同时降低养分的淋溶损失，提高土壤速效养分含量。施用0.1%保水剂能够提高玉米生物量19.50%，水分利用率15.90%，氮利用效率增加47.23%，土壤中碱解氮、有效磷和速效钾含量分别增加了15.29%、23.48%和19.79%。保水剂处理可使玉米提前出苗 2d，玉米出苗率提高 4.6%；显著提高玉米不同生育期不同土层含水量。抽雄期玉米叶片叶绿素含量、净光合速率、气孔导度和蒸腾速率分别提高了 13.68%、19.53%、22.56%、12.94%。灌浆期玉米叶片叶绿素含量、净光合速率、气孔导度和蒸腾速率分别提高了 11.09%、33.31%、15.27%、23.65%；地上和地下干物质质量增幅分别为 32.52%、30.14%，并能通过改善产量构成因素，进而提高玉米产量和籽粒品质。此外，保水剂对粮食作物的品质也有提升作用，如可提高花生荚果成熟饱满度、产量和营养品质（图 4-44）。

图 4-44 复合保水剂在玉米（左）和土豆（右）种植中的应用

在经济作物中的应用。保水剂在经济作物，如水果、蔬菜、烟草等的种植中也发挥着重要作用。如科研人员将一种缓释肥新型合成保水剂应用在杧果种植中，使杧果种植土壤水分含量增加 8.3%，叶片 SPAD 值增加 11.0%，株产量增加 28.5%，对提升杧果种植质量产生了积极的促进效果。对小白菜等蔬菜方面的应用也证明了其良好的促生长作用，在常规灌水及 70%灌水处理下，增施保水剂的小白菜根系长度分别增加 20.57% 和 20.00%，同时大幅度降低了小白菜中硝酸盐含量，显著地提升了小白菜品质，提高了单株产量，单株小白菜鲜生物量提高 10.65%。此外，施用保水剂可以提高烟草根际土壤含水量，提升伸根期根系活力及上部叶光合特性，增加叶面积，改善农艺性状，促进开片，同时提高上部叶保护酶（SOd、POd、CAT）及 NR、NI 活性，加快碳氮代谢，进而使上部叶烟碱含量降低，可溶性糖增加，糖碱比趋于协调，化学品质改善，产量、产值提高。除此之外，香菇、灵芝、平菇、鸡腿菇、茶树菇、杏鲍菇、金针菇、木耳、猴头菇、白灵菇、双孢菇、草菇等的拌料装袋栽培或覆土层添加保水剂，也能有效提高菇体品质，增产 30%左右。

在生态绿化中的作用。我国干旱、半干旱地区年降水量少、气候干燥、风蚀和蒸发强烈，人工造林成活率、林木存活率低，生态环境脆弱。保水剂应用于干旱地区林业生产，能起到保水、保肥、保土、改善土壤结构和抗旱作用。保水剂一般情况下其用量以占施入范围内（植树穴）干土重的0.1%为最佳。施入量过少，起不到蓄水保墒作用。施入量大，不但成本高，还会造成雨季贮水过高，引起土壤通气不畅从而导致林木根系腐烂。保水剂在黄土丘陵沟壑区防护林和经济林树种的施用表明，土壤中加入保水剂后含水率可提高12%～40%，有效贮水量提高25%；土壤水分入渗率提高50%～100%，减少了地表径流，水土保持作用显著。除林木外，保水剂对草地植被的生长也起到非常重要的作用。施加适宜保水剂可以提高狗牙根匍匐茎发芽率、发芽势与发芽指数、狗牙根幼苗生物量及根冠比、狗牙根株高与根系长度等。因此，在采用狗牙根进行草坪铺设和生态绿化时建议加入浓度0.20%～0.30%的保水剂，有利于绿地建植以及延长草坪灌溉时间（图4-45）。

图4-45　复合保水剂在生态绿化方面的应用（施用1年前后对比）

保水剂施入土壤中，必然会与土壤中的黏粒发生相互作用，特别是吸附作用，可以使土壤的水化、膨胀和分散作用被抑制，从而防止水土流失。将保水剂喷施用于黄土、粉煤灰、风沙土中，具有明显的抗风蚀、抑制沙尘的效果，且保水剂和固沙复合材料共同施用于风沙土，防风蚀效果更为显著。

以色列农业研究组织（ARO）水土研究所，采用当地土壤混入 0.1%保水剂的人工降雨模拟试验，发现土壤在第一次降雨时，最终水分入渗率（FIR）为 11mm/h，高于无保水剂土壤对照的 43%，径流和土壤流失量分别减少 1%和 34%；第二次降雨时，FIR 为 9.3mm/h，高于对照 44%，径流和土壤流失量分别减少 5%和 9.4%。说明保水剂有改土保水特性，在水土保持实践中有重要应用潜力（图 4-46）。

图 4-46　复合保水剂在防风固沙方面的应用（施用 3 年前后对比）

4.2.4.3　农药用矿物材料

农药是重要的农业生产资料，在控制有害生物危害，保障农业生产安全等方面发挥着重要作用。但由于大部分农药具有天然的疏水性，传统农药需要加入大量的有机溶剂形成乳剂。到目前为止，我国农药乳剂依然占据 50%以上的市场份额，在各种类型的农药制剂中占据主导地位。但乳剂农药却存在诸多问题：一是在乳剂农药的生产过程中，有机溶剂含量在 30%～60%，甚至达到 90%。这些有机溶剂，如苯、甲苯、二甲苯、甲醇等不仅会对生产过程中的工人产生毒害作用，还会在农药施用过程中通过挥发、迁移进入大气、水体和土壤，对环境产生毒害作用，导致严重的环境问题。二是即使有机溶剂自身具有较弱的毒性作用，它们也可以与农药制剂中的活性成分相互作用，并进一步增强其毒性。三是乳剂农药的有效利用率低。有研究发现，乳剂型农药的利用率通常只有 10%～30%，而流失率高达 70%～90%。这不仅极大提高了农业生产成本，而且加剧了农药对农产品和环境的影响。四是乳剂农药对非目标性生物的毒害作用极大。它会对多种植物的生长造成不利影响，而且农药的浸出和挥发会进一步扩大其对邻近非目标物种的危害。因此，农药剂型朝着水基性、粒状、多功能化的方向发展成为必然，缓释型农药与传统乳剂型农药施用优势对比如图 4-47 所示。

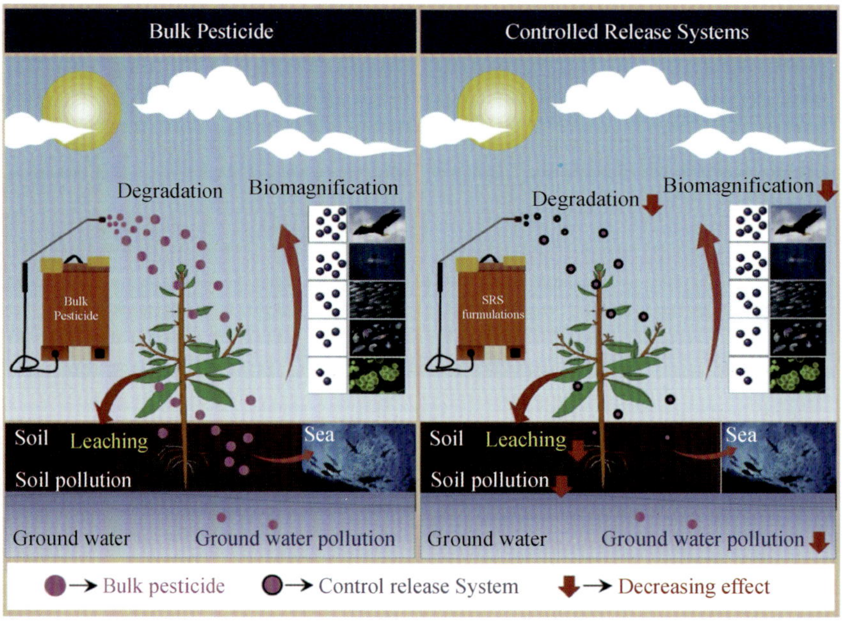

图 4-47　缓释型农药与传统乳剂型农药施用优势对比

到目前为止，我国登记生产的农药制剂（不包括一个制剂有效成分含量相同重复登记的品种）有 6000 多种（不含卫生用的制剂），归属 50 多种剂型。从剂型型态上区分，可分为固体剂型和液体剂型。固体剂型有可湿性粉剂、粉剂、母粉、粒剂、大粒剂、细粒剂、微粒剂、粉粒剂、水面飘浮粒剂、水分散粒剂、泡腾粒剂、泡腾片剂、水分散片剂、可溶性粉剂、可溶性粒剂、可溶性片剂、可湿粉种衣剂、干粉种衣剂、干拌种剂、烟剂、熏蒸片剂、熏蒸剂、毒饵、石硫合剂、防霉防蛀片（球）剂、除草地膜、性诱长效诱芯等 20 多种剂型。这些固体剂型组成中，除了原药、助剂外，都含有不同用量的非金属矿物。其中包括：硫黄、凹凸棒土、海泡石、高岭石、地开石、珍珠岩、贝得石、蒙脱石、皂石、云母、叶蜡石、滑石粉等。

农药用非金属矿物大致可分为两类：第一类作用是直接用于杀菌灭虫的矿物，其中往往含有一些毒性元素，如 Hg、As、S 等，对病虫害有抑杀作用，这类矿物主要有硫黄、雄黄、雌黄、滑石、菱镁矿、萤石、辰砂、石膏、沸石等。如在粮食储存过程中以 $5g/m^2$ 的浓度添加沸石。72h 后，黄斑四纹豆象成虫的死亡率可以达到100%，并且这种杀灭作用具有较长的持久性。以沸石1g/kg的用量处理豇豆同样具有类似的效果，黄斑四纹豆象成虫在1、2和3个月的死亡率分别为100%、99%和77%。非金属矿在农药中的第二类作用是作为农药载体和助剂，其作用是将农药较长时间地保留在土壤里，使其发挥最大的杀虫灭害作用，主要的矿物有蒙脱石、凹凸棒石、海泡石、珍珠岩、天然沸石和硅藻土等。其中，黏土矿物作为农药载体的研究较多。但由于农药的结构和性质极其多样化，农药与矿物间的相互作用也极其复杂。以蒙脱石类黏土为例，其表面电负性较强，自身可与阳离子型农药（如百草枯、草甘膦等）之间通过静电引力形成较强的吸附。但是对于非离子型和阴离子型农药，非金属矿的吸附较弱，通常需要进行有机改性以提高其吸附能力。改性方法有两种：一种是用有机小分子，如表面活性剂等；另一种是用有机高分子，如壳聚糖、海藻酸钠等。

1. 小分子改性黏土矿物用作农药载体

小分子改性黏土矿物作为农药体多采用有机季铵盐阳离子改性剂，可延缓多种农药的释放速度，延长持效期，同时可以提高农药的光稳定性，减少农药在土壤中的迁移。小分子有机物改性黏土矿物作为农药载体，其对农药的吸附性与有机小分子中的疏水部分大小有很大关系。改性剂的烷基碳链越长、用量越多，黏土中的有机物含量越高，对农药的吸附能力越强。而农药本身的疏水性越强，在有机改性黏土上的吸附也就越多。据此可以认为，非离子型和阴离子型农药在有机改性黏土上的吸附主要与疏水作用有关，农药分子中的疏水结构与有机改性黏土中的疏水碳链之间通过范德华力形成较强的结合。但有机改性黏土对一些强疏水性有机农药吸附作用过强，释放过于缓慢，t_{50}值甚至长达2000h以上，也会影响农药的有效利用，甚至导致农药长期残留。反之，对于那些亲水性较强的农药品种，有机改性黏土的吸附能力较差，农药释放过快，控制农药污染的效果较差。

2. 有机高分子复合黏土用作农药载体

为了进一步提高改性黏土矿物农药的结合能力，采用高分子与黏土矿物复合制备农药载体已经成为一种新的发展趋势。一种是用高分子对吸附有农药的黏土矿物进行包覆。另一种是通过交联反应形成高容量的网络结构将吸附有农药的黏土矿物进行包封。如将海藻酸盐与黏土复合制备的复合型农药载体，具有良好的农药控制释放作用。将农药吸附到磁性硅藻土微纳米孔道中制备的包封型农药缓释具有 pH 调控效果。该种农药对植物种子表面和害虫体表具有很好的黏附力，而且磁性硅藻土载体可有效提高农药在植物叶面的附着力，从而显著减少流失、提高农药利用率、延长持效期。农药释放后的残留物，可以通过磁性从水体或土壤中高效分离出来。再如用羧甲基壳聚糖包覆吸附有农药阿特拉津的膨润土，阿特拉津的封装率达到 95.1%，t_{50} 值延长至 572 小时。复合制剂中阿特拉津向土壤的浸出显著降低，9 次灌溉后的渗滤液中仅检测到 5.9%的活性成分（图 4-48）。

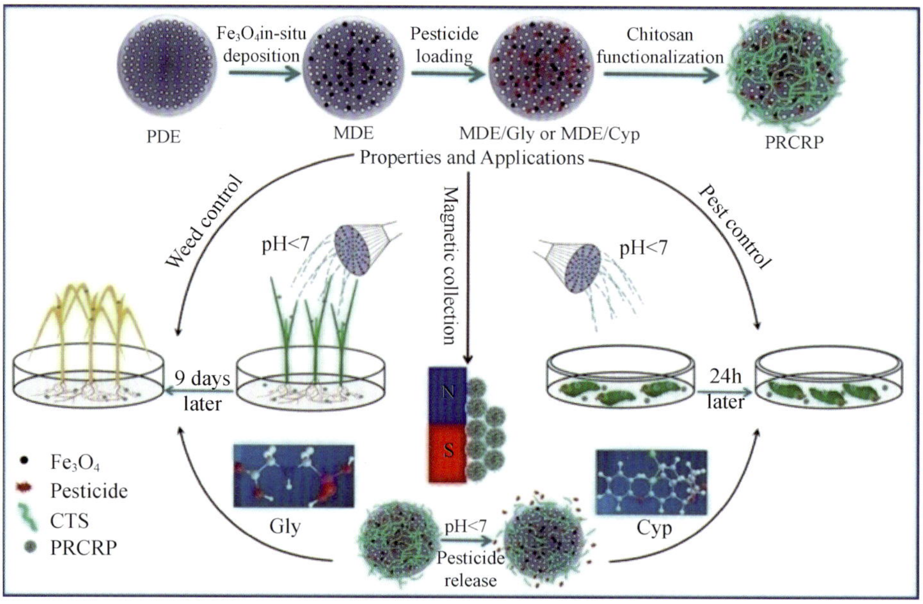

图 4-48　壳聚糖包覆磁性硅藻土农药载体

对于第二种包封策略，黏土组分的存在可以显著提高农药的封装和缓释性能。如用瓜尔胶接枝丙烯酸酯/蒙脱石和瓜尔胶接枝聚 N-异丙基丙烯酰胺/蒙脱石为农药咪草烟的缓释剂，t_{50} 值分别为 4.7d 和 12.6d，表现出良好的缓释性能。海藻酸钠、聚丙烯酰胺和蒙脱石形成的网络凝胶结构可以极大提升农药啶虫脒的缓释效果。含 5%蒙脱石的凝胶，其最大的农药负载率为 13.32%，农药释放率为 76.11%。将纳米膨润土添加到负载有除草剂草克净的合成聚合物（聚丙烯酸和聚丙烯酰胺）中。28d 后，聚合物-膨润土复合材料中的草克净释放率仅为 29.9%，远低于商业草克净，后者在 5d 内释放率就接近 78%，海藻酸钠-聚丙烯酰胺蒙脱石互穿网络凝胶缓解农药如图 4-49 所示。

面体云母和二八面体蒙皂石组成的 1∶1 规则间层矿物质），改性剂插入有机累托石层间，疏水性增加，对 AFB_1 和 ZEA 吸附能力较强。用硬脂酰二甲基苄基氯化铵改性埃洛石，改性后产品可降低饲料中 ZEA 对母猪繁殖和仔猪发育的毒性作用。添加 1%改性埃洛石可降低母胎组织中 ZEA 的残留，可使 70 日龄时的胎数、平均胎重、仔猪总出生数、窝重、产仔时的活仔猪体重、平均仔猪体重、窝重和断奶时的日增重增加。同时显著降低 ZEA 污染饲料对初乳脂肪、乳蛋白和乳糖的损伤。用氯化十六烷基吡啶改性的钠长石，在 pH 值 7 和 pH 值 3 条件下，有机改性钠长石对 ZEA 的最大吸附量分别为 10.580mg/g 和 9.287mg/g。

除有机改性非金属矿物外，金属离子负载型非金属矿物同样被应用于对霉菌毒素的去除（图 4-51）。将 Cu^{2+} 和 Zn^{2+} 负载到蒙脱石表面合成的载铜、载锌蒙脱石，去除 AFB_1、FB_1 和 ZEA 能力显著高于未改性蒙脱石。特别是对 AFB_1 和 FB_1 的脱除性能较高，分别达到了 82.15%和 92.37%。金属离子负载型非金属矿物在负载后具有很好的抗菌性能，因此在动物安全养殖领域具有潜在的实际应用价值。

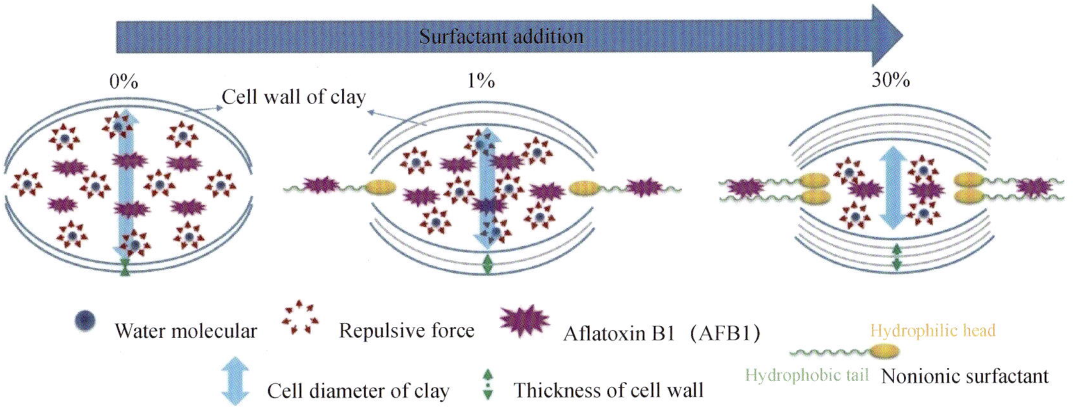

图 4-51 非离子表面活性剂改性膨润土对黄曲霉毒素吸附

3. 增强肠道黏膜屏障防护

凹凸棒石、沸石、蒙脱石、高岭土等非金属矿物由于比表面积大，带负电荷等特点，可以通过与胃肠道黏液蛋白静电结合来黏附在畜禽机体胃肠道黏膜表面上，增加黏液分泌量并改善黏液品质，提高黏液的内聚力和黏弹性，从而对胃肠道黏膜起到一定的保护和修复作用，增强机体胃肠道物理黏膜屏障，对细菌、毒素或两者共同引起的胃肠道疾病具有一定的缓解作用，有助于增强畜禽机体的免疫力。此外，黏土还能促进淋巴细胞的增殖，增加杯状细胞的体积和数量，杯状细胞是一种特殊的上皮细胞，它能在畜禽机体肠道内分泌产生富含半胱氨酸的黏蛋白，这种蛋白是黏液层的核心成分，而黏液层则是畜禽机体抵御肠道感染的第一道防线，从而进一步增强了畜禽机体肠道黏膜屏障的防护作用。大鼠饲喂凹凸棒石 7d 后，其胃底隐窝细胞唾液酸黏蛋白含量增加，而硫黏蛋白含量和上皮细胞表面大豆凝集素受体则减少。蛋鸡饲料中添加 1%凹凸棒石可以提高十二指肠绒毛高度、空肠消化道蛋白酶活性和胰腺淀粉酶活性，以及胰淀粉酶的 mRNA 丰度。也就是说日粮添加凹凸棒石，特别是添加天然凹凸棒石，可改善消化功能和肠道形态，有助于同时获得相近的产蛋性能和蛋品质。日粮中添加凹凸棒石也可改善断奶仔猪肠道形态结构和通透性，降低仔猪腹泻率和血液中内毒素含量以及细胞二胺氧化酶（DAO）活性。其他非金属矿物如沸石也可以增强肠道黏膜屏障防护，缓解 LPS 对肉鸡肠道屏障的损伤，降低血清中 D-乳酸（D-LA）含量以及 DAO 活性。

4. 改善畜禽机体消化道生理环境

黏土具有较强的离子交换能力，可以通过吸附畜禽机体代谢产物中的 NH_4^+ 来调节胃肠道的环境特征，如调节胃肠道的 pH 或氧化状态，影响特定细菌的生长，减轻畜禽机体中代谢产物对肠道细胞造成的损伤 。此外，黏土可以选择性地黏附肠道内的病原微生物并将其排出体外，或以足够的物理力撕裂细菌细胞膜，导致细菌细胞裂解、脱水以致灭活，具有改善调节畜禽机体肠道微生物区系平衡、增进肠道健康的作用。黏土对畜禽机体肠道内胰酶活性也具有一定的增强作用，胰酶能够通过结合在黏土表面上形成特定复合物，使其在畜禽机体胃肠道更广的 pH 范围内具有活性，从而促进畜禽机体内能量和蛋白的消化利用。日粮中添加 1.0%伊利石能够显著提高韩牛瘤胃中挥发性脂肪酸产量，同时显著降低瘤胃中产甲烷菌数量和甲烷产量，对饲料在瘤胃中的发酵具有一定的促进作用。长期在精饲料中添加 2.5%斜发沸石可显著增加奶山羊三胎和四胎羔羊的初生重，同时显著提高山羊乳的乳脂率。蒙脱石和沸石可以缓解沙门氏菌对肉鸡肠道中的不利影响，还可调节杯状细胞分泌物 TFF3 和抵抗素样分子 β 的合成。作为饲料原料，凹凸棒石及其改性产品能提升产品品质、改善机体免疫和抗氧化机能、促进肠道健康、提高饲粮养分利用率和动物生产性能。在热处理豆粕日粮中添加凹凸棒石作为肉鸡日粮，可提高肉鸡前期平均日增重和21d、42d肝脏总的超氧化物歧化酶活性，降低21d血清丙二醛含量和空肠黏膜羧基含量，有效改善了饲喂热处理豆粕肉鸡的生产性能和抗氧化能力。仔猪日粮中添加凹凸棒石可以改善断奶仔猪的生长性能，改善肝脏损伤，提高干物质、能量和粗蛋白利用率。

5. 抗菌杀虫及消炎作用

自20世纪50年代，首次批准抗生素应用于饲料中，因其能促进动物生长，降低死亡率，迅速成为不可或缺的饲料添加剂。饲用抗生素添加剂在带来巨大经济利益的同时，对人类健康和畜牧业发展的负面影响也逐渐显露。近年来，随着人们对非金属矿物认识的逐步深入，在禽畜抗生素替代领域，非金属矿物异军突起，被越来越多的科研人员、饲料生产企业和养殖用户认为是理想的替抗产品。首先，某些非金属矿物本身就具有抗菌性。这种抗菌性源自两个方面：一是含有Fe、Cu等元素的硅酸盐黏土矿物，其浸出液能够破坏细菌细胞膜，并进入细胞内破坏细胞质，达到抑制细菌增殖的目的。二是黏土矿物因同晶取代引起的永久负电荷和晶体结构边缘的价键断裂处引起的可变电荷，可以使黏土矿物通过静电作用吸附在细菌细胞膜表面，影响细胞通透性，阻碍细菌与外界环境正常的物质交换。例如，沸石在体外可以有效吸附大肠杆菌和金黄色葡糖球菌。饲喂沸石可以显著降低肉鸡盲肠中的大肠杆菌数。凹凸棒石也能有效吸附霍乱弧菌和热不稳定大肠杆菌，还可以黏附到荚膜组织胞浆菌菌丝体表面，降低荚膜组织胞浆菌的呼吸作用，并干扰细菌对营养物质的利用和代谢。

研究表明，通过对黏土矿物进行有机改性，调节表面电荷，进而增强其与细菌细胞膜界面关系，阻止细菌与外界环境的物质交换可以进一步提升抗菌效果。黏土矿物在抗菌方面的另一个作用是作为无机纳米抗菌材料或有机抗菌剂的载体。黏土矿物负载无机纳米抗菌材料能起到固定和分散纳米抗菌材料的作用，从而提升无机抗菌材料的抗菌性能。应用于抗菌材料的金属及金属氧化物包括金、银、二氧化钛、氧化锌、氧化铜、氧化铈、氧化亚铁等纳米颗粒。金属单质纳米颗粒与金属氧化物纳米颗粒抗菌机理分别为金属离子接触抗菌和活性氧抗菌。黏土矿物对纳米颗粒的形貌尺寸及分散固定有较大的影响，纳米颗粒尺寸与其抗菌效果成反比，纳米颗粒分散固定与抗菌效果成正比。同时，纳米颗粒回收、生物毒性等问题也受到黏土矿物的影响。

此外，黏土矿物还可以提高有机抗菌剂的化学稳定性，降低其毒副作用，并减少环境污染。有机抗菌剂包括天然提取物如甲壳素、芥末、蓖麻油、山葵等，合成化合物如香草醛、乙基香草醛类等。有机抗菌剂抗菌性能强，但热稳定性差，易泄漏且生物毒副性较大。黏土矿物表面羟基及其电荷特征，可实现有机抗菌剂控制释放，提高抗菌复合材料的抗菌稳定性。黏土矿物的多样形貌和孔径结构特征，可实现有机抗菌剂包埋，降低抗菌复合材料生物毒副作用。

4.2.5 生物医药矿物功能材料

4.2.5.1 快速凝血止血材料

创伤性死亡的最主要原因是失血性休克，据报道，出血导致30%～40%的死亡，而过度出血通常会增加失血性休克、凝血障碍、感染和多器官衰竭的风险。因此开发止血速度快、效果稳定、安全可靠的止血剂，对于战伤、车祸、自然灾害等院前急救具有重要意义。止血剂通过加速或促进人体自身的止血机制，引起局部血管应激反应和凝血反应共同作用，达到止血目的。黏土矿物也称二维（2D）纳米硅酸盐，具有丰富的孔隙结构、较强的吸附性和较好的离子交换性，可促进止血剂迅速吸附血浆，浓缩凝血因子和血细胞，释放离子加速凝血反应，提升止血剂的止血效果（表4-45）。

表4-45 黏土矿物止血剂商品

商品名称	主要成分	止血原理
Quik Clot	沸石	沸石具有丰富的孔道结构和优异的阳离子交换性能，能够迅速吸附血浆，浓缩凝血因子和血细胞，同时释放钙离子加速凝血反应
Combat Gauze	高岭石	高岭石能吸附血液中的水，而且不干扰红细胞状态，负电荷表面激活内源性凝血途径，促进了血小板的激活和聚集，加速止血
Wound Stat^{T}M	蒙脱石	蒙脱石具有比表面积大、离子交换能力强、黏度高等优异特性，能迅速吸附血液中的水分子肿胀，形成可塑性强、黏度高的糊状物止血

创口愈合是一个复杂有序的生物学过程，每一个阶段的受损或缺失都将严重影响愈合进程。除了不可控出血外，炎症也是影响创口愈合的一个重要因素。部分黏土矿物具有很强的杀菌效果，是天然的创伤伤口愈合药物，常

见的黏土矿物如高岭石、埃洛石、蒙脱石等，通过改性可与壳聚糖、明胶等有机物结合，展现出良好的止血和伤口愈合效果。我国传统中药中往往会添加矿物成分，提升治疗效果。而在美国，食品和药物管理局很早就通过了一些矿物止血药物。

创伤是在各种外力破坏下，造成的人体组织损伤和功能障碍，轻者造成体表的疼痛、肿胀、出血，重者则会导致功能障碍甚至死亡。在人们的日常生活和工作中，难免会遇到各种意外而受伤。据统计，不可控的出血往往导致超过 30％的创伤死亡，其中超过一半是发生在紧急护理到来之前。因此，开发快速止血材料对于创伤性出血的控制，降低死亡率具有重要意义（表 4-46）。2016 年工信部、发改委、科技部等六部委联合印发了《医药工业发展规划指南》，明确要大力发展生物药、化学药新品种、优质中药、高性能医疗器械、新型辅料包材和制药设备六大领域，其中可降解快速止血材料作为植入介入产品和医用材料是医药工业未来发展规划中一项重要内容。

表 4-46　快速凝血止血材料

名称	原理	性能比较
Ⅰ型高岭土止血纱布	高岭石直接激活凝血因子Ⅻ或Ⅺ，启动内源性凝血途径，达到止血目的	接合部位的止血成功率为 88.6％，对于极其严重的结合部位止血成功率为 91.9％
柔性沸石纤维止血材料	沸石介孔促进了血液中水分子的扩散和吸收，有利于止血以及伤口的愈合	柔性沸石棉纤维止血材料矿物结合更加紧密，放热效应基本消失，止血效果更强
煅石膏止血材料	煅石膏表面疏松多孔，溶出的钙离子可作为凝血因子Ⅳ参与凝血过程，调节血小板活化、聚集，促进不溶性纤维蛋白生成，最终形成血凝块防止出血	具有较强的收湿、止血、生肌功能，是一种有效的止血药物

1. Ⅰ型高岭土止血纱布

美国 Z-medica 公司推出的Ⅰ型高岭土止血纱布通过激活凝血因子Ⅻ或Ⅺ，启动内源性凝血途径，达到止血目的。Ⅰ型高岭土止血纱布外观白色、质地柔软，可有效防止静脉横断、肝损伤以及接合部位的出血，具有止血快、毒害小、存活率高等多种优势，已成为目前美军战术战伤救治委员会推荐的作战首选止血产品。以色列国防军医疗团对 122 名伤员使用高岭土止血纱布进行治疗，接合部位止血成功率达 88.6%，对于极其严重的部位止血率更是高达 91.9%。因此，Ⅰ型高岭土止血纱布是控制接合部位出血的有效治疗手段。

2. 柔性沸石棉纤维止血材料

沸石类止血材料是重度出血情况下最有效的止血材料。沸石型止血剂在国外战场中已广泛使用，但遇水或血液放热是当前应用过程中存在的主要问题，局部温度可高达 90℃以上，造成皮肤灼伤，严重影响伤口愈合。而且沸石型止血剂大多为粉体材料，易黏附，也会影响伤口愈合。棉纤维是一种常见的止血织物，具有良好的吸水性，可作为沸石生长的理想载体。在化学键的作用下，介孔菱沸石可紧密结合在棉纤维表面。介孔的存在大大促进血液中水分子的扩散和材料对水分子的吸收，而且柔性沸石棉纤维止血材料本身质地柔软，更有利于止血和伤口的愈合。与高岭土止血纱布和传统沸石型止血剂相比，柔性沸石棉纤维止血材料结合更加紧密，放热效应也基本消失，使用更加安全，处理同样的出血伤口，柔性沸石棉纤维止血材料显示出了更强的止血效果。

3. 煅石膏止血材料

煅石膏主要成分为无水硫酸钙（$CaSO_4$），是生石膏经过高温煅制的炮制品。高温煅烧过程脱去石膏中的结晶水，元素含量及晶形结构等都发生明显改变，石膏结构更松散，在疏松表面产生较多的孔洞，Ca^{2+} 不断溶出。Ca^{2+} 作为凝血因子Ⅳ参与凝血过程的内外凝血级联多个关键环节，并且参与调节血小板活化、聚集，促进生成不溶性纤维蛋白，最终形成血凝块防止出血。因此石膏经过高温锻制可表现出收湿、止血、生肌的功能，是一种有效的临床止血矿物药。

4.2.5.2 矿物复合止血材料

矿物复合止血材料见表 4-47。

表 4-47 矿物复合止血材料

名称	原理	性能比较
d 型复合止血材料	高岭石能迅速吸附血液中的水分，浓缩血小板、红细胞和凝血因子，激活内源性凝血途径和血小板聚集；Fe_2O_3 能促进红细胞聚集形成血盖从而加速止血	α-Fe_2O_3/$Kaol_{KAc}$ 处理后伤口的出血时间为 183±16s，出血时间为不处理伤口的一半

续表

名称	原理	性能比较
丝素蛋白、壳聚糖、埃洛石复合医用敷料	丝素蛋白易与红细胞发生黏附，有效刺激血小板聚集活化人体系统及其他血液成分进行促凝；壳聚糖可使血液迅速凝固；埃洛石可吸收血液中水分，表面负电荷可激活凝血因子，促进凝血作用	载药率为 8.60%±1.11%，包封率为 61.47%±8.19%，药物释放时间延长 8d 左右，凝血时间明显缩短，降至 0.46min
蒙脱土-交联石墨烯海绵复合止血材料	交联石墨烯海绵具有多孔结构和等离子体吸收功能，嵌入的蒙脱土纳米颗粒可作为新的活性位点，促进血液凝固	止血时间为 85s 左右，低于绝大部分止血药物止血时间

1. d 型复合止血材料（α-Fe_2O_3/$Kaol_{Kac}$ 复合止血材料）

矿物药应用历史悠久，药赭石、赤石脂等均有较好的止血性能，但是矿物药组成复杂、纯度低，不可直接使用。高岭石具有良好的生物相容性和优异的止血性能，利用醋酸钾对高岭石进行插层，制得醋酸钾插层高岭石基体，采用温和沉淀法制备 FeOOH/$Kaol_{KAc}$ 复合物，再通过空气气氛煅烧处理，将 FeOOH/$Kaol_{KAc}$ 复合物转化为 α-Fe_2O_3/$Kaol_{KAc}$，可用于伤口止血愈合。测试结果表明，α-Fe_2O_3/$Kaol_{KAc}$ 复合物止血效果比 α-Fe_2O_3 和高岭石单独使用时止血效果更好。普通高岭石处理后伤口的出血时间为（227±17）s，而 α-Fe_2O_3/$Kaol_{KAc}$ 处理后伤口的出血时间为（183±16）s，出血时间为不加处理的一半。这是由于高岭石能迅速吸附血液中的水分，浓缩血小板、红细胞和凝血因子，激活内源性凝血途径和血小板聚集，而 Fe_2O_3 又能促进红细胞聚集形成血盖从而加速止血，同时 α-Fe_2O_3/$Kaol_{KAc}$ 有较低的溶血率和较好的抗菌性能，因此在控制创伤引起的重度出血止血和伤口愈合领域具有良好的应用前景（图 4-52）。

2. 丝素蛋白、壳聚糖、埃洛石复合医用敷料

细菌感染是外伤性出血难以快速有效控制的主要原因，也是目前国内外生物医用敷料领域存在的技术难题之一。丝素蛋白（SF）是从蚕丝中提取的天然高分子纤维蛋白，具有良好的柔韧性、抗拉伸强度和缓释性，是一种常见的敷料原料。壳聚糖（CS）易与红细胞发生黏附聚集，可对血小板进行有效刺激，活化人体系统及其他血液成分，从而使血液迅速发生凝固达到止血的目的，而且壳聚糖具有很强的可塑性和抗菌效果，可形成不同形式的止血

材料，具有良好的伤口愈合效果，在止血领域发挥着越来越重要的作用。埃洛石（HNTs）是一种典型的管状黏土矿物，具有较强的吸附性和较大的比表面积，可用于药物的装载释放，在止血、抗菌领域应用广泛（图 4-53）。将广谱抗菌药物葡萄糖酸氯己定装入埃洛石纳米管中，以丝素蛋白、壳聚糖和装载药物的埃洛石纳米管为主要原料，将载药埃洛石纳米管分散到丝素蛋白和壳聚糖的混合物中，采用静电纺丝法制备丝素蛋白、壳聚糖、埃洛石复合医用敷料，敷料载药率为 8.60%±1.11%，包封率为 61.47%±8.19%。热重分析和力学测结果表明，埃洛石纳米管增强了复合医用敷料的热稳定性和拉伸强度。与正常组织相比，出血伤口炎症组织 pH 较低，呈酸性。在药物释放试验中，抗菌药物葡萄糖酸氯己定在酸性环境中的释放速率要高于中性环境，成功实现了对装载药物释放的控制，药物释放时间延长 8d 左右。此外，敷料中埃洛石成分具有良好的吸附性，能迅速吸收血液中的水分，表面负电荷可激活凝血因子促进凝血作用，凝血时间明显缩短降至 0.46min。综上所述，丝素蛋白、壳聚糖、埃洛石复合医用敷料具有机械强度高、止血迅速、抗菌活性强等优点，具有较大的生物医学应用潜力。

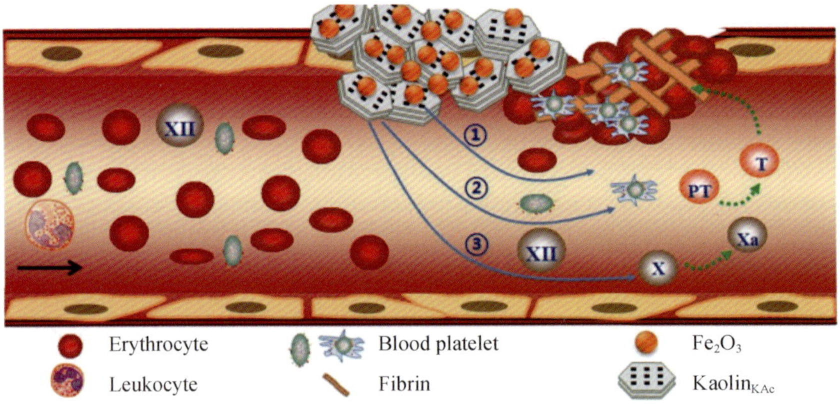

图 4-52　α-Fe_2O_3/高岭石协同止血示意图

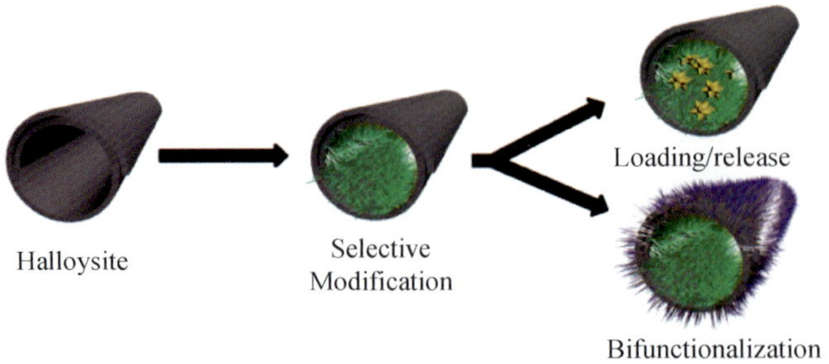

图 4-53　埃洛石纳米管选择性表面改性、负载/缓释和双功能化示意图

3. 蒙脱石-交联石墨烯复合止血材料

蒙脱石因其具有很强的膨胀性和丰富的表面电荷，是目前为止最有效的止血材料，与其他层状硅酸盐黏土矿物相比，蒙脱石能达到100%的稳定止血效果，在某些情况下止血效果比常用的生物聚合物壳聚糖止血效果还要好。然而，由于游离的蒙脱石在体内可能导致细胞毒性甚至血栓形成，药物管理局从2007年开始限制其商业止血产品。但是蒙脱石对于生物医学材料的研究和开发仍然是非常有用和必要的。采取措施避免蒙脱石与细胞直接接触，可大大降低蒙脱石的副作用，在皮肤保护、清洁、抗菌、创面愈合等领域也将会有更广泛的应用。交联石墨烯海绵（CGS）是一种新型的止血剂，由于其多孔结构，成为一种很有前途的载体材料。交联石墨烯海绵是通过等离子体的物理吸收作用实现止血，将止血纳米颗粒负载在交联石墨烯海绵表面（图4-54），可以进一步提高交联石墨烯海绵的止血性能。蒙脱石具有良好的止血效果，将蒙脱石固定在交联石墨烯海绵的石墨烯层上，合成了一种新型复合止血材料。新型复合材料不仅保留了交联石墨烯海绵多孔结构和等离子体吸收功能，同时嵌入的蒙脱石纳米颗粒可作为新的活性位点，促进血液凝固，大大降低了蒙脱石纳米颗粒与细胞直接接触的可能性，再加上蒙脱石本身的止血效果，复合材料的止血能力大大提高，也为蒙脱石在创伤止血和治疗领域的安全使用开辟了新途径。复合材料中蒙脱石的添加量非常小，止血作用却完全发挥出来，再加上交联石墨烯海绵可通过激活表面电荷触发血液凝固的内在途径，因此其止血效果非常明显。兔动脉损伤试验结果表明，蒙脱石-交联石墨烯海绵复合止血材料的止血时间为85s，低于绝大部分止血药物止血时间。在血管生物相容性评估中，蒙脱石-交联石墨烯海绵复合止血材料没有在体内引起血栓或血凝块，这进一步表明该复合材料的细胞相容性较好。值得注意的是，该止血剂与传统止血剂相比，有机成分和无机粉末较少，具有制备方便、成本低、携带方便、保质期长、无毒等优点。蒙脱石-交联石墨烯海绵复合止血材料的应用不仅能为蒙脱石在止血领域的再次应用提供新的策略，而且为开发一种用于创伤治疗的超快型止血剂开辟了新的途径。由于膨润土、硅藻土、高岭土等黏土矿物均具有和蒙脱石相似的结构，因此均可作为充填物加入石墨烯基海绵中，为新型快速止血材料的发展提供广阔的空间。

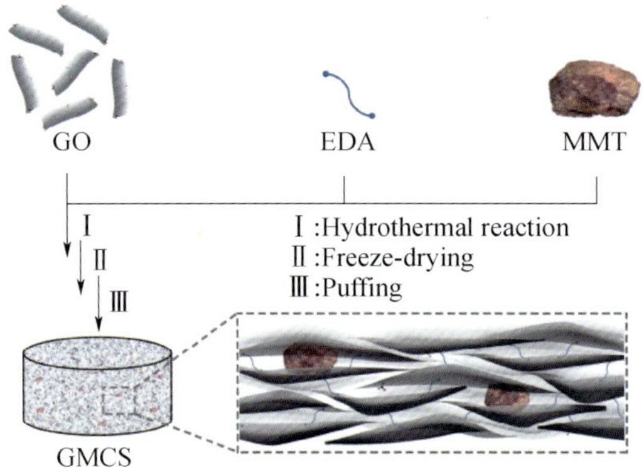

图 4-54　水热反应合成石墨烯-蒙脱土复合材料过程

4.2.5.3　靶向药物矿物载体材料

恶性肿瘤（癌症）已经成为严重威胁中国人群健康的主要公共卫生问题之一，中国的发病率及死亡率更是高居世界第一。2019 年全国癌症统计数据显示，恶性肿瘤死亡占我国居民全部死因的 23.91%，平均每天超过 1 万人被确诊为癌症，5 年相对生存率仅为 40.5%，死亡率每年保持 2.5%的增幅，每年恶性肿瘤所致的医疗花费超过 2200 亿元，防控形势十分严峻。当前，癌症的治疗主要采用多方法联合治疗模式，主要有外科手术、化学药物治疗、基因治疗等，其中化疗仍然是癌症术后治疗的重要手段。

传统药物给药后，当人体内血药浓度过高时会造成药物中毒，浓度太低又会影响药物治疗效果。大部分药物在给药后，随着时间的推移，血药浓度会降低，丧失治疗效果，因此为了保证疗效，需要多次给药，治疗过程烦琐。因此构建药物控释传输系统，实现药物释放速率的控制，对于最大限度地发挥药物疗效，降低药物毒副作用具有重要意义。靶向药物由于其毒副作用小、特异性高，对于治疗恶性肿瘤有显著疗效，已经成为近几年抗肿瘤新药的主流，被医学界誉为最有希望“攻克”癌症的药物。“十三五”期间，我国材料领域围绕创新发展的指导思想和总体目标，紧密结合经济社会发展和国防建设的重大需求，重点发展纳米材料与器件，其中纳米生物医用材料技术中关键一项就是纳米药物与药物智能控释及靶向技术。

由于黏土矿物具有较大的比表面积和丰富的表面官能团，通过对其表面官能团进行修饰，嫁接靶向材料，能够构建具有靶向性的载药体系和药物控释体系。靶向作用能使药物在肿瘤部位释放的同时不破坏人体正常组织，最大限度发挥药效。随着纳米技术的发展，黏土矿物材料在生物医学领域应用更加广泛。利用黏土矿物材料构建具有靶向性的载药体系和药物控释体系，可以有效解决药物分子水溶性小、选择性差及毒副作用等问题，大幅提高了恶性肿瘤治疗效果，提纯凹凸棒石粉的主要化学组成及性能见表 4-48。

表 4-48　提纯凹凸棒石粉的主要化学组成及性能

组分（%）							密度 $(g \cdot cm^{-3})$	比表面积 $(g \cdot cm^{-2})$
SiO_2	Al_2O_3	Fe_2O_3	MgO	CaO	K_2O	Na_2O	2.54	406
52.73	21.14	7.52	6.03	2.57	3.62	1.15		

1. 磁性凹凸棒载体材料

凹凸棒石是一种典型的层链状硅酸盐黏土矿物，具有多孔结构，富含镁铝元素，比表面积大，表面电荷分布不均匀。凹凸棒石作为靶向药物载体材料，在生物体内可选择性吸附或抑制病毒细菌产生的毒素，能有效清除消化道内的氨、有机氨化合物、重金属离子等有害物质。在磁场环境中，靶区部位磁性药物浓度更高，治疗效果更好。研究人员利用化学沉淀法合成了粒径为 5～10nm 的具有面心结构的反尖晶石 Fe_3O_4 磁性粒子，将 Fe_3O_4 磁性粒子与提纯纳米分散凹凸棒石复合，制成新型磁性矿物靶向药物载体材料 MCM，其磁响应性能见表 4-49。

表 4-49　凹凸棒石 MCM 的磁响应性能

磁矩 $\times 10^6$ $(A \cdot m^2)$	饱和等温剩余磁化强度 $\times 10^6$ $(A \cdot m^{-1})$			
	0	±0.050	±0.10	±0.15
7.77	0.78	±1.50	±19.90	±20.50

复合材料 MCM 性能稳定，经过煅烧、酸浸处理后，比表面积扩大到 $546m^2/g$。给药后，MCM 穿过靶区肿瘤组织内皮细胞，在细胞或亚细胞水平释放所载药物，抗癌药物可以只在肿瘤细胞组织中发挥药效，在提升药物治疗效果的同时降低了毒副作用。由于磁性粒子与矿物颗粒结合紧密，因此

肠胃的蠕动，磁场变化等外界因素均不会影响药物的靶向性。

2. 壳聚糖、累托石纳米复合载体材料

对累托石进行插层处理，插层后累托石层间距扩大为2.54～3.1nm，在搅拌条件下将壳聚糖溶液滴加到累托石悬浮液中，经过洗涤、冷冻干燥处理，可制得用作药物载体的壳聚糖、累托石纳米复合材料。壳聚糖、累托石纳米复合药物载体材料耦合了壳聚糖和累托石作为药物载体的优势，制成的含药微球有着更致密的内部结构、更高的包封率和释药pH响应性，在pH＝1.2时仅释放5％～15％的药物，而在pH＝7.4时药物释放达到55％～65％，可以作为肠道靶向用药的智能包封材料。

3. 蒙脱石络合药物

蒙脱石是一种典型的层状硅酸盐黏土矿物，比表面积大，吸附性能好，表面电荷分布不均，可抑制带电性的病毒（尤其轮状病毒）、致病菌（大肠杆菌、霍乱弧菌、幽门螺旋杆菌、霉菌）等存活，吸附其产生的毒素，并排出体外。而且蒙脱石可保护消化道黏膜，降低外界环境对肠黏膜的刺激，具有良好的止泻作用。此外，蒙脱石具有较强的离子交换性能，可吸附某些有机阳离子（胃蛋白酶、胆盐等），减少这些物质对胃黏膜的直接损害，具有局部止痛作用。综上所述，蒙脱石具有解毒、抑菌、止痛的疗效。

将蒙脱石与某些抗生素或蛋白酶复合，可制成络合药物。将链霉素嫁接在蒙脱石表面，制成链霉素-蒙脱石络合药物，这种络合药中的药物成分只有被蒙脱石的阳离子交换作用释放出来时，才能够发挥药效，实现药物缓释的目标，这也是思密达蒙脱石散的治病原理。思密达蒙脱石散主要成分为蒙脱石，为灰白色粉末，利用蒙脱石吸附性及不均匀表面电荷，常用于食道、胃、十二指肠等疾病引起的感染和疼痛治疗。

4. 新型高岭石载体材料

目前恶性肿瘤治疗中最大的难点是如何有效控制药物在酸性肿瘤组织环境释放以及如何将药物靶向送到病灶区而不影响周围正常组织的功能，从而降低化疗药物对正常组织的毒副作用。高岭石是一种天然的层状硅酸盐黏土矿物，比表面积大，表面官能团丰富，是一种良好的药物载体材料。利用十二胺对高岭石进行插层改性处理，层间距可扩大6倍，构建插层高岭石基载药体系。

4.2.6 节能密封保温矿物材料

4.2.6.1 节能材料

矿物材料中钙质矿物材料和多孔矿物材料是最常见的矿物材料，如石膏、膨胀蛭石、大理石、膨胀珍珠岩等。目前，我国使用的节能建筑材料品种与国外发达国家基本保持同步，但在产品质量、生产规模、施工应用和技术创新方面仍需不断努力。

随着环保技术的不断进步，越来越多的节能建筑材料将被运用于实际建筑工程中。在建筑领域中，节能建筑材料主要分为新型墙体材料、保温材料、门窗材料、遮阳材料等几大门类，见表 4-51，这几类也是目前国际上重点研究和发展的领域。

表 4-51　节能材料的分类与用途

材料种类	代表产品
新型墙体材料	加气混凝土砌块、石膏空心砌块等
保温材料	岩棉、玻璃棉毡、泡沫玻璃等
门窗材料	铝合金型材、彩钢型材等
遮阳材料	热反射玻璃、Low-E 玻璃等

石膏是一种主要成分为硫酸钙水合物的矿物，通常分为生石膏和硬石膏（图 4-57）。生石膏的主要成分为二水硫酸钙，属单斜晶系；硬石膏的主要组分为无水硫酸钙，属斜方晶系。石膏矿物主要用于建筑业和工业，常用作石膏建筑材料、硫酸生产原料、水泥缓凝剂、美术模型制作等。石膏及其石膏制品都具有微孔结构，在加热的条件下易脱去水分，因而具有隔声、隔热、防火、质轻等优良性能。我国石膏储量大，但品位低，实际可利用的优质石膏较少，但建筑墙体材料对石膏矿品质的要求不高，一定程度上促进了石膏在建材领域中的应用，使相关产品的生产工艺不断完善，进一步提升了其在建筑领域的施工效率。此外，石膏产品在生产应用过程中性能好、耗能少、污染小，已经成为一种热门的绿色环保建筑节能材料。

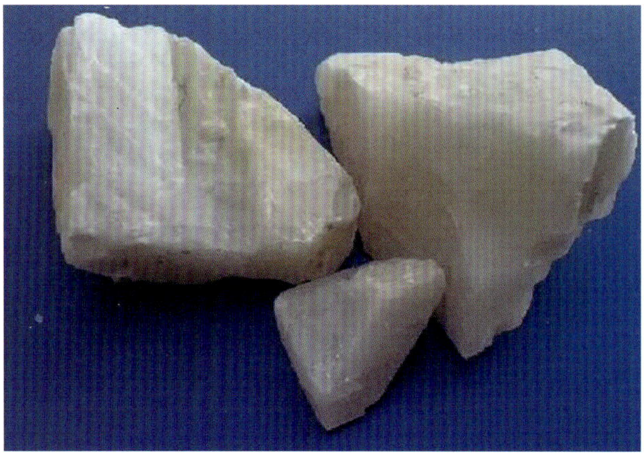

图 4-57　石膏矿物

目前，石膏基墙体材料主要作为建筑内墙和非承重墙使用，国外多为石膏砌块和纸面石膏板，国内产品种类相对较为丰富，除国外常用的两种外还包括石膏条板和磷石膏砖等。下面主要介绍纸面石膏板和石膏砌块两种材料。

1. 纸面石膏板

纸面石膏板是一种轻质建筑板材，具有质量轻、墙面不开裂、隔声效果好、防火性能好、调节室内湿度、节能环保、造价低等优点，主要用于建筑内墙和顶棚吊顶，可作为建筑中的不燃装修材料、内隔板和天花板、改造房屋的贴面墙和地面板以及在公共场合作墙面板和吸声吊顶（图 4-58、图 4-59）。

图 4-58　纸面石膏板结构图

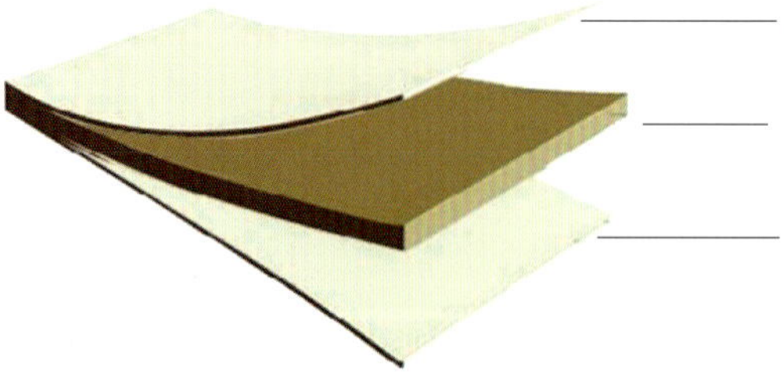

图 4-59　纸面石膏板结构图

纸面石膏板的主要原材料为护面纸和建筑石膏，辅料为淀粉、发泡剂、纤维、水和促凝剂等，其主要生产工艺流程如图 4-60 所示。

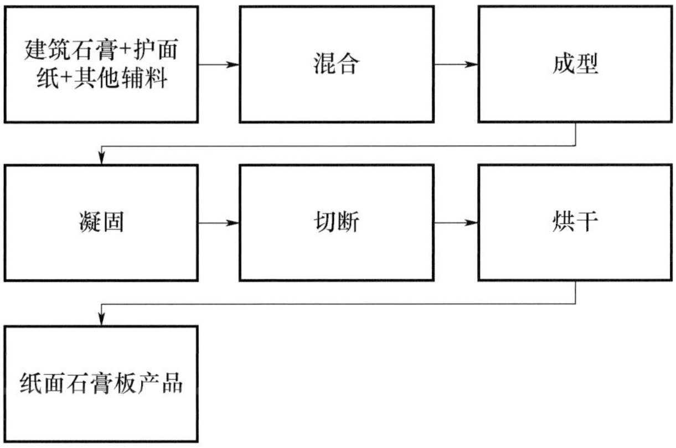

图 4-60 纸面石膏板制作工艺流程图

目前国内纸面石膏板产品标准以《纸面石膏板》（GB/T 9775—2008）国家标准为主，向美国出口的产品以美国 ASTM 标准为准，两者关于纸面石膏板的标准见表 4-52～表 4-56。

表 4-52 中美标准对纸面石膏板质量指标及允许值比较（mm）

项目		GB/T 9775—2008		ASTM C1396/C1396M-04	
		规格	允许值	规格	允许值
长度偏差		全部	−6～0	全部	±6
宽度偏差			−5～0		−3～0
厚度偏差		9.5 ≥12.0	±0.5 ±0.6	6.4～19.0	平均值：±0.4 单值：±0.8
楔形边	深度	全部	0.6～1.9	全部	0.51～2.29
	宽度		30～80		—
直角度	对角线长度差		≤5		—
	板端垂直度		—		±3

表 4-53 中美标准对两种常见规格产品的断裂荷载要求

GB/T 9775—2008			ASTM C1396/C1396M-04（方法 A）		
厚度（mm）	横向（N）	纵向（N）	厚度（mm）	横向（N）	纵向（N）
9.5	140	360	9.5	133	356
12.0	180	460	12.7	178	489

表 4-54　中美标准对吸水率与表面吸水量的要求

项目	GB/T 9775—2008	ASTM C1396/C1396M-04
吸水率（%），≤	10.0	5
表面吸水量，≤	160g/m^2	1.6g/100cm^2

表 4-55　中美标准对耐火性能的要求

<table>
<tr><td colspan="2">GB/T 9771—2008</td><td colspan="5">ASTM C1396/C1396M-04</td></tr>
<tr><td colspan="2">耐火板</td><td colspan="2">普通板</td><td colspan="3">耐火板</td></tr>
<tr><td rowspan="2">遇火稳定性（min）</td><td rowspan="2">>20</td><td rowspan="2">表面火焰传播系数</td><td rowspan="2">≤25</td><td rowspan="2">耐火时间（h）</td><td>板厚 12.7mm</td><td>≥3/4</td></tr>
<tr><td>板厚 15.9mm</td><td>≥1</td></tr>
</table>

表 4-56　ASTM 标准对握钉力和硬度的要求

样品厚度（mm）	握钉力（方法 A）（N）	硬度（方法 A）（N）
9.5	≥267	
12.7	≥356	≥67
15.9	≥400	

2. 石膏砌块（图 4-61、图 4-62）

石膏砌块具有诸多优点，在实际应用中创造了极大的效益。石膏砌块的内部含有大量微孔，具有自重轻、质地软、保温隔热和吸声隔声效果好等优点，能在一定程度上提升建筑物的抗震性能，还能显著减轻建筑结构的承重量，提高建筑的安全系数。此外，其不可燃烧的特性能有效阻止火势蔓延，为救灾灭火逃生提供宝贵的时间。石膏砌块的原料来源广泛，它不仅不会对土地造成破坏，还能在生产过程中解决固体废弃物的堆积问题，以石膏砌块代替实心砖可以实现对土地资源的保护，这与我国实施和倡导的节能环保政策十分吻合，同时也顺应了我国绿色建筑发展的趋势。自从废除使用实心砖这一传统墙体材料后，我国陆续出台了多项惠民政策，进一步促进了石膏砌块的推广与应用。石膏砌块墙体材料先后被列为“绿色环保材料”和“住宅推荐墙体材料”。

石膏砌块的主要原料有两种：1）天然石膏；2）脱硫石膏、磷石膏、氟石膏等工业生产废弃物煅烧制得的半水石膏。生产工艺流程为：建筑石膏和其他辅料加水混配、浇铸成型、干燥固化、石膏砌块成品。石膏砌块具有工

续表

等级	堆积密度均匀性
二等品	5袋试样中最大堆积密度或最小堆积密度与5袋试样堆积密度平均值之差的绝对值不超过5袋试样平均值的10%
合格品	5袋试样堆积密度的平均值符合规定

膨胀珍珠岩与水泥、沥青、水玻璃、石膏等配合，可分别制成品种和形状不同的产品，广泛应用于建筑、化工、冶金、电力等领域。

1）水玻璃膨胀珍珠岩保温板

将膨胀珍珠岩、模数在2.8～3.0范围内的水玻璃及适量防水剂，按配方比例混合，经成型、干燥、焙烧形成水玻璃膨胀珍珠岩保温板的胚体，成型后的坯体在60～110℃的烘箱中微波加热或烘干。水玻璃膨胀珍珠岩保温板的常见性能见表4-63。

表4-63　一般水玻璃膨胀珍珠岩保温板的性能

体积密度（kg/m^3）	导热系数［W/（m·K）］	抗压强度（MPa）	最高使用温度（℃）
220～320	0.0559～0.066	0.4～1.1	680

2）水泥膨胀珍珠岩保温板（图4-66）

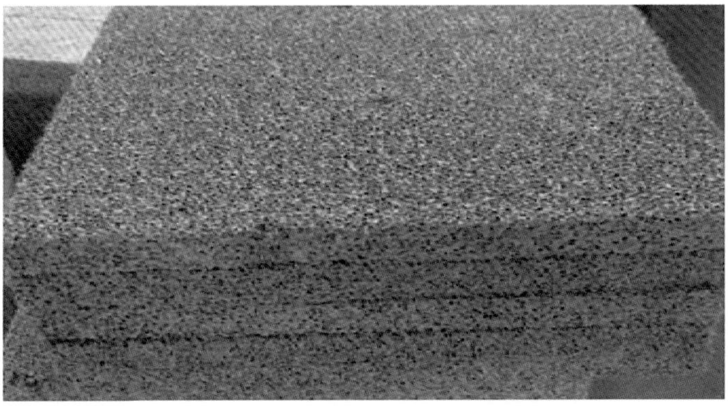

图4-66　水泥膨胀珍珠岩保温产品

水泥膨胀珍珠岩保温板以膨胀珍珠岩为轻质骨料，高铝水泥、硅酸盐水泥、低钙铝酸盐水泥等为粘结剂，并加入适量添加剂，按配料比进行混料，经混料、成型、养护工艺制备而成。其常用常见配方见表4-64。

表 4-64　水泥膨胀珍珠岩板常见配方

水泥种类	体积配合比（水泥/膨胀珍珠岩）	水灰比	压缩比
硅酸盐水泥	1∶10～1∶14	2.1	1.2～1.8
高铝水泥	1∶8～1∶10	1.7	1.2～2.0
低钙铝酸盐水泥	1∶8～1∶10	0.3～1.7	1.1～1.8

3）石膏膨胀珍珠岩保温板（图 4-67）

图 4-67　石膏膨胀珍珠岩保温产品

石膏膨胀珍珠岩保温板的成分如下：膨胀珍珠岩（轻质骨料）、化学石膏或天然石膏（胶凝剂）、生石灰、粉煤灰（掺和料）、尼龙短纤维（增强材料）。原料按配比混合，经搅拌、浇筑成型、干燥等工序制成轻质石膏膨胀珍珠岩保温板。相比于其他材料，石膏膨胀珍珠岩保温板具有体积密度小、抗压能力强、隔声隔热、防火等优势，但防水性能较差。有学者为了提高石膏制品的耐水性能，在石膏浆中喷入石蜡、沥青，形成了防水性能较好的石蜡和沥青颗粒。石膏膨胀珍珠岩保温板的一般性能见表 4-65。

表 4-65　一般石膏膨胀珍珠岩制品的性能

体积密度 (kg/m^3)	导热系数 [W/（m·K）]	抗压强度 (MPa)	抗折强度 (MPa)	质量含水率 (%)
420	0.116	0.98	0.68	1.69

4）沥青膨胀珍珠岩保温板（图 4-68）

分别以石油沥青和乳化沥青为粘结剂、膨胀珍珠岩保温板为骨料，可得到两种不同的沥青膨胀珍珠岩保温板。石油沥青制品具有较好的防水性能和较高的抗压性能，但其制备工艺相对复杂，保温效果较差，且会造成环境污染。乳化沥青是由沥青和乳化剂形成的一种液态沥青，具有更好的防水功能，且不会造成环境污染。总体说来，沥青膨胀珍珠岩保温板在防水方面有着优异的性能，但其致命弱点是使用温度低，燃烧性能较差。沥青膨胀珍珠岩保温板的常见性能见表 4-66。

图 4-68 沥青膨胀珍珠岩保温产品

表 4-66 一般沥青膨胀珍珠岩保温板性能

沥青类型	体积密度（kg/m^3）	导热系数［W/（m·K）］	抗压强度（MPa）	使用温度（℃）
乳化沥青	250～400	0.042～0.080	0.28～0.51	−40～130
石油沥青	220～450	0.059～0.104	0.21～0.70	−50～250

保温用膨胀珍珠岩基新型芯板与其他膨胀珍珠岩制品的性能比较见表 4-67，与其他保温材料的主要性能比较见表 4-68。

表 4-67 新型膨胀珍珠岩保温芯板与其他膨胀珍珠岩制品主要性能比较

指标名称	新型膨胀珍珠岩芯板	水泥膨胀珍珠岩制品	沥青膨胀珍珠岩制品	水玻璃膨胀珍珠岩制品	憎水膨胀珍珠岩制品
密度（kg/m^3）	150	300～400	350～450	250～350	220～250
导热系数［W/(m·K)］	0.06	0.03～0.09	0.08～0.09	0.02～0.08	0.06

续表

指标名称	新型膨胀珍珠岩芯板	水泥膨胀珍珠岩制品	沥青膨胀珍珠岩制品	水玻璃膨胀珍珠岩制品	憎水膨胀珍珠岩制品
吸水率（%）	0.01	150～250	5～8	150～200	2
使用温度（℃）	−100～100	−300～600	−50～100	−140～600	−30～600

表 4-68　新型膨胀珍珠岩保温芯板与其他保温材料的主要性能比较

指标名称	新型膨胀珍珠岩芯板	岩棉保温板	聚苯泡沫保温板	玻璃棉保温制品	软木板
密度（kg/m^3）	150	121～1500	50～80	10～90	150～300
导热系数［W/(m·K)］	0.06	0.04～0.05	0.05～0.08	0.05～0.08	0.02～0.09
吸水率（%）	0.01	2～5	0～2	4	—
使用温度（℃）	−100～100	700	−60～100	400	120

2. 膨胀蛭石

膨胀蛭石是一种以蛭石为原料经受热膨胀而形成的建筑保温材料，其原料来源丰富，价格低廉。蛭石是一种片状含水硅酸盐云母，外形与普通云母一致，呈金黄色、银白色和褐色，比重为 2.4～2.7g/m^3，含水量为 5%～15%。蛭石无法直接用于建筑行业，在经受 800～1100℃高温后，内部水分快速蒸发使其体积迅速膨胀至原来的 11～20 倍，形成可用于建筑行业的膨胀蛭石。蛭石的化学组成见表 4-69。

表 4-69　膨胀蛭石化学成分（%）

成分	SiO_2	MgO	Al_2O_3	Fe_2O_3	FeO	H_2O	K_2O 和 Na_2O
化学组成（%）	33～42	14～23	8～10	1～7	3～9	8～18	不定

目前，全球每年生产约 60 万 t 的蛭石，南非、美国的产量占世界产量的 90%，国内以新疆、四川、河南、山西、河北、山东、陕西、内蒙古等省份为主要产区。蛭石资源丰富、价格低廉、加工工艺简单，且具有优异的物理性能等特点，被广泛应用于建筑行业中。膨胀蛭石现有标准：《膨胀蛭石》（JC/T 441—2009）。

膨胀蛭石具有不易导热、表观密度小、耐热性好、有一定的吸声性能、耐碱侵蚀等优点，但也存在绝缘性较差、易吸水、不耐酸侵蚀等问题。膨胀蛭石的物理性能要求，见表 4-70。

表 4-70 膨胀蛭石的物理性能要求

性能参数	优等品	一等品	合格品
表观密度（kg/m^3）	≤100	≤200	≤300
导热系数［W/(m·K)］［平均温度（25±5)℃］	≤0.062	≤0.078	≤0.095
含水率（%）	≤3	≤3	≤3

膨胀蛭石的生产工艺：蛭石矿石经破碎、筛分，再经 800～1000℃高温煅烧，冷却后得到膨胀蛭石。膨胀蛭石制品中通常以膨胀蛭石为骨料，胶粘剂主要有水泥、水玻璃和沥青等，骨料和不同胶粘剂经一定工序后可制得不同的膨胀蛭石制品。

1）水泥膨胀蛭石制品（图 4-69）

图 4-69　水泥膨胀蛭石产品

水泥膨胀蛭石制品的是以水泥为胶粘剂，加水混合后经搅拌、成型、养护等工序制得，其常见性能见表 4-71。

表 4-71 水泥膨胀蛭石制品的性能

配比（体积比）	膨胀蛭石：水泥		
	9：91	15：85	20：80
表观密度（kg/m^3）	300	400	500
导热系数［W/(m·K)］	0.076	0.087	0.110
抗压强度（MPa）	0.196	0.519	1.127
使用温度（℃）	<600		

2）沥青膨胀蛭石制品

沥青膨胀蛭石制品的胶结材料为乳化沥青，原料经混合、搅拌、成型、干燥等工序制得，其常见性能见表4-72。

表4-72　沥青膨胀蛭石制品的性能

项目	容量（kg/m^3）	
	340～400	<450
导热系数［W/(m·K)］	0.079～0.108	0.099
抗压强度（MPa）	0.2～0.3	≥0.3
使用温度（℃）	常温	

3）水玻璃耐火黏土膨胀蛭石制品

水玻璃耐火黏土膨胀蛭石制品以水玻璃和耐火黏土为胶粘剂，按配方比投料，经混合、搅拌、成型、干燥、焙烧而成，其性能见表4-73。

表4-73　水泥膨胀蛭石制品的性能

配比（质量比）	水玻璃：膨胀蛭石：耐火黏土		备注
	1：0.4：5.2	1：0.4：13.2	
表观密度（kg/m^3）	620	760	容量为110℃烘干后的值，抗压强度为800℃加热4h后的值
抗压强度（MPa）	0.8	2.3	
使用温度（℃）	<800		

3. 岩棉

岩棉及其制品都属于无机纤维材料，当前的使用量远高于其他无机纤维材料。岩棉不仅质轻、不燃、难导热有着不错的吸声效果，还兼具一些弹性和柔性，能充分满足保温及吸声工程中形态各异的设备要求，进而还可加工成各种不同形状的产品，应用施工较为简便。岩棉及其制品的原料品种多、储量大、成本低、保暖隔声效果好，便于施工，深得设计师和建筑施工方的喜爱（图4-70）。

20世纪中期，我国逐渐开展了岩棉的研发生产工作，但产出少，技术进步缓慢。经过约30年的漫长发展，我国从国际上引入多条岩棉生产线，通过吸收先进技术和仿制先进设备实现了生产线的自主研发，从而提升了国内产品的质量，提升了我国的生产能力。目前，国内有几十家岩棉生产企业，总产能达30万t。岩棉主要用于石化行业的保温装置，如设备及管道等设施，未来其在建筑领域中的应用比例将会逐步扩大。岩棉制品需符合国家标准《绝热用岩棉、矿渣棉及其制品》（GB/T 11835—2016）。

岩棉

天津滨海新区祥和新园

寿光金福源财富大厦

图 4-70　岩棉在建筑工程上的应用案例

岩棉的生产原料以玄武岩或辉绿岩为主，可添加一定量的石灰石、少量矿渣及焦炭（焦炭占总质量的 1/4～1/3）。生产工艺一般采用喷吹、离心和摆锤等。其中离心法是目前使用最多的生产工艺。离心法：按固定比例配置原料，装入反应炉，在 1300℃以上的高温条件下使原料熔融，所熔料液经出料口掉落在离心机的辊上，料液传送时保持匀速、连续，辊通过高速旋转产生强大的离心力使料液被抛出成纤（纤维直径＜7μm）。在纤维成型时，需将防尘油和酚醛树脂喷涂于纤维上（防尘油用来软化纤维减少对皮肤的刺激，水溶性的酚醛树脂是一种粘结剂），之后经风选进入集棉室，在集棉室负压作用下均匀沉降在传送带上，最后输出。岩棉三种生产方法的生产原理和特点，见表4-74。

表4-74　岩棉、矿渣棉的生产方法及特点

基本方法	工艺名称	纤维制造的主要原理	优点	缺点
吹制法	平吹法	用高速气流将从流料口流出的熔体流股吹散，并将其拉长成纤维，气流喷射方向与流股成直角	装置简单，产量大，能耗小	纤维粗，杂质和渣球含量大，产品质量差
	立吹法	原理同平吹法，但高速气流喷射方向与流股平行且包围着流股	产量大，品质产量好	能耗较高
离心法	盘式离心法	使熔体流股流入一高速旋转的圆盘平面上，在离心力的作用下，熔体被分散并拉制成纤维	设备简单，制品纤维长，杂质含量少	产量小，难以制取优质细纤维
	多辊离心法	使熔体流入三辊或四辊离心机的第一辊子上进行分散，并在离心力的作用下制成纤维。第三辊、第四辊依此类推	产量大，质量好，能耗低	设备复杂，操作技术要求高
离心吹制法	单盘离心吹制法	熔体流入一斜面旋转的碗式盘面上，后者以高速旋转，其外环设有一环形喷嘴，熔体被离心力分散后，喷嘴中喷出的高速气流将其喷制成纤维	设备结构简单，易操作，产量大，能耗较小	制品纤维短，非纤维杂质含量多，质量较差
	多辊离心吹制法	在多辊离心机的辊子周围再设置一个环形高速喷雾，这样在纤维成形过程中，被离心力制成的纤维在尚未固化之前，再次被气流拉伸和拉细	产量大，可制取长的细纤维且杂质极少，能产出高质量的纤维制品	设备结构复杂，能耗较多

岩棉及其制品可直接作为填充材料，但大多数情况下会将它们制成的玻璃棉经再成型、热固化等进一步加工，做成板、毡、带、管壳等不同形状的产品，为动工提供便利。

1）岩棉

岩棉的物理性能要求，见表4-75。

表 4-75 岩棉的物理性能要求

项目	指标要求
渣球含量，颗粒直径>0.25mm（%）	≤12.0
纤维平均直径（μm）	≤7.0
密度（kg/m^3）	≤150
导热系数，平均温度 68～71℃，试验密度 150kg/m^3［W/(m·K)］	≤0.044
热荷重收缩温度（℃）	≥650

注：密度系指表观密度，不适用于压缩包装密度。

2）岩棉板

岩棉板的物理性能要求，见表 4-76。

表 4-76 岩棉板的物理性能要求

密度（kg/m^3）	密度允许偏差（%）	导热系数，平均温度 68～71℃［W/(m·K)］	有机物含量（%）	燃烧性能	热荷重收缩温度（℃）
61～200	±15	≤0.044	≤4.0	不燃	≥600

注：1. 其他密度产品，其指标由供需双方商定。

2. 防水制品的单位质量吸湿率需低于 5%，憎水率高于 98%。吸水性指标视需求而定。

3）岩棉带（图 4-71、图 4-72）

图 4-71 岩棉带保温产品

岩棉带是由岩棉板沿纤维垂直排列方向切割再贴于贴面而成，它们的物理性能要求，见表 4-77。

图 4-72　岩棉毡保温产品

表 4-77　岩棉带的物理性能要求

密度（kg/m³）	密度允许偏差（%）	导热系数，平均温度68～71℃［W/(m·K)］	有机物含量（%）	燃烧性能	热荷重收缩温度（℃）
61～100	±15	≤0.052	≤4.0	不燃	≥600
101～160		≤0.049			

4）岩棉的毡类制品

岩棉的毡类制品包括岩（矿渣）棉毡、缝毡和贴面毡。贴面毡是将岩（矿渣）棉毡外覆纸、布或金属网等材料制成的产品。毡类产品的物理性能要求参见表 4-78。

表 4-78　岩棉毡、缝毡、贴面毡的物理性能要求

密度（kg/m³）	密度允许偏差（%）	导热系数，平均温度68～71℃［W/(m·K)］	有机物含量（%）	热荷重收缩温度（℃）
61～80	±15	<0.049	≤1.5	≥400
81～100				≥600

4.2.6.3　密封材料

密封材料是一种能够嵌入机械或建筑接缝中，以充填或包封的方式实现对缝隙、接头处密封的材料，它能承受接缝处的位移变化使缝隙处达到隔水、阻气的目的。缝隙、接头等处所用的密封材料在压力或流动浸润的作用下使不光滑的表面能紧密接触或粘接，从而完成密封。密封结构有动、静两种类型。动密封用于机械的转动或滑动部位，静密封用于无运动的部位。用于动密封的材料不仅要能减磨、耐磨还需导热、耐热，以利于节能，延长使用寿命。密封材料包含许多种类，见表 4-79，而矿物类密封材料以石棉和石墨为主。

表 4-79　密封材料的种类

<table>
<tr><td rowspan="3">固体密封材料</td><td>非金属密封材料</td><td colspan="3">陶瓷密封材料、石墨密封材料、橡胶密封材料、树脂密封材料、聚合物基复合材料、无机非金属基复合材料、其他非金属密封材料（皮革、石棉、毛毡、纸）</td></tr>
<tr><td rowspan="2">金属密封材料</td><td colspan="2">黑色金属密封材料</td><td>铸铁、铸钢、碳钢、合金钢</td></tr>
<tr><td colspan="2">有色金属密封材料</td><td>铜及铜合金、铝及铝合金、其他有色金属及合金</td></tr>
<tr><td rowspan="6">液体密封材料</td><td rowspan="3">弹性密封材料（黏附型）</td><td rowspan="2">单包装型</td><td>无溶剂型</td><td>液体聚硫橡胶、液体有机硅橡胶、液体聚氨酯橡胶</td></tr>
<tr><td>溶剂型</td><td>氯丁橡胶、丁基橡胶、天然橡胶及其他</td></tr>
<tr><td>双包装型</td><td>无溶剂型</td><td>液体聚硫橡胶、液体有机硅橡胶、液体聚氨酯橡胶及其他</td></tr>
<tr><td>非弹性密封材料（黏附型）</td><td>单包装型与双包装型</td><td>无溶剂型与溶剂型</td><td>液体环氧树脂及其复合物、液体不饱和聚酯树脂、丙烯酸酯树脂及厌氧胶、液体酚醛树脂及其复合物</td></tr>
<tr><td>液体密封垫料（非黏附型）</td><td colspan="2">不干性黏附型
半干性黏弹型
干性黏接型
干性可剥型</td><td>低分子量聚合物
低分子量聚合物，固体树脂加增塑剂
可固化的液体树脂
橡胶溶剂</td></tr>
<tr><td colspan="3">磁流体密封材料</td><td>水基、油基、二酯基、氟碳基密封材料</td></tr>
</table>

1. 石棉密封材料

石棉是一种已经被淘汰的传统固体型无机非金属密封材料。石棉是一类硅酸盐矿物，呈纤维状或可分散为纤维状，具有强度高、耐侵蚀等特性，有温石棉与角闪石棉两种类型。石棉产品种类繁多，在建筑业、机器设备等制造部门有着广泛应用（图 4-73）。

石棉由同向微细管状纤维组成，直径最小能到 0.1μm 以下，长纤维混合棉纱能制备防火纺织材料，短纤维可制成绝缘材料、胶合布和板状材料等。石棉增强橡胶板的物理、化学性能优异，使石棉橡胶板密封垫片在

100 多年的时间里被广泛应用于石化、电力、机械等领域，一度成为密封领域难以被替代的非金属材料，在产量和应用范围上成为行业之最（图 4-74）。

图 4-73　纤维状透闪石石棉

图 4-74　耐压 1740 石棉纤维包覆垫

石棉 20 世纪 50 年代就被明确指出是一种高危致癌物。从 20 世纪后期开始以美国为代表的西方发达国家陆续出台了限制或禁止生产使用石棉及石棉制品的法令。正因为石棉对人体有着不可逆转的副作用，我国已经开始全面禁止石棉密封产品的使用，从而确保人民群众的健康安全。在取代石棉产品时，科学家研究出了 100% 无石棉材料，从而保证某些领域的使用。

2. 石墨密封材料

石墨（图 7-75），是碳的一种同素异形体，属三方和六方晶系，密度为 $2.25g/cm^3$，有滑感、能导电。石墨是两向大分子层状结构（图 4-76）。该微观结构使石墨的耐腐蚀能力极好，能稳定存在于除强氧化性酸外的各种化学介质中。石墨层间碳原子结合力较弱，层内结合力较强，导致石墨拥有很好的自润滑性。

膨胀石墨，又称柔性石墨（图 4-77），是天然石墨经氧化、高温膨胀处理后形成的。膨胀石墨是新一代广受青睐的密封软材料，它疏松多孔、弹性好，常见于机器装置的封接处。就动密封来说，石墨密封是指在摩擦面某侧使用石墨材质密封环或在设计密封环时嵌入石墨以实现密封为目的的方法。多孔的石墨想要成为工业用密封材料必须经过浸渗等工艺的处理。

美国联碳公司最早发明了石墨密封材料，由于密封效果卓越而被称为

"密封王"，其自润滑、性能稳定、密度低、高导热、低膨胀、摩擦系数小等都是密封材料不可或缺的优异性能。近年来，膨胀石墨密封产品已被用于氢氟酸生产的各个环节，同时还广泛用于航空装置和核装置。但膨胀石墨存在强度低、空气中易氧化等缺点，使其在部分苛刻工况下难以使用。当前，创新制备工艺和研制膨胀石墨复合材料是提高其高温抗氧化性和润滑性的重要方向，耐高温腐蚀石墨密封件，如图 4-78 所示。

图 4-75　颗粒状石墨原料

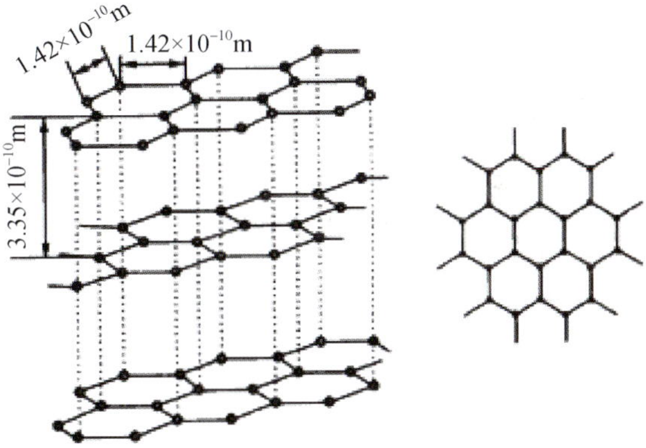

图 4-76　石墨的层状结构及大分子平面层

图 4-77　柔性石墨波纹带

图 4-78　耐高温腐蚀石墨密封件

1）柔性石墨填料环

柔性石墨填料环是目前最先进的机械封严产品之一，用于封严的关键部位。柔性石墨填料经模压后形成的各种各样环形产品即为柔性石墨填料环，如图 4-79 和图 4-80 所示，生产过程中可加入金属材料以进一步提升性能。柔性石墨填料环回弹性能良好且化学性能稳定，能耐高温高压，还能适应多种工作介质，如高压蒸汽、碳氢化合物、热交换液、低温液体、有机溶剂等。石墨机械密封环主要用于压缩机、化工仪器、机泵等机械旋转部位的密封，可分为焙烧石墨、树脂结合石墨、热解石墨等。

图 4-79　耐高温阀门用石墨填料环

图 4-80　石墨填料环

密封填料环用柔性带（板）的性能应符合表 4-80 的规定。柔性石墨填料环的物理机械性能指标见表 4-81。

表 4-80　填料环用柔性带（板）的性能标准

性能	单位	指标
拉伸强度	MPa	≥3.5
灰分	%	≤5.0
硫含量	ppm	≤1500
氯含量	ppm	≤100

表 4-81　柔性石墨填料环的物理机械性能指标

性能	单位	指标		
		单一柔性石墨类	金属复合类	树脂复合类
密度	g/cm^3	1.1～1.7	≥1.7	≥1.5
压缩率	%	10～25	3～20	10～25
回弹率	%	≥35	≥35	≥35

续表

性能		单位	指标		
			单一柔性石墨类	金属复合类	树脂复合类
耐温失量	250℃	%	≤0.3	—	≤1.0
	450℃	%	≤0.8	≤0.6	—
	600℃	%	≤8.0	≤6.0	—
摩擦系数			≤0.14	≤0.14	≤0.14

主要用于石油、热电、核电化工及一般工业用阀门、膨胀节、泵等部位。运输时要避免雨淋和受潮，存放于清洁干燥的仓库内。

2）柔性石墨复合垫片

柔性石墨复合垫片是经齿状或网状金属板与颗粒状石墨压制复合再经打孔或切割所制得，其热稳定性、自润滑性优异，不仅能抗腐蚀、抗辐射，还不易老化发脆，能长期在苛刻的工况条件下保持稳定，如图 4-81 所示。柔性石墨密封性能虽好，但孔隙多、强度低、易变形、不耐磨等缺点会导致石墨垫片出现压溃、散架等问题，不能直接用于密封。因此，近年来柔性石墨复合垫片及新型密封结构成为扩大石墨垫片应用范围、增强其密封性能的国际研究热点。当前，接触型石墨垫片、金属式石墨缠绕式垫片及波齿复合垫片是柔性石墨复合垫片三种主要类型。

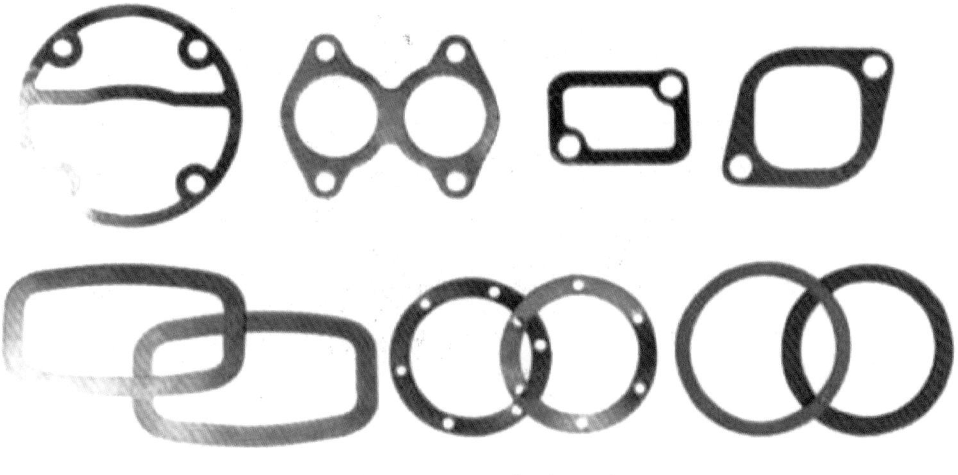

图 4-81　石墨复合垫片

柔性石墨复合垫片的技术参数见表 4-82。

表 4-82　柔性石墨复合垫片技术指标

性能		指标	
		冲刺板复合	平板复合
压缩率（%）		11～35	31～55
回弹率（%）		≥20	≥10
耐温失量（%）	450℃	≤1.0	≤1.0
	600℃	≤10	≤10
吸油率（%）	0 号柴油	≤20	
	20 号机械润滑油	≤20	
泄漏率（cm^3/s）		$\leqslant 1.0\times 10^{-3}$	

注：复合后石墨层密度 1.0～1.3g/cm^3。

柔性石墨复合垫片在增强内层时一般使用 304、316 不锈钢或马口铁等，如图 4-82 所示。（1）金属石墨缠绕式垫片：将石墨与金属材质的缠绕带同轴交叠缠绕形成垫片主体，钢带是支撑结构用以确保抗压强度，石墨带则起保障密封的作用。（2）柔性石墨波齿复合垫片：施力初步将柔性石墨压进金属骨架与法兰间的环形空间，当金属骨架的齿尖与法兰接触时，进一步压缩柔性石墨和金属骨架使之产生形变，从而形成多重密封结构。（3）金属接触型石墨垫片：先在专用凹凸型模具中将柔性石墨压制成石墨环，后在两不锈钢环间嵌入该环再次压制。

图 4-82　不锈钢增强柔性石墨复合垫片

各型复杂几何石墨垫片被广泛应用于石油、电力、化工、航天、纺织、冶金、船舶、机械等工业设备的法兰、阀门、反应釜等部位的密封。

4.2.7 日化及食品矿物材料

随着人们对矿物材料相关研究的不断深入，应用领域持续延伸，其在国民经济发展中的比重越来越大。目前，矿物功能材料不仅广泛应用于环境、能源、医药、农业等领域，在日化及食品材料领域也能占有一席之地。其中，矿物功能材料在日化及食品材料领域中的应用主要有三类：助滤剂材料、凝胶材料和食品添加剂材料。比较常见的矿物制日化及食品材料有硅藻土助滤剂、石膏凝胶材料、明矾食品添加剂等，以下对这三大类的典型产品做详细介绍。

4.2.7.1 助滤剂材料

助滤剂，顾名思义就是能提高滤液过滤效率的物质。在过滤的过程中，使用不同级配的不溶性惰性材料，可以避免滤渣堆积过于密实，保证良好的过滤效果，便于工业生产。硅藻土和珍珠岩是最早应用于工业生产的助滤剂，随着工业的发展，酸性白土、石墨粉、石膏、活性炭等都逐渐成为工业生产助滤剂的原料。

1. 硅藻土助滤剂

硅藻土是水生植物硅藻的残骸沉积物，于地下埋藏了1000多万年才形成了硅藻土矿，其粒径一般为10～30μm。硅藻土具有较大比表面积，易黏连和吸附胶体物质，从而形成孔隙率较大的滤饼，正是因此特性而被人们用于助滤剂的制备，并成为应用最广泛的助滤剂产品。目前，世界上使用的多种助滤剂中，硅藻土助滤剂所占份额高达71%～80%，它最明显的优点就是不会对过滤的液体产生污染，甚至可以除去细小的微粒或细菌，并因为安全且卫生的特性而成为众多行业的首选，尤其在啤酒行业（图4-83）。

图4-83　硅藻土助滤剂实物

硅藻土助滤剂主要参数：色泽白，pH 值 3～9，堆密度 0.65g/cm^3，烧失量 0.65%。主要化学成分：SiO_2 90.2%，Al_2O_3 5.2%，Fe_2O_3 1.0%。各种型号硅藻土助滤剂的主要性能参数见表 4-83。

表 4-83　硅藻土助滤剂主要性能参数

指标		硅藻土助滤剂型号						
		SX821#	ZX616#	ZC500#	ZC700#	ZC900#	ZC1200#	ZC3000#
比重（g/cm^3）		2.2～2.32	2.2～2.32	2.2～2.32	2.2～2.32	2.2～2.32	2.2～2.32	2.2～2.32
堆积密度（g/cm^3）		0.31～0.39	0.32～0.40	0.32～0.40	0.38～0.42	0.39～0.43	0.39～0.44	0.39～0.45
pH		3～8	3～9	3～9	8～10	8～10	8～10	8～10
渗透率		0.2～0.8	4.1～8	2～10	3～10	8～12	8～14	14～24
色泽		橘红色	白色	白色	白色	白色	乳白色	乳白色
化学成分（%）	SiO_2	90.52	90.08	89.7	89.7	89.7	89.7	89.7
	Al_2O_3	4.7	4.8	4.8	4.8	4.8	4.8	4.8
	Fe_2O_3	1.3	1.4	1.4	1.4	1.4	1.4	1.4
	MgO	0.43	0.46	0.46	0.46	0.46	0.46	0.46
	CaO	0.44	0.44	0.44	0.44	0.44	0.44	0.44
沉降粒度分布(u)%	<5	62.8	40.7	5.6	14.2	11.4	8.3	3.61
	1～10	27.5	32.7	40.2	32.3	21.2	18.1	12.05
	10～20	5.4	19.1	46.7	28.8	30.4	29.8	50.6
	20～30	2.3	5.5	7.3	15.3	24.7	28.3	27.72
	30～40	2.0	2.0	0.2	9.4	12.3	15.5	6.02

硅藻土助滤剂生产工艺流程：首先将原矿干燥、粉碎至 60 目大小，按原矿与纯水以 1∶2.5 的质量比进行配合，于 70～80℃条件下静置 1h 后，进行强力搅拌擦洗 1h。然后加适量的水持续搅拌 2min 后静置，待比重较大的颗粒物沉降后，将上层的浆液转移到尾矿池，中间层的悬浮液转入储浆池中，在浮选筒下部放置强磁铁，最下层沉渣部分转入尾矿池中。得到的浆液经减压过滤形成滤饼，然后对滤饼进行酸煮处理，以有效提纯硅藻土。其中纯度较高的硅藻土需要多次洗涤，直至 pH 达到中性，减压过滤后在 300℃的高温下烘干，并进行破碎过 100 目的筛，随后加入助熔剂 Na_2CO_3 粉末（比重在 7%～10%之间），混合均匀后于 900℃保温 2h，最终制得助滤剂产品。（注：最佳擦洗时长控制在 1h，硫酸浓度应保持在 15%～20%，酸煮时长为 3h）

硅藻土助滤剂具有较强的吸附性能和抗压缩性能，不仅能使被滤液体达到理想的流速，还能滤除微细的悬浮物，保证了被滤液体的澄清度。但目前硅藻土助滤剂也存在一些问题：

（1）生产成本高。硅藻土助滤剂的生产过程中，需要经过浮选、磁选、酸煮和高温洗涤等工艺，加工成本高。同时优质硅藻土矿原材料成本较高，所以该助滤剂的价格始终维持在较高水平。

（2）资源短缺。我国硅藻土资源虽然不少，但是只有优质硅藻土才能满足生产助滤剂的条件，而占据我国硅藻土资源大多数的中低品位的硅藻土矿，难以满足品质要求。

（3）由于堆密度较大而导致过滤速度缓慢，按质量加入往往达不到预期要求，过量加入又将使成本上升而收效甚微。

（4）化学稳定性差。天然矿物中杂质较多，尤其是铁、钙等有害成分含量相对较高且溶出率较高，用于饮品的过滤时影响口感。

硅藻土助滤剂现已被广泛应用在冶金、酿酒、制药、制糖、自来水处理等领域。硅藻助滤剂的主要用途及使用量见表 4-84。

表 4-84　硅藻土助滤剂应用举例

领域	过滤目标	使用的助滤剂等级			使用量（W%）
		粗粒	中粒	微粒	
石油	污油（不合格石油）的乳胶消除		0	0	0.2～2.0
	从润滑油中除去白土		0		0.2～2.0
啤酒	发酵前的麦芽汁		0		0.2～0.9
	发酵啤酒		0	0	0.15～0.9
	精制过滤			0	0.02～0.04
油脂	加氢后除去全催化剂			0	0.2～0.4
颜料	从漆中除去橡胶类杂质	0	0	0	0.8～0.9
	从虫胶中除去橡胶类杂质			0	3.0～5.0
水	游泳池	0			0.009～0.1
	造纸厂		0	0	0.021～0.1
	废水再利用		0	0	0.09～0.6
干洗	溶剂的回收		0		73g/10kg 衣物
金属表面处理	镀液的回收	0	0		通常只预涂
医药	抗生物质	0	0		0.9～2.0
食品	各种杂质的去除	0	0	0	0.9～2.0

2. 珍珠岩助滤剂（图 4-84）

图 4-84　珍珠岩助滤剂

筛选后的小粒径珍珠岩矿砂通过加热，在窑内发生选择性膨胀，然后经研磨净化就能获得一定粒度的粉末状产品，色泽洁白，产品容重 230～460kg/m^3。将不同粒度的粉末状产品进行搭配就得到了珍珠岩助滤剂产品。是除硅藻土助滤剂外最早被应用的助滤剂，在助滤剂行业与硅藻土占据着同等重要的地位。珍珠岩助滤剂具有优异的稳定性、强度、脱水性和孔隙率，在啤酒、果酒和饮料等食品领域和炼油、油脂化工、医药、化学工业、环境保护等工业领域得到了广泛应用。

目前，珍珠岩助滤剂产品是按照容重、粒度以及膨胀形成的孔隙直径等标准进行划分。

珍珠岩助滤剂主要性能参数见表 4-85。

表 4-85　珍珠岩助滤剂主要性能参数

项目	型号		
	K（快速）	Z（中速）	M（慢速）
堆积密度（g/cm^3）	<0.15	<0.2	<0.25
相对流速（s/100mL）	<30	30～60	60～80
渗透率（Darcy）	2～10	0.5～2	0.1～0.5
悬浮物（%）	≤15	≤4	≤1
102μm（150 目）筛余物（%）	≤50	≤7	≤3

生产工艺流程：原料矿砂→储存斗→螺旋喂料机→斗式提升机→储料仓→预热炉→振荡给料器→链式提升机→焙烧炉→一级旋风分离器→磨机→二级旋风分离器→三级旋风分离器→空气锁气阀→风管→袋式除尘器→装袋机→入库。

珍珠岩在选择性膨化后经研磨风选，严格分选出多等级，通过二次研磨使其形成粗糙的颗粒表面，增大比表面积，最终的产品表面呈锯齿状，可有效增加过滤过程中颗粒间的摩擦力，同时内部相互挤压咬合联结的过程中会形成粗糙的滤隙，进而为内部内联通道的形成创造条件。最终成型的滤饼的孔隙率高达80%～90%，能保证产品具备较高的连续渗透能力，与此同时，还可以阻挡微米级粒子，保证过滤效果。

珍珠岩助滤剂的具有原材料资源丰富、生产工艺简便、整体的成本低（比硅藻土助滤剂少一半）、堆密度小、不易堵塞、金属元素溶解度小等优点。珍珠岩助滤剂产品也存在一些不足：

（1）澄清度差。颗粒之间孔隙较大导致滤速快，颗粒内孔洞少难以延长液体在颗粒内部的停留时间，因此过滤的深度效应和吸附作用不够理想。

（2）抗压缩性差。由于颗粒间具有较大的孔隙，在加压过滤过程中滤饼阻力上升较快，易导致滤层出现龟裂，影响过滤效率。

（3）品种单一。受结构特征影响，产品品种、规格调配会受到较大限制。例如，若颗粒增大，会影响过滤效果，产品的漂浮物会明显增多。目前国内珍珠岩助滤剂的应用范围也因此受到限制。

目前，在国内珍珠岩助滤剂已应用于医药、食品饮料、酒类、水处理等工业领域。有关性能指标与国家规定标准对照均能符合要求。在医药工业领域，可对抗菌素和酵母液进行预过滤和精过滤，用于口腔印模材料，具有良好的强度和弹性；在啤酒行业，可用于啤酒的过滤，流量可达到要求，浑浊度在0.3EBC左右；在水处理行业，助滤剂能改善污泥的脱水效果，使滤液的pH符合排放标准，此过程可降低脱水成本，进而降低污水处理成本。此外，珍珠岩助滤剂在印刷厂的废油墨处理和海藻胶的过滤等方面发挥重要作用。

3. 凝灰岩助滤剂

我国中生代构造-岩浆-火山作用强烈，凝灰岩作为其作用的产物之一，广泛地分布在全国各地。凝灰岩粒度细小，孔隙度高，因此具有大的比表面积，但由于凝灰岩中存在不稳定的玻屑，易发生次生变化。当凝灰岩发生水化溶蚀反应时，其孔隙会进一步增大而质量减轻，形成多孔的轻质凝灰岩。这种轻质凝灰岩具有稳定的化学性质、独特的微孔结构及良好的渗透性，所以一经发现就被研究者认为是生产新型助滤剂的良好原料。

主要性能参数和矿物组成见表 4-86、表 4-87。

表 4-86　凝灰岩助滤剂主要性能参数

项目	颜色	质量	强度	含水量	松散堆密度	比重
参数	白活浅灰白	质轻	低	67.57%	0.54g/cm^3	2.35g/cm^3

表 4-87　凝灰岩助滤剂矿物组成

化学成分	SiO_2	Na_2O	Al_2O_3	K_2O	CaO	Fe_xO_y	MgO	TiO_2	烧失量
比例	69.49%	1.19%	13.89%	4.06%	0.97%	1.71%	0.1%	0.17%	7.75%

凝灰岩助滤剂是以轻质多孔凝灰岩为原料，生产工序如下：

（1）将原料破碎至粒度 3cm 以下，然后在 100～300℃下进行干燥，使物料含水量控制在 30%以下；

（2）待原料完全干燥以后，再次使用粉碎设备对干物料进行二次破碎，使 95%以上的颗粒粒度在 74μm 以下；

（3）除去原料中的草根、砂砾和超细黏土，净化分粒后的物料的粒度要求为 90%以上颗粒粒度在 43μm 以下或者全部颗粒粒度大小均在 74μm 以下；

（4）加入干物料质量的 21%～58%的水，并充分地搅拌；

（5）将加水后的物料装入窑具容器里，采用隧道窑在 700～1000℃下对物料进行膨化和煅烧，煅烧时长为 2～9h；

（6）进一步破碎煅烧物料，粒度要求 90%以上颗粒小于 43μm 或全部颗粒均小于 74μm；

（7）对物料进行分选，将不符合条件的超大颗粒和超细颗粒清除；

（8）配料与混合；

（9）成品包装。

凝灰岩助滤剂以轻质多孔凝灰岩为原料，解决了珍珠岩助滤剂存在的粒内孔隙缺乏、抗压缩性不佳、过滤澄清效果差、应用范围较窄的问题。凝灰岩中含有较少的铁元素和钙元素，存在状态稳定，多为玻璃态或晶态，所以这两种金属元素在溶液中的溶出率较低，不影响饮料、酒类的口感和风味，所以普遍应用于饮料和酒类的生产。

4.2.7.2 凝胶材料产品

在物理或化学作用下，材料能从浆体逐渐变成坚固的石状体，并能与其他物料胶结在一起，从而形成具有一定机械强度的复合固体，这种材料称为凝胶材料。狭义上的凝胶材料，是指能将散粒状或块状材料通过本身的物理、化学变化而黏结成整体的材料，过程中也由可塑性浆体变成坚硬石状体，这些统称为凝胶材料，也称为胶结材料。

按照化学构成的差别，凝胶材料可分为无机凝胶材料与有机凝胶材料两大类。无机凝胶材料的制备过程通常会用到矿物材料。

1. 硅酸钠凝胶材料

硅酸钠，通俗的名字为泡花碱，是一种可溶性无机硅酸盐，化学式为 $Na_2O \cdot nSiO_2$，其水溶液俗称为水玻璃。水玻璃是一种常见的凝胶材料、矿黏合剂，用途广泛。目前，山东的青岛、滕州、莱州以及天津等地已成为我国水玻璃生产线的主要分布地。近几年水玻璃的生产技术及装备水平得到了显著提升，在满足国内工业需求的同时，也逐渐开始出口到东南亚、俄罗斯等地。

纯度较高的水玻璃是无色透明的，在含有杂质的情况下，会呈现出青灰色、黄绿色或微红色。工业原料级的水玻璃伴有少许悬浮物，纯度也不高，在视觉上可呈现出浑浊感。当含水量低至一定程度时，水玻璃会变成固态，即使降温至 0℃以下，除了脆性有所增加，无其他变化。含水量大的水玻璃在遇到冰点时，会析出乳白色的冰晶。晶体浮在液体上层，从而使得液体不均匀。

硅酸钠中氧化硅和氧化钠的分子数之比即定义为水玻璃的硅酸盐模数，数值一般在 1.1～3.5 之间。模数也会影响冰晶的析出过程：在－2.5℃时，固体含量为 38％的水玻璃就因冰冻而出现固液分离；低模数时，即使温度低到－70℃时，固体含量达到 50％左右的水玻璃也不会有冰晶析出。当固体含量为 40％时，温度达到－70℃时，水玻璃就有冰晶出现。

水玻璃的硅酸盐模数的大小同时也决定着水玻璃的品质及其应用性能：晶体组分较多的水玻璃模数低，黏结性能较差，水溶性较高；而对于模数较高的水玻璃，胶体组分就相应增加，黏结性能得到加强。所以水玻璃凝胶材料因模数的不同而应用在不同的地方，见表 4-88。

表 4-88　不同模数的水玻璃凝胶材料的应用

模数范围	应用方面
n=3.5～3.8	配制耐热混凝土或作为水泥的促凝剂
n=2.2～2.8	用于地基灌浆
n=2.3～3.0	用于涂刷材料表面

水玻璃凝胶材料的生产工艺主要分为干、湿法两种。

干法生产：石英砂加碳酸钠混合→磨细→300～1400℃高温熔融→固态水玻璃产品。

湿法生产：将石英砂加入氢氧化钠溶液中，进行蒸压反应生成液态水玻璃。此法也具有一定局限性，只能生产较小模数的产品，且其反应速度慢，因而限制了其广泛应用，目前采用湿法生产的液态硅酸钠仅占全国总产量的5%。

材料在建筑领域占据很重要的地位，也会随着我国建筑业的蓬勃发展得到更为广泛的应用。除建筑行业外，水玻璃凝胶材料在其他行业的用途：

（1）水玻璃涂抹在金属表面，水玻璃凝胶能在金属表面形成了碱金属硅酸盐及 SiO_2 凝胶薄膜，可有效防止金属被外界酸、碱腐蚀；

（2）在纺织工业中，用作浆料、浸渍剂、固染剂和媒染剂；

（3）在皮革制造业，加入水玻璃可用来生产软皮革；

（4）在食品工业中，在蛋类的外壳涂抹水玻璃可以防止微生物进入蛋壳空隙，因此，可用来保存蛋类；

（5）在制糖工业中，水玻璃可用以除去糖液中的色素和杂质。

2. 石膏凝胶材料（图 4-85）

石膏是单斜晶系矿物，是五大凝胶材料之一，其具备黏结力强、表面装饰性好、防火性能好等特点，通常为白色或无色，有时因掺有杂质而呈灰色、浅黄色、浅褐色等。石膏通常指由硫酸钙等矿物混合形成的气硬性凝胶材料。依据石膏中所含结晶水多少的不同，可将其分成三个种类：无水石膏、天然石膏、建筑石膏。石膏用途极为广泛，主要包括工业建筑、水泥缓凝剂以及石膏建筑制品等方面。

在国内大部分基建工程中，用于装饰的石膏凝胶材料以一般建筑石膏、硬建筑石膏、硬石膏水泥、模型用石膏、粉刷用石膏为主。使用过程中，以半水石膏（$CaSO_4 \cdot 0.5H_2O$）为主要组成部分的一般建筑石膏和硬建筑石膏在工程建造中使用较多，其中最常用的是建筑石膏。建筑石膏主要由β型半水石膏（β-$CaSO_4 \cdot 0.5H_2O$）构成，是一种无须加入添加剂的粉状胶结构材料，用来建造石膏建筑产品。

天然石膏是天然形成的矿产资源。国内石膏矿产资源含量极大，含量远超世界其他国家，已发现的各种类石膏储量约为704.3亿吨，广泛分布于全国23个省、自治区，其中山东的石膏储量占全国的60%。

图 4-85　石膏凝胶材料示意图

天然二水石膏俗称生石膏，化学成分为$CaSO_4 \cdot 2H_2O$，通过高温、研磨等方法，可形成β型半水石膏，又称熟石膏、灰泥。将煅烧温度上升至190℃，则会形成模型石膏，相比较建筑石膏，模型石膏的颗粒较细、颜色白。若煅烧温度为400～500℃或在800℃以上温度进行煅烧，可得地板石膏，其凝固速度较慢，但凝固后的抗压强度、抗磨损性能和抗水透性能远超过普通石膏。

透石膏通常是无色或者白色，部分为透明晶体，具有玻璃光泽，切面有珍珠般光泽。含有少量杂质的透石膏呈灰色、浅黄色。解理片裂成面呈菱形，夹角为66°和114°，脆性较大，硬度为1.1～2，不同方向稍有变化。相对密度2.3。偏光镜下：无色。二轴晶（+）。2V=58。N_g=1.530，N_m=1.523，N_p=1.521。随温度升高2V减小，在大约90℃时2V为零。

石膏具有如下特性：

（1）凝结硬化速度快。建筑石膏能够迅速水化，在室温条件下，全部水化仅需3～12min，终凝在30min以内，完全硬化需一周时间。在日常使用时，若想维持石膏的浆体状态，一般会加入缓凝剂，但缓凝剂可能会降低使用强度，所以在使用时，通常加入减水增强剂来提高强度。

（2）孔隙率高。石膏硬化后，浆体内水分蒸发形成多孔材料，孔隙率有所提高，但强度降低。建筑石膏硬化后的孔隙率达50%～60%，因此具有密度小、导热系数小等优点，十分适用于隔热材料。为解决强度降低的问题，一般通过添加减水剂来降低用水量，进而减小孔隙率并增加强度。

（3）体积稳定。建筑石膏在使用中会有硬化凝结的过程，在这个过程中体积稍有膨胀，通常膨胀率在1%左右，硬化后一般不会出现裂痕，因此也可作为模型填充材料使用。

（4）防火性能良好。石膏制品是无机物，不可燃，具有良好的防火功能。

（5）具有一定的调温、调湿作用。石膏制品热容量大，内部含有大量孔隙，能够根据环境吸附、释放水分子，起到调节湿度的功能。

（6）装饰性好。

生产石膏所需材料有两种：一种是天然石膏，另一种是化学石膏。石膏原材料包括CaO（含量：32.5%）、SO_3（含量：46.6%）、H_2O（含量：20.9%）。常伴随有黏土、有机质等混入物，有时掺杂有SiO_2、Al_2O_3、Fe_2O_3、MgO、Na_2O、CO_2、Cl等杂质。

石膏凝胶主要应用领域：1）建筑石膏：根据其物理强度、固化所需时间和结晶粒度分成三级。2）石膏粉：用于粉刷浆料、腻子和嵌缝料。3）石膏基砂浆：用于室内抹灰、自流平砂浆、保温砂浆。4）石膏制品：主要制品有石膏板、纸面石膏板、吊顶、隔声板等。5）粘结剂。熟石膏的多相混合物，半水石膏占比约80%，加入防水增稠剂、保水增强剂、缓凝剂等制成。具备黏结力较强（一般为1MPa）、施工方便、成本低廉等特点，并且可用于加气混凝土、泡沫砌块等不易粉刷的基层刷浆。6）外加剂。可用来调节水泥凝结时间。

3. 膨润土凝胶材料

天然的膨润土是以蒙脱石作为主要成分的非金属黏土类矿物。用膨润土为原料经加工而制得的具有凝胶特性的深加工产品可称为膨润土凝胶。膨润土经凝胶化处理后可以改善其膨胀性、黏结性和触变性，因此可作为触变剂、增稠剂、悬浮剂、分散剂、稳定剂等被广泛应用在轻工日化、医药等方面，膨润土凝胶材料作为一种高附加值的产品，能够带来显著的社会效益和经济效益。

膨润土在水介质中存在状态为胶凝状和悬浮状，这种介质溶液拥有一定的黏滞性、触变性和润滑性等特性；有较强的阳离子交换能力；一定程度上可以吸附各种气体、液体、有机物质，最高可达5倍于自身质量的吸附量；将膨润土与水、细沙或泥的掺和，反应后的掺和物具有可塑性和黏结性；表面具有活性的酸性漂白土（天然漂白土-酸性白土、活性白土）可吸附有色离子。膨润土可以形成致密块状或者松散的土状，用手搓时可以感觉到明显的滑感，小块体加水以后体积胀大，最终数倍可达二三十倍，在水中以悬浮状存在，水少时以糊状存在。

天然膨润土中大多含有石英、长石、云母等脉石物质，生产上往往需要选矿提纯、改性等深层次加工手段来满足现代工业生产的需求。由膨润土原矿提纯、钠化改型、磷化改性及胶化四大工序组成无机凝胶的制备过程。

1）选矿提纯

膨润土的提纯效果可直接影响到凝胶产品的质量，目前有干法和湿法两种提纯方法。干法提纯一般适用于蒙脱石含量大于80%的矿石，但受空气污染等影响导致产品质量难以控制，目前该方法采用较少。低品位膨润土中蒙脱石在原矿中含量占30%～80%，大多采用湿法提纯来获得高纯度的膨润土。湿法提纯是利用膨润土有良好的亲水性和蒙脱石晶胞细小可以充分分散在水介质的特性，使杂质与蒙脱石较好分离。通过湿法提纯，蒙脱石含量可以高达90%，但再想进一步提纯就很困难了，尤其是膨润土中掺杂少量细石英、长石和云母等杂质的情况下，杂质和蒙脱石颗粒紧密结合生长在一起，很难分离。此时，一般会通过强碱与膨润土中的杂质矿物发生化学反应，以达到去除的目的。

2）钠化改型

Ca^{2+}和Mg^{2+}是蒙脱石吸附的主要阳离子，但晶体与钙基膨润土的阳离子吸附结合程度不强，容易被钠离子取代，而钠基膨润土比钙基膨润土有高的热稳定性和吸水性，胶态悬浮体具有更好的塑性和黏结性，更好的触变性和润滑性。因此，在无机凝胶的制备过程中，需要对钙基膨润土进行改性。对膨润土进行钠化改性有两种方法：第一种是半干法，在干燥膨润土中加入溶解的钠盐，通过高能机械力把钠离子压进蒙脱石中间层，但一般仅适用对性能要求不高的泥浆。第二种是湿法（悬浮法），把钠盐加入水中并不断地搅拌，使蒙脱石得到充分散开并膨胀成钠，可获得高质量的钠基膨润土。

3）磷化改性

消除因蒙脱石表面的负电性与边缘的正电性相互吸引而形成的“卡房式”结构，以达到磷化改性的目的。这种结构支撑和包裹固体杂质，使它们难以去除。常用的磷化剂有六偏磷酸钠、焦磷酸钠、聚磷酸钠等。

4）胶化

胶化是膨润土凝胶制备过程中的关键步骤。由于磷酸盐改性料浆的黏度降低、触变性恶化，必须通过高价阳离子与磷酸盐的反应去除磷酸盐，然后将蒙脱土颗粒重组形成凝胶。常用的胶凝剂有轻质氧化镁、镁盐、高价铝盐等。

膨润土除了具有吸湿、吸水膨胀、悬浮、分散、稳定、触变、水分散、增稠等性能外，还具备超净、止痒、增白等特性，成为开发天然产品的理想原料。高纯改性膨润土可在水溶液中形成非牛顿型触变凝胶，是化妆品工业中理想的乳化稳定剂。在洗发香波中添加优质膨润土，可改变洗发香波的触变性和黏度，显著提高洗护效果。在洗头的过程中，洗头液的黏度比低黏度液体更为固定，对眼睛有一定的保护作用，不易失明。膨润土无机凝胶也是一种牙膏黏合剂，具有无毒、增稠、润滑等特点，主要用于牙膏磨料，具有成本低、刺激性污染小、性能稳定等特点。在牙膏生产试验中加入膨润土凝胶，可使牙膏紧实，改善触变性。由于膨润土的独特吸附作用，能够吸附皮肤和口腔中的细菌，从而起到一定的保健作用。该凝胶与其他水溶性有机盐、无机盐具有良好的相容性，能显著提高牙膏的生产效率。膨润土特殊的网络结构能将大量游离水转化为束缚水，从而提高其黏度，为了提高乳液的稳定性，保湿剂中经常加入有机胶水和无机胶水。

4.2.7.3 食品添加剂产品

《中华人民共和国食品卫生法》在1995年规定，为改善食品色、香、味等品质，以及为防腐和加工工艺的需要而加入食品中的人工合成或者天然物质称为食品添加剂。目前我国食品添加剂种类多，包括酸度调节剂、抗结剂、甜味剂、消泡剂、漂白剂、着色剂、膨松剂、防腐剂、增稠剂等。矿物材料也被用作食品添加剂，下面对典型的二氧化硅食品添加剂进行介绍。

二氧化硅具有一定的抗结性，因此常被用作食品添加剂中的抗结剂，用来阻止粉状颗粒黏结成块。由于二氧化硅具有储量丰富、来源广泛、成本低和性质稳定等优势，现已成为应用最为广泛的一类抗结剂。

二氧化硅作为食品添加剂有如下用途：1）食品配料吸收剂：人们以表面面积大、孔隙率高的二氧化硅吸收剂工艺代替传统的喷雾干燥法。二氧化硅对水的亲和力远远大于其他液体，这些配料粉制品一旦分散到水中，又能快速地释放出原先液体配料的风味来。2）食品增稠剂和胶化剂：作为增稠剂，二氧化硅可将液体介质转化为糊精、乳剂和精制胶。3）食品抗潮剂和抗结剂：二氧化硅主要是通过对食品粉粒的包覆，保持粉末处于最佳的自由流动状态。而包覆在外的二氧化硅，利用其内部细孔的巨大表面积增大与潮湿空气的接触，吸收空气中的水分，使贮存期间的食品免遭潮解。

食品添加剂二氧化硅是无臭无味、细碎的无定型粉末，折光指数为1.46，纯度高，SiO_2 含量高于99%，化学稳定性强，除氢氟酸和强碱外，一般不溶解。不同用途二氧化硅添加剂的典型性能见表4-89。

表4-89　不同二氧化硅食品添加剂的典型性能参数

项目	Ⅰ SiO_2	Ⅱ SiO_2	Ⅲ SiO_2
用途	抗结块，吸收剂，分散剂；吸湿	抗结块，防潮，吸湿	抗结块，吸湿
平均粒径（μm）	3	9	6
表面积（m^2/g）	310	675	340
吸油率 Ibs/100Ibs	280	60	200
堆密度 Ibs/Cu·ft	8	29	16
pH	7.0	4.3	6.5
干燥损耗（%）	5.0	4.0	4.0
灼烧损耗（%）	8.5	6.5	6.0
平均孔径（Å）	200	20	150
平均孔隙率（cc/gm）	1.4	0.4	1.1

注：Ⅰ SiO_2 为气凝胶，Ⅱ、Ⅲ SiO_2 为干凝胶。

食品用添加剂一般是无定形二氧化硅。制造工艺：将特定浓度的酸与一种可溶性硅酸盐混合，成为水溶胶，再调节成胶体状的凝胶。经调节后的凝胶破裂成小块，然后多次洗涤去除反应中形成的酸和盐，再建立起胶的物性（如表面积、孔隙率等），然后洗涤、干燥、筛分、碾磨，然后按照需求将不同粒径大小的二氧化硅进行混合，可以得到适用的目标产品。工艺流程：酸加硅酸钠→混合→调节制胶→洗涤→建立物性→洗涤→干燥→筛分→碾磨→成品。

先进矿物材料在食品添加剂中占据着不可替代的地位，不同矿物制备的食品添加剂功能不同，应用范围也不一样。二氧化硅在食品行业通常作为抗结剂，常用于乳粉、乳制品、固体饮料、油脂制品、冷冻饮品、可可制品、原粮、脱水蛋制品、香辛料、复合调味料等。

4.2.8 矿物功能填料

非金属矿物功能助剂及填料是利用非金属矿物材料特性，改善复合物的性质，提升性能，降低复合物的成本。应用范围包括塑料、橡胶、胶粘剂、造纸、涂料、摩擦密封材料、胶凝材料、油墨以及绿色建材等。

4.2.8.1 塑料用功能填料

塑料改性中使用矿物填料作为填充剂和改性剂，不仅可以显著降低塑料制品的原材料成本，而且可以有效地改善塑料的性能。随着新型改性填料、复合填料的出现，填料已被认为是一种功能性添加剂。填料是塑料材料的重要添加剂之一，按添加量的15%计算，塑料工业现在每年耗用的矿物填料至少在250万t。目前国内外都使用矿物填料作为塑料填充剂，美国密西西比州Pieayune的Heiratge塑料公司开发的无机母料Minapol，含50%～75%的$CaCO_3$或滑石，分散在约15%的基础树脂中，适用于许多聚烯烃及其加工过程。Minapol提高了材料的导电性和冷却速率，使产品生产效率提升15%～30%，使原料节省了10%～20%。

矿物填料在塑料中的作用，几乎可以影响塑料的产品设计、性能及生产工艺的全过程。矿物填料在塑料中的主要作用：

（1）降低成本，增大容量利用矿物填料取代部分塑料基体物质。

（2）增强、补强作用，矿物的活性表面可与若干大分子链相结合，与基体形成交联结构。矿物交联点可传递、分散应力起加固作用，而且产品的硬度、强度会明显提高。纤维状矿物则可提高塑料制品的抗冲击强度。矿物填料的硬度与塑料产品的抗压强度呈正相关。

（3）调整塑料的流变性及橡胶的混炼胶性能，如可塑度、黏性、防止收缩、改善表面性能等和硫化性能。

（4）改变塑料的化学性质如降低渗透性，改变界面反应性、化学活性、耐水性、耐候性、防火阻燃性、耐油性等，以及着色、发孔、不透明性等。

（5）热性能的改善提高热畸变温度，降低比热，提高导热系数等。

（6）改进电磁功能不降低塑料电学性质，同时提高耐电弧性，赋予塑料产品以磁性等。

1. 纳米 $CaCO_3$ 复合材料

$CaCO_3$ 是目前应用最为广泛的一种无机填料，是粒状填料的代表。因 $CaCO_3$ 具有原料易得、价格低廉、毒性低、污染小、色泽白、易着色、化学性能稳定、填充量大及混炼加工好等优点，已成为塑料加工中用量最大的浅色填料之一，广泛用于所有的热塑性和热固体塑料。目前在刚性无机粒子增韧的启发下，人们已开始将目光转向无机粒子的共混增韧研究。

目前使用 $CaCO_3$ 为填料的主要塑料品种有以下八大类：

（1）塑料编织袋、编织布和打包带；

（2）塑料地板和地板革等铺地材料；

（3）人造革和合成革，目前人造革中使用的都是轻质 $CaCO_3$；

（4）钙塑瓦楞箱，使用的填料是轻钙，按质量计，聚乙烯树脂与轻钙各占 50%左右；

（5）聚氯乙烯管材、异型材；

（6）塑料薄膜；

（7）工业配套零部件；

（8）电缆护套料等。

塑料工业用重质碳酸钙主要分为两类：Ⅰ类为普通塑料工业用重质碳酸钙（表 4-90），Ⅱ类为经表面处理制得的塑料工业用活性重质碳酸钙（表 4-91）。

表 4-90　Ⅰ类产品技术要素

指标项目		Ⅰ型 3000 目		Ⅱ型 2000 目		Ⅲ型 1500 目		Ⅳ型 1250 目		Ⅴ型 1000 目		Ⅵ型 800 目	
		一等品	合格品	一等品	合格品	一等品	合格品	一等品	合格品	一等品	合格品	一等品	合格品
碳酸钙（$CaCO_3$）（以干基计）ω（%） ≥		96.0	94.0	96.0	94.0	96.0	94.0	96.0	94.0	96.0	94.0	96.0	94.0
白度 ≥		94	92	94	92	93	92	93	92	93	92	92	91
粒度	D50（μm） ≤	2.0		2.5		3.0		3.5		4.0		4.5	
	D97（μm） ≤	5.5		6.0		8.0		9.0		11.0		13.0	
吸油值（g/100g） ≤		40		37		35		35		33		30	
比表面积（m^2/g） ≥		5.5		5.0		3.2		3.0		2.5		2.0	
105℃挥发物 ω（%） ≤		0.5											
铅（Pb）ω（%） ≤		0.0005											
六价铬［Cr（Ⅵ）］ω（%） ≤		0.0003											
汞（Hg）ω（%） ≤		0.0002											
砷（As）ω（%） ≤		0.0002											
镉（Cd）ω（%） ≤		0.0002											

表 4-91　Ⅱ类产品技术要素

指标项目		Ⅰ型 3000 目		Ⅱ型 2000 目		Ⅲ型 1500 目		Ⅳ型 1250 目		Ⅴ型 1000 目		Ⅵ型 800 目	
		一等品	合格品	一等品	合格品	一等品	合格品	一等品	合格品	一等品	合格品	一等品	合格品
碳酸钙（$CaCO_3$）（以干基计）ω（%） ≥		95.0	93.0	95.0	93.0	95.0	93.0	95.0	93.0	95.0	93.0	95.0	93.0
白度 ≥		94	92	94	92	93	92	93	92	93	92	92	91
粒度	D50（μm） ≤	2.0		2.5		3.0		3.5		4.0		4.5	
	D97（μm） ≤	5.5		6.0		8.0		9.0		11.0		13.0	
活化度 ω（%） ≥		95	90	95	90	95	90	95	90	95	90	95	90
吸油值（g/100g） ≤		40		37		35		35		33		30	
比表面积（m^2/g） ≥		5.5		5.0		3.2		3.0		2.5		2.0	
105℃挥发物 ω（%） ≤		0.5											
铅（Pb）ω（%） ≤		0.0005											
六价铬［Cr（Ⅵ）］ω（%） ≤		0.0003											
汞（Hg）ω（%） ≤		0.0002											
砷（As）ω（%） ≤		0.0002											
镉（Cd）ω（%） ≤		0.0002											

2. 超细滑石粉

超细滑石粉填料添加到塑料里，可显著提高塑料制品的刚性和耐蠕变性、硬度和耐表面划伤性、耐热性和热变形温度、抗冲击强度、润滑性、加工工艺性。聚丙烯的改性体系中，加入超细滑石粉母料不但能够显著地提高聚丙烯制品的刚性、表面硬度、耐热蠕变性、电绝缘性、尺寸稳定性，还可以提高聚丙烯的冲击强度。在聚丙烯中添加少量的滑石粉还能起到成核剂的作用，提高结晶性，进而提升机械性能和透明性。在聚苯乙烯树脂中添加超细滑石粉母料能够提高冲击韧性，调节流变性，挠曲模量显著提高，抗张屈服强度也有提高。

3. 改性高岭土

高岭土作为填料不仅能提高塑料制品的力学性能，还可以赋予制品良好的电绝缘性、胶合强度、耐水性能等特殊性能。改性后的高岭土作为填料所制得的塑料制品，具有表面光滑、热裂和收缩小、易抛光、易加工、耐化学腐蚀性等优点。

4. 改性/包覆硅灰石

硅灰石可广泛用于 PET、Pa、Pe、PP、ABS 等树脂，它的许多性能与滑石、石棉和云母等无机粉体相类似，硅灰石作为塑料中的无机填料，经表面活化改性处理后能提高或保证不同材料界面相容效果。

硅灰石是较为完整的针状结构，可作为树脂的增强材料以改进塑料复合物的性能。硅灰石填充的聚合物体系的挠曲强度和抗张强度优于其他许多填料填充的聚合物体系。在暴露于紫外光和水浸渍的条件下，硅灰石填充的体系有优异的性能。

硅灰石用于大型塑料管材、片材、薄膜、中空及注塑等产品中，可改善塑料制品拉伸强度、环刚度、挠曲性及收缩率等。用于各种包装瓶、中空桶中还可提高耐热性和阻隔性，是塑料制品中新的无机改性材料品种之一。

5. 云母材料

云母可作为塑料用功能填料，能显著改善塑料的性能：1）物理性能。云母具有较好的增强作用，可提高机械部件、车辆零件、木塑制品、家电外壳、包装制品、薄膜、拉丝和绳索等塑料产品的物理性能。2）气密性。云母粉具有优异的薄片状晶形，有效阻隔面积很大。在塑料加工中，经过压延、拉伸等作用，云母晶片取向即可在塑料内形成平行取向排列，与气体、液体的渗透方向相垂直，从而在塑料等材料内形成层层阻隔，使气体和液体极难穿透。在塑料中加入云母粉后，可以用来生产啤酒瓶、药物包装瓶、防潮防渗漏材料以及特种塑料包装材料，起到屏蔽光辐射的效能，以改善产品储存效果。3）光学性能。云母晶片具有反射、散射红外线和吸收、屏蔽紫外线等功能。在农膜中加入云母粉，可阻隔红外光向外散失，还能散射紫外光，提高大棚、地膜的保温效果。4）绝缘性能。云母本身是高性能绝缘材料，具有极高的电阻性。在塑料中添加片径比大的云母粉，可有效提高其绝缘性，还可改善塑料制品的耐热性等（图 4-86～图 4-90）。

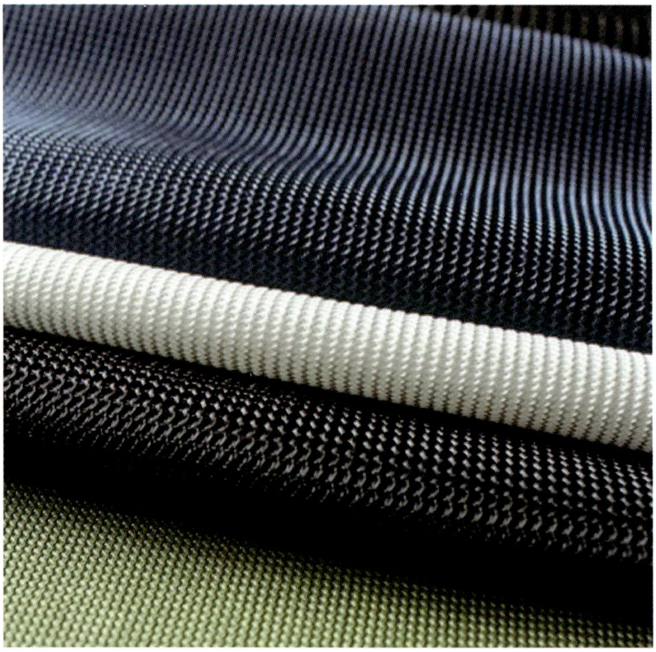

图 4-86　编织布

图 4-87　塑料薄膜

图 4-88 塑料管材

图 4-89 聚苯乙烯树脂

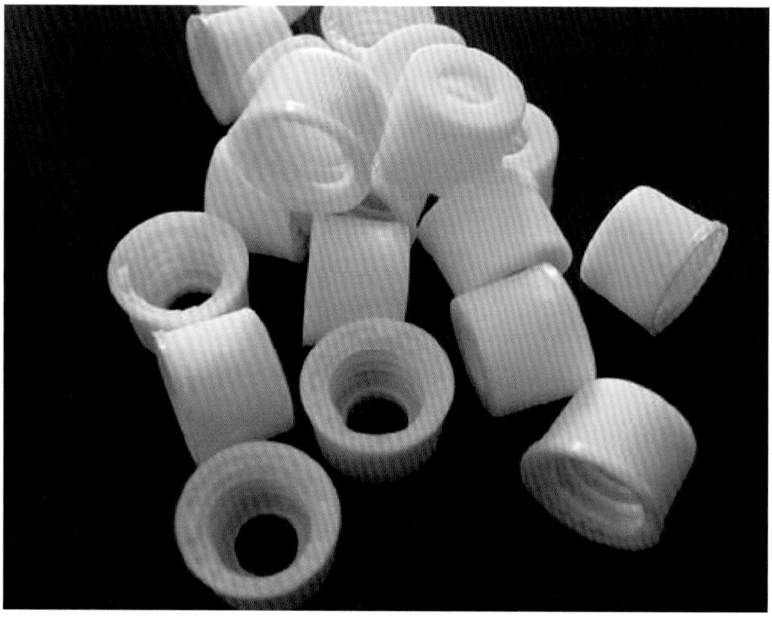

图 4-90　聚丙烯制品

4.2.8.2　造纸用功能填料

非金属矿物作为填料可以与造纸基质纤维有很好的相容性并在基质中均匀分散，提高填料的留着率、纸张的机械强度和综合性能。作为填充剂和体质颜料可以提高涂布颜料的分散性并改善涂料的光泽、着色力、遮盖力和耐候性。作为吸附剂和催化剂载体，可以提高载体原料的稳定性、吸附性、选择性和催化性能。

1. 改性碳酸钙

碳酸钙是造纸工业的重要传统填料之一，未经改性处理的碳酸钙与纸浆纤维的相容性和结合力差，留着率低，容易造成材料界面缺陷，降低纸张的机械强度。对于碳酸钙的改性方法有化学包覆改性和表面改性。

1）化学包覆改性：在 $Ca(OH)_2$-H_2O-CO_2 体系中对重质碳酸钙进行表面修饰，经过纳米包覆后，颗粒晶体解理面粗糙、棱角钝化，改善了其分散性能，同时纳米包覆 GCC 与纤维之间存在静电引力，使得纸张纤维之间形成网状结构，产生较强作用力，进而提高了加填纸张的抗张指数、填料留着率、耐破指数、撕裂指数和耐折度。以阳离子化壳聚糖和羧甲基纤维素为改性剂，利用聚电解质复合的原理对轻质碳酸钙 PCC 填料进行处理，由于聚

续表

指标项目	Ⅰ型 3000目			Ⅱ型 2000目			Ⅲ型 1500目			Ⅳ型 1000目			Ⅴ型 800目	
	优等品	一等品	合格品	优等品	一等品	合格品	优等品	一等品	合格品	优等品	一等品	合格品	一等品	合格品
活化度 ω（%） ≥	95	93	-	95	93	-	95	93	-	95	93	-	95	93
吸油值 g/100g ≤	37			35			33			33			30	
铅（Pb）ω(%) ≤	0.0010													
六价铬［Cr（Ⅵ）］ω（%） ≤	0.0005													
汞（Hg）ω(%) ≤	0.0002													
砷（As）ω(%) ≤	0.0002													
镉（Cd）ω(%) ≤	0.0002													

2. 膨润土分散剂

膨润土系层状硅酸盐矿物，具有优良的亲水性，与适量的水结合成胶体状，在水中能释放出带电微粒，这种微粒的电斥性使其溶液具有良好的分散、悬浮、稳定等特性，因此常用于涂料中作分散剂（表4-98～表4-100）。

表 4-98　溶剂型涂料用膨润土的要求

试验项目	低级性		中级性		高级性	
	一等品	合格品	一等品	合格品	一等品	合格品
表观黏度（Pa·s） ≥	2.5	1.0	3.0	1.0	2.5	1.0
通过率（75μm，干筛）质量分数（%） ≥	95					
105℃下挥发物质量分数（%） ≤	3.5					

表 4-99　水性涂料用膨润土的要求

试验项目	增稠型		流变型	
	一等品	合格品	一等品	合格品
表观黏度（Pa·s） ≥	1.5	0.5	3.0	2.0
剪切稀释指数 ≥	3		8	4
胶体率（%） ≥	98			
分散体粒度（D99）（μm） ≤	45		25	
通过率（75μm，干筛）质量分数（%） ≥	95			
105℃下挥发物质量分数（%） ≤	10			

表 4-100 干混砂浆用膨润土的要求

试验项目		增稠型		流变型	
		一等品	合格品	一等品	合格品
表观黏度（Pa·s）	≥	2	1.5	3.0	1.5
剪切稀释指数	≥	3		6	4
保水性（%）	≥	92	80	86	80
105℃下挥发物质量分数（%）	≤	10			

3. 滑石复合材料

滑石粉属于硅酸镁矿物，层状基本单元结构通过极弱的范德华力互相堆叠在一起，层间容易分离，赋予其一定的柔软度。在工业涂料领域，尤其是底漆中，滑石粉的引入可以提高涂膜的防腐蚀性能及抗裂性能，并且能够提高附着力以及打磨性，还能起到防沉和防流挂的作用。

将滑石作为制备与 TiO_2 复合颜料的基体，对有效发挥其性能优势，提高附加值具有积极作用。制备以矿物滑石为包核、TiO_2 为包膜的复合白色颜料，可形成与钛白粉相似的颜料性能，并且成本低廉，在实际应用中能减少 TiO_2 用量并降低制品成本。添加滑石-TiO_2 复合白色颜料的涂料涂膜对比率与添加金红石型钛白粉涂料接近或相当，其添加量在10%～20%范围可达到《合成树脂乳液外墙涂料》（GB/T 9755—2014）一级品或优等品要求，大部分涂膜经紫外线照射后与照射前的色差小于添加钛白粉涂料。滑石-TiO_2 复合白色颜料的抗紫外耐老化性能优于金红石型钛白粉，可在涂料中代替钛白粉加以应用。

4. 高亮度超细高岭土

高岭土在涂料中具有良好的抗沉降作用，分散、悬浮性能好，同时使得涂料具有良好的流平性、耐洗刷性和耐候性。高岭土能够提供涂料的结构性黏度，对于抗流挂和贮存稳定性有利，并且还能用于增强涂膜的遮盖力。

作为白色填料，高岭土本身并没有遮盖力，但以一定的比率加入涂料中，其粒子在一定程度上改变了颜料粒子之间的间隔，不仅不会降低颜料的遮盖力、光泽、硬度、柔韧性和其他性质，还能使其部分性能有所提升。几乎所有类型的水性和溶剂型涂料都会使用高岭土添加剂对颜料进行改性。在一种建筑用醇酸漆中以一种高亮度细粒高岭土添加剂取代8%～10%的各色颜料，结果油漆性能几乎未发生任何变化。美国 Engelhard 公司以一种明亮型细粒高岭土产品取代了17%的酚菁绿颜料和14%的钛白，所得涂层具有高反射率和颜色强度。

5. 硅藻土抗菌材料

硅藻土是无定型的天然二氧化硅，具有一定的离子效应，可以将水子分解成正负离子，从而产生强氧化作用，起到一定的杀菌功效。同时由于硅藻土有特殊的多孔性，因此具有一定吸湿和放湿的呼吸功能以及优良的吸附性能。由合成树脂和硅藻土组成涂料，当涂膜表面的温度低于露点时，可迅速吸收大量的湿气或结露水；而当涂膜表面的温度高于露点时，能迅速释放吸收的水分，从而有效地防止墙面和天花板等处产生结露现象，起到自动调控的作用。因此硅藻土常被用于内墙涂料。

日本企业利用硅藻土成功研制了几种环保建材：一是用经高温燃烧后的硅藻土多孔粉加热烘干，分级后制备成内墙涂料，能有效地调节室内空气的湿度；二是将一种经熔融处理的改良水泥混入硅藻土，并按0.3%～0.5%的配比往混合物中添加水，将其涂抹在内墙，尤其是厕所的墙面上，具有明显的除臭功效。瑞典弗伦高技术公司利用硅藻土多孔特性，将其加入灰泥中，研制出具有吸臭功能的涂料。另外，在涂料中加入硅藻土，还可控制涂料的光泽度。昆明某研究单位研制成一种硅藻土内墙涂料，其特点是墙面不反光，室内光线柔和，而且内墙的颜色可随室温的变化而改变（图4-91）。

图4-91　硅藻泥涂料产品及应用

6. 超细硫酸钡稳定剂

硫酸钡作为体质颜料广泛应用于涂料中，对提高涂膜的厚度、耐磨性、耐水性、耐热性、表面硬度、耐冲击性等起着很重要的作用。另外，硫酸钡对波长在 300～400μm 范围内的光有很高的反射性，可以有效防止漆膜光老化，是一种有效而廉价的白色无机光稳定剂。

采用特殊工艺制成的超细硫酸钡有很多其他同类产品所不具有的特性：1）其针状晶体结构使它成为良好的平光剂，并能增强涂层的流平性，可用作自清洁型涂料中的增强剂；2）具有低吸油量和高填充量，可使涂料成本下降；3）可以代替部分钛白粉。研究表明，将硫酸钡粉碎到 1～8μm 颗粒大小，用其取代涂料中 10%～25%的钛白粉，能使白度提高的同时遮盖力没有下降。

7. 沸石抗菌材料（图 4-92）

沸石在水性功能涂料中主要用来作抗菌涂料。由于沸石特殊的微孔结构及所载金属离子同骨架的选择性结合，起抗菌作用的金属离子在涂料涂刷后能以一定的速率缓慢释放，达到使涂层具有长期抗菌的作用。

经重金属交换处理后的沸石在水性功能涂料中主要用来作抗菌涂料，其抗菌原理是利用沸石载体带入的 Cu^{2+}、Zn^{2+}、Ag^{+}、Cd^{2+}、Hg^{2+} 等重金属离子使细菌微生物机体结构变性，可抑制或杀灭细菌在涂料涂层表面的生长，达到涂层自清洁和净化环境的目的。

图 4-92　沸石抗菌材料

8. 蛭石抗菌材料（图 4-93）

蛭石由于特殊的间层结构，具有保温、隔热、隔声、抗菌、耐冷等优良性能，已大量用于轻质保温材料。其在水性涂料中的应用则同沸石、蒙脱石类似，具有一定的抗菌作用，当用 Cu^{2+}、Zn^{2+}、Ag^{+}、Cd^{2+}、Hg^{2+} 等重金属离子与蛭石层间离子交换时，也形成具有缓释作用的抗菌蛭石。由于蛭石的层间电荷比蒙脱石高，用蛭石制备的抗菌蛭石具有抗菌范围广、作用持久、制品颜色稳定性好、无毒无刺激、成本低等特点。

图 4-93 蛭石抗菌材料

4.2.8.4 橡胶用功能填料

橡胶是由天然或化工合成乳胶加工制成的具有弹性、绝缘性、不透水、不透气的材料。主要组分有生胶（天然橡胶和合成橡胶）、骨架材料和配合剂。填料是配合剂的其中一种，主要起增容增量作用，有时还兼有补强、隔离、脱模或着色的作用。

1. 活性纳米高岭土

高岭土作为填料在橡胶工业中应用广泛，将其加入乳胶混合物中，能改善橡胶的力学性能，提高橡胶制品的机械强度，还可增强耐磨性和化学稳定性，延长橡胶的硬化时间。研究表明，先对高岭土进行改性，再作为填料加入橡胶制品中，还可对制品的其他应用性能有所改善，特种橡胶塑涂料用精细高岭土理化性能要求见表4-101。

表4-101　特种橡胶塑涂料用精细高岭土理化性能要求

项目		指标	
		TXST1	TXST2
Al_2O_3（%）	≥	43.0	
Fe_2O_3（%）	≤	0.70	
pH值（100g/L悬浮液）		6.0～8.0	
水分（%）	≤	0.50	
吸油量（mL/100g）		45.0～55.0	
白度（%）	≥	92.0	88.0
45μm筛余物	≤	0.010	0.020
粒度小于2μm的颗粒含量（%）	≥	85.0	65.0

2. 改性硅藻土

经改性后的硅藻土可作为天然橡胶、合成橡胶的补强填充剂，增强硫化胶的物理机械性能。尤其应用在浅色橡胶中，可替代白炭黑或者部分取代炭黑的作用，能使硫化胶呈现比较理想的硫化特性和良好的物理机械性能。

硅藻土对橡胶补强效果的相关研究表明，用偶联剂Si-69改性的硅藻土有利于提高NR/SBR并用胶的撕裂强度和定伸应力，与填充未改性硅藻土的胶样相比分别增加了21.8%和68%。经KH570改性的硅藻土补强橡胶，其抗拉强度较原土补强橡胶提高了18.1%。

3. 改性凹凸棒石

由于凹凸棒石特殊的晶体结构，在塑料、橡胶等工业中作为增强填料，在提高产品的拉伸强度、挠曲强度等性能方面得到了广泛应用。但必须对凹凸棒石进行表面改性，以消除表面高能势，调节疏水性，改善其与有机基料之间的润湿性和结合力，填料用凹凸棒石黏土质量要求见表4-102。

表 4-102 填料用凹凸棒石黏土质量要求

检验项目		产品类别	
		1	2
筛余量	+0.045mm	≤5.0	—
	+0.075mm	—	≤5.0
水分（%）		≤10.0	
白度（%）		≥70.0	

4. 改性超细滑石粉

滑石粉通常分为一般工业用滑石粉和超细滑石粉，前者作为橡胶填料，不会起到补强作用，对改善橡胶物理性能的作用微乎其微，因此，一般工业用滑石粉常常被用作隔离剂。而对于超细滑石粉来说，补强效果好，如果将其作为橡胶填料，橡胶本身所具备的拉伸强度与白炭黑效果相当。

在滑石粉填入量相同的情况下，经过预处理的滑石粉所表现出的力学性能始终优于未处理过的滑石粉。如果将铝酸酯作为改性原料，既能降低成本，又能减轻对环境的污染，在实际生产加工过程中，部分企业已将改性的滑石粉与煅烧后的高岭石配合作为橡胶基体填料。

5. 改性蛭石（图 4-94）

蛭石经过酸化改性、热膨胀改性和有机化改性以及插层改性后，可以在环境净化、保温隔热、有机聚合物-蛭石复合纳米材料的制备与应用方面广泛应用。

图 4-94 改性蛭石

蛭石可插层性及隔热、耐低温、阻燃等方面的特性决定了其在聚合物-蛭石纳米复合材料方面具有广阔的发展前景。例如，丁苯橡胶/蛭石纳米复合材料具有良好的拉伸强度和扯裂伸长率。目前国内外用于制备聚合物-蛭石纳米复合材料的原料都是有机蛭石。

6. 改性白云石

白云石晶体属于三方晶系的碳酸盐矿物，其作为橡胶基体填料发挥的作用与轻质碳酸钙相当。因此，在实际加工生产中，白云石可替代轻质碳酸钙，用来生产橡胶制品。经过试验验证，用白云石替代50%的轻质碳酸钙，橡胶的伸长率、撕裂率、硬度值都会相应提高；若采用硅烷偶联剂或者钛酸酯偶联剂对白云石进行改性，能进一步提升白云石的力学性能。目前，以白云石作为橡胶填料在运输带、轮胎、胶管等橡胶制品行业得到了广泛应用。

4.2.8.5 摩擦用功能填料

摩擦材料生产中所用的填料应具有以下性能：能够调节和改善制品的摩擦性能、物理性能和机械强度；能够控制制品热膨胀系数、导热性、收缩性，增加产品尺寸的稳定性；能够改善制品的制动噪声；能够提高制品的制造工艺性能与加工性能；能够改善制品外观质量及密度；能够降低生产成本。

1. 膨胀蛭石（4-95）

摩擦材料未来将向高性能、高舒适性（低振动和噪声）、低成本、轻量化、环保型等方向发展。膨胀蛭石具有低成本、可吸声、比重小、耐温性好、性质稳定等优点，同时在降噪减震、环保方面的表现出色，因此被广泛用于摩擦材料，尤其是盘式制动片中，可以有效降低制动噪声、降低制品的密度、改善并清理摩擦静电粘贴物和增加制品弹性。

图 4-95　膨胀蛭石

利用 CaO 等制备的膨胀蛭石制动复合摩擦材料产品具有良好的力学性

表 5-1 具有代表性激光晶体的主要性能参数

材料名称	主要性能参数
Nd：YAG 激光晶体	1. Nd 浓度：0.1～1.2 atm% 2. 激光发射波长：1064nm 3. 受激发射横截面：$2.8\times10^{-19}cm^{-2}$ 4. 热导率：0.14W/(cm·K^{-1}) @20℃ 0.105W/(cm·K^{-1}) @100℃ 5. 荧光寿命（1 at% Nd)：230ms 6. 单程损耗系数：<0.003cm^{-1}@ 1064nm 7. 抗激光损伤阈值：>500MW/cm^2（1064nm，10ns）
Yb：YAG 激光晶体	1. Yb 浓度：0.5～30 atm% 2. 激光发射波长：1030nm 3. 受激发射横截面：$2.0\times10^{-20}cm^{-2}$ 4. 热导率：0.14W/(cm·K^{-1}) @20℃ 5. 荧光寿命（1 at% Nd)：1.2ms 6. 单程损耗系数：<0.003cm^{-1}@ 1064nm 7. 抗激光损伤阈值：>500MW/cm^2（1064nm，10ns）
Nd：YVO_4 激光晶体	1. Nd 浓度：0.06～0.5 wt% 2. 激光发射波长：1064nm，1342nm 3. 受激发射横截面：$25\times10^{-19}cm^{-2}$ 4. 热导率：0.14W/(cm·K^{-1}) @20℃ 5. 荧光寿命（1.1at% Nd)：90μs（大 50μs for 2 atm% Nd 掺杂）@ 808nm
Ti：Al_2O_3 激光晶体	1. Ti 浓度：0.1～5 atm% 2. 激光调谐范围/发射波长：660～1050nm/795nm 3. FOM 值：100～300 4. 热导率：0.105 cal/cm/sec/℃ 5. 荧光寿命：3.2μs @25℃ 6. 吸收系数（α_{490nm})：1.0～7.5cm^{-1}

2. 生产工艺和原料

晶体生长方法众多，选择何种生长方法，取决于晶体本身的物理、化学性质和应用要求。生长激光晶体常用的方法有提拉法和热交换法。“三大基础激光晶体”中 YAG 类、Nd：YVO_4 激光晶体通常采用提拉法，Ti：Al_2O_3 钛宝石晶体生长方法主要有提拉法、热交换法、泡生法和温梯法。提拉法是在一致熔融的熔体中，通过向上提拉籽晶实现液/固相变的晶体生长方法。提拉法生长速度较快，是最常用的晶体生长技术，适用于生长一致熔融或近一致熔融的材料，采用缩颈工艺可以进一步提高晶体的完整性，生长过程便于观察和控制（图 5-1）。

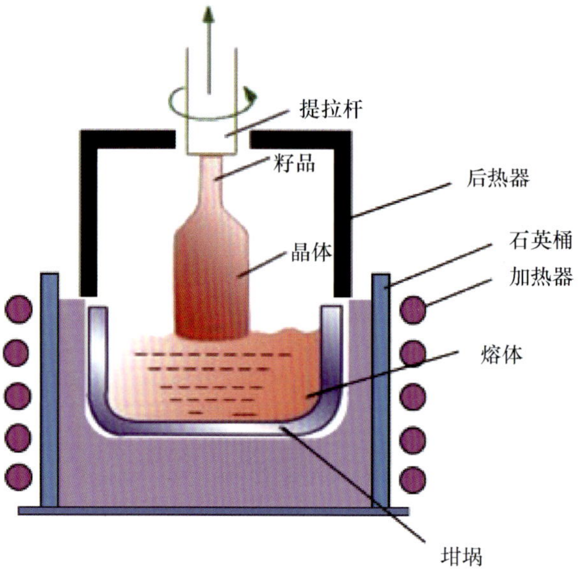

图 5-1　提拉法生长示意图

激光晶体生长原料一般采用市面销售的高纯（纯度 99.99%及以上）化学原料，按化学计量配比称量、混合均匀、合成烧结后进行晶体生长。

3. 应用领域

激光是 20 世纪以来，继原子能、计算机、半导体之后，人类科学史上的又一重大发明，被称为“最快的刀”“最准的尺”和“最亮的光”。激光的诞生使人类掌握了一种无与伦比的强大光源和工具，大大推动了科技进步，也照亮了我们的生活。激光晶体是激光技术发展的核心和基础，被誉为固体激光技术的“心脏”（图 5-2～图 5-5）。

激光晶体材料下游的重点应用领域包括：工业加工、激光显示、激光美容、军事应用和超大型激光工程。

1）工业加工。固体激光工业加工向精细化方向推进，超快激光加工和紫外激光加工蓬勃发展，对激光晶体材料的市场需求在 3 亿元左右。

图 5-2 Nd：YAG 激光晶体

图 5-3 Nd：YVO_4 激光晶体

图 5-4 Yb：YAG 激光晶体

图 5-5 Ti：Al_2O_3 激光晶体

2）激光显示。娱乐消费领域的激光显示应用对激光晶体材料的需求量不高，且对激光晶体材料的技术指标要求相对较低，但对成本的要求十分苛刻。

3）激光美容。随着人们生活水平的不断提高，医疗美容市场规模急速扩张，带动了激光美容产业的发展。2019 年对激光晶体材料的需求量在 0.5 亿元左右。虽然该领域对激光晶体材料的技术指标要求相对不高，但对成本要求极为苛刻。因此，需要激光晶体厂商不断改进和创新技术途径和生产流程。

4）军事应用。军事应用对激光晶体材料的需求量在 1 亿元左右。军事应用需求是激光晶体材料技术水平发展的关键驱动力。军事应用的复杂性和特殊性要求激光晶体材料具有更大的晶体尺寸、更高的晶体品质以及优异的抗激光损伤能力。

5）超大型激光工程。随着综合国力的持续增强，我国正在建设的超强激光工程的数量和规模已居于世界前列，技术水平也处于国际领先水平。钛宝石，掺镱、钕氟化钙等激光晶体是超强激光装置的核心材料，需求量持续增长。

4. 产业现状及发展趋势

激光技术已成为当前高科技和国家国力、军力及综合实力的一个重要标志。随着固体激光应用领域的拓展，我国激光晶体材料总体处于供不应求状态，同时激光晶体材料行业属于投资密集型和技术密集型，这导致激光晶体产能的增长速度更加无法满足固体激光应用的增长。

Nd：YAG 晶体激光增益高热性能和力学性能良好，一直是科研、工业、医学和军事应用中最重要的固体激光器的基本材料。大尺寸、高光学质量的 Nd：YAG 晶体是获得高功率、高光束质量激光输出的关键条件，也是降低制造成本、实现规模化生产的必由之路。近年来，Nd：YAG 晶体生产尺寸呈不断增大趋势，光学均匀性也不断提高。

21 世纪以来，随着我国激光晶体自动化生长装备自主开发和应用的快速发展，Nd：YAG 晶体技术和产业化水平取得跨越式发展，国内企业相继实现了 ϕ100～120mm Nd：YAG 晶体的商业化生产，并且在 2017 年成功生长出了世界上最大的直径超过 ϕ150mm，等径长度超过 ϕ200mm 的超大尺寸 Nd：YAG 晶体和 Yb：YAG 晶体，使我国在该领域跨入了国际领先水平。中国科学院合肥研究院在 2014 年年底突破了 ϕ150mm 的 Nd：YAG 制备技术，质量达到了 30kg，光学均匀性达到了 10^{-6} 量级，目前正在进行产业化。

钛宝石晶体是目前最优良的固体宽调谐激光材料，大尺寸掺钛蓝宝石晶体主要应用于拍瓦级高功率激光系统和超快高能量激光驱动系统，是超强超短激光装置的核心关键材料。我国自主研发的钛宝石晶体，为建设上海超强超短激光装置和占据该领域的国际领先地位发挥了重要作用。2017 年上海光机所成功研制国际上最大尺寸（直径 ϕ235mm）的钛宝石晶体，并在上海超强超短激光装置上实现了 10 拍瓦的激光放大输出，达到国际同类研究的领先水平。

随着 Yb：CaF_2 晶体在德国亥姆霍兹研究所（耶拿）正在建设的全固态超强超短激光工程中获得应用并取得重大突破，具有类似于稀土掺杂激光玻璃宽带发射光谱特性的稀土掺杂碱土氟化物激光晶体，开始广泛受到关注，并在超快激光领域获得应用。国际上，德国、日本、法国、俄罗斯等多家公司和研究机构具备批量化生产 Yb：CaF_2 晶体的能力。国内，中国科学院上海硅酸盐研究所建立了热交换坩埚下降法晶体生长平台，主要用于批量化生产高品质、大尺寸 Yb：CaF_2、Nd：CaF_2、Nd：SrF_2 系列激光晶体，最大口径大于 ϕ210mm。

随着激光技术的发展，使 LD 泵浦 Nd：YVO_4 晶体激光器的输出功率逐渐增大，小型化的 Nd：YVO_4 激光器将成为未来发展的主要方向。在高功率连续波长激光研究方面，美国、德国公司分别实现了最大输出功率为 35W 和 400W 的 TEM00 单模 1064nm 波长激光输出，光转换效率达到 60%以上。在高峰值功率超短激光研究方面，美国佛罗里达大学、瑞士 Bandwidth Products 公司等分别实现了最大峰值功率为 18kW 和 50MW 的超快激光输出。山东大学等单位采用 Nd：$GdVO_4$ 晶体作为激光增益介质，已经实现了功率超过 80W 的连续激光输出和峰值功率为 3.6kW 的超短激光输出，也成为未来发展高功率 LD 泵浦微型激光器的重要潜在晶体材料。

中红外激光晶体和激光器件一直是固体激光领域研究的热点。YLF 和 LLF（$LuLiF_4$）晶体具有声子能量低和负折射率温度系数等优点，是性能优良的中红外激光基质晶体。Tm，Ho 掺杂 YLF、LLF 晶体可以实现具有线偏振、高效率、低阈值等特性的激光输出。美国 NASA Langley 研究中心研制的应用于全球测风系统的 Tm，Ho：LLF 激光器最高单脉冲能量达 1J。Er：YSGG（Er：$Y_3Sc_2Ca_3O_{12}$）是 2.79μm 波段的优良激光晶体，该波段处于水、Ca、P 的强吸收带，对多水分身体组织的穿透深度浅，损伤范围小，因此，在空间激光技术、牙科、眼科手术等领域有重要应用前景。中科院合肥研究院目前已经可以小批量生产 ϕ60mm×100mm 的 Er：YSCG 晶体，以及适用于闪光灯泵浦的 Er，Cr：YSGG 晶体，在国产的牙科激光器中获得了小批量应用。

激光晶体领域未来的发展方向：一方面是现有激光晶体的高质量、大尺寸化，另一方面也要不断地探索激光晶体的新结构、新性能。

1）成熟激光晶体的大尺寸生长。随着激光技术的迅猛发展，激光器对激光晶体尺寸的要求越来越高，甚至是越大越好。因此，对激光晶体生长技术、生长装备等不断提出新的要求。

2）激光晶体的复合技术。随着激光技术的发展，激光器件越来越小型化，从而需要把不同性能的晶体复合起来。对晶体加工技术、高温热等静压键合设备提出新的需求。

3）新波长激光晶体。常见的激光器工作波长主要局限于近红外，随着激光技术的发展以及应用领域的拓展，包括可见光波段、中远红外波段等各种波段的激光晶体相继问世。

4）激光晶体的结构设计和性能调控。纵观激光晶体走过的发展历程，主要研究工作就是把不同的激活离子和大自然已经存在的各种矿物组合起来，形成不同性能的激光晶体。这种依靠大自然“恩赐”的发展模式正向“人为调控”模式转变。目前，科研人员正通过激活离子局域结构来实现晶体激光性能的调控，提高激光晶体产品的品质。

5.2.2 非线性光学晶体

1. 产品定义、性能参数及特性

非线性光学晶体是对于激光强电场显示二次以上非线性光学效应的晶体。非线性光学晶体材料可以用来进行激光频率转换，扩展激光的波长，调制激光的强度、相位，实现激光信号的全息存储、消除波前畸变的自泵浦相位共轭。

非线性光学晶体广泛应用于激光倍频、和频、差频、光参量放大以及电光调制、电光偏转等。按频率转换范围分为深紫外、紫外、可见及红外非线性光学晶体。近年来，还发展了太赫兹（THz）非线性光学晶体。电光晶体（电光晶体是在外加电场作用下晶体的折射率发生变化的晶体）也是重要的非线性光学晶体。

伴随着激光技术从20世纪60年代发展至今，非线性光学晶体也得到长足的发展，从最初的石英倍频晶体开始，不断涌现出铌酸锂（$LiNbO_3$-LN）、磷酸二氢钾（KH_2PO_4-KDP）、磷酸二氘钾（KD_2PO_4-DKDP）、碘酸锂（$LiIO_3$-LI）、磷酸氧钛钾（$KTiOPO_4$-KTP）、磷酸氧钛铷（$RbTiOPO_4$-RTP）、偏硼酸钡（β-BaB_2O_4-BBO）、三硼酸锂（LiB_3O_5-LBO）、铌酸钾（$KNbO_3$-KN）、硼酸铯（CSB_3O_5-CBO）、硼酸铯锂（$LiCSB_6O_{10}$-CLBO）、氟硼酸钾铍（$KBe_2BO_3F_2$-KBBF）以及硫银镓（$AgGaS_2$-AGS）、砷镉锗（CdGeAs-CGA）、磷锗锌（$ZnGeP_2$-ZGP）等非线性光学晶体。

表 5-2 介绍了几类重点产品的主要性能参数。

表 5-2 具有代表性非线性光学晶体的主要性能参数

材料名称	主要性能参数
磷酸钛氧钾晶体（$KTiOPO_4$，KTP）	1. 透光波段：350～4500nm 2. 热导率：0.13W/(cm・K^{-1}) 3. 相位匹配区间：980～3400nm（Ⅱ类相位匹配） 4. 吸收系数：<0.1%/cm @ 1064nm，<1%/cm @ 532nm 5. 抗激光损伤阈值：>600MW/cm^2（1064nm，10ns）
β-BBO（β-BaB_2O_4）晶体	1. 透光波段：189～3500nm 2. 热导率：//C 0.016W/cm・K^{-1} ⊥C 0.012W/cm・K^{-1} 3. 相位匹配区间：409.6～3500nm（Ⅰ类相位匹配） 525～3500m（Ⅱ类相位匹配） 4. 吸收系数：<0.1%/cm @ 1064nm 5. 抗激光损伤阈值：>5000MW/cm^2（1064nm，10ns）
LBO（LiB_3O_5）晶体	1. 透光波段：160～2600nm 2. 相位匹配区间：可用于 Nd：YAG 和 Nd：YLF 激光二、三倍频的相位匹配 3. 吸收系数：<30×10^{-6}/cm @ 1064nm 4. 抗激光损伤阈值：>18900MW/cm^2（1053nm，1.3ns）
磷酸钛氧铷晶体（$RbTiOPO_4$，RTP）	1. 透光波段：350～4500nm 2. 电光系数：γ_{33}=39.6pm/V 3. Z 向电导率：10^{-11}～$10^{-12}\Omega^{-1}$・cm^{-1} 4. 抗激光损伤阈值：>600MW/cm^2（1064nm，10ns）
磷锗锌晶体（$ZnGeP_2$，ZGP）	1. 透光波段：740～12000nm 2. 热导率：1.8W/(cm・K^{-1}) 3. 吸收系数≤0.05cm^{-1}@ 2050nm 4. 抗激光损伤阈值≥2.0J/cm^2

2. 生产工艺和原料

KTP、BBO 和 LBO 三大基础非线性光学晶体均采用助熔剂法生长，又称熔盐法，借助助熔剂从熔体中人工制取单晶的一种方法。晶体在低于其熔点时，即被坩埚中的助熔剂熔化，并可使其结晶过程在常压下进行是此法的最大优点。因为这种方法的生长温度较高，故一般称为高温溶液生长法。它是将晶体的原成分在高温下溶解于低熔点助熔剂溶液内，形成均匀的饱和溶液，然后通过缓慢降温或其他办法，形成过饱和溶液，使晶体析出（图 5-6）。

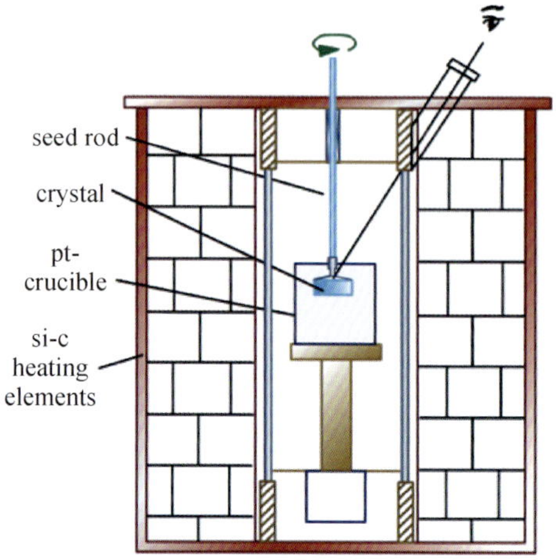

图 5-6　助熔剂法生长示意图

非线性光学晶体生长原料一般采用高纯（纯度 99.99%及以上）的化学原料按化学计量配比称量、混合均匀熔融后用于晶体生长。

3. 应用领域

非线性光学晶体是重要的光电信息功能材料之一，种类多达百种，其发展程度与激光技术的发展密切相关。一般来说，一种激光器只能输出特定波长的激光，需要通过非线性光学晶体拓展其波长，实现多种所需波长激光。激光光源的波长拓展很大程度上依赖于非线性光学晶体的变频能力，是获得不同波段激光的物质基础和源头，在激光存储、激光通信、激光医疗、半导体微加工、光通信、激光加工、全息摄影、激光核聚变、激光武器等领域应用广泛（图 5-7～图 5～10）。

图 5-7　KTP 非线性光学晶体

图 5-8　ZGP 晶体

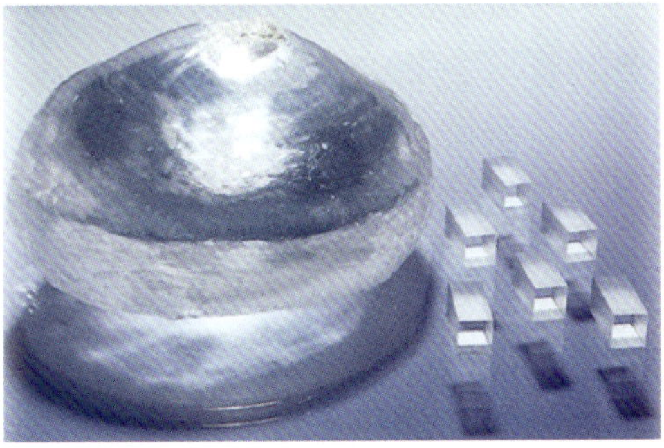

图 5-9 BBO 非线性光学晶体

图 5-10 LBO 非线性光学晶体

4. 产业现状及发展趋势

我国无论在非线性光学晶体的学术研究还是产业化方面，都在国际上有着重要的影响，特别是在可见、紫外波段非线性晶体的研究方面一直处于领先水平，令世界瞩目。主要的商业化非线性光学晶体有磷酸钛氧钾（KTP）、β-偏硼酸钡（BBO）、三硼酸锂（LBO）、磷酸二氢钾（KDP）、磷酸二氘钾（DKDP）、磷酸钛氧铷（RTP）、磷锗锌（$ZnGeP_2$，ZGP）等。

全球 KTP 晶体的生产 90%以上集中在中国。国外主要有以色列的 Raicol 和法国的 Cristallaser。近两年来，随着激光显示市场的飞速发展，70%以上的 KTP 晶体应用在该领域制作胶合晶体产品。胶合晶体的年需求量大约为 4000 万片，市场规模约 3 亿。

RTP 晶体主要用于制作电光开关，全球的市场大约在 6000 万元。其中以色列的 Raicol 占据领导地位，占据 60%的市场，中国占不到 30%的市场。国内的 RTP 开关主要为军工需求，目前大口径 RTP 开关基本满足实际应用，与国外相比还存在质量差距。

DKDP 晶体目前绝大部分都被用作电光晶体，用于制作电光普克尔盒。国外知名的公司有古奇公司，其制作的 DKDP 开关世界领先，国内 DKDP 晶体的生长主要集中在济南和福州两地，技术来源以山东大学晶体所和福建物质结构研究所为代表。近年来随着美容市场的飞速发展，对于 DKDP 电光开关的需求也快速增长，全球市场份额约 8000 万元，其中国内市场占了 80%。

LBO 晶体主要用于对 1064nm 激光器的二倍频和三倍频波长变换，可以产生 532nm 的绿光和 355nm 的紫外光。这两种波长的激光器广泛应用于工业、国防、科研等领域。LBO 晶体的全球市场目前约为 1.5 亿元人民币。

BBO 晶体既可以用于对 1064m 激光器的四倍频波长变换，产生 266nm 的紫外光，也可以用于高重复频率的电光开关。当前，这两个领域全球市场规模约为 1 亿元人民币。

磷锗锌（$ZnGeP_2$-ZGP）是产生 2～5μm 中红外激光的最好材料之一，在激光定向干扰、激光雷达、有毒有害物质探测、医疗器械等国防和民用领域具有广阔的应用前景。四川新材料中心已全面突破 ZGP 晶体生长关键技术，并拥有自主知识产权，形成 ZGP 晶体元件的批量供货能力，为国内十余家单位提供数百块 ZGP 晶体元件，并出口国外。

从整个非线性光学晶体材料、器件及整机设备来看，美国、日本等发达国家是产业大国，在大规模生产的非线性光学晶体，如 $LiNbO_3$ 占有垄断地位。小规模的材料品种，如 KTP、BBO、LBO 等，中国、立陶宛等占据优势地位。在器件制造方面，由于整体技术力量强，工业基础好，美、欧等发达国家占有决定性的优势地位。中国等发展中国家则只能给发达国家提供晶体材料，赚取少许利润。

非线性光学晶体下一步重点向以下几方面发展 ：

1）紫外向更短波段的发展

发展全固态深紫外（λ＜200nm）相干光源，是目前国际光电子领域最前沿的研究项目之一，这是因为紫外激光在许多高技术领域有着十分重要的应用，如新一代的集成电路光刻技术需要全固态的紫外相干光源；光电子能谱、光谱技术中，迫切需要可调谐的全固态深紫外相干光源，这对于推动深紫外光谱、能谱仪的发展将起到关键性的作用，并将开辟一个新的物质科学研究领域；深紫外相干光源还将极大地推动激光精密机械加工业的发展。由于目前还没有直接输出深紫外波长的激光晶体问世，解决固态深紫外激光光源的关键问题集中在紫外波段的 NLO 变频晶体的研制和应用开发上，其带动相关工业发展和技术进步的前景是十分诱人的。

2）现有非线性光学晶体性能的改进以及新晶体的开发

一个最典型的例子是化学计量比的 $LiNbO_3$（简称 SLN），由于结构完整性提高，SLN 较普通的一致熔融铌酸锂（简称 CLN）性能上有质的飞越，若解决了实用化技术，将会在光电子、光通信等领域产生革命性的变革。β-BBO 是首先用来将 Nd：YAG 输出的 1064nm 激光四倍频获得 266nm 紫外光的非线性光学晶体。在该频率转换领域已应用了几十年。但该晶体在输出 266nm 激光的功率超过 180mW 时，便会产生光折变损伤而被打坏。新近研制成熟的 CLBO 晶体，不但晶体生长比 BBO 容易、长出的单晶比 BBO 大，而且在 266nm 输出达 40W 时，也未被打坏。在此领域，CLBO 有替代 BBO 的趋势。

3）非线性光学晶体的周期性极化准相位匹配技术（QPM）

我国在周期及准周期极化相位匹配的研究方面处于国际领先水平。由于这类准相位匹配器件可以充分发挥晶体的非线性光学性能，而且一块晶体可以同时完成倍频、和频、参量振荡等功能。所以这类技术在光通信、激光显示、空气污染检测、医药以及国防等方面都有重要的应用，QPM 材料及器件正显示其极强的生命力。目前比较重要的有 PPLN、PPKTP 及 PPRTA 等（“PP”也为“准相位匹配”表示法之一）。

4）红外波段的非线性光学晶体

相对于可见和紫外波段的非线性晶体，红外波段的非线性晶体发展比较慢，主要原因是现有的红外非线性晶体的光损伤阈值太低，直接影响了实际使用。由于红外非线性光学晶体在军事上有重要应用前景，这一类晶体材料将成为非线性光学领域的一个重点发展方向。

5.2.3 闪烁晶体

1. 产品定义、性能参数及特性

闪烁晶体是指在 X 射线和伽马射线等高能粒子的撞击下，能将高能粒子的动能转变为光能而发出闪光的晶体，包括有机和无机两大类。无机闪烁晶体具有密度高、稳定好、透明以及闪烁性能优良等特点，并且品种十分丰富，已成为闪烁体材料发展的主流。

经过近 70 年的发展，一系列性能优良的新型闪烁晶体被陆续研发出来，如锗酸铋（BGO）、钨酸镉（CWO）、钨酸铅（PWO）、掺铈硅酸钇镥（Ce：LYSO）、掺铈钆铝镓基石榴石（Ce：GAGG）等氧化物闪烁晶体，掺铊碘化钠（Tl：NaI）、掺铊碘化铯（Tl：CsI）、氟化钡（BaF_2）、掺铈溴化镧（Ce：$LaBr_3$）、掺铕碘化锶（Eu：SrI_2）等卤化物闪烁晶体。近年来，为了同时满足探测热中子和伽马射线的应用需求，Ce：Cs_2LiYCl_6（CLYC）、Ce：$Cs_2LiLaBr_6$（CLLB）等一些新型晶体被陆续开发出来，其中，共晶材料因其结构及功能的独特性，其发展势头迅猛，值得被高度关注。

表 5-3 介绍了几类重点产品的主要性能参数。

表 5-3　具有代表性闪烁晶体的主要性能参数

材料名称	主要性能参数
掺铈硅酸钇镥闪烁晶体（Ce：LYSO）	1. 密度：7.1g/cm^3 2. 光输出：≥28000Ph/MeV 3. 能量分辨率：≤12% 4. 衰减时间：≤42ns
掺铈溴化镧闪烁晶体（Ce：$LaBr_3$）	1. 密度：5.1 g/cm^3 2. 光输出：≥ 55000Ph/MeV 3. 能量分辨率：≤3.5%（@662keV） 4. 衰减时间：≤25ns
掺铈钆铝镓石榴石闪烁晶体（Ce：GAGG）	1. 密度：6.63 g/cm^3 2. 光输出：≥ 50000Ph/MeV 3. 能量分辨率≤7%（@662keV） 4. 衰减时间≤100ns
PET-CT/PET-MR 用锗酸铋晶体（5R3.5R5）	1. 密度：7.13g/cm^3 2. 光输出：≥ 8000Ph/MeV 3. 能量分辨率≤12%（@662keV） 4. 衰减时间≤300ns

2. 生产工艺和原料

不同类型的闪烁晶体采用的生长方法各不相同，生长闪烁晶体最常用的方法是坩埚下降法和提拉法（图 5-11）。坩埚下降法是首先将生长晶体用的原料放置于坩埚内，受热熔化，移动坩埚通过温度梯度区使熔体凝固形成晶体的方法。提拉法生长的晶体通常是圆柱形，坩埚下降法的优点是可以根据需要设计生长晶体的形状，使用密封坩埚可以控制组分变化。另外，可以采用多坩埚技术实现晶体的批量生产。

氧化物闪烁晶体（Ce：LYSO、Ce：GAGG 等）通常采用提拉法生长，而卤化物（Tl：Csi、Ce：$LaBr_3$）闪烁晶体的生长则通常采用坩埚下降法。实际的晶体生长方法根据所需要的晶体的质量和尺寸可以有所变化。如乌克兰单晶研究所采用提拉法生长大尺寸 Tl：NaI 晶体。

闪烁晶体生长原料一般采用高纯（纯度 99.99%及以上）的化学原料按

化学计量配比称量、混合均匀后用于晶体生长。

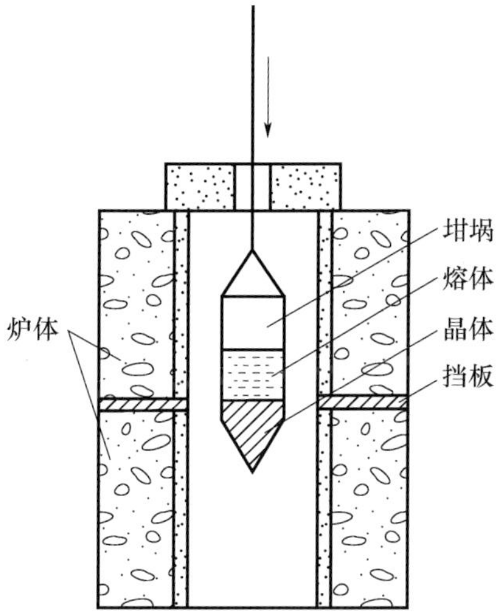

图 5-11 坩埚下降法生长示意图

3. 应用领域

闪烁晶体可用于 X 射线、γ 射线、中子及其他高能粒子的探测，以闪烁晶体为核心的探测和成像技术已经在核医学、高能物理、安全检查、工业无损探伤、空间物理及核探矿等方面得到了广泛的应用。

安检领域对闪烁晶体的需求量约为 120 万 cm^3/年。安检领域要求闪烁晶体具有较小的余晖，同时兼具经济性。目前在该领域应用最为广泛的是 Tl：CsI 和 CWO 晶体阵列，我国处于国际领先位置。

在 PET、PET-CT 等核医学成像应用领域，全球制造巨头主要集中在美国、荷兰以及德国，我国沈阳、上海的企业作为后起之秀正强势崛起。核医学成像领域要求闪烁晶体具有高光输出、快响应等性能，全球年需求量约为 600 万 cm^3，主要产品包括 Ce：LYSO 晶体、BGO 晶体等。目前，新一代的 Ce：LYSO 晶体正在逐步取代上一代 BGO 晶体（图 5-12）。

高能物理应用领域，闪烁晶体主要应用于世界主要国家的科学工程，年需求量十几吨甚至上百吨。该领域的应用要求闪烁晶体尺寸大、响应快、抗辐照损伤能力强，产品主要包括大尺寸的 BGO、PWO、Tl：Csi、Ce：LYSO 等闪烁晶体（图 5-13～图 5-15）。

此外，核反恐及核辐射探测的需求也在迅速增长，一些高性能的新型闪烁晶体，如 Ce：$LaBr_3$、Eu：SrI_2 等的需求量也在不断扩大。特别是 Ce：

$LaBr_3$ 闪烁性能全面优于 Tl：NaI，有望取代 Tl：NaI 成为核辐射探测领域的主导产品。

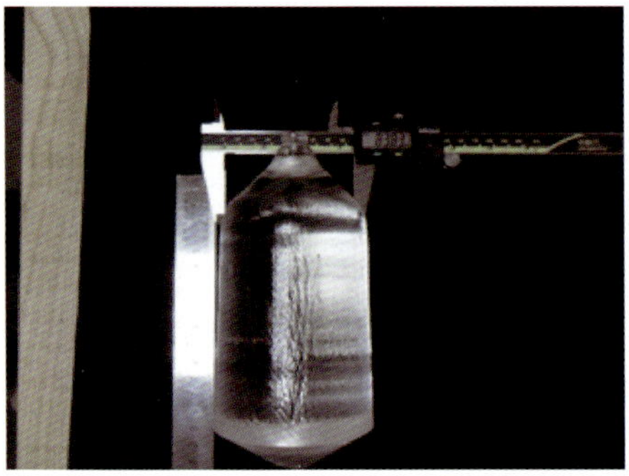

图 5-12　Ce：LYSO 闪烁晶体

图 5-13　BGO 闪烁晶体

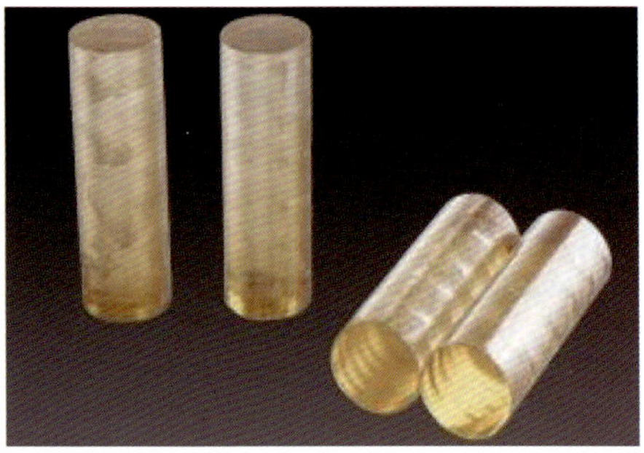

图 5-14　CWO 闪烁晶体

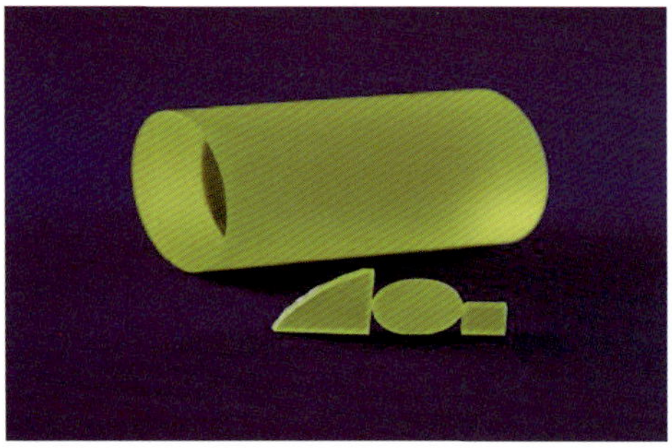

图 5-15　Ce：GAGG 闪烁晶体

4. 产业现状及发展趋势

目前，T1：Nai、Tl：Csi、BGO、BaF_2、CWO、PWO、Ce：LYSO 等晶体，都已实现吨级规模的生产。同时，闪烁晶体也向着反恐、安全检查和工业检测、地质勘探、外空探测、环保等新领域不断扩展，发展势头迅猛。

中国科学院上海硅酸盐研究所、北京玻璃研究院等代表了我国在闪烁晶体领域的最高水准，上海硅酸盐研究所研制的 600mm 超长 BGO 晶体，北京玻璃研究院研制的异型大尺寸 BaF_2 晶体，均达到国际先进水平，广泛应用于核物理、高能物理和核医学成像领域。在制备技术方面，上海硅酸盐研究所提出的多坩埚下降法、卤化物晶体的非真空法制备等技术，大大降低了晶体的制备成本，研制开发的 BGO、PWO、Tl：CsI 等闪烁晶体其质量与性价比跻身国际先进行列，近 30 年来连续大量出口，为国际国内高能物理大科学工程、核医学成像 PET-CT 等提供了大量优质的晶体，在国际上长期占据重要的地位。2017 年，"悟空"号暗物质粒子探测卫星中使用最核心的探测材料就是上海硅酸盐研究所研制的世界上最长的 BGO 闪烁晶体，为我国在自然科学基础前沿的重大发现做出了不可替代的贡献。

但同国外相比，国内自主开发的新型闪烁晶体较少，特别是在高熔点、高性能的闪烁晶体的研制方面还十分薄弱。在闪烁晶体的产业化方面，尚存许多问题，与法国圣戈班公司、俄罗斯的 BTCP 相比，市场竞争能力还相对较弱。

闪烁晶体下一步重点将向以下几个方面发展。

1）追求大密度、高光输出、高能量分辨、超快发光的闪烁晶体仍将是闪烁晶体研发、产业与应用的永恒主题。今后，具有更高光输出和能量分辨率的非氟卤化物晶体、组分更加复杂的氧化物晶体将成为发展的主流。

2）应用领域的多样性，导致对闪烁晶体个性化性能需求的侧重也会有所不同。根据不同领域的需求特点，有针对性地研发一些特征鲜明的闪烁晶体也将成为潮流和趋势。在材料的研发过程中，借助材料计算与组分设计的力量，优化闪烁晶体的性能将成为潮流和趋势。

3）随着应用领域的不断拓展，零维的纳米晶、一维的闪烁光纤、二维的闪烁膜也将成为重要的发展方向。此外，同时兼具多功能的闪烁晶体（如同时对伽马射线和中子敏感的双读出闪烁晶体）也将会日益受到行业的重视。

4）闪烁晶体产业与其他相关产业的融合将会进一步增强。一方面，闪烁晶体生产企业的业务不断向上游原料制备和下游闪烁晶体器件延伸；另一方面，闪烁晶体的应用单位以及闪烁器件研制单位，也逐渐向上游闪烁晶体生产领域拓展。

5.2.4　压电晶体

1. 产品定义、性能参数及特性

压电晶体是指在外界应力作用下，表面感应出电荷的一类晶体材料，其种类众多，但具有产业应用的压电晶体主要有石英、铌酸锂（LN）、钽酸锂（LT）、四硼酸锂（LBO）和硅酸镓镧（LGS）、PMN-PT 和 PIN-PMN-PI 为代表的弛豫铁电单晶等（表 5-4）。前面 5 种晶体主要用作滤波器、振荡器和传感器，后一类晶体主要用作换能器和传感器。

表 5-4　具有代表性压电晶体的主要性能参数

材料名称	主要性能参数
弛豫铁电单晶材料（PIMNT）	1. 压电系数 d33 为 1500～2200pC/N 2. 机电耦合系数 k33 约为 92% 3. 介电常数 e≥4500 4. 居里温度 T_c≥180℃
低腐蚀隧道密度石英晶体	1. 包裹体：Ia 级 2. Q 值：≥380 万 3. 腐蚀隧道密度 ECD：<10 条/cm^2（试验）

2. 生产工艺和原料

以水晶（SiO_2）为例，其采用水热法生长。水热法又称高压溶液法，是利用高温高压的水溶液使那些在大气条件下不溶或难溶于水的物质通过溶解或反应生成该物质的溶解产物，并达到一定的过饱和度而进行结晶和生长的方法（图 5-16）。

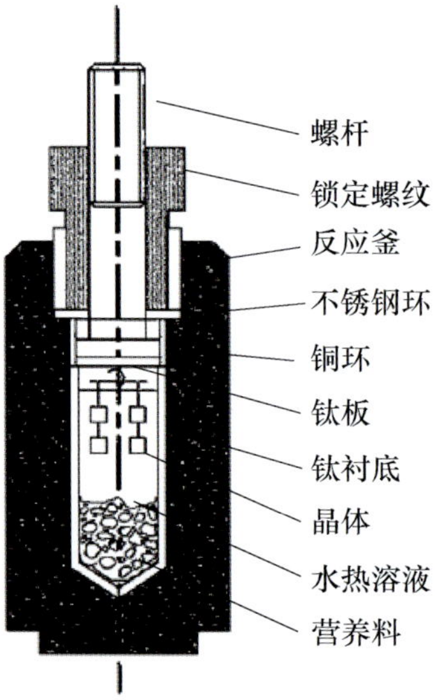

图 5-16　水热法生长示意图

压电晶体生长原料一般采用市销高纯（纯度 99.99%及以上）的化学原料用于晶体生长。

3. 应用领域

近年来随着 5G 网络通信技术的发展，移动终端产品和高端消费电子产品大量普及，性能不断提升，推动了高品质压电晶体需求量的快速增长。此外，铁电压电晶体正推动新一代高端医学成像设备的革新。铁电压电晶体片作为超声换能器的关键换能元件，决定着超声换能器的性能乃至整个超声成像系统的成像质量。铁电压电晶体具有的高热释电性能，还可用于制备高灵敏度的气体探测器，用于对大气中的主要污染物进行定期的或连续的监测，在大量数据基础上评价大气环境质量现状及其发展趋势，评价大气污染治理设施的环境效果等。目前，中国已取代日本成为全球最大的压电器件市场，高性能压电器件及相关仪器产品，已具有广阔的市场前景。

2978亿元，将带动三代半外延材料的市场规模84.03亿元，上游衬底材料6.9亿元，第三代半导体材料电力电子产业链（衬底、外延、器件和模块）整体市场规模，有望达到3833亿元（图5-23、图5-24）。

图5-23 氮化镓晶体

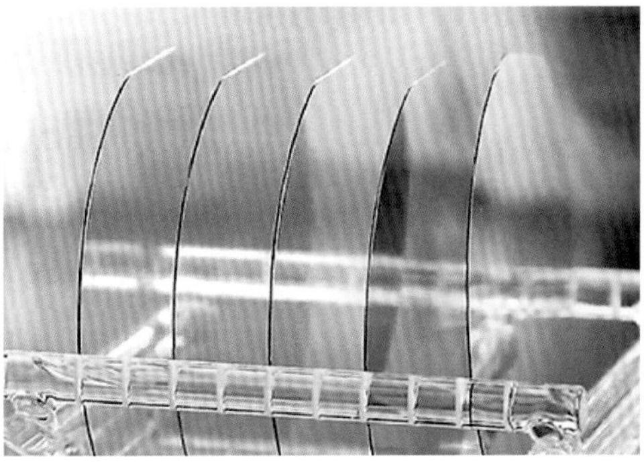

图5-24 碳化硅晶片（中电科）

4. 产业现状及发展趋势

我国在第三代半导体领域已形成具有较强竞争力的技术研发体系，并通过培养、引进等方式在产业链各环节聚集了大量优秀人才，孕育了一些具有产业核心竞争力的领先技术和团队。中国在第三代半导体这个新兴的高技术领域，迎来了由追赶到超越的难得历史机遇。

SiC晶体是Ⅳ-Ⅳ族半导体化合物，属硅碳原子对密排结构，由单向密排方式的不同具有不同晶型，目前已发现的约有200种，最常见的、应用最广泛的是4H和6H晶型。4H特别适用于微电子领域，用于制备高频、高温、大功率器件；6H型适合于光电子领域，实现全彩显示。SiC单晶材料市场以欧美为主，其市场占有率超过85%，且已实现6英寸产业化，8英寸也具备少量供货能力，在品质上4英寸可实现无微管缺陷的供货能力，6英寸产业上微管缺陷密度控制在5/cm^{2}以下，目前国外SiC晶体生长代表企业主要集中在美国、德国、瑞典、日本等国。国内以4英寸为主，6英寸可小批量供货。目前也已经研发出低位错密度6英寸碳化硅N型单晶，其SiC单晶的微管密度最低可低于1/cm^2。

GaN是一种Ⅲ-Ⅴ族化合物半导体材料，一般呈六方纤锌矿结构，具有良好的光电特性，被认为是研究短波长光电子器件及高温高频大功率器件的最优材料。在光学存储、激光打印、高亮度LED以及无线基站等应用领域具有明显优势。国外在氮化镓单晶材料研究方面起步较早，目前已实现1英寸、2英寸、3英寸、4英寸单晶衬底商业化，位错密度能维持在$1\times10^{6}cm^{-2}$水平，代表公司有美国KYMA Technologies公司、TDi、Cree、CPI，日本住友株式会社、三菱化学、日立电线等。国内可以批量生产2英寸，位错密度在$10^{6}/cm^{2}$左右，最低可降至$105/cm^{2}$。并且已开发出自支撑4英寸衬底，位错密度在$10^{6}/cm^{2}$。

Ga_2O_3晶体，有5种晶相，其中以β-Ga_2O_3最为稳定，属于单斜晶系结构。在性能上，相比SiC和GaN，Ga_2O_3具有约4.8eV的禁带宽度，其临界击穿电场高达8MV/cm，适合制作大电压、大功率场电子器件；由于耐电场击穿能力的增加，Ga_2O_3基功率电子器件可以通过降低导通电阻，实现低的热损耗。虽然其电子迁移率低，但其击穿电场高可承受达到饱和电子速率所需的高电场。因此Ga_2O_3不仅适合功率器件，也适合射频器件。此外，Ga_2O_3晶体可以采用熔体法进行生长，这一优势有利于低成本电子器件的实现成为可能。在产业上，国外已全面实现2英寸商业化，具有4英寸供货能力，6英寸可小批量供货，代表公司有日本株式会社田村制造所、并木精密宝石有限公司，德国莱布尼茨晶体生长研究所等。国内仍处于研究阶段，2英寸及以下尺寸可以少量供货，4英寸也有相关研究报道。

AlN晶体是Ⅲ族氮化物，具有最大禁带宽度6.2（eV），是重要的紫外发光材料，其击穿场强大、高熔点、热导率好、高电子迁移率是优异的高温、高压大功率电器的电子材料，与GaN晶格失配小、热失配为零，是外延生长GaN基光电器件的理想衬底材料，用于紫外LED等领域。国外HexaTach公司报道称具备2英寸产业化能力。另外，CrystalIS、N-Crystals、CrystAl-N以及住友具备2英寸合成能力。国内有报道称成功合成最大尺寸ϕ60mm的单晶。

Diamond晶体是以碳结晶为立方晶体结构的一种材料，每个碳原子与相邻4个碳原子相连接组成一个四面体。具有禁带宽度大、热导率高、传声速度快、介电常数小等特点。Diamond集力学、电学、热学、声学、光学等优异性能于一身，是目前最有发展前途的半导体材料，被称为半导体领域中的终极材料。在产业上，目前国外在同质和异质外延单晶尺寸上分别能达到2英寸和3英寸，但质量不高，在热沉和探测器上有少量应用，其他方面尚处于研发阶段。国内某些高校有相关报道，同质外延单晶尺寸能达到 2 英寸，异质外延单晶也可达到 4 英寸，但质量很差，离应用距离尚远。

高耐压、高可靠和低成本是电力电子发展的方向。SiC 和 GaN 规模化生产促进价格进一步下降，将在中小功率市场快速启动，尤其在充电桩、汽车电子、光伏逆变、电源转换等领域。但仍需在长期可靠性和低成本方面继续努力。SiC 器件的高耐压、大电流、高可靠和 GaN 与 Si 兼容的 IC 集成化发展将成为未来趋势。

业界公认 GaN 功率放大器将成为 5G 移动通信基站的主流技术，并向高频率、大带宽、高效率快速演进。但目前在高频器件的设计、制备与测试，GaN 射频器件的散热技术、增益提升、高度集成化等方面还需要突破。另外，在 6GHz 以下低频及射频能量应用领域，Si 基 GaN 射频器件性价比较高，正成为产业化热点，未来将围绕全固态射频半导体形成新的产业链和应用市场。

第三代半导体材料将持续引发关注。第三代半导体材料体系在不断演进与发展，如铟镓锌氧化物半导体薄膜晶体管（IGZO-TFT）背板具有大尺寸、超高清、超低功耗等特点，有望取代目前非晶硅薄膜液晶显示技术，还有望用于有源矩阵有机发光二极管（AMOLED）等新型显示领域。另外，氧化镓（Ga_2O_3）等宽禁带复杂氧化物、氮化硼等材料也在逐渐进入应用阶段，MoS_2、二维 GaN 等二维材料特性作为前沿性、基础性研究也引起了广泛关注。

产业整合进一步加剧。产业链的垂直整合、跨界整合以及海外并购，已经成为第三代半导体产业发展的频繁事件。

5.2.6 光学窗口晶体

1. 产品定义、性能参数及特性

光学晶体（Optical crystal）用作光学介质材料的晶体材料，已经形成产业化的主要有蓝宝石、氟化物光学晶体、硫化锌、硒化锌，主要用于制作紫外和红外光学窗口、透镜和棱镜。

表 5-6 介绍了几类重点产品的主要性能参数。

表 5-6　具有代表性光学窗口晶体的主要性能参数

材料名称	主要性能参数
紫外级 CaF_2 晶体	1. 透过率≥99.8%/cm（@193.368nm） 2. 应力双折射率≤1nm/cm（@193.368nm） 3. 光学均匀性优于 5×10^{-6}（@633nm）″
蓝宝石晶体	1. 透过率：T≥82（300nm～5μm） 2. 光学吸收系数：$5\times10^{-4}cm^{-1}$@4.2μm 3. 光学均匀性：ΔN≤0.00004 4. 弯曲强度>800MPa 5. 努氏硬度（1kg 加载）≥17GPa 6. 残余应力≤30nm/cm
CVDZnS 晶体	元素级 CVDZnS 1. 使用波段（μm）：3～5.8～12 2. 透过率：>72% 3. 高温透过性能：>400℃ 4. 努普硬度（kg/mm^2）：>200 5. 弯曲强度（MPa）：>100 6. 热导率［$W/(cm\cdot K^{-1})$］：0.168 多光谱 CVDZnS 1. 使用波段（μm）：可见光、1.06.3～5.8～12 2. 透过率：>70% 3. 努普硬度（kg/mm^2）：>160 4. 弯曲强度（MPa）：>650 5. 热导率［$W/(cm\cdot K^{-1})$］：0.2

2. 生产工艺和原料

蓝宝石晶体生长方法主要有提拉法、导模法、坩埚下降法、热交换法、温度梯度法、泡生法等，其中泡生法为当前主流方法（图 5-25）。泡生法（Kyropoulos method）是由俄罗斯人 Kyropoulos 发明的一种从熔融液体中生长单晶体的晶体生长法，现在广泛应用于蓝宝石单晶的生长中。泡生法区别于其他生长方法的最大特点是，放肩阶段和等径阶段晶体是有很大一部分在融体内部，由于结晶过程的自身特点，使得其生长到一定程度，如果温度设定合适不需要向上提拉籽晶就能实现晶体不断结晶，完成生长。

续表

项目	技术指标	检测方法
耐水性>72h	不起泡，不生锈，不脱落	GB/T 1733
耐酸性 10%盐酸或硫酸>72h	不起泡，不生锈，不脱落	GB/T 1763
耐碱性 10%NaOH>72h	不起泡，不生锈，不脱落	GB/T 1763
耐盐水（3%NaCl，30℃）>72h	不起泡，不生锈，不脱落	GB/T 1763
耐盐雾性	>300h 无变化	GB/T 1771
耐油性（70＃汽油）>30 天	不起泡，不脱落	—
耐紫外老化	>300～600h 无变化	—

2. 生产工艺及原料

1）生产工艺

隐晶质石墨防腐涂料生产工艺与其他涂料生产工艺基本相同，分为预分散、研磨分散、调漆、净化包装四个步骤。

预分散：使用高速搅拌机将隐晶质石墨粉体与部分漆料进行充分混合，制得属于色浆半成品的拌和色浆，利于后续研磨分散；

研磨分散：将预分散后的拌和色浆通过研磨分散设备进一步分散，制得颜料色浆。研磨分散设备一般分为两类，一类带自由运动的研磨分散介质，另一类不带研磨介质，常用的研磨分散设备有砂磨机、球磨机、辊磨、高速分散机等；

调漆：向研磨的颜料色漆中加入剩余的基料、溶剂和其他助剂，必要时进行调色，达到质量要求；

净化包装：通过过滤设备除去其中的杂质及大颗粒，根据色漆的细度要求及产量大小选择合适的过滤设备，后进行包装。

2）生产原料

隐晶质石墨作为防腐颜料，其隐晶质石墨粒径为 $D97 \leqslant 3\mu m$，固定碳含量≥95%。

3. 应用领域

防腐涂料应用领域主要有以下几个方面。

（1）海洋工程防护：海岸及海湾等构造、海上石油钻井平台等；

（2）现代交通防护：高速公路护栏、悬索桥主缆、船舶、铁路、汽车、机场设施等；

（3）能源工业防护：石油精制、贮存及运输设备、输变电设备、核电、矿山开采设备；

（4）大型工业企业：各种机械设备、造纸设备、化工设备、医药设备、金属设备内外壁、矿山冶炼、水泥厂设备、有腐蚀介质的混凝土构件；

（5）市政设施：燃气管道、饮水设施、垃圾处理设备等。

4. 产品现状及发展趋势

在防腐涂料中，虽然成膜基料树脂对涂料的性能有决定性影响，但是防腐颜填料的品种和用量，以及基料树脂与防腐颜填料的相互作用对涂料的稳定性、物理机械性能，尤其是涂层的耐蚀防腐性能具有相当大的影响，因而合理地选择颜填料品种及其粒径，是高性能防腐涂料配方设计的重要环节。

金属腐蚀所导致的经济损失占到我国 GDP 的近 3%，美、日等发达国家每年由于腐蚀造成的经济损失占其 GDP 的 1%～4%；腐蚀生锈所带来的钢铁损失约占其年产量的 20%。金属的腐蚀与防护技术及产品的研发与应用受到了各方的高度重视。其中，防腐蚀涂料作为金属腐蚀防护的主要手段，已广泛应用于新型海洋工程、大型工业企业、能源工业、市政设施等国民经济各大领域。

隐晶质石墨超细粉体作为防腐颜料应用时，其中含有大量纳米级石墨颗粒，具有石墨烯特性，同时与石墨烯以团聚的特点不同，隐晶质石墨超细粉体易在各类基体中分散，应用前景十分广阔。

6. 1. 2. 3. 4　隐身颜料

1. 产品定义、特性、主要性能参数

隐身涂料是固定涂覆在武器系统结构上的隐身材料，按其功能可分为雷达隐身涂料、红外隐身涂料、可见光隐身涂料、激光隐身涂料、声呐隐身涂料和多功能隐身涂料。隐晶质石墨超细超纯粉体作为隐身颜料，多用于雷达隐身涂料及红外隐身涂料之中。

隐身颜料具有以下特性。

（1）较宽温度的化学稳定性；

（2）较好的频带特性；

（3）面密度小，质量轻；

（4）黏结强度高，耐一定的温度和不同环境变化。

主要性能参数包括。

（1）雷达隐身涂料。基本要求通常是涂层具有低的雷达反射率，根据雷达测距原理，要实现雷达隐身，需要大力降低涂层的雷达反射率，这是利用涂层雷达反射率作为雷达隐身性能指标的依据。雷达波段范围很宽，从100MHz到300GHz。其中2～18GHz的雷达应用比较广泛，由于30～300GHz的毫米波雷达在大气中传播存在几个损耗较小的“窗口”（35GHz、94GHz、140GHz、220GHz），因而在军事上的应用正越来越受到重视。雷达隐身涂料就是对这些波段的雷达波具有低反射的涂料。

（2）红外隐身。指的是热红外隐身5～8μm和8～14μm，利用涂料实现热红外隐身的基本要求是涂层的红外辐射特性与背景一致，一般通过测试涂层的红外发射率进行研究。

2. 生产工艺及原料

1）生产工艺

隐晶质石墨隐身涂料生产工艺与其他涂料生产工艺基本相同，分为预分散、研磨分散、调漆、净化包装四个步骤。

2）生产原料

隐晶质石墨作为隐身颜料，其隐晶质石墨粉体为纳米尺寸，粒径为$D97 \leqslant 1\mu m$，固定碳含量$\geqslant 99\%$。同时，因为隐晶质石墨具备高导电性，但其磁性较差，所以需与其他磁性材料（如镍系、羰基铁等）复合使用。

3. 应用领域

隐身涂料作为一种方便、经济、适应性好的隐身技术，已经在航空航天、军事装备上得到了广泛的应用。

4. 产品现状及发展趋势

隐晶质石墨纳米粉体作为隐身涂料颜料应用还在研究当中，但其前景十分广阔。

纳米材料具有极好的吸波特性，同时具有兼容好、质量小和厚度薄等特点，由它制成的涂料在很宽的频带范围内可以降低探测器的探测距离，同时也有可见光、红外和声隐身作用。因此，一些西方国家都在加速发展纳米隐身涂料，把纳米隐身涂料作为新型隐身手段进行研究和探索。经过几十年的发展，隐身涂料已不仅仅用于飞航导弹等飞行器上，几个主要工业化国家和军事强国已开始将隐身涂料技术应用于各种技术装备上。

从国内外隐身技术发展的现状看，“薄、宽、轻、强”是隐身技术的发展方向。因此，研制和发展宽频带兼容性好、成本低廉、多功能的纳米隐身涂料是必然趋势。一方面军事侦察的斗争越来越需要性能更好的隐身材料，另一方面纳米科技的发展为纳米隐身涂料提供了技术基础与物资储备，这两种因素将促使纳米隐身涂料向更高的水平发展。随着各国对隐身技术的日益重视，对纳米隐身涂料的研究将更加深入，各种军事装备大量应用纳米隐身涂料必然成为可能。随着科学研究的不断深入，新的隐身涂料将不断问世。由于高度的军事敏感性和技术保密性，使得隐身涂料的发展与应用处于迷雾中。同时，各种反隐身技术和手段正在积极发展之中。隐身和反隐身技术的竞争必将成为新世纪军事斗争的亮点。

6.1.2.4 聚合物功能填料补强填料

1. 产品定义、分类、特性、主要性能参数

补强填料是指能够使橡胶材料的拉伸、撕裂等力学性能明显提高的同时可改善加工性能的填料。隐晶质石墨具有优良的导热性、导电性和润滑性，是一种极具开发潜力的新型橡胶功能填料。其缺陷态结构、小粒径、粗糙表面等颗粒特性有助于增大反应活性，提高填料分散程度并增强填料-橡胶分子间的界面相互作用。橡胶中加入隐晶质石墨后可进一步提升其硬度、拉伸强度、拉断伸长率及撕裂强度，补强性能接近于半补强炭黑，同时赋予胶料耐磨性、导热性等功能特性。

隐晶质石墨补强填料主要分为粉末产品和颗粒产品两种（表 6-4）。其中粉体是根据不同用途和性能要求按照固定碳含量或粒径划分的。橡胶预分散母粒是通过混合、分散和造粒工艺将高用量的填料、低用量的载体（橡胶或 EVA 等）以及少量的润滑油和分散剂，实现填料预分散。母粒可提高填料的分散程度，并且易称量、易添加，加工过程中无尘，绿色环保。

表 6-4 隐晶质石墨产品分类

产品类型	分类依据	分类
粉末产品	填料固定碳含量	60～69，70～79，80～89，90～97，≥98
	填料粒径 $D50$	<1μm，9～3μm，8～5μm，1～10μm
颗粒产品	载体	橡胶（天然橡胶、丁腈橡胶……），EVA

隐晶质石墨补强填料的特性有如下几种。

（1）提高橡胶材料的拉伸强度、定伸应力；

（2）提高橡胶材料的撕裂强度；

（3）可改善橡胶材料的加工性能；

（4）与炭黑相比，可保持较小的压缩永久变形；

（5）与炭黑相比，动态生热较低，特别适用于动态工况的橡胶制品；

（6）产品加工能耗低，绿色环保。

隐晶质石墨补强填料的性能参数见表 6-5。

表 6-5 隐晶质石墨补强填料性能参数

序号	项目	性能参数				
		A类	B类	C类	D类	E类
1	固定碳含量（%）	≥98	90～97	80～89	70～79	60～69
2	水分（%）	≤1.0	≤2.0			
3	粒径 $D90$（μm）	≤30				
4	pH	6.0～10.0				
5	总铜含量（mg/kg）	≤80	≤80	≤90	≤100	≤100
6	总锰含量（mg/kg）	≤200	≤200	≤300	≤300	≤300
7	300%定伸应力（MPa）	5				
8	拉伸强度（MPa）	15				
9	拉断伸长率（%）	300				

2. 生产工艺及原料

目前粉末状隐晶质石墨补强填料的生产工艺主要包括干法粉碎和湿法研磨，橡胶母粒的生产工艺主要包括干法造粒和湿法造粒。

1）粉末状补强填料生产工艺

（1）干法粉碎工艺

干法粉碎技术是将干燥、净化后的压缩气体通过喷嘴产生高速气流，在粉碎腔内带动颗粒高速运动，使颗粒受到冲击、碰撞、剪切等作用而被粉碎，被粉碎的颗粒随气流分级，细度要求合格的颗粒由捕集器收集，而未达要求的粗颗粒再返回粉碎室继续粉碎，直至达到所需细度并被捕集器收集。气流粉碎的优点是产量高、加工效率高、无须处理废水废液，但加工过程中粉体易飞扬、能耗大，并且由于气流粉碎过程中颗粒之间撞击、剪切作用，粉体形貌多呈现棱角状，对后续橡胶材料性能产生一定的影响。通过设置不同的转速及粉碎时间，对粉体进行分级获得需要的粒径。

干法粉碎工艺流程如下：200～300 目原料进厂→原料通过提升机进入配料仓→计算机根据配方进行配料称量→配料皮带机将称量好的原料输送至气流粉碎机→投料机投料→设置粉碎参数→出料→质量检验→称重→包装→入库。

（2）湿法研磨工艺

采用立式搅拌磨进行超细粉体制备，在制备过程中采用浮选、压滤、二次研磨等工艺控制隐晶质石墨的固定碳含量和粒径，制备符合试验要求的隐晶质超细粉体。优点为粒度分布窄，粉体无明显棱角，整形效果较好，且无粉尘飞扬问题；缺点为加工过程中流程较多，生产效率较低，需处理废水废液，环保要求较高。

2）湿法研磨工艺

湿法研磨工艺流程如下：200～300 目原料进厂→原料通过提升机进入配料仓→计算机根据配方进行配料称量→配料皮带机将称量好的原料输送至搅拌磨→投料机投料→设置研磨参数→通过浮选得到所需粒径产品→未达到要求的粉体再次进行二次研磨→矿浆进入压滤机→压滤→烘干→出料→质量检验→称重→包装→入库。

干法和湿法制备隐晶质石墨粉补强填料各有优势，通过不同工艺制备得到的粉体形貌存在差异，可根据产品性能要求选择适宜的加工方法，达到成本和性能的兼顾和平衡。

3）补强橡胶母粒生产工艺

补强橡胶母粒生产工艺主要分为干法和湿法两种。干法工艺是指通过密炼机、开炼机、螺杆挤出机等设备将干粉通过剪切、挤压实现填料的预分散，湿法工艺是指将石墨悬浮液与橡胶乳液充分搅拌、混合、絮凝、干燥后实现填料的均匀分散。

（1）母粒干法加工工艺

原料通过提升机进入配料仓→计算机根据配方进行配料称量→配料皮带机输送称量好的原料→投料机投料至密炼机→各配合料在密炼机中密炼→开炼机开炼→将胶料送入螺杆挤出机造粒→切粒→冷却→质量检验→称重→包装→入库。

（2）母粒湿法加工工艺

将填料制备成一定浓度的悬浮液→加入分散剂搅拌→与橡胶胶乳混合→充分搅拌→加入絮凝剂絮凝→洗涤絮凝胶→烘干。

目前，干法加工较为成熟，湿法加工尚未在工业制造中普及，但性能较干法分散更为优异，这是因为在水溶液或悬浮液状态下填料可以实现更均匀的分散。

3. 应用领域

隐晶质石墨补强填料可广泛应用于各类橡胶制品中。研究表明，在丁腈橡胶油封配方中添加 10phr 隐晶质石墨后，拉伸强度提高 19%，300%定伸应力提高 41%，同时压缩永久变形降低 8%，表明力学性能和动态压缩性能提高。目前隐晶质石墨已在轮胎胎面胶、胶管、输送带、油封、O 形圈等橡胶密封制品中成功应用，大幅提高了产品附加值，应用前景广阔（图 6-2～图 6-4）。

图 6-2 隐晶质石墨母粒

图 6-3 添加隐晶质石墨的油封

图 6-4 添加隐晶质石墨的 O 形圈

4. 产品现状及发展趋势

在橡胶工业中，填料的用量与生胶消耗量基本相当，最常用的补强填料为炭黑和白炭黑。近年来，受到原材料价格逐年上涨和环保压力的影响，橡胶工业一直提倡并努力实现降低对炭黑为主的石油化工产品的依赖。同时大量研究表明石墨基填料，如碳纳米管、石墨烯等可大幅改善聚合物材料的性能，但存在的制备难、产量低、价格昂贵、能耗高大幅制约了其在工业生产中的应用。隐晶质石墨是天然石墨中的一种，与晶质石墨相比，固定碳含量高但提纯难度较大，导致其开发应用水平较低，长期作为一种低附加值矿物使用，目前在橡胶工业中作为一种新型的石墨基补强填料进行推广应用。作为橡胶补强填料应用时，充分利用其粒径小、活性高、易分散等特点。隐晶质石墨是一种兼具价格和性能优势的石墨基填料，可实现部分替代炭黑或白炭黑，具有较大的市场潜力。一旦获得市场认可，需求量将呈现井喷式增长。

6.1.2.4.1 导电填料

1. 产品定义、特性、主要性能参数

导电填料是指显著提高聚合物材料电导率的填料。导电填料改善聚合物材料的导电性与填料自身导电性能、分散程度，以及是否在基体中形成导电通路均有关。橡胶材料大多为绝缘体，电导率很低，在动态工况下长期工作易发生静电积累，积累到一定程度会释放电火花，存在安全隐患。石墨具有良好的导电性，且片状构造具有较高长径比，在基体中具有较好的分散性，易互相搭接形成填料网络，继而实现导电性能的提高。填料对橡胶材料电导率的改善与填料用量及加工工艺有关。

隐晶质石墨导电填料的特性包括：

（1）提高材料的电导率；

（2）对橡胶材料的力学性能和加工性能影响较小。

隐晶质石墨导电填料性能参数见表 6-6。

表 6-6 隐晶质石墨导电填料性能参数

项目	电导率
导电填料	与纯胶相比可提高 1～4 个数量级

2. 生产工艺及原料

导电填料生产工艺主要分为干法和湿法。填料制备过程中应注意保护石墨材料的长径比，研磨时间不宜过长。

1）干法粉碎工艺

200～300 目原料进厂→原料通过提升机进入配料仓→计算机根据配方进行配料称量→配料皮带机将称量好的原料输送至气流粉碎机→投料机投料→设置粉碎参数→出料→质量检验→称重→包装→入库。

2）湿法研磨工艺

200～300 目原料进厂→原料通过提升机进入配料仓→计算机根据配方进行配料称量→配料皮带机将称量好的原料输送至搅拌磨→投料机投料→设置研磨参数→通过浮选得到所需粒径产品→未达到要求的粉体再次进行二次

研磨→矿浆进入压滤机→压滤→烘干→出料→质量检验→称重→包装→入库。

3. 应用领域

隐晶质石墨导电填料适用于各类导电及防静电材料，如轮胎趾口、防静电胶垫、防静电输送带、矿用运输带、电缆屏蔽材料等。

4. 产品现状及发展趋势

目前，橡胶工业中常用的导电填料为导电炭黑、铜粉、铁粉等。虽然金属粉末填料具有优异的导电性，但随着橡胶制品逐步向轻量化发展，密度过高的铜粉和铁粉等金属粉末填料不利于制品减重，而隐晶质石墨密度与炭黑接近，导电性能优于普通非金属矿物 2 个数量级，并且可以在橡胶基体中实现良好分散，大幅降低导电阈值，在维持较高的长径比条件下兼顾分散性是有助于提高导电性能的。目前市场上尚未有隐晶质石墨导电填料的成熟产品，存在应用空白，市场前景较为广阔。

6.1.2.4.2 自润滑减摩耐磨填料

1. 产品定义、特性、主要性能参数

自润滑减摩耐磨填料是指可显著降低橡胶材料的摩擦系数并提高耐磨性的填料。隐晶质石墨层与层之间为较弱的范德华力，层内原子之间为较强的共价键，因此层与层之间易发生滑动，具有良好的自润滑性能。隐晶质石墨很好地平衡了分散性、界面相互作用、润滑性，在不降低橡胶材料力学性能的条件下可以较大幅度地改善摩擦学性能，通过形成润滑膜和转移膜，减少橡胶与对偶面的接触面积，降低摩擦过程中的黏附作用和动态生热，是一种新型的减摩耐磨填料。影响自润滑减摩耐磨填料性能的影响因素主要包括粒径和固定碳含量，随着粒径和固定碳含量下降，杂质效应减小，界面作用增强，减摩耐磨性能提高。但提纯会导致填料成本增加，实际应用中应考虑成本和性能之间的平衡。

隐晶质石墨自润滑减摩填料的特性包括以下几点。

（1）对加工性能影响较小；

（2）不降低橡胶材料力学性能；

（3）降低摩擦系数；

（4）降低磨损率，提高材料的耐磨性。

隐晶质石墨导电填料性能参数见表 6-7。

表 6-7　隐晶质石墨导电填料性能参数

项目	摩擦系数和比磨损率
自润滑减摩填料	与纯胶相比，摩擦系数减少 30%～50%，比磨损率减小 40%～50%

2. 生产工艺及原料

自润滑填料生产工艺主要分为干法和湿法。

1）干法粉碎工艺

200～300 目原料进厂→原料通过提升机进入配料仓→计算机根据配方进行配料称量→配料皮带机将称量好的原料输送至气流粉碎机→投料机投料→设置粉碎参数→出料→质量检验→称重→包装→入库。

2）湿法研磨工艺

200～300 目原料进厂→原料通过提升机进入配料仓→计算机根据配方进行配料称量→配料皮带机将称量好的原料输送至搅拌磨→投料机投料→设置研磨参数→通过浮选得到所需粒径产品→未达到要求的粉体再次进行二次研磨→矿浆进入压滤机→压滤→烘干→出料→质量检验→称重→包装→入库。

3. 应用领域

适用于各类动态工况的橡胶制品，包括轮胎趾口、油封、O 形圈等。

动密封件的典型代表为油封。油封是一种用于防止发动机、变速箱内润滑油泄漏的动密封件，同时可阻止机内受到外部环境的污染，具有“对内封油，对外封尘”的功能。在轴旋转过程中，由于油封唇口始终与轴保持接触，同时密封接触面窄，转速高，生热大，对材料的耐磨性能要求较高。尤其是当汽车启动时，发动机机油从油箱流到油封唇口部位并充满该区域需要 2～5s 的时间，因此油封是在干摩擦条件下启动的，干摩擦力极大，造成短时间内迅速生热，易导致橡胶发黏，进而影响其密封性能。

4. 产品现状及发展趋势

纯胶的摩擦系数较高且耐磨性较差，通常采用表面处理法、涂层法或是在橡胶材料中添加减摩填料来降低橡胶制品的摩擦系数。表面处理主要包括表面化学改性，如氟化、溴化、碘化和物理包覆，但改性后会造成弹性下降、硬度增加、撕裂强度降低等问题，在使用初期具有较好的效果，但造成了密封压力受损，不适用于高压、高速的应用条件。涂层法是在橡胶表面涂敷二硫化钼、聚四氟乙烯等固体润滑剂，但是当橡胶在动态条件下运动时，若涂层与橡胶基体间的模量差异较大，涂层容易在拉伸或压缩时产生褶皱，严重时甚至发生脱落，极大程度地影响了橡胶制品的使用寿命和稳定性。而通过添加减摩填料降低橡胶材料的摩擦系数并减轻磨损是一个较为有效的途径，可以保证在橡胶制品使用过程中实现减摩填料连续、持续地供给，具有较好的持效性、稳定性。

目前市场上尚无成熟的橡胶用隐晶质石墨自润滑填料产品。与其他固体润滑剂材料相比，隐晶质石墨自润滑填料具有显著的成本和性能优势，具有较好的市场前景。

6.2 石墨烯材料

6.2.1 材料概述

石墨烯是一种由碳原子紧密堆积构成的二维晶体，是包括富勒烯、碳纳米管、石墨在内的碳的同素异形体的基本组成单元，是一种由碳原子以 sp^2 杂化轨道组成六角形呈蜂巢晶格的平面薄膜，只有一个碳原子厚度的二维材料，也就是石墨的单层薄片。2004 年，英国曼彻斯特大学物理学家安德烈·盖姆和康斯坦丁·诺沃肖洛夫，成功从石墨中分离出石墨烯，证实它可以单独存在，两人也因此共同获得 2010 年诺贝尔物理学奖。

石墨烯材料具有高导电性、高强度和超轻薄等特性，在电子、光学、磁学、生物医学、催化、储能和传感器等领域具有巨大的应用潜力。石墨烯材料在“十三五”期间获得一系列政策的大力扶持，“十四五”期间仍然是我国新材料领域的发展重点。国家明确提出，要加快新材料发展，做好石墨烯等战略前沿材料提前布局和研制。石墨烯作为 21 世纪“材料皇冠”上最璀璨的明珠，必将为新时代下我国科技创新指明前行的方向，成为中国制造最有力的着力点之一。

6.2.2 国内外现状

6.2.2.1 国外产业发展现状

国外目前已有包括美国、欧盟、韩国、日本等多个国家和地区投入石墨烯材料及其应用的研发，一些科技巨头公司如IBM、英特尔、美国晟碟、陶氏化学、通用、杜邦、施乐、三星、洛克希德·马丁、诺基亚、空客、波音等均参与其中。

欧洲是石墨烯的诞生地，他们十分注重在这一领域的提前布局。欧盟委员会认为，石墨烯材料可能同钢铁、塑料一样重要，有可能代替硅成为信息技术的基础材料，还可能在能源、交通和医疗领域发挥重要作用。2013年1月，欧盟委员会将石墨烯列为“未来新兴技术旗舰项目”之一，该项目将获得10年共计10亿欧元的资金支持，该项目是欧盟有史以来最大的研究资助类项目，已在2013年10月正式启动。截至目前，共有来自23个国家的142家机构参与该项目。整体来看，欧盟将石墨烯产业发展列入了国家战略层面，从技术实现到资金投入，政府、大学、科研院所及跨国企业通力合作，产业布局涉及材料的制备、光电产品、传感器、医疗器件、柔性电子产品、储能器件、集成电路等，目前还没有进入产业化阶段。

美国石墨烯产业布局呈现多元化，从石墨烯制备及应用研究到石墨烯产品生产，最后到石墨烯产品的下游应用，在领域的深度和广度上具有领先优势。同时，在信息、光电、生物等领域正进行专利布局。

在亚洲，日本、韩国、新加坡以及马来西亚等国也非常重视石墨烯产业的发展，并出台了相应的政策大力推动石墨烯的研发、应用以及产业化进程。除了政府的相关投入外，众多企业，如日立、索尼、东芝、三星、LG等投入了大量资金和人力从事石墨烯的基础研究以及应用开发，并取得了显著进展。整体来看，这些企业主要集中于CVD石墨烯薄膜的连续化制备及其在电子器件等领域中的应用开发。韩国虽然不是材料强国，但在石墨烯产业的发展上拥有很高的话语权，一方面是因为在石墨烯应用的一些重要领域，韩国占据了全球多半的产业资源，另一方面是由于韩国近年在石墨烯各项技术研发和产业化方面做了很多努力。政府的高度重视、大学院所的全力攻关和骨干企业的领衔参与是韩国石墨烯产业发展的最大优势。商业化方面，三星投入了巨大研发力量，保证了其在石墨烯应用于柔性显示、触摸屏及芯片等领域的国际领先地位。三星集团在石墨烯领域共计申请484项专利，居全球企业石墨烯专利首位。具体领域包括电子、能源、材料、光电、生物以及化学。其中，电子领域申请量最大，为240项，占比49.6%。三星集团在石墨烯领域表现出的高效率令人钦佩，也使其在市场竞争中占得先机。

6.2.2.2 国内产业发展现状

近年来，国家和各级地方政府对石墨烯材料的重视程度日益提高。2007—2016年间，科技部基础研究和国家自然科学基金关于石墨烯相关研究的资助经费超过了10亿元。随着国际石墨烯研究和工业化开发的进程，国内石墨烯研究和产业化进程逐渐展开，且在主要研究领域均有涉猎，整体接近国外先进水平，部分领域可处于领先水平并掌握了自主知识产权。据不完全统计，目前全国有80多所研发机构1000多支团队涉足石墨烯研究。

2015年11月30日，工信部、发改委和科技部等三部委联合发布《关于加快石墨烯产业创新发展的若干意见》，欲在2020年形成完善的石墨烯产业体系，实现石墨烯材料标准化、系列化和低成本化，在多领域实现规模化应用。在政策和良好的应用前景面前，石墨烯在全国范围内正呈现出蓬勃发展之势，尤其是常州、无锡、青岛、宁波、深圳、重庆、德阳、北京、上海等地正在加快石墨烯的产业化布局。截至2017年2月在工商部门注册的含有石墨烯业务的企业有2059家，经调研分析，已经开始从事石墨烯相关业务的有533家。初步统计，2016年石墨烯相关产品销售约40亿元，主要产品为石墨烯、应用于纺织、动力锂电池、铅酸电池、防腐涂料、散热材料以及大健康等传统产业转型升级产品。

目前石墨烯粉体产能约3000t，已经有数家企业具备了年产百吨以上的生产能力。

在石墨烯国际标准制定方面，我国已经同欧、美、日、韩等石墨烯研发领先的国家开展了密切的合作，并就联合制定国际标准达成共识和备忘录。同时，我国也和欧盟签订了知识产权合作的备忘录，就知识产权运营开展进一步合作。

6.3 气凝胶材料

6.3.1 材料概述

气凝胶是目前世界上密度最小的固体材料，极限密度仅为3kg/m^3，被称为“固态的烟”，它是具有三维网络结构的纳米多孔材料，孔隙率达80%～99.8%。通过缩聚形成三维骨架结构的湿凝胶，然后将湿凝胶中的液体由气体所取代，同时，凝胶的网络骨架结构保持不变，所得的材料即为气凝胶。

6.3.1.1 气凝胶的种类及用途

气凝胶的种类很多，按主体成分不同可分为氧化物基、有机基、碳/碳化物基和其他如金属类、硫族等。其中氧化物基包括氧化硅、氧化铝、氧化锆、氧化钛、氧化铁等，有机基分为两类：聚合物基和生物质基，聚合物基气凝胶常见的种类有聚氨酯气凝胶、聚脲气凝胶、聚酰亚胺气凝胶、聚酰胺气凝胶、聚吡咯气凝胶等，生物质气凝胶的种类有纤维素、壳聚糖、淀粉、木质素等。

二氧化硅气凝胶因其具有高比表面积、低导热系数、高透光率等优异性能，目前得到了广泛应用，未来在力学、热学、光学、声学等方面具有广阔的发展前景。

6.3.1.2 气凝胶制备方法

气凝胶的制备一般至少包括三个步骤：一是湿凝胶的制备，二是湿凝胶的老化，三是湿凝胶的干燥。有时在老化后根据需要进行改性，以得到具有特殊性能的气凝胶。

1. 湿凝胶的制备

以无机硅化合物，如水玻璃或有机硅化合物，如正硅酸乙酯（TEOS）、正硅酸甲酯（TMOS）等有机物为前驱体，加入催化剂，通过溶胶-凝胶过程得到湿凝胶，湿凝胶根据填充物的不同得到水凝胶和醇凝胶。

2. 湿凝胶的老化

湿凝胶的样品往往强度很低，为增强凝胶的网络结构，防止后期干燥时气凝胶的过度收缩，老化的过程实际上也是凝胶过程的继续，老化过程中，小的凝胶团簇继续粘接到骨架上，从而增强凝胶强度。将湿凝胶置于母液中，可同时进行溶剂置换，将湿凝胶孔洞中充满需要的液体。

3. 湿凝胶的干燥

凝胶中的液体挥发，凝胶骨架间的空隙被气体填满，得到气凝胶。

6.3.1.3 产品应用现状

1931年，美国加州太平洋大学（College of the Pacific）的Steven. S. Kistler首次通过乙醇超临界干燥制备出二氧化硅气凝胶。二十世纪七八十年代，法国Teichner的研究组开创高品质气凝胶快速制备方法，之后欧洲的法国、瑞典、德国等掀起了气凝胶研发的高潮。1999年美国Aspen Systems公司承接美国宇航局的课题制备出纤维复合的气凝胶超级绝热材料，2001年成立了Aspen Aerogel公司进行气凝胶的商业化运作，开启了气凝胶产业化热潮。Allied市场研究公司报告称，预计到2020年全球气凝胶市场规模可达18.966亿美元，在预测期内（2014—2020年）的年复合增长率为36.4%。国外气凝胶厂商主要有美国Aspen及美国卡博特公司等。随着气凝胶材料在新的应用领域探索的持续进步，市场预计，随着时间的推移，市场增长的动力会进一步增强。

国内市场起步较晚，2004年国内第一家从事气凝胶材料产业化的纳诺科技有限公司成立。随后越来越多的企业看好气凝胶绝热材料行业，纷纷投入气凝胶的研发、生产和销售中。2014年国内气凝胶产量大约在8500m^3，进口产品大约1500m^3，市场规模大约为1.82亿元，主要用于热力管道保温。随着气凝胶工艺成本的降低和产业规模的不断扩大，一些新兴应用不断开发出来，气凝胶市场日益成熟，未来几年将进入快速增长阶段。2015年是国内气凝胶规模的突变之年，新增产能预计达到16000～20000m^3（已经实现量产的主要气凝胶企业都在大力扩产），实际产量约19600m^3，进口产品约1000m^3，预计市场规模3.30亿。

2017年，国家标准化管理委员会10月14日发布公告，气凝胶国家标准《纳米孔气凝胶复合绝热制品》（GB/T 34336—2017）正式发布，该标准于

2018 年 9 月 1 日实施，是中国第一个气凝胶材料方面的国家标准。

气凝胶是一种性能优越的保温隔热材料，但因其制备工艺复杂且技术含量高，刚开始仅应用于航天、军工、医药载体等领域，随着大量研究的发展，气凝胶逐渐应用于工业管道、房屋建筑及设备保温等领域，气凝胶在建筑领域的发展不容小觑。虽然二氧化硅气凝胶是最常见的气凝胶材料，但其仍存在骨架结构脆，容易被破坏的问题。因此，开发气凝胶复合材料，将二氧化硅气凝胶添加到其他成分中来弥补气凝胶的这一缺陷是气凝胶材料研究的重点方向。

目前研究最多的气凝胶保温隔热、隔声材料主要有气凝胶复合板、气凝胶复合毡、气凝胶砂浆、气凝胶玻璃等建筑用复合材料，同时，最新研发的气凝胶衣服克服了传统材料笨重的缺点，能在具有很好保暖性能的同时保持轻便的灵活度，也成为气凝胶新的研究热点。

6.3.2 典型产品

6.3.2.1 气凝胶复合毡

将增强材料加入二氧化硅气凝胶中，可以提升材料的力学性能，扩大应用范围。目前引入增强材料的方式有两种：一是将增强材料制成短纤维，在溶胶阶段加入，待其凝胶、干燥后，即制得具有增强纤维的气凝胶材料；二是将增强材料制成毡或片，将溶胶溶液浸渍其上，经凝胶、老化、表面疏水修饰、干燥等步骤，制成气凝胶复合纤维毡或气凝胶复合纤维片。图 6-5 为气凝胶复合纤维毡图。

6.3.2.2 气凝胶复合板

气凝胶复合板大致包括两种形式：一种是在板芯的空腔中填充气凝胶粉，然后上下用其他材料密封；另一种是用气凝胶复合纤维毡，直接贴覆在其他材料板的表面。图 6-6 为气凝胶复合板结构示意图，图 6-7 为不同粒径的气凝胶粉。

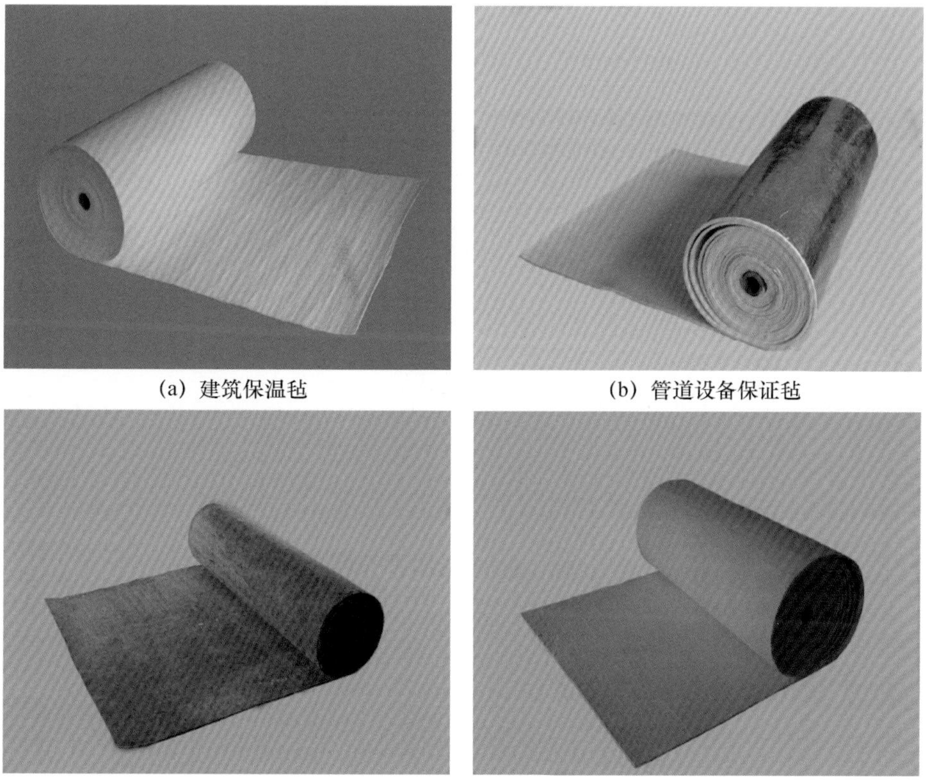

(a) 建筑保温毡　　(b) 管道设备保证毡

(c) 轨道交通保温毡　　(d) 300~600℃管道保温毡

图 6-5　气凝胶复合毡

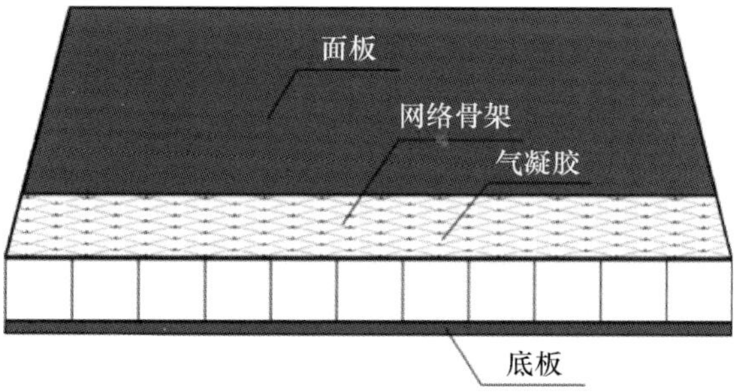

图 6-6　气凝胶复合板结构示意图

填充气凝胶粉的气凝胶复合板，包括底板、面板、位于两个板之间的相互交错形成的空腔骨架结构以及在空腔中填充的氧化硅或氧化铝气凝胶。制备方法主要有以下几个步骤。

（1）在底板上涂覆一层粘结剂，将网络骨架和底板粘接在一起；

（2）在骨架中填充气凝胶粉；

（3）在面板上涂覆一层粘结剂，将面板和骨架粘接在一起；

（4）底板与骨架，面板与骨架之间的接缝用粘结剂进行密封，并在黏结处涂覆防水涂料或密封胶进行密封处理。

图 6-7　不同粒径气凝胶粉

气凝胶复合毡、复合板的基本特性

气凝胶复合板的面板和底板可以为石膏板、纤维密度板、水泥板、硅酸钙板、石材、仿石材、金属板或装饰板等材料；气凝胶复合板的空腔骨架为阻燃性骨架材料，该材料由金属、聚酰胺树脂、复合树脂或涂覆阻燃剂的胶合硬纸制成的。其中，金属骨架为合金铝板和高锰合金铝板；骨架和面板之间由粘结剂连接在一起，所用粘结剂为聚合物粘结剂，具体可分为丙烯酸酯类、聚氨酯类和环氧树脂类粘结剂；在网络骨架中填充的物质主要为保温隔热材料，包括二氧化硅气凝胶、氧化铝气凝胶等。

气凝胶复合板的另一种方式为将气凝胶复合毡直接贴覆在其他材料板的表面，包括面层、保温层、结构层，还可贴覆于其他类型的有特殊性能的板材。面层和结构层可以是石膏板、纤维密度板、水泥板、硅酸钙板、石材、仿石材、金属板或装饰板等材料；保温层为二氧化硅气凝胶复合毡，该气凝胶复合板采用黏结、压实等工艺制备。国内企业已经有很成熟的工艺来制备气凝胶复合毡贴覆石膏板，应用于建筑内墙保温。美国的一家公司生产了一种气凝胶新型板材，其透光率为20%，传热系数为0.05W/（m·K），这种新型板材采用的内核材料即为气凝胶材料，两侧加设辅助材料制备了复合夹芯板。采用该技术的透明板材应用在了曼彻斯特一家旅馆的天窗系统上，经过工程实验，这种板材的保温效果非常好，甚至热水池的高温在这种板材的保护下也不能融化天窗上的雪花。

由于气凝胶有低密度、低导热系数、高比表面积、高吸附率等特点，抗烧结能力强、由气凝胶与其他增强材料制成的气凝胶复合毡和复合板同样具有以下性质。

1）隔热性

气凝胶具有极高的孔隙率，固体所占体积比很低，导热系数小［低于0.020W/（m·K）］；同时气凝胶的多孔网络结构对热辐射的遮挡率很高，这使得气凝胶成为具有良好保温隔热性能和广阔应用前景的新型材料。

2）防水特性

利用常规方法制备的气凝胶的表面有—OH（亲水性基团），容易吸收水分，导致气凝胶的内部孔结构塌陷，这样就使得气凝胶的应用受到了很大的阻碍。

因此，要对气凝胶的表面进行疏水改性，得到的产品可以在气凝胶的结构和保温效果的前提下，将亲水的—OH用疏水的基团代替，在潮湿的条件下也能保持良好的保温效果的气凝胶材料。气凝胶毡的防水性能如图6-8所示，气凝胶复合毡的使用可有效防止水分进入管道和设备而造成损坏。

图6-8　气凝胶与传统材料防水性能对比

目前，经改性的气凝胶复合毡的防水性能已经达到很高的水平，350℃以下绝对疏水，国内企业生产的气凝胶复合毡的憎水率可以达到99.5%以上，图6-9为气凝胶复合毡的疏水效果图，体积吸湿率≤0.5%，质量吸湿率≤1%，全部浸没时的吸湿率≤1%。

3）热稳定性

气凝胶复合毡的防火性能符合建筑A级，其防火性能测试如图6-10所示，气凝胶复合毡在酒精喷灯的灼烧下，人手依然可以安全地按压在气凝胶复合毡的表面，充分证实了气凝胶复合毡的耐热和防火性能。气凝胶复合毡具有独特的耐火焰烧穿性能，可在一定时间承受火焰直接灼烧，在高温或火场中不释放有害物质，同时能有效阻隔火势的蔓延，为火场逃生提供更多宝贵的时间。

图 6-9　气凝胶复合毡的疏水性效果图

图 6-10　气凝胶毡的防火性能测试

4）优异的隔声性

二氧化硅气凝胶具极低的密度、极低的声传播速度、极低的介电常数、极高的比表面积等优异性能，二氧化硅气凝胶复合毡以其优异的保温隔声性有望成为一种环保型高效保温隔声轻质建材。

5）施工方便

由于气凝胶复合毡的热学性能高，因此其使用厚度比较薄，再加上气凝胶毡的密度小、质量轻，用美工刀即可裁切，不需要专门的工具，为施工提供了很大的方便，也节省了人力和物力，并且，气凝胶毡有一定的抗拉和抗压强度，还可以进行任意拼接，可裁成任意形状以适应各种零件、管道和设备的保温。此外，气凝胶复合毡更小的包装体积和更轻的质量大大降低了保温材料的运输成本。

6）很好的化学稳定性和环保性

二氧化硅气凝胶复合毡环保无毒，可长期耐受除氢氟酸外的大部分酸碱环境，不分解、不变质，在常规使用环境下具有极长的寿命，是一种防潮、防霉、防菌、抗紫外线、整体疏水不会引起变形，并具有优良的绝热性和隔声性能的复合材料。气凝胶复合毡的隔热效果是传统隔热效果的 2～5 倍，且理论使用年限长，可达 20 年以上。二氧化硅气凝胶复合毡全生产过程无毒、无污染，是一种非常环保的保温材料，可被开发成为良好的可循环的生态建筑材料，其在建筑节能领域有着广泛和极具潜力的应用价值。图 6-11 为二氧化硅气凝胶复合毡用在工业管道上的实例。

图 6-11　气凝胶的应用

6.3.2.3　气凝胶保温砂浆

无机保温砂浆是一种以玻化微珠、膨胀珍珠岩或膨胀蛭石、凝胶材料为主要成分，掺杂其他功能组分制得的用于建筑物墙体绝热的干板混合物。气凝胶单独作为黏合剂掺杂在水泥里作为产品的情况很少，大多数建筑用材料为水泥和砂浆的混合体，因此，一般来说，都是将气凝胶做成粉掺在水泥、砂浆以及其他添加剂中，制得气凝胶复合水泥砂浆材料，最终得到导热系数小、力学性能好、保温效果好、使用方便的新型复合砂浆。

6.3.2.4　气凝胶复合涂料

近几年，随着涂料用量的增加，人们对涂料的要求也越来越高，气凝胶作为一种可以添加到涂料当中的功能填料，使涂料具有隔热、保温、隔声、防火等作用（图 6-12）。

二氧化硅气凝胶涂料的分类

各种二氧化硅气凝胶涂料的制备方法和步骤大致相同，但其利用二氧化硅气凝胶的特性不同，所加入的助剂和填料也不同。二氧化硅气凝胶根据特性的不同可以分为防火涂料、耐高温涂料、隔热涂料、吸附涂料、光催化涂料、隔声涂料等。

（1）防火涂料二氧化硅气凝胶防火涂料的防火机理：二氧化硅气凝胶本身不燃烧，且气凝胶本身的尺寸很小，为 2～50nm，当涂在基材的表面时，能有效地隔绝空气，防止基材与空气直接接触，又因为二氧化硅气凝胶极低的导热系数，可有效阻止热量传递到基材，从而降低基材的可燃性，减小或阻止火灾的发生，不仅保护建筑物和设备等不被烧坏，而且保证人员的人身安全。

图 6-12　气凝胶涂料

（2）耐高温涂料二氧化硅气凝胶良好的耐高温性是制备耐高温涂料的主要原因，二氧化硅气凝胶耐高温涂料是一种能长时间在温度为 200℃的条件下使用，保护基材且自身的物理性质和化学性质保持相对稳定状态的功能性涂料。目前，已经有研究者制备出这种耐高温涂料，可承受 600℃的高温，耐热性好。可根据环境温度和要达到的降温幅度，选择涂料的涂覆厚度，施工方便，耐高温效果好，可用于高温蒸汽管道、石油裂解设备、发动机和金属冶金行业等。

（3）隔热涂料二氧化硅气凝胶本身具有很好的透光性，可制成纳米透光隔热涂料涂在玻璃上，与普通的玻璃相比，透光率可达到 95%，红外光的阻隔率可达到 65%，这种隔热涂料的基本性能就是，在不影响玻璃原来良好的透光率的前提下，能有效地阻隔紫外线和红外线辐射对室内环境的影响。

（4）吸附涂料二氧化硅气凝胶具有多孔性网络结构，再加上它的高比表面积，使其具备了吸附材料应有的结构，对有机溶剂和无机溶剂都有很好的吸附作用，同时，由于其表面原子众多，但缺少相邻的表面原子与之结合，所以，很容易与其他原子进行结合，从而有很好的吸附作用。研究还表明，二氧化硅气凝胶用于吸附后可进行解析，重复利用，可与其他基材进行复合形成新的吸附材料。但目前将二氧化硅气凝胶作为吸附填料的产品较少，不过这应该是一个很好的发展方向。

（5）光催化涂料二氧化硅气凝胶光催化涂料能在一定波长光的照射下具

7　新型墙体材料

7.1　新型墙体材料概述

新型墙体材料具有轻质、高强、吸声、保温隔热、节能环保等优异性能，代表着墙体材料的先进技术、发展脉搏和发展趋势。随着社会的进步和经济的发展，人们对于公共建筑、住宅建筑以及工业建筑提出了新的要求，这将进一步加快新型墙体材料的发展和应用。未来新型墙体材料不仅能够满足人们对于高性能、安全、舒适环境等要求，同时也将对建筑工业化进程、社会文明进步起到重要的推动作用。

7.1.1　新型墙体材料的种类及用途

7.1.1.1　新型墙体材料的定义

按照国家提出的墙体材料改革方向及产品结构调整的总体目标，新型墙体材料的定义：新型墙体材料是从原料的选用、产品制造、产品应用过程中，能够有效利用固废，节约资源、能源，少用或不用天然资源，资源可循环再利用的，性能功能满足建筑功能的要求和结构体系的发展需要，而且全生命期内与生态环境和谐，对人类健康无害的多功能墙体材料。

新型墙体材料的新不仅是概念上的，而且应该比传统材料有更优异的性能来满足建筑功能的需要，还应该体现出清洁化的先进制造技术，并可为传统建筑业的革命提供支撑，如装配式绿色建筑、被动式建筑等。

7.1.1.2　新型墙体材料的特点

目前，在建筑上应用较多的是轻质、保温隔热、高强度、隔声吸声等性能装饰一体化的新型墙体材料，既可满足建筑功能的要求，同时也具有耐久性好、安全舒适、性能可靠、性价比高、与建筑同寿命等特点。

由于新型墙体材料在建筑上应用量大面广，属于大宗产品，从可持续发展的角度看，新型墙体材料生产所用的资源应该是来源更广泛、更经济、更容易取得和可再生的，因此原材料方面应最大限度地利用固体废弃物，生产过程使用清洁或可以再生能源，同时采用机械化、自动化、信息化、智能化和劳动生产率、能效水平更高的工艺技术和设备，生产全过程排放更少的污染物，对环境影响最小，材料的使用寿命终结时，其废弃物也易于回收再利用。

新型墙体材料可以给传统的建筑业带来变革性工艺：采用工厂化预制，形成部品化、构件化、系列化、标准化、专业化、集约化生产，BIM 可视化系统设计，现场装配集成化施工，符合现代新的建筑施工工艺的要求，尤其是满足装配式建筑施工的要求。

7.1.1.3　新型墙体材料的种类

新型墙体材料的名称、分类复杂，为了方便叙述，本节按制造工艺进行分类：烧结类新型墙体材料、非烧结类新型墙体材料、复合墙体类新型墙体材料、复合板和复合墙体类、构件类、复合用绝热材料类、配套材料类、特殊功能材料类等。

1. 烧结类新型墙体材料

砖产品：烧结煤矸石砖、烧结粉煤灰砖、烧结页岩砖、烧结黏土空心砖、河道淤泥烧结砖、烧结装饰砖、烧结路面砖、广场砖等。

砌材、板材产品：烧结保温砖和保温砌块、烧结多孔砌块与空心砌块、烧结黏土空心板、烧结页岩空心板、泡沫陶瓷板（块）、泡沫玻璃板（块）等、烧结屋面瓦等。

2. 非烧结类新型墙体材料

砖产品：蒸压粉煤灰砖、蒸压灰砂砖、尾矿砖（蒸压尾矿灰砂砖）、磷石膏砖、混凝土实心砖与混凝土多孔砖等。

块材产品：普通混凝土小型空心砌块、轻集料混凝土小型空心砌块、装饰混凝土砌块、混凝土模卡砌块、联锁砌块、N 式砌块、芯核发泡混凝土保温砌块、蒸压加气混凝土砌块、泡沫混凝土砌块、石膏砌块（磷石膏砌块、纸面石膏板）等。

板材产品：纤维石膏板、石膏空心条板、纤维水泥板夹芯墙板、挤压纤维水泥板、纤维增强水泥板（含硅酸钙板）、轻集料混凝土配筋墙板、蒸压陶粒混凝土墙板、蒸压砂加气混凝土板、固定式挤压成型混凝土空心条板、移动式挤压成型混凝土空心条板、标特美轻质墙板、SP 板、水泥粉煤灰夹芯轻质墙板、钢丝网架水泥夹芯板、钢丝网架水泥珍珠岩夹芯板、金属面（EPS、XPS、岩棉、矿棉）夹芯板等。

3. 复合板与复合墙体类产品

玻璃纤维水泥板、纤维水泥板复合保温板、聚苯复合保温石膏板、外保温复合墙体、模板内置保温板系统、砌体夹芯保温复合墙、CL 建筑体系、SW 建筑体系、保温砌模现浇钢筋混凝土网格剪力墙、聚氨酯喷涂保温墙体、EPS 模块外保温墙体、蜂巢轻质墙体、复合保温砖和复合保温砌块墙体、纤维水泥硅酸钙板与轻钢龙骨整体浇筑轻质墙体、建筑外墙木纹披迭板复合保温墙体、现浇混凝土空心无梁楼盖及建筑保温装饰一体化墙体材料。

4. 构件产品

预制混凝土夹芯保温复合墙板、预应力混凝土叠合板、钢板间隔墙、彩色钢板集成房屋、建筑用 U 型玻璃墙板等。

5. 复合用绝热材料产品

挤塑聚苯乙烯泡沫塑料板、聚苯乙烯粒材（颗粒）、聚氨酯泡沫塑料、酚醛泡沫塑料、橡塑保温材料、玻璃棉、岩棉、矿渣棉、膨胀玻化微珠及其保温砂浆、膨胀珍珠岩及其保温砂浆、建筑外墙玻璃纤维真空绝热板、陶粒。

6. 所用配套材料分类产品

粉刷石膏、预制砂浆、墙地砖粘结剂、石膏砌块粘结剂（抗裂找平石膏）、丝网制品等。

7. 特殊功能材料产品

建筑用 SiO_2 气凝胶、相变材料，以及相关的节能玻璃、陶板、光伏幕墙、混凝土瓦等。

7.1.1.4 新型墙体材料的用途

墙体的基本功能是结构（承重、非承重）、分隔围护（遮风避雨、隔断光线、保温隔热、绝热、隔声吸声)、美化装饰。新型墙体材料以优异性能(如保温、隔热、隔声、屏蔽、装饰等)应用于民用或公共以及工业建筑的围护结构中。

7.1.2 新型墙体材料的发展现状及发展趋势

我国每年新开工建筑面积约为 30 亿 m^2,墙体材料用量达 10000 亿块(折标砖),约 15 亿 m^3,新型墙体材料约占墙体材料总量的 60%以上。其中烧结类新型墙体材料约占墙体材料总量的 40%,非烧结类新型墙体材料约占新型墙体材料总量的 60%。其中,加气混凝土砌块约 2.5 亿 m^3,其他各类混凝土砌块约占 20%,各类板材约占 10%。随着国家大力发展和推广建筑节能和装配式建筑,各类板材以及各种功能复合的新型墙体材料将迎来新的发展机遇。

7.1.2.1 烧结新型墙体材料国内现状分析

烧结新型墙体材料,目前仍是墙体材料的主导。据不完全统计,全国烧结类墙体材料企业近 4 万家,其中烧结新型墙体材料的企业占 40%以上。利用固体废弃物生产烧结多孔砖及烧结空心砖、烧结保温砖及复合保温砖、烧结路面砖,总规模 7000 亿块(折标砖)以上。为行业服务的各类机械及配套附件服务的企业有 1000 多家,各类骨干装备企业有 120 多家。尽管该行业规模及企业数量较大,但总体存在科技人员严重不足、科技投入极小(不到行业的 0.2%)的问题。同时,民营企业数量占企业总数高达 99%,且绝大多数属于中小型企业。

随着墙体材料革新和建筑节能的发展、淘汰落后产能以及转型升级力度的加大,行业集中度明显提高,行业已经回归到禁止挖田取土、依法合理开发利用资源,规范有序的发展轨道。原料已由原先单一的黏土,发展到如今包括农作物秸秆,页岩、高岭土、膨润土、硅藻土、硅砂等非金属矿资源,煤矸石、粉煤灰、赤泥、河塘淤泥、建筑渣土与城市污泥等固体废弃物。在烧结类新型墙体材料的生产技术和装备技术等方面,也取得了明显的进展,一些主要装备制造已接近发达国家的水平,生产制造能耗甚至低于发达国家的水平。在行业的共同努力下,产品标准、绿色环保、产品应用等方面也在不断完善和提升。但总体来看，我国烧结类新型墙体材料产业与欧美等发达国家相比还存在一定的差距。

7.1.2.2 非烧结类新型墙体材料国内现状分析

1. 发展现状分析

非烧结类新型墙体材料约占总量的30%以上，长期以来都是国家倡导和鼓励支持发展的方向，得到了广大高校、建材科研机构、建材企业的广泛关注。从事各类非烧结类新型墙体材料开发的科技工作者超过行业科研人数的90%，投入的科研资金超过了95%，投入装备研发的企业占98%以上。在行业的共同努力下，非烧结类新型墙体材料已形成品种众多、实现功能较全的产业：（1）各类空心、多孔或微孔的混凝土（砖、砌块）板、石膏（砌块）板；（2）各类功能材料包括增强材料、保温隔热、隔声吸声材料复合而成的砌块（砖）板，如纤维增强的（砌块）板；（3）各种外保温复合墙体、模板内置保温板系统、砌体夹芯保温复合墙以及墙构件（预制混凝土夹芯保温复合墙板、预应力混凝土叠合板、钢板间隔墙、彩色钢板集成房屋、建筑用U型玻璃墙板）。非烧结类新型墙体材料的原料来源广泛，绝大部分利用了工业固体废弃物，部分品种的生产工艺技术近于成熟，如石膏板、加气混凝土（块或板）等。我国新型墙体材料工业与发达国家最大的不同是利用了各种固体废弃物发展新墙材，尽管开发的品种较多，材料有一些基本功能的提升，但多数产品生产过程中由于原料复杂，生产工艺难以掌控，从而导致整体制造水平不高，产品品质与欧美发达国家相比还存在一定的差距。

1）混凝土空心砌块

我国混凝土空心砌块的生产工艺技术发展较快，工艺已经相对成熟，品种规格齐全，并全部采用机械化、自动化、规模化生产。装备技术已经接近国外先进水平，基本上可以做到替代进口。

发展方向：目前混凝土空心砌块正朝着大规模利用固废制作仿天然石材装饰一体化的方向发展。装饰混凝土砌块是20世纪30年代传入我国，并在90年代快速发展起来的一种集结构功能与装饰功能于一体的新型墙体材料产品。目前我国已能生产劈裂砌块、露集料砌块、凿毛砌块、条纹砌块、仿旧砌块、磨光砌块、鼓形砌块、彩色砌块等10多种产品，并成功应用于各类居住建筑和公共建筑。

生产装饰混凝土砌块的主要材料为水泥、砂、石、颜料等，还可利用粉煤灰等工业废渣和尾矿，原料资源极为丰富。同时，混凝土制品的生产工艺趋于成熟，性能和耐久性较好，易着色。此外，新拌混凝土的可塑性好，便于产品外观的设计。混凝土凝结硬化后表面可加工性好，可劈、可凿（琢）、可磨，可加工出不同质感的表面，特别是仿天然装饰石材的质感，是设计自然景观的理想材料。我国小康住宅示范工程也把装饰砌块和装饰砌块建筑列入建筑体系之一，可以预见装饰混凝土砌块有着广阔的发展前景。

2）蒸压加气混凝土

蒸压加气混凝土主要包括石灰（水泥）砂加气混凝土和石灰（水泥）粉煤灰加气混凝土，发达国家多生产砂加气混凝土。由于我国有大量粉煤灰有待开发利用，粉煤灰加气混凝土得到迅速发展。加气混凝土是一种轻质多孔保温材料，具有较好的保温性能，是墙体材料产品中为数不多的兼保温和强度于一体的良好墙体材料产品。近年来，我国相关企业通过引进和消化吸收国外先进工艺技术，不断更新加气混凝土生产工艺和成套装备技术、应用技术，使加气混凝土的质量和规模得到了大幅提升，生产技术更为成熟。目前蒸压加气混凝土已经成为新型墙体材料中发展最好、推广应用最成功的品种。

发展方向：一是高品质的B03和B04级砌块产品是当前蒸压加气混凝土产业的主要目标之一，在保证保温隔热性能达标的同时，争取进一步提高加气混凝土强度；二是发展高品质的加气混凝土板材，近年来加气混凝土板材发展较快，也开发出系列设备，但工艺技术、品种以及应用技术等方面亟待突破。

3）工业副产石膏制品

我国工业副产石膏的开发和利用得到迅速发展，无论在生产方面还是应用方面都取得了长足进步。

发展方向：开发和生产高档次的石膏制品、高附加值产品（高强石膏粉、高强纤维石膏板、自流平石膏、高档粉刷石膏、高档装饰工艺材料等）是该产业发展的主流，尤其是粉刷石膏-干粉系列产品。该产品属于绿色环保材料，现已广泛应用于欧洲的室内粉刷领域。德国、法国、西班牙、美国等发达国家的粉刷石膏利用量很大，德国总粉刷量为80%，约300万t/年；

法国 100 万 t/年；西班牙建筑内墙粉刷量为 90%以上；美国 60 万 t/年。我国房地产建设规模巨大，有广阔的发展前景。下一步，应努力提升工艺技术与生产设备水平，改善建筑石膏制品质量和性能，争取实现大规模的开发利用。

4）纤维增强水泥板

我国于 20 世纪 80 年代后期引进并先后开发了各类纤维水泥板（含硅酸钙板）。经过近 40 年的发展，目前各类纤维水泥板（含硅酸钙板）年生产能力已达 2 亿多平方米，并广泛用于办公楼、医院、宾馆、地铁隧道、奥运会场馆、国家大剧院、上海世博会馆等工程。我国纤维水泥板产业发展起步较晚，无论生产技术水平、产品质量和档次还是应用范围，与国外众多产品相比都有差距。

发展方向：从我国建筑结构体系发展趋势看，高层建筑的框架结构和钢结构日渐增多的发展需求，尤其适合纤维水泥板与高效绝热材料复合制成外墙绝热干式复面系统。因此，下一步应围绕提高产品质量和档次、品种下功夫，加大工艺装备开发，提高生产技术水平，重视应用技术研究，规范配套产品和配备件，满足建筑工程的需要。

5）各类建筑板材

我国板材品种很多，作为墙体用的板材有薄板和整体式轻质内隔墙板。薄板包括纸面石膏板、纤维水泥平板、纤维增强硅酸钙板等；整体式轻质内隔墙板包括蒸压加气混凝土板、玻璃纤维增强水泥轻质多孔隔墙条板、建筑用金属面绝热夹芯板、灰渣混凝土空心隔墙板、石膏空心条板等。近年来板材发展较快，在公共建筑、工业建筑中应用比例逐年增大。但总体上看，我国建筑板材与国外发达国家内外墙板相比仍存在较大差距。

发展方向：随着我国对节能建筑的强制推广，建筑板材将迎来发展契机。下一步应大力开发与框架结构和钢结构节能建筑相配套的外墙保温复合板。同时，为适应我国各地建筑节能标准的贯彻执行，也要因地制宜，积极开发满足当地节能建筑需求的外墙保温复合条板或大板，开发生产多种功能复合的外墙板，如保温和承重合一，保温、承重和装饰合一的复合板。在多层住宅领域，混凝土空心条板与保温材料复合是重点开发产品；对于高层建筑主要开发轻质板材与保温材料复合；对于低层建筑可以开发无梁无柱的承重、装饰与保温合一的整开间大板。

2. 发展趋势和导向

实现墙体材料功能化、部品化、绿色化，提升能源利用、资源综合利用水平是墙体材料未来的发展方向。当前，我国墙体材料行业需着力推动以下工作。

1）淘汰落后产品，发展高端产品。行业下一步将着力推动产学研用一体化，深入推进新型墙体材料生产的成套技术研发，大力推广和普及节能低碳的新型产品，开发环境友好型新型墙体材料产品体系及其工艺技术，实现行业向节能低碳、固废资源化利用加速迈进。同时，加快淘汰一批高能耗、高污染、质量差的落后产品，营造良好的市场环境，树立良好的行业形象。

2）发展适合不同热工分区的保温空心砌块制品。烧结保温空心砌块因其烧结墙体材料本身的高效保温性、节能性、超强的耐久性、与建筑物同寿命、不燃或难燃，以及不收缩或微小收缩等特性，能较好解决当前墙体系统寿命短、易燃、不安全等技术难题，使该产品具有良好的应用价值和市场前景。由于我国具有多个热工分区，建筑结构也有所不同，在发展适合当地建筑结构形式特点的砌块规格尺寸、企口形式等技术指标的同时，还应建立满足当地气候条件的保温体系。按照不同气候带热工分区和建筑节能特点，开发相适应的保温空心砌块生产工艺技术，加快发展单一材料的墙体围护与保温一体化技术的研究和应用，解决建筑物内、外复合保温墙体存在的诸多问题，为我国城镇化与城市发展的提供基础材料保障。

3）推动墙材行业绿色低碳可持续发展。以满足社会建筑节能、建筑安全、建筑功能提升需求为导向，持续加大投入力度，重点围绕原料替代、生产工艺再造、末端污染物排放治理等领域开展技术及相关装备研发，坚决遏制无组织排放，加快推动墙材行业向绿色低碳、节能环保方向发展。

4）根据各地资源条件、地域特性和建筑功能的要求，发展节能利废烧结墙体材料。以框架结构为主的高层建筑，应积极发展满足建筑功能要求，保温隔热性能优良、轻质、便于机械化施工的空心制品，设计合乎建筑功能要求的墙体材料规格尺寸与建筑模数；多层砌筑结构，承重墙体材料应重点发展承重烧结多孔砌块和承重利废多孔砖，其非承重墙体材料仍应以利废的各类非承重烧结空心砌块和空心砖为主。

5）推动生产应用一体化的标准体系建设。根据各地方气候、资源禀赋、市场需求以及建筑节能和资源综合利用的要求，开展适合不同热工区域的应用标准体系的研究，因地制宜推进构建较为全面的、节能低碳的新型墙体材料产品标准体系。

6）引入信息化、自动化、智能化理念发展墙材行业，运用BIM技术设计生产装配式建筑配套的部品、部件、构件。通过信息集成、过程优化及资源优化，实现物流、信息流、资金流的集成与优化运行，达到工厂运行的最优化及智能化。推动形成一批拥有物联网技术、设备监控技术等信息管理的数字化工厂，引领行业的发展。

整体来看，新型墙体材料与国外同类制品相比，在工艺技术、产品性能、应用水平还存在一定差距，与公众预期的“新型”概念还有一定的距离。为此，发展新型墙体材料一定要在改善品质上下功夫，不仅要解决有没有的问题，还要解决好不好、优不优的问题。建筑是百年大计，既要满足当前市场需求，更要着眼于未来发展。

7.1.2.3 新型墙体材料国外现状分析

国外新型墙体材料领先的国家主要集中在欧洲，也包括美国，产品质量优良，技术及机械装备先进，产业链完整。无论在硬件还是软件方面都进行了精细化的处理，工艺技术成熟，对工业技术领域出现的先进技术，如电子信息技术、机器人、智能技术，较早就在墙材生产中得到了广泛应用。行业已经形成产品种类多样且配套的体系，工厂采用专业化、大型化、无人化操作的工作模式，产品功能开发更为专业化、装备水平更加科技化，尤其在工厂信息化管理达到自动化和工厂建设智能化以及环保节能技术方面有着成熟的技术。如欧洲砖瓦厂生产线从取料、原料制备到成品包装完全实行中央控制，全部实现了机械化和自动化，部分达到了智能化。制品向系列化、配套化、模数化、多功能构件、大规格、高孔洞率以及复合保温隔热的方向发展，如颜色各异的清水墙砖，各种装饰砖个性定制化生产。复合保温隔热砌块相关标准已基本完善，保温砌块、板在建筑上的应用成熟。新型墙体材料整个产业从研发、生产到应用已具备完整产业链。同时，国外十分重视绿色发展，较早实现了资源再循环利用高效发展，现今需要消化的固废比我国少得多。国外大部分是采用优质原料、燃料、先进技术生产质优产品，建筑品质有保障，而我国基本上是利用劣质原料（固废）生产质量或品质相对较差的产品，因此建筑的品质和寿命都有差距。欧美房地产业已经经历了高速发展阶段，由于发展需要的少，市场非常有限，他们的技术和装备也需要出口，因此也存在着转型发展的压力。

7.1.2.4 新型墙体材料的发展趋势

新型墙体材料总体是朝着绿色、节能、低碳环保的方向发展；从单一功能向复合多功能型转变，向功能化、节能、高质量方向发展；消纳和利用固体废弃物，从单一生产型向生态治理修复型转变；从分散数量型向集约型转变；向大数据云计算信息化、智能化转变。新型墙体材料的产品向部品化、构件化、系列化、标准化、规范化、保温隔热等装饰一体装配集成化发展，向不断开发利用性能更好的新型功能性材料，复合多功能性方向转变。

7.2 典型产品

7.2.1 真空绝热板

1. 产品定义、特性、主要性能参数

真空绝热板（Vacuum Insulation Panel，VIP）是真空保护表层内填充芯材，抽真空后再热封而成的一种新型绝热材料，是基于真空绝热原理通过最大限度地提高板内真空度，能有效地避免空气对流引起的热传递使其传热量降至最低，是目前世界上最先进的高效保温材料之一。

真空绝热板按用途分为建筑用（B类）和工业用（I类），按中心区域导热系数分为Ⅰ型、Ⅱ型、Ⅲ型和Ⅳ型。其中建筑用（B类）真空绝热板又按导热系数分为Ⅰ型、Ⅱ型和Ⅲ型。

真空绝热板作为目前导热系数最低的材料，其导热系数可达到小于0.003W/(m·K)。相比于其他绝热材料，VIP不仅具有5～10倍更加优异的绝热性能，还能保持较高的强度和低密度。在满足相同绝热效果的情况下，VIP的厚度仅为其他绝热材料的1/5～1/10，赋予了保温腔室更轻的质量、更薄的保温层厚度以及更小的外体积，适用于节能要求高、结构要求紧凑的场合。VIP 不含任何 ODS 材料，具有环保和高效节能的特性。

建筑用真空绝热板性能指标应符合表 7-1 的要求。

表 7-1 建筑用真空绝热板主要性能指标

<table>
<tr><th colspan="2" rowspan="2">试验项目</th><th colspan="3">性能指标</th></tr>
<tr><th>Ⅰ型</th><th>Ⅱ型</th><th>Ⅲ型</th></tr>
<tr><td colspan="2">导热系数［W/(m·K)］</td><td>≤0.005</td><td>≤0.008</td><td>≤0.012</td></tr>
<tr><td colspan="2">穿刺强度（N）</td><td colspan="3">≥18</td></tr>
<tr><td colspan="2">压缩强度（kPa）</td><td colspan="3">≥100</td></tr>
<tr><td colspan="2">抗拉强度（kPa）</td><td colspan="3">≥80</td></tr>
<tr><td rowspan="2">耐久性（30 次循环）</td><td>导热系数［W/(m·K)］</td><td>≤0.005</td><td>≤0.008</td><td>≤0.012</td></tr>
<tr><td>抗拉强度（kPa）</td><td colspan="3">≥80</td></tr>
<tr><td colspan="2">燃烧等级</td><td colspan="3">应能达到 GB8624 所规定的 A 级（A2）级要求</td></tr>
</table>

2. 生产工艺及原料

1）生产工艺

真空绝热板的制备包括材料准备、干燥、装袋、抽真空、封口和热处理六大工艺，具体制备流程如下。

（1）材料准备：将预先制备的干法或湿法芯材、膜材（袋）、吸气剂以及辅材放置于现场，准备进入干燥工序，其中芯材和膜材放置在干燥环境中，避免吸潮，吸气剂密封保存。

（2）干燥：将湿法与干法芯材放置于 155℃烘箱内分别干燥 1h，将膜材（袋）放置于 50℃－20％RH 环境中 1h，将辅材放置于 105℃的烘箱内干燥 1h。以上措施是为了避免芯材、膜材以及其接触材料因含有水分导致抽真空不彻底。

（3）装袋：工序（1）和（2）处理过的芯材和吸气剂套入阻隔袋，并整理表面，需要注意的是芯材和阻隔袋拿出烘箱应在 15min 内完成装袋。

（4）抽真空：将套有芯材和吸气剂的阻隔袋结合体放入真空机，下压真空机压板 3 次将阻隔袋结合体表面压平，将真空机调整至“自动模式”启动真空机，在自动模式下，首先开启的是旋片泵，真空仓内气压降至 3000Pa 时罗茨泵启动，真空仓内气压降至 10Pa 时扩散泵启动，直到仓内气压降至 0.1Pa 进入保压阶段，保压时间为 600s。保压的目的是在高真空环境下，快速将阻隔袋内的气体抽出。

（5）封口：保压阶段结束后，启动热封装置，热封装置采用的直流低电压加热技术，能有效提高热封条各个位置的温度均匀性，防止虚焊、烫焦等不良现象发生，封口时间为3s。封口结束后，打开进气阀门，卸载真空，此时真空绝热板因被大气压压迫，快速收缩，形成具有一定压缩和弯曲强度的板材。

（6）热处理：工序（5）完成的半成品板材，折边后，进入热处理工序。由于芯材在抽真空前后体积出现收缩，阻隔袋的尺寸远大于真空后芯材的尺寸，板材边缘处的阻隔膜是不与芯材接触的，热处理的目的是将“多余”的阻隔膜完成热封合，减少气体通过“多余”区域的阻隔膜渗入板内，影响真空绝热板导热系数。热处理温度设定为（125±10）℃，热处理时间为7min。

2）生产原料

真空绝热板主要由三部分组成，芯部的隔热材料、封闭的隔气结构和气体吸附材料。其中芯材是为了保证真空绝热板有一定的强度，膜材是为了维持真空绝热板内部的真空度，吸气剂是为了吸除真空绝热板真空封装时的参与气体以及由于长期使用渗入的气体。VIP之所以具有绝佳的保温隔热性能，是因为其在真空绝热原理的基础上采用低导热率芯材以降低固体热传导，同时尽可能地提高板内真空度并辅以吸气剂和干燥剂来吸附芯材中的水汽和气体以减少气体热传导，再辅以高性能膜材来降低热辐射，从而达到高效保温节能的目的。

（1）芯部材料

芯材是VIP的核心结构，需满足以下几个条件。

①低的固相热传导；

②优异的抗热辐射性；

③大的孔隙率且所有的孔隙连通；

④高的化学稳定性；

⑤低的压缩率和回弹率；

⑥低密度；

⑦精细的孔结构；

⑧优异的防火和抗燃烧性；

⑨无毒、可循环使用；

⑩低成本。

与有机芯材相比，无机芯材的耐热性更好，化学稳定性更高。

按照形态划分，芯材可分为纤维型芯材、粉末型芯材、泡沫型芯材和人造芯材。常见的纤维型芯材包括玻璃纤维、岩棉、矿渣棉和合成纤维等，纤维型芯材的导热系数和纤维的直径、长度、数量、卷曲程度、排列方式、孔结构、杨氏模量和外界压力等因素相关。粉末型芯材是由隔热粉末构成的粉末聚集体，包括气相二氧化硅、气凝胶、珍珠岩和蛭石粉等。泡沫型芯材是以聚合物或树脂为原料，通过加入发泡剂和稳定剂并经过热发泡而形成的具有泡沫状孔结构的芯材，但由于其结构较脆、容易受潮、脱气率较高、在成型中易出现闭孔泡沫，制得的 VIP 隔热性能差，已越来越难以满足当前世界对高性能 VIP 的要求，现已趋于淘汰。人造芯材主要包括交错梁结构芯材、蜂窝孔结构芯材和层间夹有辐射屏的多层结构芯材。

（2）隔气结构

膜材用于真空密封芯材，使芯材与外部环境保持长期隔离，形成绝热板内真空条件的腔壁。通常，膜材需满足以下几个条件：①低的水分穿透率[小于 0.005g/(m^2 · d)]；②低的氧气穿透率 [小于 0.002cm^3/(m^2 · d)]；③低的导热系数；④高的机械强度；⑤可被封合。

膜材主要由结构增强层、气体阻隔层和热封层组成。其中，结构增强层主要包括聚碳酸酯薄膜、双向拉伸聚酯薄膜、双向拉伸聚丙烯薄膜及聚酰胺薄膜；气体阻隔层主要包括非晶态尼龙薄膜、蒸气沉积铝薄膜、聚乙烯醇薄膜、聚偏二氯乙烯薄膜和铝箔；热封层主要包括聚乙烯薄膜和聚偏二氯乙烯薄膜。

（3）气体吸附材料

生产过程中，抽真空密封后，在真空绝热板中的芯材在使用过程中会释放一些气体。必须使用特殊吸附剂吸附这些气体，以保持真空绝热板内较高的真空度。吸附材料的作用是吸附 VIP 内部的水蒸气和其他气体，防止 VIP 的导热系数过快增长，确保 VIP 长久的使用寿命。其中，吸气剂对气体具有显著的选择吸附性。在实际工程应用中，需先根据 VIP 中最可能出现的气体来选择吸气剂的种类，再根据 VIP 在预期使用寿命内存在的气体含量判断吸气剂的合适用量。

3. 应用领域

真空绝热板（图 7-1）因其优异的性能，已被广泛应用在航空航天（航空器、航天飞机等)、白色家电(自动贩卖机、冰箱、电饭煲、热水器等)、建筑(屋顶保温、楼板绝缘、墙体保温等)、医疗设施(医疗保温箱、运输箱等)、交通运输(冷藏车、管道绝缘等)、食品工程、冶金、化工、电力、石油、机械、轻工、纺织、军工、仓储等行业，逐步成为我国国民经济中的重要组成部分。

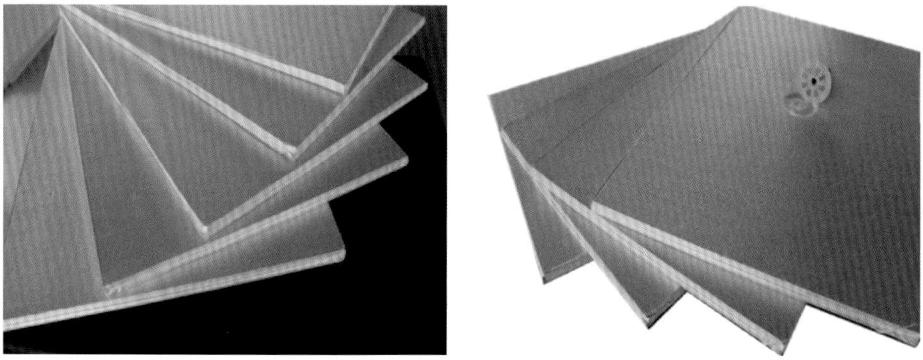

图 7-1　建筑用真空绝热板

真空绝热板是导热系数非常小的保温材料，属国家重点鼓励和支持的新材料产业。在建筑的围护结构中安装高性能的真空绝热板可大幅度降低建筑物的能耗。从目前我国建筑外墙保温材料的市场份额来看，真空绝热板在建筑节能领域使用的比例非常低，主要用于公共建筑和超低能耗建筑等，如中国建筑科学研究院建筑环境与节能研究院超低能耗示范楼(绿色建筑评价标识 3 星级及 LEED-NC 铂金级)、北大培文幼儿园、国际门窗城专家公寓等超低能耗建筑。位于慕尼黑中心的真空绝热板样板建筑，通过在外墙保温层中使用真空绝热版，低能耗建筑的使用空间比普通建筑大 10%，能耗仅为慕尼黑城市建筑平均能耗的 1/10，起到了非常优异的节能、保温效果。

采用真空绝热板作为白色家电的核心保温元件可节能 25%左右并增加有效容积 20%～30%，具有较大的经济效益。真空绝热板在低温液体贮槽方面的市场需求同样十分旺盛。在贮槽的围护结构上敷设真空绝热版可大幅度减少贮槽的漏热量，防止低温液体的气化，不仅可实现节能减排，还能为低温液体的连续生产、长期贮存和长途运输提供安全保障，AB 真空绝热板外墙外保温系统如图 7-2 所示。

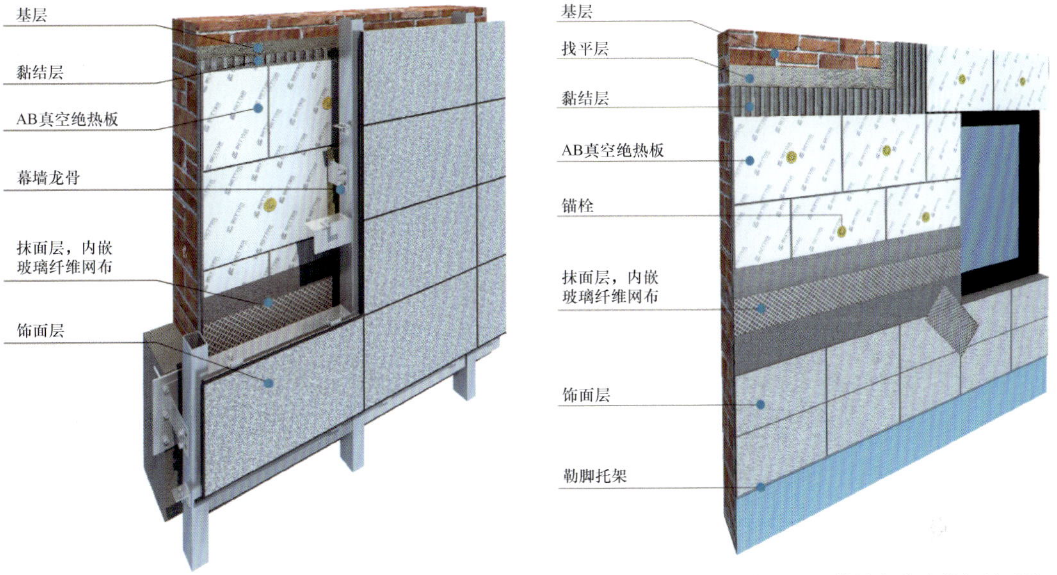

AB真空绝热板幕墙外墙外保温系统构造图　　AB真空绝热板薄抹灰外墙外保温系统

图 7-2　AB 真空绝热板外墙外保温系统

4. 产品现状及发展趋势

真空绝热材料的设计理念来源于真空杜瓦瓶的高效绝热原理。迄今为止，真空绝热材料有 60 余年的历史，但成熟应用于市场仅有 20 年左右。随着新兴领域对保温绝热的苛刻需求，真空绝热板近年来发展较迅速。

国内真空绝热板的技术研究目前得到了很大的发展，真空绝热板导热系数可降至 0.0025W/(m·K) 以下。国内企业及高校、院所在生产真空绝热板产品的工艺技术等方面取得了多项成果，极大地促进了真空绝热板产业的发展。

目前，真空绝热板的生产企业主要集中在山东、浙江、福建、广东等经济发达地区。2017 年，国内真空绝热板产能可达 7000t，随着干法生产真空绝热板技术的突破，真空绝热板行业生产成本可降低 30%以上，2018 年总产能增加了约 2.5 万 t。

但总体来看，我国真空绝热板产业发展起步较晚，基础薄弱，高效高性能技术和装备尚未完全攻克，需要开展大量研发工作。加之真空绝热板的制造成本高于传统保温材料，在我国的部分地区，真空绝热板还未完全接纳，尚处于应用导入期阶段。但随着白色家电、疫苗储存、医药运输、集装箱、液化气船及建筑外墙保温等新领域的不断发展，真空绝热版产业的后续发展势头强劲，潜在市场需求巨大，效益很可观。

7.2.2 装配式建筑用墙板

在装配式建筑发展的带动下，装配式建筑墙板行业得到快速发展，各类外墙板和隔墙板产品在装配式建筑中的应用显著增加，提高了装配率，有利于加快工期，改善施工现场作业环境，符合装配式建筑发展要求。新型装配式建筑墙体板材规格尺寸工整，易于成型，便于机械化生产，且板材块型大、整体性好，较适用于装配式建筑，可实现生产工业化，产品标准化，规格尺寸模数化，施工装配化及建筑部品化。

装配式建筑用墙板按构成形式和主要构成材料可分为：外挂大板、轻钢龙骨类复合墙板和轻质条板；按墙板应用位置，可分为外墙板、内墙板；按照墙板的结构受力状态可分为承重墙板与非承重墙板。

目前，国内可作为装配式外墙板使用的主要墙板种类有：承重混凝土岩棉复合外墙板、薄壁混凝土岩棉复合外墙板、混凝土聚苯乙烯复合外墙板、混凝土珍珠岩复合外墙板、钢丝网水泥保温材料夹芯板、SP 预应力空心板、加气混凝土外墙板与真空挤压成型纤维水泥板（简称 ECP）。

装配式隔墙主要包括装配式隔墙条板、装配式隔墙大板、装配式骨架夹芯隔墙板。内墙条板按照材料类型可分为：蒸压加气混凝土条板、轻集料墙板，发泡水泥复合条板，硅酸钙夹芯复合条板等。

下面主要介绍几种应用较多的装配式建筑用墙板（表 7-2）。

表 7-2 装配式建筑用墙板分类

分类方法	墙板分类名称	
按墙板的构成形式和主要构成材料	外挂大板	预制混凝土外墙板 WQGB
		玻璃纤维增强水泥板外墙板
	轻钢龙骨类复合墙板	轻钢龙骨-纳米复合空腔板复合墙板
		轻钢龙骨-石膏板复合墙板
		轻钢龙骨-纤维增强硅酸钙板复合墙板
		轻钢龙骨-纤维增强水泥板复合墙板
		轻钢龙骨-金属复合板墙板
		轻钢龙骨-轻质混凝土灌浆墙
		轻钢龙骨-石膏基轻质砂浆复合墙体

续表

分类方法	墙板分类名称	
按墙板的构成形式和主要构成材料	条板	蒸压轻质加气混凝土条板（ALC）
		挤出成型水泥条板
		真空挤压成型纤维水泥板（ECP）
		发泡水泥条板
		轻集料墙板
		发泡陶瓷板
		玻璃纤维增强水泥板 GRC
		轻质混凝土墙板
按墙板应用位置	外墙板	
	内墙板	
按结构受力状态	承重墙板	
	非承重墙板	

7.2.2.1 预制混凝土外挂墙板

1. 产品定义、特性、主要性能参数

预制混凝土外挂墙板是安装在主体结构上，起围护、装饰作用的非承重预制混凝土墙板构件，简称外挂墙板。外挂墙板是自重构件，它只承受作用于其本身的荷载，不考虑分担主体结构所承受的荷载和作用。其按建筑外墙功能定位可分为围护墙板和装饰墙板；按外挂墙板组成的保温构造层次主要分为单层板、单层板＋保温板、夹芯保温板。

夹芯保温外挂墙板：由内叶墙板、外叶墙板、夹芯保温层和拉结件组成的预制混凝土外挂墙板，简称夹芯保温墙板。内叶墙板和外叶墙板在平面外协同受力时，成为组合夹芯保温墙板；内叶墙板和外叶墙板单独受力时，成为非组合夹芯保温墙板；内叶墙板和外叶墙板受力介于二者之间时，成为部分组合夹芯保温墙板。夹芯保温外挂墙板的保温材料可选用岩棉、聚苯乙烯、聚氨酯、珍珠岩、矿棉、玻璃棉等。

预制混凝土外挂墙板系统是指安装在主体结构上，由预制混凝土外挂墙板、墙板与主体结构连接节点、防水密封构造、外饰面材料等组成，具有规定的承载能力、变形能力、适应主体结构唯一能力、防水性能、防火性能等，起围护或装饰作用的外围护结构系统，简称外挂墙板系统。

预制混凝土外挂墙板具有以下特点。

1）属于装配式外围护系统

预制混凝土外挂墙板具有工厂化生产、装配化施工的显著特点，属于装配式外围护系统的一种。

2）省时、省力、耐久性好

预制混凝土外挂墙板具有安装速度快、现场用工少、无湿作业、质量可控、耐久性好、便于保养维修等优势。

3）精细化程度要求高

预制混凝土外挂墙板为精细工程，对设计、加工、施工的要求均较高，造价也相对较高。采用工厂化生产、装配化施工，具有安装速度快、质量可控、耐久性好、便于保养和维修等特点，符合国家大力发展装配式建筑的方针政策。

主要参数如下。

1）预制混凝土外墙板的物理力学性能要求见表 7-3。

表 7-3　预制混凝土外墙板的物理力学性能要求

序号	项目/类型	指标要求（板厚）（mm）				
		90	120	150	180	210
1	抗冲击性能（次）	≥3				
2	抗弯荷载/板自重倍数	≥1.5				
3	抗压强度（MPa）	≥20（超高性能混凝土≥120）				
4	表观密度（kg/m^3）	≤1950				
5	不透水性	板背面无水滴出现				
6	吸水率（%）	≤10				
7	吊挂力（N）	≥1000				
8	干燥收缩值（mm/m）	≤0.5				
9	燃烧性能	不燃				
10	耐火极限（h）	≥1		≥2		
11	抗冻性	冻融循环 50 次，板的质量损失不大于 5%，强度损失不大于 25%，外观无损坏				

2）墙板热工性能

墙板热工性能的设计，要符合当地建筑节能设计标准的要求，并综合考虑混凝土框架梁柱等建筑构件冷热桥的保温措施，最终确定墙体绝热材料的品种及厚度和混凝土内外叶墙板的厚度及拉结件的种类。

墙板保温隔热性能与保温层厚度和两侧混凝土层厚度有直接关系，随着保温层厚度增加，传热系数降低幅度变小，保温层厚度一定时，传热系数随混凝土层厚度变化不大。热惰性指标随保温层厚度变化不大，但混凝土墙板厚度越厚，热惰性指标越高，热惰性指标的变化主要来自混凝土层，随混凝土层厚度变化成一次线性关系。对于严寒和寒冷气候区，主要考虑保温层厚度，对于夏热冬暖和夏热冬冷气候区，主要考虑两侧混凝土层的厚度。

2. 预制混凝土外挂墙板系统性能要求

（1）外墙板混凝土强度等级不宜低于C30。当采用轻骨料混凝土时，轻骨料混凝土强度等级不应低于LC25，当采用清水混凝土或装饰混凝土时，混凝土强度等级不宜低于C40。

（2）结构性能应满足现行国家标准《混凝土结构设计规范》（GB 50010—2010）和《混凝土结构工程施工质量验收规范》（GB 50204—2014）要求。

（3）夹芯保温墙板中的保温材料，导热系数不宜大于0.04W/(m·K)，体积比吸水率不宜大于0.3%，燃烧性能不应低于现行国家标准《建筑材料及制品燃烧性能分级》（GB 8624—2012）中B02级的规定。

（4）外挂墙板系统的混凝土构件和节点连接件的设计使用年限宜与主体结构相同。

（5）在自重、风荷载和温度协同作用下，外挂墙板、节点连接件、接缝密封胶等应不受损坏。在风荷载作用下，外挂墙板应满足相应的面外变形要求。在风荷载和地质作用下，外挂墙板应具有相应的适应主体结构变形的能力。

（6）外挂墙板系统的热工性能和传热系数计算应符合国家标准《民用建筑热工设计规范》（GB 50176—2016）、《公共建筑节能设计标准》（GB 50189—2015）、《严寒和寒冷地区居住建筑节能设计标准》（JGJ 26—2018）、《夏热冬暖地区居住建筑节能设计标准》（JGJ 75—2012）和《夏热冬冷地区居住建筑节能设计标准》（JGJ 134—2010）的规定；

（7）外挂墙板系统的防火性能应符合现行国家标准《建筑设计防火规范》（GB 50016—2014）中非承重外墙的有关规定。

（8）其他相关技术要求应符合《预制混凝土外挂墙板应用技术标准》（JGJ/T 458—2018）的要求。

3. 生产工艺及原料

混凝土外挂墙板在工厂采用工业化方式生产，流水线操作生产效率高。所有预制构件采用钢模具，严格控制构件的尺寸偏差，最大允许误差不超过±5mm。预制构件混凝土质量要求严格，为了保证混凝土预制构件的观感质量，要求所用混凝土尽可能采用工厂自拌混凝土。自拌混凝土所用的骨料严格控制其含沙量，以减小预制构件成品出现“灰蒙蒙”观感，增加混凝土橙色，工厂自拌混凝土因减少了长途运输，相对商品混凝土而言，增加流动性的外加剂将取消，成型后的混凝土质量将减少麻面现象，构件厂设立养护窑可以自由设置混凝土养护温度和湿度，最大限度地让预制构件的养护条件达到标准养护条件，提高混凝土的养护质量，减少混凝土的养护周期。按照预制混凝土外挂墙板的生产流程大致分为 13 个步骤，具体如图 7-3 所示。

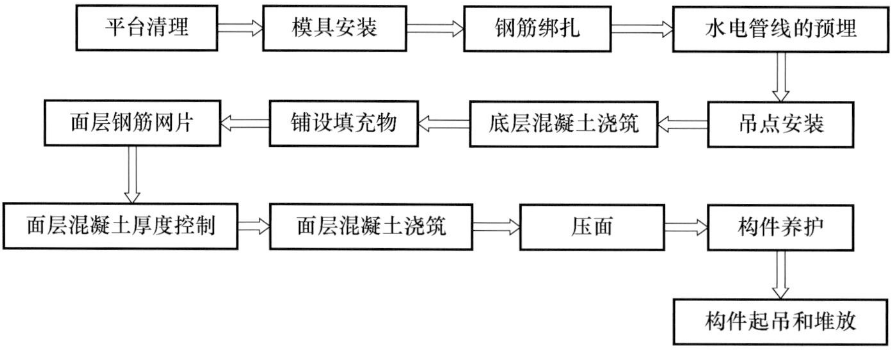

图 7-3　预制混凝土外挂墙板的生产流程

4. 应用领域

预制混凝土外挂墙板的适用范围主要为民用建筑，包括住宅类建筑和公共建筑。目前已广泛应用于混凝土框架结构、钢结构和内浇外挂体系的非承重外墙。

在公共建筑中的预制混凝土外挂墙板不仅具有耐久性好、造价低、质量可控等优点，还具有独特的建筑外立面装饰效果，是国内外广泛采用的外围护结构形式。随着近年来装配式建筑的快速发展，预制混凝土外挂墙板逐步应用于住宅类建筑中，实践证明其能有效控制外墙的开裂、漏水等质量问题，且能减少外墙施工的现场湿作业量，起到节能环保及减少劳动力需求等作用。

工业建筑通常具有高度、柱距标准、施工工期短等特点，预制混凝土外挂墙板作为一种良好的外围护结构，在国外广泛运用于工业建筑中。

5. 产品现状及发展趋势

预制混凝土外挂墙板作为一种良好的外围护结构，在国外得到了广泛的应用，其在相关标准、设计、加工、施工、运营围护、配套产品等方面均比较成熟，在美国，不仅采用普通预制混凝土墙板构件作为预制混凝土外挂墙板使用，在一些公共建筑中还大量应用预制预应力墙板或预应力双T板等作为外挂墙板使用，取得了良好的经济效益和使用效果。日本采用的预制混凝土外挂墙板通常为点支撑外挂墙板，其连接形式与单元式幕墙相似，并对外挂墙板的性能、材料、制作、施工、接缝防水构造等均给出了详细的规定。在欧洲、加拿大等地区针对预制混凝土外挂墙板编制了相关的产品标准和设计手册，对外挂墙板的正确、合理应用起到了积极的作用。

我国在装配式混凝土建筑领域的部分标准中对预制混凝土外挂墙板的设计、加工、施工和验收给出了相关的规定，如《装配式混凝土建筑技术标准》（GB/T 51231—2016）、《装配式混凝土结构技术规程》（JGJ 1—2014）、《预制混凝土外挂墙板应用技术标准》（JGJ/T 458—2018）以及标准图集《预制混凝土外墙挂板》（16G333 16J110 2）。

装配式建筑预制混凝土外挂墙板技术成熟、耐久性好、造价低廉，在我国装配式建筑中占据着主要地位，预制混凝土外挂墙板是装配式建筑墙板的重要组成部分，其生产工艺、构造技术影响着房屋的质量、节能效果。在住宅类建筑中应用预制混凝土外挂墙板时，应特别注意并细化完善外挂墙板与主体结构之间的连接节点及接缝构造，以满足上下楼层间的隔声、隔水、防火等要求。

目前，受限于我国担心施工技术和机械化条件，预制混凝土外挂板的保温、防水、耐久性问题仍然是需要解决的重点和难点。随着我国建筑工业化的不断发展，如何有效解决装配式建筑中预制混凝土外挂墙板标准化和多样化、制约性和灵活性、技术性和艺术性之间的矛盾，将是需要探讨和研究的问题（图 7-4、图 7-5）。

图 7-4　预制混凝土外墙板

图 7-5　预制混凝土内墙板

7.2.2.2　蒸压加气混凝土板（ALC 板）

1. 产品定义、特性、主要性能参数

蒸压加气混凝土是以硅质材料和钙质材料为主要原料，以石膏为调节材料，以铝粉（膏）为发气剂，加水混合搅拌，经浇筑、静养、切割和蒸压养护等工艺而支撑的多孔硅酸盐混凝土。

蒸压加气混凝土墙板是在蒸压加气混凝土内配置经防锈处理的钢筋网片，而制成不同厚度、不同长度的板材，可分为外墙板和内隔墙板。

蒸压加气混凝土墙板具有以下特性：1）保温隔热，蒸压加气混凝土墙板内部具有大量的气孔和微孔，从而具有较好的保温隔热性能。其导热系数为 0.12～0.17W/(m·K) 之间，200～300mm 厚 B05 级别单一蒸压加气混凝土墙体的传热系数能够达到 0.2～0.5W/(m^2·K)。2）自重轻，蒸压加气混凝土板的干密度为 500～700kg/m^3，为普通混凝土的 1/4，黏土砖的 1/3。

3）承重力和抗震性能好。4）耐火阻燃，蒸压加气混凝土为无机不燃烧材料，在高温下也不会产生有害气体，75mm厚度的蒸压加气混凝土墙板其耐火极限能够达到2h，150mm厚度的蒸压加气混凝土墙板其耐火极限能够达到4h。5）吸声隔声，不同厚度的蒸压加气混凝土墙体的隔声量为40～50dB，250mm厚条板墙的隔声量为47dB，单一墙体能够满足隔声要求。6）耐久性好，蒸压加气混凝土板是硅酸盐材料，不存在老化问题，也不易风化，能够与建筑物主体结构同寿命，达到高于50年的需求。7）具有呼吸功能的绿色建筑材料，调节小气候，改善人居环境，绿色环保，无放射性。

主要性能参数如下：

蒸压加气混凝土墙板的长度宜为1800～6600mm（以300mm模数进位）；宽度宜为600mm；厚度为100mm、125mm、150mm、175mm、200mm、250mm、300mm。

蒸压加气混凝土的基本性能见表7-4，结构性能检验按照表7-5进行。

表7-4 蒸压加气混凝土的基本性能

强度级别		A2.5	A3.5	A5.0	A7.5
干体积密度级别		B04	B05	B06	B07
干密度（kg/m^3）		≤425	≤525	≤625	≤725
抗压强度（MPa）	平均值	≥2.5	≥3.5	≥5.0	≥7.5
	单组最小值	≥2.0	≥2.8	≥4.0	≥6.0
干燥收缩值（mm/m）	标准法	≤0.50			
	快速法	≤0.80			
导热系数（干态）[W/(m·K)]		≤0.12	≤0.14	≤0.16	≤0.18

注：蒸压加气混凝土外墙板抗压强度变异系数C_V≤0.10；蒸压加气混凝土内墙板抗压强度变异系数C_V≤0.12。

表7-5 结构性能检验

品种	检验项目
屋面板、楼板、外墙板	承载能力检验
	短期挠度检验
隔墙板	承载能力检验

屋面板、楼板、外墙板的承载能力应符合式（7-1）和式（7-2）的要求。

$$W_1 \geqslant W_R \tag{7-1}$$

$$W_2 = \frac{\gamma_a[\gamma_a]}{\gamma_R} W_R \tag{7-2}$$

式中，W_1 为屋面板、楼板或外墙板初裂时荷载实测值，单位为牛顿每平方米（N/m^2）；W_R 为单项工程荷载设计值（N/m^2）；W_2 为破坏时荷载实测值，单位为牛顿每平方米（N/m^2）；γ_a 为重要性系数，按照《蒸压加气混凝土板》（GB 15762—2008）相关规定选用。

蒸压加气混凝土墙板的燃烧性能和耐火极限见表 7-6，蒸压加气混凝土墙板的标准隔声量见表 7-7。蒸压加气混凝土的性能见表 7-8～表 7-13。

表 7-6　蒸墙板的燃烧性能和耐火极限

厚度（mm）	耐火极限（h）	燃烧性能
75	2.0	不燃性
150	3.0	不燃性
150	5.0	不燃性

表 7-7　蒸压加气混凝土墙板的标准隔声量

墙板构造	下列各频率（Hz）的隔声量（dB）						平均值
	125	250	500	1000	2000	4000	(dB)
100mm 厚条板墙，双面薄抹灰（每面 3mm）	32.6	31.6	31.9	40.0	47.9	60.9	39.0
200mm 厚条板墙，双面薄抹灰（每面 3mm）	31.0	37.2	41.1	43.1	51.3	60.9	45.2
250mm 厚条板墙，双面薄抹灰（每面 3mm）	42.3	32.8	43.1	49.0	57.0		45.6

表 7-8　蒸压加气混凝土抗压、劈拉强度标准值（N/mm^2）

强度类别	强度等级	
	A3.5	A5.0
抗压强度 f_{ck}	2.81	4.04
劈拉强度 f_{tk}	0.45	0.48

表 7-9　蒸压加气混凝土抗压、劈拉强度设计值（N/mm^2）

强度类别	强度等级	
	A3.5	A5.0
抗压强度 f_c	2.01	2.89
劈拉强度 f_t	0.32	0.34

表 7-10 蒸压加气混凝土的弹性模量（N/mm^2）

品种	强度等级	
	A3.5	A5.0
蒸压水泥、石灰、砂制品	1900	2300
蒸压水泥、石灰、粉煤灰制品	1700	2000

表 7-11 蒸压加气混凝土干密度 ρ_d（kg/m^3）

干密度等级	B04	B05	B06
干密度 ρ_d	425	525	625

表 7-12 蒸压加气混凝土的热物理性能计算参数

材料名称	干密度级别	干密度 ρ (kg/m^3)	计算参数			
			导热系数 λ [$W/(m\cdot K)$]	蓄热系数 S [$W/(m^2\cdot K)$]	比热容 C [$kJ/(kg\cdot K)$]	蒸汽渗透系数 M ($\times10^{-4}$) [$g/m\cdot h\cdot Pa$]
蒸压加气混凝土	B04	400	0.12	1.91	1.05	0.942
	B05	500	0.14	2.31	1.05	0.998
	B06	600	0.16	2.71	1.05	1.054

注：蒸压加气混凝土配筋板材的自重按蒸压加气混凝土干容重的 1.4 倍采用。

表 7-13 蒸压加气混凝土墙板的抗冻性能

使用条件	抗冻指标	质量损失	强度损失
用于内墙	D25	≤5%	≤25%
用于外墙	D35		

注：D25、D35 分别指冻融循环 25 次、35 次。

2. 生产工艺及原料

蒸压砂加气混凝土板生产所用原材料，包括水泥、生石灰、粉煤灰、砂、铝粉膏、石膏等，均应符合 GB 11966 标准中有关材料的要求；蒸压砂加气混凝土中钢筋应符合 GB/T 701、GB 1499.2、GB 13788 或 JC/T 540 的规定，防锈剂应符合相应标准要求。

砂加气混凝土板是配筋制品，根据板材的用途，按结构和构造要求，板内配置了不同数量的钢筋网片。与砂加气混凝土砌块相比，砂加气混凝土板材的生产有更严格的要求，由于外墙板是受力构件，必须具备一定的生产条件和技术力量方可生产。加气混凝土板材生产的基本要点如下。

1）钢筋及加工要求：加气混凝土板材所用钢筋宜采用 HPB300 级钢，盘圆钢筋进厂后，必须经过调直、切断、点焊成网片、（上下网片）焊成网笼、防腐处理等过程，方可装入模框，为此需要较高质量的设备，以保证网片的平整以及保证焊点强度大于钢筋本身的强度。

2）钢筋防腐处理：砂加气混凝土板材中的钢筋必须做防腐处理，原因是：在生产过程中钢筋处于高温（近 200℃）弱碱性（pH 大于 12）坯体中；在使用过程中，砂加气混凝土中的钢筋比普通混凝土的钢筋更易受到空气中二氧化碳的酸性腐蚀。对防腐剂的基本要求：在高温下以及升降温过程中钢筋和砂加气混凝土本身粘接良好，不脱落。

3）加气混凝土的强度和变异系数：按强度测定标准检测时，加气混凝土的强度拟大于 3.0MPa，同时强度的变异系数宜控制在 0.12 以下（国外一般在 0.08 以下），也就是说砂加气混凝土板材的生产要求比砌块高，品质更均匀，离散性更小。

加气混凝土板材生产工艺流程如图 7-6 所示。

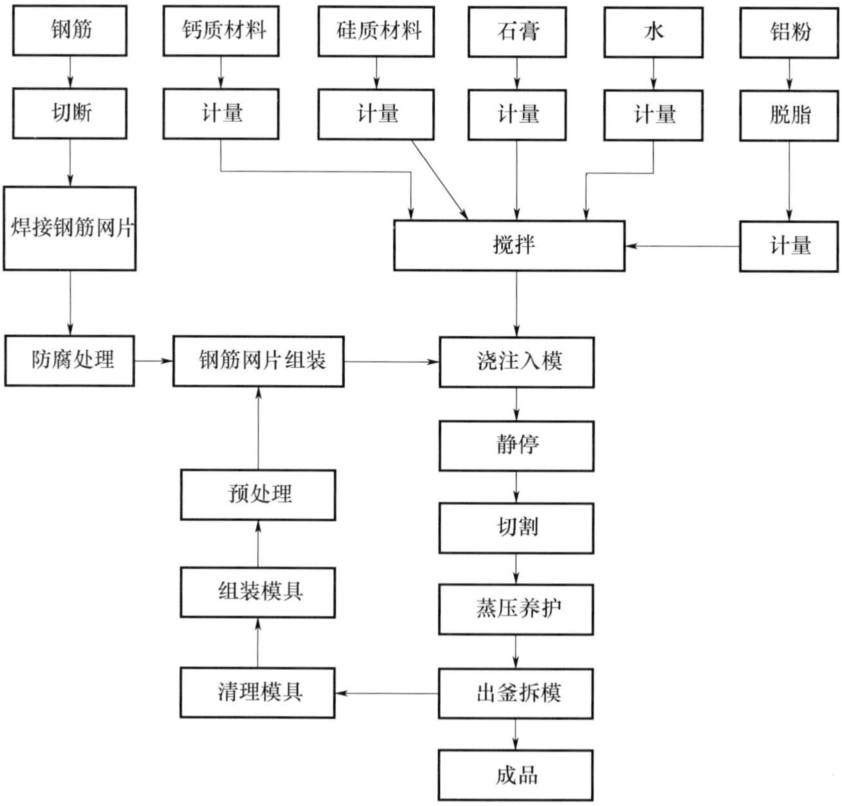

图 7-6　砂加气混凝土板材生产工艺流程

表 7-18 发泡水泥芯材性能

项目	要求
体积密度（kg/m^3）	250～350
导热系数［W/(m·K)］	0.073～0.090
抗压强度（MPa）	≥0.4
体积吸水率（%）	≤10
软化系数	≥0.8
燃烧性能	A_1

2. 生产原料

钢框架发泡水泥芯材复合外墙板的主要原材料主要包括：水泥、水、发泡剂、填料、骨料、外加剂、玻璃纤维、钢筋及钢框架。常用的填料包括：砂、粉煤灰、膨胀珍珠岩、陶粒、矿渣、碎石屑等；常用的外加剂有：减水剂、缓凝剂、促凝剂、增强剂、稳泡剂等。

钢筋应符合 GB/T 701 的规定。

钢框应符合 GB/T 2518、GB/T 6725 的规定，且镀锌量（双面）≥200g。

粉煤灰应符合 GB/T 1596 的规定。

砂应符合 GB/T 14684 的规定。

外加剂应符合 GB 8076 的规定。

水泥应符合 GB 20472 的规定。

3. 应用领域

作为维护内隔墙板、外墙板，应用于各种类型建筑物，应用标准和图集可参考《钢框架发泡水泥芯材复合板》(GB/T 33499—2017)、《发泡水泥复合板》(02ZG710)。

7.2.3 保温装饰板

1. 产品定义、特性、主要性能参数

保温装饰板是指在工厂预制成型的板状制品，由保温材料、装饰面板以及胶粘剂、连接件复合而成，具有保温和装饰功能的墙体材料。保温材料主要有泡沫塑料保温板、无机保温板等，装饰面板由无机非金属材料衬板及装饰材料组成，部分情况也采用单一无机非金属材料。

保温装饰板外墙外保温系统由保温装饰板、胶粘剂、锚固件、嵌缝材料和密封胶等组成，置于建筑物外墙外侧，与基层墙体采用黏结和锚固方式施工的非承重保温构造，还包括必要时采用的承托件、防火构造等。

保温装饰板按保温装饰板单位面积质量分为Ⅰ型、Ⅱ型。Ⅰ型：<20kg/m²；Ⅱ型：20～30kg/m²。

保温装饰板具备以下特性。

（1）保温隔热降耗节能。

（2）安装便捷，节省成本：具有质量稳定，产能提升，不受施工环境影响，安装方便。保温装饰一体板在达到装饰和保温隔热效果的同时，最大限度降低了外墙负荷。

（3）轻质，不仅降低了建筑负荷，而且降低了地震对建筑物的影响。

（4）饰面多样性，饰面的颜色种类多，有仿石材的，有金属幕墙效果的，花纹浮雕效果等。

（5）应用范围广泛，可以应用于各种建筑室内外墙体。

主要参数如下。

保温装饰板性能指标见表 7-19，保温装饰板外墙外保温系统性能指标见表 7-20，保温装饰板装饰面性能指标见表 7-21，黏结砂浆性能指标见表 7-22，锚固件性能指标见表 7-23。

表 7-19　保温装饰板性能指标

项目		指标	
		Ⅰ型	Ⅱ型
单位面积质量（kg/m²）		<20	20～30
拉伸黏结强度（MPa）	原强度	≥0.10，破坏发生在保温材料中	≥0.15，破坏发生在保温材料中
	耐水强度	≥0.10	≥0.15
	耐冻融强度	≥0.10	≥0.15
抗冲击性（J）		用于建筑物首层 10J 冲击合格，其他 3 层 3J 冲击合格	
抗弯荷载（N）		不小于板材自重	
吸水量（g/m²）		≤500	
不透水性		系统内未渗透	
保温材料燃烧性能分级		有机材料不低于 C 级（B1 级），无机材料不低于 A1 级（A 级）	
保温材料导热系数		复合相关标准的要求	
泡沫塑料保温材料氧指数（%）		模塑聚苯板≥30，挤塑聚苯板≥26，硬泡聚氨酯≥26，酚醛泡沫板≥36	

表 7-20　保温装饰板外墙外保温系统性能指标

项目		指标	
		Ⅰ型	Ⅱ型
耐候性	外观	无分化、起鼓、气泡、脱落现行，无宽度大于 0.10mm 裂缝	
	面板与保温材料拉伸黏结强度（MPa）	≥0.10	≥0.15
拉伸黏结强度（MPa）		≥0.10，破坏发生在保温材料中	≥0.15，破坏发生在保温材料中
单点锚固力（kN）		≥0.30	≥0.60
热阻（m^2·K/W）		给出热阻值	
水蒸气透过性能［g/m^2·h］		防护层透过量大于保温层透过量	

注：当采用无机保温材料或系统有透气构造时不检验水蒸气透过性能。

表 7-21　保温装饰板装饰面性能指标

项目	指标
耐酸性，48h	无异常
耐碱性，96h	无异常
耐盐雾，500h	无损伤
耐老化，1000h	合格
耐沾污性（%）	≤10
附着力（级）	≤1

注：耐沾污性、附着力仅限平涂饰面。

表 7-22　黏结砂浆性能指标

项目		指标
拉伸黏结强度（MPa）（与水泥砂浆）	原强度	≥0.60
	耐水强度	≥0.40
拉伸黏结强度（MPa）（与保温装饰板）	原强度	与Ⅰ型≥0.10，与Ⅱ型≥0.15
	耐水强度	与Ⅰ型≥0.10，与Ⅱ型≥0.15
可操作时间（h）		≥1.5

表 7-23　锚固件性能指标

项目	指标
抗拉拔力标准值（kN）	≥0.60
悬挂力（kN）	≥0.10

2. 生产工艺及原料

保温装饰板材主要由保温材料、面板和饰面材料组成。保温装饰一体化系统除了一体化板材外还包括胶粘剂、填缝材料、密封材料和专用锚固件构成。

面板材料可为金属板（铝板、镀铝锌钢板）、硅酸钙板、薄石材等。饰面层材料可为氟碳漆、仿石漆、质感涂料、装饰砂浆、面砖、薄石材等，根据需求可做成各种不同装饰效果。保温层材料可为模塑聚苯板（EPS）、挤塑聚苯板（XPS）、聚氨酯泡沫板（PU）、岩棉（RW）等。

生产工艺：基板—砂光—封固底漆—面漆喷涂—腹膜—复合—成品板。

施工工艺有干挂式、黏结式、粘锚式和锚固式。

施工流程：基层检查—基层墙体空鼓、脱落及找平处理—弹基准线和分割—粘贴保温装饰板—用专用扣件锚固装饰板—用保温泡沫条填缝—板缝隙清理—贴美纹纸胶带—灌注硅酮耐候型密封胶—安装专用排气塞—撕去美纹纸—清洁面板。

保温装饰板构造图如图 7-16 所示。

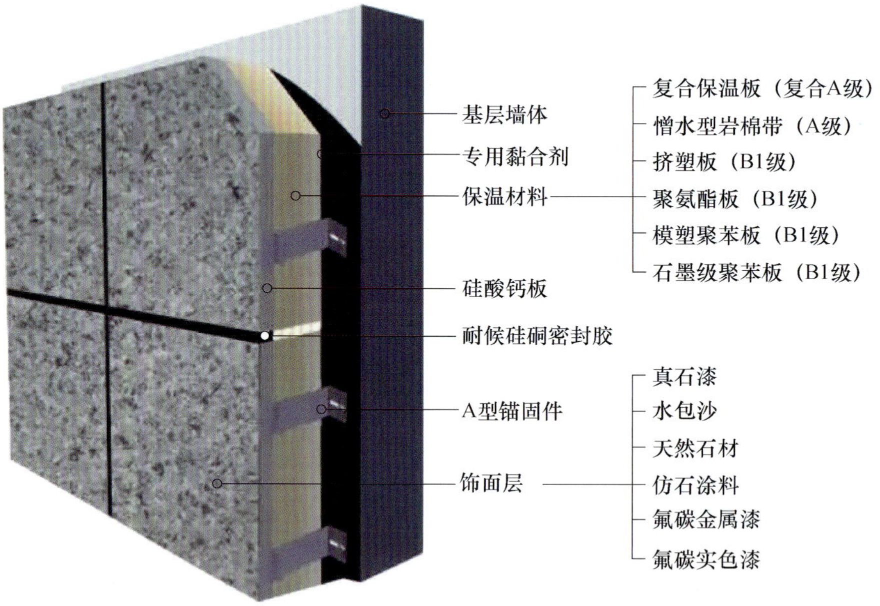

图 7-16　保温装饰板构造图

3. 应用领域

保温装饰板可广泛应用于市政建设、公寓住宅、办公会馆、别墅、园林景点、酒楼改造、门卫岗亭等各种建筑中，适用于砖混结构、框架结构、钢结构、轻钢房屋等建筑结构体系的外墙外保温。

保温装饰一体化产品相关标准主要有《保温装饰板外墙外保温系统材料》(JG/T 287—2013)、《保温装饰板外墙外保温工作技术导则》(RISN-TG028—2017)，除了行业标准，不少省市地区也制定了相应的保温装饰板的产品和应用标准。

4. 产品现状及发展趋势

总体来看，今后几年一体板行业属于高速发展阶段，但行业成熟还需要一段时间。随着实力企业的不断涌现、保障性政策的不断出台，一体板行业未来将有较好的发展前景。

国内的外墙保温系统发展很快，保温装饰一体板作为一种新型的围墙保温材料更是呈现良好的发展势头。目前在我国华东、华北、华南、西南等地区都已经形成初具规模的生产机械化、自动化，操作标注化、精细化的生产企业。在有关部委发布的绿色建筑（节能）政策及产品技术优势（相对薄抹灰体系）驱动下，该产业发展不断加速，仅 2017 年，产品产量及应用量就超过 4000 万 m^2。可以预见的是，保温装饰一体板接下来几年在国内将越来越受到重视，企业数量也会进一步增加。

保温装饰一体板可在以下几个方面努力。

（1）满足节能标准需要。一体板具有良好的保温节能效果，在应用的过程中又被赋予了多种良好的性能，如装饰性、防火性、防水透气性等，一体板的应用有效地推动了传统外墙外保温的技术革新。

（2）满足装配式建筑需要。建筑工业化以及城镇化建设要求积极推广装配式建筑。外墙的装配化程度是考核建筑工业化水平的关键指标之一，一体板由工厂预制而成，运至施工现场进行拼装，属于新型的装配式建材部品，其应用在实质上提升了我国的建筑装配化水平。

（3）满足建筑装饰多样化需要。随着生活水平的提高，大众对建筑装饰有了更多个性化需求，一体板凭借自身丰富种类和风格的优势可以满足不同风格建筑的装饰需要。

（4）面对良好的市场前景和不规范的行业现状，一体板生产企业应该坚持走高端路线，严控产品质量标准、避免陷入低价竞争。引领行业向规模化、规范化、高端化、多样化方向发展。

保温装饰一体板在性能上比较优异，因此其创造的经济效益是值得肯定的。在社会效益方面，保温装饰一体板的节能效果在长期应用方面表现突出，得到了广泛应用，为我国的社会发展提供助力。未来，保温装饰一体板在应用过程中带来的社会效益将有望进一步提升。

7.2.4 功能化相变储能墙体材料

1. 产品定义、分类、特性、主要性能参数

相变储能材料（Phase Change Material，简称 PCM）通过微胶囊封装法、直接加入法及浸泡法等技术与建筑材料（如石膏板、墙板与混凝土构件等）复合，制得相变储能型墙体材料，并应用于建筑墙体，可提高围护结构的储热功能，减弱建筑物室内和室外之间的热流波动幅度，从而提高建筑物的温度自调节能力，改善室内环境，减少电力消耗，从而达到节能和舒适的目的。

相变材料一般根据三种分类方式进行分类。

根据相变温度的不同，一般分为低温（＜100℃），中温（100～250℃）和高温（＞250℃）相变材料。可根据不同的温度需求，选择不同类型的相变材料来实现应用生产。

根据相变机理的不同，相变材料被分为固-固相变材料、固-液相变材料、固-气相变材料和液-气相变材料。目前，国内外应用较为广泛的相变材料是固-液相变材料。

根据材料化学成分的不同，相变材料还可分为无机相变材料、有机相变材料和复合相变材料。其中无机相变材料种类繁多，包括水合无机盐、熔融无机盐以及金属基相变材料等，多数无机相变材料相对具有较高的相变温度，在高温相变储热领域具有较为广泛的应用。有机相变材料也包括固-液和固-固两种类别的材料，目前应用较多的有机相变材料主要有脂肪烃类与聚多元醇类化合物。复合相变材料是指由相变材料与载体介质物质相结合，复合形成可保持固定形状的相变材料，其中工作介质（相变材料）用作储能，另外，有载体物质用作定形或封装，其作用是保持相变材料具有固定形状和可加工性。

相变储能材料在物相变化过程中，通过相变材料晶格或相的变化吸收和释放潜热来达到热量传递和存储的目的，是控制环境温度和储存能量的理想材料，在实际应用中能够起到“削峰填谷”的作用。相变材料是一种高效的储

能物质，具有储能密度大、效率高等优点。相变材料一般具有较大的相变潜热，单位体积蓄热量达到显热蓄热材料，如水、岩石等的5～14倍，并且能够保持一定温度不变实现系统的温度控制。此外，系统的化学稳定性和安全性高，使相变储热逐步成为能源科学，尤其是新能源领域的前沿研究方向。

主要参数见表7-24。

表7-24　相变石膏板主要性能指标

试验项目	性能指标
横向载荷（N）	≥260
纵向载荷（N）	≥620
面密度（kg/m^2）	≤11
相变潜热（kJ/m^2）	≥330
相变温度（℃）	25
板材厚度（mm）	9.1～12
燃烧等级	达到GB 8624所规定的B级要求

2. 生产工艺及原料

本节介绍相变石膏板生产工艺及原料。

1）生产工艺

（1）相变材料的选择及改性。应用于建筑墙体时，相变材料选择遵循以下原则：相变温度合适，相变潜热大，导热性能良好，相变可逆性好，体积变化小，热稳定性好，无毒、无腐蚀作用，对环境友好，来源广泛，价格便宜等。相变材料的选择应根据地区和应用条件进行调整及改性。当前适用于建筑围护结构的相变材料均属于低温相变材料。

（2）相变材料的复配。单一相变材料不能满足热工性、经济性等要求时，可将两种或多种不同相变材料按不同比例掺配，得到二元或多元复合相变材料，以改善相变材料性能并提高其稳定性。

（3）封装。封装方法分为微观封装和宏观封装。微观封装是指通过制备相变微胶囊、定型相变材料等，将相变材料包裹在较小的容腔、微孔隙等内部，得到复合相变材料。复合相变材料通常包括相变材料（工作介质）和支撑材料（封装定型介质）两部分。宏观封装是将相变材料装入大体积的容器中，得到相变材料制品。

（4）相变材料与石膏基体复合。相变材料与石膏基体的复合方法，通常有直接浸渍法、直接混合法和宏观封装嵌入法。直接浸渍法是将石膏墙板直接浸泡在液态相变材料中，利用石膏墙板的高孔隙率，通过石膏板内微孔的毛细作用力，将液态的相变材料吸附固定到微孔内。直接混合法是将相变材料或微封装相变材料直接与石膏混合制备石膏板，此种方法的优点是便于控制相变材料的掺入量，工艺简单，相变材料在基体中分布均匀，性质均匀，蓄热效果好，适用于制作不同规格形状和尺寸的建筑储能构件等。宏观封装嵌入法是通过将相变材料封装于聚乙烯毛细管或铝复合隔膜等材料中，并嵌入石膏板中制备而成。

2）生产原料

相变石膏板是以石膏板为载体，加入一定的高焓值相变材料、淀粉以及发泡剂等材料制成的。

（1）相变材料。适用于建筑围护结构的相变材料常用的有石蜡、脂肪酸、多元醇等，其中 C10～C18 双碳饱和脂肪酸（包括癸酸 Ca、月桂酸 La、肉蔻酸 Ma、棕榈酸 PA 和硬脂酸 SA）相变点稳定，而且由于多数可从植物中提取，具有环保、可再生性等特点。另外，癸酸/月桂酸二元复合酸，其相变温度为 19.0℃，相变潜热为 130.1kJ/kg，热稳定性良好，可用作复合相变储能材料。

（2）封装支撑材料。常见的支撑载体有微胶囊、多孔材料、网状结构或层状结构材料。

相变微胶囊：利用天然或合成的聚合物将相变材料包覆起来，形成具有核-壳结构的胶囊化材料，其粒径一般为 2～1000μm。相变材料被封装在微胶囊内腔内，具有相变反应稳定、相变材料不易泄漏等优点，可有效解决相变材料使用过程中的泄漏、腐蚀等缺点，提高相变材料的使用效率，但使用过程中胶囊壁材须满足一定的强度和韧性要求。适用于建筑墙体的相变微胶囊有石蜡/聚脲（聚氨酯）相变微胶囊、石蜡（芯）/二氧化硅（壁）相变微胶囊、C18-C24/PS 相变微胶囊等。

定型相变材料：由支撑材料和相变材料复合而成，宏观上表现为固-固相变。常用的支撑材料有多孔材料、层状材料和高分子材料等。其中多孔材料包括膨胀珍珠岩、膨胀蛭石、陶粒和硅藻土等。常用的层状材料有膨胀石墨、膨润土和蒙脱土等。常用的高分子材料有低密度聚乙烯、高密度聚乙烯、聚亚安酯等。

（3）外加剂。外加剂主要包括新型分散剂、表面活性剂及增强剂等外加剂。

3. 应用领域

相变石膏板主要用于建筑外墙内壁材料、建筑外墙蓄热保温材料以及建筑内墙等建筑围护体系中。相变石膏板用于建筑储能设计，有利于增大围护墙体的热惰性和蓄热能力、增强其热稳定性，提高室内热舒适性，兼具节能、智能和环保的作用，同时有利于实现对太阳能、夏季夜间冷风等自然资源的有效利用，可与主动式空调采暖系统配合实现运行能耗的降低。当前建筑节能和建筑绿色化在经济和社会发展中占有举足轻重的地位，也是目前亟须解决的问题，石膏基相变储能墙应用于被动式建筑储能系统前景广阔。相变石膏板建筑节能测试如图 7-17 所示。

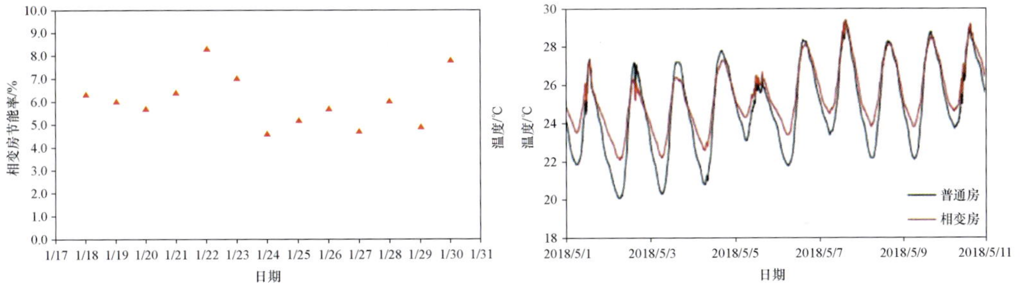

图 7-17　相变石膏板建筑节能测试

4. 产品现状及发展趋势

近年来，随着相变材料的遴选、复配和改性技术逐渐成熟，相变材料与石膏板的复合工艺不断改进，相变储能石膏板性能及其在建筑墙体中应用等研究持续深入，相变材料在建筑节能中的应用得到了进一步深化。

目前，国内企业已实现相变石膏板的规模化生产，并在示范工程中进行了应用，同时在验证房中进行了连续监控，并利用数据完成了相变房模拟软件，实现了对不同气候条件不同结构的建筑中使用效果的预测。甲醛净化功能的石膏板已列入 APEc、G20 等国家重点工程的材料使用目录，现已大量应用于北京城市副中心会议室及办公室的装饰装修工程。随着上下游行业的进一步发展，相变材料的成本将会进一步下降，相变建材在建筑中的应用将更加广泛。

8 新型建筑防水材料

8.1 材料概述

从远古自然界中的树枝、茅草，到后来的各类瓦材，又到近现代的石油沥青纸胎油毡，再到现如今的防水卷材、防水涂料、建筑密封材料、刚性防水材料、新型瓦材、堵漏材料等各类新型建筑防水材料，防水材料始终随着建筑技术的进步而不断发展，相关配套材料、生产工艺、施工技术及设备也在不断丰富和完善，建筑防水材料的应用也由传统的住宅扩展至工业建筑、地下工程、桥梁隧道、地铁、高铁、水利、机场等领域。与此同时，防水理念不断更新，由以前的“排水为主、防水为辅”转为当前的“防水为主，排水为辅，防排结合”，建筑工程防水整体朝着“全包式”（或“封闭式”）防水转变。

目前，建筑防水材料（主要包括防水卷材及涂料）生产和施工的企业已达 3000 余家，规模以上企业近 800 家，具有防水、防腐和保温等建筑防水施工资质的施工单位达 12589 家，从业人员近百万人。年产值约 2500 亿元。其中东北（集中在盘锦）、京津冀（集中在河北）、山东（集中在寿光）、江浙沪、西南（集中在四川）等地为防水材料主产区。山东、河北、江苏和辽宁是防水卷材生产规模最大的省份，其次是浙江、安徽、湖北、陕西、四川和河南等省份。

2019 年，建筑防水材料的总产量约为 24.2 亿 m^2，同比增长率为 9.4%。其中，防水卷材占比为 62.82%，防水涂料占比为 27.78%，见表 8-1。

在防水材料中，防水卷材占比为 63.76%，防水涂料占比为 28.09%，如图 8-1 所示。

表 8-1 2019 年主要建筑防水材料产量

产品名称	2019 年（万 m^2）	2018 年（万 m^2）	增长率（%）
建筑防水材料合计	242049	221309	9.4
防水卷材	154344	139195	10.9
①SBS/APP 改性沥青防水卷材	82686	68449	20.8
②合成高分子防水卷材	29296	28637	2.3
③自粘防水卷材	42361	42109	0.6
防水涂料	67980	61673	10.2
玻璃纤维胎沥青瓦	1237	1374	−10.0
其他新型建筑防水材料	13586	12939	5.0
其他	4903	6128	−20.0

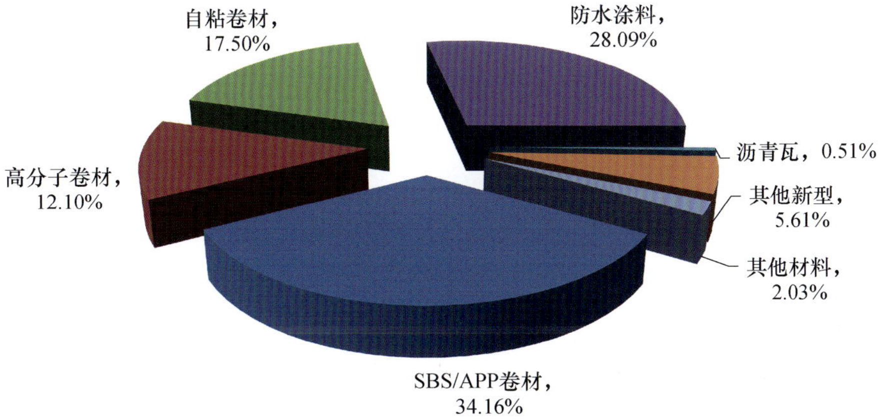

图 8-1 2019 年主要建筑防水材料比例

8.1.1 新型防水材料的种类及用途

新型建筑防水材料是相对于中华人民共和国成立初期到改革开放后一段时间内占主导地位的石油沥青纸胎而言的，主要有防水卷材、防水涂料、刚性防水材料、堵漏止水材料、防水密封材料等类别。

目前，新型建筑防水材料市场占有率已达到 90%以上，市场上主要的新型建筑防水材料如下。

1. 防水卷材：弹性体（SBS）改性沥青防水卷材、塑性体（APP）改性沥青防水卷材、自粘聚合物改性沥青防水卷材、改性沥青聚乙烯胎防水卷材、预铺防水卷材、湿铺防水卷材、种植屋面用耐根穿刺防水卷材、热塑性聚烯烃（TPO）防水卷材、聚氯乙烯（PVC）防水卷材、三元乙丙橡胶（EPDM）防水卷材、聚乙烯丙纶复合防水卷材等。

2. 防水涂料：聚氨酯防水涂料、聚合物水泥防水涂料、聚合物乳液建筑防水涂料、聚脲防水涂料、聚甲基丙烯酸甲酯（PMMA）防水涂料、喷涂速凝橡胶沥青防水涂料、非固化橡胶沥青防水涂料等。

3. 刚性防水材料：水泥渗透结晶型防水涂料、聚合物水泥防水砂浆、砂浆防水剂等。

4. 其他防水材料：缓膨型遇水膨胀止水条、防水保温一体化板、节点防水密封膏。

建筑防水工程是整个建筑工程的重要组成部分，最早的建筑防水工程主要应用在屋面，起到遮风避雨的作用。随着防水材料种类的丰富及性能的提升，建筑类型的多样化及构造形式的复杂化，建筑防水工程的领域也得到进一步延伸。目前，建筑防水材料除了应用于传统的房屋建筑防水和工程建设工程外，还广泛应用于高速铁路、高速公路、机场码头、地下空间、轨道交通、地铁工程、地下公路、交通枢纽、公共管廊、污水处理、垃圾填埋、环保工程等众多领域。与此同时，建筑翻修、家装防水、外墙防水也正逐步成为建筑防水的新兴领域。

8.1.2 新型防水材料的发展现状及发展趋势

8.1.2.1 发展现状

我国建筑防水材料产业的发展经历了从改革开放初期引进国外先进生产技术装备阶段，到 21 世纪初的消化吸收阶段，再到如今的自主创造阶段。

改革开放初期，我国引进了第一条改性沥青防水卷材生产线，使弹性体（SBS）和塑性体（APP）改性沥青防水卷材获得了大面积应用，特别是在中央 500 亿千克储备粮库中的成功应用，从此打破了石油沥青纸胎油毡的统治地位，一举将我国的建筑防水事业推上新的发展高度。在此基础上，通过全行业的不断努力，我国防水材料产业逐步形成为种类丰富、高中低档产品齐全，辅助材料和配件基本配套，生产工艺相对稳定，施工工艺相对提高，标准化体系逐步完善的良好局面，在行业集中度、技术创新意识和水平、产品质量、人才培养、标准化及对外交流等方面都得到了快速推进。

根据 2005—2019 年《建筑防水行业发展报告》，对我国历年建筑防水材料、新型建筑防水材料和落后建筑防水材料的产量和占比情况进行统计分析（图 8-2）。

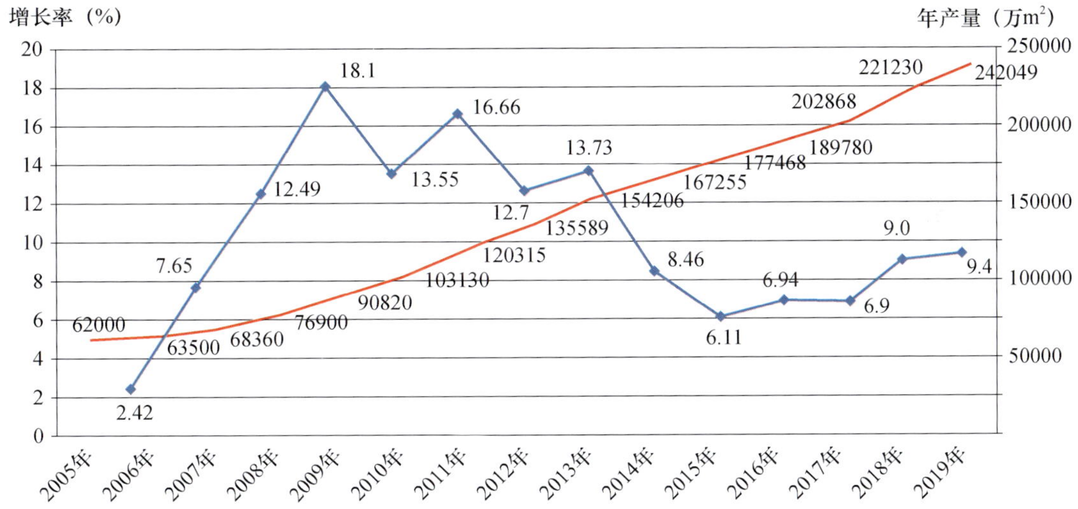

图 8-2　2005—2019 年建筑防水材料产量和增长率

从图 8-2 可以看出，2005—2009 年，我国建筑防水材料的产量呈快速上升趋势，这主要是受房地产大开发和国家基础建设的带动。2008 年全球爆发经济危机并不断蔓延，对我国房地产行业造成一定影响，此时国家仍继续加大基础设施建设力度，使防水材料的产量仍缓慢上升。此后，国家提出供给侧结构性改革，建筑防水行业整体进入结构性调整和质量提升阶段，加之房地产行业仍然不景气，防水材料增长率持续下滑，但基本维持在 6%以上（图 8-3）。

我国于 20 世纪 80 年代初开始引进新型建筑防水材料生产线，此后改性沥青类防水卷材、高分子类防水卷材和防水涂料等新型建筑防水材料获得了较快增长，并逐渐占据主导地位，并于 2017 年占据防水材料总量的 96%以上。此前的石油沥青油毛毡等传统防水材料的应用量逐步下滑并最终被替代。

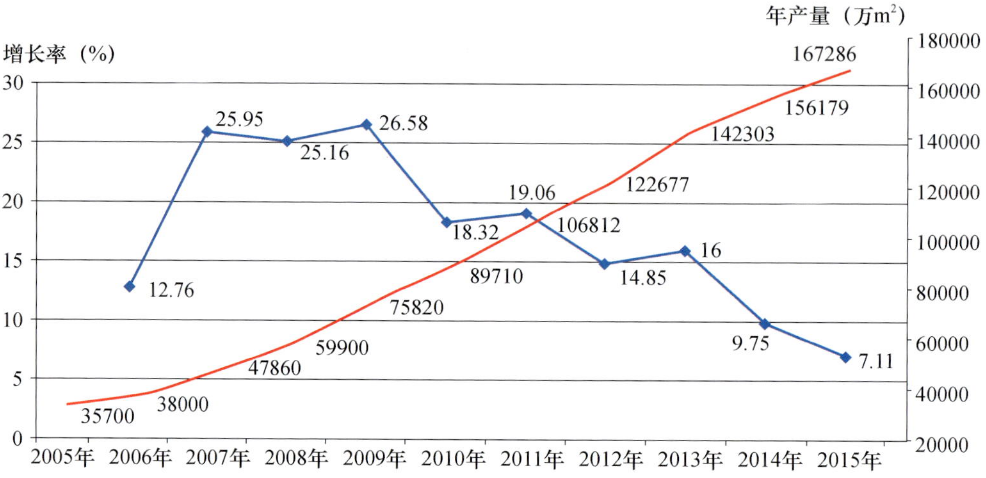

图 8-3　2005—2015 年新型建筑防水材料产量和增长率

注1：统计的新型防水材料主要包括改性沥青类防水卷材、高分子类防水卷材、自粘类防水卷材和防水涂料等。

2：由于 2015 年之后，纸胎沥青油毡等非新型防水材料产量较少，不再单独列入统计。

2005—2019 年改性沥青类防水卷材占比如图 8-4 所示。

2005—2019 年高分子防水卷材占比如图 8-5 所示。

2005—2019 年防水涂料占比如图 8-6 所示。

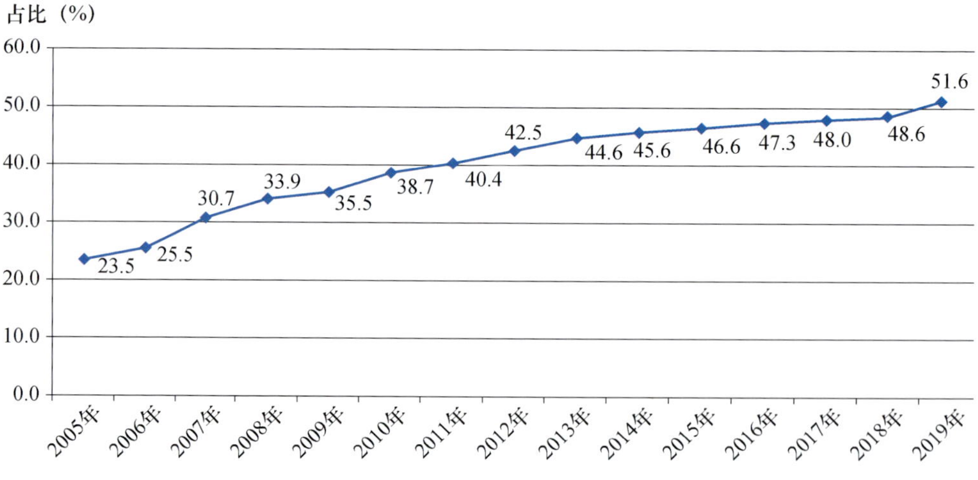

图 8-4　2005—2019 年改性沥青类防水卷材占比

注：改性沥青类防水卷材主要包括弹性体（SBS）改性沥青防水卷材、塑性体（APP）改性沥青防水卷材和自粘防水卷材等。

图 8-5　2005—2019 年高分子类防水卷材占比

注：高分子类防水卷材主要包括聚氯乙烯（PVC）防水卷材、热塑性聚烯烃（TPO）防水卷材和三元乙丙橡胶（EPDM）防水卷材等。

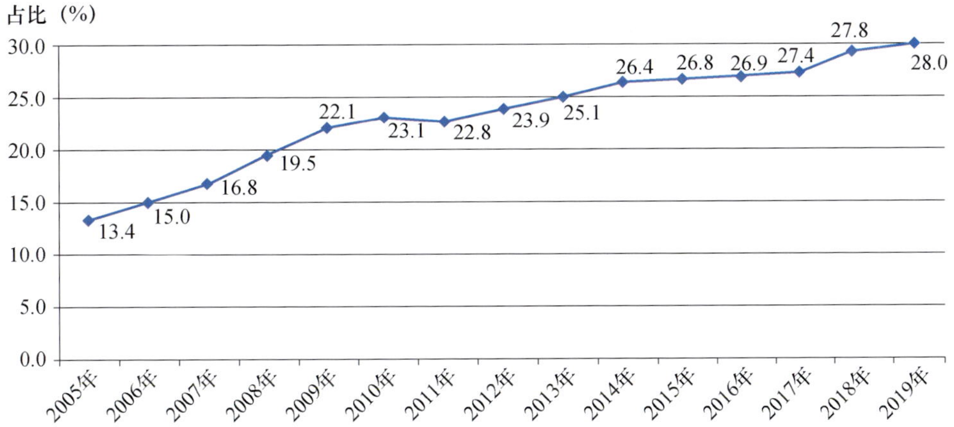

图 8-6　2005—2019 年建筑防水涂料占比

注：建筑防水涂料主要包括聚氨酯防水涂料、水泥基聚合物防水涂料、沥青类防水涂料等。

从各类建筑防水材料 2005—2019 年的占比情况来看，改性沥青类防水卷材的比重由 2005 年的 23.5%增长至 2019 年的 51.6%，占据了主导地位。其次是建筑防水涂料，从 2005 年的 13.4%上升到 2019 年的 28%，也占到建筑防水材料总量的 25%以上。占据第三位的是高分子防水卷材，从 2005 年的 12.1%上升到 2008 年的 16.3%，随后逐步稳定在 14%左右，但在 2019 年有所下滑。

总体来看，我国防水材料已经发展成为基本门类齐全的产业。防水卷材包括弹性体（SBS）和塑性体（APP）改性沥青防水卷材、自粘聚合物改性沥青防水卷材、高分子（PVc、TPO、EPDM 等）防水卷材、预铺防水卷材、湿铺防水卷材、种植屋面用耐根穿刺防水卷材等。防水涂料包括了水性沥青基防水涂料、聚合物乳液防水涂料、水泥基聚合物防水涂料、聚氨酯防水涂料、聚脲防水涂料、喷涂速凝橡胶沥青防水涂料、非固化橡胶沥青防水涂料等。

8.1.2.2 发展趋势

近年来，随着国家对各项改革的持续推进，对节能环保督察力度的不断增强，对智能制造布局不断深化，建筑领域整体面临着产品质量、工程质量和工程标准质量提升的新形势，建筑防水材料作为建筑防水领域的重要原材料也迎来了新的挑战。

下一步为适应社会经济建设的需要，建筑防水材料将朝着更长的使用寿命、更高的产品性能、更多样化的功能、节能环保绿色等方面发展。短中期来看，沥青基防水卷材仍将凭借着其优异的性能、稳定的质量、齐备的配套材料、完善的施工工艺等优势占据防水材料的主导地位，尤其是弹性体（SBS）改性沥青防水卷材、自粘聚合物沥青防水卷材等主流产品。

随着国家对环保力度的不断加大，高分子防水材料有望发挥其在节能环保方面的优势，提高市场占有率。其中，代表性的产品有：热塑性聚烯烃（TPO）防水卷材、聚氯乙烯（PVC）防水卷材和三元乙丙橡胶（EPDM）防水卷材等。

防水涂料的发展也越来越受到重视。目前，市场上主要有聚氨酯防水涂料、聚合物水泥防水涂料、丙烯酸乳液防水涂料、喷涂速凝橡胶沥青防水涂料、非固化橡胶沥青防水涂料、聚甲基丙烯酸甲酯（PMMA）防水涂料等。未来，水性、高固含量、绿色环保是未来防水涂料发展的重点方向。

此外，随着防水行业对技术研发投入力度的不断加大，一些适用于高速铁路、公路桥梁、隧道、地下管廊、岛礁设施、海工设施等领域具有特有性能的专用防水材料将会得到有效发展。

8.1.2.3 新产品和新技术

1. 地下工程预铺反粘防水技术

预铺反粘施工法是指将覆有高分子自粘胶膜层的防水卷材空铺在基面上，通过浇筑混凝土，使混凝土浆料与卷材胶膜层紧密结合的施工方法。

该技术采用高分子自粘胶膜防水卷材，它是以一定厚度的高密度聚乙烯卷材为基材，在基材上涂覆一层高分子自粘胶层并与耐候层复合而制成的复合防水卷材。该防水卷材的防水层与结构混凝土能形成真正意义上的满粘，有效消除二者之间的窜水通道，同时兼具高强度、高延伸、抗穿刺、抗撕裂和耐腐蚀等特点。

2. 种植屋面系统技术

种植屋面系统技术是由种植、防水、排水、绝热等多项技术构成的一项新技术，也是近几年兴起的一类屋面系统，该屋面系统能在一定程度上起到保温隔热、节能减排、节约淡水资源的作用，在建筑结构的保护及防水方面也有一定效果，滞尘效果较为突出，同时也是有效缓解城市热岛效应的重要途径。

目前，种植屋面可分为简单式种植和花园式种植，种植屋面系统适用于平屋面、坡屋面和地下工程建筑顶板等。

3. 单层防水卷材屋面系统和机械固定施工技术

单层防水卷材屋面系统是指采用热塑性聚烯烃（TPO）防水卷材、氯化聚乙烯（PVC）防水卷材、三元乙丙橡胶（EPDM）防水卷材、弹性体（SBS）改性沥青防水卷材和塑性体（APP）改性沥青防水卷材等防水卷材外露单层铺设使用，并以机械固定施工方式为主，以满粘或空铺压顶施工为辅的一种屋面系统技术。单层屋面系统具有防水保温一体化施工、节能、节材、减少构造层次、节约资源、降低成本、提高工效等优点。

该系统技术的特点是防水卷材单层铺设，采用机械固定施工方式，要求卷材具有较好的拉伸强度、撕裂强度、耐老化性，屋面系统要进行抗风揭试验。该技术也是单层屋面系统的主要施工方法，单层屋面系统适用于厂房、仓库和体育场馆等低坡大跨度或坡屋面的新屋面及翻新屋面的建筑防水工程。

4. 太阳能屋面系统

屋面是光伏发电在建筑上的首选位置，光伏一体化屋面系统是将光伏薄膜电池卷材安装在屋面上，兼具防水和发电作用，同时还能像传统防水卷材一样施工，最终实现与建筑融为一体。

光伏卷材利用了薄膜电池的特性，将光伏发电和卷材防水结合在一起，是光伏建筑一体化的产品，其抗风揭性能与卷材相同，无须增加任何措施，是光伏屋面发展的重要方向之一，尤其适用于大跨度或轻型的金属屋面。目前几乎所有类型的防水卷材都可以与薄膜电池覆合。此外，还有与聚光电池覆合的高反射率热塑性聚烯烃（TPO）防水卷材、聚氯乙烯（PVC）防水卷材等。

5. 热反射屋面系统

热反射屋面系统在美国又称冷屋面，通常为白色。该系统能够通过反射太阳光降低屋面温度，保护屋面材料。根据美国的标准，冷屋面的初始反射率不得小于65%，使用3年后不得低于50%。

聚氯乙烯（PVC）防水卷材、热塑性聚烯烃（TPO）防水卷材、三元乙丙橡胶（EPDM）防水卷材均有白色产品，白色聚氯乙烯（PVC）防水卷材具有功能和寿命方面的优势。目前，热塑性聚烯烃（TPO）防水卷材的反射率达87%，黑/白三元乙丙橡胶（EPDM）防水卷材的反射率可达80%。白色丙烯酸保护涂料具有90%的反射率，硅酮基保护涂料也有类似的功能，矿物面改性沥青防水卷材表面涂丙烯酸保护涂料也能达到80%以上的反射率。

6. 通风坡屋面系统

通风屋面是在瓦屋面中增加通风和间层热反射构造，通过热空气的自然对流和热反射，将屋面层中的热气排出，降低室内的温度。该系统在普通坡屋面中增加通风檐口和通风屋脊，在垫层中采用隔热发射垫层，形成空气间层。该系统安全、环保，节能效果好，降温幅度达2～4℃，降低空调能耗可达10%～20%。

7. 金属屋面系统

金属屋面有两种基本类型：结构金属屋面和建筑金属屋面，前者是将金属板直接与檩条或条板相连，也称为金属板屋面，后者金属板下面一般需要铺胶合板、定向纤维板等，也称为金属瓦屋面。金属屋面表面往往有涂层或罩面，具有热反射功能，金属属于可再生材料，金属屋面的外观可以是波形瓦，也可以是仿传统的沥青油毡瓦、石板瓦、木瓦。

8. 喷涂聚脲防水涂料

喷涂聚脲防水涂料具有强度高、伸长率高、耐摩擦、耐腐蚀、耐老化、施工速度快等特点，是目前国际上最先进的防护材料之一，被用于一些重点工程等高端领域。

喷涂聚脲防水涂料由A组分和B组分组成的现场喷涂成型的双组分弹

性涂料。A组分是由异氰酸酯与低聚物二元醇或三元醇反应制得的异氰酸酯半预聚体；B组分由端氨基聚醚或端羟基聚醚、液态胺扩链剂、颜料、填料以及助剂组成。A组分与B组分通过专用喷涂设备的计量泵输送至喷枪，混合后喷至基层表面，快速反应固结成富有弹性、坚韧的防水、防腐和耐磨涂层。

聚脲防水涂料适用于高速铁路、钢结构防腐、混凝土保护、屋面防水、水池防护内衬、工业地坪、体育场馆、水电工程等领域，目前已被应用于奥运场馆、国家大剧院、毛主席纪念堂和京津城际高速等项目中。

9. 喷涂速凝橡胶沥青防水涂料

喷涂速凝橡胶沥青防水涂料是由A、B两个组分组成，采用机械化喷涂设备施工的一类防水涂料。

该涂料的A组分为主剂，是由阴离子型合成橡胶乳液和采用特殊工艺加工制成的乳化沥青微乳液以及多种化学助剂混合而成，该组分是以橡胶为连续相，沥青为分散相组成的核壳结构体。B组分为促凝剂，是由金属盐类等电解质配制成相应浓度的水溶液。

随着建筑领域对防水材料的节能、环保、施工性的要求越来越高，该产品具有极大的应用前景，其应用领域也从单一的地下侧墙、底板，普通屋面防水和隧道、景观湖的防水维修等工程，逐步延伸至大型市政设施工程、快速轨道交通、地铁等的防水工程。

10. 机械化喷涂施工技术

机械化喷涂防水涂料施工技术的出现解放了人力劳动。在保证建筑防水工程质量的前提下，机械化喷涂防水涂料施工技术与人为手工操作相比，在人工成本、施工效率、施工安全以及节约资源等方面都具有明显的优势，因此也获得了快速发展。

该项技术的关键是根据所喷涂的防水涂料的固化速度、混合比例、单双组分以及油性涂料、水性涂料等建筑防水涂料的性质，采用不同的喷涂施工设备。设备的核心是通过控制压力、流量、温度等条件，满足不同黏度、固体含量、固化速度、单双组分、需要膜厚的材料以及施工环境的需要。此外，喷嘴是该设备的关键部件，原料组分不同，喷嘴数量有所不同，为了达到较好的喷涂效果，要求喷出的涂料在形成扇形时要均匀一致，对于双组分产品还需要多喷头之间的协调配合。

8.2 典型产品

8.2.1 防水卷材类

8.2.1.1 弹性体（SBS）改性沥青防水卷材

1. 产品定义、特性、主要性能参数

弹性体（SBS）改性沥青防水卷材：以热塑性苯乙烯-丁二烯-苯乙烯嵌段共聚物为改性剂对沥青进行改性，以聚酯胎、玻璃纤维胎或聚酯玻璃纤维胎为加强层，表面以聚乙烯膜（PE）、细砂（S）、矿物粒料（M）做隔离材料所制成的可以卷曲的片状防水材料。

该类产品具有抗拉强度高、延伸率大，能承受较大基层裂缝的能力，还有优良的耐高、低温性能，能适应一年四季的气温变化，同时也具备较好的耐久性，使用寿命长，施工过程中既可冷粘也可热熔，既可单层也可多层铺设。

主要参数见表 8-2。

执行标准《弹性体改性沥青防水卷材》（GB 18242—2008）。

表 8-2 主要物理性能指标

序号	项目		指标				
			Ⅰ		Ⅱ		
			PY	G	PY	G	PYG
1	可溶物含量（g/m^2）≥	3mm	2100				—
		4mm	2900				—
		5mm	3500				
		试验现象	—	胎基不燃	—	胎基不燃	—
2	耐热性	℃	90		105		
		≤mm	2				
		试验现象	无流淌、滴落				
3	低温柔性（℃）		−20		−25		
			无裂缝				

续表

序号	项目		指标				
			Ⅰ		Ⅱ		
			PY	G	PY	G	PYG
4	不透水性 30min		0.3MPa	0.2MPa	0.3MPa		
5	拉力	最大峰拉力（N/50mm）≥	500	350	800	500	900
		次高峰拉力（N/50mm）≥	—	—	—	—	800
		试验现象	拉伸过程中，试件中部无沥青涂盖层开裂或与胎基分离现象				
6	延伸率	最大峰时延伸率（%）≥	30	—	40	—	—
		第二峰时延伸率（%）≥	—		—		15
7	浸水后质量增加（%）≤	PE、S	1.0				
		M	2.0				
8	热老化	拉力保持率（%）≥	90				
		延伸率保持率（%）≥	80				
		低温柔性（℃）	−15		−20		
			无裂缝				
		尺寸变化率（%）≤	0.7	—	0.7	—	0.3
		质量损失（%）≤	1.0				
9	渗油性	张数 ≤	2				
10	接缝剥离强度（N/mm）≥		1.5				
11	钉杆撕裂强度[a]（N）≥		—				300
12	矿物粒料黏附性[b]（g）≤		2.0				
13	卷材下表面沥青涂盖层厚度[c]（mm）≥		1.0				
14	人工气候加速老化	外观	无滑动、流淌、滴落				
		拉力保持率（%）≥	80				
		低温柔性℃	−15		−20		
			无裂缝				

a 仅适用于单层机械固定施工方式卷材。

b 仅适用于矿物粒料表面的卷材。

c 仅适用于热熔施工的卷材。

2. 应用领域

弹性体（SBS）改性沥青防水卷材适用于工业与民用建筑的屋面、地下室、厕浴间等防水工程以及高铁、道路、隧道、桥梁、地铁、市政建设等各领域的防水、防潮工程。目前已在北京大兴国际机场、港珠澳大桥、国家体育馆、杭州国际博览中心、常德卷烟厂（“十二五”综合技术项目）、北京协和医院（改扩建一期项目）、尼泊尔杜巴中学、非洲刚果（金）金沙萨房地产项目等多个领域防水工程项目中得到广泛应用。

3. 生产原料及工艺

主要原材料：沥青、SBS 改性剂、聚酯（玻璃纤维、聚酯玻璃纤维）胎、填料等。

一般生产工艺流程（图 8-7）：

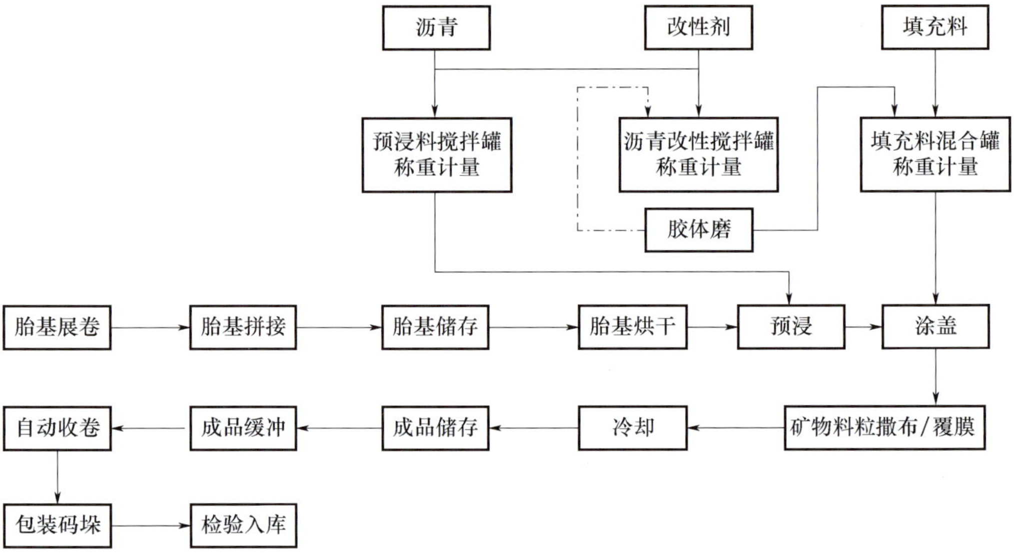

图 8-7　弹性体（SBS）改性沥青防水卷材生产工艺

4. 产品现状及发展趋势

目前，该产品在欧美日等发达国家仍是应用最为广泛的防水材料。自我国 1980 年引进该类产品生产线及应用技术以来，该产品的应用量逐年增长，现已成为建筑防水工程领域应用最广的产品之一，并被住建部、工信部列为推广产品。

在全面质量提升、环保节能、绿色发展的行业大背景下，未来弹性体（SBS）改性沥青防水卷材的发展方向和发展重点如下。

1）提高产品耐久性能满足各类工程对使用年限的要求；

2）通过原料替代、生产控制等，赋予产品满足绿色、环保、节能、减排的性能；

3）继续开发与产品配套使用的各类部品、部件，提高产品的施工应用性能。

5. 产品应用图片（图 8-8～图 8-12）

图 8-8　施工效果图

图 8-9　港珠澳大桥

图 8-10　国家体育馆

图 8-11　北京大兴国际机场

图 8-12　杭州国际博览中心

8.2.1.2　塑性体（APP）改性沥青防水卷材

1. 产品定义、特性、主要性能参数

塑性体（APP）改性沥青防水卷材：以聚酯（玻璃纤维毡、玻璃纤维增强聚酯）毡为胎基，以无规聚丙烯（APP）或聚烯烃类聚合物（APAO、APO 等）改性沥青作为浸渍和涂盖材料，表面以聚乙烯膜（PE）、细砂（S）、矿物粒料（M）做隔离材料所制成的可以卷曲的片状防水材料。

该类产品具有抗拉强度高，耐水压、延伸率大，抗穿刺性能好、耐疲劳、尺寸稳定性好、超强耐老化性能等特点，对基层收缩变形和开裂的适应能力强，同时也耐化学腐蚀、耐霉菌，还有优良的耐高低温性能，冷热地区均适用，尤其适用于炎热地区的建筑防水。施工性能好，热熔法黏结，一年四季均可施工，接缝可靠耐久。主要参数见表 8-3。

执行标准《塑性体改性沥青防水卷材》（GB 18243—2008）。

表 8-3　主要物理性能指标

序号	项目		指标				
			Ⅰ		Ⅱ		
			PY	G	PY	G	PYG
1	可溶物含量（g/m^2）≥	3mm	2100				—
		4mm	2900				—
		5mm	3500				
		试验现象	—	胎基不燃	—	胎基不燃	—
2	耐热性	℃	110		130		
		≤mm	2				
		试验现象	无流淌、滴落				
3	低温柔性/℃		−7		−15		
			无裂缝				
4	不透水性 30min		0.3MPa	0.2MPa	0.3MPa		
5	拉力	最大峰拉力（N/50mm）≥	500	350	800	500	900
		次高峰拉力（N/50mm）≥	—	—	—	—	800
		试验现象	拉伸过程中，试件中部无沥青涂盖层开裂或与胎基分离现象				
6	延伸率	最大峰时延伸率（%）≥	25	—	40	—	—
		第二峰时延伸率（%）≥	—		—		15
7	浸水后质量增加（%）≤	PE、S	1.0				
		M	2.0				
8	热老化	拉力保持率（%）≥	90				
		延伸率保持率（%）≥	80				
		低温柔性（℃）	−2		−10		
			无裂缝				
		尺寸变化率（%）≤	0.7	—	0.7	—	0.3
		质量损失（%）≤	1.0				
9	接缝剥离强度（N/mm）≥		1.0				
10	钉杆撕裂强度[a]（N）≥		—				300
11	矿物粒料黏附性[b]（g）≤		2.0				
12	卷材下表面沥青涂盖层厚度[c]（mm）≥		1.0				

续表

序号	项目		指标		
			H	L	P
14	人工气候加速老化	时间（h）	1500[b]		
		外观	无起泡、裂纹、分层、黏结和孔洞		
		最大拉力保持率（%） ≥	—	90	90
		拉伸强度保持率（%） ≥	90	—	—
		最大拉力时伸长率保持率（%）≥	—	—	90
		断裂伸长率保持率（%） ≥	90	90	—
		低温弯折性	−40℃无裂纹		

a 抗静态荷载仅对用于压铺屋面的卷材要求。

b 单层卷材屋面使用产品的人工气候加速老化时间为2500h。

2. 应用领域

该产品适用于外露或非外露的工业与民用建筑的屋面、地下等防水工程，尤其适用于工厂厂房、机场、高铁站等大跨度屋面，配合合理的层次设计和合格施工质量，既能减轻屋面质量，又有极佳的节能效果，还能做到防水防结露。

3. 生产原料及工艺

主要原材料：石油树脂、乙烯、乙酸、乙烯树脂等。

一般生产工艺流程（图8-52）：

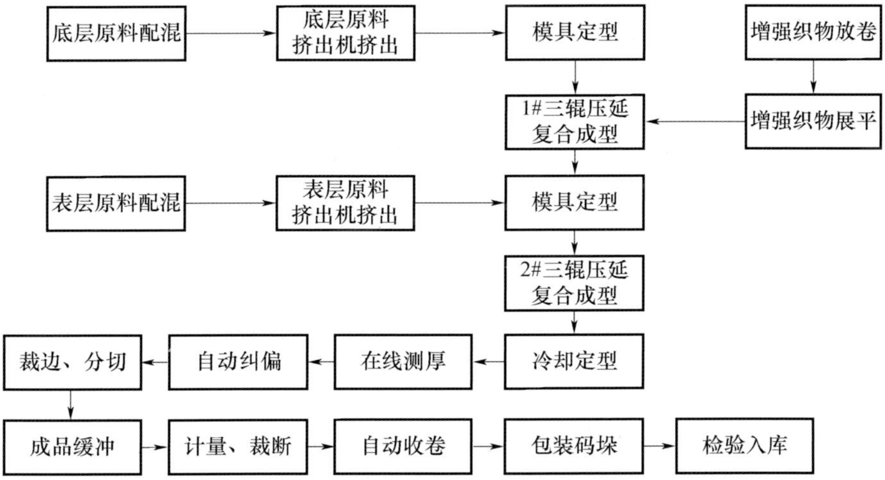

图8-52 热塑性聚烯烃（TPO）防水卷材

4. 产品现状及发展趋势

聚烯烃（TPO）防水卷材主要成分是碳原子和氢原子，不含任何增塑剂和氯的成分，是集美观长寿为一体的环保型防水卷材，也是美国和欧洲盛行的一种新型防水材料，在欧美防水市场上占据重要地位。在我国，TPO 防水卷材作为绿色建材被列入工信部《重点新材料首批次应用示范指导目录(2019 年版)》，产品已在中国科学院长春光学精密机械与物理研究所众创中心、中国电科集团第 14 研究所、上海 C919 大飞机生产车间、上海世博会泰国馆等工程中得到应用。

在全面质量提升、节能环保、绿色发展的行业大背景下，未来聚烯烃(TPO) 防水卷材的发展方向和发展重点如下。

(1) 提高产品耐久性能满足各类工程对使用年限的要求；

(2) 通过优化原料、技术改进、生产工艺控制等，提高产品耐老化性能，赋予产品满足绿色、环保、节能的需求；

(3) 继续开发与产品配套使用的各类部品、部件，提高产品的施工应用性能；

(4) 改进施工方法，将空铺、焊接、胶粘的弊端解决。

5. 产品应用案例（图 8-53～图 8-56）

图 8-53　北京大兴国际机场

图 8-54　深圳国际会展中心

图 8-55　上海 C919 大飞机生产车间

图 8-56　沈阳华晨宝马屋面防水工程

8.2.1.9 聚氯乙烯（PVC）防水卷材

1. 产品定义、特性、主要性能参数

聚氯乙烯（PVC）防水卷材是以聚氯乙烯树脂为主要原料，添加增塑剂、稳定剂、抗老化助剂、填充助剂等制成的片状防水材料。

该类防水卷材物理机械性能优异，具有高延伸率、高强度、耐高低温性能和优异抗老化性能、化学稳定性好等特点。产品自身具有物理阻根作用，无须添加阻根剂，因而接缝性能好于大多数防水卷材产品。此外，还有优异的可焊接性能，一般采取机械固定法施工，也可采用条粘或空铺压顶法施工。

主要参数见表 8-12。

执行标准《聚氯乙烯（PVC）防水卷材》（GB 12952—2011）。

表 8-12 主要物理性能指标

序号	项目			指标				
				H	L	P	G	GL
1	中间胎基上面树脂层厚度（mm）		≥	—		0.40		
2	拉伸性能	最大拉力（N/cm）	≥	—	120	250	—	120
		拉伸强度（MPa）	≥	10.0	—	—	10.0	—
		最大拉力时伸长率（%）	≥	—	—	15	—	—
		断裂伸长率（%）	≥	200	150	—	200	100
3	热处理尺寸变化率（%）		≤	2.0	1.0	0.5	0.1	0.1
4	低温弯折性			−25℃无裂纹				
5	不透水性			0.3MPa，2h 不透水				
6	抗冲击性能			0.5kg·m，不渗水				
7	抗静态荷载[a]			—	—	20kg 不渗水		
8	接缝剥离强度（N/mm）		≥	4.0 或卷材破坏		3.0		
9	直角撕裂强度（N/mm）		≥	50	—	—	50	—
10	梯形撕裂强度（N）		≥	—	150	250	—	220
11	吸水率（70℃，168h）（%）	浸水后≤		4.0				
	≥	晾置后≥		−0.40				
12	热老化（80℃）	时间/h		672				
		外观		无起泡、裂纹、分层、黏结和孔洞				
		最大拉力保持率（%）	≥	—	85	85	—	85
		拉伸强度保持率（%）	≥	85	—	—	85	—
		最大拉力时伸长率保持率（%）	≥	—	—	80	—	—
		断裂伸长率保持率（%）	≥	80	80	—	80	80
		低温弯折性		−20℃无裂纹				

续表

序号	项目		指标				
			H	L	P	G	GL
13	耐化学性	时间/h	1500[b]				
		外观	无起泡、裂纹、分层、黏结和孔洞				
		最大拉力保持率（%）　≥	—	85	85	—	85
		拉伸强度保持率（%）　≥	85	—	—	85	—
		最大拉力时伸长率保持率（%）　≥	—	—	80	—	—
		断裂伸长率保持率（%）　≥	80	80	—	80	80
		低温弯折性	−20℃无裂纹				
14	人工气候加速老化	时间/h	1500[b]				
		外观	无起泡、裂纹、分层、黏结和孔洞				
		最大拉力保持率（%）　≥	—	85	85	—	85
		拉伸强度保持率（%）　≥	85	—	—	85	—
		最大拉力时伸长率保持率（%）　≥	—	—	80	—	—
		断裂伸长率保持率（%）　≥	80	80	—	80	80
		低温弯折性	−20℃，无裂纹				

a　抗静态荷载仅对用于压铺屋面的卷材要求。

b　单层卷材屋面使用产品的人工气候加速老化时间为 2500h。

c　非外露使用的卷材不要求测定人工气候加速老化。

2. 应用领域

产品主要应用于屋面、地下、隧道、地铁、桥梁以及垃圾场、种植屋面、人工湖等防水、防渗工程。

3. 生产原料及工艺

主要原材料：聚乙烯树脂、各类专用助剂和抗老化组分等。

一般生产工艺流程（图 8-57）：

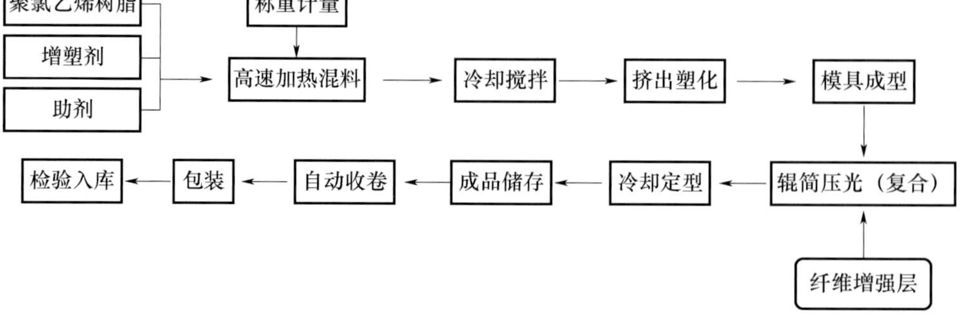

图 8-57　聚氯乙烯（PVC）防水卷材生产工艺

4. 产品现状及发展趋势

目前，聚氯乙烯（PVC）防水卷材是三大单层屋面材料之一，在单层屋面中占据重要的地位，在欧、美、日等发达国家是主导防水材料，应用广泛，应用量逐年增长，发展前景广阔。PVC防水卷材对人体和环境无害，可再生利用，除了在一般平屋面上大量使用外，在地下防水以及金属屋面、种植屋面等领域的应用也取得了良好效果。

在全面质量提升、环保节能、绿色发展的行业大背景下，未来PVC防水卷材的发展方向和发展重点如下。

（1）提高产品耐久性能满足各类工程对使用年限的要求；

（2）通过优化原料、技术改进、生产工艺控制等，提高产品耐老化性能，赋予产品满足绿色、环保、节能的需求；

（3）继续开发与产品配套使用的紧固定件、施工机具，提高产品的施工应用性能。

5. 产品应用图片（图8-58～图8-61）

图8-58　施工效果图

图8-59　深圳南油集团W6号仓库

图8-60　腾讯北京总部大楼

图8-61　深圳腾讯大厦

8.2.1.10 三元乙丙橡胶（EPDM）防水卷材

1. 产品定义、特性、主要性能参数

三元乙丙橡胶（EPDM）防水卷材是以三元乙丙橡胶（乙烯-丙烯-双环戊二烯共聚合成的高分子聚合物）为主体，掺入适当的补强、填充材料和一定量的化学助剂，经密炼、过滤、挤出成型等工序加工制成的高弹性橡胶防水卷材。

产品具有优异的耐老化性能、耐酸碱、抗腐蚀性能，理论使用寿命可达50年以上，拉伸性能好，延伸率大，能够较好适应基层伸缩或开裂变形的需要，热尺寸稳定，耐低温可达－40℃，高温可达150℃，能在恶劣环境中长期使用，同时质量轻，能极大减少屋顶负载。

主要参数见表8-13。

执行标准《高分子防水材料　第一部分：片材》（GB 18173.1—2012）中JL1的性能指标。

表8-13　主要物理性能指标

序号	检验项目		国标要求
1	尺寸规格	厚度（mm）	±5%
		宽度（mm）	±1%
		长度（mm）	⩾20
2	拉伸强度（MPa）		⩾7.5
3	扯断伸长率（%）		⩾450
4	撕裂强度（kN/m）		⩾25
5	不透水性（30min不渗漏，0.3MPa）		不渗漏
6	低温弯折（－40℃）		无裂纹
7	加热伸缩量（mm）	延伸	⩽2
		收缩	⩽4

2. 应用领域

产品适用于工业及民用建筑屋面、外墙、地下室顶、底板等的防水工

表 8-17 有害物质限量

序号	项目		技术指标	
			A类	B类
1	挥发性有机化合物（VOC）（g/L）	≤	50	200
2	苯（mg/kg）	≤	200	
3	甲苯+乙苯+二甲苯（g/kg）	≤	1.0	5.0
4	苯酚（mg/kg）	≤	100	100
5	蒽（mg/kg）	≤	10	10
6	萘（mg/kg）	≤	200	200
7	游离 TDI（g/kg）	≤	3	7

2. 应用领域

产品适用于工业与民用建筑的厕浴间、厨房、阳台、水池、停车场、地下室及地下防水工程等，也适用于非外露屋面防水工程以及高铁、桥梁及地铁等领域的非外露防水、防潮工程。

3. 生产原料及工艺

主要原材料：聚醚多元醇、异氰酸酯、增塑剂、（催）固化剂、（颜）填料等。

一般生产工艺流程（图 8-71）：

1）单组分聚氨酯防水涂料

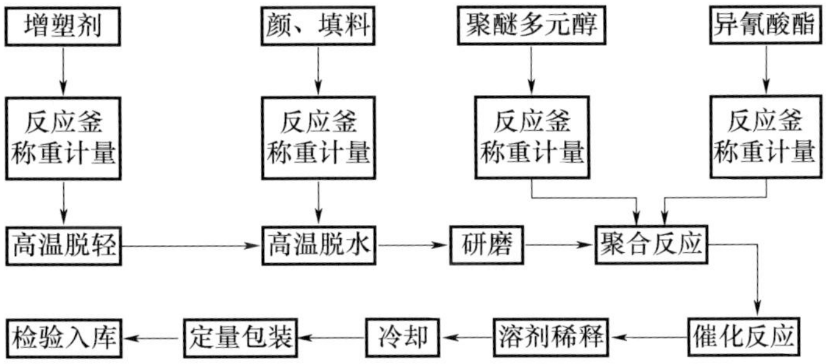

图 8-71 单组分聚氨酯防水涂料生产工艺流程

2）双组分聚氨酯防水涂料（图 8-72 和图 8-73）

4. 产品现状及发展趋势

该产品在欧、美、日等发达国家仍是主导防水涂料的品种之一，应用十分广泛。我国对于聚氨酯防水涂料的研究应用始于20世纪80年代，在1992年首次发布行业标准后，应用量逐年增长，现已成为建筑防水工程领域应用最广的产品之一，并被住房城乡建设部列为鼓励推广产品。产品目前已在清远奥体中心、保利湖心岛狮子湖、成都保利熙园等屋面、地下多个领域防水工程中得到广泛应用。聚氨酯防水涂料在长沙地下综合管廊、天安门观礼台修缮、北京万国城、江苏舜天研发中心、济南万达广场、印尼雅万高铁、成都地铁等多个领域防水工程中得到广泛应用。

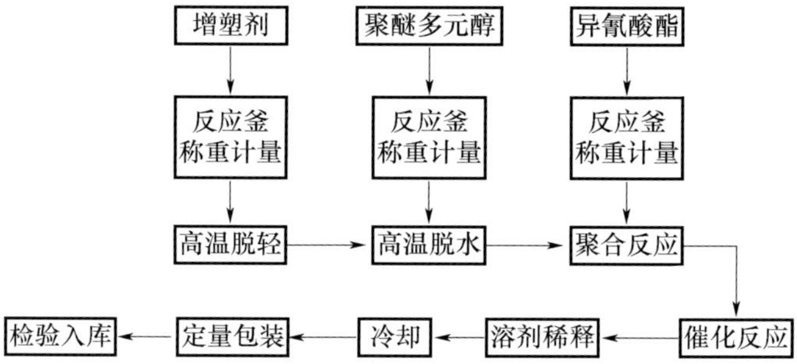

图8-72　双组分聚氨酯防水涂料甲组分生产工艺流程

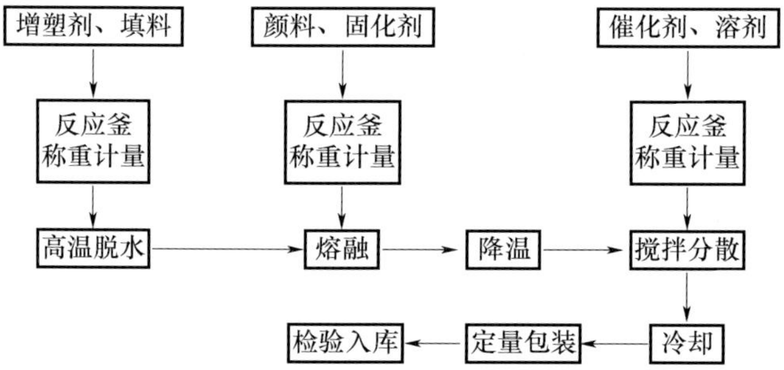

图8-73　双组分聚氨酯防水涂料乙组分生产工艺流程

在全面质量提升、节能环保、绿色发展的行业大背景下，未来聚氨酯防水涂料的发展方向和发展重点如下。

（1）提高产品耐久性能满足各类工程对使用年限的要求；

（2）通过提高固含量、环保型原料应用等，赋予产品满足绿色、环保、节能、减排的性能；

（3）继续开发外露型、抗流挂型、高强型及环保型等功能型产品，提高产品应用性能、拓宽产品适用范围。

5. 产品应用图片（图8-74～图8-78）

图 8-74　施工效果图

图 8-75　北京万国城

图 8-76　天安门观礼台修缮

图 8-77　清远奥体中心

图 8-78　印尼雅万高铁

8.2.2.2　聚合物水泥基防水涂料

1. 产品定义、特性、主要性能参数

以丙烯酸酯、乙烯-乙酸乙烯酯等聚合物乳液和水泥为主要原料，加入填料及其他助剂配制而成，经水分挥发和水泥水化反应固化成膜的双组分水性防水涂料，俗称 JS 防水涂料。

该产品属于无毒、无味的水性环保型产品，涂膜强度高、延伸大、黏结力强，可在多种材质基面上直接施工，还可加各种颜料形成多种彩色涂膜。

主要参数见表 8-18。

执行标准《聚合物水泥防水涂料》(GB/T 23445—2009)。

表 8-18　主要物理性能

序号	试验项目		指标		
			Ⅰ型	Ⅱ型	Ⅲ型
1	固体含量（%）　≥		70	70	70
2	拉伸强度	无处理（MPa）　≥	1.2	1.8	1.8
		加热处理后保持率（%）　≥	80	80	80
		碱处理后保持率（%）　≥	60	70	70
		浸水处理后保持率（%）　≥	60	70	70
		紫外线处理后保持率　≥	80	—	—
3	断裂伸长率	无处理（MPa）　≥	200	80	30
		加热处理（%）　≥	150	65	20
		碱处理（%）　≥	150	65	20
		浸水处理（%）　≥	150	65	20
		紫外线处理（%）　≥	150	—	—
4	低温柔性（ϕ10mm 棒）		－10℃，无裂纹	—	—
5	黏结强度	无处理（MPa）　≥	0.5	0.7	1.0
		潮湿基层（MPa）　≥	0.5	0.7	1.0
		碱处理（%）　≥	0.5	0.7	1.0
		浸水处理（%）　≥	0.5	0.7	1.0
6	不透水性（0.3MPa，30min）		不透水	不透水	不透水
7	抗渗性（砂浆背水面）（MPa）　≥		—	0.6	0.8

2. 应用领域

产品适用于新、旧建筑物的屋面、地下室、外墙、隧道、渠道、饮用水池、游泳池、冷却水池、厨卫间、浴室及阳台等区域的防水工程。

3. 生产原料及工艺

主要原材料：聚合物乳液、水泥、石英砂、助剂。

一般生产工艺流程：

1）液料（图 8-79）

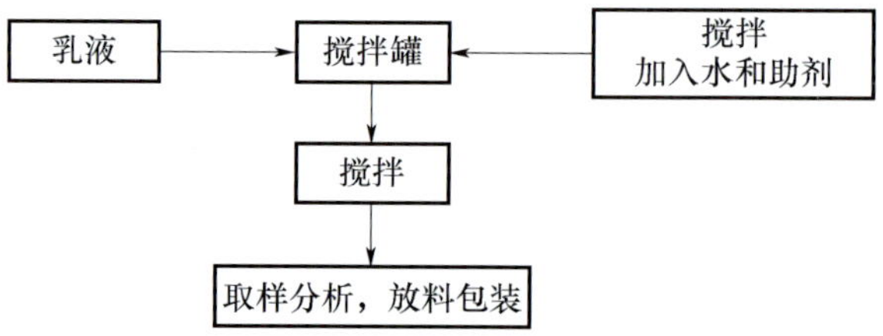

图 8-79　聚合物水泥基防水涂料（液料）生产工艺

2）粉料（图 8-80）

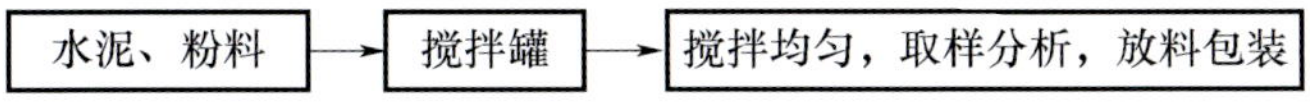

图 8-80 聚合物水泥基防水涂料（粉料）生产工艺

4. 产品现状及发展趋势

聚合物水泥防水涂料自 20 世纪 90 年代在我国推广应用以来，凭借其良好的柔韧性，改善了水泥砂浆干缩变形的缺陷，同时兼具水泥硬化后的刚性，在潮湿基层上可直接施工和基层的黏结力强等特性，可根据不同防水工程部位调节其柔韧性及强度。此外，该产品以水为分散介质，有利于环境，施工方便，整体防水效果较好，克服了沥青、焦油和溶剂型防水涂料的弊端，成为继聚氨酯防水涂料之后又一个成功应用的涂膜型防水材料。目前，产品已在清远奥体中心、成都保利熙园、广州国际会展中心、榆林万达广场、宜宾迁建机场、泸州老窖质量控制中心办公大楼、贵阳白云区管廊、奥体中心综合训练馆等工程广泛应用。

在全面质量提升、节能环保、绿色发展的行业大背景下，未来聚合物水泥防水涂料的发展方向和发展重点如下。

（1）提高产品耐久性能满足各类工程对使用年限的要求；

（2）通过技术研发、原料优化，使产品满足绿色、环保、节能、减排需求；

（3）通过技术改进和优化，提高产品的耐老化、抗温变等性能，能够有效适应建筑的沉降或开裂变形，延长涂膜的使用期限；

（4）赋予产品满足绿色、环保、节能、减排的要求，推动实现防水施工机械化、配件产业化、工程系统化。

5. 产品应用图片（图 8-81～图 8-85）

图 8-81 施工效果图

图 8-82　广州国际会展中心

图 8-83　成都保利大都汇

图 8-84　奥体中心综合训练馆

图 8-85　宜宾迁建机场项目

8.2.2.3　聚合物乳液建筑防水涂料

1. 产品定义、特性、主要性能参数

聚合物乳液建筑防水涂料是以聚合物乳液为主要原料，加入其他助剂制得的单组分水乳型防水涂料。产品具有优异的耐低温性、弹性、延伸性、耐水性及抗裂性。耐老化性能优异，涂膜不变色，可在潮湿基面施工，有一定的透气性和超强黏结力。适合砖石、混凝土、玻璃、木材、金属、石膏、橡胶、砂浆等基面，无毒无害，“零” VOC，安全环保，便捷施工、快速固化、工效高、工期短。可配制成彩色保护面层，美化环境。

主要参数见表 8-19。

执行标准《聚合物乳液建筑防水涂料》(JC/T 864—2008)。

表 8-19　主要物理性能

序号	试验项目		指标	
			Ⅰ	Ⅱ
1	拉伸强度（MPa）	≥	1.0	1.5

续表

序号	试验项目		指标	
			Ⅰ	Ⅱ
2	断裂延伸率（%） ≥		300	
3	低温柔性绕 ϕ10mm 棒弯 180℃		−10℃，无裂纹	−20℃，无裂纹
4	不透水性（0.3MPa，30min）		不透水	
5	固体含量（%） ≥		65	
6	干燥时间（h）	表干时间 ≤	4	
		实干时间 ≤	8	
7	处理后的拉伸强度保持率（%）	加热处理 ≥	80	
		碱处理 ≥	60	
		酸处理 ≥	40	
		人工气候老化处理[a]	—	80～150
8	处理后的断裂延伸率（%）	加热处理 ≥	200	
		碱处理 ≥		
		酸处理 ≥		
		人工气候老化处理[a]	—	200
9	加热伸缩率（%）	伸长 ≤	1.0	
		缩短 ≤	1.0	

a 仅用于外露使用产品。

2. 应用领域

产品适用于各种建筑物的屋面、厨卫间、楼地面的防水、防渗工程。

3. 生产原料及工艺

主要原材料：聚合物乳液、助剂等。

一般生产工艺（图 8-86）：

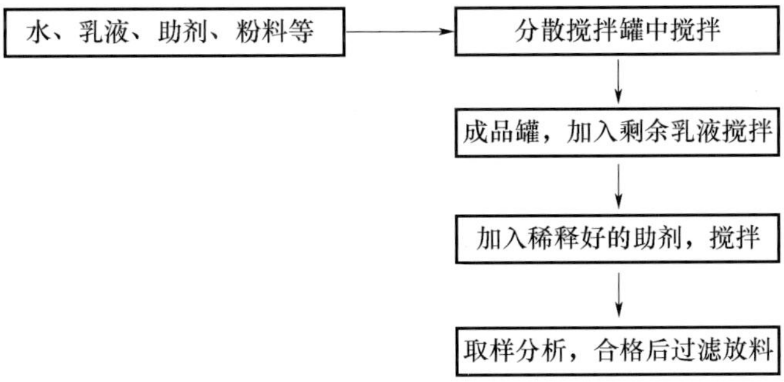

图 8-86 聚合物乳液建筑防水涂料生产工艺

4. 产品现状及发展趋势

聚合物乳液建筑防水涂料施工简单方便，成膜过程靠水分挥发和乳液颗粒融合完成，无有机溶剂溢出，不污染环境，不燃烧，施工安全，性价比高，防水性能基本上满足建筑工程的需要，是防水涂料的发展方向。产品已在北京朝阳体育馆、金投正荣府、天津意境三庭二期、秦皇岛万达广场等工程中得到广泛应用。

在全面质量提升、环保节能、绿色发展的行业大背景下，未来聚合物乳液建筑防水涂料的发展方向和发展重点如下。

（1）提高产品耐久性能满足各类工程对使用年限的要求；

（2）通过技术研发、原料优化，使产品满足绿色、环保、节能、减排需求；

（3）实现产品多功能一体化，满足防水、抗渗、保温、修饰等多方面需求；

（4）完善施工工法和产品配套技术，提高工程质量。

5. 产品应用图片（图 8-87～图 8-90）

图 8-87　北京朝阳体育馆

图 8-88　金投正荣府

图 8-89　天津意境三庭二期

图 8-90　秦皇岛万达广场

8.2.2.4　喷涂聚脲防水涂料

1. 产品定义、特性、主要性能参数

喷涂聚脲防水涂料是以异氰酸酯类化合物为甲组分、胺类化合物为乙组分，采用喷涂施工工艺使两组分混合、反应生成的弹性体防水涂料。

其中，甲组分是异氰酸酯单体、聚合体、衍生物、预聚物或半预聚。预聚物是由端氨基或端羟基化合物与异氰酸酯反应制得。异氰酸酯既可以是芳香族的，也可以是脂肪族的。乙组分是由端氨基树脂和氨基扩链剂等组成的胺类化合物时，通常称为喷涂（纯）聚脲防水涂料；乙组分是由端羟基树脂和氨基扩链剂等组成的含有胺类的化合物，通常称为喷涂聚氨酯（脲）防水涂料。

喷涂聚脲防水涂料主要有以下特点。

（1）100%固含量，无挥发性有机物（VOC），符合环保要求。

（2）固化速度快，立面连续施工不会产生流挂现象。一次施工即可达到设计厚度，施工效率高。

（3）对温度和湿气不敏感。可在低温和潮湿的环境下施工，施工时受环境条件影响小。

（4）涂层致密、连续、无接缝，厚度均匀，整体性好，克服了卷材多层施工的弊病，避免了卷材接缝可能造成的渗漏。

（5）拉伸强度高、伸长率高，耐磨性、耐水、耐腐蚀等性能突出。

（6）在混凝土、金属、塑料等各类基材上均具有良好的附着力。

（7）涂膜热稳定性能好，可在−40～120℃长期使用，并可承受150℃的短时热冲击。

（8）耐候性好，可在户外长期使用20年以上。

（9）阻燃性能达到国家标准《建筑材料及制品燃烧性能分级法》（GB 8628—2012）B2级以上。

主要参数见表8-20～表8-22。

执行标准《喷涂聚脲防水涂料》（GB/T 23446—2009）。

2. 应用领域

该产品适用于高铁、隧道、地下管廊、垃圾填埋、污水池、水利工程、体育场馆看台等大型基础设施的防水工程，也可用于水乐园、屋面、地下室等防水工程。

表 8-20　基本性能

序号	项目			技术指标	
				Ⅰ型	Ⅱ型
1	固体含量（%）		≥	96	98
2	凝胶时间（s）		≤	45	
3	表干时间（s）		≤	120	
4	拉伸强度（MPa）		≥	10.0	16.0
5	断裂伸长率（%）		≥	300	450
6	撕裂强度（N/mm）		≥	40	50
7	低温弯折性（℃）		≤	−35	−40
8	不透水性			0.4MPa，2h 不透水	
9	加热伸缩率（%）	伸长	≤	1.0	
		收缩	≤	1.0	
10	黏结强度（MPa）		≥	2.0	2.5
11	吸水率（%）		≤	5.0	

表 8-21　耐久性能

序号	项目			技术指标	
				Ⅰ型	Ⅱ型
1	定伸时老化	加热老化		无裂纹及变形	
		人工气候老化		无裂纹及变形	
2	热处理	拉伸强度保持率（%）		80～150	
		断裂伸长率（%）	≥	250	400
		低温弯折性（℃）	≤	−30	−35
3	碱处理	拉伸强度保持率（%）		80～150	
		断裂伸长率（%）	≥	250	400
		低温弯折性℃	≤	−30	−35
4	酸处理	拉伸强度保持率（%）		80～150	
		断裂伸长率（%）	≥	250	400
		低温弯折性（℃）	≤	−30	−35
5	盐处理	拉伸强度保持率（%）		80～150	
		断裂伸长率（%）	≥	250	400
		低温弯折性（℃）	≤	−30	−35
6	人工气候老化	拉伸强度保持率（%）		80～150	
		断裂伸长率（%）	≥	250	400
		低温弯折性（℃）	≤	−30	−35

3. 生产原料及工艺

主要原材料：微乳型改性阴离子乳化沥青、合成高分子橡胶聚合物乳液、助剂乳液。

一般生产工艺流程（图 8-102）。

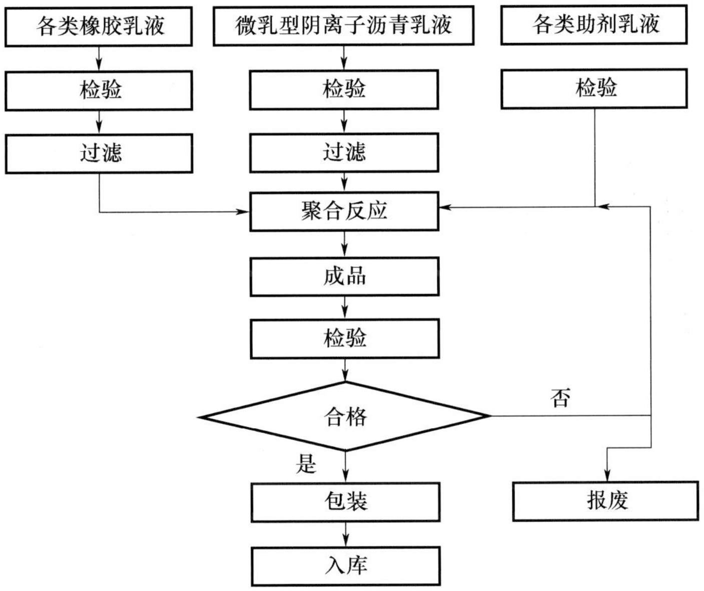

图 8-102　喷涂速凝橡胶沥青防水涂料生产工艺

4. 产品现状及发展趋势

目前，该产品在北美、欧洲、俄罗斯、亚洲、中东地区正得到大规模的推广和应用。在国内，大量应用于工业与民用建筑的地下室、屋面及卫生间防水工程，公共建筑及市政设施的防水工程以及污水处理、垃圾填埋场，输油、输气管道等部位的防水、防腐处理，如滨海国际机场地下室、上海世博园屋面、四川遂宁、云南玉溪综合管廊、日照兴业大连花园地下室和屋面及厨卫间、四川大英蓬莱国家粮食储备库地下室、北京庆丰包子研发及加工基地地下室及操作台，以及青岛地铁、河北跨滦河特大桥、天津临港津能烟道等重大工程。喷涂速凝橡胶沥青防水涂料已连续多年被中国建筑防水协会评为“科学技术进步奖”，被住房城乡建设部列为“全国建设行业科技成果推广项目”，同时也被列为国家发展改革委自 2020 年 1 月 1 日推行实施的《国家产业调整推广目录》中的鼓励类产品。

在全面质量提升、环保节能、绿色发展的行业大背景下，国家对各种建筑材料的生产及施工方面环保节能方面提出了更高、更严格的要求。喷涂速凝橡胶沥青防水涂料在其生产和施工环节所有过程均无毒无味、无排放、无污染、无废料的绿色环保水性喷涂，施工效率高、高弹性、高延伸性、高耐候及耐温性、强耐化学性等优势，未来将会被越来越多地使用，是未来最具发展潜力的防水材料之一。

5. 产品应用图片（图 8-103～图 8-105）

图 8-103　施工效果图

图 8-104　上海世博园绿谷空间

图 8-105　天津滨海国际机场

8.2.2.7　非固化橡胶沥青防水涂料

1. 产品定义、特性、主要性能参数

非固化橡胶沥青防水涂料，是以橡胶、石油沥青和助剂混合制成的不固化防水涂料，常温下呈黏稠状胶体，经加温后黏稠度下降，呈现可流动的液体状态，有永不固化和蠕变涂料之称。

该产品具有以下特点。

（1）长效柔性：长久地保持黏稠状态，能抵御建筑产生的振动或结构自身应力变化出现的位移等“动态”不良因素。

（2）蠕变性：减缓建筑结构振动对防水层产生的应力，使防水体系不受外界应力的影响，提高防水效果。

（3）自愈合性：固化涂料具有较强的蠕变性，使涂料有完美的“自愈合”功能，防水效果持久。

（4）满粘：与基层可达到100%满粘，完全杜绝窜水的风险。

主要参数见表8-25。

执行标准《非固化橡胶沥青防水涂料》(JC/T 2428—2017)。

表8-25 主要物理性能

序号	项目		指标
1	闪点（℃）		≥180
2	固含量（%）		≥98
3	黏结性能	干燥基面	100%内聚破坏
		潮湿基面	
4	延伸性（mm）		≥15
5	低温柔性		−20℃，无断裂
6	耐热性（℃）		65
			无滑动、流淌、滴落
7	热老化 70℃，168h	延伸性（mm）	≥15
		低温柔性	−15℃，无断裂
8	耐酸性（2% H_2SO_4 溶液）	外观	无变化
		延伸性（mm）	≥15
		质量变化（%）	±2.0
9	耐碱性 [0.1%NaOH+饱和 $Ca(OH)_2$ 溶液]	外观	无变化
		延伸性（mm）	≥15
		质量变化（%）	±2.0
10	耐盐性（3%NaCl溶液）	外观	无变化
		延伸性	≥15
		质量变化（mm）	±2.0
11	自愈性		无渗水
12	渗油性（张）		≤2
13	应力松弛（%）	无处理	≤35
		热老化（70℃，168h）	
14	抗窜水性（0.6MPa）		无窜水

2. 应用领域

该产品主要适用于地下、平屋面、地铁、隧道、涵洞、道路、桥梁等防水和堵漏工程。

3. 生产原料及工艺

主要原材料：沥青、橡胶改性剂、填料等。

一般生产工艺流程（图 8-106）。

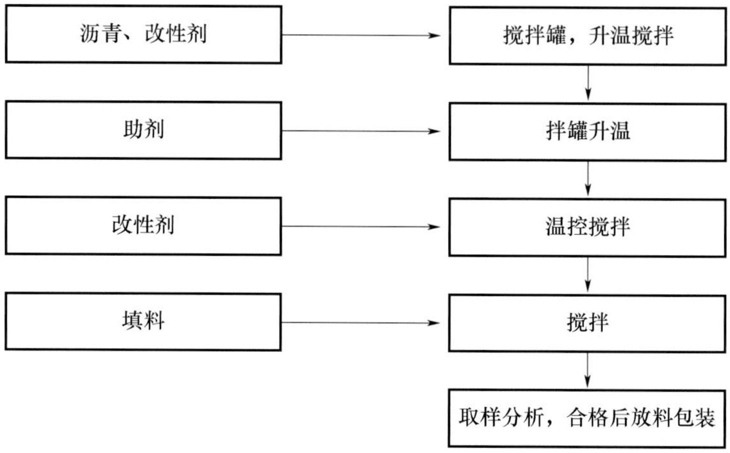

图 8-106　非固化橡胶沥青防水涂料生产工艺

4. 产品现状及发展趋势

自 2005 年开始，非固化橡胶沥青防水涂料进入中国防水市场，因其永久不固化及优良的防水性能得到了快速发展，被广泛应用于各大防水修复工程之中。非固化防水涂料与卷材的复合使用，极大地减少了施工时间，改善了因施工对环境的影响和因工人施工缺陷造成的渗漏水等问题。近几年，非固化橡胶沥青防水涂料逐渐被市场认可，并在各大重点工程中广泛应用，如国家体育场（鸟巢）、国家大剧院、首都博物馆、四川观音湖隧道等。

非固化橡胶沥青防水涂料起源于韩国，起初是为了解决传统防水卷材和涂料防水方面的不足，主要是涂料与基层、涂料与卷材无法满粘的问题。经过十几年的发展，目前非固化橡胶沥青防水涂料复合防水卷材已经得到市场认可。

下一步，该产品的发展方向和发展重点如下。

（1）提高产品耐久性能满足各类工程对使用年限的要求；

（2）通过原料替代、技术改进、生产控制等，赋予产品满足绿色、环保需求；

（3）继续研发与之配套使用的各类产品、施工机具等，提高产品的施工应用性能。

5. 产品应用图片（图 8-107～图 8-111）

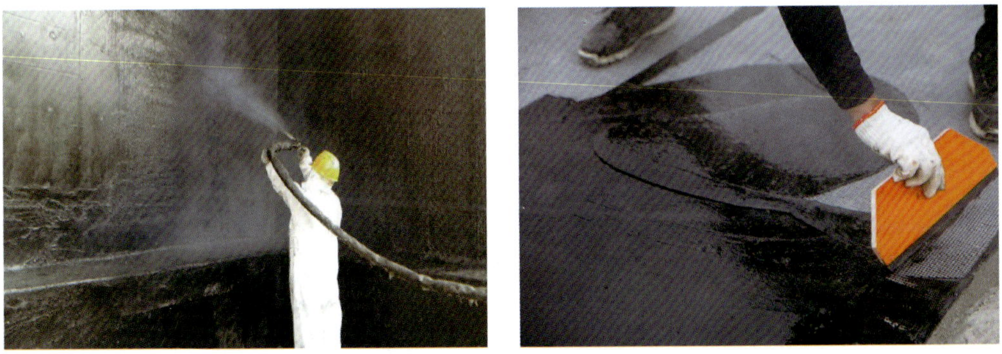

图 8-107　施工效果图

图 8-108　上海红星美凯龙

图 8-109　国家体育馆

图 8-110　北京五棵松商场

图 8-111　广州富士康项目

8.2.3 刚性防水材料

8.2.3.1 水泥基渗透结晶型防水涂料

1. 产品定义、特性、主要性能参数

水泥基渗透结晶型防水涂料是以硅酸盐水泥、石英砂和多种活性化学物质研制而成的一种刚性防水材料。与水作用后，材料中的活性化学物质通过载体向混凝土内部渗透，在混凝土中形成不溶于水的结晶体，填塞毛细孔道，能够有效增强混凝土强度、防止钢筋锈蚀及其他化学腐蚀，并具备永久性的防水效果，是一种无毒，无味、无污染的环保产品。

该产品具有极强的耐水压能力、极强的渗透能力、长久的自我修复能力和独特的呼吸、防腐、耐老化、保护钢筋能力，环保、无毒、与其他材料的兼容性极好。施工方法简单、节省劳动力。

主要参数见表 8-26。

执行标准《水泥基渗透结晶型防水材料》(GB 18445—2012)。

表 8-26 主要物理性能

序号	项目		指标
1	外观		均匀、无结块
2	含水率（%） ≤		1.5
3	细度，0.63mm 筛余（%） ≤		5
4	氯离子含量（%） ≤		0.10
5	施工性	加水搅拌后	刮涂无障碍
		20min	刮涂无障碍
6	抗折强度（MPa，28d） ≥		2.8
7	抗压强度（MPa，28d） ≥		15.0
8	湿基面黏结强度（MPa，28d） ≥		1.0
9	砂浆抗渗性能	带涂层砂浆的抗渗压力[a]（MPa，28d）	报告实测值
		抗渗压力比（带涂层）（%，28d） ≥	250
		去除涂层砂浆的抗渗压力[a]（MPa，28d）	报告实测值
		抗渗压力比（去除涂层）（%，28d） ≥	175

续表

序号	项目		指标
10	混凝土抗渗性能	带涂层砂浆的抗渗压力[a]（MPa，28d）	报告实测值
		抗渗压力比（带涂层）（%，28d） ≥	250
		去除涂层砂浆的抗渗压力[a]（MPa，28d）	报告实测值
		抗渗压力比（去除涂层）（%，28d） ≥	175
		带涂层混凝土的第二次抗渗压力（MPa，56d） ≥	0.8

a 基准砂浆和基准混凝土 28d 抗渗压力应为 0.4MPa，并在产品质量检验报告中列出。

2. 应用领域

该产品广泛应用于工业与民用建筑的地下工程，地铁、隧道、水池及水利等工程混凝土结构的防水与保护。

3. 生产原料及工艺

主要原材料：活性母料、特种水泥、石英砂、活性化学物质等。

一般生产工艺流程（图 8-112）。

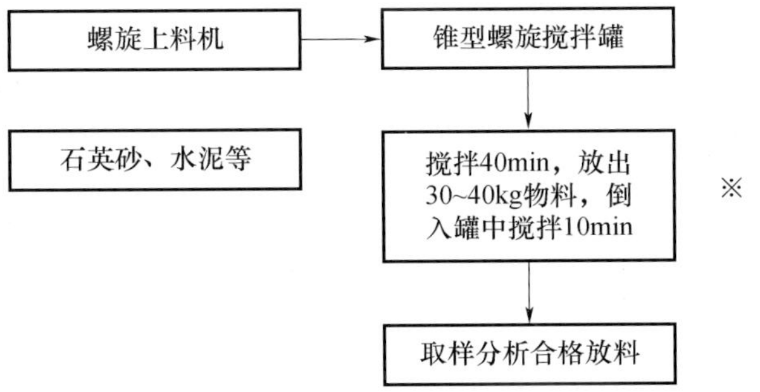

图 8-112 水泥基渗透结晶型防水涂料生产工艺

4. 产品现状及发展趋势

该产品于 20 世纪 90 年代初期从国外进入中国市场，最初用于全地下混凝土结构的外表面防水，后期发现了它具有独特的结构内表面防水功能，尤其是在污水处理厂和地面生活用水贮水池等工程中的应用颇为理想，加之《水泥基渗透结晶型防水材料》（GB 18445—2012）标准的出台，共同推动了该材料的研究发展和工程应用。该产品能有效提高防水工程的工作效率，降低防水工程的综合成本，满足现代建筑物对耐久性的要求。目前，水泥基渗透结晶型防水涂料凭借其综合优势，在刚性防水材料、堵漏止水材料系列中确立了重要的地位，产品已在成都市新建污水厂 2 期、成都市新建污水厂

3期、中和污水处理厂、十堰地下综合管廊、华润幸福里、天津津塔、襄阳市东西轴线鱼梁州段防水项目（华中地区首条沉管隧道）、金华市洪源区块安置房等多个领域防水工程中得到广泛应用。

在全面质量提升、环保节能、绿色发展的行业大背景下，未来水泥基渗透结晶防水涂料的发展方向和发展重点如下。

（1）提高产品耐久性能满足各类工程对使用年限的要求；

（2）通过优化原料、技术改进等，提高产品技术性能，赋予产品满足绿色、环保、节能需求；

（3）继续改进施工工艺，研发与之配套使用的部品、部件等，提高产品的施工应用性能。

5. 产品应用图片（图 8-113～图 8-117）

图 8-113　施工效果图

图 8-114　成都市新建污水厂 2 期

图 8-115　中和污水厂

图 8-121　中林置业大厦

图 8-122　陕西终南山隧道

图 8-123　济南地铁 R1 号线

图 8-124　中科智宸创新广场

8.2.4　其他新型防水材料

8.2.4.1　缓膨型遇水膨胀止水条

1. 产品定义、特性、主要性能参数

缓膨型遇水膨胀止水条主要是由天然橡胶、丁基橡胶、天然钠基膨润土等原料经混炼、挤出未经硫化或经半硫化制成，具有可塑性、可遇水膨胀的橡胶条状防水材料。

缓膨型遇水膨胀止水条既具有橡胶的柔软特性，又具有遇水缓慢膨胀的性能，能在遇水后产生 2～3 倍的膨胀变形，快速充满接缝中所有的不规则表面、空穴及间隙，达到止水效果。

主要参数见表 8-29。

表 8-29　主要物理性能

项目	技术指标
抗水压力（MPa）	≥2.5
密度（g/cm^3）	1.3±0.1
硬度（C型微孔材料硬度计，度）	≤40
7d膨胀率为最终膨胀率的	≤60%
最终膨胀率（21d，%）	≥220
高温流淌性（80℃×2h）	无流淌
低温柔性（−20℃×2h）	无裂纹、脆裂
耐水性（浸泡24h）	整体膨胀无碎块

2. 应用领域

该产品适用于地下室、地下工程、地下管廊、隧道、涵洞以及其他混凝土工程的施工缝、后浇带和桩头等缝隙止水领域。

3. 生产原料及工艺

主要原材料：天然橡胶、丁基橡胶、丁苯胶、橡胶油、膨润土、橡胶助剂等。

一般生产工艺流程（图 8-125）。

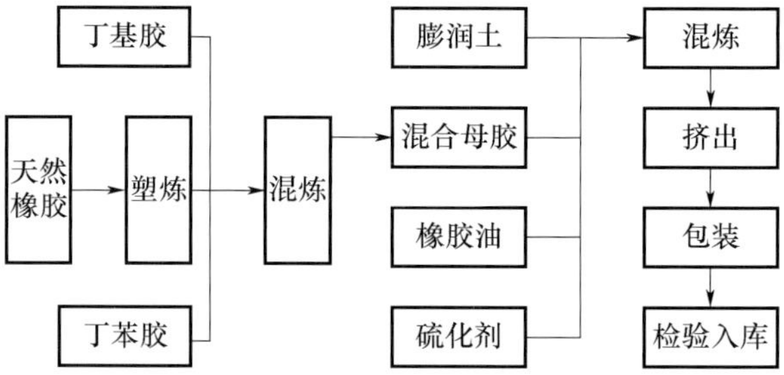

图 8-125　缓膨型遇水膨胀止水条生产工艺

4. 产品现状及发展趋势

我国1988年成功研制了遇水膨胀橡胶止水条，随后制定了《膨润土橡胶遇水膨胀止水条》（JG/T 141—2001）标准并以此作为生产检测依据，之后又在《地下防水工程质量验收规范》（GB 50208—2011）中对用于地下防水工程中遇水膨胀止水条的部分指标提出了新要求，使遇水膨胀橡胶止水条逐步发展成为性能优异的防水产品。该产品目前已在北京城市副中心、鸟巢、水立方、中央电视台新址、地下隧道等多个领域的防水工程中得到广泛应用。

在全面质量提升、环保节能、绿色发展的行业大背景下，未来缓膨型遇水膨胀止水条的发展方向和发展重点如下。

（1）提高产品耐久性能满足各类工程对使用年限的要求；

（2）通过原料替代、生产控制等，赋予产品满足绿色、环保、节能、减排的性能；

（3）继续开发与产品配套使用的各类部品、部件，提高产品的施工应用性能。

5. 产品应用图片（图 8-126～图 8-128）

图 8-126　水立方和鸟巢

图 8-127　中央电视台新址

图 8-128　北京城市副中心

8.2.4.2　防水保温一体化板

1. 产品定义、特性、主要性能参数

防水保温一体化板是将防水卷材、硬泡聚氨酯保温隔热层和水泥基防水卷材经特殊生产工艺复合而成的板材，兼具防水和保温两种功能，并使两种功能都得到强化。该板材通过涂必定橡胶沥青防水涂料粘贴在基层上，使整个系统一站式解决保温隔热和防水的问题，极大简化了施工工艺，降低了系统风险，同时可直接用于外露式部位。

该产品具有以下特点。

（1）一道工序，两种功能：独特的“三明治”式构造，一次性解决防水保温问题。

（2）高效节能，性能持久：由于硬泡聚氨酯不吸水，保温系统不进水、不窜水，使防水保温系统功效持久，节能高效。

（3）施工简便，节省工期：将传统的找平、隔汽、保温、防水、保护层等多道施工工序简化为一道，极大地简化了构造层次，大幅度缩短了工期。

（4）年限持久，性价比高：防水保温效果优异，极大地提高了系统的安全系数，增加了系统使用寿命。

（5）节能减排，安全环保：相比传统的屋面系统，新的屋面系统无论是材料生产环节、施工安装环节，还是后期的维护保养环节，都符合节能减排、安全环保要求。

主要参数见表 8-30。

表 8-30　主要物理性能

序号	项目	指标			
		岩棉	聚氨酯	XPS	EPS
1	保温芯材表观密度（kg/m^3）	≥100	≥35	21～35	≥15
2	导热系数（23±2℃）[W/(m·K)]	≤0.048	≤0.024	≤0.030	≤0.041
3	覆面材料与芯材的拉拔力（MPa）	≥0.1，且破坏部分不得位于黏结界面			
4	压缩性能（形变 10%）（MPa）	≥0.08	≥0.15		≥0.10
5	保温芯材吸水率（V/V%）	—	≤3	≤1.5	≤4
6	尺寸稳定性	≤1			—
7	燃烧性能等级	A 级	不低于 B2		
8	氧指数（%）	—	≥26		
9	憎水率（%）	≥98	—		
10	酸度系数	≥1.8	—		
11	短期吸水量（部分浸泡）（%）	≤1.0	—		

续表

序号	项目	指标			
		岩棉	聚氨酯	XPS	EPS
12	金属装饰面板的厚度	≥0.5			
13	抗弯承载力（kN/m³）	≥0.5			
14	断裂弯曲负荷（N）	—		25	
15	弯曲变形（mm）	—		20	

注：1. 第12条和第13条的测试项目仅针对下表面为金属装饰面板的外喜防水保温一体化板。

2. 第14条和第15条的测试项目有一项能符合指标要求即为合格。

2. 应用领域

适用于各类建筑的混凝土屋面、钢结构屋面和地下室顶板等部位。

3. 产品现状及发展趋势

防水保温一体化板凭借其优异的性能，在中国物流东北物流基地C标段、重庆腾讯云计算数据中心项目、山东日照北京路住宅区F地块、武汉欧亚达家居广场项目等屋面、地下室顶板等多个领域的防水工程中得到广泛应用。

防水保温一体化板因其简便快捷的施工工艺，优异的防水、保温效果以及能够节省屋面构造等优点，深受下游用户的青睐。随着该产品生产工艺及设备的不断优化，其防水和保温效果有望得到进一步提升，与之相关的湿铺施工技术将更加成熟，未来的应用场景也将更加丰富。可以预见的是，防水保温一体化板一旦获得全面推广，在合理利用资源、保护环境、节省能源和劳动保护等方面都将取得不可估量的成效。

4. 产品应用图片（图8-129～图8-133）

图8-129　施工效果图

图 8-130　中国物流东北物流基地 C 标段

图 8-131　重庆腾讯云计算数据中心项目

图 8-132　山东日照北京路住宅区 F 地块

图 8-133　武汉欧亚达家居广场项目

8.2.4.3　节点防水密封膏

1. 产品定义、特性、主要性能参数

节点防水密封膏是一种由橡胶、沥青和助剂混合制成的，能在应用状态下始终保持黏性膏状体的防水密封材料，其集合了 CPS 反应黏、级配复合和橡胶基水性膏化等技术。CPS 反应黏技术：让防水密封膏与水泥同步反应黏结，跟混凝土长在一起，能够解决潮湿基面施工难、后续贴砖抹砂浆难以及与混凝土长期有效黏结难等问题；级配复合技术：能与不同属性材料粘接，能够解决与金属、塑料等多种材质界面有效黏结密封的问题；橡胶基水性膏化技术：让橡胶体成水性膏化物，解决立面施工流淌及一次成型难的问题。

该材料能在−10℃以上的潮湿环境下施工应用，与多种建筑材料均有很好的密封黏结性能。此外，该产品在施工过程中，不会产生有毒有害气体，适用于建筑体构件连接处等部位的防水，如家装厨卫间、穿墙管、阴阳角、落水口等建筑材料界面较多的细部节点部位，能够满足建筑构造工艺多样化、材料多样化、消费者需求多样化等需求。

主要参数见表 8-31。

执行标准：《建筑构件连接处防水密封膏》(JG/T 501—2016)。

表 8-31 主要性能指标

序号	项目		技术指标	
			Ⅰ	Ⅱ
1	固体含量（%）		≥70	
2	表干时间（h）		≤2.0	
3	实干时间（h）		≤5.0	
4	黏结强度/MPa	与水泥砂浆干燥基面	≥0.5，且 100%内聚破坏	≥0.7，且 100%内聚破坏
		与水泥砂浆潮湿基面	≥0.3，且 100%内聚破坏	≥0.5，且 100%内聚破坏
5	同步固化黏结强/MPa	与铝板	≥0.5	
		与塑料		
		与玻璃		
		与水泥素浆	≥0.5，且 100%内聚破坏	
		与混凝土		
		与水泥砂浆		
6	不透水性（0.3MPa，30min）		不透水	
	自愈性		无渗水	
8	低温柔性		−10℃，2h，无裂纹	−20℃，2h，无裂纹
9	耐热性		80℃，5h，无流淌、滑动、滴落，表面无密集气泡	
10	抗窜水性		0.6MPa，无窜水	
11	热老化（70℃×168h）	不透水性（0.3MPa，30min）	不透水	
		低温柔性	−10℃，2h，无裂纹	−15℃，2h，无裂纹
		水泥砂浆黏结强度（MPa）	≥0.5	≥0.7

2. 应用领域

产品应用于各类工程项目防水节点密封。

3. 生产原料及工艺

主要原材料：石油沥青、氯丁橡胶胶乳、生产用辅助材料等。

一般生产工艺流程（图 8-134）。

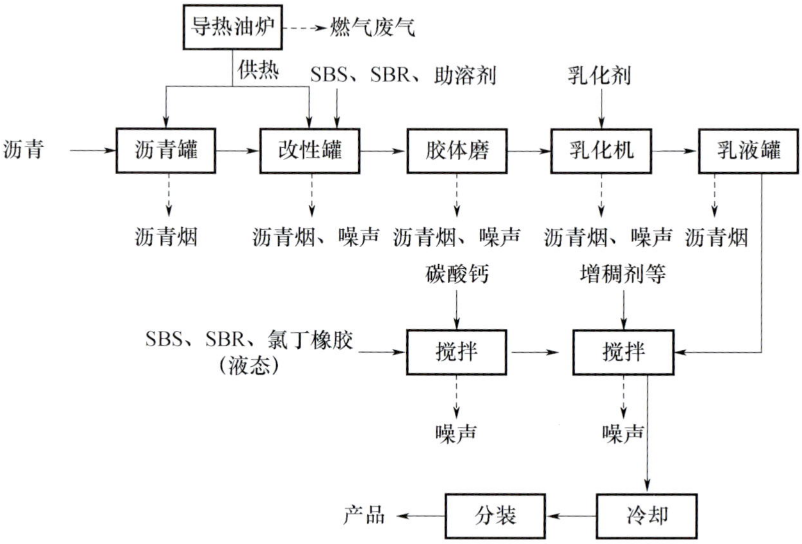

图 8-134　节点防水密封膏生产工艺

4. 产品现状及发展趋势

CPS 防水密封膏在全国工程项目上已得到广泛应用和推荐，并在建筑工程施工应用方面取得了良好的示范效果，如邢台市永康广场项目、恒隆四季城二期、广西体育中心泳池、碧园·印象桂林项目、西安沣东地产·城市广场、武汉保利地产圆梦城、长沙华悦城、四川蓝光·香江国际等。

目前，国内传统的节点细部处理的防水密封材料以油性或水泥基密封材料为主，油性密封材料在潮湿潮气的基面上施工困难，存在黏结不好、需要火源加热等耗能且不安全或无法施工的问题，而水泥基密封材料存在刚性易开裂等缺陷。节点防水密封膏产品为单组分膏状体，开通即用，省时方便，采用快捷的冷刮涂或冷刷法等冷施工方法，能在潮湿潮气不平整的复杂基面上进行施工，具有环境适应性强、施工简单、易上料起厚、不下滑流淌等优点，解决了传统材料热熔法和刮涂法施工带来的黏结性问题。随着节点防水密封膏产品性能工艺的进一步完善，预计节点防水密封膏产品的应用场景将更为丰富。

5. 产品应用图片（图 8-135～图 8-137）

图 8-135 施工效果图

图 8-136 恒隆四季城二期

图 8-137 邢台市永康广场

9 特种水泥

9.1 材料概述

9.1.1 特种水泥的种类及用途

特种水泥是某种性能比较突出，具有某些专门用途的水泥。作为我国水泥工业的重要组成部分，特种水泥起着普通水泥所不可替代的作用。

自中华人民共和国成立以来，经过几代人的不懈奋斗，我国在特种水泥的理论研究、品种数量及应用等方面跨入了世界先进行列。到“十三五”规划末期，我国特种水泥已形成了 6 大体系（硅酸盐、铝酸盐、硫铝酸盐、氟铝酸盐、铁铝酸盐和其他）、10 大类的水泥品种（水工水泥、核电水泥、海工水泥、道路水泥、油井水泥、装饰水泥、快硬高强水泥、膨胀自应力水泥、耐高温水泥及其他），满足了我国国防、水电、核电、海洋、交通、石油、冶金、化工及建筑等工程建设的迫切需要。

9.1.2 特种水泥的发展现状及发展趋势

2019 年，我国特种水泥年产量 2000 多万吨，用量较大的主要有水工水泥、核电水泥、海工水泥、道路水泥、油井水泥、装饰水泥等 20 余个水泥品种。如今我国仍处于国民经济平稳较快发展时期，随着西部大开发战略和中部崛起战略的稳步推进，工业化和城市化进程的不断加快，市政基础设施、高铁、水电、核电、铁路、公路交通等国家重大基础设施建设的发展提速，将为特种水泥的发展带来巨大的市场空间。同时，随着我国基础建设的深入和扩大，以及工程使用寿命要求的不断提高，对水泥和混凝土的性能提出了更高的要求，也为特种水泥的技术进步和未来发展带来了重要机遇。一些工程建设领域已明确提出要求使用性能更为优良的专用水泥，以提升工程质量和工程的使用寿命。

9.2 典型产品

9.2.1 水工水泥

水工水泥是指专用于大坝工程、海工工程及常年与侵蚀介质接触的地下或水下工程等的一类特种水泥。水工水泥按照其性能特点可分为以下两大类：一是低水化热的水泥，包括中热硅酸盐水泥、低热矿渣硅酸盐水泥、低热粉煤灰硅酸盐水泥、低热微膨胀水泥及以硅酸二钙为主导矿物的低热硅酸盐水泥；二是抗硫酸盐侵蚀性能较强的水泥，即抗硫酸盐水泥。前者主要用于大体积混凝土工程，如大坝、高层建筑的基础等。后者主要用于长期与硫酸盐侵蚀介质接触的混凝土工程，如铁路隧道、海港码头、地下/水下工程等。随着我国水电建设的迅速发展，大中型水电工程的不断兴建，对水工水泥的需求量逐年增加，水工水泥已成为国内目前使用量最大的一类特种水泥。

对于水坝等大体积混凝土而言，由于其内部处于绝热状态，水泥水化释放的热量在混凝土内部积蓄，使坝体内部温度升高，一般可达20～25℃或更高，进而导致混凝土内外温差加大而产生拉应力，易造成混凝土开裂，直接影响到工程质量和大坝的安全。为此，在水工大坝工程建设中，除采用合理施工工艺和温控措施外，还强调使用水化热低的水工水泥。我国水工水泥的主要技术要求指标见表9-1。

表9-1 我国水工水泥的主要技术要求

水泥类别	等级	凝结时间（h：min）		抗压、抗折强度（MPa）			熟料矿物含量，%	水化热（kJ/kg）	
		初凝	终凝	3d	7d	28d		3d	7d
中热硅酸盐水泥	42.5	≥1：00	≤12：00	12.0/3.0	22.0/4.5	42.5/6.5	C_3S≤55.0；C_3A≤6.0；f-CaO≤1.0	251	293

续表

水泥类别	等级	凝结时间（h：min）		抗压、抗折强度（MPa）			熟料矿物含量,%	水化热（kJ/kg）	
		初凝	终凝	3d	7d	28d		3d	7d
低热硅酸盐水泥	32.5	≥1：00	≤12：00	—	10.0/3.0	32.5/5.5	C_2S≥40.0；C_3A≤6.0；f-CaO≤1.0	197	230
	42.5	≥1：00	≤12：00	—	13.0/3.5	42.5/6.5	C_2S≥40.0；C_3A≤6.0；f-CaO≤1.0	230	260
低热矿渣硅酸盐水泥	32.5	≥1：00	≤12：00	—	12.0/3.0	32.5/5.5	C_3A≤8；f-CaO≤1.2	197	230
低热微膨胀水泥	32.5	≥0：45	≤12：00	—	18.0/5.0	32.5/7.0	线膨胀率：1d≥0.05%，7d≥0.10%，28d≤0.60%	185	220
抗硫酸盐硅酸盐水泥	32.5	≥0：45	≤10：00	10.0/2.5	—	32.5/6.0	中抗：C_3S≤55.0；C_3A≤5.0；14d线膨胀率≤0.060% 高抗：C_3S≤50.0；C_3A≤3.0；14d线膨胀率≤0.040%	—	—
	42.5	≥0：45	≤10：00	15.0/3.0	—	42.5/6.5	中抗：C_3S≤55.0；C_3A≤5.0；14d线膨胀率≤0.060% 高抗：C_3S≤50.0；C_3A≤3.0；14d线膨胀率≤0.040%	—	—

9.2.1.1　中热硅酸盐水泥

1. 产品定义、特性、主要性能参数

以适当成分的硅酸盐水泥熟料，加入适量石膏，磨细制成的具有中等水化热的水硬性胶凝材料，称为中热硅酸盐水泥，简称中热水泥，代号P·MH《中热硅酸盐水泥、低热硅酸盐水泥》（GB/T 200—2017）。中热水泥是我国目前用量最大的特种水泥品种之一，近年来我国已建成或在建的大型水电工程，如三峡工程、锦屏水电工程、溪洛渡水电工程、向家坝水电工程等，都是采用具有特殊性能要求（低碱、低水化热和微膨胀）的中热水泥作为水工大坝混凝土的主要胶凝材料。

水化热低是中热水泥的主要特征之一，其水化热及放热速率约为硅酸盐水泥的80%，同时具有抗硫酸盐侵蚀性能强、干缩小、抗冲耐磨性能好等优点。

主要参数见表9-2、表9-3。

表 9-2 国内外标准对中热硅酸盐水泥或熟料化学成分和矿物组成要求

相关标准	MgO	SO_3	C_3S	C_3A	$C_3S+4.75C_3A$
ASTMC150-16	≤6.0%	≤3.0%	—	≤8%	≤100%
JISR5210-2009	≤5.0%	≤3.0%	≤50%	≤8%	—
GB/T 200—2017	≤6.0%	≤3.5%	≤55%	≤6%	—

注：ASTMC150-16 和 JISR5210-2009 均规定水泥化学成分和矿物组成要求；GB/T 200—2017 规定熟料化学成分和矿物组成要求。

表 9-3 国内外标准对中热硅酸盐水泥抗压强度及水化热性能指标要求

相关标准	水化热（kJ/kg）			抗压强度（MPa）		
	3d	7d	28d	3d	7d	28d
ASTMC150-16	—	≤290	—	≥7.0	≥12.0	≥22.0
JISR5210-2009	—	≤290	≤340	≥7.5	≥15.0	≥32.5
GB/T 200—2017	≤251	≤293	—	≥12.0	≥22.0	≥42.5

2. 应用领域

中热水泥主要应用于有水化热要求的大体积混凝土工程及常年与侵蚀介质（如硫酸盐类介质等）接触的地下或水下工程。目前已成功应用于国内10多个大型水电工程，包括：三峡工程（世界上装机最大的水利枢纽）、溪洛渡水电站（世界上装机最大的拱坝）、锦屏水电站（世界上最高的拱坝）、向家坝水电工程、小湾水电工程、官地水电工程、大岗山水电工程、金安桥水电工程、丹江口水电工程和龙滩水电工程等，极大提升了我国水电工程建设水平。

3. 产品现状及发展趋势

20 世纪 70 年代，在白山水电站建设中，使用 MgO 含量为 3.0%～4.0%的高镁大坝水泥，经多年的现场勘察发现，白山大坝出现的工程裂缝与其他工程相比明显减少。此后，中国建筑材料科学研究总院等单位联合攻关，经过 10 多年的研究，提出采用 MgO 补偿收缩的大坝混凝土技术，利用水泥中方镁石的延迟性微膨胀特性，开发了具有补偿收缩功能的微膨胀高镁中热水泥，使混凝土在温降过程中产生体积膨胀，补偿大坝混凝土温降产生的体积收缩，有效地提高了大坝混凝土的抗裂性和耐久性。

4. 产品应用图片（图 9-1～图 9-4）

图 9-1　中热水泥应用于三峡工程

图 9-2　中热水泥应用于溪洛渡工程

图 9-3　中热水泥应用于向家坝水电工程

图 9-4　中热水泥应用于大岗山水电工程

9.2.1.2　低热硅酸盐水泥

1. 产品定义、特性、主要性能参数

以适当成分的硅酸盐水泥熟料，加入适量石膏，磨细制成的具有低水化热的水硬性胶凝材料，称为低热硅酸盐水泥，简称低热水泥，代号 P·LH《中热硅酸盐水泥、低热硅酸盐水泥》（GB/T 200—2017）。

低热水泥具有超低的水化热，3d、7d 水化热比中热水泥低 15%～20%，比通用硅酸盐水泥低 30%以上，而且水化放热速率平缓，水化温升峰值温度低。同时，低热水泥具有干缩小、后期强度及强度增进率高、耐磨性能好和抗硫酸盐侵蚀性能良好等特性，尤其适用于高性能混凝土、高强高性能混凝土、水工大体积混凝土。

主要参数见表 9-4、表 9-5。

2. 应用领域

低热水泥主要用于有水化热要求的大体积混凝土工程及常年与侵蚀介质

（如硫酸盐类介质等）接触的地下或水下工程。

表 9-4　各国标准对低热硅酸盐水泥或熟料化学成分和矿物组成要求

相关标准	MgO	SO_3	C_3S	C_2S	C_3A
ASTMC150－16	≤6.0%	≤2.3%	≤35%	≥40%	≤7%
JISR5210－2009	≤5.0%	≤3.5%	—	≥40%	≤6%
GB/T 200－2017	≤6.0%	≤3.5%	—	≥40%	≤6%

注：ASTMC150-16 和 JISR5210-2009 均规定水泥化学成分和矿物组成要求；GB/T 200—2017 规定熟料化学成分和矿物组成要求。

表 9-5　各国标准对低热水泥抗压强度及水化热性能指标要求

相关标准		水化热（kJ/kg）			抗压强度（MPa）		
		3d	7d	28d	7d	28d	91d
ASTMC150-16		—	≤250	≤290	≥7.0	≥17.0	—
JISR5210-2009		—	≤250	≤290	≥7.5	≥22.5	≥42.5
GB/T 200-2017	32.5 等级	≤197	≤230	—	≥10.0	≥32.5	—
	42.5 等级	≤230	≤260	—	≥13.0	≥42.5	—

3. 产品现状及发展趋势

20 世纪 30 年代，美国建设胡佛大坝时便大量使用低热硅酸盐水泥，20 世纪 90 年代，日本建造北海道明石大桥时也使用了低热硅酸盐水泥，但都未能有效解决低热硅酸盐水泥早期强度偏低（3d 抗压强度≤10MPa）这一技术难题，使其难以达到建筑工程对于水泥强度性能的要求，影响工程周期，从而制约了低热硅酸盐水泥的实际推广应用，尤其是限制其在非大体积混凝土工程的应用。在“九五”到“十二五”期间，我国开展了低热硅酸盐水泥制备及其应用技术的系统研发，揭示了高活性贝利特矿物的稳定和活化机理，优化了以贝利特为主要矿物的低热硅酸盐水泥性能，大幅提高水泥的早期和后期强度，较好地解决了现有低热硅酸盐水泥早期强度低、应用受限的技术难题，加快推进低热水泥的产业化进程，实现在乌东德、白鹤滩等 10 余个重点水电工程规模应用，为解决水工大体积混凝土由于温度应力而导致的开裂问题提供了更好的技术手段。现我国低热水泥具有低热（3d 水化热<220kJ/kg）、高强（3d 抗压强度>19MPa，28d 抗压强度>55MPa）、高耐久等特性，用其配制的混凝土具有优异的抗裂性和耐久性。

低热水泥特别适合应用于水工大体积混凝土、高强高性能混凝土工程。目前已在三峡、深溪沟、溪洛渡、向家坝、枕头坝、猴子岩、乌东德、白鹤滩等 10 余个重点水电工程以及紫坪铺水利枢纽工程、首都机场路面工程、成乐高速公路、北京五环路标桥等工程上应用，取得了良好的效果。

4. 产品应用图片（图 9-5、图 9-6）

图 9-5　低热水泥应用于白鹤滩大坝工程

图 9-6　低热水泥应用于白鹤滩泄洪洞工程

9.2.1.3　低热矿渣硅酸盐水泥

1. 产品定义、特性、主要性能参数

以适当成分的硅酸盐水泥熟料，加入粒化高炉矿渣、适量石膏，磨细制成的具有低水化热的水硬性胶凝材料，简称低热矿渣水泥，简称低热矿渣水泥。按质量百分比计，低热矿渣水泥中粒化高炉矿渣掺加量，按质量百分比计为 20%～60%，允许用不超过混合材料总量 50%的粒化电炉磷渣或粉煤灰代替部分粒化高炉矿渣。

低热矿渣硅酸盐水泥早期强度较低，干缩小、抗硫酸盐性良好，水化热低，一般通过掺加活性混合材料来达到降低水化热的目的。主要参数见表 9-6。

表 9-6　我国低热矿渣水泥国家标准主要技术指标要求

强度等级	水化热（kJ·kg^{-1}）		抗压强度（MPa）		抗折强度（MPa）	
	3d	7d	7d	28d	7d	28d
32.5	≤197	≤230	12.0	32.5	3.0	5.5

2. 应用领域

低热矿渣水泥主要用于对水化热有严格要求、对抗冲击、耐磨和抗冻性要求不高的场合，如大坝或大体积混凝土内部及水下工程等。

3. 产品现状及发展趋势

水电大体积混凝土工程对混凝土抗裂等级要求极高。工程单位在大体积混凝土施工过程中更加重视胶凝材料，尤其是水泥水化热的高低，希望采用水化热更低、强度较高的水泥品种，以尽可能地降低混凝土的内部温升，防止开裂。低热矿渣硅酸盐水泥具有较低的水化热，较好的抗裂性能，受到水电工程的青睐，广泛应用于我国各种类型的水电工程建设中，尤其是大（Ⅱ）型和中小型水电工程，市场需求广阔。同时，低热矿渣硅酸盐水泥可以促进矿渣、磷渣、粉煤灰等混合材的消纳吸收，减少固废堆积排放，促进环境健康发展。低热矿渣硅酸盐水泥以其水化热低，抗裂性良好等优势，深受用户好评，市场应用前景广阔。

9.2.1.4 低热微膨胀水泥

1. 产品定义、特性、主要性能参数

以粒化高炉矿渣为主要组分，加入适量硅酸盐水泥熟料和石膏，磨细制成的具有低水化热和微膨胀性能的水硬性胶凝材料，称为低热微膨胀水泥，代号 LHEC《低热微膨胀水泥》（GB/T 2938—2008）。

低热微膨胀水泥水化热低，具有较好的抗硫酸盐侵蚀性、微膨胀等特性。适用于水工大体积混凝土工程，也适用于一般环境侵蚀水的混凝土工程以及民用和工业建筑工程。

主要参数见表 9-7。

表 9-7 我国低热微膨胀水泥国家标准主要技术指标要求

强度等级	水化热（$kJ \cdot kg^{-1}$）		抗压强度（MPa）		抗折强度（MPa）		28d 干缩率（%）		
	3d	7d	7d	28d	7d	28d	1d	7d	28d
32.5	≤185	≤220	18.0	32.5	5.0	7.0	≥0.05	≥0.10	≤0.06

2. 应用领域

低热微膨胀水泥适用于水工大体积混凝土工程，有利于防止混凝土开裂，简化大坝温控措施，加快施工进度，降低大坝造价。同时也适用于一般环境侵蚀水的混凝土工程以及民用和工业建筑工程。

3. 产品现状及发展趋势

目前水工用水泥基胶凝材料的选择空间较大，有多项特种水泥品种可供选择，因此，低热微膨胀水泥在水工中的应用较少，市场上低热微膨胀水泥的生产、销售和应用也较少。

9.2.1.5 抗硫酸盐硅酸盐水泥

1. 产品定义、特性、主要性能参数

抗硫酸盐硅酸盐水泥是以特定矿物组成的硅酸盐水泥熟料，加入适量的石膏，磨细制成的具有抵抗一定浓度硫酸根离子侵蚀的水硬性胶凝材料《抗硫酸盐硅酸盐水泥》（GB 748-2005），简称抗硫酸盐水泥。根据水泥中 C_3S 和 C_3A 含量的不同，可将其分为中抗硫水泥和高抗硫水泥。

抗硫酸盐水泥早期强度较低，但 7d 以后龄期强度增进率高，具有较低的水化热和良好的抗硫酸盐侵蚀性能。

主要参数见表 9-8。

表 9-8 我国抗硫酸盐水泥抗压强度及水化热性能指标要求

分类	强度等级	抗压强度		抗折强度	
		3d	28d	3d	28d
中抗硫酸盐水泥	32.5	10.0	32.5	2.5	6.0
高抗硫酸盐水泥	42.5	15.0	42.5	3.0	6.5

注：中抗硫酸盐水泥 14d 线膨胀率应不大于 0.060%；高抗硫酸盐水泥 14d 线膨胀率应不大于 0.040%。

2. 应用领域

抗硫酸盐硅酸盐水泥主要用于易受硫酸盐侵蚀的海港、水利、地下、隧道、引水、道路和桥梁基础等工程。

3. 产品现状及发展趋势

抗硫酸盐硅酸盐水泥由于其良好的抗硫酸盐侵蚀性能，越来越多地应用于水下、地下以及临水临海工程，如京沪高铁、成昆铁路隧道工程、青海盐湖筑路工程、新疆公路工程、锦西葫芦岛海港工程等，应用效果良好。随着社会的发展，易于受硫酸盐侵蚀的海港、水利、地下、隧道、引水、道路和桥梁工程不断增多，抗硫酸盐硅酸盐水泥的应用前景十分明朗。

4. 产品应用图片（图 9-7、图 9-8）

图 9-7　抗硫酸盐水泥被应用于成昆铁路工程

图 9-8　抗硫酸盐水泥被应用于海港工程

9.2.2　核电水泥

1. 产品定义、特性、主要性能参数

核电工程用硅酸盐水泥是由适当成分的硅酸盐水泥熟料、加入适量天然二水石膏，磨细制成的适用于核电工程的水硬性胶凝材料，简称核电水泥，是核电工程建设的专用水泥。核电水泥具有高早强、中等水化热、干缩小等综合性能，碱含量和氯离子含量低，集中热水泥、道路水泥和抗硫酸盐水泥的特性于一体。

主要参数见表 9-9。

表 9-9　我国核电水泥国家标准主要技术指标要求

强度等级	C_3S（%）	C_3A（%）	水化热（$kJ\cdot kg^{-1}$）		抗压强度（MPa）		抗折强度（MPa）		28d 干缩率（%）
			3d	7d	3d	28d	3d	28d	
42.5	≤57	≤7	≤251	≤293	17.0	42.5	3.5	6.5	≤0.10

2. 应用领域

核电水泥特别适用于常规岛及核岛工程等对碱含量、强度、水化热要求较高的核岛阀基、安全壳等关键部位工程。

3. 产品现状及发展趋势

核电工程的核岛阀基、安全壳等关键部位属于大体积混凝土工程，其既要具备较高的早期强度以满足施工需要，又要防止温度裂缝。在我国核电工程发展初期，核电工程建设用水泥主要是进口，如秦山一期核电站全部使用了进口核电水泥。一个核电站完整的工程建设周期较长（5～10年），水泥需求量大，全部采用进口水泥价格昂贵、长期工地现场贮存易导致水泥品质下降、国内外水泥检验标准不统一，不利于我国对先进核电工程建设技术的消化、吸收和转化。20世纪90年代，我国核电设计部门在参考和借鉴国外（美国、法国等）水泥标准的经验基础上，对国产水泥提出了一些高早强、中等水化热、干缩小等特殊性能要求。但由于缺乏系统研究，也没有相应的标准作为技术支撑，我国核电工程建设中广泛采用了《通用硅酸盐水泥》（GB 175—2007）中P·O、P·Ⅰ和P·Ⅱ等多个通用水泥品种，但由于水泥水化热高、收缩大，难以满足核电混凝土高强高抗裂技术要求。

中国建筑材料科学研究总院依托国家“十二五”科技支撑计划项目，联合国内核电工程设计、施工单位和水泥生产企业历经数年时间进行科技攻关，成功发明了微量组分掺杂提高矿物早期活性的方法，通过掺入微量组分，将C_3S稳定为具有高胶凝性的R型晶型，水化活性显著提高，实现水泥强度大幅提升；设计了强度与水化热性能协同的高强中热核电工程专用水泥组成，并实现工业化稳定制备，配制的核岛筏基混凝土中心最高温度降低5～8℃，有效解决了混凝土高强度与低绝热温升之间的矛盾，实现对混凝土裂缝有效控制，已成功应用于田湾、红沿河等国家重点核电工程。2015年，我国制定了国际上首部核电工程用水泥国家标准《核电工程用硅酸盐水泥》（GB/T 31545—2015）。核电水泥的成功研制及标准的发布实施，对于规范我国核电水泥的生产和质量控制，提升我国核电工程用水泥和混凝土质量，保障核电站的长期安全运营起到重要作用。核电水泥作为核电工程建设专用水泥品种，目前已在岭澳核电站、大亚湾核电站、阳江核电站、田湾核电站、红沿河核电站等多个核电工程中成功应用，显著提升了核电工程混凝土的性能，有效降低了混凝土绝热温升，应用效果良好。

4. 产品应用图片（图 9-9、图 9-10）

图 9-9 核电水泥应用于红沿河核电站

图 9-10 核电水泥应用于田湾核电站

9.2.3 海工水泥

1. 产品定义、特性、主要性能参数

以硅酸盐水泥熟料和适量天然石膏、矿渣粉、粉煤灰、硅灰粉磨制成的具有较强抗海水侵蚀性能的水硬性胶凝材料，称为海工硅酸盐水泥，简称海工水泥，代号 P·O·P［《海工硅酸盐水泥》（GB/T 31289—2014）］。

海工硅酸盐水泥主要是通过辅助胶凝材料的潜在水硬性反应、火山灰效应和超细颗粒填充效应等，增加其后期水化产物中 C-S-H 数量及其稳定性、增强水泥浆体对氯离子的化学结合和物理吸附力，并优化浆体孔结构、提高其抗渗性，因此和通用硅酸盐水泥相比较，具有较强的抗海水侵蚀的能力，同时还具有低水化热，优良的抗侵蚀性能、抗冻性及耐磨性。

主要参数见表 9-10。

表 9-10 我国海工水泥性能指标要求

强度等级	抗压强度（MPa）		抗折强度（MPa）		28d 抗氯离子渗透性（$m^2 \cdot s^{-1}$）	28d 抗蚀系数
	3d	28d	3d	28d		
32.5L	≥8.0	≥32.5	≥2.5	≥5.5	≤1.5×10^{-12}	≥0.99
32.5	≥10.0		≥3.0			
42.5	≥15.0	≥42.5	≥3.5	≥6.5		

2. 应用领域

海工水泥主要用于海洋工程建设，如跨海大桥、港口、码头、船坞、海上石油钻井平台、海底隧道及沿海地下工程等海洋工程。

3. 产品现状及发展趋势

中国是海洋大国，海岸线长达 18400km，占地面积达 500m^2 以上的海岛有 6900 多个，海域总面积约 300 万 km^2，海洋资源开发已成为当前我国经济发展的战略重点之一。用于海洋工程领域的混凝土，在海洋环境中受离子侵蚀、海浪冲刷、干湿循环、高浓度 CO_2 等因素影响，极易出现劣化甚至破坏，其中钢筋锈蚀导致的混凝土破坏是最突出的问题。根据我国在 2014 年的最新调查，国内的各类海洋工程每年因腐蚀造成的损失高达 1000 亿元以上，这严重影响了我国的海洋开发进程，也制约了国家海洋战略的实施。

海工硅酸盐水泥最早由中国建筑材料科学研究总院等单位在 2003 年于浙江宁波联合研制成功，其后在沿海地区逐步得到推广与应用；但目前该品种水泥在国内的生产和应用量还不多，至今尚无海外出口，大致预测全年总产量仅数十万吨，主要生产地区包括广东、广西、海南、福建、浙江、山东和辽宁等地。目前海工水泥已成功应用于舟山港宝钢矿石码头二期工程、宁波大榭关外万吨液体化工码头、宁波港北仑山多用途水工工程、上海东海大桥百兆瓦海上风电示范工程等，工程实践证明混凝土各项性能指标完全满足要求，应用效果良好。

4. 产品应用图片（图 9-11～图 9-13）

图 9-11　海工水泥应用于宝钢马迹山矿石码头

图 9-12　海工水泥应用于盾构衬砌管片

图 9-13　海工水泥应用于洋山港码头

9.2.4 道路水泥

道路水泥指专用于道路、路面和机场跑道等工程的特种水泥。按照工程中使用部位不同分为道路硅酸盐水泥和道路基层用缓凝硅酸盐水泥。交通建设在经济发展中具有重要位置，我国每年都有数以千亿元的资金投资于交通运输基础设施建设。“十三五”现代综合交通运输体系发展规划提出，到2020年公路通车里程将达到500万公里（2015年为458万公里），高速公路建成里程达到15万公里（2015年为12.4万公里），民用运输机场数达到260个（2015年为207个），通用机场数达到500个（2015年为300个）。

随着我国公路交通及机场建设的发展，水泥混凝土路面工程也随之大幅增加，由于混凝土路面比沥青路面具有使用寿命长、施工简单、维修费用低的优势，因此得到了广泛采用，道路硅酸盐水泥和道路基层用缓凝硅酸盐水泥需求量也越来越大。此外，随着公路的通行量和负荷与日俱增，对水泥混凝土路面的质量和使用寿命也提出了更高的要求，对路面混凝土用胶凝材料的品质尤其是水泥也提出了更高的技术要求。

9.2.4.1 道路硅酸盐水泥

1. 产品定义、特性、主要性能参数

道路硅酸盐水泥是由道路硅酸盐水泥熟料，适量石膏和混合材料，磨细制成的水硬性胶凝材料，简称道路水泥《道路硅酸盐水泥》(GB/T 13693—2017)，代号P·R。道路水泥中熟料和石膏（质量分数）为90%～100%，活性混合材料（质量分数）为0～10%。

道路水泥具有抗折强度高、早期强度增长快、耐磨性好、干缩性小、抗折弹性模量低、水化热低、抗硫酸盐侵蚀性强、抗冻性好等优良性能，基本综合了普通硅酸盐水泥、中热硅酸盐水泥及抗硫酸盐硅酸盐水泥的优点。用其配制的路面混凝土具有良好的施工性能和优良的耐久性，技术性能方面完全能满足路面机构的技术要求。

主要参数见表9-11、表9-12。

表 9-11 国内外现行道路水泥标准的技术指标对比

项目		SR10092-2008	GB/T 13693—2017	
		42.5R	7.5	8.5
抗折强度（MPa）	3d	—	≥4.0	≥5.0
	28d	—	≥7.5	≥8.5
抗压强度（MPa）	3d	≥20（2d）	≥21.0	≥26.0
	28d	≥42.5	≥42.5	≥52.5
凝结时间	初凝	≥60min	≥90min	
	终凝	—	≤10h	
安定性		≤10	合格	
比表面积（m^2/kg）		≥350	300～450	
烧失量（%）		≤3.0	≤3.0	
酸不溶物（%）		≤1.5	—	
SO_3（%）		≤3.5	≤3.5	
MgO（%）		≤2.5	≤5.0	
氯离子（%）		≤0.1	—	
碱含量（%）		≤1	商定。低碱要求时≤0.6	
28d 干缩率（%）		—	≤0.10	
耐磨性（kg/m^2）		—	≤3.0	

表 9-12 我国道路硅酸盐水泥国家标准主要技术指标要求

C_4AF（%）	C_3A（%）	混合材掺量（%）	28d 干缩率（%）	28d 磨耗量（kg/m^2）
≥15.0	≤5.0	≤10	≤0.10	≤3.00

2. 应用领域

道路水泥适用于不同等级的道路路面，特别是高等级、重要交通公路路面工程、飞机场道面工程、城市道路路面工程及其他对耐磨、抗干缩等性能要求较高的其他水泥混凝土面板工程。

3. 产品现状及发展趋势

国外从 20 世纪 50 年代初就开始了道路硅酸盐水泥的研究工作，注重对道路混凝土服役性能、施工工艺与环境影响的研究。日本在《高速公路设计要领》中对路用水泥提出了矿物组成、凝结时间及抗折强度的要求；在欧洲混凝土道路的标准和实践中，法国、捷克、瑞典、德国都对路用水泥矿物组成、组分含量等提出了特殊要求，改善了水泥的某些服役性能。上述国家均没有独立的道路水泥品种及其相应标准，仅在应用领域的相应规范及标准中简单地提出了一些要求。2008 年罗马尼亚标准协会（ASRO）发布了道路水泥标准《SR 10092： 2008 Road Cement》，标准中规定道路水泥熟料 $C_3S \geqslant 50\%$ 和 $C_3A \leqslant 6.0\%$，规定了 42.5R 道路水泥的 2d 和 28d 抗压强度，以及一些常规物理性能，如比表面积、凝结时间、安定性、SO_3、烧失量、不溶物、MgO、碱含量等。我国现行的《道路硅酸盐水泥》（GB 13693—2017）中，最高强度等级的抗折强度达到 8.5MPa，抗压强度达到 52.5MPa，各龄期抗压强度和抗折强度均高于国外同类标准。此外，我国道路水泥标准还提出了适用于道路混凝土的针对性指标，如 28d 磨耗量和 28d 干缩率等。

目前，我国自主研发的道路硅酸盐水泥已成功应用于不同等级的公路路面、城市道路路面、飞机场道面、桥梁和隧洞等工程建设中，如吉林通辽机场、黑河机场、长春机场、西藏贡嘎机场、广州新白云机场、309 国道、京珠高速公路等重大工程，效果良好。

4. 产品应用图片（图 9-14）

图 9-14 道路硅酸盐水泥应用于准兴高速公路

9.2.4.2 道路基层用缓凝硅酸盐水泥

1. 产品定义、特性、主要性能参数

道路基层用缓凝硅酸盐水泥是由硅酸盐水泥熟料、规定掺量的混合材料、适量石膏和（或）其他缓凝材料磨细制成的水硬性胶凝材料，其凝结时间符合道路基层施工要求且具有微膨胀性能，现有标准《道路基层用缓凝硅酸盐水泥》（GB 35162—2017），代号 P·RS。

主要参数见表 9-13。

表 9-13 我国道路基层用缓凝硅酸盐水泥国家标准主要技术指标要求

强度等级	抗压强度（MPa）		抗折强度（MPa）		线膨胀率（%）	
	7d	28d	7d	28d	7d	28d
22.5	≥10.0	≥22.5	≥2.0	≥5.0	≥0.1	≤0.5
32.5	≥15.0	≥32.5	≥3.0	≥6.0		

2. 应用领域

道路基层用缓凝硅酸盐水泥可广泛应用于道路工程施工中稳定道路基层与底基层（包括水泥稳定碎石、水泥稳定砂砾、水泥稳定工业废渣、水泥稳定石屑和水泥稳定砂等）。

3. 产品现状及发展趋势

道路基层用缓凝硅酸盐水泥配制水泥稳定基层时，用量一般为基层材料的6%。由于道路基层用缓凝硅酸盐水泥由硅酸盐水泥熟料、混合材、适量石膏和（或）其他缓凝材料磨细制成，因此，通用硅酸盐水泥的生产厂家均可生产，且混合材料的掺量宜大于40%。由于国家标准《道路基层用缓凝硅酸盐水泥》（GB/T 35162—2017）2018年11月1日才开始实施，而且该材料为订单式生产，所以产量较少，市场占有率较低。国外没有道路基层用缓凝硅酸盐水泥相关产品及技术标准。

道路基层用缓凝硅酸盐水泥已成功应用于河北省太行山高速公路邯郸段、别锡公路、赤通高速公路赤峰—萨力巴段，巴银线（巴彦浩特—银川）公路工程以及京藏高速新麻段（新地—麻黄沟）道路施工等工程中。

4. 产品应用图片（图 9-15）

图 9-15 道路基层用缓凝硅酸盐水泥应用于经棚到乌兰布统公路

参考文献

[1] 彭寿. 新玻璃概论 [M]. 北京：高等教育出版社，2013.

[2] 宋秋芝. 玻璃镀膜技术 [M]. 北京：化学工业出版社，2013.

[3] 鲁大学，曹阳. 光伏 TCO 镀膜玻璃的应用技术分析 [C] // 中国玻璃行业年会暨技术研讨会. 中国建筑玻璃与工业玻璃协会，2008.

[4] 张义武，安钢. 电磁屏蔽玻璃的生产和质量控制 [J]. 玻璃，2007（02）：63-64.

[5] 余家国，赵修建，赵青南. TiO_2 涂层自洁净玻璃的制备及其特性研究 [J]. 太阳能学报，1999.

[6] 吴伟志. 幕墙自洁净玻璃的特点与应用 [J]. 门窗，2008（10）：31-34.

[7] 罗静，李娟，范功端，等. 纳米 TiO_2 光催化自洁净玻璃的制备及应用研究进展 [J]. 微量元素与健康研究，2009.

[8] 林元芳. 平板显示产业"十一五"发展回顾与展望 [J]. 电子玻璃技术，2010.

[9] 陆刚. 探析建筑用防火玻璃的类型和功能特性 [J]. 现代技术陶瓷，2012.

[10] 杜文修，杨娟，高帅，等. 浅谈防火玻璃特性及分类 [J]. 安徽建筑，2015.

[11] 刘微，葛欣国. 防火玻璃生产工艺及现状 [J]. 玻璃，2012.

[12] 李引擎，宋丽，王安春. 防火分隔与防火玻璃 [J]. 建筑玻璃与工业玻璃，2010.

[13] 肖洋. 复合隔热型防火玻璃性能更优 [N]. 北京：中国建设报，2011.

[14] 王艺多. 玻璃器皿辨材质 [J]. 品牌与标准化，2012.

[15] 叶楚桥，何峰，金明芳，等. Na_2O-B_2O_3-SiO_2 玻璃结构中硼配位状态的研究 [J]. 硅酸盐通报，2016（1）：119-22.

[16] 田英良. 医药玻璃 [M]. 北京：化学工业出版社，2015.

[17] 钱景怡，刘伯炎，余正. 关联审评制度下对我国药包材生产企业的建议 [J]. 中国新药杂志，2020，29（9）：972-7.

[18] 燕来荣. 解析玻璃的无铅化与节能环保的绿色玻璃 [J]. 现代技术陶瓷，2013.

[19] 中国建材超薄高铝盖板玻璃下线打破国外垄断 [J]. 中国建材资讯，2018（2）：58

[20] 樊晶，仵小曦，刘映宙，等. 5G 时代触摸屏盖板玻璃技术展望 [J]. 玻璃，2020，47（9）：13-18.

[21] 陈志鸿，刘建党，戴斌. 国内高铝盖板玻璃行业现状浅析 [J]. 玻璃，2019，46 (10)：21-26.

[22] 何方. 清华大学超低能耗示范楼应用新技术新一代高效节能真空玻璃 [J]. 建设科技，2005.

[23] 冯德纯，贾玉英. 真空玻璃 [J]. 玻璃，1999.

[24] 李信彬. 真空玻璃产业化曙光在前 [N]. 中国建材报，2014.

[25] 于向阳，李敬华，芦忠新，等. 微晶玻璃建材的研究与应用 [J]. 玻璃与搪瓷，2002.

[26] 龙文志. 微晶玻璃及微晶玻璃幕墙 [J]. 中国建材，2001.

[27] 朱东梅. 微晶玻璃稳步开拓增量市场 [J]. 现代家电，2019.

[28] 张海亮. 我国高性能纤维产业发展研究 [J]. 新材料产业，2016，000 (003)：2-4.

[29] 祖群，赵谦. 高性能玻璃纤维 [M]. 北京：国防工业出版社，2017.

[30] 刘宪琪，张德刚，孙晓宏. 环保节能型 ECR 玻璃纤维技术的研究与开发 [J]. 山东建材，2017 (6)：45-48.

[31] VENKATESH R，RAMANAN S R. Effect of organic additives on the properties of sol-gel spun alumina fibres [J]. Journal of the European Ceramic Society，2000，20 (14-15)：2543-2549.

[32] TAN H，XIAOLING M A，MINGXING F U. Preparation of continuous alumina gel fibres by aqueous sol-gel process [J]. Bulletin of Materials Science，2013，36 (1)：153-156.

[33] 曹海琳，晏义伍，岳利培，等. 玄武岩纤维 [M]. 北京：国防工业出版社，2017.

[34] 杨岩. 3232A/S4C10-800 玻璃粗纱预浸带的等同性评定 [J]. 高科技纤维与应用，2013，038 (002)：38-42.

[35] 叶鼎铨. 几代无硼玻璃纤维 [J]. 玻璃纤维，2007，000 (002)：44-46.

[36] 刘铭. 攻坚新利器中国 DZJ08 式单兵多用途攻坚弹武器系统 [J]. 轻兵器，2010，000 (020)：10-14.

[37] WILLIAMS S . Improvement in the measurement and control of glass melt temperature of high strength，continuous glass fiber [J]. Dissertations & Theses-Gradworks，2011.

[38] 严瑛，陈燕. 碳纤维技术发展趋势及应用 [J]. 合成材料老化与应用，047 (005)：134-138.

[39] 徐兴军. 无硼无氟玻璃纤维组成与性能的研究 [D]. 济南：济南大学，2011.

[40] 曹海琳，晏义伍，岳利培，等. 玄武岩纤维 [M]. 北京：国防工业出版社，2017.

[41] WILLIAMS S. Improvement in the measurement and control of glass melt temperature of high strength, continuous glass fiber [J]. Dissertations & Theses-Gradworks, 2011.

[42] TODD M. HARMS. Method and apparatus for directly forming continuous glass filaments: USA, US2011/0146351A [P/OL]. 2011-06-23.

[43] 张新元，何碧霞，李建利，等. 高性能碳纤维的性能及其应用 [J]. 棉纺织技术，2011.

[44] 胡和平，邓景辉. 直升机旋翼桨叶复合材料选材现状与分析 [J]. 直升机技术，2002，(01)：1-5.

[45] 陈代荣，韩伟健，李思维，等. 连续陶瓷纤维的制备、结构、性能和应用：研究现状及发展方向 [J]. 现代技术陶瓷，2018.

[46] 刘梦媛，蔡良元，白树成. 某工程用单脉冲相控阵天线平板天线罩工程化研制; proceedings of the 大型飞机关键技术高层论坛暨中国航空学会 2007 年学术年会，中国广东深圳，F，2007 [C].

[47] 蔡积庆. 低热膨胀高弹性模量玻纤环氧覆铜箔板 [J]. 印制电路信息，2008，(11)：29-35.

[48] HARMS T M, BEMIS B L. Method and apparatus for directly forming continuous glass filaments: US.

[49] 陈洋. 碳化硅和氮化硅纳米纤维的制备及其性能研究 [D]. 2018.

[50] 周宏. 碳纤维的十六个主要应用领域及近期技术进展（一）[J]. 产业用纺织品.

[51] 周宏. 碳纤维的十六个主要应用领域及近期技术进展（二）[J]. 产业用纺织品.

[52] 周宏. 碳纤维的十六个主要应用领域及近期技术进展（三）[J]. 产业用纺织品.

[53] 周传雷，艾辉，闫永君. 碳纤维产业现状及发展前景 [J] 化学工程师，2010.

[54] 徐樑华，曹维宇，胡良全. 聚丙烯腈基碳纤维 [M]. 北京：国防工业出版社，2018.

[55] 林刚. 2018 全球碳纤维复合材料市场报告 [J]. 纺织科学研究，2019（7）：52-71.

[56] 周晓斐. 碳纤维战略性新兴产业成长动力研究 [D]. 长春：长春工业大学，2017.

[57] 徐樑华，王宇. 国产高性能聚丙烯腈基碳纤维技术特点及发展趋势 [J]. 科技导报，2018.

[58] 杨岩. 3232A/S4C10-800 玻璃粗纱预浸带的等同性评定 [J]. 高科技纤维与应用，2013，38（02）：38-42.

[59] 刘青华. 工业化制备 SiC 纤维的方法 [J]. 福建轻纺，2006（7）：7-12.

[60] Bernd Claußs. Fibers for Ceramic Matrix Composites [M] // Ceramic Matrix Composites: Fiber Reinforced Ceramics and their Applications. Wiley-VCH Verlag GmbH & Co. KGaA, 2008.
[61] 余黎明. 我国碳纤维行业现状和发展趋势分析 [J]. 新材料产业，2011.
[62] 徐硕，王卓，王亚平，等. 浅论应用碳纤维的领域 [J]. 广州化工，2018，46 (20)：40-41.
[63] 林思飞. 间位芳香族聚酰胺纤维的干湿法纺丝工艺研究 [D]. 上海：东华大学，2012.
[64] 孙现凯，张世超，吴蔚，等. 氧化铝纤维/氧化硅气凝胶/石墨纸多层缝合柔性隔热材料制备及隔热性能研究 [J]. 陶瓷学报，2018.
[65] 马小民，冯春祥，何立军，等. 耐高温连续碳化硅纤维的性能探讨及应用 [J]. 航空制造技术，2014.
[66] 曹峰，李效东，冯春祥，等. 连续氧化铝纤维制造、性能与应用 [J]. 宇航材料工艺，1999，29 (6)：6-10.
[67] 马晓光，刘越. 先进复合材料用高性能纤维发展概述 [J]. 合成纤维，2001 (02)：21-25.
[68] 叶鼎铨. 几代无硼玻璃纤维 [J]. 玻璃纤维 2007 (2)：44-46.
[69] 祖群. 特种玻璃纤维应用与发展 [C] // 全国玻璃纤维专业情报信息网第 35 届年会暨中国硅酸盐学会玻纤分会会议.
[70] SHINICHI T . Glass fiber having low dielectric constant and woven fabric of glass fiber made therefrom: EP 2001.
[71] 陈南梁. 多轴向经编织物复合材料. 上海纺织科技，1999，27 (3)：44-45.
[72] 郭俊贤，樊光华. 国产复合材料在直升机旋翼桨叶研制中的应用 [J]. 直升机技术，1988：15-18.
[73] 景茂祥，沈湘黔. 氧化铝纤维的研究现状与发展趋势 [J]. 矿冶工程，2004.
[74] 张成德. 耐碱玻璃纤维网格布在地暖工程中的应用 [J]. 山西建筑，2013 (11)：75-76.
[75] 杨民收. 玻璃纤维增强水泥混凝土在水利水电工程中的应用 [J]. 山西水利科技，2001 (2)：64-66.
[76] 姜肇中，邹宁宇，叶鼎铨. 玻璃纤维应用技术 [M]. 北京：中国石化出版社，2004.
[77] 张耀明，李巨白. 玻璃纤维与矿物棉全书 [M]. 北京：化学工业出版社，2001.
[78] 胡海峰，张玉娣，邹世钦，等. SiC/SiC 复合材料及其在航空发动机上的应用 [J].

航空制造技术，2010（6）：90-91.
［79］王应德，蓝新艳，何迎春，等. 连续碳化硅原丝的成形基础研究［J］. 高分子通报，2013（10）：89-102.
［80］徐兴军. 无硼无氟玻璃纤维组成与性能的研究［D］. 济南：济南大学.
［81］陈蕾，胡祖明，刘兆峰. 芳纶 1313 纤维制备技术进展［J］. 高分子通报，2004（06）：2-9.
［82］DICARLO J A . Creep of chemically vapour deposited SiC fibres［J］. Journal of Materials Science，1986，21（1）：217-224.
［83］张立同，陈立富，张颖，等. 高性能碳化硅陶瓷纤维现状、发展趋势与对策［C］//复合材料——基础、创新、高效：第十四届全国复合材料学术会议论文集（上）. 2006.
［84］刘宇. 玻璃纤维行业绿色制造探索［J］. 能源研究与管理. 2018.
［85］刘宪琪，张德刚，孙晓宏. 环保节能型 ECR 玻璃纤维技术的研究与开发［J］. 山东建材，2007，028（006）：45-48.
［86］赵磊. 袋式除尘用过滤材料的开发及应用［J］. 国际纺织导报. 2011.
［87］高瞻. 锚杆悬吊 GRC 模板在隧道支护中的应用研究［D］. 西安：西安科技大学.
［88］李刚，欧书方，赵敏健. 石英玻璃纤维的性能和用途［J］. 玻璃纤维，2007.
［89］RAPPAPORT J. B. Kevlar aramid fiber properties and applications［J］. Clemson University Industrial Fibersand Fabrics Conference，1990，5：18-15.
［90］蔡积庆. 低热膨胀高弹性模量玻纤环氧覆铜箔板［J］. 印制电路信息，2008，（11）：29-35.
［91］祖群，陈士洁，孔令珂. 高强度玻璃纤维研究与应用［J］. 航空制造技术，2009.
［92］陈阳，王岚，李振伟. 玄武岩纤维性能及应用［J］. 新型建筑材料，2000.
［93］张增浩，赵建盈，邹王刚. 高硅氧玻璃纤维产品的发展和应用［J］. 高科技纤维与应用，2007.
［94］戚德海，亓松彬，刘宪琪，等. 高锆耐碱玻璃纤维的应用研究［J］. 玻璃纤维，2015.
［95］韩峥，曾绪斌. 玻璃纤维增强不饱和聚酯燃烧性能研究［J］. 消防科学与技术，2017，36（6）：758-760.
［96］包建文，蒋诗才，张代军. 航空碳纤维树脂基复合材料的发展现状和趋势［J］. 科技导报，2018.
［97］胡芳芳，聂小安. 碳纳米管增强环氧树脂基复合材料研究进展［J］. 热固性树脂，2019（1）：1.

[98] 罗前宽. 玻璃钢管道生产工艺探讨 [J]. 化学工程与装备，2012.
[99] 刘汉运. 12 米游艇真空导入技术探讨 [J]. 玻璃钢，2016.
[100] 魏广恒，黄故. VARI 在建筑物加固修复上的应用 [J]. 纤维复合材料，2006.
[101] 王芳. 沟槽型 VARTM 成形技术的研究 [D]. 2006.
[102] 王天堂，陆士平. 国内外乙烯基酯树脂品种及性能概述 [J]. 纤维复合材料，2001.
[103] 郝志勇，李玲，福虎，等. 耐腐蚀性乙烯基酯树脂的研究与应用 [J]. 中国胶粘剂，2007，16（6）：39-41.
[104] 沈伟，刘金安，王天堂，等. 高性能环氧乙烯基酯树脂在车辆制造上的应用 [J]. 纤维复合材料，2005，4.
[105] 王天堂，陆士平，武兵. 环氧乙烯基酯树脂在风电叶片行业应用的可行性探讨 [J]. 玻璃钢/复合材料，2011（6）：68-72.
[106] 谢铁秦. 碳纤维/酚醛树脂预浸料储存老化及其复合材料成形工艺研究 [D]. 兰州：兰州交通大学，2019.
[107] 王俊勃，赵川，高晓丁，等. 苎麻纤维增强酚醛复合材料的研究 [J]. 纤维复合材料，2001（01）：13-15.
[108] 何唯平，程晓芳. 路威 2008 芳纶布在混凝土墩柱加固中的应用技术 [J]. 铁道建筑，2004（07）：66-67.
[109] 魏化震，李恒春，张玉龙. 复合材料技术 [M]. 北京：化学工业出版社，2017.
[110] 亢雅君，殷立新. 酚醛树脂基复合材料及工艺的新发展 [J]. 材料科学与工程，1996（02）：58-62.
[111] 赵华，贺辛亥，王宽喜. 酚醛树脂及其复合材料研究现状 [J]. 科技信息，2009（21）：48-49.
[112] 佚名. 不饱和聚酯树脂产业发展迅猛 [N]. 化工时刊，2013.
[113] 朱永茂，刘勇，殷荣忠，等. 酚醛树脂及其复合材料发展动向 [J]. 玻璃纤维，2005（03）：35-43+52.
[114] 艾涛，张海师，吴锋，等. 双马来酰亚胺树脂基复合材料研究进展 [J] 中国胶粘剂，2014（5）：1-4.
[115] 陶斐. 双马来酰亚胺树脂的改性及其复合材料性能研究 [D]. 西安：西安理工大学，2019.
[116] 李兆敏. 多壁碳纳米管/环氧树脂复合材料的研究 [D]. 上海：东华大学，2006.
[117] 梁国正，顾媛娟. 双马来酰亚胺树脂 [M]. 北京：化学工业出版社，1997.
[118] 苏敏. 芳纶纤维/双马来酰亚胺树脂复合材料的研究 [D]. 苏州：苏州大

学，2011.
[119] 张成德. 耐碱玻纤网格布在地暖工程中的应用 [J]. 山西建筑，2013，39 (032)：75-75.
[120] 王汝敏，舒武炳，宁荣昌，等. 韧性双马来酰亚胺树脂基复合材料的研究 [D]. 西安：西安工业大学，1999.
[121] 周祖福，王伟，黄志雄. 高性能复合材料基体双马来酰亚胺树脂的研究状况及发展趋势 [D]. 武汉：武汉工业大学，1995.
[122] 李玉芳，伍小明. 聚酰亚胺树脂生产和应用进展 [J]. 国外塑料，2009，9.
[123] 包建文，陈祥宝. 发动机用耐高温聚酰亚胺树脂基复合材料的研究进展 [J]. 航空材料学报，2012，6.
[124] 高飞龙，李松，肖沅谕. 纤维增强 PMR 型聚酰亚胺复合材料研究概况 [J]. 玻璃钢/复合材料，2018，9.
[125] 范琳，陈建升，胡爱军，等. 高性能聚酰亚胺材料的研究进展 [J]. 材料工程，2007，S1.
[126] 赵伟栋，王磊，董波，等. PMR 型聚酰亚胺树脂基复合材料研究及应用 [J]. 宇航材料工艺，2009，4.
[127] 赵伟栋，王磊，潘玲英，等. 聚酰亚胺复合材料研究进展 [J]. 宇航材料工艺，2013，4.
[128] 杨士勇，高生强，胡爱军，等. 耐高温聚酰亚胺树脂及其复合材料的研究进展 [J]. 宇航材料工艺，2000，1.
[129] 江辉. 国外航天结构新材料发展简述 [J]. 宇航材料工艺，1998，4.
[130] 孟祥丽. 含噁唑环新型聚酰亚胺的合成及其性能研究 [D]. 哈尔滨：哈尔滨工业大学，2007.
[131] 秦小山，冯静，王仁舒，等. 强环氧树脂复合材料性能研究进展 [J]. 山东化工，2019.
[132] 赵洪涛，陈国华，田明伟，等. 功能性环氧树脂复合材料研究进展 [J]. 盐城工学院学报（自然科学版），2018.
[133] 张凤翻，李元珍，娄葵阳，等. PEEK 基体热塑性树脂基复合材料的研究 [J]. 材料工程，1996 (6)：40-43.
[134] 何洋，梁国正，黄艳，等. 乙烯基酯树脂的研究进展 [J]. 绝缘材料，2003.
[135] 陈济桁. 2019 年航空复合材料产业发展回顾与展望 [007]. 中国航空报，2020-03-13.
[136] 王天堂，陆士平. 国内外乙烯基酯树脂品种及性能概述 [J]. 纤维复合材

料，2001.
[137] 刘国勤，谢德龙. 酚醛树脂基复合材料的研究进展 [J]. 河南化工，2010，27 (6)：21-27.
[138] 杨民收. 玻璃纤维增强水泥混凝土在水利水电工程中的应用 [J]. 山西水利科技，2001，000 (002)：64-65.
[139] 陈南梁. 多轴向经编织物复合材料 [J]. 上海纺织科技，1999，027 (003)：44-45.
[140] 郑江楠. 先进复合材料在航空航天领域的研发与应用 [J]. 科技创新导报，2018，v. 15；No. 434 (02)：18-18.
[141] 周宇. 含苯并咪唑基团的聚酰亚胺树脂及其碳纤维复合材料的研究 [D]. 长春：吉林大学，2014-06-01.
[142] 胡和平，邓景辉. 直升机旋翼桨叶复合材料选材现状与分析 [C] // 全国直升机年会. 中国航空学会，2001.
[143] 张颖，余煜玺. 高性能陶瓷纤维 [M]. 北京：国防工业出版社，2018.
[144] 王倩倩，周燕萍，郑会保，等. 耐高温聚酰亚胺树脂及其复合材料的研究及应用 [J]. 工程塑料应用，2019.
[145] 赵利亚，陈修敏，李又兵，等. 玻璃纤维增强不饱和聚酯夹层板复合材料性能研究 [J]. 化工新型材料，2018，46 (09)：80-83.
[146] 林思飞. 间位芳香族聚酰胺纤维的干湿法纺丝工艺研究 [D]. 上海：东华大学，2012.
[147] 刘梦媛，蔡良元，白树成. 某工程用单脉冲相控阵天线平板天线罩工程化研制 [C] // 大型飞机关键技术高层论坛暨中国航空学会 2007 年学术年会论文集，2007.
[148] 陈济桁. 2019 年航空复合材料产业发展回顾与展望 [007]. 中国航空报，2020-02-13.
[149] 刘诗怡. 我国玻璃钢与复合材料发展历程和展望 [J]. 技术与市场，2015，22 (10)：106.
[150] 李辉，杜建华，王浩旭，等. 碳纤维织物增强树脂基摩擦材料摩擦学性能研究 [J]. 功能材料，2017，48 (04)：4100-4104.
[151] 罗晓宇，王斌，康伟刚，等. 高硅氧玻纤布/酚醛树脂复合材料的制备及其在过滤网中的应用 [J]. 纺织高校基础科学学报，2017，30 (04)：457-463.
[152] 李三平，杨正. 连续碳纤维增强热塑性复合材料的性能优势及应用举例 [J]. 中国新技术新产品，2019.
[153] 赵利亚，陈修敏，李又兵，等. 玻璃纤维增强不饱和聚酯夹层板复合材料性能研究 [J]. 化工新型材料，2018，46 (09)：80-83.

[154] 刘诗怡. 我国玻璃钢与复合材料发展历程和展望 [J]. 技术与市场，2015，22 (10)：106.
[155] 郭景坤. 中国先进陶瓷研究及其展望 [J]. 材料研究学报，1997，11 (006)：594-600.
[156] 叶宏明. 中华陶瓷发展的历史脉络 [J]. 中国陶瓷工业，2011 (05)：43-48.
[157] 王树海. 先进陶瓷的现代制备技术 [M]. 北京：化学工业出版社，2007.
[158] 郑培烽，刘继武. 现代先进陶瓷的分类及技术应用 [J]. 陶瓷，2009 (4).
[159] 曲远方. 功能陶瓷及应用 [M]. 北京：化学工业出版社，2014.
[160] 葛伟青. 特种陶瓷材料的研究进展 [C] // 中国硅酸盐学会陶瓷分会 2010 年学术年会论文集 (二). 2010：71-74.
[161] 张伟儒，李伶，王坤. 先进陶瓷材料研究现状及发展趋势 [J]. 新材料产业，2016.
[162] 李世普. 特种陶瓷工艺学 [M]. 武汉：武汉理工大学出版社，2007.
[163] 卜景龙，刘开琪，王志发. 凝胶注模成型制备高温结构陶瓷 [M]. 北京：化学工业出版社，2008.
[164] 苗赫濯. 结构陶瓷 [M]. 中国新材料产业发展报告 (2004)，2004.
[165] 肖汉宁，高朋召. 高性能结构陶瓷及其应用 [M]. 北京：化学工业出版社，2006.
[166] 郭景坤. 关于先进结构陶瓷的研究 [J]. 无机材料学报，1999 (02)：193-202.
[167] 韦艳. 高纯氧化铝陶瓷金属化配方研究 [D]. 北京：北京工业大学，2012.
[168] 尹衍升，李嘉. 氧化锆陶瓷及其复合材料 [M]. 北京：化学工业出版社，2004.
[169] 诸爱珍，浦雪琴，朱军. ZrO_2 粉体及陶瓷的制备 [J]. 江苏陶瓷，2003.
[170] 于国波. 加快新型无机非金属材料产业发展 构筑建材行业崭新的未来 [N]. 中国建材报，2013.
[171] 付鹏. 石英陶瓷的研究应用现状及发展前景 [J]. 佛山陶瓷，2007.
[172] 徐鹏，杨建，丘泰. 高导热氮化硅陶瓷制备的研究进展 [J]. 硅酸盐通报，2010，29 (002)：384-389.
[173] 李小雷. 氮化铝陶瓷 [M]. 北京：冶金工业出版社，2010.
[174] 秦明礼，曲选辉，林健凉，等. 氮化铝陶瓷研究和发展 [J]. 稀有金属材料与工程，2002.
[175] 胡友静，燕晓艳. 氮化铝陶瓷的研究和应用进展 [J]. 科技传播，2010.
[176] 翟凤瑞，单科，李楠，等. 氮化硼陶瓷的低温热压烧结及其性能研究 [J]. 陶瓷学报，2019 (4)：464-468.

[177] 徐鹏金. 浅析六方氮化硼陶瓷的制备与应用 [J]. 中国粉体工业，2019.
[178] 郭胜光，吕波，王积森，等. 氮化硼合成及应用的研究 [J]. 山东机械，2004.
[179] 岳建设，王红洁，乔冠军. 反应烧结制备多孔 β-SiAlON [J]. 硅酸盐学报，2012，40 (004)：489-492.
[180] 李素平，孙宏巍，贾晓林，等. SiAlON 基陶瓷材料的研究进展及应用 [J]. 金刚石与磨料磨具工程，2003.
[181] 刘水刚. 高伟多孔碳化硅的制备与应用研究进展 [J]. 陶瓷，2004.
[182] 李缨，黄凤萍，梁振海. 碳化硅陶瓷的性能与应用 [J]. 陶瓷，2007.
[183] 叶常青，吴振伟，王小伟，等. 碳化硅陶瓷材料的制备工艺和应用研究进展 [J]. 信息记录材料，2014.
[184] 杨亮亮，谢志鹏，刘维良，等. 碳化硼陶瓷的烧结与应用新进展 [J]. 陶瓷学报，2015.
[185] 裴立宅，肖汉宁，祝宝军，等. 碳化硼粉末及其复相陶瓷的研究现状与进展 [J]. 稀有金属与硬质合金，2004.
[186] 王浩，王金龙，苟燕子. 先驱体转化法制备高性能碳化硼陶瓷材料研究进展 [J]. 无机材料学报，2017.
[187] 吴玉胜，李明春. 功能陶瓷材料及制备工艺 [M]. 北京：化学工业出版社，2013.
[188] 刘书惠.《功能陶瓷及应用》[J]. 稀有金属快报，2003.
[189] 尧世文，王华，王胜林. 特种陶瓷材料的研究与应用 [J]. 工业加热，2006.
[190] 牛金叶，孙成功. 透明陶瓷的研究现状及应用进展 [J]. 现代技术陶瓷，2007.
[191] Yoshikawa，Yuji，c/o，Intellectual Property Department，Hata，Kotaro，c/o，等. Method for making raw dielectric ceramic powder，dielectric ceramic and monolithic ceramic capacitor [J]. 2012.
[192] 刘鎏，谢鹏，郭小瑶，等. 纳米 ATO 的制备及应用进展 [J]. 包装工程，2020.
[193] 李平舟. 电子陶瓷材料及产品与技术解读 [J]. 现代技术陶瓷. 2015.
[194] 贺连星，李毅，李广成，等. 无铅压电陶瓷材料研究进展 [J]. 电子元件与材料，2004，23 (011)：52-55.
[195] 李环亭，孙晓红，陈志伟. 压电陶瓷材料的研究进展与发展趋势 [J]. 现代技术陶瓷，2009.
[196] 蓝天旺，黄南兴. 高性能新型陶瓷材料的介绍与研究现状 [J]. 佛山陶瓷，2019.
[197] 谢志鹏，刘伟，薄铁柱. 透明氧化铝陶瓷制备的研究进展 [J]. 硅酸盐通

报，2011.
[198] 段锦霞，王程民，王修慧，等. 镁铝尖晶石透明陶瓷研究进展 [J]. 粉末冶金技术，2017.
[199] 闻芳，杜洪兵，雷牧云，等. 镁铝尖晶石超细粉末的制备 [J]. 现代技术陶瓷，2003.
[200] 付萍，吕文中. 透明 $MgAl_2O_4$ 陶瓷制备工艺研究进展 [J]. 电子元件与材料，2011.
[201] 田庭燕，杜洪兵，孙峰，等. 透明 AlON 陶瓷研究现状及应用 [J]. 陶瓷，2008.
[202] 石坚波. AlON 透明陶瓷研究进展 [J]. 江苏陶瓷，2015.
[203] 卢帅，周有福，苏明毅，等. 透明 AlON 陶瓷的研究进展与展望 [J]. 现代技术陶瓷，2017.
[204] 陈小明，伏利，苏建灏，等. AlON 陶瓷的研究现状与发展趋势 [J]. 材料导报，2020.
[205] 胡明霞. 氧化铝陶瓷的制备与应用 [J]. 中国粉体工业，2018.
[206] 张小锋，于国强，姜林文. 氧化铝陶瓷的应用 [J]. 佛山陶瓷，2010.
[207] 余明清，陈学江，郑春岐，等. 微晶氧化铝陶瓷的制备、应用与发展 [J]. 新材料产业，2006.
[208] 刘志国. 高纯莫来石陶瓷的工业应用 [J]. 佛山陶瓷，2001 (7).
[209] 白健，孙华宁. 高纯度莫来石的制备方法及其应用研究进展 [J]. 煤炭技术，2019.
[210] 沈晓玲. NTC 热敏电阻温度特性的研究 [J]. 龙岩学院学报，2006.
[211] 范积伟，夏良，张小立. 新型压敏陶瓷材料的研究与进展 [C]. 2009 中国功能材料科技与产业高层论坛论文集，2009.
[212] 沈刚，董发勤，袁昌来，氧化锌压敏陶瓷研究现状 [J]. 佛山陶瓷，2004.
[213] 徐翠艳，王文新，李成. 半导体陶瓷的研究现状与发展前景 [J]. 辽宁工学院学报，2005.
[214] 张维兰. 气敏陶瓷的发展及应用 [J]. 科技信息，2006.
[215] 崔志敏，马雪刚. 气敏陶瓷材料的制备及应用 [J]. 山东陶瓷，2007.
[216] 张艳丽. 生物陶瓷材料及其发展动态 [J]. 中国陶瓷，2007.
[217] 李湘洲，李凡. 生物陶瓷材料的现状与发展趋势 [J]. 佛山陶瓷，2003.
[218] 秦祥. 生物陶瓷的应用和发展 [J]. 内蒙古石油化工，2009.
[219] 李进卫. 环保奇效优势凸显话陶瓷 [J]. 现代技术陶瓷，2015.

[220] 崔福斋，郭牧遥. 生物陶瓷材料的应用及其发展前景 [J]. 药物分析杂志，2010.

[221] 刘路路，万辉，楚雪梅. 生物陶瓷材料的应用及发展前景 [J]. 中国战略新兴产业，2018.

[222] 张文毓. 生物陶瓷材料的研究与应用 [J]. 陶瓷，2019.

[223] 范益群，漆虹，徐南平. 多孔陶瓷膜制备技术研究进展 [J]. 化工学报，2013.

[224] 王荣国，武卫莉，谷万里. 复合材料概论 [M] .3 版. 哈尔滨：哈尔滨工业大学出版社，2004.

[225] 张长瑞. 陶瓷基复合材料——原理，工艺，性能与设计 [M]. 长沙：国防科技大学出版社，2001.

[226] 王群，刘欣，李家科，等. 陶瓷基复合材料的研究进展 [J]. 现代技术陶瓷，2006.

[227] 朱俊. 工程陶瓷基复合材料及其运用 [J]. 现代技术陶瓷，2010.

[228] 杨涛林，陈跃. 颗粒增强金属基复合材料的研究进展 [J]. 铸造技术，2006 (08)：871-873.

[229] 黄德中. 陶瓷基复合材料的研究现状及在发动机上的应用展望 [J]. 农业机械学报，2006.

[230] 张振东，庞来学. 陶瓷基复合材料的强韧化研究进展 [J]. 江苏陶瓷，2006.

[231] 张长瑞，陈朝辉. 纤维增强陶瓷基复合材料 [J]. 宇航材料工艺，1989，000 (001)：8-15.

[232] 李专，肖鹏，熊翔. 连续纤维增强陶瓷基复合材料的研究进展 [J]. 粉末冶金材料科学与工程，2007.

[233] 艾江，张小红，王坤，等. 连续纤维增强陶瓷基复合材料合成技术及发展趋势 [J]. 陶瓷，2016.

[234] 徐海江. 陶瓷基复合材料的进展及应用 [J]. 宇航材料工艺，1991.

[235] 杨高峰，张小红，王坤，等. 连续纤维增强陶瓷基复合材料合成技术及发展趋势 [J]. 上海建材，2016.

[236] 甘永学. 纤维增强陶瓷基复合材料的研究及其在航空航天领域的应用 [J]. 宇航材料工艺，1994.

[237] 李鸿鹏，马康民，李锋，等. 难熔金属在陶瓷基复合材料上的应用 [J]. 航空维修与工程，2004，03 (3)：24-24.

[238] 陶进长，那顺桑，杨海霞. 金属基复合材料的发展现状及展望 [C]. 2007 年河北省轧钢技术与学术年会论文集（上册），2007.

[239] 马群. 非金属矿在农业、环保等领域的应用 [J]. 中国非金属矿工业导刊，2015.

[240] 胡安，袁鸽，张宁，等. 黏土矿物在电池领域的应用研究进展 [J]. 新能源进展，2020.

[241] 吕国诚，廖立兵，李雨鑫，等. 快速发展的我国矿物材料研究-十年进展（2010—2020）[J]. 矿物岩石地球化学通报，2020（39）：57-59.

[242] 商平. 环境矿物材料 [M]. 北京：化学工业出版社，2008.

[243] 董颖博. 环境矿物材料 [M]. 北京：冶金工业出版社，2020.

[244] Lv Guocheng，Xing Xuebing，Liao Libing，et al. Synthesis of birnessite with adjustable electron spin magnetic moments for the degradation of tetracycline under microwave induction [J]. Chemical Engineering Journal，2017：329-338.

[245] Gu Wenlong，Lv Guocheng，Liao Libing，et al. Fabrication of Fe-doped birnessite with tunable electron spin magnetic moments for the degradation of tetracycline under microwave irradiation [J]. Journal of Hazardous Materials，2017：428-436.

[246] Liu Shiyuan，Lv Guocheng，Liao Libing，et al. Anchoring Fe_3O_4 Nanoparticles on Carbon Nanotubes for Microwave-Induced Catalytic Degradation of Antibiotics [J]. ACS applied materials & interfaces，2018.

[247] Wang Xiaoyu，Lv Guocheng，Liao Libing，Wang Guangsheng. Manganese oxide-an excellent microwave absorbent for the oxidation of methylene blue [J]. Rsc Advances，2015，5（68）：55595-55601.

[248] Qin Faxiang，Wu Limei，Lv Guocheng，Liao Libing. Stability and pH-independence of nano-zero-valent iron intercalated montmorillonite and its application on Cr（Ⅵ）removal [J]. Journal of Contaminant Hydrology，2015，179，1-9.

[249] 鄢春根，徐有华，罗晓宁. 我国多孔陶瓷专利分析与发展方向 [J]. 山东陶瓷，2010.

[250] 俞树荣，张婷，冯辉霞，等. 吸附材料在脱硫中的应用和研究进展 [J]. 河南化工，2006.

[251] 景晓燕，郭慧明，张璐璐，等. 有机-无机柱撑蒙脱石的制备与脱硫性能 [J]. 矿物学报，2007.

[252] 刘盼，李若雯，吴俊峰，等. 黏土矿物强化混凝处理微污染水源水研究现状与进展 [J]. 广州化工，2016.

[253] 孙恩呈. 环境矿物材料治理水污染研究进展 [J]. 天津化工，2012，26（2）：

13-16.
[254] 古菊云. 天然矿物水处理剂系列产品简介 [J]. 中国科技成果，2002，000 (012)：36-37.
[255] 李婷婷，刘贵权，刘菲，等. 铁矿物催化氧化技术在水处理中的应用 [J]. 地质通报，2012，031 (008)：1352-1358.
[256] 高如琴，谷一鸣，曹行，等. 电气石修饰硅藻土基内墙材料的制备及甲醛去除效果研究 [J]. 郑州轻工业学院学报（自然科学版），2018，033 (002)：7-12.
[257] 任家宽. 沸石浓缩转轮在某汽车企业涂装 VOC 处理的应用 [J]. 建筑工程技术与设计，2015，000 (020)：2095-6630.
[258] 李铭哲，刘阳钰，郑水林，等. 改性硅藻土的甲醛吸附性能与吸附机理 [J]. 非金属矿，2019，42 (3)：89-92.
[259] 李芮，施宇震，宁平，等. 改性活性炭吸附甲苯废气的研究进展 [J]. 材料导报，2019，33 (07)：58-65.
[260] 张巍. 海泡石吸附混合污染物和气态污染物的研究进展 [J]. 中国矿业，2019，028 (002)：126-132.
[261] 任家宽. 沸石浓缩转轮在某汽车企业涂装 VOC 处理的应用 [J]. 建筑工程技术与设计，2015，000 (020)：2419，2216.
[262] 栾志强，王喜芹，李京芬. 2019 年 VOCs 减排控制行业发展评述及展望 [J]. 中国环保产业，2020，No. 260 (02)：27-29.
[263] 李立清，石瑞，顾庆伟，等. 酸改性活性炭吸附甲苯的性能研究 [J]. 湖南大学学报：自然科学版，2013.
[264] 陈远其，张钰，陈国梁，等. 石灰对土壤重金属污染修复研究进展 [J]. 生态环境学报，2016，25 (8)：1419-1424.
[265] 易利萍. 原位固定修复重金属污染土壤研究 [J]. 中国高新技术企业，2010，(9)，31-32.
[266] 黄占斌，李昉泽. 土壤重金属固化稳定化的环境材料研究进展 [J]. 中国材料进展，2017，36 (11)：840-851.
[267] 李萌，胡霖，王浩，等. 无机稳定剂处理重金属污染土壤 [J]. 化工环保，2014，34 (1)：50-54.
[268] 任珺，陶玲，刘依琳，等. 一种凹凸棒基土壤重金属修复剂 [P]. 中国，201810735017. X.
[269] 钟楚彬，曹正海，王杨，等. 活化改性矿物基土壤调理剂的研发及产业化—(I) 材料制备与产品特性 [J]. 中国高新科技，2018，(10)：11-14.

［270］曹正海，赖学明，张振兴，等. 活化改性矿物基土壤调理剂的研发及产业化—（III）中试与应用研究［J］. 中国高新科技，2018，（12），3-6.
［271］陈磊，廖立兵，张秀丽，等. 膨润土、沸石和赤泥用作垃圾填埋场底部矿物衬里的研究［J］. 环境工程，2010，28（A1）：209-213.
［272］余海波，黄树焘，宋静，等. 酸化铜尾矿基质改良剂的筛选［J］. 农业环境科学学报，2013，32（9）：1800-1805.
［273］欧琪琪，陈永华，付雄略，等. 3 种改良剂对铅锌矿渣中重金属形态及植物富集的影响［J］. 环境污染与防治，2019，41（9）：1026-1031.
［274］李冬妮. 硅藻土在锂离子电池隔膜中的应用研究［D］. 吉林：吉林大学，2020.
［275］林锋，冯曦，李世晨，等. 新型硅基铝金属高性能电子封装复合材料研究［J］. 材料导报，2006.
［276］甘卫平，陈招科，杨伏良，等. 高硅铝合金轻质电子封装材料研究现状及进展［J］. 材料导报，2004.
［277］杨菲，周莉. 封装用环氧模塑料制备及其线膨胀性能研究［J］. 电子与封装，2013.
［278］李俊，蒋述兴. 球形硅微粉的制备现状［J］. 佛山陶瓷，2012.
［279］旦辉，丁艺，林金辉. 粉石英制备高纯球形纳米 SiO_2［J］. 矿产综合利用，2012.
［280］危良才. 中国大陆覆铜箔板生产现状调研［J］. 纤维复合材料，2009.
［281］曹家凯. 覆铜板用填料发展趋势［J］. 覆铜板资讯，2016.
［282］罗文谦. 石墨烯在导热散热领域的应用［J］. 新材料产业，2018.
［283］洪泽勇，高林. 石墨烯薄膜制备研究进展［J］. 山东化工，2014.
［284］金小宁，洪璐. 石英原料在太阳能级石英坩埚应用中存在的一些问题［C］. 2012 高新技术用石英制品及相关材料应用技术与市场研讨会论文集，2012.
［285］刘洋. 扫描电镜在电碳领域中的应用［J］. 炭素，2020.
［286］贾清正. 变电站安全围网应用的改进探讨［J］. 通讯世界，2019.
［287］李秀强，张东. 化学法制备石墨烯基透明导电薄膜的研究进展［J］. 功能材料，2014.
［288］谢兰，熊玉竹，罗筑，等. 聚合物基石墨烯导电复合材料研究进展［J］. 塑料工业，2017.
［288］胡佩伟，杨华明，胡岳华，等. 重晶石矿物材料的制备技术与应用进展［J］. 材料导报，2008.
［290］张小伟，刘淑鹏. 云母基复合绝缘材料研究进展［J］. 材料导报，2015.

[291] 梁燕. 军队网络的安全威胁及技术防护 [J]. 网络安全技术与应用，2015.
[292] 刘旭琳，罗蕙敏，刘元军，等. 石墨烯及其在电磁屏蔽领域的研究进展 [J]. 染整技术，2019.
[293] 罗贵荣. 天然矿物肥料及其农业应用 [J]. 浙江农业科学，2006.
[294] 王云，程天骄，董婧. 高吸水性树脂的制备及在农业生产中的应用 [J]. 科技视界，2016.
[295] 倪海峰，朱尤东，刘树堂，等. 保水剂及有机酸土壤调理剂对盐碱地的改良效果及小麦产量的影响 [J]. 山东农业科学，2020.
[296] 庄文化，冯浩，吴普特. 高分子保水剂农业应用研究进展 [J]. 农业工程学报，2007.
[297] 黄蓉，张丹露，李建法. 改性黏土作为载体在农药控制释放中的应用 [J]. 现代农药，2012.
[298] 李旭. 非金属矿物在改善农业环境中的作用 [J]. 农业环境与发展，2003.
[299] 胡江旭，朴香淑. 黏土的作用机理及其在畜禽生产中的应用研究进展 [J]. 饲料工业，2019.
[300] 袁勇，文伟，冯智茂，等. 凹凸棒石的作用机制及其在动物生产中的应用 [J]. 动物营养学报，2020.
[301] 徐子伟，万晶. 饲料霉菌毒素吸附剂研究进展 [J]. 动物营养学报，2019.
[302] 单慧，董颖超，李军国，等. 蒙脱石及其改性产品控制霉菌毒素毒性的研究进展 [J]. 饲料工业，2012.
[303] 肖雷，马惠荣，姚菁华，等. 凹凸棒土对黄曲霉毒素 B1 的吸附特性 [J]. 江苏农业科学，2012.
[304] 罗有文，周岩民，王恬. 凹凸棒石黏土的生物学功能及其在动物生产上的应用 [J]. 硅酸盐通报，2006 (06)：159-164.
[305] 舒展，张毅，谢虹忆，等. 硅酸盐黏土矿物在抗菌方面研究进展 [J]. 材料工程，2018，v. 46；No. 419 (04)：27-34.
[306] 田利华，胡崇，刘开俊，等. 创伤性死亡危险因素与评价 [J]. 创伤外科杂志，2005，7 (2)：102-105.
[307] 韩龙. 轻质高强石膏砌块关键制备技术研究 [D]. 南京：东南大学，2019.
[308] 史俊斌. 可注射纳米复合晶胶快速止血材料问世 [N]. 科技日报，2018.
[309] 张丽. 红黏土/聚氨酯复合材料的制备及生物相容性，生物稳定性的研究 [D]. 广州：暨南大学，2009.
[310] 庄官政，邓亮亮，杜培鑫，等. 硅藻蛋白石基先进材料的构建和应用研究进展

[J]. 矿产保护与利用，2019，039（006）：121-133.
[311] 刘琳洁. 两种凝血材料对抗凝血治疗患者止血效果的比较观察［J］. 血栓与止血学，2019，25（005）：790-791.
[312] 李云龙，廖晓峰，张晓夕，等. 沸石止血机理研究及高效沸石-血浆复合止血材料的开发［C］// 中国化学会第29届学术年会.
[313] 刘鹏，徐鹏，张济源. 止血材料研究进展［J］. 饲料博览，2018，000（012）：89.
[314] 张宜，张梦，刘学会，等. 美军高岭土止血材料的研究进展［J］. 华南国防医学杂志，2014，028（012）：1275-1277.
[315] 胡玮，崔新爱，刘欣，等. 胶原/丝素电纺纳米纤维膜体外培养肝细胞的研究［J］. 中国生物医学工程学报，2012.
[316] 王婧奇. 多糖/沸石复合止血材料的研制［D］. 上海：东华大学，2015.
[317] 樊光辉，张宜，刁波，等. 高岭土复合止血纱布的制备与评价［J］. 华南国防医学杂志，2014（10）：948-950.
[318] 王立群，徐磊，王树伟，等. 介孔二氧化硅微球的淀粉复合止血敷料［J］. 中国组织工程研究，2011，15（029）：5379-5383.
[319] 陈宏达，郑荣寿，王乐，等. 2019年中国肿瘤流行病学研究进展［J］. 中华疾病控制杂志，2020，v. 24（04）：7-13.
[320] 姚义俊，齐贵君，刘斌. 凹凸棒石粉末提纯及浆料流变性能的研究［J］. 矿产保护与利用，2019，39（02）：81-84＋90.
[321] 孙井辉，王红英，钱斯日古楞，等. 纳米级磁性壳聚糖微球的靶向性研究［J］. 材料导报：纳米与新材料专辑，2011.
[322] 王小英，刘博，孙润仓，等. 壳聚糖/累托石纳米复合材料的结构与性能［J］. 华南理工大学学报（自然科学版），2010，38（9）：96-101.
[323] 樊志成，薛云丽，李世旭，等. 蒙脱石在医药中的应用［J］. 精细与专用化学品，2007，15（006）：29-31.
[324] 韩秀山，许家亮，王荣锦. 纳米蒙脱石的主要作用及其在畜牧生产中的应用效果［J］. 浙江畜牧兽医，2009，34（1）：11-12.
[325] 周进科，熊祖明. 阿莫西林联合蒙脱石散治疗小儿急性感染性腹泻［J］. 中国临床医生杂志，2008.
[326] 韩红娟. 双歧杆菌乳杆菌三联活菌片联合蒙脱石散治疗小儿腹泻的临床分析［J］. 世界最新医学信息文摘，2017（50）：42.
[327] 李江，李春芳，黄茂，等. 清热解毒凉血方联合蒙脱石散对感染性腹泻患儿相关因子的影响［J］. 中国儿童保健杂志，2012（03）：272-274.

[328] 王川. 高纯蒙脱石粉体制备与表征 [D]. 北京：中国地质大学（北京），2009.
[329] 储大同. 肿瘤分子靶向治疗的进展及问题 [J]. 临床肿瘤学杂志，2006.
[330] 靳晓增. 高岭石纳米管制备工艺研究 [D]. 郑州：郑州大学，2014.
[331] 刘毅. 构建纳米靶向载药体系用于肿瘤治疗研究 [D]. 长沙：长沙理工大学，2017.
[332] 王艾菲. 基于介孔结构的纳米药物传输体系的设计与研究 [D]. 长春：吉林大学. 2015.
[333] 马智，李英乾，丁彤，等. 埃洛石纳米管在生物医学应用中的研究进展 [J]. 化工进展，2017，36（8）：3032-3039.
[334] 杨旗. 我国建筑节能材料的应用与发展综述 [J]. 攀枝花学院学报，2007，（6）：84-86.
[335] 邹钰. 我国建筑节能材料发展现状 [J]. 房材与应用，2006，（3）：59-61.
[336] 喻小平，李书琴. 新型石膏基墙体材料原料的研究进展 [J]. 硅酸盐通报，2011，30（6）：1349-1352.
[337] 张付奇. 新型耐水石膏基墙体材料研究 [D]. 石河子：石河子大学，2016.
[338] 何水清. 利用磷石膏生产建材 [J]. 砖瓦世界，2008，000（002）：23-26.
[339] 凌晓晖，欧跃海，施存有，等. 我国纸面石膏板的发展历程及现状 [J]. 新型建筑材料，2007，34（8）：1-5.
[340] 李传炽. 现代纸面石膏板生产技术与设备 [M]. 杭州：浙江大学出版社，2018.
[341] GB/T 9775《纸面石膏板》国家标准修订会议召开 [J]. 江西建材，2020，（5）：99.
[342] 陈旭晔，翟跃忠，刘平. 按 ASTM 标准生产纸面石膏板的质量控制 [J]. 新型建筑材料，2006，（4）：5-7.
[343] 刘学光. 对石膏砌块的探究 [J]. 建筑工程技术与设计，2019，（23）：4040.
[344] 徐尔昌，张平. 新型防潮石膏砌块的生产工艺及建筑应用 [J]. 建筑砌块与砌块建筑，2002，（5）：17-18.
[345] 汪守淳. 石膏砌块标准的初步研究 [J]. 墙材革新与建筑节能，2016，（6）：48-50.
[346] 朱盈豹. 保温材料在建筑墙体节能中的应用 [M]. 北京：中国建材工业出版社，2003.
[347] 张泽平，李珠，董彦莉. 建筑保温节能墙体的发展现状与展望 [J]. 工程力学，2007，24：121-128.
[348] Gao Huan，Liu Hao，Liao Libing，et al. Improvement of performance of foam

perlite thermal insulation material by the design of a triple-hierarchical porous structure [J]. Energy and Buildings, 2019, 200.

[349] 水中和，钟杰，杨磊，等. 利用微波加热制备水玻璃膨胀珍珠岩绝热材料 [J]. 新型建筑材料，2003 (6)：44-46.

[350] 邹伟斌. 膨胀珍珠岩保温材料及其应用 [J]. 四川水泥，2008，(005)：15-16.

[351] 张杰，石宗利，吴刊选. 提高石膏膨胀珍珠岩复合墙体材料防水性能的研究 [J]. 新型建筑材料，2006，(11)：17-21.

[352] 宋中健. 耐水石膏研究 [J]. 哈尔滨建筑大学学报，1997，30 (4)：83-87.

[353] 余晚森. 沥青膨胀珍珠岩 [J]. 建筑工人，1991，(8)：19-20.

[354] 刘福生，彭同江，张宝述. 膨胀蛭石的利用及其新进展 [J]. 非金属矿，2001，(4)：2-4.

[355] 苏百丽，彭同江. 酸活化膨胀蛭石的制备及吸附性能研究 [J]. 非金属矿，2011，(1)：18-21+56.

[356] 王坚，赵健. 膨胀蛭石性能与生产工艺的关系 [J]. 非金属矿，2005，(2)：31-33.

[357] 毛艳丽，陈妍，王涿，等. 高炉渣制矿渣棉工艺及其产品应用 [J]. 上海金属，2014，36 (2)：49-53.

[358] 王旭，袁守谦，李海潮. 矿渣棉生产发展现状的综述 [J]. 中国冶金，2014，(008)：9-12.

[359] R. Houwink, G. Solomon. Adhesion and Adhesives [M]. Amsterdanm: Elsevier Pub. CO., 1965.

[360] 张开. 粘合与密封材料 [M]. 北京：化学工业出版社，1996.

[361] 张珍. 青海的石棉 [J]. 地球，2003，000 (001)：10-10.

[362] 胡克明. 禁止石棉的新法规 [J]. 建材工业信息，1987 (02)：20.

[363] 周珂，李修棋，王一晨. 完善我国石棉的环境与健康风险立法建议 [J]. 环境保护，2012 (13)：33-36.

[364] 赖盛刚，奚縢. 膨胀石墨密封材料及其制品 [M]. 北京：中国石化出版社，1994.

[365] 张洪雁，曹寿德，王景鹤. 高性能橡胶密封材料 [M]. 北京：化学工业出版社，2007.

[366] 石大鑫. 柔性石墨密封件的工业应用 [J]. 化工矿山技术，1989 (4)：60-61.

[367] 张家远，王利恒，顾健. 石墨密封基础理论及工程应用技术研究进展 [J]. 装备制造技术，2018，(6)：93-100.

[368] 陈震. 机械密封技术研究进展 [J]. 润滑与密封，1990 (1)：53-58.

[369] J. C. Doane，T. A. Myrum，J. E. Beard. An Experimental Computational Investigation of the Heat Transfer in Mechanical Face Seals International [J]. International Journal of Heat and Mass Transfer，1991，34 (4-5)：1027-1041.

[370] 任京成，沈万慈，杨赞中，等. 柔性石墨材料和膨胀石墨材料的现状及发展趋势 [J]. 非金属矿，1999，22 (5)：5-9.

[371] 尹延国，刘君武，郑治祥，等. 石墨对铜基自润滑材料高温摩擦磨损性能的影响 [J]. 摩擦学学报，2005，25 (3)：216-210.

[372] Michita H，Seiichiro H，Yoshihisa S，et al. Friction andwear properties of graphite-glassycarbon composites [J]. Wear，2000，237 (1)：54-62

[373] 胡添琪. 高温下石墨密封材料摩擦磨损性能研究及预测 [D]. 沈阳：东北大学，2012.

[374] 彭杰. 浸渍石墨密封材料应用发展的探讨研究 [J]. 炭素，2019，(2)：13-17.

[375] 曹莹. 碳复合材料界面性能研究 [J]. 复合材料学报，2000，17 (2)：89-93.

[376] 王乐勤，杨晖，励行根，等. 柔性石墨密封垫片的研究现状及发展趋势 [J]. 流体机械，2013，41 (6)：37-41，78.

[377] 魏存弟. 吉林省桦甸低品位硅藻土提纯及生产食品用助滤剂研究 [J]. 非金属矿，2001，024 (003)：38-39，35.

[378] 汪灵，木士春. 通用助滤剂及其开发研究现状 [J]. 矿物岩石地球化学通报，1999 (4)：61-64.

[379] 张宪圆，林克辉，谢红波. 国内外珍珠岩概述及其在建筑领域的应用分析 [J]. 广东建材，2012，28 (2)：19-21.

[380] 陈燕. 石膏建筑材料 [M]. 北京：中国建材工业出版社，2003.

[381] 张凯，任婷艳，朱新锋，等. 国内工业副产石膏的排放及综合利用现状 [J]. 墙材革新与建筑节能，2009 (12)：26-28.

[382] 戴浩，李东旭，张树鹏，等. 石膏种类对铝酸盐水泥基自流平材料性能的影响及机理研究 [C] // TEIM2015 第六届无机材料结构，性能及测试表征技术研讨会.

[383] 毛树标. 烟气脱硫石膏综合利用分析 [D]. 杭州：浙江大学，2005.

[384] 周大勇. 改性石膏凝胶/麦秸复合材料的研制 [D]. 哈尔滨：东北林业大学，2010.

[385] 鞠建英，申东铉. 膨润土在工程中的开发与应用 [M]. 北京：中国建材工业出版社，2003

[386] 罗雄兵，冯燕. 膨润土在废水处理中的应用及研究现状 [J]. 中国非金属矿工业导刊，2013.
[387] 杨芳芳，吕宪俊. 膨润土制备无机凝胶工艺研究概况 [J]. 中国非金属矿工业导刊，2007.
[388] 刘佳伟，程文静，王领. 膨润土在日化领域应用研究现状及展望 [J]. 中国化妆品，2019.
[389] 胡佩佩. 用于食品工业的二氧化硅 [J]. 无机硅化合物，1994，000（004）：20-26.
[390] 张小伟，刘淑鹏. 非金属矿物填料在塑料中的应用 [J]. 上海塑料，2008.
[391] 朱建军，徐同考. 无机粉体在塑料中的应用 [C]. 2015 年中国非金属矿科技与市场交流大会论文集，2015.
[392] 吕乐福，卢立波，刘玮，等. 几种非金属矿物在造纸行业中的应用进展 [J]. 天津造纸，2019.
[393] 徐腾，林丽，刘杰. 磁性纳米硅微粉在造纸上的应用 [J]. 纸和造纸，2013.
[394] 季兴宏. 无机填料在涂料工业中的应用及研究进展 [J]. 中国涂料，2019.
[395] 周铭，侯翠红. 碳酸钙在涂料中的研究现状与发展趋势 [J]. 中国非金属矿工业导刊，2006.
[396] 敖卫华，丁浩，沈凯. 滑石-TiO_2 复合白色颜料的制备及其在涂料中的应用 [J]. 中国粉体技术，2017.
[397] 许顺红，方继敏，杨红刚，等. 几种非金属矿物在建筑涂料改性中的应用 [J]. 矿业快报，2005.
[398] 牟彬. 超细硫酸钡在水性中涂中的应用 [D]. 西安：西安科技大学，2018.
[399] 孙亚光，余丽秀. 水性涂料用功能矿物粉体材料研究进展及评价 [J]. 中国非金属矿工业导刊，2004.
[400] 朱粉利，周汉文. 高岭土在材料学方面的应用 [J]. 矿产保护与利用，2004.
[401] 杜高翔，左然芳，梅乐夫，等. 硅烷偶联剂改性硅藻土及其对天然橡胶/丁苯橡胶补强效果的影响 [J]. 稀有金属材料与工程，2013.
[402] 郑玉琴. 非金属矿物的表面改性技术及其在橡胶工业中的应用 [J]. 中国非金属矿工业导刊，2015.
[403] 张振. 非金属矿物在橡胶中的应用探究 [J]. 化工管理，2019.
[404] 王丽娟. 蛭石的改性与应用研究进展 [J]. 中国粉体技术，2015.
[405] 张红林，焦红斌. 非金属矿物材料在摩擦材料中的应用 [J]. 中国非金属矿工业导刊，2015.

[406] 赵晓光，欧阳静，张毅，等. 矿物基摩擦材料的研究进展 [J]. 材料导报，2019.
[407] 张亚梅. 人工晶体标准现状及其基础标准体系的研制 [D]. 2016.
[408] 王继扬，吴以成. 光电功能晶体材料研究进展 [J]. 中国材料进展，2010.
[409] 钟敏霖. 激光——照亮我们的神奇之光——纪念激光器诞生60周年 [N]. 中国激光，2020.
[410] 佚名. 雷生强式公司成功生长出世界上最大尺寸掺钕钇铝石榴石激光晶体 [J]. 人工晶体学报，2017 (11).
[411] 孙玉玲，王新，刘杰，等. 非线性光学材料研究现状与应用前景 [J]. 化工科技，2011，19 05 55-58.
[412] 冯志书. GaSe：In晶体光学和倍频特性的研究 [D]. 长春：吉林大学，2009.
[413] 张明荣. 非氟卤化物闪烁晶体的研究现状和发展趋势 [J]. 人工晶体学报，2020，v. 49；No. 259 (05)：6-23.
[414] 赵景泰，王红，金滕滕，等. 闪烁晶体材料的研究进展 [J]. 中国材料进展，2010.
[415] 何杰，马羽，袁小平，等. 核医学成像探测器及晶体材料的研究进展 [J]. 压电与声光，2018.
[416] 任国浩. 无机闪烁晶体的发展趋势 [J]. 人工晶体学报，2012 (S1)：184-188.
[417] 龙勇，于明晓，李和新，等. 钽酸锂黑片的制备与性能研究 [J]. 压电与声光，2019，041 (003)：340-343.
[418] 任国强，王建峰，刘宗亮，等. 氮化镓单晶生长研究进展 [J]. 人工晶体学报，2019 (9).
[419] 赵婉雨. 聚焦产业关键技术，把握第三代半导体发展机遇——第三代半导体材料产业技术分析报告 [J]. 高科技与产业化，2019 (5).
[420] 佚名. 碳化硅为什么是第三代半导体最重要的材料 [N]. 宁波化工，2020.
[421] 第三代半导体材料及应用产业发展报告 (2016)，2016.
[422] 余怀之. 红外光学材料 [M] . 2版 . 北京：国防工业出版社，2007.
[423] 冯洪兰，李刚. LED用蓝宝石晶体的研究与制备 [J]. 化工管理，2015.
[424] 葛婕. 蓝宝石衬底行业软硬实力并重 [J]. 中国电子报，2014.
[425] 崔先健，刘钦甫，李阔，等. 湖南鲁塘煤系隐晶质石墨矿物学特征 [J]. 矿物学报，2018.
[426] 谢冰. 接地模块在南水北调工程中的应用 [J]. 河南水利与南水北调，2011.
[427] 张德强，张安强. 弹性体湿法混合制备橡胶/炭黑复合材料研究进展 [J]. 2020.

[428] 王洪振，沈梅，王胜强，等. 天然橡胶湿法混炼的研究进展 [J]. 橡胶工业，2016.

[429] 许春华 . 新材料新工艺成就绿色轮胎 [J]. 中国石油和化工经济分析，2013.

[430] 张诗 . 时代变革带动防腐涂料产业高速发展 [J]. 表面工程资讯，2010.

[431] 郭清泉，陈焕钦. 防腐涂料用颜填料发展前景展望 [J]. 涂料工业，2003.

[432] 王自荣，孙晓泉. 隐身技术对涂料隐身性能的要求 [J]. 中国涂料，2004.

[433] 艾宝英. 浅谈隐身涂料技术应用特性与研究发展方向 [J]. 中国涂料，2007.

[434] 佚名. 石墨烯产业的回顾与展望 [J]. 高科技与产业化，2014.

[435] 郑佳. 石墨烯——新世纪材料宠儿 [N]. 人民日报，2013.

[436] 佚名. 2017—2018 年中国战略性新兴产业发展蓝皮书，2018.

[437] 金承黎. 关于中国气凝胶产业的几点思考 [J]. 新材料产业，2016.

[438] 蒋勤逸. 气凝胶保温材料特性及在建筑节能领域的应用 [J]. 上海建材，2018.

[439] 程颐，成时亮. 气凝胶材料及其在建筑节能领域的应用与探讨 [J]. 建筑节能，2012.

[440] 郭建平，路国忠，何光明. 纳米二氧化硅气凝胶新型制备技术及其在建材领域的应用 [J]. 新材料产业，2012.

[441] 路国忠，郭建平，何光明，等. SiO_2 气凝胶制备技术及在建材中应用研究 [J]. 新型建筑材料，2013.

[442] 王珊. 透光隔热气凝胶玻璃与建筑节能应用研究 [D]. 广州：广州大学，2016.

[443] 陈福广，沈荣熹，徐洛屹. 墙体材料手册 [M]. 北京：中国建材工业出版社，2005.

[444] 陶有生，王柏彰. 蒸压加气混凝土砌块生产 [M]. 北京：中国建材工业出版社，2018.

[445] 谭建军. 绿色墙体材料技术指南 [M]. 北京：中国建筑工业出版社，2014.

[446] 中国建筑学会建筑材料分会. 建筑材料行业发展及工程应用：低碳 节约 环保 品质 [M]. 北京：中国建材工业出版社，2011.

[447] 黄新南，邹基. 循环经济与我国墙体材料的发展 [C] // 2007 年全国建筑材料行业发展循环经济现场交流会.

[448] 权宗刚. 我国墙体材料的发展与循环经济 [J]. 砖瓦，2006，(8)：8-12.

[449] 涂春炘，赵伟刚，戴达松，等. 真空绝热板芯材回顾和发展 [J]. 材料导报，2017，31 (A02)：428-432.

[450] 全国绝热材料标准化技术委员会. 真空绝热板：GB/T 37608-2019 [S]. 北京：中国标准出版社，2019：6.

[451] 住房和城乡建设部建筑制品与构配件标准化技术委员会. 建筑用真空绝热板：JG/T 438—2014 [S]. 北京：中国标准出版社，2014：12.
[452] 吕忠，周飞，李松鹏. 建筑用真空绝热板芯材研究进展 [J]. 中国材料进展，2019.
[453] 司坤. 真空绝热保温墙板的制备技术与性能研究 [D]. 2012.
[454] 李承东. 微/纳米孔结构芯材及其真空绝热板的制备与性能研究 [D]. 南京：南京航空航天大学，2016.
[455] 徐滕州. 超低导热系数真空绝热板制备及热物理性能研究 [D]. 南京：南京航空航天大学，2018.
[456] 阚安康，邹复炳，韩厚德. 真空绝热板制作研究 [J]. 机电设备，2005，022 (004)：24-28.
[457] 马建荣，王丽红. 装配式多功能保温节能钢筋混凝土预制墙板的开发应用 [C] // 首届新型建筑结构体系——节能与结构一体化技术研讨会.
[458] 叶增平. 建筑工业化装配式复合外墙板的发展现状与趋势 [J]. 福建建设科技，2016.
[459] 黄建. 三源路福利院项目装配式全外挂墙板施工监理控制要点 [J]. 上海建设科技，2021.
[460] 王素颖，于虹，熊珍珍，等. 预制非承重外墙板性能指标体系研究 [J]. 住宅产业，2020.
[461] 崔海龙. 预制混凝土外挂墙板的性能及其在装配式钢结构住宅当中的应用研究 [D]. 合肥：安徽建筑大学，2018.
[462] 许瑛. 装配式建筑预制混凝土外挂墙板设计研究 [J]. 建筑技艺，2016.
[463] 徐松. 浅谈中空挤出成型水泥板在装配式建筑中的应用 [J]. 中国住宅设施，2020.
[464] 张文法. 真空挤出纤维加强水泥墙板——理想的装配式建筑构件 [J]. 墙材革新与建筑节能，2017.
[465] 王庆辉，徐向飞，朱宝旭，等. 保温装饰一体化板在辽宁省的应用 [J]. 建设科技，2015.
[466] 刘淑娟，张铁，王刚. 我国建筑保温装饰一体板行业发展研究报告 [C]. 第三届“行业创新大会”暨协会第七届四次常务理事会论文集，2019.
[467] 刘淑娟，张铁，王刚. 多元化发展满足建筑市场需求 [N]. 中国建材报，2019.
[468] 苏磊静，丁雪佳，雷晓慧，等. 相变保温建筑材料研究和应用进展 [J]. 储能科学与技术，2012，1 (2)：112-115.

[469] 刘均一，陈二丁，李光泉，等. 基于相变蓄热原理的深井钻井液降温实验研究[J]. 石油钻探技术，2021.

[470] 张静，丁益民，陈念贻. 相变储能材料的研究及应用 [J]. 盐湖研究，2005，(3)：52-57.

[471] 刘永明，李东旭. 石膏基石蜡相变储能墙板的研究进展 [J]. 材料导报，2011 (23)：59-64.

[472] 刘凤利，朱教群，马保国，等. 相变石膏板制备及其在建筑墙体中应用的研究进展 [J]. 硅酸盐学报，2016，44 (8)：1178-1191.

[473] 湛轩业，傅善忠，梁嘉琪. 中华砖瓦史话 [M]. 北京：中国建材工业出版社，2006.

[474] 尚华胜. 建筑防水行业标准化体系研究 [D]. 武汉：湖北工业大学，2018.

[475] 2019 中国建筑防水行业年度发展报告，中国建筑防水协会，2019.

[476] 张萌，秦松，王勇，等. 我国建筑防水材料产业发展现状及趋势探究 [J]. 中国建材，2020.

[477] 叶军. 北京地铁 15 号线一期西段暗挖区间防水施工技术 [J]. 中国建筑防水，2013.

[478] LEE，LOUIS，S，et al. Thermal-cooling performance of subtropical green roof with deep substrate and woodland vegetation [J]. Ecological Engineering the Journal of Ecotechnology，2018.

[479] 尚华胜，陈岳. 工程行标《单层防水卷材屋面工程技术规程》解读 [J]. 中国建筑防水，2014 (3)：15-20.

[480] 羡永彪. 太阳能屋面及相关技术研究 [J]. 中国建筑防水，2011，No. 228 19 7-11.

[481] YANG J，KUMAR D I M，PYRGOU A，et al. Green and cool roofs' urban heat island mitigation potential in tropical climate [J]. Solar Energy，2018，173 (OCT.)：597-609.

[482] 黄微波，杨宇润. 喷涂聚脲弹性体技术 [M]. 北京：化学工业出版社，2005.

[483] 王荣博，辛海洋. 喷涂速凝橡胶沥青防腐涂料在烟道防腐工程中的应用 [J]. 中国建筑防水，2014 (16)：47-49.

[484] 庄敬. 机械化喷涂施工——防水涂料施工技术发展之大趋势 [J]. 中国建筑防水，2013 (14)：9-13.

[485] 孙海英. 地铁防水施工技术研究 [D]. 石家庄：石家庄铁道大学，2018.

[486] 赵守佳，田翠. 聚合物水泥防水涂料发展现状与展望 [J]. 中国建筑防水，2014.

[487] 沈春林，褚建军．喷涂聚脲防水涂料及其标准［J］．中国建筑防水，2009.

[488] 于绪童，王荣博，辛海洋．高沸点有机溶剂对喷涂速凝橡胶沥青防水涂料耐高低温性能的影响研究［J］．中国建筑防水，2020.

[489] 王萌，孙志发，吕伟．新型防水材料在建筑工程中的应用［J］．施工技术，2017.

[490] 吴季岭，陈淑娟，段翠霞，等．新疆地区地下综合管廊防水工程设计与施工［J］．施工技术，2018.

[491] 胡曙光．特种水泥［M］．武汉：武汉工业大学出版社，1999.

[492] 王燕谋，苏慕珍，路永华．中国特种水泥［M］．北京：中国建材工业出版社，2012.

[493] 李文伟，理查德·W. 伯罗斯．混凝土开裂观察与思考［M］．北京：中国水利水电出版社，2013.

[494] 王元全，秦本武，龚腾，等．伊拉克 SCP 项目 5300t/d 抗硫酸盐水泥生产实践［J］．水泥工程，2015，000（003）：32-36.

[495] 樊启祥，李文伟，李新宇．低热硅酸盐水泥大坝混凝土施工关键技术研究［J］．水力发电学报，2017（04）：11-17.

[496] 高显束．核电工程用水泥熟料矿相匹配的研究［D］．广州：华南理工大学，2012.

[497] 文寨军，王晶，张忠伦．海工水泥的试验研究［J］．中国建材科技，2001（5）：47-49.

[498] 朱文尚，江丽珍，杜勇，等．GB/T 35162—2017《道路基层用缓凝硅酸盐水泥》标准制订介绍［J］．水泥，2018，000（011）：58-60.